"十三五"国家重点出版物出版规划项目
现代机械工程系列精品教材

机械制造基础

主　编　梁延德
副主编　张红哲　宋学官
参　编　王克欣　关　乐　朱祥龙
主　审　孙康宁

机械工业出版社

本书是根据教育部高等学校机械基础课程教学指导分委员会编制的《普通高等学校工程材料及机械制造基础系列课程教学基本要求》和教育部关于新工科教学和教材建设的指导性意见编写而成的。

本书共分 14 章，包括绪论，机械加工材料的主要性能，机械制造的材料学基础，热处理与表面工程技术，机械加工材料的分类与选用，金属液态成形基础、塑性成形和焊接等热加工工艺基础，以及切削加工和金属切削机床基本知识，常用传统机械加工方法和特种加工、复合加工、精密加工与光整加工方法，典型零件表面加工方案、机械加工工艺过程基本知识等冷加工工艺基础，并对当今出现的主要的先进制造模式与先进制造技术做了较系统的介绍。针对各章重要知识点和学习难点，书中还提供了部分电子学习资源（视频）。

本书可作为普通高等工科院校机械类专业"工程材料及机械制造基础"系列课程的机械制造基础课程（该课程曾用名称是"金属工艺学"）的教材，或近机械类专业的参考教材，还可以作为正在进行工程训练的机械类专业学生的参考书，也可供机械工程技术人员学习参考。

图书在版编目（CIP）数据

机械制造基础/梁延德主编. —北京：机械工业出版社，2021.6
（2024.8 重印）
"十三五"国家重点出版物出版规划项目　现代机械工程系列精品教材
ISBN 978-7-111-68408-4

Ⅰ.①机…　Ⅱ.①梁…　Ⅲ.①机械制造-高等学校-教材　Ⅳ.①TH

中国版本图书馆 CIP 数据核字（2021）第 107861 号

机械工业出版社（北京市百万庄大街 22 号　邮政编码 100037）
策划编辑：丁昕祯　责任编辑：丁昕祯　赵亚敏
责任校对：樊钟英　封面设计：张　静
责任印制：常天培
固安县铭成印刷有限公司印刷
2024 年 8 月第 1 版第 5 次印刷
184mm×260mm · 23 印张 · 569 千字
标准书号：ISBN 978-7-111-68408-4
定价：69.80 元

电话服务　　　　　　　　　网络服务
客服电话：010-88361066　　机　工　官　网：www.cmpbook.com
　　　　　010-88379833　　机　工　官　博：weibo.com/cmp1952
　　　　　010-68326294　　金　书　网：www.golden-book.com
封底无防伪标均为盗版　　机工教育服务网：www.cmpedu.com

前言

本书是根据教育部高等学校机械基础课程教学指导分委员会编制的《普通高等学校工程材料及机械制造基础系列课程教学基本要求》和教育部关于新工科教学和教材建设的指导性意见,结合本教学团队多年的教学经验,并在借鉴国内外教学同行的教材和教学经验的基础上编写而成的。用作高等工科院校机械类专业"工程材料及机械制造基础"系列课程的机械制造基础课程的教材,该课程曾用名称是"金属工艺学"。

课程教学是大学教育的基本活动,教材是课程教学的核心资源。作为本科机械类专业必修的专业基础课,机械制造基础课程承担着引导学生初步构建机械制造知识体系和为后续专业技术课程学习奠定必要知识基础的任务。因此,本书编写的基本定位是:注重课程自身知识的系统性和专业人才培养能力的整体要求,注重与前后续课程和工程训练实践课程的关联性;通过该课程的教学,学生能了解机械制造从材料选用、毛坯获得、零件加工直到装配检验的产品制造生产全过程,熟悉常用的加工方法及设备工装,形成正确的设计工艺方案、编制工艺文件的能力,逐步建立起基于科学知识、先进理念的处理复杂制造工艺问题的工程思维方法;遵循教学规律,注重教材的可用性;注重内容的更新度,引入先进制造和生产理念,与当前工业主流技术相衔接;注重课程思政要求。

我们处于新知识、新技术快速增长,经济社会空前变局调整的时代大背景下,顺应我国高等工程教育新工科建设发展需求,重新认识机械类专业人才培养的知识能力要求,全面梳理本课程教学应知应会的内容,顺应学生认知能力和规律的新变化,这是本书编写的任务和使命。我们努力将对这些要求的理解和思考融入这本书的编写中。本书特点如下:

1. 加强了与前序课程学习环节和后续课程教学内容的关联与协同。前序课程关联度最大的是工程训练实践教学环节,本课程是在工程训练课程建立的机械制造感性认识的基础上进行的系统性理论学习。后续课程包括机械类专业的多门专业技术理论课。因此,需要按照学生的知识迁移规律来做好本环节的承前启后教学。本书以紧密关联、前后呼应为原则,突出理实融合。在案例选择上,尽量与工程训练教学内容相对应和有序衔接,并为后续课程教学做好铺垫。同时,通过对本课程内容的去陈增新,部分后续课程的知识点被迁移至本书,客观上,也为后续专业课程改革留出增加新内容的课时空间。

2. 内容的编排逻辑遵从利于学生构建机械制造知识体系的原则,在梳理知识点的基础上,按照一般机械产品制造从毛坯选择到冷热加工方法再到加工方案分析和确定(方法组合、工艺路线)的顺序,分章、分层次介绍,做到合理布点(知识点)、循序渐进、从个性到共性,从特殊到综合,逐步形成对机械制造工艺的综合分析和设计能力。

3. 根据"新工科专业和工科新要求"的思想,紧贴国家制造发展战略对机械类专业人才的培养要求,各章节内容均有选择地介绍了新材料、新技术、新工艺,并单设了先进制造模式与先进制造技术这一章，较系统地介绍了从柔性制造到智能制造的相关概念和技术特点，及其在技术工艺和生产组织两个方面的应用进展情况。

4. 以发展的理念和客观的视角，在介绍各项技术和工艺的优点的同时也介绍其应用的受限性或缺点，并引入对其资源消耗、排放和环境影响方面的评价。

5. 在贯彻当前国家标准的同时，根据行业实践情况，适当给予新旧标准的对照说明。

6. 对各章重要知识点和学习难点制作了虚拟仿真动画或VR辅助学习资源，以帮助学生学习理解；对主要的或有重要关联的知识点，精选了丰富的先进加工或生产现场的视频资源，以扩宽学生的视野和加深理解。在书中正文对应处均提供了资源链接识别标识，以方便读者使用。

本书由大连理工大学梁延德任主编，张红哲和宋学官任副主编，山东大学孙康宁担任主审。参加编写的人员及分工为：梁延德（绪论、第14章）、宋学官（第1~5章）、张红哲（第6、10、12章）、王克欣（第7章）、朱祥龙（第9、11章）、关乐（第8、13章）。张红哲负责全书电子教学资源的整理，梁延德负责全书统稿工作。

本书的编写得到了大连理工大学教务处的大力支持和国内外多位教育界同仁的指导，多位经验丰富的任课教师和从事虚拟仿真教育技术研发及应用推广的工程师提出了宝贵意见和建议，也认真听取了学生们的感受和想法，在此一并向他/她们致以诚挚的谢意。此外，本书的编写还参考了大量的国内外相关教材、著作、论文、报告及技术手册等，参考文献均已列入书后，在此特向有关作者及出版单位表示真诚的感谢。

由于编者水平所限，书中难免存在疏漏和不足，恳请各位读者批评指正。

编　者

于大连理工大学

目录

前言
绪论 ……………………………………… 1
  0.1 机械制造的概念与分类 ………… 1
  0.2 学习机械制造基础知识的必要性 … 2
  0.3 机械制造技术发展简史 …………… 4
  0.4 工程材料的分类 …………………… 5
  0.5 课程学习要求 ……………………… 6

第1章 机械加工材料的主要性能 …… 7
1.1 机械加工材料的力学性能 ………… 7
  1.1.1 强度 ……………………………… 8
  1.1.2 塑性 …………………………… 10
  1.1.3 硬度 …………………………… 11
  1.1.4 韧性 …………………………… 13
  1.1.5 疲劳强度 ……………………… 14
1.2 机械加工材料的物理、化学及工艺
     性能要求 …………………………… 15
  1.2.1 物理性能 ……………………… 15
  1.2.2 化学性能 ……………………… 17
  1.2.3 工艺性要求 …………………… 18
思考题 …………………………………… 19

第2章 机械制造的材料学基础 …… 20
2.1 金属的晶体结构及其同素异构转变 … 20
  2.1.1 金属的晶体结构 ……………… 20
  2.1.2 金属的结晶过程 ……………… 21
  2.1.3 金属的同素异构转变 ………… 23
2.2 铁碳合金相图 ……………………… 23
  2.2.1 铁碳合金的基本组织 ………… 24
  2.2.2 铁碳合金相图 ………………… 26
  2.2.3 钢在结晶过程中的组织转变 … 28
思考题 …………………………………… 32

第3章 热处理与表面工程技术 …… 33
3.1 钢在加热和冷却时的组织转变 …… 33
  3.1.1 钢在加热时的组织转变 ……… 33
  3.1.2 钢在冷却时的组织转变 ……… 34
3.2 钢的热处理工艺 …………………… 35
  3.2.1 退火 …………………………… 35
  3.2.2 正火 …………………………… 36
  3.2.3 淬火 …………………………… 37
  3.2.4 回火 …………………………… 37
  3.2.5 表面淬火和化学热处理 ……… 38
3.3 表面工程技术 ……………………… 39
  3.3.1 电镀 …………………………… 40
  3.3.2 涂料涂装 ……………………… 40
  3.3.3 热喷涂 ………………………… 41
  3.3.4 高能束流表面改性 …………… 42
思考题 …………………………………… 43

第4章 机械工程材料的分类与选用 … 44
4.1 工业用钢的分类与选用 …………… 44
  4.1.1 碳素钢 ………………………… 45
  4.1.2 低合金钢 ……………………… 47
  4.1.3 合金钢 ………………………… 48
4.2 工业常用有色金属及轻合金 ……… 51
  4.2.1 铜及铜合金 …………………… 51
  4.2.2 铝及铝合金 …………………… 52
  4.2.3 钛及钛合金 …………………… 56
  4.2.4 锌及锌合金 …………………… 56
4.3 工业常用非金属材料 ……………… 56
  4.3.1 工业常用高分子材料 ………… 57
  4.3.2 工业陶瓷 ……………………… 58
  4.3.3 复合材料 ……………………… 59
思考题 …………………………………… 61

第5章 金属液态成形基础 ………… 62
5.1 铸造工艺基础 ……………………… 62
  5.1.1 液态金属的充型能力 ………… 62
  5.1.2 铸件的凝固与收缩 …………… 64
  5.1.3 铸造内应力、变形和裂纹 …… 68
  5.1.4 常见铸件的缺陷及对策 ……… 71

5.2 常用合金铸件的生产 ………………… 73
　5.2.1 常用铸造合金的分类及用途 ……… 73
　5.2.2 铸铁件的生产 …………………… 73
　5.2.3 铸钢件的生产 …………………… 77
　5.2.4 铸铜件、铸铝件的生产 …………… 78
5.3 砂型铸造 …………………………… 79
　5.3.1 造型方法的分类及选择 …………… 80
　5.3.2 浇注位置和分型面的选择 ………… 84
　5.3.3 铸造工艺参数的选择 ……………… 87
　5.3.4 铸件的结构工艺性 ………………… 90
5.4 特种铸造 …………………………… 95
　5.4.1 熔模铸造 ………………………… 95
　5.4.2 金属型铸造 ……………………… 97
　5.4.3 压力铸造 ………………………… 98
　5.4.4 离心铸造 ……………………… 100
　5.4.5 消失模铸造 …………………… 101
　5.4.6 常用铸造方法的比较 …………… 103
5.5 铸造生产自动化 …………………… 104
　5.5.1 铸造过程辅助设计及控制 ……… 104
　5.5.2 快速成形技术应用于铸造生产 … 106
思考题 …………………………………… 108

第6章 金属的塑性成形 ……………… 111
6.1 金属的塑性成形理论基础 …………… 111
　6.1.1 金属塑性变形机理 ……………… 111
　6.1.2 塑性变形对金属组织和性能的
　　　　影响 …………………………… 113
　6.1.3 金属材料的塑性成形性 ………… 115
6.2 锻造工艺方法 ……………………… 116
　6.2.1 锻造工艺方法简介 ……………… 116
　6.2.2 锻造工艺规程的制订 …………… 125
　6.2.3 锻件的结构工艺性 ……………… 129
6.3 冲压工艺方法 ……………………… 131
　6.3.1 分离工序 ……………………… 131
　6.3.2 变形工序 ……………………… 134
　6.3.3 冲压件的结构工艺性 …………… 138
6.4 先进塑性加工方法简介 …………… 140
　6.4.1 精密模锻 ……………………… 141
　6.4.2 挤压成形 ……………………… 141
　6.4.3 轧制成形 ……………………… 143
　6.4.4 粉末锻造 ……………………… 145
　6.4.5 超塑性成形 …………………… 145
　6.4.6 高能成形 ……………………… 147
思考题 …………………………………… 148

第7章 焊接 …………………………… 150
7.1 焊接概述 …………………………… 150
　7.1.1 焊接的定义和特点 ……………… 150
　7.1.2 焊接的分类 …………………… 151
　7.1.3 焊接的发展 …………………… 152
7.2 电弧焊 ……………………………… 153
　7.2.1 焊接电弧和电源 ………………… 153
　7.2.2 电弧焊的冶金原理 ……………… 155
　7.2.3 焊条电弧焊 …………………… 158
　7.2.4 其他常用电弧焊 ………………… 167
7.3 其他焊接方法 ……………………… 171
　7.3.1 电阻焊 ………………………… 171
　7.3.2 摩擦焊 ………………………… 172
　7.3.3 钎焊 …………………………… 175
　7.3.4 气焊和气割 …………………… 176
　7.3.5 先进焊接方法 ………………… 177
7.4 常用金属材料的焊接 ……………… 180
　7.4.1 金属材料的焊接性 ……………… 180
　7.4.2 碳钢的焊接 …………………… 181
　7.4.3 合金结构钢的焊接 ……………… 182
　7.4.4 铸铁的补焊 …………………… 183
　7.4.5 有色金属的焊接 ………………… 184
7.5 焊接的结构工艺性 ………………… 185
　7.5.1 焊接结构材料和焊接方法的
　　　　选择 …………………………… 185
　7.5.2 焊接结构设计 ………………… 187
思考题 …………………………………… 190

第8章 切削加工基础知识 …………… 192
8.1 切削运动及切削要素 ……………… 192
　8.1.1 零件表面的形成及切削运动 …… 192
　8.1.2 切削用量 ……………………… 193
　8.1.3 切削层参数 …………………… 194
8.2 刀具角度及刀具材料 ……………… 195
　8.2.1 刀具角度 ……………………… 195
　8.2.2 刀具材料 ……………………… 201
8.3 金属切削过程及控制 ……………… 203
　8.3.1 切屑的形成及种类 ……………… 203
　8.3.2 积屑瘤 ………………………… 204
　8.3.3 切削力和切削功率 ……………… 205
　8.3.4 切削热和切削温度 ……………… 207
　8.3.5 刀具磨损和刀具寿命 …………… 208
　8.3.6 切削用量的合理选择 …………… 209
8.4 材料的可加工性 …………………… 210

8.4.1 衡量材料可加工性的指标 ……… 210
8.4.2 常用材料的可加工性 ……… 211
8.4.3 难加工材料的可加工性 ……… 211
8.5 机械加工质量 ……… 212
 8.5.1 机械加工精度 ……… 212
 8.5.2 机械加工表面质量 ……… 213
8.6 切削加工技术经济分析方法 ……… 213
 8.6.1 产品质量 ……… 214
 8.6.2 生产率 ……… 214
 8.6.3 经济性 ……… 215
思考题 ……… 216

第9章 金属切削机床基本知识 ……… 218
9.1 机床的分类和型号编制 ……… 218
 9.1.1 机床发展简史 ……… 218
 9.1.2 机床的分类 ……… 220
 9.1.3 金属切削机床的型号编制 ……… 220
9.2 常见金属切削机床 ……… 225
 9.2.1 车床 ……… 225
 9.2.2 钻床 ……… 227
 9.2.3 镗床 ……… 227
 9.2.4 刨床 ……… 228
 9.2.5 铣床 ……… 229
 9.2.6 磨床 ……… 231
 9.2.7 切削机床的基本构成 ……… 233
9.3 数控机床与机床数控系统简介 ……… 234
 9.3.1 机床数控系统的基本构成及工作原理 ……… 234
 9.3.2 数控机床的控制类型及常用数控系统 ……… 236
 9.3.3 数控机床的本体特点及核心部件 ……… 238
思考题 ……… 243

第10章 常用传统机械加工方法 ……… 244
10.1 车削加工 ……… 244
 10.1.1 车削加工的工艺特点 ……… 245
 10.1.2 车削的应用 ……… 246
10.2 铣削加工 ……… 247
 10.2.1 铣削加工的工艺特点 ……… 248
 10.2.2 铣削方法 ……… 248
 10.2.3 铣削的应用 ……… 250
10.3 刨削、拉削加工 ……… 251
 10.3.1 刨削 ……… 251
 10.3.2 拉削 ……… 253

10.4 钻、扩、铰与镗孔加工 ……… 255
 10.4.1 钻孔、扩孔、铰孔 ……… 255
 10.4.2 镗孔 ……… 260
10.5 磨削加工 ……… 263
 10.5.1 砂轮 ……… 263
 10.5.2 磨削过程 ……… 267
 10.5.3 磨削加工的工艺特点 ……… 267
 10.5.4 常用磨削工艺 ……… 269
思考题 ……… 271

第11章 特种加工、复合加工、精整加工与光整加工 ……… 273
11.1 特种加工方法及其工艺特点 ……… 273
 11.1.1 电火花加工 ……… 273
 11.1.2 电解加工 ……… 275
 11.1.3 激光加工 ……… 277
 11.1.4 超声波加工 ……… 278
 11.1.5 电子束加工 ……… 279
11.2 复合加工方法 ……… 280
 11.2.1 电解磨削 ……… 281
 11.2.2 电化学机械光整加工 ……… 282
 11.2.3 超声波复合加工 ……… 282
 11.2.4 激光堆焊铣削复合加工 ……… 283
11.3 精整加工和光整加工方法简介 ……… 284
 11.3.1 研磨 ……… 284
 11.3.2 珩磨 ……… 286
 11.3.3 滚挤压 ……… 287
 11.3.4 抛光 ……… 288
思考题 ……… 289

第12章 典型零件表面加工方案 ……… 290
12.1 外圆面的加工方案 ……… 291
 12.1.1 外圆面的技术要求 ……… 291
 12.1.2 外圆面加工方案的分析 ……… 291
12.2 内圆面的加工方案 ……… 292
 12.2.1 孔的技术要求 ……… 292
 12.2.2 孔加工方案的分析 ……… 292
12.3 平面的加工方案 ……… 294
 12.3.1 平面的技术要求 ……… 294
 12.3.2 平面加工方案的分析 ……… 294
12.4 曲面的加工方案 ……… 295
12.5 螺纹的加工方案 ……… 296
 12.5.1 螺纹的技术要求 ……… 296
 12.5.2 螺纹加工方案的分析 ……… 297

12.6　齿轮齿形的加工方案 …………… 300
　12.6.1　齿轮的技术要求 ……………… 300
　12.6.2　齿轮齿形加工方案的分析 …… 301
　12.6.3　常用齿形的加工方案 ………… 307
思考题 …………………………………… 307

第13章　机械加工工艺过程基本知识 ……………………………… 309

13.1　工艺过程的基本概念 ……………… 309
　13.1.1　生产过程和工艺过程 ………… 309
　13.1.2　生产类型和工艺特征 ………… 310
13.2　工件的安装与定位 ………………… 312
　13.2.1　六点定位原理 ………………… 312
　13.2.2　工件的安装与夹具类型 ……… 313
　13.2.3　基准选择 ……………………… 316
13.3　加工工艺规程的制订 ……………… 318
　13.3.1　加工工艺规程的内容及作用 … 318
　13.3.2　制订加工工艺规程的原则与原始资料 ……………………… 319
　13.3.3　制订工艺规程的步骤 ………… 319
13.4　典型零件的工艺过程 ……………… 324
　13.4.1　轴类零件 ……………………… 324
　13.4.2　套类零件 ……………………… 325
　13.4.3　箱体类零件 …………………… 328
13.5　切削加工零件的结构工艺性要求 … 331
　13.5.1　合理确定零件的技术要求 …… 331
　13.5.2　遵循零件结构设计的标准化 … 332
　13.5.3　合理标注尺寸 ………………… 332
　13.5.4　零件结构要便于加工 ………… 332
　13.5.5　提高标准化程度 ……………… 337
　13.5.6　合理规定表面精度和表面粗糙度 ………………………… 338
　13.5.7　合理采用零件的组合 ………… 338
思考题 …………………………………… 339

第14章　先进制造模式与先进制造技术 ……………………………… 341

14.1　先进制造的特征与技术分类 ……… 341
　14.1.1　先进制造技术的发展背景 …… 341
　14.1.2　先进制造技术的基本特征 …… 342
　14.1.3　先进制造的支撑性技术 ……… 345
　14.1.4　先进制造包含的核心技术 …… 345
14.2　先进制造模式与先进制造技术 …… 346
　14.2.1　柔性制造模式与柔性制造系统 ……………………………… 346
　14.2.2　可重构柔性制造模式与可重构制造系统 ……………………… 349
　14.2.3　计算机集成制造模式与系统 … 351
　14.2.4　准时制造、精益制造、敏捷制造模式 ………………………… 353
　14.2.5　虚拟制造模式 ………………… 354
　14.2.6　智能制造模式与IMS系统 …… 356
思考题 …………………………………… 358

参考文献 ………………………………… 359

绪 论

> **本章导学**："机械制造基础"是高等院校工科本科阶段机械类各专业学生进入专业系列课程学习的第一门课程,为专业基础课。该课程可帮助学生建立一个关于机械工业生产制造技术的比较全面、系统的初步知识架构,使学生具备一定的解决实际工程问题的能力。本课程曾用名是"金属工艺学"和"机械加工工艺基础",根据机械工程材料和机械加工技术的发展,以及教育部关于课程改革与建设的指导性意见,建议改为现在的名称——机械制造基础。课程的内涵从狭义机械加工转变为现代大机械制造,内容上从金属材料扩展到工程材料,技术上从传统的金属冷加工、热加工延伸到现代机械制造工业的各种主流加工制造技术。尽管该课程的学习从知识层面上只是入门级的,但为后续进一步的专业课程学习奠定一个好的基础是十分必要的。

0.1 机械制造的概念与分类

制造是指将原材料改变为有形产品的技术、方法及过程,是人类社会最广泛的生产实践活动。工业制造是指近现代社会出现的社会化的大规模的制造过程,工业制造业是我国国民经济的支柱产业。

机械制造是制造实践中最基础最普遍的内容,是工业制造最传统的方式,也是当代工业制造最主要的方式。机械制造的核心内容是机械加工。传统的机械加工泛指以机械作用力对加工对象实施材料去除从而获得机器零件或可使用产品的过程。例如,使用刀具在机床上对毛坯材料进行切削加工。这类传统的机械加工也被称为狭义的机械加工。广义的机械加工则涵盖了各种能够改变材料的形状、尺寸及性能的方法。

根据使加工对象发生改变的方式不同,将广义的机械加工方法划分为三大基本类型,即去除材料的加工方法、增加材料的加工方法以及改变材料形状的加工方法。

去除材料的加工方法,也称为"减材加工"——通过去除毛坯上的预留加工余量的方式使之变为符合设计要求的零件或用品的一类方法。例如,车削、铣削、磨削、锉削等加工方法。此类方法会产生切屑等加工废料,但又是获得高尺寸精度和几何精度加工零件的普遍加工方法,在各类机械加工中应用最多。

增加材料的加工方法,简称为"增材制造"——通过材料的有序结合或有序堆积方式获得所需制品的一类方法。历史悠久的熔化焊即属于增材制造方法,而近年来出现且得到快速发展应用的"3D 打印",也属于该类方法。

变形加工方法,或称为流动加工方法——泛指不改变或较少改变材料的质量,而是通过机械力或其他能量方式作用于工件材料使之改变形状、尺寸及性能,从而成为合格零件的一类方法。例如,锻造、铸造、注塑加工等。

图 0-1 列出了部分常见加工方法分类。

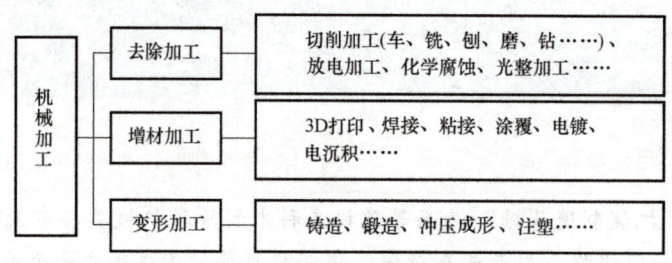

图 0-1 常见加工方法分类

当上述三类方法中的两种甚至多种合理有效地叠加应用时,就形成了更加高效或高质的"复合加工",复合加工是现代机械加工和先进制造技术发展的重要方向之一。

各种加工方法都有其工艺特点及其特定的适用范围。

一般,机械制造的定义有广义和狭义两种。狭义的机械制造指各种金属机械切削加工方法以及钳工作业,即通常所说的金属冷加工。广义的机械制造则泛指以机械作用方式为主或直接关联的各种加工制造方法,除冷加工外,还包括了铸、锻、焊等常规热加工方法、特种加工方法。同时,作为加工对象的工程材料也从金属材料扩展到非金属工程材料等。本课程的内容设计基于广义机械制造的系统性知识学习,考虑到知识的密切相关性和认知规律性,将必要的工程材料基础知识也一并编入本课程中。

0.2 学习机械制造基础知识的必要性

为什么要了解、熟悉、掌握机械制造基础知识?

1) 机械制造是工业社会的生产实践基础,也是最主要的制造方式。机械制造为社会各生产及应用领域提供装备和工具,从各行各业的生产活动到各家各户的生活日常,从科学研究到科教文卫,无一能够摆脱对机械制造产品的依赖。

机械制造业是历史上最早出现,也是当今从业人数最多的工业部门。在中国如此,在全球也是如此。

根据我国国家统计局公布的数据,2018 年制造业 GDP 为 26.5 万亿元,占当年全国 GDP 的近三分之一,是全国工业 GDP 的 72.5%。制造业,主要是机械制造业,是国民经济发展的支柱性产业,因此,支撑制造业运行和发展的机械制造理论和技术则无疑是十分重要的。

关于机械制造的理论知识和技术方法往往具有基础性特点。在机械制造技术发展实践的历史进程中所形成的技术标准、概念术语、设计理念,构成了当今世界范围内技术标准中最基础的部分。例如,关于材料力学性能的术语和技术标准、关于工程图表达的各种术语及标准、关于加工精度与公差的术语及标准、关于加工件表面质量的术语及标准等。

机械制造的广泛存在和长期的发展积淀,深刻地影响着人类社会的文明进步和当今工业文化。可以说,机械制造业是现代文明的基石。

2) 了解机械制造是工业化社会高等工程教育的通识性要求。从20世纪末开始,因世界性经济的波动引发人们对社会发展战略的反思,各国纷纷提出"制造业回归"和"振兴制造业"的战略性主张。我国教育部早在1998年就提出"工科学生应该对典型工业产品的结构、设计、制造有一个基本的、完整的体验和认识。这种体验和认识对理解、学习和从事现代社会的任何一种高级技术工作都是必需的基础"(摘自1998年中国高等教育发展—世行贷款项目指南)。从那时开始,围绕制造业发展及其人才培养这个核心,工程教育界提出了一系列新的教育思想和改革举措。

3) 关于机械制造的概念。通常,把从满足市场需求出发,经过设计、材料准备和加工处理装配调试形成产品再提交给需求方的大过程称为大制造过程,对应的是广义机械制造的概念。在研究社会经济发展和工业制造发展战略时,往往涉及广义机械制造的概念。例如,当今的工业结构调整和企业产品转型升级,就需要从大制造角度进行分析和研究。相对而言,从满足技术设计和实现图样要求出发,经过对原材料的处理、加工成为合格零件以及经过装配调试成为合格产品的过程,则称为小制造过程,对应的是狭义机械制造的概念。图0-2将工业制造和机械制造的一般过程以及机械制造的一般工艺流程作出图文比较。对狭义

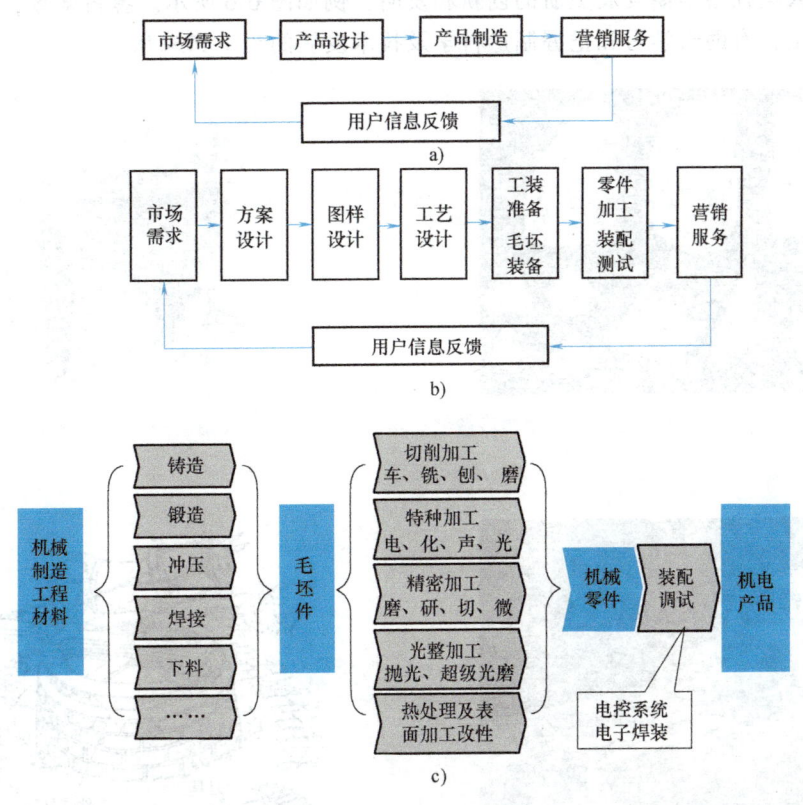

图 0-2 典型机械制造工艺流程
a) 工业制造的一般过程　b) 机械制造的一般过程(大机械制造过程)
c) 机械制造的一般工艺流程

机械制造概念的关注和研究主要聚焦于对小制造过程中的工艺方法和技术手段的研究及更新,当然也包括现场生产的组织和管理。而关于制造工艺方法和技术手段的知识及其发展则支撑了整个大工业制造或大机械制造的核心内容和基本生产实践。

本课程的学习和研究主要涉及以典型机械制造工艺方法和技术手段知识,典型机械制造工艺流程如图 0-2c 所示。

0.3 机械制造技术发展简史

制造即由"料"到"器"的过程,是人类特有的智化劳动行为。石器时代的人类,以石为料,琢磨成器,是为制造之初,图 0-3 所示为陕西蓝田出土的远古人类制作的石器,距今 126~212 万年,也由此标记下了人类社会文明发展史的起始点。之后是青铜器时期(见图 0-4,河南安阳出土的商代青铜器(后母戊鼎),重 832.84kg,长 116cm,宽 79cm,高 133cm,代表了当时世界最高铸造水平)。一直到蒸汽机时代(见图 0-5)、内燃机时代、现代工业时代。人类社会文明的进步与制造技术发展密切相关。

中国是世界上使用机械和发展机械制造最早的国家之一,在生活器具制造、农耕纺织机械制造、运输车船制造、起重建造装备制造、计量观测仪器制造,以及军械武器制造等方面都有着彪炳人类社会早期发展史册的创新和发明,例如图 0-6 所示。鉴古知今,了解制造技术的发展历史,有助于学习和把握制造科学及技术发展的当下和未来。

图 0-3 陕西蓝田出土的远古人类制作的石器

图 0-4 河南安阳出土的商代青铜器(后母戊鼎)

图 0-5 约翰·威尔金森(英国,1728—1808)
1776 年完成的由蒸汽机驱动的气缸镗床

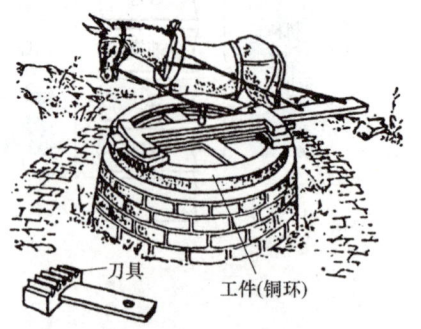

图 0-6 中国史料记载 1668 年出现的
畜力铣削磨削加工装置

人类社会早期的制造技术从史前的古石器时期、新石器时期到青铜器时期、铸铁器时期，经历了50多万年的漫长历史。真正开始形成工业化制造，是从18世纪后期蒸汽机动力引发第一次工业革命开始的。200多年来，制造技术在世界范围内已经经历过了三个跳跃式的发展阶段，对于促成历史上三次工业革命的发生和发展起到了极其重要的作用。现在，制造技术发展进入了第四个发展阶段。

1776年，英国人詹姆斯·瓦特改良了蒸汽机原理结构，工程师约翰·威尔金森为解决气缸加工精度问题研制出了以蒸汽机为动力源的金属镗孔设备，从而形成了以蒸汽机动力和金属切削机床为标志物的工业制造技术发展的第一阶段。人类社会也自此开始出现工厂化机械制造的场景，并由此开始了第一次工业革命。

从1831年英国人迈克尔·法拉第发现电磁感应定律到1866年德国维尔纳·冯·西门子制成发电机，再到1873年比利时齐纳尔·格拉姆制成电动机，电气技术完成了从能量转换实验到技术应用的过程。装备了电动机的机械加工设备的加工能力及应用范围得以迅速扩大。与此同期，互换性生产的概念及其制度也已开始在制造领域建立起来，从而使得大批量制造得以实现，制造由作坊模式进入到了产业化工厂模式，此为制造技术发展的第二阶段。这个阶段出现了许多极其重要的技术发明和种类繁多的工业制造品，对于人类现代生活有着重要意义的内燃机、汽车、轮船、飞机、机床、起重机等都是在这个阶段出现的。作为技术科学的机械制造学科也是在这个阶段开始形成。由电气技术与制造技术的融合引发的制造技术大变革推动世界走进了第二次工业革命。

到了20世纪初，对高效率、大批量、低成本制造生产的追求促进了制造技术与渐趋成熟的管理技术的结合，这导致了大规模机械式流水线生产方式出现。1913年，福特公司建成世界第一条大规模汽车流水生产线，这成为机械制造发展进入第三阶段的一个标志，也由此成为世界第三次工业革命在机械制造领域的开端。流水线制导致了机械加工精度、大批量制造及生产效率的大幅度提升和生产成本的大幅度下降，最明显的产业推动案例就是汽车的大规模生产。

制造技术发展的第四阶段在第二次世界大战结束之后的20世纪中期开始初露端倪。电子计算机的出现（1946年第一台电子计算机问世）、系统控制理论的完善及信息技术的快速发展，导致数控加工机床和柔性加工制造方式等开始出现，形成了制造技术第四个发展阶段初期的主要技术性特征。有了这些技术及理论的支撑，制造业开始得以着手解决复杂制造工程的问题。

随着电子计算机技术和信息技术的不断发展和普及应用，从20世纪90年代开始，信息技术领域和人工智能研究领域的突破性成果集中涌现，工业制造过程中产生的信息、数据可以实现大规模的获取、聚合、分析和表达，人工智能理论和相关技术的融入及应用使得机械制造学科具有了智能化制造的内涵。智能制造、新增材制造（指3D打印）、复合材料与复合制造等一大批新概念、新技术进入制造领域，制造技术生产力再一次表现出爆发式的增长势头。学术界和技术史学界的一种观点认为这是第四次世界工业革命的开始。目前，将具有信息化、智能化特征的制造技术泛称为先进制造技术。

先进制造技术是制造技术第四阶段的发展核心，已成为全球各工业化国家的重要发展战略。我国政府2015年发布了以发展先进制造技术为核心的中国制造2025计划。

0.4 工程材料的分类

材料是机械制造的物质基础，是机械加工的直接作用对象。从公元前5000年人类发现并使用金属材料开始，历经青铜器时代、铁器时代、发展到近现代，金属材料都是机械制造最主要的材料，以至于很长时期内，人们提到机械加工材料即指金属材料。20世纪60年代后，为满足工业制造发展对材料的需要，非金属材料（主要是无机非金属材料和有机高分子材料两大类材料）和复合材料异军突起，进入快速发展阶段。由金属材料、非金属材料和复合材料构成了现代机械制造所用材料的三大基本分类，统一归为工程材料，如图0-7所示。

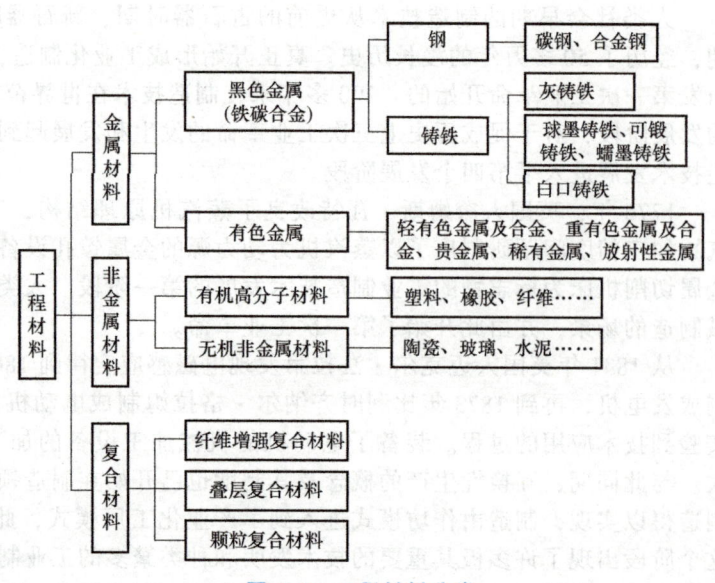

图 0-7 工程材料分类

根据不同的目的和用途，工程材料的分类方法有多种。一般，按照材料的应用性能和使用功能可以划分为结构材料、特殊功能材料、生物材料、生态环境材料和智能材料等；按照材料的几何形态划分，有三维块体材料、二维薄膜材料、一维纤维材料，以及微颗粒材料（例如纳米颗粒状材料，也被称为零维颗粒材料）。工程材料的研究和发展一直是最活跃的科学技术领域，新材料一直在不断涌现，因此，工程材料的分类方法也会不断地变化和调整。

0.5 课程学习要求

本课程的学习和能力达成要求如下：

1）了解常用工程材料的种类、性能特点和工程适用性，能正确选择和应用机械制造用材料。

2）掌握材料成形和切削加工的基本概念与基本原理并能正确应用。

3）熟悉材料成形和切削加工常用方法及工艺特点，能正确选择毛坯和加工方法并能够初步进行工艺设计和工艺分析。

4）了解机械制造的发展现状与趋势。

本课程与"工程训练"课程有着紧密的内在联系，其知识内容关联度和学习时序关联度都很大。遵循马克思主义认识论"由实践到认识，由认识到实践，不断循环提高"的观点，已将两种课程的知识内容衔接和教学时间顺序都做了尽可能合理的安排。因此，认真做好工程训练实践课程的体验性学习，主动将两种课程的内容有机地关联起来，理论联系实际，特别是紧密联系"工程训练"经历，来学习本课程的理论知识，将有助于学习者高效完成学习任务，并较快地形成分析和解决机械制造一般性技术问题的能力。

第1章

机械加工材料的主要性能

> **本章导学**：材料是产品制造的物质基础，影响产品的质量和全生命周期，是构成工业生产经济效益指标的核心元素之一；材料的性能对于制品的选材、加工方案及工艺参数的选择都是至关重要的，既是理论基础，又是设计的依据。本章作为教材开篇，内容以机械加工所关注的材料力学性能为主线，同时对加工制造有较大关联度的材料物理性能、化学性能以及加工工艺性的概念与指标进行一般性的介绍，为后续章节的学习进行必要的铺垫。本章学习重点是理解概念，掌握各项性能指标的含义、使用要求及温度和载荷等内部或外部因素对指标的影响规律，同时了解各指标之间可能存在的内在关系。有些内容，例如材料工艺性能部分，还会在后续章节进行详细的阐述，本章中只是依认知规律进行先导性的提示。
>
> 另外，书中标记"*"的内容属于扩展知识。

1.1 机械加工材料的力学性能

加工材料的力学性能是材料在载荷的作用下表现出来的性能。材料承受的载荷按作用方向可以分为拉伸、压缩和剪切；按时变特性（载荷随时间的变化特性）可以分为静载荷、动载荷和交变载荷。用于衡量在静载荷作用下的力学性能指标有强度、塑性和硬度等；在动载荷作用下的力学性能指标有冲击韧性等；在交变载荷作用下的力学性能指标有疲劳强度等。

拉伸试验是研究金属材料在静载荷作用下的性能指标——强度（Strength）和塑性（Plasticity）最常用的手段。目前，我国金属材料室温拉伸试验方法采用 GB/T 228.1—2010 新标准，为便于理解，现将金属材料强度与塑性的新、旧标准（GB/T 228—1987）名词和符号对照列入表1-1。

表1-1 金属材料强度与塑性的新、旧标准名词和符号对照

GB/T 228.1—2010 新标准		GB/T 228—1987 旧标准	
名词	符号	名词	符号
断面收缩率	Z	断面收缩率	ϕ
断后伸长率	A 和 $A_{11.2}$	断后伸长率	δ_5 和 δ_{10}
屈服强度	—	屈服点	σ_s

(续)

GB/T 228.1—2010 新标准		GB/T 228—1987 旧标准	
名词	符号	名词	符号
上屈服强度	R_{eH}	上屈服点	σ_{sU}
下屈服强度	R_{eL}	下屈服点	σ_{sL}
规定残余伸长强度	R_r，如 $R_{r0.2}$	规定残余伸长应力	σ_r，如 $\sigma_{r0.2}$
抗拉强度	R_m	抗拉强度	σ_b

1.1.1 强度

定义材料抵抗外力作用至变形或破裂的能力为材料的强度（Strength）。工程上常用的强度指标有抗拉强度、屈服强度、抗弯强度、疲劳强度以及断裂强度等。

拉伸试验中，将制备的标准试样装夹在拉伸试验机上进行常温下缓慢加载的静拉伸试验，直到试件拉断，如图 1-1 所示。通过自动记录仪可得到试样上所受力 F 与绝对伸长量 ΔL 的关系曲线，即力-伸长曲线，数学处理后可得到应力-应变曲线，即工程上常用的 R-e 曲线。图 1-1 为拉伸试样及试验过程图示，由图 1-1b 可知，拉伸过程中试样从①的未加载状态，加载后，均匀伸长和截面缩小，图②；持续伸长，达到最大载荷，图③；然后颈缩、负载变小，如图④所示；最后断裂，如图⑤、⑥所示。

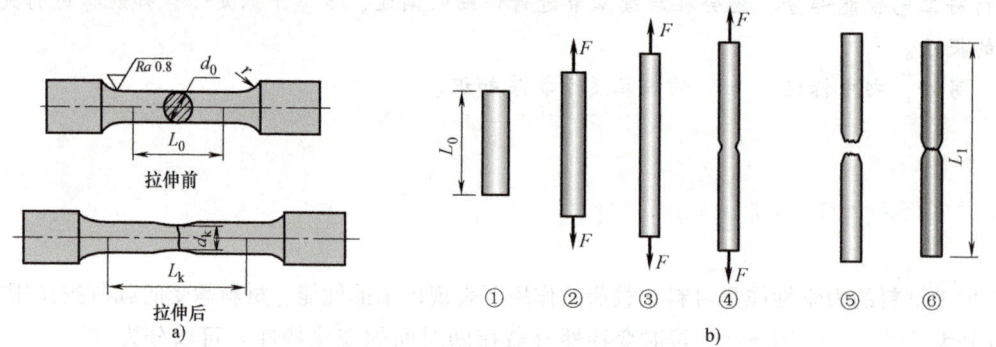

图 1-1 拉伸试样及试验过程图示
a）拉伸试样 b）试样拉伸变形过程

图 1-2a 所示为典型的塑性材料（低碳钢）拉伸曲线。曲线上任意点的应力定义为拉力除以试样原始截面积，计算公式如下：

$$R = \frac{F}{A_0}$$

式中，R 为应力（MPa）；F 为测试中施加的力（N）；A_0 为试样的原始横截面积（mm²）。

（1）屈服强度（Yield Stress） 由拉伸曲线（图 1-2）可见，在开始的 Oe 阶段，拉力 F 与伸长量 ΔL 为线性关系，当去除拉力后试样将恢复到原始长度，此为弹性变形段。拉力超过 F_e 之后，试样除发生弹性变形外还将发生塑性变形。到达 s 点后，材料出现塑性变形持续而拉力不增的现象，称为屈服现象，s 点称为屈服点，该点处的应力称为屈服强度，一般分为上屈服强度和下屈服强度。

1）上屈服强度 R_{eH}。试样开始屈服时出现的瞬时最大应力定义为上屈服强度，用 R_{eH}

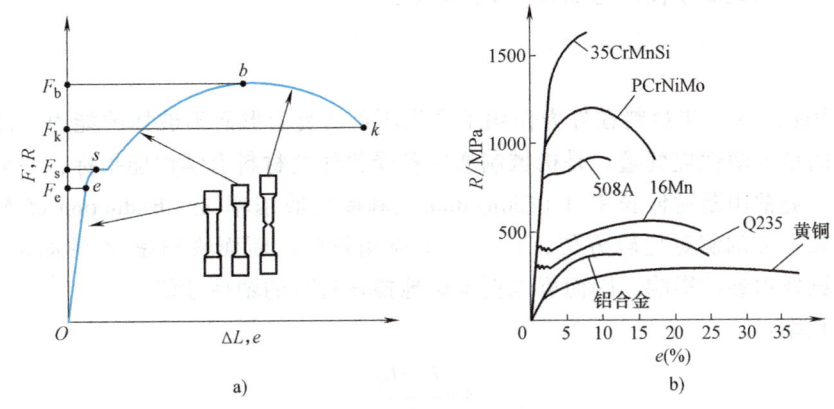

图 1-2 拉伸曲线图
a) 低碳钢的拉伸曲线 b) 不同金属的应力-应变曲线

表示。

2) 下屈服强度 R_{eL}。屈服期间从第二个峰谷算起出现的最小应力为下屈服强度,用 R_{eL} 表示。一般情况下,对屈服现象明显的塑性材料,可用 R_{eL} 作为材料的屈服强度,即

$$R_{eL} = \frac{F_{eL}}{A_0} \Leftrightarrow \sigma_s = \frac{F_s}{A_0}$$

式中,R_{eL} 为下屈服强度;F_{eL} 为对应非初始状态最小屈服应力的试验拉力 (N);σ_s 为试样产生屈服时的应力 (MPa) (GB/T 228.1—1987 中使用,此后的新标准中不使用);F_s 为试样屈服时所承受的载荷 (N);A_0 为试样原始横截面积 (mm^2)。

工程中通常使用应力-应变曲线即 R-e 曲线来描述材料的拉伸试验特性。如图 1-2b 所示的几种常用金属材料的 R-e 曲线。

3) 条件屈服强度 $R_{p0.2}$。对于铸铁等脆性材料,因为难以看到明显的屈服现象,工程上规定以试样出现 0.2% 塑性变形时的应力称为该材料的屈服点,即所谓的"条件屈服强度",记作 $R_{p0.2}$。

(2) 抗拉强度 R_m 如图 1-2a 所示,拉伸曲线在过屈服点之后,塑性变形速率变快,导致曲线斜率发生显著的变化。当超过最大拉力 F_b 以后,试样上某部分开始变细,出现了"缩颈",直至在 k 点处断裂。在断裂之前出现的最大应力称为材料的抗拉强度 (Tensile Strength,或 Ultimate Strength)。

$$R_m = \frac{F_b}{A_0}$$

式中,R_m 为试样在拉断前所承受的最大应力 (MPa);F_b 为试样在拉断前所承受的最大载荷 (N);A_0 为试样原始横截面积 (mm^2)。

在评定金属材料的加工性及设计机械零件时,屈服点和抗拉强度有重要意义。塑性材料多以 R_{eL} 作为强度设计的依据,脆性大的材料则以 R_m 为依据。

对于工程陶瓷等脆性材料,由于其塑性几乎为零,用抗拉强度难以准确描述其抵抗变形

与破坏的能力，因此通常使用弯曲强度 σ_f 来表达。

1.1.2 塑性

塑性（Plasticity）指材料在外力作用下产生不可回复变形而不破坏的能力，即材料断裂之前可承受的最大塑性应变量，是机械制造中备受关注的材料力学性能指标，一般通过静拉伸试验测定。通常用断后伸长率 A（Elongation）和断面收缩率 Z（Reduction of Area）来表示。断后伸长率 A 的测定比较方便，在工程上应用较广；断面收缩率 Z 的测定较难一些，但能够反映试样缩颈的影响，因而可以更准确地描述材料的塑性性能。

断后伸长率：

$$A = \frac{L_1 - L_0}{L_0}$$

式中，L_0 为试样原始标距长度（mm）；L_1 为试样拉断后的标距长度（mm）。

断面收缩率：

$$Z = \frac{A_0 - A_1}{A_0}$$

式中，A_0 为试样原始横截面积（mm^2）；A_1 为试样断口处的的横截面积（mm^2）。

A 和 Z 数值越大，材料的塑性越好。良好的塑性是金属材料进行塑性成形加工（如冲压、冷轧、铆接等）和焊接的必要条件，在一些工况下还能够增加零件的安全性。例如，当零件遭受危险过载时，所产生的塑性变形能吸收大量能量并形成断裂前的缓冲过渡，从而化解或减轻灾难性事故的发生。所以，机械工程设计制造中一般都要对材料提出一定的塑性要求。

* 真实应力-应变曲线：前面所述的应力和应变是用试样的原始尺寸（L_0、A_0）进行计算的，由此得到的结果称为工程应力、工程应变和工程应力-应变曲线。实际上，由于试样在拉伸过程中发生颈缩和伸长，其尺寸是会发生变化的。真实的应力、应变应是瞬时载荷与瞬时实际尺寸之比。真实的应变定义为：

$$\varepsilon = \int_{L_0}^{L} \frac{dL}{L} = \ln \frac{L}{L_0}$$

式中，L 为伸长期间的瞬时长度（mm）。

对应的真实应力-应变曲线如图 1-3 所示。与工程应力-应变曲线相比较，在弹性变形区域，由于试样的横截面积没有显著改变，两种曲线近似相同，都适用材料虎克定律：$R = E\varepsilon$。而在塑性变形区域则出现明显的变化，真实应力-应变曲线没有在出现最大值后转而下降，而是继续上升直至断裂。这是由于金属晶体受力变形出现硬化（加工硬化）和试样缩颈时截面积变小，这两个原因使应力上升。真实应力-应变曲线排除了工程应力-应变曲线中断裂前出现下降段的假象。

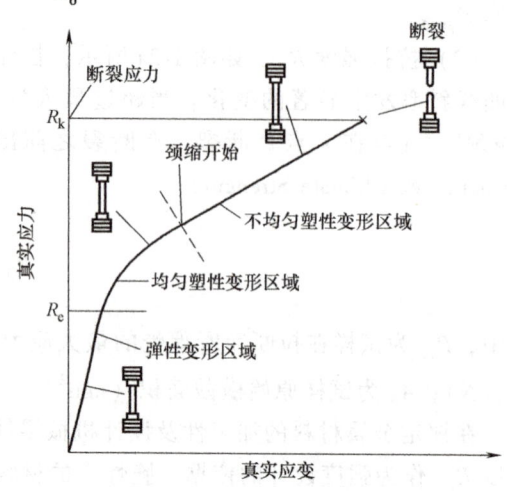

图 1-3 真实应力-应变曲线

通常将图 1-3 中的均匀塑性变形阶段的曲线称为流变曲线，它决定了金属在塑性变形区域中的行为，包括金属的应变硬化或加工硬化能力。因此，对于金属塑性加工等工艺过程而言，流变曲线显得十分重要。

以双对数标度绘制流变曲线，可以得到流变曲线的线性表达公式为：

$$R = K\varepsilon^g$$

式中，K 为强度系数（MPa），等于真实应变值等于 1 的真实应力值；g 为硬化指数，表征金属在均匀塑性变形阶段的应变硬化和加工硬化能力，g 值越大，加工硬化越显著。大多数金属材料的 g 值为 0.10~0.50，取决于材料的晶体结构和加工状态。

1.1.3 硬度

材料表面抵抗局部变形的能力称为硬度（Hardness）。硬度指标用来衡量材料的软硬程度，能比较敏感地反映材料的成分与组织结构的变化，与强度、塑性有密切关联，是表征工程材料力学性能的重要指标。硬度直接影响材料的耐磨性和可加工性。

材料的硬度一般是通过硬度计上测出。常用的有布氏硬度法和洛氏硬度法。

1. 布氏硬度

布氏硬度（Brinell Hardness，HB）试验广泛用于测试中低硬度的金属和非金属，其试验原理、方法与条件在 GB/T 231.1—2009《金属材料 布氏硬度试验第 1 部分：试验方法》中有详细说明。如图 1-4a 所示，用规定直径的硬质合金球，以一定载荷压入试样表面，保持规定时间后卸除载荷，测量试样表面的压痕直径，经规定保持时间，卸载后测量试样表面的压痕直径，计算出球面压痕单位表面积上所承受的平均压力即为硬度值。

$$HB = \frac{2F}{\pi D_b (D_b - \sqrt{D_b^2 - D_i^2})}$$

式中，HB 为布氏硬度值（N/mm²）；F 为载荷（kg）；D_b 为压球的直径（mm）；D_i 为试样表面上的压痕直径（mm）。

布氏硬度计的压头直径有 ϕ10mm、ϕ5mm、ϕ2.5mm 三种，载荷有 30000N、7500N、1870N 等多种供选用，其中常用的压头为 ϕ10mm，载荷为 30000N。选用原则是：①根据材料软硬和工件厚度不同，正确选择载荷 F 和压头直径 D，为使同一材料用不同的 F、D 测得的 HBW 值相同，应使 F/D^2 为常数；②为保证测试的 HBW 值的准确性，要求压痕直径 D_i

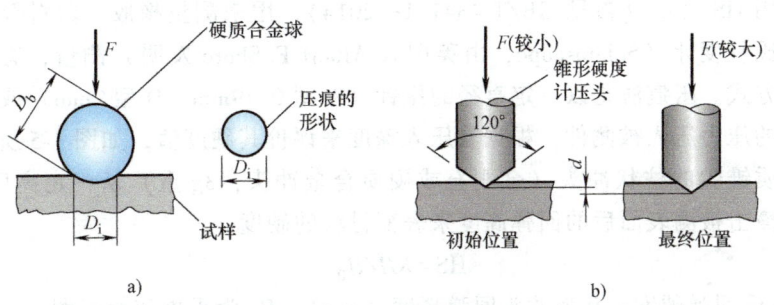

图 1-4 硬度试验方法

a）布氏硬度法　b）洛氏硬度法

与压头直径 D_b 的比值在一定范围内（一般 $0.2D_b < D_i < 0.5D_b$），方可认为是可靠的数据。

布氏硬度因压痕面积较大，其硬度值比较稳定，故测量数据重复性好、准确度比洛氏硬度法高。缺点是测量较费时，且压痕较大，不适于成品检验。

2. 洛氏硬度

洛氏硬度（Rockwell Hardness，HR）是另一种广泛使用的试验，以 20 世纪 20 年代开发它的冶金学家的名字命名。洛氏硬度与布氏硬度试验原理相似，都是压痕试验法，但采用的是顶角为 120° 金刚石圆锥体或 $\phi1.588$mm 的淬火钢球压头，测量的是压痕深度而不是压痕直径，如图 1-4b 所示。（详见 GB/T 230.1—2018《金属材料 洛氏硬度试验 第 1 部分：试验方法》）

通过改变压头和载荷，以使硬度计能测试从软到硬各种材料的硬度，如 HRA，HRB，HRC，…，HRK。表 1-2 给出了几种常用试验规范，其中以 HRC 应用最广。

表 1-2 洛氏硬度试验规范示例（GB/T 230.1—2009）

洛氏硬度	压头类型	总载荷/N	测量范围	应用举例
HRA	120°金刚石圆锥	588.4	20~88HRA	高硬度表面、硬质合金
HRB	直径为 1.588mm 的淬火钢球	980.7	20~100HRB	低碳钢、铸铁、有色金属
HRC	120°金刚石圆锥	1471	20~70HRC	淬火回火钢

洛氏硬度试验压痕小，能直接读数，操作方便，可测低硬度和高硬度材料，不损伤零件，可用于成品检验，因此应用广泛。该法主要用于各种钢铁原材料、有色金属、经淬火后工件、表面热处理工件及硬质合金等的硬度。它的缺点是测得的硬度值重复性较差，需在不同部位测量数次，取其平均值。

在金属材料中，各种硬度与强度间有一定的换算关系，故在零件图的技术条件中，通常只标出硬度要求。表 1-3 给出了几种硬度与抗拉强度的关系。

表 1-3 几种硬度与碳素钢抗拉强度的换算关系

HRC	HRA	HBS	HBW	R_m/MPa	HRC	HRA	HBS	HBW	R_m/MPa
25.0	62.8	251	—	875	40.0	70.5	370	370	1271
30.0	65.3	283	—	989	45.0	73.2	424	428	1459
35.0	67.9	323	—	1119	50.0	75.8	—	502	1710

注：此表摘自 GB/T 1172—1999，GB/T 1172—1999 已不推荐使用 HBS 方法。

3. 肖氏硬度

肖氏硬度用 HS 表示（参见 GB/T 4341.1—2014），用来测量橡胶、塑料等弹性材料的硬度。使用肖氏硬度计（Scleroscope，由英国人 Albert F. Shore 发明）测量，有压痕法和回弹法两种测量方式。压痕法是以一定直径的压针（A 型 0.79mm，D 型 2mm）或压球（球径 5mm）以一定的压力压入被测件，根据其压入深度来评价其硬度值，如图 1-5 所示。回弹法是以一具有硬质锥尖的柱状冲头（金刚石或硬质合金冲头，3g 重）从一定高度（300mm）垂直落下，用撞击被测表面后的回弹高度来表征材料的硬度。

$$HS = KH/H_0$$

式中，HS 为肖氏回弹硬度；H 为冲头回弹高度（mm）；H_0 为重推初始高度（mm）；K 为回弹硬度系数。

被测材料越软，吸收能量越多，则回弹高度就越低。

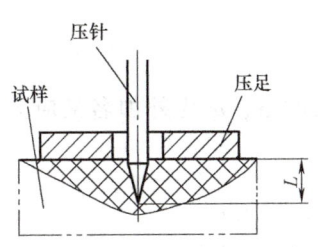

图 1-5 肖氏硬度计压痕原理及实物

肖氏硬度测量值分散性较大，不适合测试较薄或较小的试样，但其突出的优点是结构简单，轻小便携，适合现场检测，测试效率高，是橡胶塑料及化工、轻工行业常用的材料硬度检测手段。

1.1.4 韧性

工作中承受冲击载荷的机器零件，例如锻模、活塞销、火车挂钩等，其破坏形式往往是冲击断裂。因此，必须考虑其所用材料抵抗冲击载荷的能力。材料断裂前吸收变形能量的能力称为韧性（Toughness）。

（1）冲击韧度（Impact Toughness） 韧性的常用指标为冲击韧度 A_K。冲击韧度通常采用摆锤式冲击试验机测定，如图 1-6 所示。测定时，一般是将带缺口的标准冲击试样（参见 GB/T 229—2007）放在试验机上，然后用摆锤将其一次性冲断，并以试样缺口处单位截面积上的冲击吸收功表示其冲击韧度，即：

$$A_K = \frac{A_{KV}}{A}$$

式中，A_K 为冲击韧度（冲击值）（J/cm²）；A_{KV} 为冲断试样所吸收的能量（在刻度盘上直接读出）（J）；A 为试样缺口处的横截面积（cm²）。

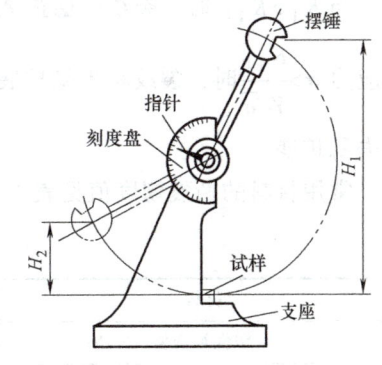

图 1-6 摆锤式冲击试验机

对于脆性材料（如铸铁、淬火钢）的冲击试验，试样一般不开缺口，因为开缺口的试样冲击值过低，难以比较不同材料冲击韧度的差异。

冲击值的大小与很多因素有关。因此，冲击值的大小一般仅作为选择材料时的参考，不直接用于强度计算。实际上，在冲击载荷下工作的机械零件，很少是受大能量一次冲击而破坏的，往往是经受小能量的多次冲击，因冲击损伤的积累引起裂纹扩展而造成断裂的，故用 A_K 值来反映冲击韧性有一定的局限性。研究结果表明，金属材料承受小能量多次重复冲击的能力取决于材料强度和塑性的综合性指标。

*（2）断裂韧度（Fracture Toughness） 工程上使用的材料常存在一定的缺陷，如夹杂物、气孔、微裂纹等，这些缺陷都可以看做裂纹，它们的存在容易导致材料的局部应力集中。在远低于屈服强度的外加应力下，裂纹尖端的应力可能已远超过屈服强度，引起裂纹快速扩展而使材料断裂。由于实际断裂应力与原始裂纹尖端和裂纹的形状、加载方式及材料抵抗裂纹扩展的能力均有关，因此用应力强度因子 K_I（$MN/m^{3/2}$）表示材料中裂纹各点应力随外加应力变化的比例关系，即：

$$K_I = Y\sigma\sqrt{a}$$

式中，Y 为与裂纹形状、加载方式及试样几何尺寸有关的量；σ 为外加名义应力；a 为裂纹长度的二分之一。

拉伸时，随着外应力 σ 的增大，应力强度因子 K_I 不断增大，裂纹前沿的内应力 σ_y 也随之增大，如图 1-7 所示。当 K_I 增大到某一临界值时，就能使裂纹前沿某一区域内的内应力 σ_y 大到足以使材料分离，导致裂纹扩展，可使试样断裂。裂纹扩展的临界状态所对应的应力强度因子称为临界应力场强度因子，用 K_{IC} 表示，它就代表了材料的断裂韧度。

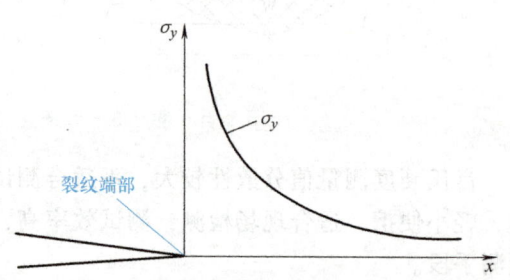

图 1-7 裂纹尖端延长线上的应力 σ_y 与 x 的关系曲线

断裂韧度 K_{IC} 是材料本身的特性，由材料的成分、组织状态决定，与裂纹的尺寸、形状以及外加应力的大小无关。而应力强度因子 K_I 则与外应力大小有关，也与裂纹尺寸有关。当 $K_I > K_{IC}$ 时，裂纹失稳扩展，可导致断裂发生。由此可知，当裂纹尺寸 $2a$ 一定时，外应力 $\sigma > \dfrac{K_{IC}}{Y\sqrt{a}}$ 时，裂纹将失稳扩展。当外应力 σ 一定时，则裂纹半长 $a > \left(\dfrac{K_{IC}}{Y\sigma}\right)^2$ 时，裂纹将失稳扩展。

常用材料的断裂韧度值见表 1-4。

表 1-4 常用材料的断裂韧度值

	材料	K_{IC}		材料	K_{IC}
金属材料	塑性纯金属(Cu、Ni)	100~350	高分子材料	聚苯乙烯	2
	低碳钢	140		尼龙	3
	高强度钢	50~154		聚碳酸酯	1.0~2.6
	铝合金	23~45		聚丙烯	3
	铸铁	6~20		环氧树脂	0.3~0.5
复合材料	玻璃纤维(环氧树脂基体)	42~60	陶瓷材料	Co/WC 金属陶瓷	14~16
	碳纤维增强聚合物	32~45		SiC	3
	普通木材(横向)	11~13		钙玻璃	0.7~0.8

1.1.5 疲劳强度

轴、齿轮、轴承、连杆、叶片、弹簧等零件在工作过程中，各点所受应力随时间作周期性的变化，这种应力称为交变应力（Alternative Stress）或循环应力。在交变应力作用下，虽然零件所承受的应力低于材料的屈服强度，但较长时间工作后会产生裂纹或突然断裂的现象称为疲劳失效或疲劳断裂。疲劳寿命，定义为循环破坏的次数，取决于循环应力的幅值及其施加方式。

材料承受的交变应力（σ）与材料断裂前承受交变应力的循环次数（N）之间的关系可用疲劳曲线来表示，如图1-8a所示。

金属承受的交变应力越大，则断裂时应力循环次数N越小。当应力低于某一定值时，试样可以经受无限次循环而不破坏，此应力值称为材料的疲劳强度（Fatigue Strength）。对于对称循环交变应力，如图1-8b所示，疲劳强度用σ_{-1}表示。实际上不可能做无限次交变载荷试验，工程上的处理方法是对不同材料设定一个可以指代无限次疲劳试验循环次数的应力循环基数。例如，对一般钢材，选择10^7为应力循环基数，对于一些非铁合金，常取10^8为应力循环基数。

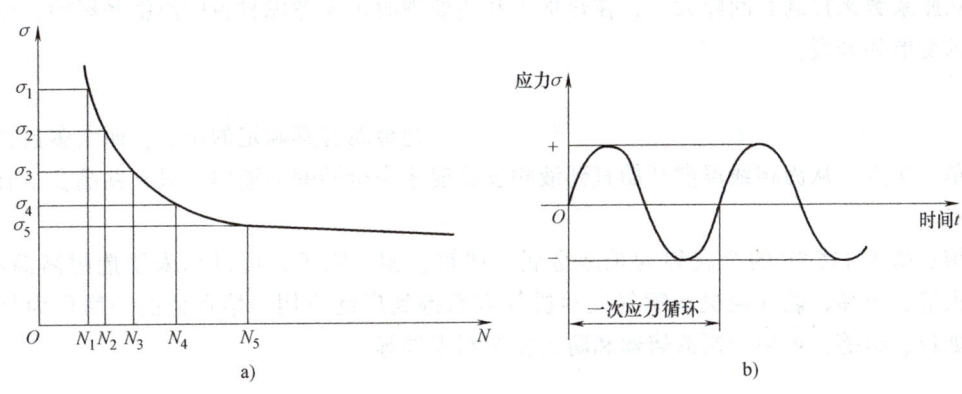

图 1-8 疲劳曲线和对称循环交变应力图
a) 疲劳曲线　b) 对称循环交变应力

对于疲劳强度，裂纹萌生点的避免至关重要。材料的内部缺陷、外部划痕、裂隙以及残余应力等因素是导致微裂纹的重要诱发因素。随着交变应力循环次数的增加，微裂纹会不断地增加和扩展，直至有效截面减小至不能承受载荷而突然断裂。

避免材料的内部缺陷，改善零件的结构形状，减少应力集中，都可以提高疲劳强度。加工方法不同也会影响零件的疲劳强度，例如表面喷丸或电化学加工都可以提高零件的疲劳强度。

1.2　机械加工材料的物理、化学及工艺性能要求

1.2.1　物理性能

物理性能（Physical Properties）指由原子、离子、电子及它们之间的相互作用所反映出现的物理性能，主要有密度、熔点、热膨胀、导热性、导电性和磁性等。产品中的部件不仅需要承受机械应力，根据其用途还需要一定的物理性能，如质量密度、导电能力、传热能力、透光能力等。

如图1-9所示的防爆活扳手，用铝青铜或铍青铜制造而成，用于在易燃易爆环境下作业，即使有碰撞也不会产生火花。

图 1-9　防爆活扳手

1. 密度（Density）

密度是其单位体积的质量，符号是 ρ，单位是 kg/m^3。密度小于 $5×10^3 kg/m^3$ 的金属称为轻金属，如铝、镁、钛及其合金；密度大于 $5×10^3 kg/m^3$ 的金属称为重金属，如铁、铅、钨等。金属材料的密度直接关系到所制构件和零件的质量，轻金属多用于航空航天上。

2. 热膨胀（Thermal Expansion）

热膨胀是指温度对密度的影响，通常用热膨胀系数来表示，如线胀系数，它表征固态物质单位温度变化导致的长度量值的变化（单位为 1/℃）。绝大多数材料的密度随温度的升高而降低，换句话说，单位质量的体积随温度增加而增加。

精度要求高的零件或设备，应考虑选用热胀系数小的材料制造；轴和轴瓦之间要根据材料的热胀系数来控制其间隙大小；在热加工和热处理时也要考虑材料的热膨胀影响，以减少工件的变形和开裂。

3. 熔点（Melting Point）

材料为的熔点其从固态转变为液态时的温度。纯金属有其确定的熔点，而大多数合金都没有单一熔点，从固相线温度开始直到液相线温度才完全转变为液体，只有共晶合金有确定的熔点。

熔点高于 1769℃ 的金属称为难熔金属，如钨、钼、钒等，可以用来制造耐高温零件，如在火箭、导弹、燃气轮机和喷气发动机等方面得到广泛应用。熔点低的金属称为易熔金属，如锡、铅等，可用于制造熔丝和防火安全阀零件等。

4. 比热容（Specific Heat）

材料的比热容定义为使单位质量材料的温度升高 1K 所需的能量。材料加热到给定温度所需的能量为：

$$H = cW(T_2 - T_1)$$

式中，H 为能量（J）；c 为材料比热容 $J/(kg·K)$；W 为质量，kg。

5. 导热性（Heat Conductivity）

通常用热导率 λ [单位为 $W/(m·K)$] 来衡量材料的导热性能。热导率越大，导热性越好。

在热加工和热处理时，必须考虑金属材料的导热性，据此来确定工件材料的加热速度和冷却速度。

热导率用于计算加工过程中的传热和散热。例如，在金属切削、磨削加工等过程中，希望工件和刀具及其工艺系统能够迅速散热而保持温升不要过大。而在焊接作业时则不希望遇到高热导率的材料，例如，铜就很难焊接，因为高热导率使它难以加热到高温。

部分金属材料的物理性能及力学性能见表 1-5。部分典型工业用钢的力学性能见表 1-6。

表 1-5 部分金属材料的物理性能及力学性能

金属	铝	铜	镁	镍	铁	钛	铅	锡	锑
元素符号	Al	Cu	Mg	Ni	Fe	Ti	Pb	Sn	Sb
密度/$g·cm^{-3}$	2.70	8.94	1.74	8.9	7.86	4.51	11.34	7.3	6.69
熔点/℃	660	1083	650	1455	1539	1660	327	232	631
线胀系数($×10^{-6}$)/℃$^{-1}$	23.1	16.6	25.7	13.5	11.7	9.0	29	23	11.4

(续)

金属	铝	铜	镁	镍	铁	钛	铅	锡	锑
相对电导率(%)	60	95	34	23	16	3	7	14	4
热导率/W·(m·K)$^{-1}$	2.09	3.85	1.46	0.59	0.84	0.17	—	—	—
磁化率χ_m(%)	21	抗磁	12	铁磁	铁磁	182	抗磁	2	—
弹性模量 E/MPa	72400	130000	43600	210000	200000	112500	—	—	—
抗拉强度 R_m/MPa	80~110	200~240	200	400~500	250~330	250~300	18	20	4~10
断后伸长率 A(%)	32~40	45~50	11.5	35~40	25~55	50~70	45	40	0
断面收缩率 Z(%)	70~90	65~75	12.5	60~70	70~85	76~88	90	90	0
硬度 HBW	20	40	36	80	65	100	4	5	30
色泽	银白	玫瑰红	银白	白	灰白	暗灰	灰	银白	银白

表 1-6 部分工业用钢的物理性能及力学性能

工业用钢	结构钢	不锈钢	导轨钢	钢钢	轴承钢
符号	Q235	06Cr19NiT10	40Cr	4J36	GCr15
密度/g·cm^{-3}	7.85	7.93	7.9×10^{-3}	8.1	7.8
泊松比 ν	0.25~0.33	0.3	0.31	0.2	0.35
线胀系数(×10^{-6})/℃$^{-1}$	12.1	18.4	15.5	1.5	15.6
热导率/W·(m·K)$^{-1}$	60.4	16.3~21.5	12.0	11.0	30~40
抗拉强度 R_m/MPa	370~500	440~540	810	500	860
弹性模量 E/GPa	200~210	193	211	144	210
屈服强度/MPa	235	205	785	276	518
硬度 HBW	100	201	207	140	217~255

1.2.2 化学性能

金属材料的化学性能（Chemical Properties）主要是指在常温或高温时，抵抗各种介质侵蚀的能力，如耐蚀性、耐酸性、耐碱性、抗氧化性等。

1. 耐蚀性

金属材料在常温下抵抗氧、水蒸气及其他化学介质腐蚀破坏作用的能力称为耐腐蚀性（Corrosion Resistance）。碳钢、铸铁的耐蚀性较差，钛及其合金和不锈钢的耐蚀性好，铝合金和铜合金亦有较好的耐蚀性。

2. 抗氧化性

金属材料在加热时抵抗氧化作用的能力称为抗氧化性（Oxidation Resistant）。钛合金和铜合金的抗氧化性高，碳钢的抗氧化性较低。加入 Cr、Si 等合金元素，可提高钢的抗氧化性。

金属材料的耐蚀性和抗氧化性统称为化学稳定性。在高温下的化学稳定性称为热稳定性。在高温条件下工作的设备，如锅炉、汽轮机、喷气发动机等部件和零件应选择热稳定性好的材料来制造。对于在腐蚀介质中或在高温下工作的机器零件，由于比在空气中或室温时的腐蚀更为强烈，故在设计和加工这类零件时应特别注意金属材料的化学性能。

1.2.3 工艺性要求

工艺性能（Processing Property）是金属材料物理性能、化学性能和力学性能在加工过程中的综合反映，是指其是否易于进行冷、热加工的性能。按工艺方法的不同，可分为铸造性、可锻性、焊接性和可加工性等。

金属由基本工艺加工成形，包括铸造、粉末冶金、变形工艺和材料去除等。通过焊接、粘接和机械紧固将金属零件、构件连接在一起形成组件。

1. 铸造性能

金属材料通过铸造成形获得优良铸件的能力称为铸造性能（Castability），用流动性、收缩性和偏析倾向来衡量。

（1）流动性（Fluidity） 熔融金属的流动能力称为流动性。流动性好的金属容易充满铸型，从而获得外形完整、尺寸精确、轮廓清晰的铸件。

（2）收缩性（Shrinkage） 铸件在凝固和冷却过程中，其体积和尺寸减小的现象称为收缩性。铸件收缩不仅影响尺寸，还会使铸件产生缩孔、疏松、内应力、变形和开裂等缺陷。

（3）偏析倾向（Segregation Tendency） 铸件凝固后化学成分和组织的不均匀现象称为偏析。偏析导致力学性能分布不均匀，降低铸件的质量。

几种金属材料的铸造性能比较见表1-7。

表1-7 几种金属材料的铸造性能比较

材料	流动性	收缩性		偏析倾向	其他
		体收缩	线收缩		
灰铸铁	好	小	小	小	铸造内应力小
球墨铸铁	稍差	大	小	小	易形成缩孔、缩松，白口化倾向小
铸钢	差	大	大	大	导热性差，易发生冷裂
铸造黄铜	好	小	较小	较小	易形成集中缩孔
铸造铝合金	尚好	小	小	较大	易吸气，易氧化

2. 锻造性能

锻造性能（Forging Performance）指金属材料对锻压成形加工的适应能力，主要取决于金属材料的塑性和变形抗力。塑性越好，变形抗力越小，金属的锻造性能越好。碳钢在加热状态下锻造性能较好，其中低碳钢最好，中碳钢次之，高碳钢较差。合金钢的锻造性能比碳钢差。铸铁不能锻造。

3. 焊接性

金属材料的焊接性（Weldability）是指在一定的焊接工艺条件下，获得优质焊接接头的难易程度。钢材中碳含量是焊接性好坏的主要因素。低碳钢和含碳质量分数低于0.18%的合金钢有较好的焊接性；碳和合金元素质量分数越高，焊接性越差。铜合金和铝合金的焊接性都较差，灰铸铁的焊接性很差。

4. 可加工性

材料的可加工性（Machinability）一般用切削后的表面质量（以表面粗糙度值的高低衡

量）和刀具寿命来衡量。影响可加工性的因素很多，主要有材料的化学成分、组织、硬度、韧性、导热性和冷变形硬化等。金属材料具有适当的硬度（170~230HBW）和足够的脆性时，切削性良好。改变钢的化学成分（如加入少量铅、磷等元素）和进行适当的热处理（如低碳钢进行正火，高碳钢进行球化退火）可提高钢的可加工性。

表1-8列出了几种典型金属材料的可加工性比较。

表1-8 几种典型金属材料的可加工性比较

等级	金属材料	可加工性
1	铝、镁合金	很容易加工
2	易切削钢	易加工
3	30钢正火	易加工
4	45钢，灰铸铁	一般
5	85钢（轧材），2Cr13钢调质	一般
6	65Mn钢调质，易切削不锈钢	难加工
7	W18Cr4V钢	难加工
8	耐热合金，钴合金	难加工

思 考 题

1. 什么是应力？什么是应变？
2. 缩颈现象发生在应力-应变曲线上的哪一点？如果没有出现缩颈现象，是否表示该试样没有发生塑性变形？
3. 拉伸试验不适用于陶瓷等硬脆材料，那么用来确定这种材料强度特性的测试方法是什么？
4. 材料的疲劳强度和抗拉强度指标在工程设计中的作用有何异同？
5. 下列情况应采用哪种方法来检查其硬度？
①库存钢材 ②硬质合金刀头 ③锻钢件 ④车床卡盘爪 ⑤泡沫塑料
6. 指出下列符号所对应的新标准符号以及所表示的力学性能指标和含义。
R_m　R_{eL}　R_{eH}　$R_{p0.2}$　σ_{-1}　A　A_K　Z
7. 产品设计和加工工艺设计中对材料力学性能要求有哪些不同？

第2章

机械制造的材料学基础

> **本章导学**：材料的力学性能取决于材料的化学成分和微观组织结构。因此，需要对材料组成、微观结构及其行为有所了解。这部分内容是材料学的基础知识，也是机械加工选材和加工工艺设计的理论依据。本章内容以机械加工所关注的材料力学性能、加工过程与材料力学性能的相互影响为知识主线，以铁碳合金相图为理论学习重点，深入阐述微观组织结构对材料力学性能的影响规律。

2.1 金属的晶体结构及其同素异构转变

固态物质按质点（原子、离子或分子）聚集状态不同可分为两大类：晶体（Crystal）与非晶体（Amorphous）。质点在三维空间有规则地周期性重复排列的物体称为晶体，如金属、合金、陶瓷、金刚石等。原子（离子或分子）在空间无规则排列的物体则称为非晶体，如松香、石蜡、玻璃等。金属晶体的质点是由金属键连接的，这决定了金属材料性能的诸多特殊性。

2.1.1 金属的晶体结构

晶体中原子（或离子、分子）在空间规则排列的方式称为晶体结构（见图2-1a）。为了便于研究，假设通过金属原子的中心画出许多空间直线，这些直线形成的空间格架，称为晶格（见图2-1b）。晶格的结点为金属原子（或离子、分子）平衡中心的位置。能反映该晶格特征的最小组成单元称为晶胞（见图2-1c）。晶胞在三维空间周期性重复排列构成晶格。晶胞的基本特性即反映该晶体结构的特点。

晶胞中各棱边的长度称为晶格常数，其大小以Å（埃）来度量（$1\text{Å} = 10^{-10}$m）。各种金属晶体结构的主要差别就在于其晶格类型和晶格常数的不同。在晶格中由一系列原子组成的平面称为晶面，而晶面又是由一行行的原子列组成的，晶格中各原子列的位向称为晶向。

工业常用的金属中，除少数具有复杂晶体结构外，绝大多数金属都具有比较简单的晶体结构。其中最常见的金属晶体结构有三种类型：体心立方晶格（Body Centered Cubic Lattice，简称BCC）、面心立方晶格（Face Centered Cubic Lattice，简称FCC）和密排六方晶格（Hexagonal Close Packed Lattice，简称HCP），如图2-2所示。

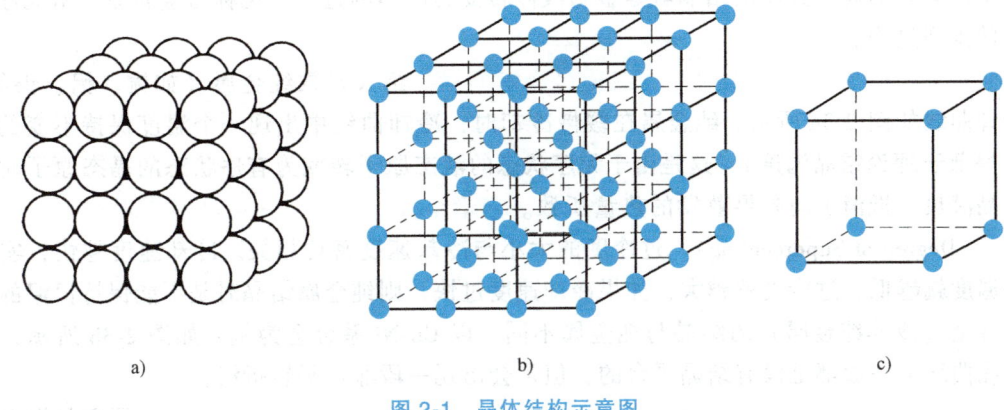

图 2-1 晶体结构示意图

a) 晶体中的原子排列 b) 晶格 c) 晶胞

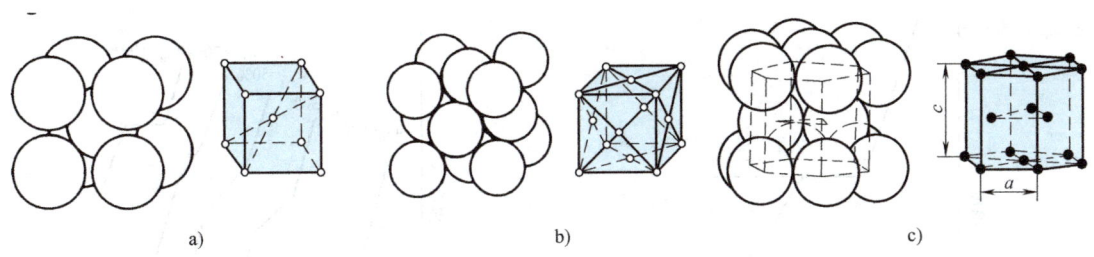

图 2-2 金属晶体结构的三种类型

a) 体心立方 b) 面心立方 c) 密排六方

1. 体心立方晶格

体心立方晶格的晶胞如图 2-2a 所示,在立方晶胞的 8 个顶角和立方体的体心各有一个金属原子。具有这种晶格的金属有铬、钨、钼、钒和 912℃ 以下的铁（α-Fe）等。

2. 面心立方晶格

面心立方晶格的晶胞如图 2-2b 所示,在立方晶胞的 8 个顶角上和 6 个面的面中心各有 1 个金属原子。具有这种结构的金属有铝、铜、镍、铅、金、银和 912～1394℃ 的铁（γ-Fe）等。面心立方晶体结构的材料的塑性比较好。

3. 密排六方晶格

密排六方晶格的晶胞如图 2-2c 所示,在六方晶胞的上下正六角形面的顶角和面的中心各有 1 个金属原子,而且在六棱柱体的中心还有 3 个原子。具有这种结构的金属有镁、锌等。

实际上,工程应用中的金属材料,尽管具有确定的上述某一种晶体结构,但这些晶体的排列并非是整齐有序的,从而形成许多位向不同、大小形状各异的小晶体。这些小晶体被称为晶粒,不同取向晶粒之间的交界称为晶界。有多晶粒晶界的晶体称为多晶体,大多数金属都是多晶体。晶界的存在状态在很大程度上影响着金属材料的性能。

2.1.2 金属的结晶过程

金属在固态下一般都是晶体,即原子在空间呈规律性排列；而在液态下,金属原子的排列并不规律。因此，金属的结晶就是金属液体转变为晶体的过程，也称为金属原子由无序到有序的排列过程。

液态金属结晶时的温度-时间曲线称为冷却曲线。绝大多数纯金属（如铜、铝、银等）的冷却曲线如图 2-3a 所示。纯金属在缓慢冷却时，冷却曲线中出现一个温度保持不变的平台（略低于理论结晶温度），这是由于无序状态的液态原子转变为有序状态的晶态原子时放出结晶潜热，抵消了向外界散发的热量所致。理论结晶温度与实际结晶温度之差称为"过冷度"（Degree of Supercooling）。过冷度的大小与冷却速度密切相关。冷却速度越快，实际结晶温度就越低，过冷度就越大；如果冷却速度过快，则纯金属结晶时是不能保持恒温的。

合金（或非纯金属）的结晶与纯金属不同。以 Cu-Ni 系合金为例，如图 2-3b 所示，合金结晶曲线上一般都是没有结晶平台的，但是会出现一段非水平转折线。上面的转折点是结晶开始温度，下面的转折点是结晶终了温度，分别称为上相变点和下相变点。原因是铜合金的结晶潜热不足以维持散热量。但也有例外，例如共晶铸铁。

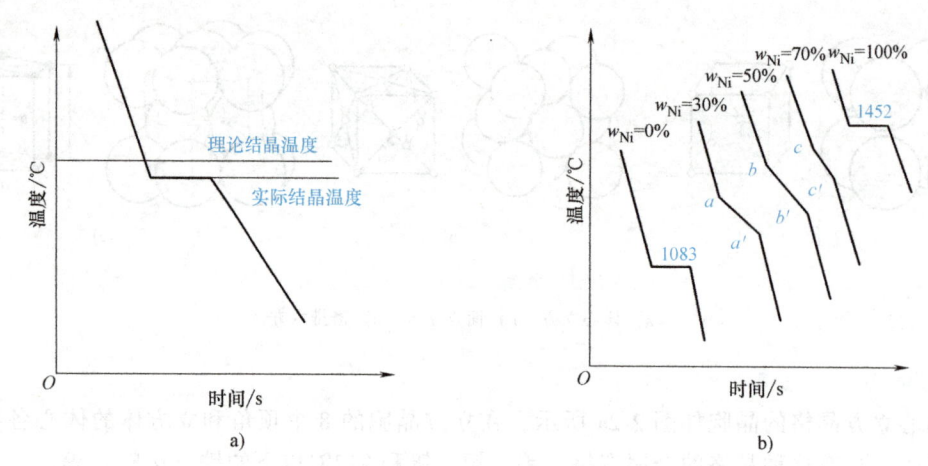

图 2-3 金属或合金的冷却曲线
a) 纯金属 b) Cu-Ni 系合金

液态金属的结晶是通过成核和长大两个密切联系的基本过程实现的。结晶时，首先在液体中形成一些极微小的晶核，然后金属原子再以晶核为核心有序排列，使晶体不断长大。同时，液体中又出现新的晶核并逐渐长大，直至金属液体消失。金属的结晶过程可用图 2-4 表示。

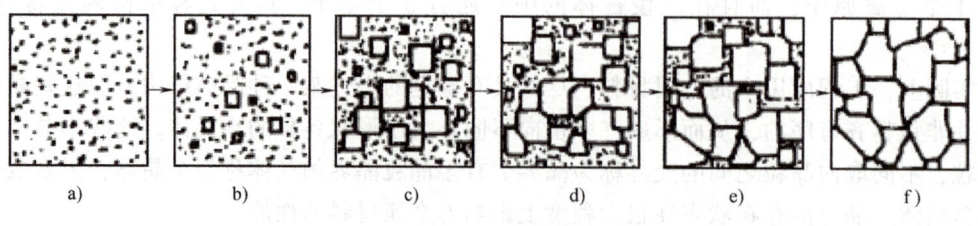

图 2-4 金属结晶过程示意图

固态金属通常是由多晶体构成的，每个晶核长成的晶体称为晶粒，晶粒之间的接触面称为晶界。晶粒的外形是不规则的，各晶粒内部原子排列的位向也各不相同。

金属晶粒的粗细对力学性能的影响很大。一般来说，同一成分的金属，晶粒越细，其强度、硬度越高，而且塑性、韧性也越好。因此，促使和保持晶粒细化是金属冶炼和热加工过程中的一项重要任务。影响晶粒粗细的因素很多，但主要取决于晶核的数目。晶核越多，晶核成长的余地越小，长成的晶粒越细。因此，细化铸态金属晶粒的主要途径有：

1) 提高冷却速度，以增加晶核的数目。
2) 在金属浇注前，向金属液内加入变质剂（孕育剂）进行变质处理，以增加外来晶核的数目。

另外，还可用热处理或塑性加工方法使固态金属晶粒细化。

2.1.3 金属的同素异构转变

大多数金属结晶之后会保持其晶体结构不变，如铝、铜、银等金属在固态时无论温度高低，均为面心立方晶格，而钨、钼、钒等金属则为体心立方晶体。这些金属结晶时具有如图2-3a 所示的冷却曲线。但有些金属在固态下，会因温度的改变而具有不同的晶体结构，如铁、钴、钛、锰、锡等。固态金属随温度的改变而出现晶格转变的现象，称为同素异构转变（Allocrystalline Transformation）。图 2-5 所示为纯铁在结晶时的冷却曲线。

液态纯铁在 1538℃下进行结晶，得到具有体心立方晶格的 δ-Fe。继续冷却到 1394℃时发生同素异构转变，成为面心立方晶格的 γ-Fe。再冷却到 912℃时又发生一次同素异构转变，成为体心立方晶格的 α-Fe。

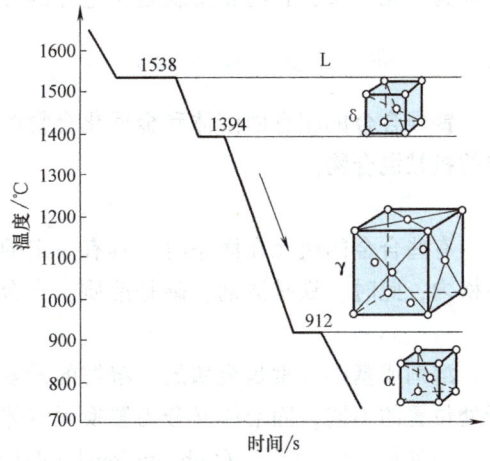

图 2-5 纯铁的同素异构转变

$$\text{δ-Fe} \underset{}{\overset{1394℃}{\rightleftharpoons}} \text{γ-Fe} \underset{}{\overset{912℃}{\rightleftharpoons}} \text{α-Fe}$$
（体心立方晶格）　　（面心立方晶格）　　（体心立方晶格）

同一金属的不同晶体结构的晶体称为该金属的同素异构晶体。δ-Fe、γ-Fe、α-Fe 均是纯铁的同素异构体。

金属的同素异构转变与液态金属的结晶过程相似，故称为二次结晶（Secondary Crystallization）或重结晶。发生同素异构转变时金属也有过冷现象，也会放出潜热，并具有固定的转变温度。新同素异构体的形成包括形核和长大两个过程。同素异构转变是在固态下进行的，因此转变需要较大的过冷度。由于晶格的变化导致金属体积发生的变化，转变时会产生较大的内应力。例如，γ-Fe 转变为 α-Fe 时，铁的体积会膨胀约 1%。它会使钢淬火时产生应力，严重时会导致工件变形和开裂。这种体积变化使金属内部产生的内应力称为组织应力。但适当提高冷却速度，可以细化同素异构转变后的晶粒，从而提高金属的力学性能。

2.2 铁碳合金相图

合金往往具有比纯金属更好的综合力学性能。机械制造中使用的金属材料主要是合金，常用的合金有铁合金、铝合金、铜合金、镁合金、钛合金以及低熔点合金等。

合金是指由两种或两种以上的金属元素，或金属和非金属元素相熔合而成的具有金属特性的材料。组成合金最基本的元素称为组元，组元可以是金属元素、非金属元素或稳定的化合物，如 Fe_3C。由两个组元组成的合金称为二元合金。合金中的化学成分、晶体结构和物理性能相同的均匀组成部分称为相（Phase），合金中不同相的组合称为组织。合金材料的性能主要取决于它的相构成和组织结构。

合金的结晶过程较为复杂，通常用合金相图来分析合金的结晶过程。相图（Phase Diagram）也称为平衡状态图（Equilibrium State Diagram）。所谓平衡是指在一定条件下，合金系中参与相变过程的各相的成分和质量分数不再变化所达到的一种状态。合金在极其缓慢冷却条件下的结晶过程，一般可以认为是平衡的结晶过程。在常压下，二元合金的相状态取决于温度和成分。因此二元合金相图可用温度-成分二维图形来表示。工业上用量最大的铁碳合金为二元合金，它的相图就是用这样的方式来表示的。

2.2.1 铁碳合金的基本组织

铁碳合金的相有固溶体和金属化合物两种，此外还有一种组织类型是由这两种相组合而成的机械混合物。

1. 固溶体

有些合金的组元在固态时，具有一定的互溶能力。例如，一部分碳原子能够溶解到铁的晶格内，此时，铁是溶剂，碳是溶质，合金的晶格仍保持铁的原有晶格类型。这种溶质原子溶入溶剂晶格而仍保持溶剂晶格类型的金属晶体，称为固溶体（Solid Solution）。在固溶体中，溶剂或基础元素是金属的，溶解的元素可以是金属或非金属。按溶质原子在溶剂晶格中所处位置的不同，固溶体又分为置换固溶体和间隙固溶体两种，如图2-6所示。

一种是置换固溶体（Substitutional Solid Solution），其中溶质原子在其晶胞中被溶质原子取代。如黄铜，其中锌溶解在铜中。能否置换的约束条件为：①两个元素的原子半径差别不能太大；②它们的晶格类型必须是相同的；③如果元素具有不同的化合价，则低价金属更可能是溶剂；④如果元素彼此具有高化学亲和力，则它们不太可能形成固溶体而更可能形成化合物。

另一种是间隙固溶体（Interstitial Solid Solution），其中溶质元素的原子位于晶格结构中的金属原子之间的空隙中。因此，与溶剂金属相比，适合这些空隙的原子必须很小。

形成固溶体时，溶剂晶格都会产生不同程度的畸变，如图2-7所示。这种畸变使塑性变形阻力增加，表现为固溶体的强度、硬度增加，这种现象称为固溶强化。

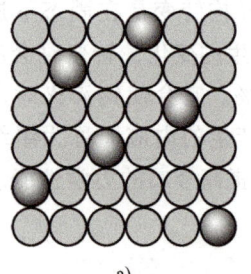

图 2-6 两种形式的固溶体

a）置换固溶体 b）间隙固溶体

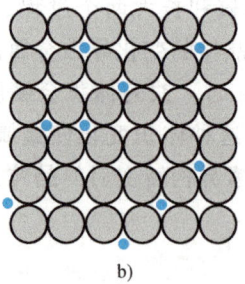

图 2-7 间隙固溶体的晶格畸变

铁碳合金中的固溶体都是碳溶于铁晶格中的间隙固溶体。铁的溶碳量是有限的，属于有限固溶体，其溶解度主要取决于铁的晶格类型，并随温度的升高而增加。

其中，碳溶入 α-Fe 中形成的固溶体称为铁素体，用 F 表示，为体心立方晶格。其溶碳量极低，600℃时的溶碳量（质量分数）仅为 0.006%，727℃时最大，溶碳量也仅为 0.0218%，固溶强化作用甚微，力学性能接近纯铁。其性能特点是塑性、韧性好，强度、硬度低，$R_m \approx$ 250MPa，A=45%～50%，硬度只有 80HBW，显微镜下金相组织如图 2-8a 所示。

另一种固溶体是碳溶入 γ-Fe 中形成的固溶体，称为奥氏体，符号为 A，为面心立方晶格。其溶解碳的能力比较高，1148℃时有最大溶碳量 2.11%。奥氏体溶碳量随温度降低而下降，727℃时为 0.77%。727℃是 γ-Fe 存在的温度下限，因此，奥氏体属于高温组织。奥氏体强度、硬度较低，但塑性很好，δ=45%～50%，因此，在钢的锻造或轧制时，通常要把钢加热至高温，以便在奥氏体状态下进行塑性变形加工。

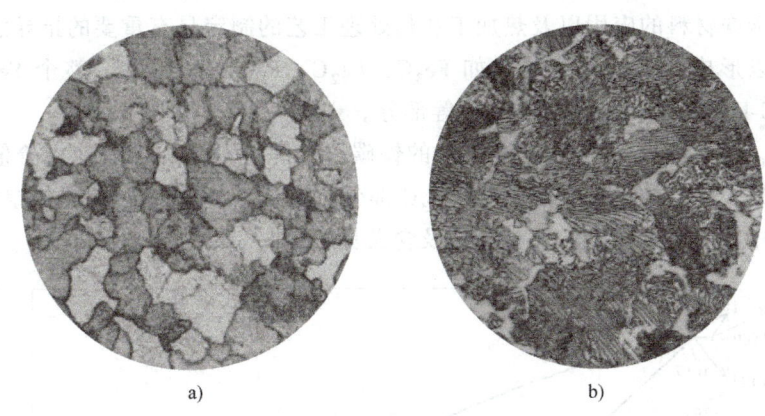

图 2-8 铁素体和珠光体金相图
a) 铁素体 b) 珠光体

2. 金属化合物

两组元 A 和 B 组成合金时，除可形成以 A 或以 B 为基的固溶体外，还可能相互作用形成新相，这种新相通常称为金属化合物（Metallic Compounds），它的晶格类型与两组元完全不同，性能特征是硬而脆。合金中以固溶体为主，具有适量的金属化合物弥散分布，可提高合金的强度、硬度及耐磨性能，所以常用金属化合物来强化合金。这种强化方式称为第二相质点强化或弥散强化，它是各类合金钢及有色合金的重要强化方法。

例如，铁碳合金中的渗碳体（Fe_3C）为金属化合物，呈复杂的斜方晶体结构，硬度极高（800HBW），可以刻划玻璃，塑性、韧性极低，伸长率和冲击韧性近于零。

渗碳体是钢铁中的强化相，其组织呈片状、球状、网状等形状。渗碳体的数量、形态和分布对钢的性能有很大的影响。渗碳体在一定条件下可发生分解，形成石墨。

3. 机械混合物

机械混合物（Mechanical Mixture）是在结晶过程中形成的两相混合组织。可以是纯金属、固溶体或化合物各自或相互之间的混合物。各相保持原有的晶格，机械混合物的性能介于各组成相之间，取决于各相的性能和比例，还与各相的形状、大小和分布有关。

铁碳合金中的机械混合物有珠光体和莱氏体。

（1）珠光体（Pearlite） 铁素体和渗碳体组成的机械混合物称为珠光体，用符号 P 或

（F+Fe₃C）表示。珠光体中碳的质量分数为0.77%，由于渗碳体的强化，珠光体有良好的力学性能，强度较高，塑性、韧性和硬度介于渗碳体和铁素体之间，其力学性能为 R_m = 770MPa、A = 20% ~ 35%、A_K = 300 ~ 400kJ/m²、硬度为180HBW。

珠光体在显微镜下呈层片状，如图2-8b所示，其中白色基体为铁素体，黑色层片为渗碳体。

（2）莱氏体（Ledeburite） 莱氏体分为高温莱氏体和低温莱氏体两种。奥氏体和渗碳体组成的机械混合物称为高温莱氏体，用符号 Ld 或（A+Fe₃C）表示。冷却到727℃以下时，高温莱氏体转变为珠光体和渗碳体组成的机械混合物（P+Fe₃C），称为低温莱氏体，用符号 L'd 表示。莱氏体中碳的质量分数为4.3%，其性能与渗碳体相近，极为硬脆。

2.2.2 铁碳合金相图

基于试验方法建立的铁碳合金相图（Iron-Carbon Alloy Phase Diagram）是研究钢和铸铁的基础，对于钢铁材料的应用以及热加工和热处理工艺的制定具有重要的指导意义。

铁和碳可以形成一系列化合物，如 Fe₃C、Fe₂C、FeC 等。因此，整个 Fe-C 相图包括 Fe-Fe₃C、Fe₃C-Fe₂C、Fe₂C-FeC、FeC-C 等部分。

Fe₃C 中 w_C 为 6.69%，w_C 超过 6.69% 的铁碳合金脆性很大，没有使用价值。所以，有实用意义并被深入研究的只是相图中 Fe-Fe₃C 部分（见图2-9），此时相图的组元只有 Fe 和 Fe₃C。该相图中各点温度、碳的质量分数及含义见表2-1。

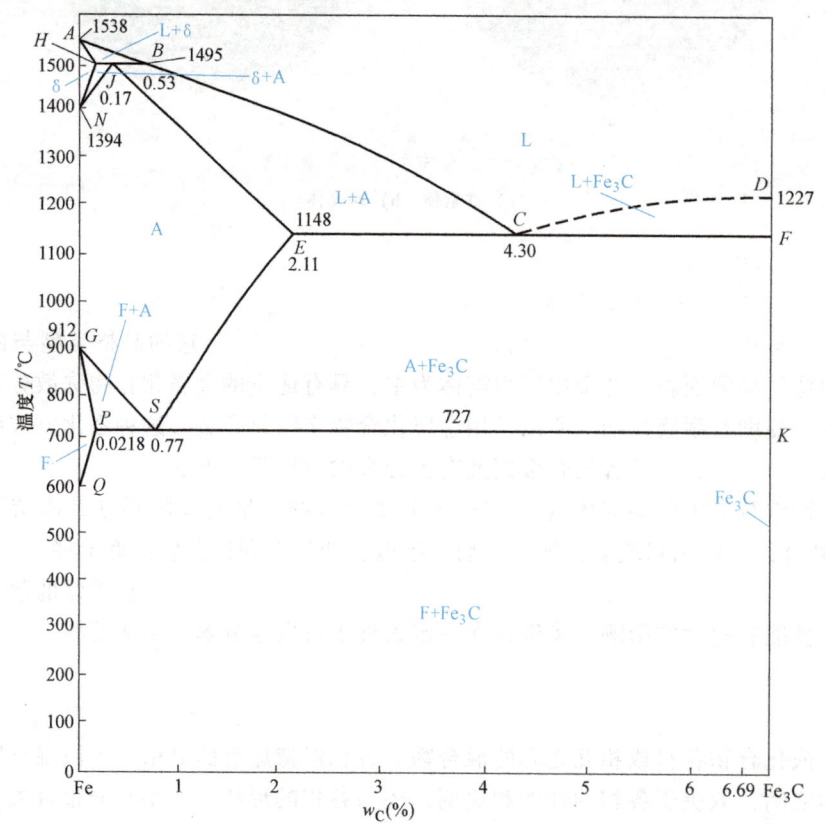

图2-9 Fe-Fe₃C 相图

1. 相图中重要的点

(1) **共晶点 C**（Eutectic Point） 液态合金在平衡结晶过程中冷却到 1148℃ 时，C 点成分的液相发生共晶反应，生成 A（奥氏体）和 Fe_3C。反应产物是奥氏体与渗碳体的共晶混合物，即莱氏体 Ld。莱氏体中的渗碳体称为共晶渗碳体。

(2) **共析点 S**（Eutectoid Point） 在平衡结晶过程中冷却到 727℃ 时，S 点成分的 A 发生共析反应，生成 F（铁素体）和 Fe_3C。反应产物是铁素体与渗碳体的共析混合物，即珠光体 P，其中的渗碳体称为共析渗碳体。

表 2-1 铁碳合金相图点、线、面及其含义说明

点的符号	对应温度	碳的质量分数 $w_C(\%)$	物理意义
A	1538	0	纯铁熔点
C	1148	4.3	共晶点, $L_C \rightleftharpoons A_E + Fe_3C$
D	1227	6.69	渗碳体(Fe_3C)熔点(计算值)
E	1148	2.11	碳在奥氏体中的最大溶解度
F	1148	6.69	共晶渗碳体成分点
G	912	0	α-Fe 和 γ-Fe 同素异构(晶)转变点
K	727	6.69	共晶渗碳体成分点
P	727	0.0218	碳在 α-Fe 中的最大溶解度
S	727	0.77	共析点, $A_S \rightleftharpoons F_P + Fe_3C$
Q	室温	0.0008	碳在 α-Fe 中的溶解度

线的符号	碳的质量分数区间 $w_C(\%)$	含义
ABCD	0~6.69	液相线
ABC	0~4.3	奥氏体结晶开始线
CD	4.3~6.69	一次渗碳体(Fe_3C_I)结晶开始线
AHJECF	0~6.69	固相线
JE	0~2.11	奥氏体结晶终了线
ECF	2.11~6.69	共晶线，液体同时结晶出奥氏体与渗碳体的结晶线
GS	0~0.77	铁素体析出线
ES	0.77~2.11	二次渗碳体(Fe_3C_{II})析出线
PSK	0.0218~6.69	共析线，发生共析反应，结晶出共析产物珠光体
GP	0~0.0218	铁素体转变终了线
PQ	0~0.0218	三次渗碳体(Fe_3C_{III})析出线

区域符号	相组成	含义
ABCD 线以上区域	液相 L	在该区金属全部为液体
BCEJB 区域	$L+\gamma$	液体与奥氏体共存区
CDFC 区域	$L+Fe_3C$	液体与渗碳体共存区
JESGNJ 区域	γ	单一奥氏体区
EFKSE 区域	$\gamma+Fe_3C$	奥氏体与渗碳体共存区
GSPG 区域	$\alpha+\gamma$	铁素体与奥氏体共存区
GPQG 区域	α	单一铁素体区
QPSK 线以下区域	$\alpha+Fe_3C$	铁素体与渗碳体共存区

2. 相图中重要的线

（1）$ABCD$——液相线　此线以上是液相区，用 L 表示，液体冷却至此线温度开始结晶。

（2）$AHJECF$——固相线　合金冷却至此线温度时全部结晶成固体。液相线和固相线之间的固液两相区：$AHJBA$（L+δ），$JBCEJ$（L+γ），$CDFC$［L+Fe_3C_I（一次渗碳体）］。

（3）HJB——包晶反应线　含碳质量分数为 0.09%~0.53% 的铁碳合金发生包晶反应。

（4）ECF——共晶反应线　含碳质量分数为 2.11%~6.69% 的铁碳合金发生共晶反应。除 C 点成分合金全部为莱氏体外，其他都将形成一定量的莱氏体，这是铸铁结晶的共同特征。

（5）PSK——共析反应线　PSK 线又称为 A_1 线，含碳质量分数为 0.0218%~6.69% 的铁碳合金均发生共析反应。

（6）GS——自 A 中开始析出 F 的临界温度线　GS 线通常称为 A_3 线。

（7）ES——碳在 A 中的固溶线　通常为 A_{cm} 线。碳质量分数大于 0.77% 的铁碳合金自 1148℃ 冷却至 727℃ 时，将从 A 中析出 Fe_3C，即二次渗碳体（Fe_3C_{II}）。

（8）PQ——碳在 F 中的固溶线　在 727℃ 时，F 中溶碳量最大，达 0.0218%，室温时仅为 0.0008%，因此自 727℃ 冷却至室温的过程中，将从 F 中析出 Fe_3C 即三次渗碳体（Fe_3C_{III}）。Fe_3C_{III} 数量极少，一般予以忽略。

2.2.3　钢在结晶过程中的组织转变

根据 $Fe-Fe_3C$ 相图，铁碳合金可分为以下三大类、七小类。

（1）工业纯铁　$w_C ≤ 0.0218\%$。

（2）钢　$0.0218\% < w_C ≤ 2.11\%$。①亚共析钢，$0.0218\% < w_C ≤ 0.77\%$；②共析钢，$w_C = 0.77\%$；③过共析钢，$0.77\% < w_C ≤ 2.11\%$。

（3）白口铸铁　$2.11\% < w_C < 6.69\%$。①亚共晶白口铸铁，$2.11\% < w_C < 4.3\%$；②共晶白口铸铁，$w_C = 4.3\%$；③过共晶白口铸铁，$4.3\% < w_C ≤ 6.69\%$。

以下分别对图 2-10 中七种典型铁碳合金的结晶过程进行分析。

1. 工业纯铁

以碳质量分数为 0.01% 的铁碳合金为例，如图 2-10 中的（1）线。合金在 1 点以上为液相 L，冷却至 1 点时，开始从 L 中结晶出 δ-Fe，至 2 点合金全部结晶为 δ-Fe，从 3 点起 δ-Fe 逐渐转变为 A，至 4 点全部转变成 A 并保持至 5 点，然后从 A 中析出 F。F 在 A 晶界处形核并长大，至 6 点时 A 全部转变为 F 并保持至 7 点不变。7 点后从 F 晶界析出 Fe_3C_{III}。因此，该合金的室温平衡组织为 F+Fe_3C_{III}。F 呈白色块状；Fe_3C_{III} 量极少，呈小片状分布于 F 晶界处。若忽略 Fe_3C_{III}，则组织全为 F。上述冷却过程如图 2-11 所示。

2. 共析钢

w_C 为 0.77% 的钢为共析钢，位于图 2-10 中的（2）线，其结晶过程如图 2-12 所示。从 1 点起，L 中结晶出 A，至 2 点全部结晶完成，保持至 3 点，A 发生共析反应生成 P。从 3′点继续冷却至 4 点都不发生转变。因此，共析钢的室温平衡组织全部为 P。

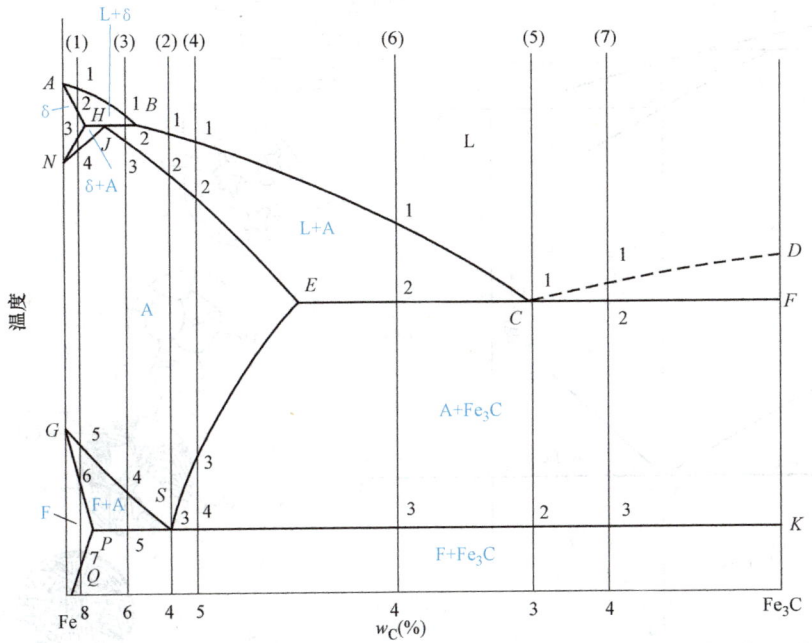

图 2-10 典型铁碳合金在 Fe-Fe$_3$C 相图中的位置

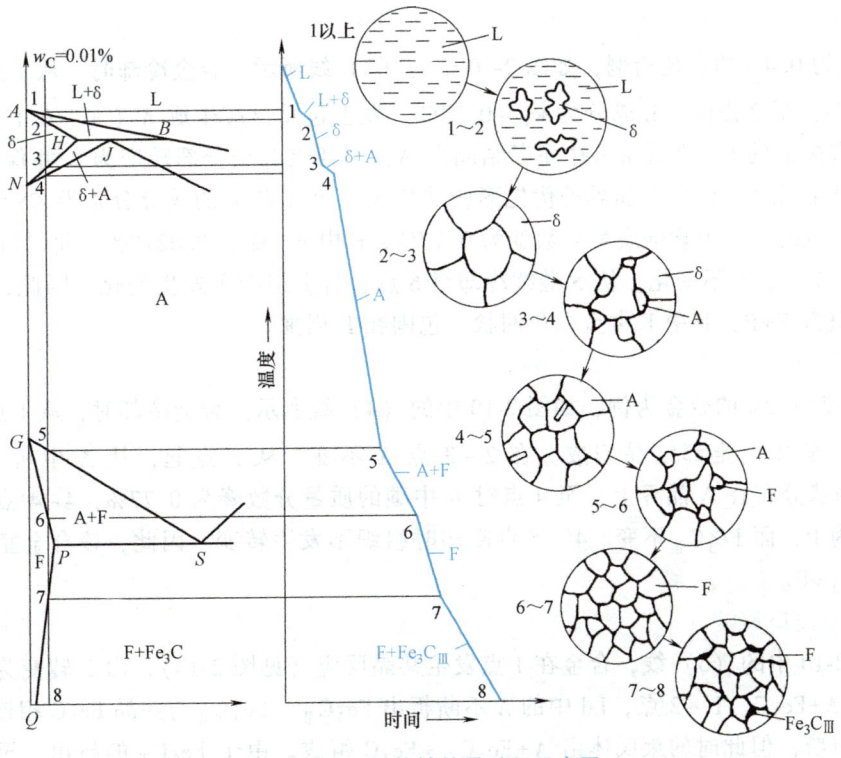

图 2-11 工业纯铁结晶过程示意图

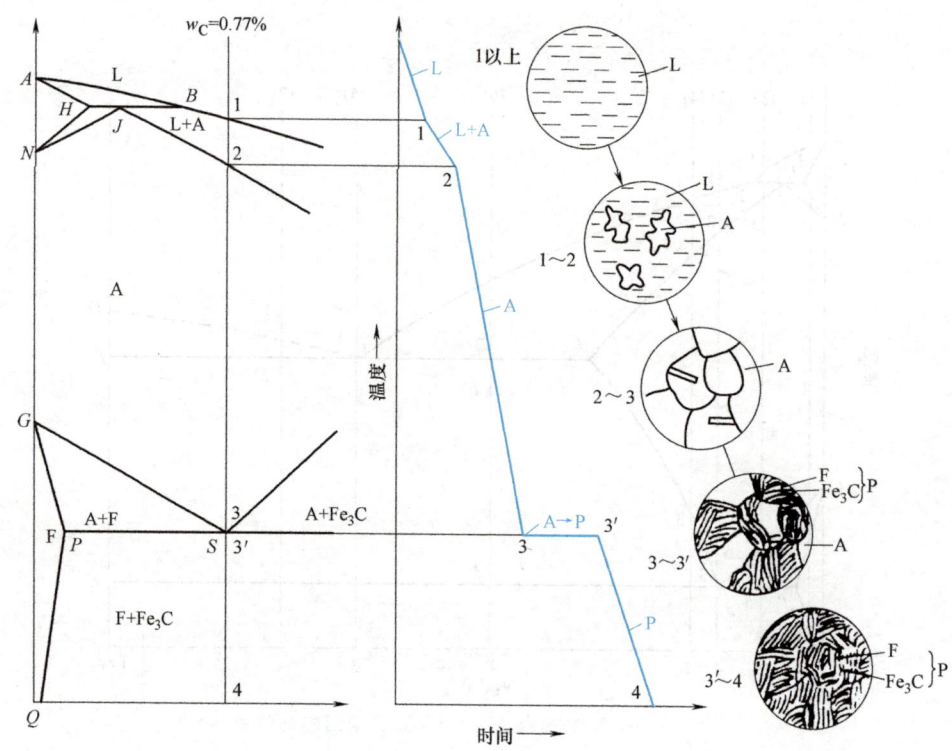

图 2-12 共析钢结晶过程示意图

3. 亚共析钢（$0.0218\% < w_C \leq 0.77\%$）

以 w_C 为 0.4% 的合金为例，如图 2-10 中的（3）线所示。合金冷却时，从 1 点起，L 中结晶出 δ-Fe，至 2 点时，L 成分为 $w_C = 0.53\%$，发生包晶反应生成 A（$w_C = 0.17\%$）。反应结束后尚有多余的 L。之后从 L 中不断结晶出 A，至 3 点合金全部转变为 A 并保持至 4 点；之后从 A 中析出 F，F 在 A 晶界处优先形核并长大，而 A 和 F 的成分分别沿 GS 线和 GP 线变化。至 5 点时，A 中含碳质量分数变为 0.77%，F 中 w_C 变为 0.0218%。此时 A 发生共析反应，转变为 P，F 不变化。从 5 继续冷却至 6 点，合金组织不发生变化。因此，该合金室温平衡组织为 F+P，其中 F 常呈白色网状，包围在 P 周围。

4. 过共析钢（$0.77\% < w_C \leq 2.11\%$）

以 w_C 为 1.2% 的合金为例，如图 2-10 中的（4）线所示。合金冷却时，从 1 点起，L 中结晶出 A，至 2 点全部结晶完成。在 2~3 点 A 不变，从 3 点起，从 A 中析出 Fe_3C_{II}，Fe_3C_{II} 呈网状分布在 A 晶界上。至 4 点时 A 中碳的质量分数降为 0.77%，4~4' 点发生共析反应转变为 P，而 Fe_3C_{II} 不变。4'~5 点冷却时组织不发生转变。因此，该合金室温平衡组织为 Fe_3C_{II}+P。

5. 共晶白口铸铁（$w_C = 4.3\%$）

如图 2-10 中的（5）线，合金在 1 点发生共晶反应（见图 2-13），由 L 转变为高温莱氏体 Ld，即 A+Fe_3C。1'~2 点，Ld 中的 A 不断析出 Fe_3C_{II}。Fe_3C_{II} 与共晶 Fe_3C 相连，在显微镜下无法分辨，但此时的莱氏体由 A+Fe_3C_{II}+Fe_3C 组成。由于 Fe_3C_{II} 的析出，至 2 点时 A

中碳的质量分数降为 0.77%，并发生共析反应转变为 P；高温莱氏体 Ld 转变成低温莱氏体 L'd(P+Fe₃C_Ⅱ+Fe₃C)。2'~3 点组织不变化，所以该合金室温平衡组织仍为 L'd，由黑色条状或粒状 P 和白色 Fe₃C 基体组成，转变过程如图 2-13 所示。共晶白口铸铁的组织组成物全部为 L'd，而组成相还是 F 和 Fe₃C。

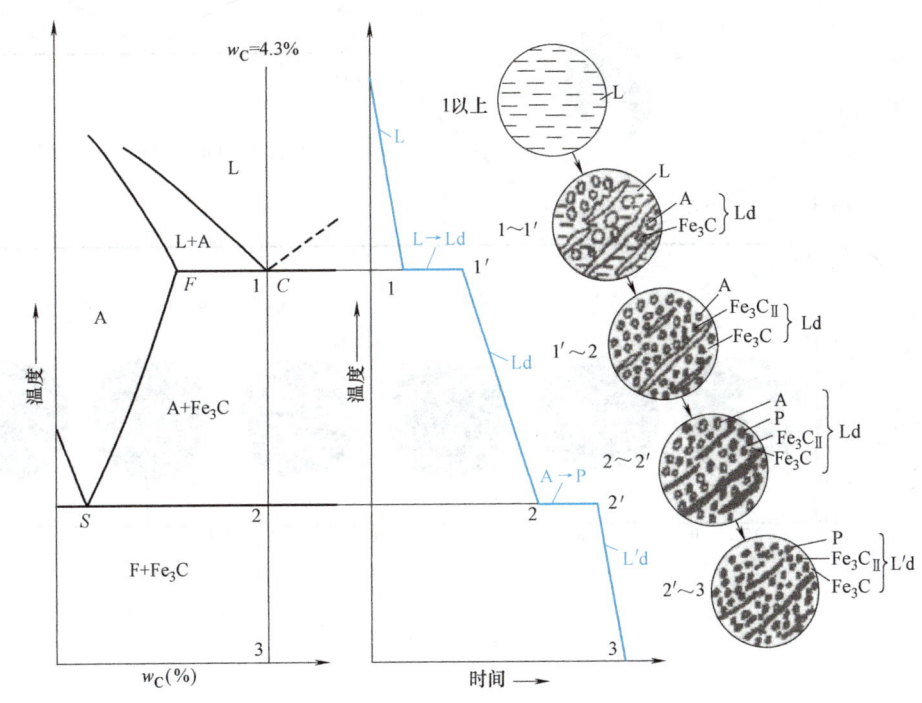

图 2-13 共晶白口铸铁结晶过程示意图

6. 亚共晶白口铸铁（2.11%<w_C<4.3%）

以 w_C 为 3% 的铁碳合金为例，如图 2-10 中（6）线。从 1 点起，L 中结晶出初生 A，至 2 点时 L 中碳的质量分数变为 4.3%，A 中碳的质量分数变为 2.11%，L 发生共晶反应转变为 Ld，而 A 不参与反应，在 2'~3 点继续冷却时，初生 A 不断在其晶界上析出 Fe₃C_Ⅱ，同时 Ld 中的 A 也析出 Fe₃C_Ⅱ。至 3 点温度时，所有 A 中碳的质量分数均变为 0.77%，初生 A 发生共析反应转变为 P；高温莱氏体 Ld 也转变为低温莱氏体 L'd。在 3'点以下到 4 点，冷却不引起组织转变。因此，该合金室温平衡组织为 P+Fe₃C_Ⅱ+L'd。网状 Fe₃C_Ⅱ 分布在粗大块状 P 的周围，L'd 则由条状或粒状 P 和 Fe₃C 基体组成。

7. 过共晶白口铸铁（4.3%<w_C≤6.69%）

如图 2-10 中（7）线所示，过共晶白口铸铁冷却时，先从 L 中结晶出 Fe₃C_Ⅰ（1~2 点）。冷却到共晶温度 2 时，剩余的 L 发生共晶反应，转变为 Ld。到共析温度 3 时，Ld 转变为 L'd。所以过共晶白口铸铁的室温平衡组织为 Fe₃C_Ⅰ+L'd。Fe₃C_Ⅰ 呈长条状，L'd 的显微金相组织形貌则如前述。

标注上述典型组织的 Fe-Fe₃C 相图如图 2-14 所示。

铁碳合金相图不仅为合理选择钢铁材料提供了依据，而且还是制定铸造、锻造、焊接和热处理等工艺规范的重要工具，它将为学习本课程其他部分奠定必要的基础。

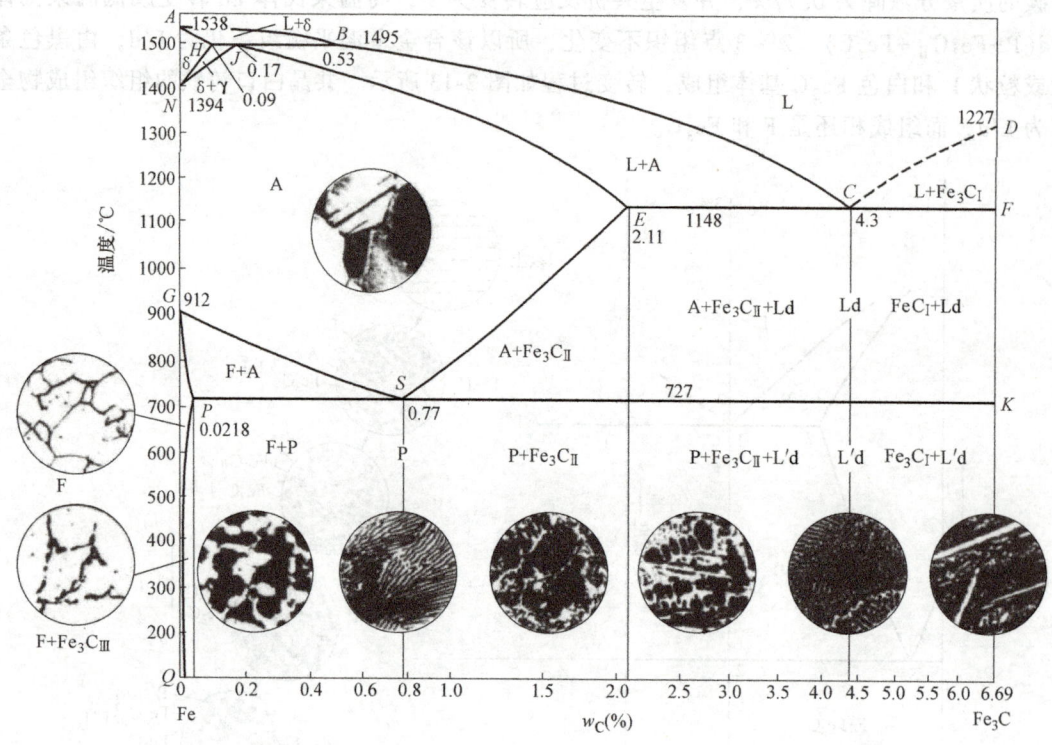

图 2-14　标注组织的 Fe-Fe$_3$C 相图

思 考 题

1. 什么是同素异构转变？试述纯铁的同素异构转变过程及其体积变化。
2. 试述铁碳合金中固溶体、化合物、机械混合物的区别及特性。
3. 绘出铁碳合金状态图中钢的部分，标出各特性点的符号，填写各区组织的名称。
4. 分析在缓慢冷却条件下，45 钢和 T10 钢的结晶过程和室温组织。
5. 20、45 和 T10 三种钢料混放在了一起，如何用简便的方法将其区分开来？道理何在？
6. 金属晶粒的粗细对力学性能有何影响？如何使晶粒细化？
7. 填表。

组织名称	代表符号	含碳量 $w_C(\%)$	组织类型	力学性能
铁素体				
奥氏体				
珠光体				
渗碳体				

第3章

热处理与表面工程技术

> **本章导学**：钢的热处理是本章学习重点。通过适当的加热→保温→冷却过程（即热处理过程），就可以改变材料的组织，从而改善材料的性能。其中有系统的理论和重要的技术，也因此形成了历久弥新的专业研究。表面处理技术是从热处理技术与表面保护技术发展而来的，涉及的知识面更宽，用途更广。学习本章，应以第1~2章理论为基础，着眼于技术应用，认真掌握热处理技术的原理，熟悉工艺特点及适用范围，尤其是热处理的"四火"，即退火、正火、淬火和回火的工艺特点和应用。同时，也要对表面处理技术做一些必要的了解。

3.1 钢在加热和冷却时的组织转变

钢的热处理都是在固态下进行的，即通过适当的加热→保温→冷却过程获得预期的组织和性能的工艺方法。热处理不以改变形状和尺寸为目的，只改变材料的组织和性能。

3.1.1 钢在加热时的组织转变

大多数热处理工艺（如淬火、正火、退火等）都要将钢加热到临界温度以上，获得全部或部分奥氏体组织，即奥氏体化。加热时形成的奥氏体的成分均匀性及晶粒大小等对冷却后的组织、性能有极大的影响。

前面所述的铁碳合金相图中组织转变的临界温度曲线 A_1、A_3、A_{cm} 是在实验室条件下极其缓慢地加热或冷却测定出来的。实际生产中做不到如此缓慢，转变滞后现象就变得很明显，必须要有一定的过热或过冷才能使转变充分进行。通常将加热时实际转变温度位置用 Ac_1、Ac_{cm} 表示；将冷却时实际转变温度位置用 Ar_1、Ar_3、Ar_{cm} 表示，如图3-1所示。

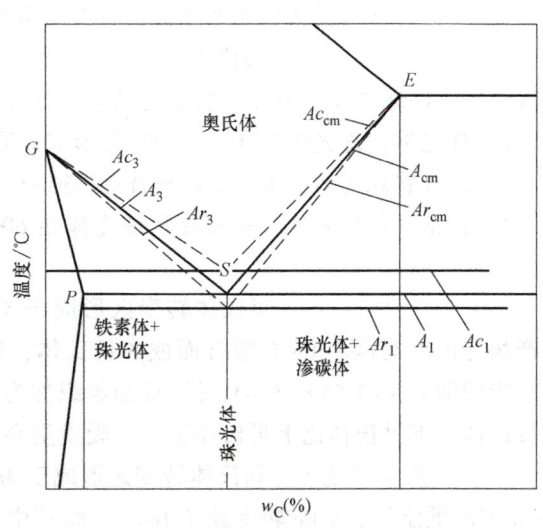

图3-1 在加热或冷却时各临界点的位置

共析钢需要加热到 Ac_1 以上才能完全奥氏体化。亚共析钢（如45钢）加热到 Ac_1 以上时还存在铁素体，只有继续加热到 Ac_3 以上时才能全部转变为奥氏体。同理，过共析钢则只有在加热温度高于 Ac_{cm} 时才获得单一的奥氏体组织。

必须指出，加热温度不能过高，保温时间不能过长，否则会引起奥氏体晶粒急剧长大，冷却后晶粒粗大，性能降低。因此，应根据铁碳合金相图及钢的含碳量，合理选定钢的加热温度和保温时间，以形成晶粒细小、成分均匀的奥氏体。

3.1.2 钢在冷却时的组织转变

由铁碳相图可知，当温度在 A_1 以上时，奥氏体是稳定的，能长期存在。当温度降到 A_1 以下，奥氏体即处于过冷状态，这种奥氏体称为过冷奥氏体（过冷 A）。过冷奥氏体是不稳定的，它会转变为其他组织。钢在冷却时的转变，实质上是过冷奥氏体的转变。目前主要是利用已有的"等温转变曲线"近似地分析连续冷却时的组织转变过程，以指导生产。

共析钢过冷奥氏体的等温转变过程和转变产物可用其等温转变曲线（TTT 曲线）图来分析。所谓等温转变是指将奥氏体化的钢迅速冷却至 A_1 以下某个温度后保温，使过冷奥氏体在等温下完成组织转变，再冷却到室温。经过不同温度、多次测试后绘制成等温转变曲线，如图 3-2 所示。图中横坐标为转变时间（对数坐标），纵坐标为温度。通常，根据曲线的形状，把这种等温转变曲线简称为 C 曲线。对应不同成分的钢有不同的 C 曲线。

等温转变曲线可分为如下几个区域：稳定奥氏体区（A_1 线以上），过冷奥氏体区（A_1 线以下，C 曲线以左），A-P 组织共存区（过渡区），其余为过冷奥氏体转变产物区，它又可分为如下三个区：

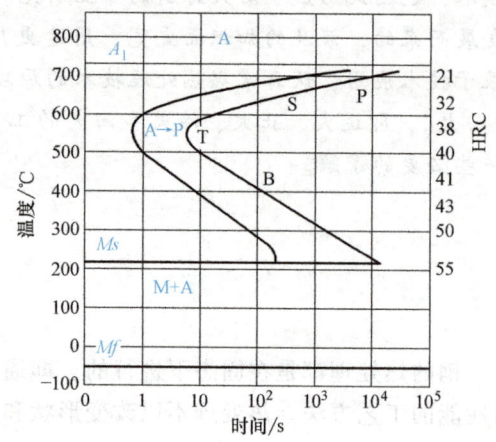

图 3-2 共析钢的等温转变曲线

（1）珠光体转变区　形成于 $Ar_1 \sim 550℃$ 高温区，转变产物都是 $F+Fe_3C$ 组成的片层状机械混合物，即珠光体。依照形成温度的高低及片层的粗细，又可细分成三种组织：

1）珠光体。珠光体在 $Ar_1 \sim 650℃$ 段形成，属于粗片层珠光体，以符号 P 表示。

2）细片状珠光体。细片状珠光体在 650~600℃ 段形成，常称为索氏体，以符号 S 表示。

3）极细片状珠光体。极细片状珠光体在 600~550℃ 段形成，常称为托氏体，以符号 T 表示。

（2）贝氏体转变区　贝氏体转变区形成于 550℃ ~ Ms 中温区（共析钢 $Ms = 230℃$）。转变产物是由 F 与微小 Fe_3C 混合而成的贝氏体，以符号 B 表示。贝氏体比珠光体硬度更高。进一步的细分是将 550~350℃ 段形成的组织称为上贝氏体，将 350℃ ~ Ms 段形成的组织称为下贝氏体。下贝氏体比上贝氏体强度、硬度更高。

（3）马氏体转变区　马氏体转变区形成于 Ms 以下的低温区。当过冷奥氏体快速冷却到 Ms 以下的低温后，γ-Fe 转变到了 α-Fe，而其中的碳原子却难以从溶碳能力更低的 α-Fe 晶格中扩散出去，就形成了碳在 α-Fe 中的过饱和固溶体，即马氏体（以符号 M 表示）。这种碳的严重过饱和使得马氏体晶格发生严重的畸变，因此具有很高的硬度，但韧性很差。中、高碳钢淬火变硬既是这个道理。若对低碳钢淬火，所获得的低碳马氏体虽然硬度不高，但有良好的韧性，也具有一定的使用价值。

图 3-2 中 Ms 是马氏体开始转变的温度线，Mf 是马氏体转变的终止温度线，Ms、Mf 随着钢中碳的质量分数的增加而降低。由于共析钢的 Mf 为 -50℃，故冷却至室温时，仍残留少量未转变的奥氏体，称为残余奥氏体，以符号 A' 表示。显然，共析钢淬火到室温的最终产物为 $M+A'$。

图 3-3 所示为应用共析钢冷却转变曲线来分析过冷 A 连续转变过程和产物情况。

v_1 显示在缓慢冷却（如在加热炉中随炉冷却）时，过冷 A 将转变为珠光体。转变温度较高，珠光体呈粗片状，硬度为 170~220HBW。

v_2 显示在以稍快速度冷却时，过冷 A 转变为索氏体，为细片状组织，硬度为 25HRC~35HRC。

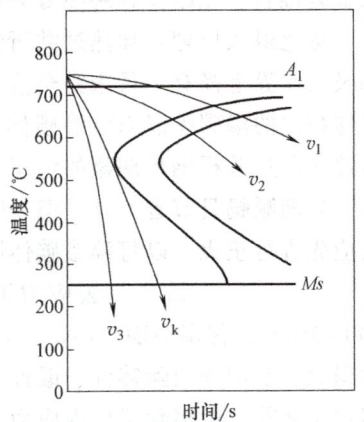

图 3-3 共析钢冷却转变曲线的应用

v_3 显示在快速冷却（如加热后在水中淬火）时，可获得马氏体（包括少量 A'）组织。

v_k 为过冷奥氏体获得全部马氏体（包括少量 A'）的最低冷却速度，称为临界冷却速度。

3.2 钢的热处理工艺

生产中最常用的热处理工艺是退火、正火、淬火、回火以及表面热处理。

3.2.1 退火

将钢加热到适当温度，保温一定时间，然后缓慢冷却（一般为随炉冷却）的热处理工艺称为退火（Annealing）。退火可以达到很多目的：①降低硬度和脆性；②改变微观结构以获得理想的力学性能；③改善可加工性，软化金属，提高成形性；④减弱前序工艺过程产生的残余应力。

基于工艺的目的及操作规范的不同，退火通常分为以下四种：

(1) 完全退火　完全退火又称重结晶退火，主要用于亚共析钢。将亚共析钢加热到 Ac_3 以上 20~30℃，如图 3-4 所示，保温一定时间后使工件热透后缓慢冷却，如随炉冷却或埋入石灰和砂中冷却，以获得接近平衡状态的组织。因为铸钢件在铸态下晶粒粗大，塑性、韧性较差；锻件因锻造时变形不均匀使晶粒和组织不均匀，且存在内应力。所以，完全退火主要用于铸钢件和重要锻件的热处理。

完全退火的原理：钢件加热到 Ac_3 以上，呈完全奥氏体化状态，由于初始形成的奥氏体晶粒非常细小，缓慢冷却时，经过重结晶，可得到均匀细化的组织，并且消除了铸件应力；也可使含碳量在中碳钢以上的碳钢或合金钢得到接近平衡状态的组织，以降低硬度，改善可加工性。退火应严格控制加热温度，防止温度过高导致奥氏体晶粒粗大。

(2) 球化退火　球化退火主要用于过共析钢。过共析钢含碳量较高，一般锻后晶粒粗大,且存在少量二次渗碳体,硬度高、脆性大,不易切削,淬火时还容易出现裂纹和变形。解决办法是球化退火。

把片状珠光体和网状二次渗碳体转变为球状珠光体,降低硬度,改善可加工性,并为淬火做好准备,以减少最终热处理时工件的变形和开裂倾向。

球化退火原理:加热过共析钢到 Ac_1 以上 20~30℃,保温;此时,初始形成的奥氏体内部及其晶界上尚有少量未完全溶解的渗碳体,在接下来的缓慢冷却过程中发生共析反应,奥氏体析出的渗碳体以未溶渗碳体为核,呈球状析出并分布在铁素体周边,此即"球化体",是淬火前过共析钢最期望的组织。因为切削片状珠光体时容易磨损刀具,而球状体的硬度较低,切削顺畅且节省刀具。但是需要注意,对二次渗碳体呈严重网状的过共析钢,球化退火前应先进行正火,以打碎渗碳体网从而便于在球化退火时形成球化体。

(3) 去应力退火 去应力退火也称为低温退火,是将钢件加热至 Ac_1 以下,一般为 500~650℃,保温后随炉冷却。由于加热温度低于临界温度,因而钢未发生组织转变。去应力退火主要用来消除铸件、锻件、焊接件的残余应力。有时也用于精密零件的粗加工之后、精加工之前,以消除工件内应力,防止工件变形。

(4) 再结晶退火 再结晶退火是针对材料因冷变形加工出现冷变形硬化现象的一种低温退火工艺。例如,对冷冲压件、拉深件、冷轧或冷拔钢材等的热处理。将钢件加热至再结晶温度以上,保温后空冷,使材料通过再结晶,将因外力作用而严重变形的晶粒转变为等轴晶,使其力学性能(主要是塑性)得以改善。钢的再结晶临界温度 $T_{再} = 0.4 T_{熔}$(使用热力学温度,单位为 K)。在实际生产中,根据加热速度和保温时间的不同,一般要加热到 $T_{再}$ 以上 100~250℃ 的某个温度。

几种退火和正火的加热温度范围如图 3-4 所示。

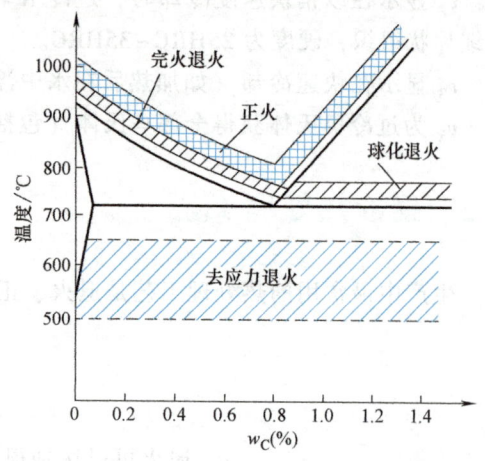

图 3-4 几种退火和正火的加热温度范围

3.2.2 正火

将钢加热到 Ac_3(对于亚共析钢)或者 Ac_{cm}(过共析钢)以上 30~50℃,保温适当时间后,在自由流动的空气中均匀冷却的热处理工艺称为正火(Normalizing)。

正火和完全退火的作用相似,加热和保温规范也几乎相同(见图 3-4)。不同的是正火比退火时的冷却速度稍快,可以形成索氏体。索氏体比珠光体的强度、硬度稍高、塑性稍低,但韧性并未下降。正火的主要作用有:

1) 用于普通钢件的最终热处理。正火可以细化晶粒,使组织均匀化,减少亚共析钢中铁素体的含量,使珠光体增多并细化,从而提高钢的强度、硬度和韧性。对于普通结构钢零件,对力学性能要求不是很高时,可以将正火作为最终热处理。

2) 取代部分完全退火。正火是在炉外冷却,占用设备时间短,生产率高,有时可以用正火取代退火,如低碳钢和含碳量较低的中碳钢的热处理。但对中碳合金钢、高碳钢及复杂件则仍以退火为宜,因为正火难以消除内应力,而且因含碳量高,正火后硬度增加,使可加工性变差。

3) 用于过共析钢的热处理,以减少或消除二次渗碳体呈网状析出的情况。

3.2.3 淬火

淬火(Quenching)是钢最重要的强化方法之一。

将钢加热到 Ac_3 或者 Ac_1 以上 30~50℃,如图 3-5 所示,保温一定时间,然后快速冷却以获得马氏体组织的热处理工艺称为淬火。淬火的目的是使奥氏体化后的工件获得高硬度的马氏体组织,再配以不同温度的回火处理,使工件获得所需要的性能。

马氏体的形成过程伴随着体积膨胀和晶格畸变,会产生较大的淬火应力,而马氏体组织通常脆性又较大,容易使工件产生裂纹或变形。为防止上述缺陷产生,除选用合适的钢材和正确的结构之外,工艺上还从以下两个方面采取应对措施:

1) 严格控制加热温度。若加热温度不足,淬火组织中会保留铁素体,使钢的硬度降低,这一点对于亚共析钢的影响尤为明显。对于过共析钢,为了让奥氏体中的碳含量少一点而组织中的二次渗碳体多一点,以便提高钢的硬度和耐磨性的同时还能降低马氏体的脆性,通常会选择图 3-5 所示的加热温度上限。但是,淬火温度不能太高,否则会形成粗大的马氏体,使力学性能变差,淬火应力增大,变形和开裂倾向也变大。

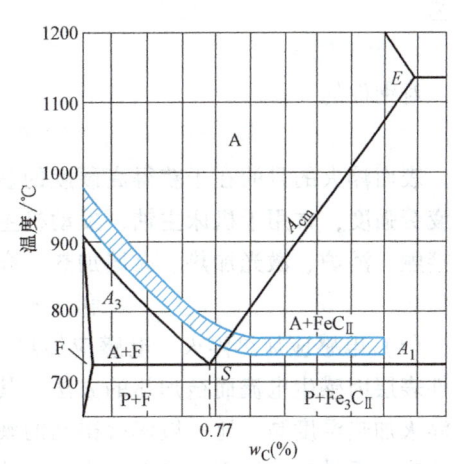

图 3-5 碳钢的淬火加热温度范围

2) 合理选择淬火介质,使其冷却速度略大于图 3-3 中临界冷却速度 v_k。淬火时钢的冷却速度取决于淬火介质和钢工件内部的传热速度。常用的淬火介质有:盐水(通常需要搅拌)、淡水(一般不需要搅拌)、油、空气。搅拌盐水中的冷却速度最快,而空气冷却则是最慢的。其中,最常用的淬火介质是水和油。水最易获取且成本最低,但产生应力裂纹的倾向较大,广泛用于尺寸不太大、形状较简单的碳素钢件。油的冷却速度比水低,淬火件的裂纹、变形较小,多用于合金钢件的淬火。目前工业上使用的淬火油以矿物油为主。

3.2.4 回火

为了消除淬火应力,改善工件性能并使组织变得稳定,一般都需要对淬火件再进行回火处理。回火(Tempering)指的是加热钢件到 Ac_1 以下某一温度,保温一定时间,然后冷却到室温的热处理工艺。根据回火温度不同,通常分为低温回火、中温回火和高温回火三种。

(1) 低温回火 将工件加热至 250℃ 以下,目的是降低淬火应力,提高工件韧性,保证淬火后的高硬度(一般为 58HRC~64HRC)和高耐磨性。低温回火主要用于处理各种高碳钢或高碳合金钢的工具、量具、刃具、模具、滚动轴承以及渗碳淬火件和高频淬火件。

(2) 中温回火 将工件加热至 250~500℃,得到回火屈氏体,使其具有高的弹性极限和强度,同时有良好的韧性,硬度一般为 35HRC~45HRC。中温回火主要用于各类弹簧、工具等的热处理。

(3) 高温回火　将工件加热至500℃以上，淬火并高温回火的复合热处理工艺称为调质处理（Thermal Refining）。广泛用于承受循环应力的中碳钢重要件，如连杆、曲轴、主轴、齿轮、重要螺钉等。调质后的硬度为20HRC～35HRC。这是由于调质处理后的渗碳体呈细粒状，与正火后的片状渗碳体组织相比，在载荷作用下不易产生应力集中，从而使钢的韧性显著提高。因此，调质处理的钢可获得强度及韧性都较好的综合力学性能。

3.2.5　表面淬火和化学热处理

表面淬火和化学热处理都是为了改变工件表面的组织和性能，仅对其表面进行热处理的工艺。

1. 表面淬火

对钢件的表面淬火（Case Hardening）是将其表面快速加热，使其表面组织转变为奥氏体，在热量还未传到钢件内部时立即淬火，使其表面层转变为马氏体的一种局部淬火的方法。表面淬火的目的在于获得高硬度的表面层和有利的残余应力分布，以提高工件的耐磨性和疲劳强度，常用于机床主轴、发动机主轴等。表面淬火的加热方法有很多种，如电感应、电接触、浴炉、激光加热、火焰加热、高频电阻加热、电子束加热等。目前，常用的有电感应加热、火焰加热、电接触加热和激光加热。

（1）电感应加热淬火　电感应加热是指利用交流线圈的交变磁场作用于导电工件，使工件表层因感生电流而被加热的方法。其特点是加热速度快，一般只需要几秒或几十秒，而且淬火加热温度高，比一般淬火得到的硬度高2HRC～3HRC，且脆性较低、疲劳强度较高工件的表面不易氧化脱碳，变形也小。工艺周期短，淬硬层深度易于控制，易于机械化、自动化生产，适用于中、高产能的生产。交流感应电流因集肤效应而集中于被感应工件的表面，频率越高，工件的淬硬层越薄。工业上常用的电感应淬火分为高频、中频和工频三种。

1）高频感应加热表面淬火，通常简称为高频淬火，电流频率为80～1000kHz，表面淬火硬化层深度为0.5～2mm。目前中、小模数齿轮淬火基本上都采用这种方法。

2）中频感应加热表面淬火，简称中频淬火，电流频率为2.5～8kHz，表面淬硬层深度为3～6mm。中频淬火广泛用于要求淬硬层较深的零件，如曲轴径、凸轮轴、较大尺寸的轴、大模数齿轮及钢轨等。

3）工频感应加热表面淬火，简称工频淬火，直接使用50Hz的工频电流，不需要变频设备，可以达到10～15mm以上的淬硬层。工频淬火可用于大直径工件的淬透或要求大深度淬硬层的大型工件的表面淬火。

使用高频设备时，需要注意高频电磁辐射污染的防护问题。

（2）火焰加热表面淬火　火焰加热表面淬火是使用氧-乙炔炬或其他燃气炬加热工件表面，然后通过喷水、喷雾或冷空气等进行快速冷却的淬火工艺。淬硬层一般为3～6mm。设备简单，可以手工操作，作业比较灵活方便，应用广泛，但淬火质量稳定性较差。该法适用于异型、大型工件的淬火或野外作业等特殊场合。

激光加热表面淬火、高频接触电阻加热表面淬火、接触电火花放电加热表面淬火等是近年来发展起来的表面淬火新工艺，其共同特点是可得到浅表型淬硬层（淬硬层厚度不大于1mm），局部淬火，可控性强，自动化程度高。激光淬火还可以透过玻璃屏障进行真空淬火。此处不做展开介绍。

2. 化学热处理

化学热处理（Chemical Treatment）是将钢件置于一定温度的活性介质中加热和保温，使一种或几种元素渗入钢件表面以改变其化学成分和组织，达到改进表面性能、满足技术要求的热处理过程。按照表面渗入的元素不同，化学热处理可分为渗碳、渗氮和碳氮共渗等，其中渗碳热处理应用最广。

渗碳是最常见的表面硬化处理方法。在富碳环境下加热低碳钢件，例如，在具有密封性的渗碳炉中通入煤油、苯或甲醛等，在900~950℃下保温一段时间，让活性炭扩散到钢件表层以提高其含碳量，渗碳层厚度一般为0.5~2mm，表层含碳量可以增加1%左右。淬火和低温回火后，表层硬度可达56~64HRC，能有效地提高低碳钢件表层的耐磨性、耐蚀性和抗氧化性。同时，由于表面硬度高、内部硬度低的特点，零件在承受冲击和疲劳应力时仍具有较强的韧性和延展性。富碳环境可以通过多种方式来实现。传统的方法是使用碳质材料，如木炭或焦炭，与零件一起装在封闭容器中。现代工业多采用气体渗碳法，使用碳氢化合物燃料，如煤油、甲烷等，在密封高温的渗碳炉内将分解出来的活性炭原子扩散到零件表层。渗碳工艺主要用于低碳钢或低碳合金钢制成的汽车齿轮、活塞销、凸轮轴以及自行车、缝纫机零件和缝衣针等。

渗氮又称气体氮化。原理与气体渗碳相似，即向氮化炉内通入氨气，由氨气分解出的活性氮原子扩散，在工件表面形成氮化物，如 AlN、CrN、MoN 等，使表面具有很高的硬度（可达72HRC）、耐磨性、疲劳强度和耐蚀性。渗氮的温度为550~570℃，工件变形很小。缺点是需采用专用的中碳合金钢，生产周期长，成本比较高。渗氮主要用于对耐磨性和精度要求比较高的零件，如发动机的进排气阀、精密机床丝杠、精密齿轮、某些量具等。

3.3 表面工程技术

表面工程技术涵盖了近50年来快速发展的各种表面处理技术和方法，已逐渐形成一个专门的研究学科和技术领域。

表面工程技术是利用各种物理的、化学的或机械的方法，使材料获得特殊的成分、组织结构和性能的表面，以提高材料或制品使用寿命的技术。表面技术包括表面改性、表层薄膜和表面涂层三个方面。从工程的角度将表面技术与表面分析、测试、评价及工程管理诸要素综合起来进行考量和组织实施的系统化技术称为表面工程技术。

表面工程技术的特点是：

（1）不必整体改善材料，只需进行表面改性或强化，以获得最佳的性能，节约材料。

（2）可获得超细晶粒、非晶态、过饱和固溶体，多层或复合结构等特殊性能的表面层。

（3）表面涂层很薄，涂层用料少，可采用贵重稀缺元素而不会显著增加成本，从而获得所需涂层性能。

（4）可制造性能优异的零、部件产品，也可用于修复已损坏、失效的零件。

表面工程技术的应用，在提高零、部件使用寿命和可靠性、提高产品质量、增强产品的竞争力，以及节约材料、节约能源等方面都有着十分重要的意义。表面工程技术按工艺过程特点可分为以下几类：电镀、热喷涂技术、清洗和激光表面改进等。

3.3.1 电镀

电镀（Electroplating）属于表面电化学沉积技术，是指在镀件基材表面通过电化学过程沉积出所需形态的金属镀层的工艺方法。电镀的目的是改善材料的外观，提高材料表面的物理化学性能，例如，增强耐蚀性，提高耐磨性，增加导电性，增加电阻抗，改善焊接性等。电镀层很薄，一般厚度为几微米到几十微米，耗用材料相对很少。例如，在电路接插件上微量镀金、镀银就可以显著提升接插件的连接导电性能，在钢件表面镀铬可以显著提高其耐蚀能力和耐磨损性能。电镀工艺设备较简单，操作条件较易控制，易实现自动化作业；电镀工艺适用范围宽，各种大小尺寸、形状复杂的零件都可以实施工业化电镀；可镀材料广泛，耗材成本较低，是性价比较高的加工制造方法，因而应用广泛，是材料表面处理的重要方法。

电镀都是在电镀液中进行的，因此也称为湿法电镀。按其工艺特点不同分为有槽电镀和无槽电镀，有槽电镀是应用最多的电镀方法，通常是对整个工件进行全表面覆层，可以实现大批量连续自动化生产，工业上和生活中见到的电镀件绝大部分都是采用这种方法完成的。无槽电镀不需要各种电镀槽，一般只做局部镀层制备，例如，电刷镀方法，其工艺灵活，设备简单，工况适应性强，在应急修复、厂外维修等场合应用较多。

电镀的实质是氧化还原过程。在电解池中，镀材金属作为阳极，镀件作为阴极，通以直流电流（或脉冲直流电流）后，阳极氧化溶解，阴极发生还原反应，金属离子得到电子而沉积到工件阴极表面，从而形成电镀覆层。

电镀的工序较多，工艺链较长，其工艺过程一般包括：镀前处理（表面清洁化处理）→表面活化处理→预镀（镀底层）→电镀（沉积工作层）→镀后处理。

电镀工艺主要控制参数是电流密度、电镀温度、电镀时间和镀液成分，较易实现自动控制。影响电镀质量的另一个重要参数是镀件的镀前清洁化处理程度。

电镀工艺涉及多种酸、碱、有机溶液，会产生对环境有害的废水、废液、废气、废渣等排放物，需要采取必要的环境保护措施。

3.3.2 涂料涂装

涂料分为有机涂料和无机涂料两大类，无机涂料主要用于建筑业，机械制造中使用的主要是有机涂料。表面工程技术中的涂装指将有机涂料通过一定的工艺过程涂覆于工件表面，形成涂膜覆层的一类工艺方法，故也称为有机涂料涂装。有机涂料是天然或合成的聚合物或树脂，有液体的也有固体的，例如，常见的油漆涂装（液体涂料）、静电喷塑（固体涂料）。有机涂料涂层的应用非常广泛。

(1) 有机涂层的主要作用：

1) 表面防护。如表面防锈、防酸、碱腐蚀。

2) 表面装饰。

3) 提供特殊功能，例如，绝缘、标志、疏水、防粘连、增大或减小摩擦系数、阻燃、隐身等特殊功能涂层。

(2) 涂料及涂装的性能评价指标　涂料及涂装的性能评价指标包括涂料的成膜性、附着力、耐磨性、耐久性、耐蚀性以及涂装作业的工艺性、经济性、环保性等。其中"耐久性"包含很多方面的内容，如耐候性、耐热性、耐寒性、耐酸性、耐碱性、耐水性、耐油性、抗菌性、抗褪色性、光亮保持性等。工程上需要根据设计需要进行选择。

(3) 有机涂料的主要组成 有机涂料主要由成膜料、颜料、分散剂和助剂四部分组成。

1) 成膜料，如天然的油脂、树脂或人工合成的树脂与聚合物，是形成涂层的主要物质，对涂层性能起决定性作用。

2) 颜料，使涂层具有一定的颜色。

3) 分散剂，其作用是使成膜物质均匀分布和均衡固化。传统液性涂料的溶剂是有机溶剂，如酯类、醇类、酮类溶剂，植物油溶剂、矿物油溶剂等，这些溶剂的挥发会产生较严重的环境污染，必须采取环保处理措施。新型涂料采用水作为分散剂，基本不会产生污染。固体涂料通常以空气作为分散介质，或利用静电作用实现涂料分散，也不会产生污染。

4) 助剂，也叫做添加剂，用于调控成膜过程，改善涂装工艺性，提升涂层性能。常用的助剂有固化剂、增塑剂、催干剂，表面活性剂（改善分散性）、抗老化剂、润湿助剂以及形成特殊功能的促紫外光吸收剂、促电磁波吸收剂、防霉剂、消泡剂等。

国家对于涂料涂装技术发展的指导方针是：大力发展无污染或少污染的绿色涂料制备和涂装技术，例如，粉末涂料涂装。粉末涂料具有无溶剂污染，材料利用率高的特点，但涂装工艺及涂装设备比较复杂。

(4) 涂装的工艺方法 涂装工艺方法直接影响涂层质量。涂装的一般工艺路线是：涂前表面预处理→涂料涂布→涂层固化。

涂前表面预处理的目的是在待涂表面建立一个利于与涂料结合的表面环境。由于涂料涂层与工件表面之间是物理附着，因此预处理工艺的质量对于涂层的附着强度影响至关重要。预处理的基本要求是：①表面清洁无油污；②表面具有较高活性以易于涂料附着；③具有合适的表面粗糙度值和表面形貌。例如，汽车蒙皮钢板表面，为获得漆料涂层的高附着强度，要求必须具有一定表面粗糙度数值的麻面纹理，为此，需要使用特制的激光毛化轧辊轧制。

3.3.3 热喷涂

热喷涂（Thermal Spraying）是利用高于材料熔点的高温热源将金属或非金属材料加热到熔化或半熔化状态，用高速气流或电弧等离子体等能束流将其吹成微小颗粒射流，喷射或沉积到工件表面，形成牢固覆盖层的表面加工方法。热喷涂工艺包括喷涂和喷焊两大类，喷涂的涂层与工件表面呈物理性附着，结合强度高于有机涂料涂层，一般不高于电镀层；喷焊涂层或经过二次加热重熔后的喷涂层，其涂层是冶金结合性质，结合强度可远高于电镀层，是目前可以获得最高结合强度的表面涂层方法。热喷涂的涂层材料广泛，工艺灵活，是工业上作为零件表面强化和磨损件表面修复的主要手段之一。

常用的热喷涂工艺，按热源方式划分有：火焰喷涂法（图3-6）、电弧喷涂法（图3-7）、等离子喷涂法（图3-8）。其中火焰喷涂设备最简单，施工最灵活，工件受热影响最大；等离子喷涂的涂层质量最好，工件受热影响最小，设备投资及运行成本也最高。

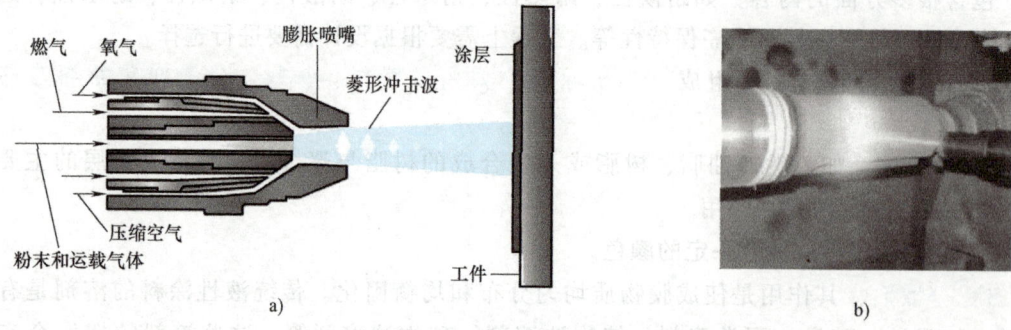

图 3-6 火焰喷涂原理及喷涂现场

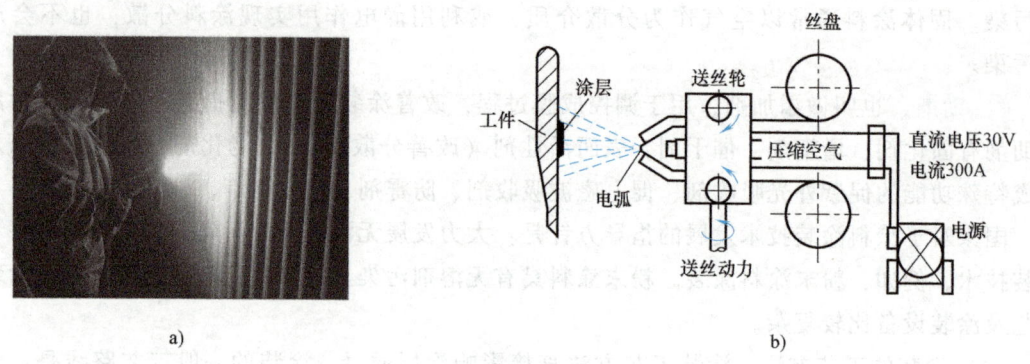

图 3-7 电弧喷涂原理及喷涂现场

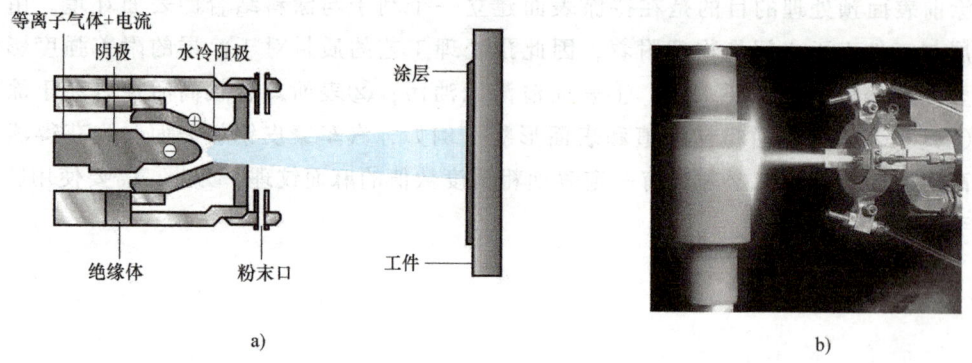

图 3-8 等离子体喷涂原理及喷涂现场

3.3.4 高能束流表面改性

高能束流表面改性指的是采用激光束、离子束、电子束对材料表面进行改性或合金化的技术，又被称为三束改性技术，是近三十年来迅速发展起来的表面工程新技术。其中激光束改性技术因其在加工成本、工艺条件要求（例如，不需要高电压和真空环境）以及技术成熟度方面的优势，被应用得相对最多。

束流高度集中，能量密度极大，加热速度极快是三种高能束流的共同特点。短时精准照射局部材料加热→熔化甚至汽化→冷却凝固结晶的系列过程是瞬间完成的，可以导致材料表层出现微晶化、非晶化以及一些特殊的亚稳态合金相，从而形成表面层的一些特殊性能，如超高耐磨性能、超高耐蚀性能和超高硬度等。

高能束流可以用于对材料进行表面改性，甚至进行机械零件的再制造。常见的激光表面改性技术应用有激光相变硬化、激光表面合金化等。

思 考 题

1. 材料热处理有何用途？
2. 什么是退火？什么是正火？两者的特点和用途有什么不同？
3. 亚共析钢的淬火温度为何是 $Ac_3+(30\sim50℃)$？过高或过低有什么弊端？
4. 油中淬火和水中淬火有何区别？为什么合金钢通常不在水中淬火？
5. 钢在淬火后为什么要立即回火？三种类型回火的用途有何不同？
6. 锯条、大弹簧、车床主轴、发动机缸盖螺栓的最终热处理工艺有何不同？
7. 日常生活用的手缝针、汽车变速箱的齿轮应采用何种热处理？为什么？
8. 一般在热处理加热后进行保温的作用是什么？感应加热表面淬火后是否需要保温？
9. 一花键轴，材料为20Cr钢，工艺路线为：下料→锻造→正火→切削加工→渗碳→淬火→低温回火→磨削。切削加工后各工序的作用分别是什么？
10. 定性比较电镀、热喷涂、有机涂料涂装三类方法的工艺特点、加工成本及对环境的影响。

第4章

机械工程材料的分类与选用

> **本章导学**：机械制造所用材料统称为机械工程材料，从单纯依靠金属材料发展到以金属材料为主，非金属材料和复合材料快速发展的阶段。本章以建立初步的选材能力为目的，重点介绍常用工业用钢，其次是常用有色金属材料，对已有较多工业应用的工程塑料和复合材料也做一简单介绍。本章工业用钢内容与前面三章的知识紧密关联，前面三章是理解工业用钢及选材的理论基础。因此，建议以前后贯通的方式来学习本章内容。
>
> 机械工程材料发展比较快，市场上常能见到来自不同国家或基于不同标准编制的材料牌号。本章以国标为依据介绍工业用钢等各种机械工程材料，学习中应重点掌握材料分类的基本规则和各类材料的基本特征，以期能够举一反三，触类旁通。

正确选材直接关系到产品和加工过程的质量及成本。好的使用性能和工艺性能，再加上有市场竞争力的成本是选材的基本出发点。以下是选材的一般性原则：

(1) **使用性能原则** 使用性能是保证产品或零件实现其使用功能的前提条件。选择材料的使用性能应根据产品或零件的使用条件，如载荷情况（动载荷还是静载荷？单向载荷还是交变载荷？拉压还是弯扭？有没有冲击？）、工作温度、环境介质等，来确定材料应具有的力学性能、物理性能及化学性能等。

(2) **工艺性能原则** 材料的工艺性能是指材料加工的难易程度。加工难度大，不仅会增大加工成本，而且加工质量也难以保证。因此，好的选材应当是既要满足使用性能，又要具有良好的工艺性能。

(3) **经济性原则** "经济地满足使用要求和加工要求"是社会生产哲学的基本原理，也是机械加工选材的基本原则。选材以能用为原则，"只选对的，不选贵的"。所以，成本的概念要贯穿于选材和加工的始终，也要贯穿于学习本课知识点的始终。

(4) **绿色发展原则** 选材和选择加工方案，还要考虑资源的可持续问题、对环境的影响问题。

4.1　工业用钢的分类与选用

钢和铸铁，构成了铁碳合金——这个对机械工业最重要也是用量最大的金属材料的全部。本章只对工业用钢做介绍和展开讨论，而铸铁则留到第5章金属液态成形基础中介绍。

这样做可能更符合分类认知的规律。本节介绍的重点是钢的分类、编号和选用。

按照国家标准 GB/T 13304.1—2008《钢分类 第一部分：按化学成分分类》，按照化学成分钢可分为非合金钢（碳素钢，简称碳钢）、低合金钢和合金钢三大类。

4.1.1 碳素钢

碳素钢（Carbon Steel），简称碳钢，即非合金钢（GB/T 13304.1—2008），本书使用碳素钢的名称。

碳素钢的含碳量在 2.11% 以下，除碳之外，还含有硅、锰、磷、硫等杂质。

碳素钢中碳对钢的组织和性能影响很大，亚共析钢随含碳量的增加，珠光体增多、铁素体减少，因而钢的强度、硬度上升，而塑性、韧性下降。含碳量超过共析成分时，因出现网状二次渗碳体，随着含碳量的增加，尽管硬度直线上升，但由于脆性增大，强度反而下降。图 4-1 所示为碳含量对钢的力学性能的影响。

钢中主要杂质及其对钢性能的影响如下：

1）硅——有益元素，作为脱氧剂在炼钢时被加入，通常碳钢中 $w_{Si} \leq 0.35\%$。硅能固溶于铁素体中使其强化，从而提高钢的强度和硬度，但钢的塑性和韧性会略有降低。

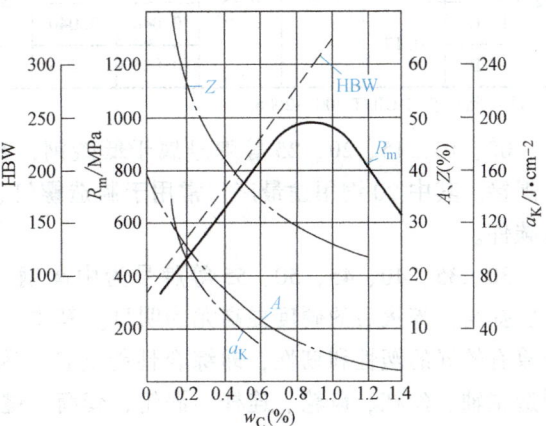

图 4-1 碳含量对钢的力学性能的影响

2）锰——有益元素，也是作为脱氧剂在炼钢时被加入，通常碳钢中 $w_{Mn} \leq 0.8\%$。可固溶于铁素体中使其强化，少部分会溶入 Fe_3C 中形成合金渗碳体，这都能使钢的强度得到提高。此外，锰还能与硫形成 MnS，从而抵消硫的部分有害作用。

3）硫——有害杂质，来自炼钢生铁并残留于钢中。硫在奥氏体晶界处形成低熔点的共晶体（FeS+Fe，熔点为 989℃），使钢在高温下容易产生裂纹，称为热脆性。

4）磷——有害杂质，也是来自炼钢生铁并残留于钢中。能使钢的塑性、韧性下降，特别是在低温时脆性急剧增加，此称为冷脆性；磷的存在还会使钢的焊接性能变差。

碳素钢分为如下三类：

（1）普通碳素结构钢（Carbon Structural Steel） 普通碳素结构钢，通常简称为碳素结构钢。供货钢材主要保证其力学性能指标。牌号体现强度和塑性指标，用"Q+数字"表示，例如，牌号 Q235 为屈服强度不小于 235MPa 的碳素结构钢。常用碳素结构钢的牌号、化学成分、力学性能及用途举例可参见表 4-1。

碳素结构钢的 $w_C < 0.38\%$，以 $w_C < 0.25\%$ 的低碳钢最为常用。此类钢硫、磷含量较高，但性能可以满足一般工程结构及一些机件的使用要求，且价格低廉，因此得到了广泛应用。

（2）优质碳素结构钢（Carbon Constructional Quality Steel） 优质碳素结构钢的硫、磷含量较低（质量分数不大于 0.035%），主要用于制造机器零件。优质碳素结构钢能同时保证其化学成分和力学性能。牌号是用两位数字表示平均含碳量（质量分数）的万分数。例如，45 钢意为钢中含碳量为 0.45%，08 钢表示钢中含碳量为 0.08%。

表 4-1 碳素结构钢的牌号、化学成分、力学性能和用途举例

牌号	等级	化学成分 w(%)					力学性能			用途举例
		C	Mn	Si	S	P	R_{eL} /MPa	R_m /MPa	A_5 (%)	
		不大于								
Q215	A	0.15	1.20	0.35	0.050	0.045	≥215	335~450	≥31	塑性好,通常轧制成薄板、钢管、型材,制造钢结构,也用于制作铆钉、螺钉、冲压件、开口销等
	B				0.045					
Q235	A	0.22	1.40	0.35	0.050	0.045	≥235	370~500	≥26	强度较高,塑性也较好,常轧制成各种型钢、钢管、钢筋等,制成各种钢结构件、冲压件、焊接件及不重要的轴类、螺钉、螺母等
	B	0.20			0.045					
	C	0.17			0.040	0.040				
	D				0.035	0.035				

注:此表摘自 GB/T 700—2006。

08、10、15、20、25 等牌号属于低碳钢,其塑性优良,易于拉拔、冲压、挤压、锻造和焊接。其中 20 钢用途最广,常用于制造螺钉、螺母、垫圈、小轴和焊接件,有时也用于渗碳件。

30、35、40、45、50、55 等牌号为中碳钢,因钢中珠光体含量增多,其强度和硬度均有所提高,淬火后的硬度提高尤为明显。其中,以 45 钢最为典型,它不仅强度、硬度较高,且兼有较好的塑性和韧性,即综合性能优良。因此,45 钢在机械结构中用途最广,常用于制造主轴、丝杠、齿轮、连杆、涡轮、套筒、键和重要螺钉等。

60、65、70、75 等牌号属于高碳钢。它们经过淬火、回火后,不仅强度、硬度显著提高,且弹性优良,常用于制造弹簧、发条、钢丝绳、轧辊和凸轮等。

表 4-2 列出了部分优质碳素结构钢的牌号和应用举例。

表 4-2 部分优质碳素结构钢的牌号和应用举例

牌号	应用举例
08 08F	用于制作薄板,制造深冲制品、油桶、高级搪瓷制品,也用于制成管子、垫片及心部强度要求不高的渗碳和碳氮共渗零件等
10 10F	用于制造锅炉管、油桶顶盖、钢带、钢板和型材,也可制作机械零件
15 15F	用于制造机械上的渗碳零件、紧固零件、冲锻模件及无需热处理的低负荷零件,如螺栓、螺钉、拉条、法兰盘及化工机械用贮存器、蒸汽锅炉等
25	用于热锻和热冲压的机械零件,机床上的渗碳及碳氮共渗零件,以及重型和中型机械制造中负荷不大的轴、辊子、连接器、垫圈、螺栓、螺母等,还可用作铸钢件
30	用于热锻和热冲压的机械零件,冷拉丝、重型和一般机械用的轴、拉杆、套环以及机械上用的铸件,如气缸、汽轮机机架、飞轮等
35	用于热锻和热冲压的机械零件,冷拉和冷顶镦钢材、无缝钢管,机械制造中的零件,如转轴、曲轴、轴销、杠杆、连杆、横梁、星轮、套筒、轮圈、钩环、垫圈、螺钉、螺母等;还可用于铸造汽轮机机身、轧钢机机身、飞轮、均衡器等
40	用于制造机器的运动零件,如辊子、轴、曲柄销、传动轴、活塞杆、连杆、圆盘以及火车的车轴
45	用于制造蒸汽轮机、压缩机、泵的运动零件,还可用于代替渗碳钢制造齿轮、轴、活塞等零件,但零件需经高频或火焰表面淬火,并可用作铸件
50	用于制造耐磨性好、动载荷及冲击作用不大的零件,如铸造齿轮、拉杆、轧辊、轴摩擦盘、次要的弹簧、农机上的掘土犁铧、重负荷的芯轴和轴等

(续)

牌号	应用举例
55	用于制造齿轮、连杆、轮面、轮缘、扁弹簧及轧辊等,也可作铸件使用
60	用于制造轧辊、轴、偏心轴、弹簧圈、弹簧、各种垫圈、离合器、凸轮、钢丝绳等
65	用于制造气门弹簧、弹簧圈、轴、轧辊、各种垫圈、凸轮及钢丝绳等
70 80	用于制造弹簧
15Mn 20Mn	用于制造中心部分力学性能要求高且需渗碳的零件
30Mn	用于制造螺栓、螺母、螺钉、杠杆、制动踏板;还可以制造在高应力下工作的细小零件,如农机钩环、链等

(3) **碳素工具钢**(Carbon Tool Steel) 此类钢的牌号用"T+数字"表示,数字表示钢中平均含碳量(质量分数)的千分数。如T10表示为含碳量(质量分数)为1.0%的碳素工具钢。若加后缀A则表示为优质碳素工具钢,如T10A。

碳素工具钢一般用于制造锻工、钳工工具和小型模具、量具、刃具等,见表4-3。

表4-3 几种碳素工具钢的牌号、化学成分、热处理及用途举例(摘自GB/T 1299—2014)

牌号	化学成分 w(%)					淬火温度 /℃	回火温度 /℃	用途举例
	C	Mn	Si	S	P			
			不大于					
T8	0.75~ 0.84	≤0.40	0.35	0.030	0.035	780~800	180~200	冲头、錾子、锻工工具、木工工具、台钳钳口等
T10	0.95~ 1.04	≤0.40	0.35	0.030	0.035	760~780	180~200	硬度较高、但仍要求一定韧性的工具,如手锯条、小冲模、丝锥、板牙等
T10A	0.95~ 1.04	≤0.40	0.35	0.020	0.030	760~780	180~200	
T12	1.15~ 1.24	≤0.40	0.35	0.030	0.035	760~780	180~200	适用于不受冲击的耐磨工具,如钢锉、刮刀、铰刀等

4.1.2 低合金钢

低合金钢(Low Alloy Steel)是指合金总含量较低(质量分数小于3%)、碳质量分数也较低的合金结构钢,在退火或正火状态下使用,成形后不再进行淬火、调质等热处理。与含碳的质量分数相同的碳素钢相比,低合金钢具有较高的强度、塑性、韧性和耐蚀性,且大多具有良好的焊接性。因此,低合金钢广泛应用于桥梁、汽车、铁道、船舶、锅炉、高压容器、液压缸、输油管、钢筋和矿用设备等。

国家标准《钢分类》(GB/T 13304—2008)将低合金钢分为普通质量低合金钢、优质低合金钢、特殊质量低合金钢。

普通质量低合金钢主要包括,一般用途低合金结构钢、低合金钢筋钢、铁道用一般低合金钢和矿用一般低合金钢等。

优质低合金钢是指除普通质量低合金钢和特殊质量低合金钢以外的低合金钢,这种钢的质量要求(例如,良好的抗脆性能、良好的冷成形性能等)比普通质量低合金刚好,但不如特殊质量低合金钢。优质低合金钢主要包括可焊接的高强度结构钢、锅炉和压力容器用的低合金钢和造船用的低合金钢等。

特殊质量低合金钢是指在生产过程中需要特别严格控制质量和性能，特别是控制硫、磷杂质含量纯度的低合金钢。主要包括低合金高强度钢、保证厚度方向性能的低合金钢等。低合金高强钢的供货牌号表示方法与碳素结构钢相同，例如，Q345A 意为 $R_{eL} \geq 345\mathrm{MPa}$ 的 A 级可焊接低合金高强钢。表 4-4 列出了一般用途的低合金高强钢的牌号、化学成分、力学性能和应用举例。

表 4-4 低合金高强钢的牌号、化学成分、力学性能和应用举例（摘自 GB/T 1591—2018）

牌号	相应旧牌号举例	化学成分 w(%)						力学性能		应用举例
		C	Mn	V	Nb	Ti	其他	R_{eL}/MPa	A_5/%	
Q295	09 Mn2 09 MnV	≤0.16	0.80~1.50	0.02~0.15	0.015~0.06	0.02~0.20	—	≥295	23	低压容器、输油管道、车辆等
Q345	16 Mn 12 MnV	≤0.20	1.00~1.60	0.02~0.15	0.015~0.06	0.02~0.20	—	≥345	21~22	桥梁、船舶、压力容器、车辆等
Q390	15 MnV 15 MnTi	≤0.20	1.00~1.60	0.02~0.20	0.015~0.06	0.02~0.20	Cr≤0.30 Ni≤0.70	≥390	19~20	桥梁、船舶、起重机、压力容器等
Q420	15 MVN	≤0.20	1.00~1.70	0.02~0.20	0.015~0.06	0.02~0.20	Cr≤0.40 Ni≤0.70	≥420	18~19	高压容器、船舶、桥梁、锅炉等

注：1. 钢的质量等级：Q295 分 A、B 两级；Q345、Q390 和 Q420 分 A、B、C、D、E 五级。
2. 钢的含硅量（质量分数）不大于 0.55%，Q345D、E 级碳质量分数不大于 0.18%。

4.1.3 合金钢

国家标准定义钢中合金元素总量大于 3% 即为合金钢（Alloy Steel），如果钢中 $w_{Si}>0.5\%$，或 $w_{Mn}>1.0\%$，也属于合金钢。合金钢不仅合金元素含量高，而且严格控制硫、磷等有害杂质的含量，属于优质钢或高级优质钢。

1. 合金结构钢

合金结构钢（Steel Alloy Structural）含有 Mn、Cr、Si、Ni、W、V、Ti、B 等合金元素，其强度、韧性较高，淬透性好，淬火时的裂纹和变形倾向小；常用于制造重要工程结构和机器零件。低碳合金结构钢用于渗碳件，中碳合金结构钢用于调质件和渗氮件，高碳合金结构钢用于制造尺寸较大的弹簧。

合金结构钢的牌号编制规则是"数字+元素符号+数字"，开头数字是两位，表示平均含碳量（质量分数）的万分数，若是一位数字则为千分数的含碳量（质量分数），含碳量（质量分数）超过千分之十则不表示；元素符号后面的数字表示所含合金元素的质量分数。当合金元素含量（质量分数）小于 1.5% 时不标出含量（质量分数）数字。

常用合金结构钢的牌号、化学成分、热处理的主要特点和用途见表 4-5。

2. 合金工具钢

合金工具钢（Alloy Tool Steel）的含碳量很高，其合金含量一般也很高。加入 Si、Cr、Mn 等可提高钢的淬透性，加入 W、Mo、V 可提高钢的热硬性和耐磨性。合金工具钢主要用于制造刀具、量具、模具等，尤其是用于形状复杂、尺寸较大、切削速度较高或工作温度较高的刀具、刃具、耐冲击工具、冷作模具、热作模具等的制造。

合金工具钢的牌号编制规则与合金结构钢的基本相同，前面用一位数字表示含碳量（质量分数）的千分数，若含碳量（质量分数）超过1%则不标出。

高速工具钢具有高耐磨性和红硬性，多用于制造复杂切削刀具，如铣刀、拉刀、齿轮滚刀等。

热作模具钢主要应用于高温工况下胎膜具的制造，如锻造、压铸、热轧、热挤压等模具。

冷作模具钢具有良好的耐磨性和低变形性，广泛应用于常温工况作业下的各种工具、模具的制造选材，如橡塑模具、某些量具量规等。

抗冲击工具钢适用于需要高韧性的应用场合，如剪切、冲压、弯曲、冷锻、冷挤等。低合金工具钢通常用于特殊应用。

选材时应根据实际需求具体分析，对于一些要求高的工模具制造，低合金钢，甚至普通碳钢往往成为首选。

3. 特殊性能钢

特殊性能钢（Specialty Steels）包括不锈钢、耐磨钢、耐蚀钢，以及具有软磁、永磁、无磁等特殊物理、化学性能的钢。其中，不锈钢在食品、化工、石油、医药工业中有广泛的应用。常用的不锈钢牌号有20Cr13、12Cr18Ni9、06Cr18Ni10（304不锈钢）等。可参见表4-4列出的几种特殊性能钢的化学成分、热处理及用途举例。

不锈钢是一种高合金钢，其主要合金元素是铬，通常含量（质量分数）在15%以上。常温下铬会在合金表面形成一层薄的、致密的氧化膜，使合金具有高耐蚀性。加入镍会进一步增强其耐蚀性。碳用于强化和硬化金属，然而，增加碳含量会降低耐蚀性。

工业常用不锈钢有三类，以合金在室温下的主要相命名。

（1）奥氏体不锈钢　奥氏体不锈钢（Austenitic Stainless Steel）具有（质量分数）约18%Cr和8%Ni的典型组成，市场上常称为18-8不锈钢，它是三种不锈钢中耐蚀性最强的。奥氏体不锈钢无磁性，延展性很强，但强度较低，不可能通过相变使之强化，仅能通过冷加工进行强化，如加入S、Ca、Se、Te等元素，则具有良好的易切削性。镍在铁碳相图中具有增大奥氏体区域的作用，可使其在室温下保持稳定。奥氏体不锈钢用于制造化学和食品加工设备，以及需要高耐蚀性的机械部件。

（2）铁素体不锈钢　铁素体不锈钢（Ferritic Stainless Steel）含有（质量分数）约15%至20%的铬，低碳，无镍。在室温下具有铁素体相。铁素体不锈钢具有磁性，延展性和耐蚀性不如奥氏体不锈钢应用广泛。从厨房用具到喷气发动机部件都有应用。

（3）马氏体不锈钢　马氏体不锈钢（Martensitic Stainless Steel）中碳含量高于铁素体不锈钢，因此，可以通过热处理进行强化，坚硬且耐疲劳，常用作不锈钢刀具，如炊具和手术刀等，也用作制造耐腐蚀滚动轴承的材料。马氏体不锈钢的耐蚀性不如铁素体不锈钢。

滚动轴承用钢也属于特殊性能钢，但其牌号表示规则与上述不锈钢有所不同，是以G字母开头（表示为滚动轴承钢），合金元素含量为千分数。例如常用的GCr15，w_C为1%，w_{Cr}为1.5%。

工业常用合金钢的牌号、化学成分、热处理及用途举例可参见表4-5，轴承钢的类别、牌号、主要特点及用途举例见表4-6。

表 4-5 工业常用合金钢的类别、牌号、性能特点及用途举例

类别	牌号	质量分数(%)					热处理	主要特点及用途
		C	Mn	Si	Cr	其他		
合金结构钢	20Cr	0.18~0.24	0.50~0.80	0.17~0.37	0.70~1.00		渗碳、油淬、低温回火	活塞销、齿轮轴、小齿轮、蜗杆
	20CrMnTi	0.17~0.23	0.80~1.10	0.17~0.37	1.00~1.80	Ti 0.06~0.12	渗碳、油淬、低温回火	车用变速箱齿轮、离合器等
	40Cr	0.37~0.44	0.50~0.80	0.17~0.37	0.80~1.10		调质、表面淬火	轴、蜗杆、齿轮、连杆、重要螺栓
	40MnVB	0.37~0.44	1.10~1.40	0.17~0.37		V 0.05~0.10	调质、表面淬火	转向节、花键轴
	60Si2Mn	0.56~0.64	0.60~0.90	1.50~2.00			油淬、中温回火	重要弹簧、板簧
合金工具钢	9SiCr	0.85~0.95	0.30~0.60	1.20~1.60	0.95~1.25		油淬、低温回火	丝锥、板牙、铰刀、冷作模具
	CrWMn	0.90~1.05	0.80~1.10	≤0.40	0.90~1.20	W 1.20~1.60	油淬、低温回火	丝锥、板牙、量具量规、冷冲模
	W18Cr4V	0.70~0.80	≤0.40	≤0.40	3.80~4.40	W 17.5~19.0	油淬、三次回火	金切刀具、钻头等
特殊性能钢	20Cr13	0.16~0.30	≤1.00	≤1.00	12.00~14.00		油淬、多次回火	耐蚀、耐磨工具,化工设备零件
	06Cr19Ni10	≤0.06	≤1.00	≤1.00	18.00~20.00	Ni 9.00~11.0	快冷,≤187HBW	食品、医疗器件;化工设备零件
	ZGMn13	0.90~1.40	10.0~15.0				水韧处理	履带板、破碎机齿板、钢轨道岔

表 4-6 常用轴承钢的类别、牌号、主要特点及用途举例

类别	牌号	主要特点	用途举例
高碳铬轴承钢	GCr15	一定的淬透性、耐磨性和耐回火性	一般工作条件下的中等尺寸的各类滚动体和套圈
	GCr15SiMn	淬透性高,耐磨性好,接触疲劳性能优良	一般工作条件下的大型或特大型轴承套圈和滚动体
渗碳轴承钢	G20CrNiMoA	钢的纯洁度和组织均匀性高,渗碳后表面硬度为58~62HRC,心部硬度为25~40HRC,工艺性能好	承受冲击载荷的中小型滚子轴承,如发动机主轴承
	G20Cr2Ni4A		承受高冲击的和高温下的轴承,如发动机的高温轴承
	G20Cr2Mn2MoA		承受大冲击的特大型轴承,也用于承受大冲击、安全性高的中小型轴承
不锈轴承钢	G95Cr18	高的耐蚀性,高的硬度、耐磨性、弹性和接触疲劳性能	制造耐水、水蒸气和硝酸腐蚀的轴承及微型轴承
	G102Cr18Mo		
	06Cr19Ni10	极优良的耐蚀性、耐低温性、冷塑性成形性和可加工性好	车制保持架,高耐蚀性要求的防锈轴承,经渗氮处理后可制作高温、高速、高耐蚀、高耐磨的低负荷轴承
	07Cr17Ni7Al		
高温轴承钢	W18Cr4V	高温强度、硬度、耐磨性和疲劳性能好,抗氧化性较好,但抗冲击性较差	制造耐高温轴承,如发动机主轴承,对结构复杂、冲击负荷大的高温轴承,应采用 G20Cr2Ni4 渗碳轴承钢制造
	W6Mo5Cr4V2		
其他轴承钢	50CrVA	中碳合金钢具有较好的综合力学性能(强韧性配合),调质处理后进行表面强化,则疲劳性能和耐磨性改善	用于制造转速不高,较大载荷的特大型轴承(主要是内外套圈),如挖掘机、起重机、大型机床上的轴承
	5CrMnMo		
	30CrMo		

4.2 工业常用有色金属及轻合金

有色金属及合金具有钢铁材料所没有的许多特殊的机械、物理和化学性能,为现代工业中不可缺少的金属材料。它的种类很多,本章仅就机械、仪器仪表、航空器制造等工业中广泛使用的铜、锌、镍和贵金属等做一些简要介绍。

4.2.1 铜及铜合金

铜(Copper)及铜合金(Copper Alloy)的导电性、导热性优异,对大气和水的耐蚀能力很高,具有抗磁性。其加工性能良好,容易进行冷、热成形,易焊接。铸造铜合金有很好的铸造性能和某些特殊的力学性能,例如,优良的减摩性和耐磨性(如青铜及部分黄铜),较高的疲劳极限等。

铜及铜合金在电气工业、仪表工业、造船工业及机械制造工业部门中获得了广泛的应用。但铜的资源较少,价格较高,属于应节约使用的材料,需谨慎选用。

按铜合金的成形方法不同可将其分为变形铜合金及铸造铜合金。黄铜合金牌号及化学成分详见表 4-7。

表 4-7 常用黄铜的牌号、性能和主要用途

类别	牌号	化学成分 w/% Cu	其他	Zn	加工状态或铸造方法	力学性能 R_m/MPa 不小于	$A(\%)$ 不小于	HBW 不小于	用途举例
普通黄铜	H68	67.0~70.0		余量	软	320	55		复杂的冷冲件和深冲件、散热器外壳、导管及波纹管等
					硬	660	3	150	
	H62	60.5~63.5		余量	软	330	49	56	销钉、铆钉、螺母、垫圈、导管、夹线板、环形件、散热器等
					硬	600	3	164	
特殊黄铜	HPb59-1	57~60	Pb 0.8~1.9	余量	硬	650	16	HRB140	销子、螺钉等冲压件或加工件
	HMn58-1	57~60	Mn 1.0~2.0	余量	硬	7000	10	175	船舶零件及轴承等耐磨零件
铸造黄铜	ZCuZn16Si4	79~81	Si 2.5~4.5	余量	S	345	15	88.5	接触海水工作的配件以及水泵、叶轮和在空气、淡水、油、燃料以及工作压力在 4.5MPa 和 250℃ 以下蒸汽中工作的零件
					J	390	20	98.0	
	ZCuZn40Pb2	58~63	Pb 0.5~2.5 Al 0.2~0.8	余量	S	220	15	78.5	一般用途的耐磨、耐蚀零件,如轴套、齿轮等
					J	280	20	88.5	

注:软—600℃ 退火;硬—变形度 50%;S—砂型铸造;J—金属型铸造。

(1) 黄铜 最简单的黄铜就是铜锌二元合金,简称普通黄铜。普通黄铜以"H+铜含量"命名,如 H65 表示铜质量分数为 63.5%~68.0% 的普通黄铜(见 GB/T 29091—2012)。普通黄铜中,锌质量分数小于 39% 的称为单相黄铜,如 H68、H70 等,它们的强度低、塑性好,一般冷塑性加工成板材、线材、管材等,主要用作弹壳和精密仪器;锌质量分数为 39%~45% 的称为两相黄铜,如 H59、H62 等,它们的热塑性好,一般热轧为棒材、板材,

主要用作水管、油管、散热器、螺钉等。普通黄铜具有良好的耐蚀性，但冷加工后的黄铜在海水、湿气、氨的环境中容易产生应力腐蚀开裂，故需进行去应力退火。

常用单相黄铜的牌号有 H80、H70、H68 等。由于这类黄铜塑性很好，适于制作冷轧板材、冷拉线材、管材及形状复杂的深冲零件。表 4-5 列出部分常用黄铜的牌号、性能和主要用途。

（2）青铜　青铜是指除 Zn 和 Ni 以外的其他元素为主要合金元素的铜合金。青铜牌号的编号方法是：Q+主加元素符号+主加元素质量分数+其他元素质量分数。"Q"为青铜。例如，QSn4-3 表示含质量分数为 3.5%~4.5% 的 Sn、2.7%~3.3% 的 Zn 的锡青铜。工业用量最大的为锡青铜和铝青铜，强度最高的为铍青铜。

锡青铜的铸造收缩率很小，可铸造形状复杂的零件。但铸件易生成分散缩孔，使密度降低，在高压下容易渗漏，所以适用于对外形和尺寸要求精确的铸件或工艺品，但不适用于铸造要求致密度高和密封性好的铸造零件。锡青铜在大气、海水和无机盐类溶液中有极好的耐蚀性，但在氨水、盐酸和硫酸中耐蚀性较差。

铝青铜的耐蚀性优良，在大气、海水、碳酸及大多数有机酸中的耐蚀性，均比黄铜和锡青铜好。铝青铜的耐磨性也比黄铜和锡青铜好。为了进一步提高铝青铜的强度、耐磨性及耐蚀性，可添加适量的铁、锰、银等元素。因此，铝青铜在结构件上应用极广，主要用于制造在复杂条件下工作，要求高强度、高耐磨性、高耐蚀的零件和弹性零件，如齿轮、摩擦片、弹簧和船用设备等。

铍青铜在固溶处理后塑性好，可进行冷变形和切削加工，制成零件并经人工时效处理后，可获得很高的强度和硬度：抗拉强度可达 1250~1500MPa，硬度可达 350~400HBW，远超过其他铜合金，且可与高强度合金钢相媲美。铍青铜的弹性极限、疲劳极限都很高，耐磨性和耐蚀性也很优异。铍青铜有良好的导电性和导热性，并具有无磁性、耐寒、受冲击时不产生火花等一系列优点，但价格较贵。广泛应用于制造精密仪器仪表的重要弹性元件，耐磨、耐蚀零件，航海罗盘仪中零件和防爆工具等。

4.2.2　铝及铝合金

铝（Aluminum）是轻金属。地球上铝矿资源储量丰富，成本较低。随着冶炼技术和铝加工处理技术水平的进步，工业用铝的范围和用量都在持续大幅增长。铝及铝合金在电气工程、航空航天、一般机械工业中都有广泛的用途。

铝及铝合金（Aluminum Alloy）具有优良的物理、化学性能。导电性好，磁化率极低，接近于非铁磁性材料；耐大气腐蚀能力强。力学性能和可加工性良好，易切削，塑性好，可冷成形。纯铝具有很好的延展性。

根据铝合金的加工工艺特性，可分为变形铝合金和铸造铝合金两类。变形铝合金又称为压力加工铝合金，其塑性较好，适用于压力加工。

（1）铸造铝合金　铸造铝合金具有良好的铸造性能，可直接铸造成形各种形状复杂的零件；具有足够的力学性能和其他性能，还可通过热处理等方式改善其力学性能；且生产工艺和设备简单，成本低，在许多工业领域有着广泛的应用。

按照主要合金元素的不同，铸造铝合金可分为 Al-Si 合金、Al-Cu 合金，Al-Mg 合金、Al-Zn 合金等 4 类。它们的牌号是以"ZL+数字"表示，其中"ZL"为汉字"铸铝"汉语拼音各自的第一个字母；其后第一位数字以 1、2、3、4 分别代表铝硅合金、铝铜合金、铝镁合金和铝锌合金；第二、三位数字表示各自的序号。如 ZL101 为 01 号铸造铝硅合金，ZL302 为 02 号铸造铝镁合金。常用铸造铝合金的牌号、化学成分、力学性能及用途见表 4-8。

表 4-8 常用铸造铝合金牌号、化学成分、力学性能及用途

合金种类	牌号(代号)	合金元素含量（质量分数）(%)						力学性能≥			用途
		Si	Cu	Mg	Zn	Mn	Ti	R_m/MPa	A(%)	HBW	
Al-Si 合金	ZAlSi7Mg (ZL101)	6.5~7.5		0.25~0.45				135~225	1~4	45~70	复杂砂型、金属型、压铸件，如飞机、仪器、抽水机壳体等
	ZAlSi12 (ZL102)	10.0~13.0						135~155	2~4	50	复杂、耐蚀、气密机件。适于压铸，如仪器仪表、机器壳体等
	ZAlSi5Cu1Mg (ZL105)	4.5~5.5	1.0~1.5	0.4~0.6				155~235	0.5~1.0	65~70	250℃以下、中等载荷零件，如发动机汽缸头、机匣和泵壳体等
	ZAlSi12Cu2Mg1 (ZL108)	11.0~13.0	1.0~2.0	0.4~1.0		0.3~0.9		195~255		85~90	高温、高强度低膨胀系数内燃机活塞、其他耐热件
Al-Cu 合金	ZAlCu5Mn (ZL201)		4.5~5.3			0.6~1.0	0.15~0.35	229~335	2~8	70~90	300℃内瞬时重大载荷，长期中等载荷结构件，如增压器导风叶轮静叶片
	ZAlCu10 (ZL202)		9.0~11.0					104~163		50~100	形状简单、表面粗糙度低、耐高温受中等载荷结构件
Al-Mg 合金	ZAlMg10 (ZL301)			9.5~11.0				280	9	60	耐大气、海水腐蚀，受较大冲击和振动的零件
	ZAlMg5Si (ZL303)	0.8~1.3		4.5~5.5		0.1~0.4		143	1	55	耐蚀、中等载荷结构件
Al-Zn 合金	ZAlZn11Si7 (ZL401)	6.0~8.0		0.1~0.3	9.0~13.0			195~245	1.5~2	80~90	压力铸造零件，温度不超过 200℃，结构复杂的汽车、飞机零件

注：铸造方法和合金状态不同，其合金质量分数、力学性能也不同，详见 GB/T 1173—2013。

（2）变形铝合金　我国变形铝合金的新牌号采用四位字符体系（与国际牌号相似），根据主要合金元素的不同分为九个系列（见表 4-8）。每一系列的第一位数字表示主要合金元素，第三位和第四位数字表示合金编号，第二位数字或英文字母表示合金的类型，如我国用字母 A 表示原始合金，国际上则用数字 0 表示原始合金。按性能特点可分为防锈铝合金、硬铝合金、超硬铝合金和锻造铝合金等。变形铝合金的牌号、化学成分及力学性能见表 4-9。

1) **防锈铝合金**　防锈铝合金主要是 Al-Mg 合金和 Al-Mn 合金。这类合金在锻造退火后呈单相固溶体，故耐蚀性好、塑性好，并具有良好的低温性能，同时强度高、密度小，在航空航天等领域有广阔的应用前景。

表 4-9 变形铝合金的牌号、化学成分及力学性能

类别	合金系统	新牌号（曾用牌号）	化学成分 w(%)					产品状态	力学性能		
			Cu	Mg	Mn	Zn	其他		R_m/MPa	A(%)	硬度(HBW)
防锈铝合金	Al-Mg	5A02(LF2)		2.0~2.8	0.15~0.4			O HX8	195 265	17 3	47 68
		5A05(LF5)		4.8~5.5	0.3~0.6			O	280	20	70
	Al-Mn	3A21(LF21)			1.0~1.6			O HX8	130 190	20 1	30 53
硬铝合金	Al-Cu-Mg	2A01(LY1)	2.2~3.0	0.2~0.5				线材 T4	300	24	70
		2A11(LY11)	3.8~4.8	0.4~0.8	0.4~0.8			包铝板材 T4	420	18	100
		2A12(LY12)	3.8~4.9	1.2~1.8	0.3~0.9			包铝板材 T4	470	17	105
	Al-Cu-Mn	2A16(LY16)	6.0~7.0		0.4~0.8		Ti0.1~0.2	包铝板材 T4	400	8	100
超硬铝合金	Al-Zn-Mg-Cu	7A04(LC4)	1.4~2.0	1.8~2.8	0.2~0.6	5.0~7.0	Cr0.10~0.25	包铝板材 T6	600	12	150
		7A09(LC9)	1.2~2.0	2.0~3.0	0.15	5.1~6.1	Cr0.16~0.30	包铝板材 T6	680	7	190
锻铝合金	Al-Cu-Mg-Si	2A50(LD5)	1.8~2.6	0.4~0.8	0.4~0.8		Si0.7~1.2	包铝板材 T6	420	13	105
		2A14(LD10)	3.9~4.8	0.4~0.8	0.4~1.0		Si0.6~1.2	包铝板材 T6	480	19	135
	Al-Cu-Mg-Fe-Ni	2A70(LD7)	1.9~2.5	1.4~1.8			Ti0.02~0.10 Ni0.9~1.5 Fe0.9~1.5	包铝板材 T6	415	13	120

2) 硬铝合金。主要是 Al-Cu-Mg 合金，还含有少量的锰。各种硬铝均可进行时效强化，也可进行冷作强化，故具有较好的力学性能。但它的耐蚀性比纯铝和防锈铝合金低得多。

① 低强度硬铝。如 2A01 和 2A10 等，合金中镁和铜含量较低，塑性好、强度低，主要用于制作铆钉、现场操作的变形件。

② 中强度硬铝。2A11 为标准硬铝，合金元素含量中等，强度和塑性均属中等水平，经退火后工艺性能良好，可以进行冷弯、冲压等工艺过程，主要用作中等强度的结构件和半成品，如骨架、螺旋桨叶片、螺栓、大型铆钉、轧材冲压件等。

③ 高强度硬铝。如 2A12、2A16 等，合金中镁和铜等合金元素含量较多，强度和硬度较高，但塑性和反变形加工性能较差，故主要用作高强度的重要结构件，如飞机翼肋、翼梁、重要的销轴、铆钉等，是最为重要的飞机结构材料。

3) 超硬铝合金。主要是 Al-Cu-Mg-Zn 合金，还含有少量的铬和锰，是强度最高的铝合金，但其塑性较低、耐蚀性和耐热性均较差。当工作温度超过 120℃ 时就会很快软化。超硬铝合金主要用于制作受力大的重要结构件，如飞机大梁、起落架等。

4) **锻造铝合金**。其合金元素较多，但含量较低，故热塑性优良，热加工性能好，力学性能可与硬铝相当。主要用作复杂的航空及仪表零件，如叶轮、支杆等；也可用作耐热合金（工作温度 200~300℃），如内燃机活塞等。

近年还开发了新型的 Al-Li 合金，综合力学性能和耐热性好，耐蚀性较好，已达到部分取代硬铝和超硬铝的水平；合金的比刚度和比强度大大提高，是航空航天等工业的新型结构材料，并且已经在飞机和航天器中有部分应用。

表 4-10、表 4-11、表 4-12 和表 4-13 分别给出了防锈铝合金、硬铝合金、超硬铝合金、锻铝合金的牌号及化学成分。

表 4-10 防锈铝合金牌号及化学成分

牌号	旧牌号	化学成分(质量分数)(%)							
		Mn	Mg	Fe	Si	Cu	Zn	Ti	Al
3A21	LF21	1.0~1.6	0.05	0.70	0.60	0.20	0.10	0.15	余量
5A02	LF2	0.15~0.4	2.0~2.8	0.40	0.4	0.10	—	0.15	余量
5A03	LF3	0.3~0.6	3.2~3.8	0.50	0.5~0.8	0.10	0.20	0.15	余量
5A06	LF6	0.5~0.8	5.8~6.8	0.40	0.4	0.10	0.20	0.02~0.10	余量
5B05	LF10	0.2~0.5	4.7~5.7	0.40	0.4	0.20	—	0.15	余量
5A12	LF12	0.4~0.8	8.3~9.6	0.30	0.30	0.05	0.20	0.05~0.15	余量

表 4-11 硬铝合金牌号及化学成分

牌号	旧牌号	化学成分(质量分数)(%)					
		Cu	Mg	Mn	Cr	Ti	Al
2A01	LY1	2.2~3.0	0.2~0.5	0.20	—	0.15	余量
2A02	LY2	2.6~3.2	2.0~2.4	0.45~0.7	—	0.15	余量
2A06	LY6	3.8~4.3	1.7~2.3	0.5~1.0	0.001~0.005Be	0.03~0.15	余量
2A10	LY10	3.9~4.5	0.15~0.3	0.3~0.5	—	0.15	余量
2A11	LY11	3.8~4.8	0.4~0.8	0.4~0.8	—	0.15	余量
2A12	LY12	3.8~4.9	1.2~1.8	0.3~0.9	—	0.15	余量

表 4-12 超硬铝合金牌号及化学成分

牌号	旧牌号	化学成分(质量分数)(%)							
		Zn	Mg	Cu	Cr	Mn	Ti	Fe	Si
7A09	LC9	5.1~6.1	2.0~3.0	1.2~2.0	0.16~0.3	0.15	—	≤0.5	≤0.5
7A10	LC10	3.2~4.2	3.0~4.0	0.5~1.0	0.01~0.20	0.2~0.35	—	≤0.3	≤0.3

表 4-13 锻铝合金牌号及化学成分

牌号	旧牌号	化学成分(质量分数)(%)								
		Mg	Si	Cu	Mn	Cr	Ti	Fe	Zn	Ni
6A02	LD2	0.45~0.9	0.5~1.2	0.2~0.6	0.15~0.35	—	0.15	0.5	0.2	0.10
2A50	LD5	0.4~0.8	0.7~1.2	1.8~2.6	0.4~0.8	—	0.15	0.7	0.3	0.10
2B50	LD6	0.4~0.8	0.7~1.2	1.8~2.6	0.4~0.8	0.01~0.2	0.02~0.1	0.7	0.3	0.10
2A14	LD10	0.4~0.8	0.6~1.2	3.9~4.8	0.4~1.0	—	0.15	0.7	0.3	1.0~1.5
2A70	LD7	1.4~1.8	0.35	1.9~2.5	0.20	—	0.02~0.1	1.0~1.5	0.3	1.8~2.3
2A90	LD9	0.4~0.8	0.5~1.2	3.5~4.5	0.20	—	0.15	0.5~1.0	0.3	

4.2.3 钛及钛合金

钛（Titanium）是轻金属，密度介于铝和铁之间。钛及钛合金（Titanium Alloy）力学性能良好，比铝的硬度、强度大、耐高温、耐腐蚀，有良好的高温强度和低温韧性。常温下，钛表面存在的氧化物（TiO_2）吸附层具有较强的耐蚀性，抗氧化能力优于大多数奥氏体不锈钢。因此钛及钛合金是综合性能俱佳的工业材料，常用于制造在 350℃ 以下及超低温下工作的受力较小的零件及冲压件，如飞机蒙皮、构架、隔热板、发动机部件、柴油机活塞、连杆，以及在海水等腐蚀介质下工作的管道阀门等。但钛及钛合金的生产制备和加工过程复杂，成本较高，限制了它们的应用。

钛（Ti）在自然界中的储量相当丰富，约占地壳的 0.61%，钛的密度介于铝和铁之间。Ti 的金属热胀系数相对较低，在高温下可以保持良好的强度。在室温下，钛表面形成很薄的氧化层（TiO_2），提供优异的耐蚀性。因为密度小，比强度高，所以在航空航天及各种轻量化结构中应用广泛。

根据使用状态的组织，钛合金可分为三类：α 型钛合金、β 型钛合金和 α+β 型钛合金，牌号分别以 TA、TB、TC 加编号来表示。

(1) α 型钛合金　这类合金中含铝、锡较多，室温强度不高，只能在退火状态下使用，不能通过热处理强化。但其组织稳定，耐热性高于其他类型钛合金。而且耐蚀性优良，塑性及加工成形性好，还具有优良的焊接性能和低温性能。α 型钛合金常用于制作飞机蒙皮、骨架、发动机压缩机盘和叶片、涡轮壳以及超低温容器。

(2) β 型钛合金　β 型钛合金可用热处理强化（淬火、时效处理），且在淬火态塑性和韧性很好，冷成形性好，故室温时强度较高。但由于淬火、时效处理后的组织不够稳定，耐热性不高。主要用于制造飞机中工作温度不高但要求高强度的零部件，如弹簧、紧固件及厚截面构件等。

(3) α+β 型钛合金　该类合金兼有 α 型及 β 型两类钛合金的优点。它既可以在退火状态下使用，又可以在淬火、时效状态下使用；室温强度高、塑性好，因此这类合金的应用最广泛。

4.2.4 锌及锌合金

锌（Zinc）及锌合金（Zinc Alloy）的熔点低、流动性好，自然资源比较丰富。纯锌是工业镀覆的主要材料，用于钢件的表面耐蚀保护，全球每年锌消耗量的近一半用于此项用途。锌合金是以锌为基础加入其他元素组成的合金，常用的合金元素有铝、铜、镁、镉、铅、钛等，统称为锌基合金。用量较大的是锌铝合金和锌铝铜合金，其综合力学性能接近铝合金，突出的优势是其铸造性能好，因而成为工业压铸件生产的主要选材。锌合金广泛用于汽车零部件、建筑五金、仪器仪表，以及电气设备、家用电器、玩具等零部件的制造。

按成形方法不同，锌合金可分为铸造锌合金和变形锌合金两大类。变形锌合金用于压力塑性成形加工，如冲压、压延和拉拔等。

4.3 工业常用非金属材料

非金属材料泛指除金属材料之外的所有固态材料。工业上常用的非金属材料主要有工程高分子材料、工业陶瓷和复合材料三大类。这些材料或在某些方面具有比金属材料更优良的性能，或是具有更低的制造成本，或是因为具有更好的资源优势。尽管，金属材料在工业材料中一直占比最大，但比例正在改变，非金属材料的开发、生产和应用正在快速增长。

4.3.1 工业常用高分子材料

高分子材料（High Polymer Material）是指分子量很大的有机聚合物，工业应用的高分子材料主要包括热固性塑料、热塑性塑料和橡胶，它通常可在加热、加压条件下成形，通常也泛称为工程塑料，是工业应用非金属材料中占比最大的种类。工程塑料比普通塑料有更高的性能要求，主要用于制造各种工程构件和机器零件，在现代工业得到了广泛应用。

按聚合物的性质，高分子材料分为三大类，如图 4-2 所示。

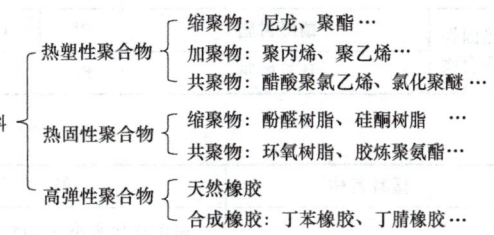

图 4-2 高分子材料的分类

（1）**热塑性聚合物**（Thermoplastic Polymer）或称为热塑性塑料（TP），是室温下的固体材料，受热温升后（一般为 200~600℃）会软化至黏稠流动态，便于成型。可以经受多次加热软化—塑型过程，而不会出现明显的材料降解现象。热塑性塑料是三种类型中用量最大的一种，约占所有合成聚合物总量（重量）的 70%。

（2）**热固性聚合物**（Thermosetting Polymer）或称热固性塑料（TS），特点是受热出现固化—硬化反应后，再次受热不会回软，过高温度会导致降解。

（3）**高弹性聚合物**（Elastomer）指室温下具有高度可逆形变的弹性聚合物，通常称为橡胶，分天然橡胶和合成橡胶两大类别，工业应用以合成橡胶为主。

机械制造中使用的工程塑料要求具有良好的力学性能以及耐热、耐蚀等性能。表 4-14 为常用工程塑料的商品代号及性能；表 4-15 和表 4-16 分别列出了机械制造中常用的工程塑料及其用途举例。

表 4-14 常用工程塑料的代号及性能

类别	名称	代号	性能			
			密度 /g·cm^{-3}	抗拉强度 /MPa	缺口冲击韧度 /J·cm^{-2}	使用温度 /℃
热塑性聚合物	聚乙烯	PE	0.91~0.965	3.9~38	>0.2	−70~100
	聚氯乙烯	PVC	1.16~1.58	10~50	0.3~1.1	−15~55
	聚苯乙烯	PS	1.04~1.10	50~80	1.37~2.06	−30~75
	聚丙烯	PP	0.90~0.915	40~49	0.5~1.07	−35~120
	聚酰胺	PA	1.05~1.36	47~120	0.3~2.68	<100

(续)

类别	名称	代号	性能			
			密度 /g·cm^{-3}	抗拉强度 /MPa	缺口冲击韧度 /J·cm^{-2}	使用温度 /℃
热塑性聚合物	聚甲醛	POM	1.41~1.43	58~75	0.65~0.88	-40~100
	聚碳酸酯	PC	1.18~1.2	65~70	6.5~8.5	-100~130
	聚砜	PSF	1.24~1.6	70~84	0.69~0.79	-100~160
	共聚丙烯腈-丁二烯-苯乙烯	ABS	1.05~1.08	21~63	0.6~5.3	-40~90
	聚四氟乙烯	PTFE	2.1~2.2	15~28	1.6	-180~260
	聚甲基丙烯酸甲酯	PMMA	1.17~1.2	50~77	0.16~0.27	-60~80
热固性聚合物	酚醛树脂	PF	1.37~1.46	35~62	0.05~0.82	<140
	环氧树脂	EP	1.11~2.1	28~137	0.44~0.5	-89~155

表 4-15 一般结构零件用工程塑料的特性与用途举例

塑料名称	特性	用途举例
高密度聚乙烯（HDPE）	密度比比水小，-70℃下柔软，耐酸、碱、有机溶剂，注射成型性好，成型温度范围宽	汽车调节器盖、喇叭后壳、电动机壳、手柄、风扇叶轮、机床低速运动导轨滚柱框等
改性聚苯乙烯（改性PS）	刚性好，韧性好，吸水性好，耐酸、碱，不耐有机溶剂，成型性好	自动化仪表零件、切换开关、数字电压表壳、电镀表外壳等
ABS	强度高，硬度高，表面可电镀	水表外壳、电话机外壳、泵叶轮、汽车挡泥板、小汽车车身等
改性有机玻璃（改性PMMA）	具有极好的透光性，可透紫外线、耐日光性好，但不耐有机溶剂	微安表外壳、继电器罩壳等
聚丙烯	密度最小的塑料，具有较高力学性能和抗应力开裂，耐腐蚀性好	化工容器、管道、法兰接头、汽车零件、仪表罩壳等

表 4-16 耐磨受力传动零件用塑料特性与用途举例

塑料名称	特性	用途举例
尼龙（PA）	良好的冲击强度、耐磨、耐油、吸水性好尺寸稳定性差	轴承、密封圈、轴瓦、高压碗状密封圈、石墨填充轴承等
浇铸、尼龙（MC尼龙）	强度高、减摩、耐磨性超过尼龙，可浇注大型铸件	大型轴承、齿轮、蜗轮、轴套、轴承等
聚甲醛（POM）	耐疲劳、抗蠕变、摩擦系数低	同上，汽车钢板弹簧衬套、阀杆、螺母等

4.3.2 工业陶瓷

材料学上的陶瓷是广义的，泛指所有经高温处理而得到的无机非金属材料，如黏土烧制品、玻璃、水泥等。

工业陶瓷（Industrial Ceramics）一般是是指具有晶体结构的（多晶聚集体）高温烧结陶瓷，这类陶瓷具有特定性能，可以用于工业制品或机械零件的制造，通常也被称为先进陶瓷或特种陶瓷。

工业陶瓷材料具有耐高温、高硬度、高耐磨性、高化学稳定性和质量轻、摩擦系数小等优点。可以作为特殊的机器构件和刃具、量具,如陶瓷轴承、机械密封、发动机叶片、化工泵、阀、精密机械零件和切削加工用刀具等,如图 4-3 所示。

工业陶瓷的种类很多:

1) 按原材料分类。可分为传统陶瓷(以黏土、石英、长石为原料制成的日用陶瓷等)、特种陶瓷(氧化物陶瓷、氮化物陶瓷、碳化物陶瓷、复合相陶瓷等)。

2) 按用途分类。可分为结构陶瓷、功能陶瓷、生物陶瓷等。

图 4-3 工业陶瓷零件

3) 按性能分类。可分为高温陶瓷、高强度陶瓷、耐磨陶瓷、耐酸碱陶瓷和耐烧蚀陶瓷等。

从材料的主成分看,氧化铝系陶瓷主要用于高温耐火材料,碳化物系和氮化物系陶瓷具有更高的红硬性和耐磨性,更适合作为刀具和耐磨件。

陶瓷材料的缺点是脆性大、难加工。

基于精密制坯的制备与加工技术一体化是目前工业陶瓷加工技术发展的主要趋势。

4.3.3 复合材料

复合材料(Composite Materials)是由两种或两种以上不同类型材料组成的新材料。组成材料分为基体材料和增强材料两种,工业用复合材料主要以金属、陶瓷、树脂为基体相,通过加入不同的增强相,使复合材料具有所需要的特定性能,如很高的比强度、比刚度,或耐磨性、耐蚀性、高温稳定性等。

复合材料是尚在快速发展中的新兴材料,还没有统一的命名方法。目前国内外比较常用的是"增强相/基体相"的表示方式,例如,GF/Epoxy 或 G/Ep 表示以玻璃纤维作为增强相、环氧树脂作为基体相的复合材料。

1. 金属基复合材料

金属基复合材料(Metal Matrix Composite,简称 MMC)常用的基体材料有镍、钴、铝、钛等;常用的增强材料有两类,一类是金属陶瓷颗粒,另一类是各种材料的纤维。金属陶瓷又细分为硬质合金陶瓷和氧化物陶瓷两类。

硬质合金是应用最广泛的一类金属陶瓷增强金属基复合材料,例如,机械切削加工常用的 YG 类硬质合金刀具就是用以碳化钨为增强相,金属钴为基体相的复合材料制成的。钴基碳化钨硬质合金还广泛应用于拉丝模具、凿岩钻头和其他采矿工具、粉末冶金模具、硬度计压头等要求高硬度和高耐磨性产品的制造中。

碳化钛陶瓷主要用于高温工况。镍是首选基体相材料,其耐高温氧化性能优于钴。碳化钛陶瓷主要应用于包括燃气轮机喷嘴叶片、气门阀座、热电偶保护管、火炬头以及热加工纺丝工具等。

镍与铬陶瓷(如镍基碳化铬)结合的硬质合金脆性较大,但具有良好的化学稳定性和耐蚀性。广泛应用于制作量块、阀内衬、喷嘴、轴承密封圈等。

以纤维形态作为增强相的复合材料,最突出的特点是弹性模量和强度都大幅度提高,特别是拉伸断裂强度,即使是脆性组成,也具有明显的塑性,即受力时不表现出脆性断裂。这些性能主要应用于飞机的涡轮等机械部件。

2. 陶瓷基复合材料

陶瓷材料耐磨性好、硬度高、耐蚀性好、耐高温,在许多领域得到广泛应用。陶瓷的最大缺点是脆性大,对裂纹、气孔等很敏感。近30年来,在克服陶瓷材料的这些弱点方面取得了重要进展。通过在陶瓷材料中加入颗粒、晶须及纤维等,得到了陶瓷基复合材料(Ceramic Matrix Composite,简称CMC),使得陶瓷的韧性大大提高。

陶瓷基复合材料具有高强度、高模量、低密度、耐高温、耐磨性、耐蚀性和良好的韧性,已用于高速切削工具和内燃机部件上。目前的研究重点是将其应用于高温材料和耐磨耐蚀材料上,例如,大功率内燃机的增压涡轮、航空发动机的涡轮叶片(见图4-4)、火箭发动机的热部件,以及装备制造中受冲击载荷作用的耐磨损件的制造等。

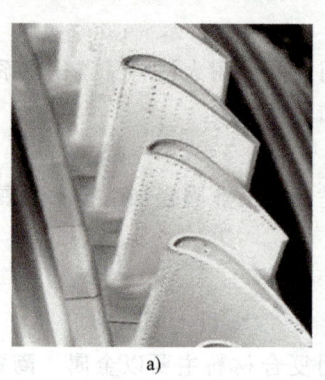

a) b)

图4-4 喷气发动机上的陶瓷基复材叶片和尾喷管部件
a) 陶瓷基复材叶片 b) 尾喷管部件

3. 树脂基复合材料

树脂基复合材料(Polymer Matrix Composite,简称PMC)是结构复合材料中发展最早、目前应用最广的一类复合材料,已在航空航天、汽车、建筑等领域得到全面应用。人们熟悉的玻璃钢即是应用较早和较普遍的一种树脂基复合材料,它是以热固性树脂为黏结剂的玻璃纤维增强材料,常用的热固性树脂有:酚醛树脂、环氧树脂、不饱和聚酯树脂和有机硅树脂等。

(1)**玻璃钢**(Fiber Reinforced Plastics,又称G/Ep) 热固性玻璃钢的主要优点是成型工艺简单、质量轻、比强度高、耐蚀性能好;主要缺点是弹性模量低、耐热度低、易老化等。为改善该类玻璃钢的性能,通常加入树脂进行改性。例如,把酚醛树脂和环氧树脂混溶后得到的玻璃钢既有环氧树脂的良好黏结性,又降低了酚醛树脂的脆性,同时还保持了酚醛树脂的耐热性,由此得到的玻璃钢也具有较高的强度。

热固性玻璃钢的用途很广,例如可用于制造机器护罩、车辆车身、绝缘抗磁仪表、耐蚀耐压容器和管道以及各种形状复杂的机器构件和车辆配件,小型舟船船体以及各种体育健身娱乐器材等,不仅节约大量金属,而且能够大大提高性能水平。

用玻璃纤维增强的尼龙、ABS、聚苯乙烯等复合材料是热塑性玻璃钢,一般来说,虽然强度和硬度的提高程度不如热固性玻璃钢,但由于其成型性更好、生产率更高,所以应用也很广泛。

（2）**碳纤维树脂复合材料**（Carbon Fiber Resin Composite，又称 C/Ep）　碳纤维树脂复合材料又称碳纤维增强塑性，是 20 世纪 60 年代迅速发展起来的。由于碳是六方结构的晶体（石墨），底面上的原子以结合力极强的共价键结合，所以碳纤维比玻璃纤维有更高的强度。其拉伸强度可达 $6.9 \times 10^2 \sim 4.0 \times 10^3$ MPa，其弹性模量比玻璃纤维高几倍以上，可达 $2.8 \times 10^4 \sim 4.5 \times 10^5$ MPa。同时，碳纤维耐高温和低温性能好，在 2000℃ 以上的高温下，其强度和弹性模量基本不变，-180℃ 以下时脆性也不会增大。此外，碳纤维还具有很高的化学稳定性、导电性和较低的摩擦因数。因此，碳纤维是很理想的增强剂。但是，碳纤维脆性大，与树脂的结合力不如玻璃纤维强，故通常用表面氧化处理来改善其与基体的结合力。

碳纤维环氧树脂、酚醛树脂和聚四氟乙烯是常见的碳纤维树脂复合材料。由于碳纤维的优越性，这些材料在各个领域，特别是航空航天工业得到广泛应用。例如，宇宙飞船和航天器的外层材料，人造卫星和火箭的机架、壳体，各种精密机器的齿轮、轴承以及活塞、密封圈，化工容器和零件等。被称为"梦幻飞机"的波音 787 型客机的制造是成功采用复合材料的一个典型案例，61% 的飞机构造采用碳纤维环氧树脂复合材料，包括整体机身、机翼这样的较大尺寸构件，飞机的燃油消耗比同类飞机降低了 20%。碳纤维环氧树脂复合材料的缺点是价格高、碳纤维与树脂的结合力不够强等。

思　考　题

1. 简述金属、陶瓷和聚合物的区别？
2. 现拟制造如下产品，请写出适用的钢号：
①六角螺钉；②车床主轴；③液化石油气罐；④脸盆；⑤自行车弹簧；⑥活扳手。
3. 与金属材料对比，简述工程塑料、工业陶瓷和复合材料各自的优、缺点。
4. 下列牌号钢各属于哪类钢？试说明牌号中数字与符号的含义。
15　40　Q195　Q345　CrWMn　40Cr　60Si2Mn
5. 比较碳素工具钢和合金工具钢，它们适用场合有何不同？

第5章

金属液态成形基础

> **本章导学**：液态成形主要是指铸造。本章主要包括以下 4 个部分：①铸造工艺基础，这是本章的重点。合金的充型能力，铸造过程的凝固与收缩、应力与变形行为，以及铸造缺陷的原因及防止，都直接影响铸件质量，这些都是核心知识点。②铸件生产，要基于前面章节材料学基础的知识来理解不同性能的合金铸件生产的特殊性。"铸铁的分类取决于铸铁中石墨的形态，而铸铁的性能则受制于石墨化程度"，这两句话十分重要。③砂型铸造是所有铸造工艺的源头，也是设计铸造工艺的基础。重点是掌握浇注位置和分型面的选择。④铸件的结构工艺性，本质上，这是基于前面几节知识的一个综合性学习与训练，旨在培养关于铸造工艺的工程性思维。

铸造是将熔融金属注入特定的型腔中，冷却凝固后获得一定形状、尺寸和性能的铸件的工艺工程。它是历史最悠久的材料成形方法，也是迄今为止机械工业最重要的金属坯件制造技术之一。这是因为铸造本身所具有的突出的适应能力和工艺优势所决定的：

1）铸造可用于生产几何形状复杂的零件，包括具有复杂内腔的铸件。

2）铸造能够实现近净成形甚至净成形生产，这不但节省了金属材料，还因减少了加工余量而降低后续加工成本。

3）适应范围广。铸造可用于生产大型或超大型零件，如百吨以上的铸件；也可以生产小到几克的铸件；铸造可用于任何可以加热到液态的金属，而工业用量巨大的铸铁件必须通过铸造方法获得；铸造的生产批量不受限制，从单件到大批量生产都能实现。

铸造存在的主要问题是：铸件的尺寸精度较低，表面质量较差，存在铸造缺陷；作业条件较差并会对环境产生一定的污染。

5.1 铸造工艺基础

5.1.1 液态金属的充型能力

液态金属充满铸型型腔，获得尺寸正确、轮廓清晰的铸件的能力，称为液态金属的充型能力。液态金属充型过程是铸件形成的第一个阶段。其间存在着液态金属的流动及其与铸型之间的热交换，以及合金结晶过程等一系列的物理、化学变化。因此，充型能力不仅取决于液态金属本身的流动能力，而且受外界条件，如铸型性质、浇注条件、铸件结构等因素影响。

1. 对铸件质量的影响

液态金属的充型能力对铸件质量的影响为：液态合金的充型能力强，则容易获得壁薄而复杂的铸件，不易出现轮廓不清、浇不足、冷隔等缺陷；有利于金属液中气体和非金属夹杂物的上浮、排出，减少气孔、夹渣等缺陷；能够提高补缩能力，减小缩孔、缩松产生的倾向性。

2. 影响金属充型能力的因素及工艺对策

（1）液态金属的流动性　液态金属的流动特性通常由术语流动性描述，流动性是金属在凝固之前流入并填充型腔的能力的量度。流动性与黏度相反；随着黏度增加，流动性降低。

合金的流动性越好，充型能力越强，越便于浇铸出轮廓清晰、薄而复杂的铸件。同时，利于合金夹杂物和气体的上浮与排出，还利于对合金冷凝过程所产生的收缩进行补缩。

合金流动性的大小通常用浇注螺旋形流动性试样的方法来衡量。即将液态合金在相同的浇注温度或相同的过热度条件下浇注成如图5-1所示的试样，然后比较各种合金浇注试样的长度，浇注试样越长，合金的流动性越好。其中，灰铸铁和硅黄铜的流动性最好，铸钢的流动性最差。

影响合金流动性的因素包括相对于熔点的浇注温度、金属的成分、液态金属的黏度以及与周围环境的热传递。较高的浇注温度能够增加其保持在液态的时间，提高合金的流动性。但这往往会加剧氧化、气孔甚至会嵌入砂粒等。

诸多影响因素中，以化学成分的影响最为显著。共晶成分合金的结晶是在恒温下进行的。此时，液态合金从表层逐层向中心凝固。由于已结晶的固体层内表面比较光滑，对金属液的流动阻力小，故流动性最好。除纯金属外，其他成分的合金是在一定温度范围内逐步凝固的。此时，结晶是在一定宽度的凝固区内同时进行的，由于初生的树枝状晶体会使固体层内表面粗糙，所以合金的流动性变差。显然，合金成分越远离共晶点，结晶温度范围越宽，流动性越差。图5-2所示为铁碳合金的流动性与碳含量的关系。由图可见，随其含碳量的增大，亚共晶铸铁的液固混合区变窄，流动性变好。

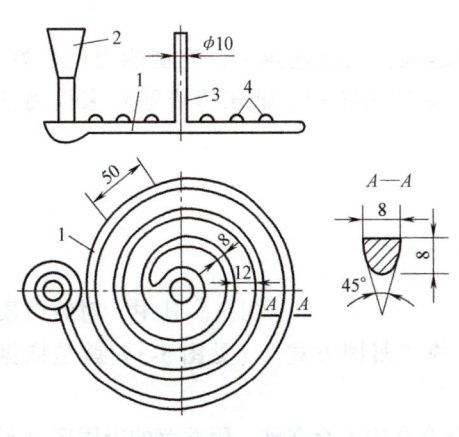

图5-1　螺旋形试样

1—试样铸件　2—浇口　3—冒口　4—试样凸点

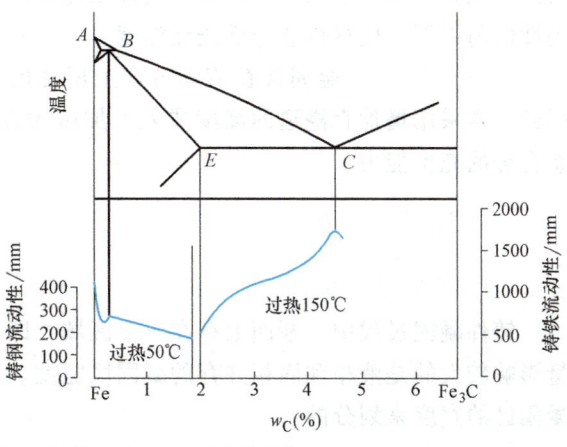

图5-2　铁碳合金流动性与碳含量的关系

(2) 铸型条件

1) **铸型材料**。铸型材料的热导率、比热容和密度越大,其蓄热能力越强,对金属液的激冷能力越强,金属液保持流动的时间越短,充型能力越差。例如,金属型铸造比砂型铸造更容易产生浇不足、冷隔等缺陷。

2) **铸型温度**。预热铸型能减小它与金属液之间的温差,从而提高金属液的充型能力。例如,金属型铸造铝合金铸件时,将铸型预热温度由340℃提高到520℃,在相同的浇注温度(760℃)下,螺旋线试样长度由525mm增至950mm。因此,预热铸型是金属型铸造中必须采取的工艺措施之一。

3) **铸型中的气体**。铸型受熔融金属的热作用会产生气体,少量的气体能在金属液与铸型之间形成气膜,可减小流动阻力,利于充型。但若发气量过大,如砂型,铸型排气不畅,在型腔内产生气体的反压力,则会阻碍金属液的流动。因此,为提高砂型(芯)的透气性,在铸型上开设通气孔是十分必要的工艺措施。

4) **铸件结构**。铸件的壁厚过小,或有较大水平位置的平面时,都会使金属液的流动变得困难。表5-1列出了砂型铸件的最小允许壁厚规范。

表 5-1 砂型铸件的最小允许壁厚 (单位:mm)

铸件轮廓尺寸	铸造碳钢	灰铸铁	球墨铸铁	可锻铸铁	铝合金	铜合金
<200	5	3~4	3~4	3.5~4.5	3~5	3~5
≥200~400	6	4~5	4~5	4~5.5	5~6	6~8
≥400~800	8	5~6	8~10	5~8	6~8	—
≥800~1250	12	6~8	10~12	—	—	—

(3) 浇注条件

1) **浇注温度**。浇注温度对金属液的充型能力有决定性的影响。浇注温度提高,使合金黏度下降,且保持流动的时间增加,故金属液的充型能力提高;反之,充型能力就会降低。对于薄壁铸件或流动性差的合金,提高浇注温度以改善其充型能力,这在生产中经常采用也比较方便。但是,随着浇注温度的提高,合金的吸气、氧化现象严重,总收缩量增加,反而易产生气孔、缩孔、粘砂等缺陷,铸件结晶组织也变得粗大。因此,原则上,在保证足够流动性的前提下,应尽可能降低浇注温度。

2) **充型压力**。金属液在流动方向上所受的压力越大,则流速越大,充型能力就越好。因此,常采用增加直浇道的高度或人工加压的方法(如压力铸造、低压铸造等)来提高液态合金的充型能力。

5.1.2 铸件的凝固与收缩

1. 铸件的凝固方式

铸件凝固过程中,断面上存在三个区域,即固相区、凝固区和液相区。其中,对铸件质量影响较大的是液相和固相并存的凝固区宽度。铸件的"凝固方式"(见图5-3)就是依据凝固区的宽度来划分的。

(1) **逐层凝固** 在凝固过程中,纯金属或共晶成分合金因不存在液、固并存的凝固区(见图5-3a),故断面上外层的固体和内层的液体由一条界限(凝固前沿)清楚地分开。随着温度的

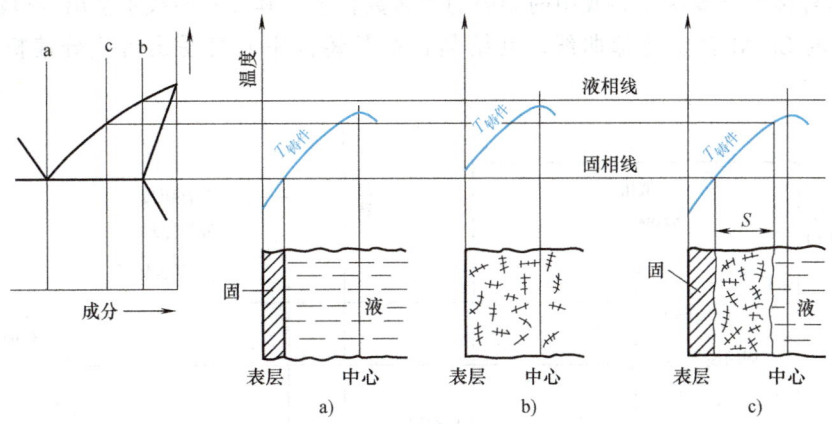

图 5-3 铸件的凝固方式
a) 逐层凝固 b) 糊状凝固 c) 中间凝固

下降,固体层不断增加、液体层不断减少,直到铸件的中心,这种凝固方式称为逐层凝固。

(2) 糊状凝固 如果合金的结晶温度范围很宽,且铸件的温度分布较为平坦,则在凝固的某段时间内,铸件表面并不存在固体层,而液、固并存的凝固区贯穿整个断面(见图 5-3b)。由于这种凝固方式与水泥类似,即先呈糊状而后固化,故称糊状凝固。

(3) 中间凝固 大多数合金的凝固介于逐层凝固和糊状凝固之间(见图 5-3c),称为中间凝固方式。

铸件质量与凝固方式密切相关。一般来说,逐层凝固时,合金的充型能力强,便于防止缩孔和缩松。糊状凝固时,难以获得结晶致密的铸件。在常用合金中,灰铸铁、铝硅合金等倾向于逐层凝固,易于获得致密铸件;球墨铸铁、锡青铜、铝铜合金倾向于糊状凝固,若要获得紧实铸件,一般需要采用适当的工艺措施,以便补缩或减小其凝固区域。

纯金属或共晶合金的逐层凝固曲线如图 5-4 所示,结晶过程在其凝固点(也是熔点)稍微靠下的位置发生,此时放出的结晶潜热与金属通过型腔壁耗散的热量出现平衡,在冷却曲线上出现一个恒温平台,这是纯金属逐层凝固冷却曲线的典型特征。纯金属铸件中的特征晶粒结构表现为由铸件边缘附近随机取向的细小晶粒渐变为指向铸件中心的粗大柱状晶粒,如图 5-5 所示。

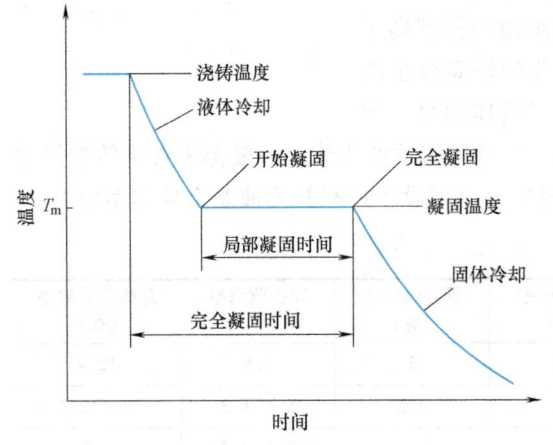

图 5-4 铸造过程中纯金属的冷却曲线

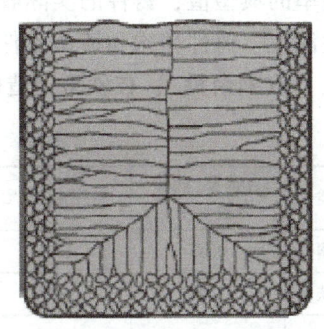

图 5-5 纯金属铸件中的特征晶粒结构

除共晶合金处于糊状凝固或中间凝固的大多数合金，其冷却曲线不会出现恒温平台，如图 5-6 所示的 Cu-Ni 合金冷却曲线。其结晶特征是铸件中心容易出现成分偏析，如图 5-7 所示。

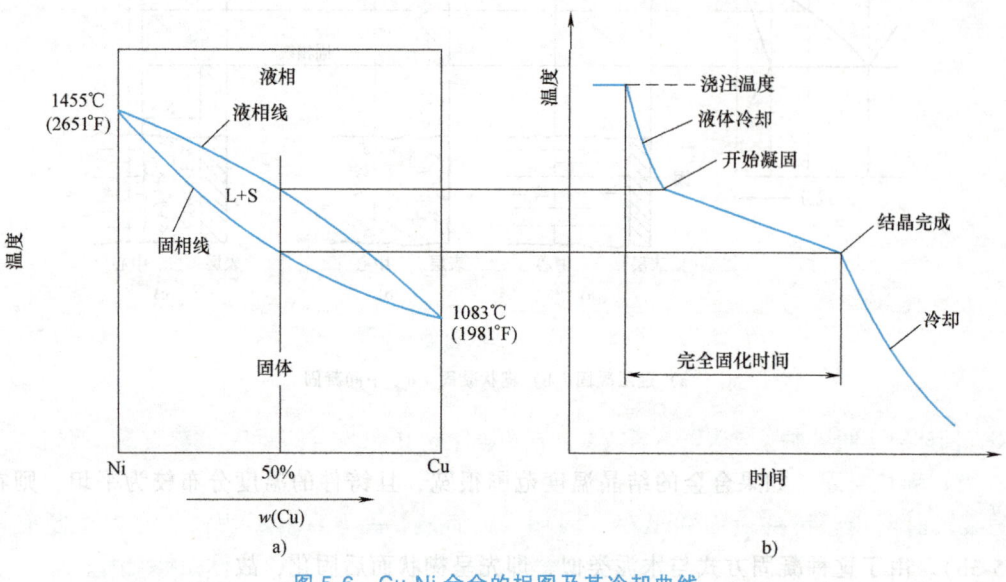

图 5-6 Cu-Ni 合金的相图及其冷却曲线
a) Cu-Ni 合金相图　b) Cu-Ni 合金冷却曲线

2. 铸造合金的收缩

在从液态冷却至室温的过程中，合金的体积或尺寸缩小的现象称为收缩。收缩是铸造合金本身的物理性质，是铸件产生缩孔、缩松、热应力、变形及裂纹等铸造缺陷的内在原因。任何液态金属注入铸型以后，从浇注温度冷却到室温都要经历以下三个互相联系的收缩阶段：

1) 凝固前冷却过程中的液体收缩。
2) 从液态到固态的相变过程中的收缩，称为凝固收缩。
3) 冷却至室温期间凝固铸件的热收缩，称为固态收缩。

几乎所有金属凝固时都会发生收缩，因为固相的密度高于液相。不同合金的收缩率不同，表 5-2 列出了几种铁碳合金的体积收缩率的典型值，铸件的实际收缩率还会因具体的化学成分、浇注温度、铸件结构和铸型条件有所变化。为补偿铸件的收缩，一般都需要将铸型尺寸增加一个"收缩余量"；在砂型铸造的浇铸系统中，会增设冒口来补充液态金属到型腔中。

图 5-7 合金铸件的特征晶粒结构（铸件中心存在偏析）

表 5-2 几种铁碳合金的体积收缩率

合金种类	含碳量(质量分数)(%)	浇注温度/℃	液态收缩率(%)	凝固收缩率(%)	固态收缩率(%)	总体积收缩率(%)
铸造碳钢	0.35	1610	1.6	3	7.8	12.4
白口铸铁	3.00	1400	2.4	4.2	5.4~6.3	12~12.9
灰铸铁	3.50	1400	3.5	0.1	3.3~4.2	6.9~7.8

3. 铸件中的缩孔和缩松

(1) 缩孔和缩松的形成　在铸件的凝固过程中，由于合金的液态收缩和凝固收缩，铸件的最后凝固部位会出现孔洞。容积较大而集中的孔洞称为缩孔，细小而分散的孔洞称为缩松。铸件中存在任何形态的孔洞，都会减少铸件的有效受力面积，产生应力集中并使其承载能力和气密性等使用性能下降。因此，缩孔和缩松是铸件的主要缺陷，必须设法防止。

1) 缩孔。缩孔通常隐藏在铸件上部或最后凝固部位，机械加工后可暴露出明显的凹坑，缩孔的外形特征是：多接近倒锥形，内表面不光滑。

为便于分析缩孔的形成，现假设铸件呈逐层凝固方式，其形成过程如图 5-8 所示。液态合金填满铸型腔（见图 5-8a）后，由于铸型吸热，靠近型腔表面的金属很快凝固成一层外壳，而内部仍然是高于凝固温度的液体（见图 5-8b）。温度继续下降、外壳变厚，但内部液体因液态收缩和补充凝固层的凝固收缩而体积缩减、液面下降，使铸件内部出现了空隙（见图 5-8c）。直到内部完全凝固，在铸件上部形成了缩孔（见图 5-8d）。已经产生缩孔的铸件继续冷却到室温时，因固态收缩使铸件的外廓尺寸略有缩小（见图 5-8e）。

由上可见，铸件中的缩孔是合金的液态收缩和凝固得不到补充而产生的。

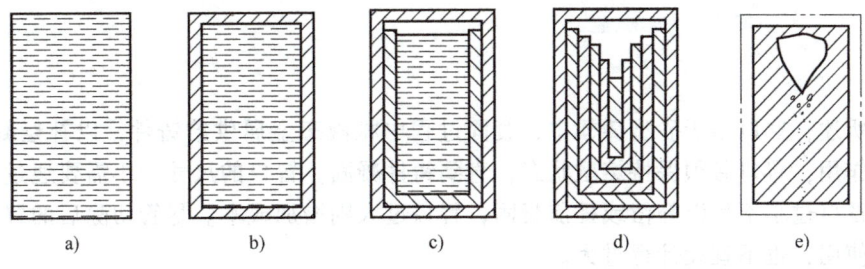

图 5-8　缩孔和缩松形成过程示意图

2) 缩松。缩松分布于铸件的轴线区域、内浇口附近甚至厚大铸件的整个断面，它分布面广、难于控制。因此，缩松对铸件的力学性能影响很大，是铸件最危险的缺陷之一。缩松也是由于铸件最后凝固区域的收缩未能得到补足，或者因合金呈糊状凝固，被树枝状晶体分隔开的小液体区域难以得到补缩所致。

不同铸造合金的缩孔和缩松的倾向不同。逐层凝固合金（纯金属、共晶合金或结晶温度范围窄的合金）的缩孔倾向大，缩松倾向小；反之，糊状凝固合金的缩孔倾向虽小，但极易产生缩松。因此，缩松形成的基本原理和缩孔一样，是合金的液态收缩和凝固所导致的。

(2) 缩孔和缩松的防止　为防止铸件的缩孔和缩松，可以采取顺序凝固（也称定向凝固）的方式，即设法让距离浇道口最远的液态金属首先凝固（图 5-9 中Ⅰ），并顺序地向冒口方向逐渐凝固，最后在冒口部位结束整个凝固过程，让冒口的金属来补偿整个铸件凝固过程中发生的全部收缩，并将可能的缩孔转移到冒口之中。所以，加冒口是控制凝固收缩的必要工艺措施。冒口是工艺结构，铸件清理时将被切除。

为实现顺序凝固，对于铸件上可能出现缩孔的厚大部位可以通过安放冷铁等工艺措施来加快该部位的凝固速度。冷铁有内外之分，内冷铁是在浇注之前放置在腔体内的小金属部件，使熔融金属首先在这些部件周围固化。内冷铁的化学成分应该与被浇注的金属相同或相近。外冷铁是嵌在型腔壁外侧的金属块，以加快吸收熔融金属的热量，促进凝固。

图 5-10 所示铸件的热节不止一个,若仅靠顶部冒口难以向底部凸台补缩,为此,在该凸台的立壁上安放了两个外冷铁。由于冷铁加快了该处的冷却速度,使厚度较大的凸台反而最先凝固,由于实现了自下而上的定向凝固,从而防止了凸台处缩孔、缩松的产生。因此,冷铁仅是加快某些部位的冷却速度,以控制铸件的凝固顺序,但本身并不起补缩作用。冷铁通常用钢或铸铁制成。

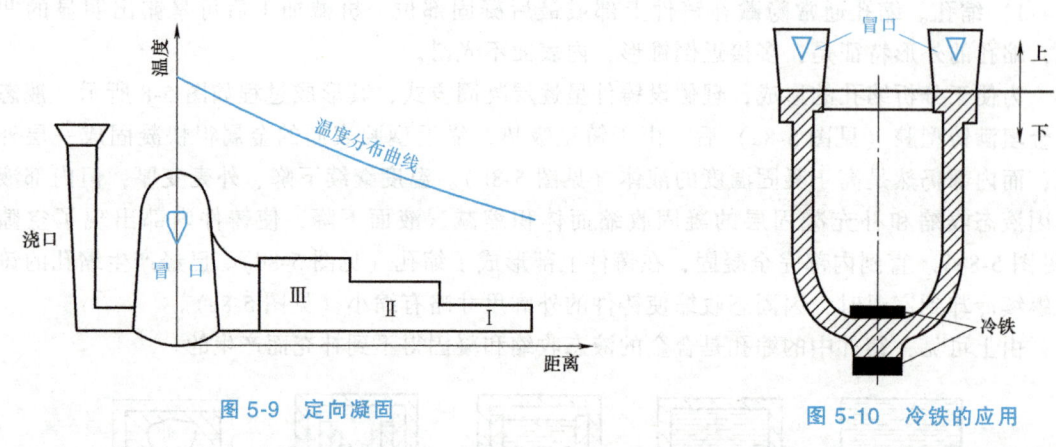

图 5-9 定向凝固　　　　　　　　图 5-10 冷铁的应用

4. 冒口设计

如前所述,冒口用于砂型铸模中,凝固过程中将液态金属供给铸件,以补偿凝固收缩。为发挥此作用,冒口必须保持熔融状态,直到铸件凝固。冒口的尺寸大小需要通过计算或试验确定,冒口过小不足以补偿或提前凝固,冒口过大则增加成本。尽管切除后的冒口还可以重新熔化使用,也不宜设计得过大。

冒口可以设计成不同的形式。侧冒口是通过一个小通道固定在铸件的侧面。顶冒口位于铸件顶面之上。明冒口是暴露在砂箱上部的,如顶冒口,其结构简单,便于观察,但会使更多热量逸出,加快冒口凝固,这是明冒口的缺点,暗冒口则完全封闭在砂型内,优、缺点与明冒口相反。

5.1.3 铸造内应力、变形和裂纹

1. 铸造内应力的分类及形成

铸件的固态收缩受到阻碍而引起的内应力,称为铸造内应力,分为热应力和机械应力两种。铸造内应力是铸件产生变形、裂纹的内在原因。

(1) 热应力　铸件在凝固之后的冷却过程中,由于各部分冷却速度不同导致收缩不同步而产生的内应力称为铸造热应力。铸件冷却至室温后,这种热应力依然存在,故又称为残余应力。

固态金属在再结晶温度以上时,例如,钢和铸铁在 620~650℃ 处于塑性状态,如有应力会发生塑性变形而随时化解,所以不存在热应力;在再结晶温度以下时,金属处于弹性状态,应力导致弹性变形,而变形之后应力依然存在。

下面用图 5-11 所示框形铸件来分析热应力的产生过程。杆Ⅰ比杆Ⅱ的截面积大。凝固开始时,Ⅰ、Ⅱ两杆均处于塑性状态,冷却速度虽不同,但不产生应力。继续冷却,冷却速度大的杆Ⅱ已进入弹性状态,而杆Ⅰ仍处于塑性状态(见图 5-11 曲线中 $t_1 \sim t_2$)。此时,因

杆Ⅱ冷却快,收缩大于杆Ⅰ,必然压缩杆Ⅰ。所以杆Ⅱ受拉,杆Ⅰ受压(见图5-11b)。杆Ⅰ在应力作用下,发生微量塑性变形而被压缩,内应力消失(见图5-11c)。进一步冷却(见图5-11曲线中 t_2-t_3),杆Ⅰ处于弹性状态,进行较大的固态收缩。此时杆Ⅱ处于更低温度,其收缩已很小或收缩已趋停止,将阻碍杆Ⅰ的收缩。结果,杆Ⅰ受拉伸,杆Ⅱ受压缩(见图5-11d)。直到室温,铸件中形成了内应力。

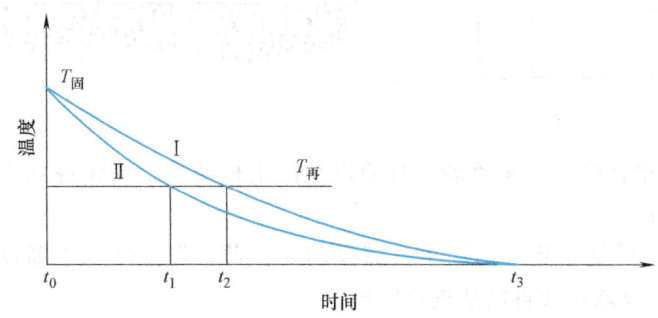

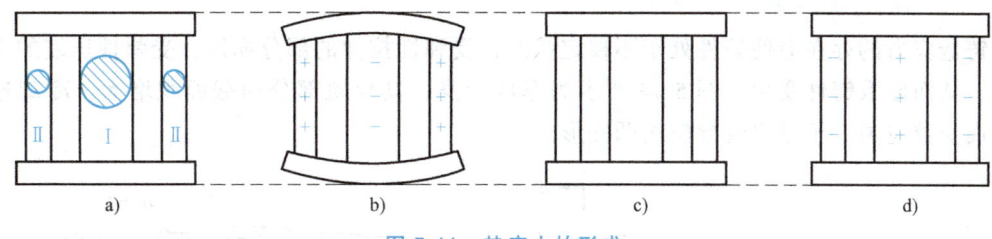

图 5-11　热应力的形成

固态收缩使铸件厚壁或心部受拉伸而薄壁或表层受压缩。合金固态收缩率越大,铸件壁厚差别越大,形状越复杂,则产生的热应力就越大。

预防热应力的基本途径是尽量减少铸件各个部位间的温度差,使其均匀冷却。为此,可将内浇口开在薄壁处,使薄壁处的铸型在浇注过程中的升温比厚壁处高,因而可补偿薄壁处的冷却速度快的影响。有时为增大厚壁处的冷却速度,还可在厚壁处安放冷铁(见图5-12)。采用同时凝固原则可减少铸造内应力,防止铸件的变形和裂纹缺陷,又可避免设置冒口而省工省料。其缺点是铸件心部容易出现缩孔或缩松。

同时凝固主要用于灰铸铁、锡青铜等。这是因为灰铸铁倾向于逐层凝固,缩孔、缩松倾向小;而锡青铜倾向于糊状凝固,即使采用了顺序凝固也难以有效消除其缩松缺陷。

同时凝固与顺序凝固是两种目的及效果都完全不同的工艺措施,应用时要做具体分析。

(2) 机械应力　这种应力是<u>由于铸件固态收缩受到机械阻碍而产生的,一般表现为拉应力或剪应力</u>。机械阻碍来源于铸型或型芯结构;型(芯)砂的高温强度大、退让性差也会导致机械阻碍,如图5-13所示。机械应力具有暂时性,一般在铸件离开砂箱之后便可消失。但在铸件冷却过程中会与热应力叠加,有可能会加大铸件的裂纹倾向。所以需要在砂型设计时就要有所考虑。

2. 减小和消除铸造内应力的途径

(1) 工艺方面

1) 使铸件按同时凝固原则进行凝固。例如,将内浇口开设在薄壁处,在厚壁处安放冷铁。

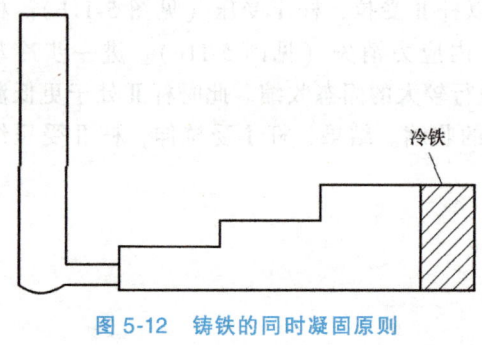
图 5-12 铸铁的同时凝固原则

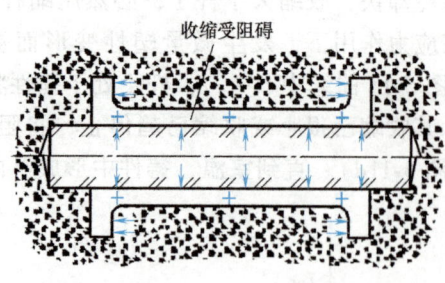
图 5-13 机械应力

2) 提高铸型和型芯的退让性,及早落砂、打箱以消除机械阻碍,将铸件放入保温坑中缓慢冷却,可减小铸造应力。

(2) 结构设计方面　应尽量做到结构简单,壁厚均匀,薄、厚壁之间逐渐过渡,以减小各部分的温差,并使各部分能比较自由地进行收缩。

(3) 后续处理　铸件产生热应力后,可用自然时效、人工时效等方法消除。

3. 铸件的变形与防止

铸造应力的存在会使铸件处于不稳定状态,受弹性拉伸的部分缩短,受弹性压缩的部分伸长,从而导致铸件变形。图 5-14 所示为车床床身,其导轨部分因截面积增大,冷却速度较慢而受拉应力,于是出现导轨内凹变形。

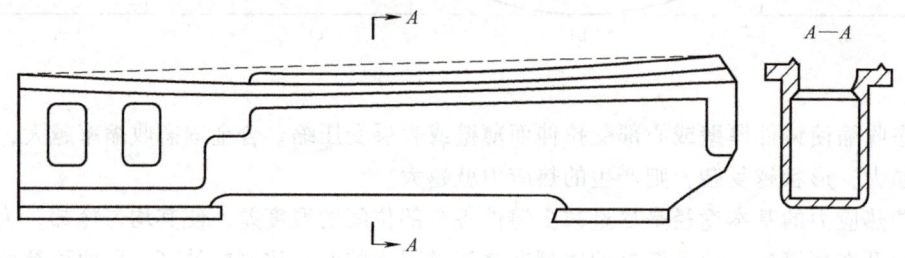
图 5-14 车床床身挠曲变形示意图

防止铸件变形的根本措施是减小铸造内应力。

制造模样时,可以采用反变形法,即预先将模样做成与铸件变形相反的形状,以补偿铸件的变形。图 5-14 所示的机床床身,由于导轨较厚,侧壁较薄,铸造后产生挠曲变形。若将模样做出用虚线表示的反挠度,铸造后会使导轨变得平直。

需要注意的是,尽管变形后铸件的内应力有所减缓,但并未彻底去除,残留的应力失去平衡会引起再次变形,使加工精度受到影响。因此,对于重要铸件,机械加工之前应进行去应力退火。

4. 铸件的裂纹与防止

当铸造应力超过当前材料的强度极限时,铸件会产生裂纹。裂纹可分为热裂纹和冷裂纹两种。

(1) 热裂纹　热裂纹是在合金凝固末期的高温下形成的,是铸钢、铸铝、可锻铸铁铸件生产中最常见的铸造缺陷之一。合金的结晶温度范围越宽,合金的热裂倾向越大;含硫多的钢或铸铁的热裂倾向也大。铸型对固态收缩的阻力越大,热裂倾向也越大。热裂的特征是：裂纹形状曲折而不规则，裂口较宽，表面呈氧化色（铸钢件裂口表面近似黑色，而铝合金则呈暗灰色），裂纹沿晶粒边界通过。热裂纹常出现于铸件内部最后凝固的部位或铸件表面易产生应力集中的地方。

（2）冷裂纹 冷裂纹是在较低温度下形成的。塑性差、脆性大、热导率小的合金，如白口铸铁、高碳钢和一些合金钢易产生冷裂纹。其特征是：裂纹细小，形状为连续直线状或圆滑曲线状，常有通过晶粒的裂纹，裂口表面干净，有金属光泽或呈轻微的氧化色。冷裂纹常出现在铸件受拉伸的部位，特别是应力集中的部位，如内尖角处、缩孔和非金属夹杂物附近。脆性大的合金，如灰铸铁，则较易出现冷裂纹。

5.1.4 常见铸件的缺陷及对策

在铸造操作中，有许多步骤可能出错，最终导致铸造产品出现质量缺陷。在本节中，我们介绍了铸造中出现的常见缺陷，如图 5-15 所示。

（1）浇不足 浇不足出现在完全填充模腔之前凝固的铸件中。其出现的典型原因包括：①熔融金属的流动性不足；②浇注温度太低；③浇注速度太慢；④模腔横截面太薄。

（2）冷隔 两股金属液汇聚时，便会出现冷隔。但由于过早凝固，它们之间缺乏融合。

（3）冷丸 冷丸是在浇注过程中发生飞溅在铸件中形成的固体金属小球。在浇注工序和浇注系统设计中避免飞溅可以防止这种缺陷产生。

（4）缩孔和缩松 缩孔是铸件表面的凹陷或内部空洞，缩松往往是伴随缩孔并出现在其下方的区域性细小缩孔，通常发生在铸件最后凝固的部位，如图 5-15d 所示。缩孔和缩松出现的原因是补缩不足或补缩通道提前凝固。通过合适的冒口设计或附加冷铁，可以解决这个问题。

（5）微孔 微孔是铸件中大范围的分布式小孔隙，属于析出性气孔，是合金凝固阶段的析出气体所致，在铸造铝合金中最为常见。防止微孔的办法是浇铸前对金属液作除气处

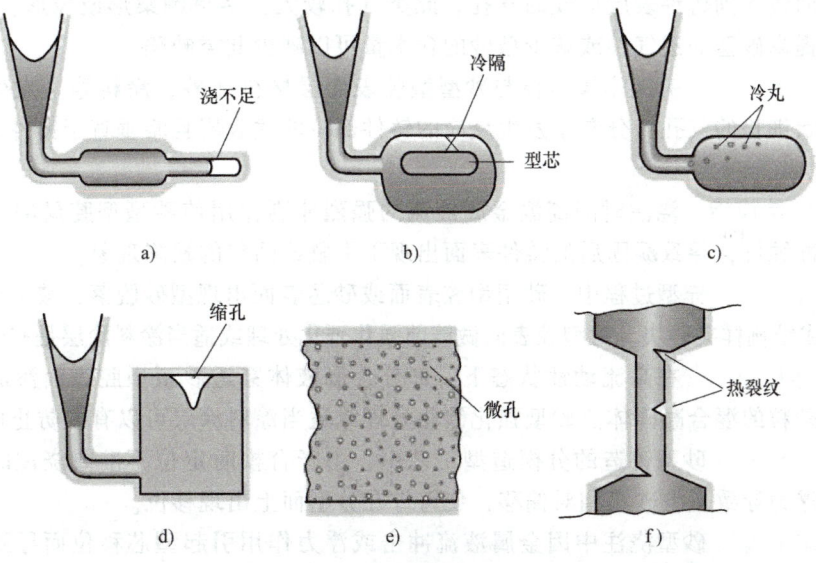

图 5-15 铸件常见的几种缺陷
a）浇不足 b）冷隔 c）冷丸 d）缩孔和缩松 e）微孔 f）热裂纹

理，或对浇铸-铸型系统进行烘干处理。

（6）**热裂纹**　铸件因热应力过大在应力集中部位出现开裂。增强铸型及型芯的退让性，改善铸件结构设计以减少局部应力集中，铸件固化后尽快落砂或脱模是控制热裂纹的有效措施。

此外，一些缺陷与砂型的使用有关，因此它们只存在于砂型铸件中。有时其他一次性模具的制作也容易受这些问题的影响，如图5-16所示。

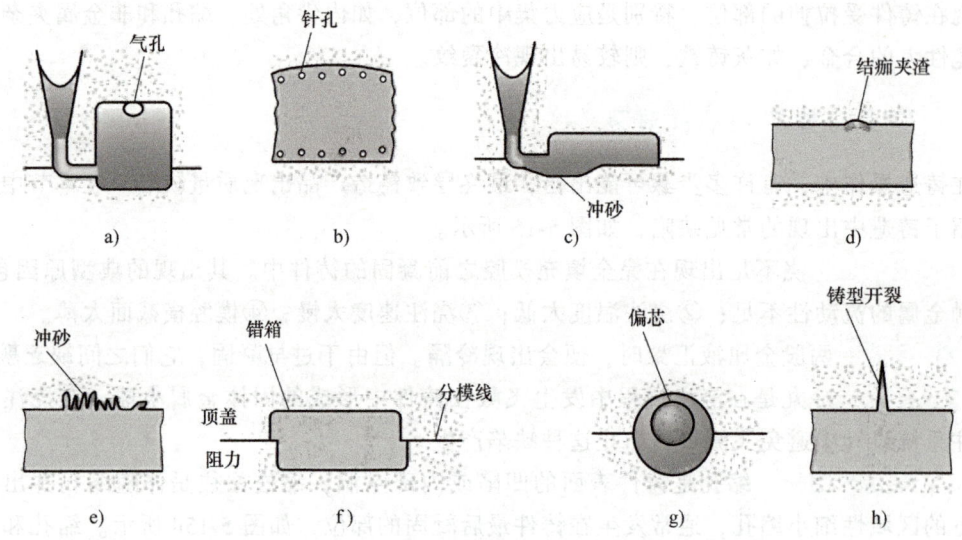

图5-16　砂型铸件常见缺陷

a）侵入性气孔　b）反应性针孔　c）冲蚀性冲砂　d）结痂夹渣　e）渗透性冲砂
f）砂箱错移　g）砂芯错移　h）铸型开裂

（1）**侵入性气孔**　浇注过程中，砂型或砂芯在液态金属的高温作用下产生的气体因未能及时排出而侵入到铸件表层形成的气孔。此类气孔较大，多呈倒梨形或球形，内壁光滑，有氧化色。提高砂型的透气性或减少型砂的含水量可以减少此类缺陷。

（2）**反应性气孔**　高温金属液体与砂型型腔表面层材料（砂、涂料等）发生化学反应而形成的形状细长的气孔，分布于发生反应的铸件部位的浅表层且略垂直于铸件表面，又称为皮下针孔。

（3）**冲蚀性冲砂**　浇注时因高温金属液流的强烈冲刷作用使砂型型腔局部呈现明显的冲刷流痕或冲蚀坑，导致凝固后的铸件表面出现不平整或凸包的缺陷现象。

（4）**结痂夹砂**　充型过程中，砂型型腔表面或砂芯表面出现型砂脱落，被金属反包后在铸件表面形成结痂样夹砂块。对型腔表面做铸前强化硬化处理或适当涂料涂层是有效措施。

（5）**渗透性冲砂**　在高流动性状态下，部分金属液体穿透砂型型腔表面渗流到砂型中形成金属与砂粒的混合凝固体。砂型强化硬化处理或适当涂料涂层可以有效防止此类缺陷。

（6）**砂箱错移**　砂型铸造的分模造型工艺中，由于合模时定位不准或浇注时金属液流的冲击力或浮力导致上下砂箱相对偏移，使铸件在分型面上出现移位。

（7）**砂芯错移**　砂型浇注中因金属液流冲击或浮力作用引起型芯移位而导致铸件尺寸形状超差。

（8）**砂型开裂**　砂型铸造中，因造型强度不够导致砂型出现裂纹，浇注时液态金属进入裂缝，凝固后在铸件上形成飞边或毛刺。

对铸件的质量检查程序一般包括以下三类：①目测检查，以发现明显的缺陷；②尺寸及几何误差检测，检查铸件尺寸及形状位置是否符合图样要求；③性能检测，此类检测涉及多种试验手段，通常包括：压力试验——确定铸件的泄漏位置；射线检验、磁粉测试、荧光渗透剂的使用和超声波检测——检测表面或内部缺陷；力学性能试验，以确定其抗拉强度、硬度等性能定量指标。

对于不太严重的缺陷存在，通常可以通过焊接、打磨、铲修、借料等其他用户同意的方法来进行补救。

5.2 常用合金铸件的生产

本节重点介绍各种常用铸件的生产组织、性能、适用范围、牌号及其生产方法。

5.2.1 常用铸造合金的分类及用途

工业常用铸造合金主要有铸铁、铸钢及铸造有色金属等，其常用种类如图 5-17 所示。其中铸铁应用最多，占世界年生产铸件总量的 75% 以上。

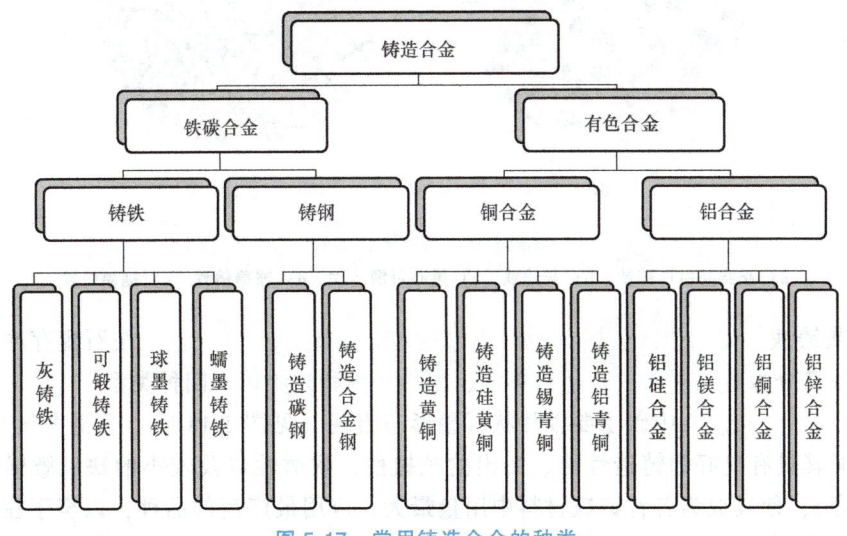

图 5-17 常用铸造合金的种类

5.2.2 铸铁件的生产

铸铁是含碳量（质量分数）超过 2.11% 的铁碳合金。工业上常用的铸铁一般含碳量（质量分数）为 2.4%~4.0%，还含有少量的硅、锰、硫、磷等元素。

1. 铸铁的分类及用途

铸铁有良好的铸造性、减摩性、吸振性、较低的缺口敏感性和易切削性，且生产成本较低。按碳存在的形式分类，一般将铸铁分为白口铸铁、麻口铸铁和灰铸铁三种。

（1）白口铸铁　铸铁中的碳基本上都是以化合物 Fe_3C 形式存在。因断口呈银白色而被称为白口铸铁。它非常硬脆，难以切削加工，工业上主要用于做炼钢原料，或用于制造可锻铸铁，一般较少直接用于制造机器零件。图 5-18a 所示为白口铸铁（亚共晶白口铸铁）的金相，图中白色部分为 Fe_3C，黑色部分为珠光体 P，没有石墨。

（2）麻口铸铁 铸铁中的碳分别以 Fe_3C 形式和石墨形式存在，比例接近。其断口颜色为灰白相间，故称麻口铸铁，性能介于白口铸铁和灰铸铁之间，一般很少使用。

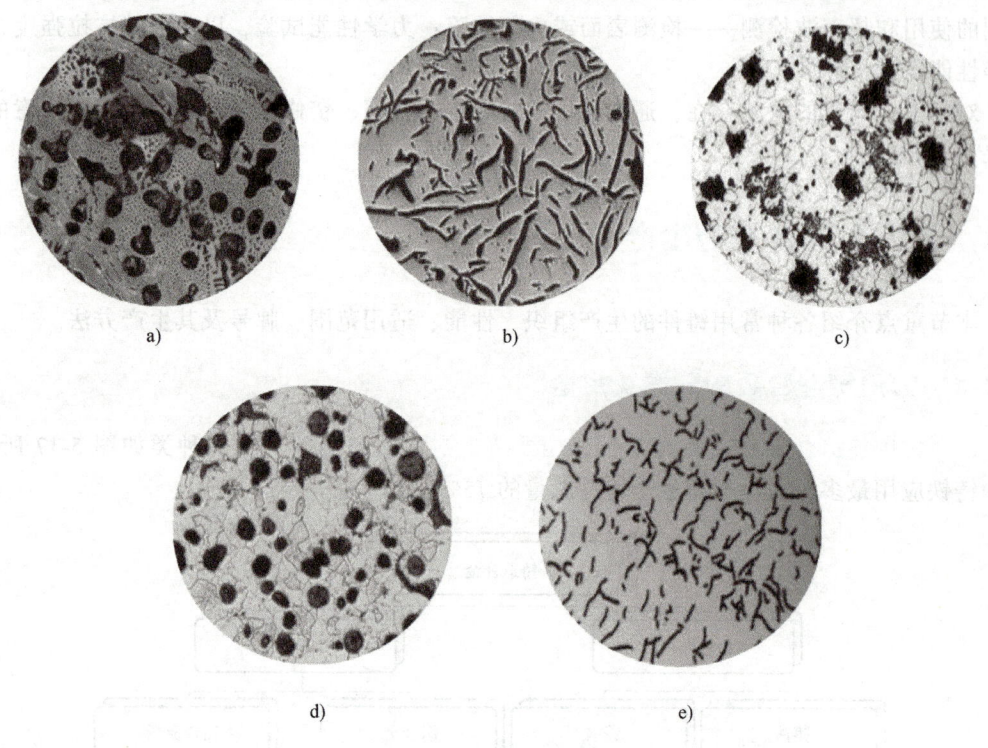

图 5-18 典型铸铁金相
a）亚共晶白口铸铁 b）灰铸铁 c）黑心可锻铸铁 d）球墨铸铁 e）蠕墨铸铁

（3）灰铸铁 铸铁中的碳主要以石墨形式存在，断口呈暗灰色。按石墨存在的形态不同，灰铸铁又分为普通灰铸铁、可锻铸铁、球墨铸铁和蠕墨铸铁四种类型。

1）普通灰铸铁。其中碳主要以片状石墨形态出现（见图 5-18 b）。普通灰铸铁强度低、塑性差，但其具有良好的铸造性能、突出的减振性、耐磨性以及较小的缺口敏感性（抗疲劳破坏能力），使其成为各种铸铁材料中用量最大，应用最广泛的品种，以至于在很多情况下，直接被称为灰铸铁。

对浇铸前的铁液进行孕育处理（加入硅铁合金等孕育剂），促进其结晶过程中的石墨化，可以提高灰铸铁的力学性能。

标准规定其牌号用"HT+三位数字"表示。其中，"HT"代表灰铸铁，三位数字表示其最低抗拉强度值。灰铸铁的性能不仅取决于化学成分，还对铸件壁厚敏感（壁厚影响冷却速度），如图 5-20 所示。因此，选择灰铸铁牌号时，还需考虑铸件壁厚因素。不同壁厚灰铸铁的力学性能及用途举例见表 5-3。

2）可锻铸铁。可锻铸铁又称马铁或玛钢。它是将白口铸铁坯件经石墨化退火而得到的一种铸铁，其中石墨呈团絮状，如图 5-18c 所示。这使得铸铁的力学性能得到显著提高，抗拉强度一般可达 300~400MPa，特别是塑性和韧性的提高，$A \approx 12\%$，$A_K \approx 30J/cm^2$，因而得名可锻铸铁，但其实是不可锻的。可锻铸铁出现很早，在球墨铸铁出现之前，曾是力学性能最好的铸铁。

表 5-3 不同壁厚灰铸铁的力学性能及用途举例

牌号	铸件壁厚（>）/mm	抗拉强度（≥）/MPa	硬度（HBW）	主要特点	用途举例
HT100	2.5~10 10~20 20~30 30~50	130 100 90 80	110~167 93~140 87~131 82~122	铸造性能好，工艺简便，铸造应力小，不用人工时效处理，有一定的强度和良好的减振性	盖、外罩、油盘、手轮、支架、底板、镶导轨的机床等对强度无要求的零件
HT150	2.5~10 10~20 20~30 30~50	175 145 130 120	136~205 119~179 110~176 105~157		底座、床身，与HT200相配的溜板、工作台、泵壳、容器、法兰，工作压力不太大的管件
HT200	2.5~10 10~20 20~30 30~50	220 195 170 160	157~236 148~222 134~200 129~192	强度、耐热性、耐磨性均较好，减振性也良好，铸造性能好	要求高强度和一定耐蚀能力的泵壳、容器、法兰、硝化塔、机床床身、立柱、平尺、划线平板、气缸、齿轮、活塞、制动轮、联轴器盘、水平仪框架，以及压力为80MPa以下的液压缸、泵体、阀门
HT250	4~10 10~20 20~30 30~50	270 240 220 200	174~262 164~247 157~236 150~225		
HT300	10~20 20~30 30~50	290 250 230	182~272 168~251 161~241	强度高、耐磨性好、白口倾向大，铸造性能差	床身导轨、车床、压力机等受力较大的床身、机床、主轴箱、卡盘、齿轮、高压液压缸、水缸、凸轮、大型发动机曲轴、气缸体、气缸盖、锻模、冷冲模
HT350	10~20 20~30 30~50	340 290 260	199~298 182~272 171~257		

按退火方法不同，可锻铸铁可分为黑心可锻铸铁、珠光体可锻铸铁和白心可锻铸铁三种。黑心可锻铸铁为铁素体基，牌号前面用"KTH"表示，塑性、韧性好，应用最多。表 5-4 为可锻铸铁常用牌号、力学性能及用途举例。

表 5-4 可锻铸铁常用牌号、力学性能及用途举例

牌号	力学性能			硬度（HBW）	用途举例
	R_m/MPa	$R_{p0.2}$/MPa	A（%）		
	不小于				
KTH300-06	300	—	6	≤150	一定强韧性、气密性好，做弯头、三通等管件
KTH330-08	330	—	8		农机犁刀、犁柱、螺纹扳手、铁道扣板等
KTH350-10	350	200	10		汽车与拖拉机前后轮壳、制动器，弹簧钢板支座，船用电动机壳等
KTH370-12	370	—	12		
KTZ450-06	450	270	6	150~200	承受较高的动载荷和静载荷，在磨损条件下工作，要求有较高冲击抗力、强度和耐磨性的零件，如曲轴、凸轮轴、连杆、齿轮
KTZ550-04	550	340	4	180~230	
KTZ700-02	700	530	2	240~290	

3) 球墨铸铁。在铁液中加入球化剂（如稀土镁合金），可使内部的碳部分转化为球状石墨（珠光体球墨铸铁）或全部转化为球状石墨（铁素体球墨铸铁），如图 5-18d 所示。牌号前面用"QT"表示，与石墨呈片状存在的灰铸铁相比，由于球状石墨对金属基体的割裂作用进一步减轻，球墨铸铁的强度和韧性可大幅度提高。抗拉强度一般为 400～600MPa，最高可达 900 MPa，伸长率为 2%～18%。其强度甚至超过了一般的钢，为一种高性能的铸铁。

除了铸造性能好之外，球墨铸铁还可以通过退火、正火、调质和高频淬火等热处理进一步改善其性能。球墨铸铁主要用于受力复杂的重要零件。表 5-5 为其常用牌号、力学性能及用途举例。

表 5-5 球墨铸铁常用牌号、力学性能及用途举例

牌号	力学性能			硬度（HBW）	用途举例
	R_m /MPa	$R_{p0.2}$ /MPa	A (%)		
	不小于				
QT400-18	400	250	18	120～175	农机具(如收割机上导架)，汽车、拖拉机零件(如离合器壳、拨叉)，通用机械(阀体、阀盖)，其他(电动机机壳、齿轮箱)
QT40-15	400	250	15	120～180	
QT450-10	450	310	10	160～210	
QT500-7	500	320	7	170～230	机油泵齿轮，铁路机车车辆轴瓦，机器传动轴、飞轮，电动机架
QT600-3	600	370	3	190～270	柴油机、汽油机曲轴，部分磨床、车床、铣床主轴，空压机、冷冻机缸体与缸套，桥式起重机大小滚轮
QT700-2	700	420	2	225～305	
QT800-2	800	480	2	245～335	
QT900-2	900	600	2	280～360	汽车与拖拉机传动齿轮，曲轴、凸轮轴、连杆，农机上的犁铧

4) 蠕墨铸铁。在铁液中加入蠕化剂（如稀土硅铁合金、稀土硅钙合金等）后，铸铁内部的碳大部分转化为短片状、片端钝圆、类似蠕虫形状的石墨，故命名为蠕墨铸铁，如图 5-18e 所示，牌号前面用"RuT"表示。其力学性能在灰铸铁与球墨铸铁之间，如抗拉强度为 260～420MPa，条件屈服强度为 195～335 MPa，伸长率为 0.75%～3.0%。

蠕墨铸铁在厚大截面上的性能比较均匀，对壁厚的敏感性比灰铸铁要小得多；耐磨性和气密性优于灰铸铁，耐热疲劳性高于球墨铸铁。蠕墨铸铁主要用于制造耐热疲劳的铸件或结构复杂的铸件。

2. 影响灰铸铁组织及性能的因素

由前述可知，灰铸铁的 HT、KT、QT 和 RuT 四种类型的区分取决于其内部石墨的形态，而各种灰铸铁的性能差别则取决于其内部石墨化的程度。

灰铸铁中的碳有两种存在形式，即渗碳体 Fe_3C 和石墨。所谓石墨化程度是指铸铁在液态转变为固态后的二次结晶阶段，奥氏体中的碳析出转变为石墨的程度。当铸铁的石墨化倾向较大，冷却速度较慢时，石墨析出充分，则奥氏体转变为铁素体和石墨，形成铁素体型灰铸铁。当铸铁的石墨化倾向较小，冷却速度较快时，奥氏体转变为珠光体和石墨，成为珠光体型灰铸铁。介于二者之间，还可能形成铁素体+珠光体型灰铸铁。影响灰铸铁石墨化程度的主要因素有两个，即：化学成分和冷却速度。

(1) 化学成分的影响　C 和 Si 是强烈促进石墨化的元素，C 是石墨之源，Si 是促进剂，二者对石墨化起决定性作用。

(2) 冷却速度的影响　石墨化需要时间，冷却速度慢，利于奥氏体中碳的顺利析出，可以促进石墨化。对于铸件，铸件的壁厚是影响冷却速度的主要因素。当化学成分、铸型材料以及浇注温度等条件一定时，壁厚越大，冷却速度越慢，形成粗铁素体基体和粗大片状石墨的可能性就越大。从图 5-19 所示的三角形试样断口可以看到，冷却速度很快的左边简短处呈银灰色，属于白口组织；冷却速度较慢的右部呈暗灰色，属于灰口组织。铸件的冷却速度主要取决于铸型材料。金属型传热快，与砂型相比，铸件石墨化倾向小，甚至容易出现白口组织。

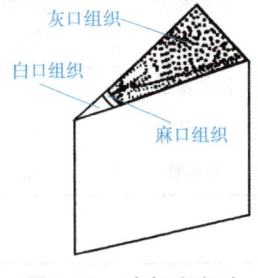

图 5-19　冷却速度对铸铁组织的影响

图 5-20 所示为铸件壁厚与化学成分对铸件组织的影响。

5.2.3　铸钢件的生产

铸钢也是一种重要的铸造合金。其主要优点是力学性能好，强度、塑性和韧性都比铸铁高出很多（抗拉强度一般可达 400～650MPa，伸长率为 15%～25%，$A_K = 20～60J/cm^2$），有良好的焊接性能。工业上常采用铸-焊联合工艺制造重型、超重型零件或结构。铸钢件在应用上仅次于铸铁件，其年产量占铸件总量的 15% 左右。

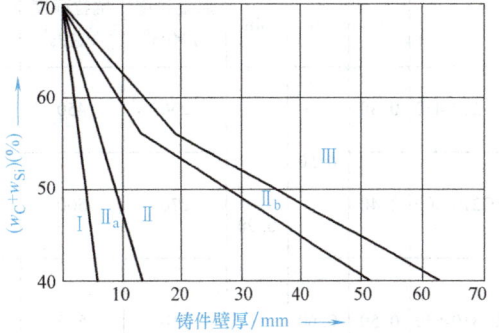

图 5-20　铸件壁厚与化学成分对铸件组织的影响
Ⅰ—白口铸铁区　Ⅱ$_a$—麻口铸铁区　Ⅱ—珠光体灰铸铁区
Ⅱ$_b$—珠光体+铁素体灰铸铁区　Ⅲ—铁素体灰铸铁区

铸钢件的缺点是铸造性能、减振性和缺口敏感性都比铸铁差。铸钢件在生产上的难度，一是铸钢的浇铸温度很高，达到 1650℃（铸铁是 1450℃），在此高温下，钢的化学性质十分活跃，很容易氧化，所以需要在熔化和浇注过程中采取一些特殊的措施以将熔融金属与空气隔离；二是相对较差的流动性也限制了铸钢件的结构不能像铸铁件那样复杂或生产薄壁件；三是铸钢件生产所用型砂要求有更高的耐火度和退让性；四是为防止出现缩孔、缩松、裂纹或冷隔等缺陷，造型时需要设置更多的冒口（明冒口和暗冒口）和冷铁，造型工艺更复杂。图 5-21 所示为一大型齿轮铸钢件的造型工艺案例。

铸钢件铸后必须进行退火或正火+回火处理，以消除铸造应力并细化晶粒。

按化学成分不同，铸钢可分为铸造碳钢和铸造合金钢两大类，其中铸造碳钢用量约占铸钢总产量的 80% 以上。表 5-6 为铸造碳钢与铸铁的成分、性能对比。表 5-7 为常用铸造碳钢的牌号、

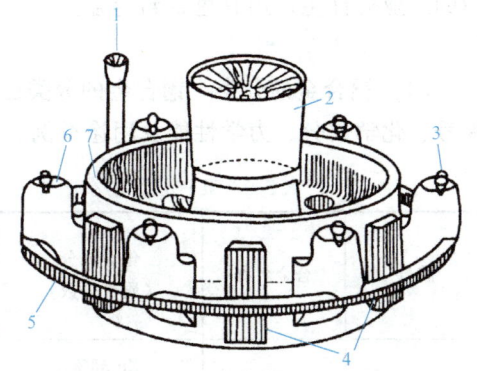

图 5-21　大型铸钢齿轮坯的铸件及浇注系统
1—锥浇道　2—顶冒口　3、6—暗冒口和内浇道
4—冷铁　5—横浇道　7—齿轮坯铸件

成分、力学性能及用途举例。

表 5-6 铸造碳钢与铸铁的成分、性能对比

合金种类	含碳量（质量分数）（%）	浇注温度/℃	液态收缩率（%）	凝固收缩率（%）	固态收缩率（%）	总体积收缩率（%）
铸造碳钢	0.35	1610	1.6	3	7.8	12.4
白口铸铁	3.00	1400	2.4	4.2	5.4~6.3	12~12.9
灰铸铁	3.50	1400	3.5	0.1	3.3~4.2	6.9~7.8

表 5-7 常用铸造碳钢的牌号、成分、力学性能及用途举例

牌号	化学成分（质量分数）（%）			力学性能（≥）				用途举例
	C	Si	Mn	屈服强度/MPa	抗拉强度/MPa	伸长率（%）	冲击韧度 $A_K/J \cdot cm^{-2}$	
ZG230-450	0.30	0.50	0.90	230	450	22	45	受力不大、要求韧性高的零件，如砧座、轴承盖、箱体、阀体等
ZG270-500	0.40			270	500	18	35	受力复杂的零件，如轧钢机机架、连杆、曲轴、车轮、水压机工作缸、联轴器等
ZG310-570	0.50	0.60		310	570	15	30	受力较大的耐磨零件，如制动轮、大齿轮、缸体、辊子等

注：1. 牌号中"ZG"表示铸钢，后面两组数字分别表示钢的屈服强度和抗拉强度最低值。
2. 表中力学性能适于厚度100mm以下的铸件。

5.2.4 铸铜件、铸铝件的生产

有色金属铸造合金包括铜、铝、镁、锡、锌、镍和钛等的合金。铜合金、铝合金是最常用的工业铸件生产用有色金属合金。

1. 铸造铜合金

（1）铜合金的分类 铜合金的分类已在第4.2节介绍。表5-8为几种常用铸造铜合金的牌号、化学成分、力学性能及用途举例。

表 5-8 几种常用铸造铜合金的牌号、化学成分、力学性能及用途举例

牌号	合金名称	化学成分（质量分数）	力学性能			用途举例
			抗拉强度/MPa	伸长率（%）	HBW	
ZCuZn38	38黄铜	Zn 38%，余量为Cu	295	30	59	轴承、衬套
ZCuZn31Al2	31-2铝黄铜	Zn 31%，Al 2%~3%，余量为Cu	295	12	78.5	海船及机械上的耐蚀件

(续)

牌号	合金名称	化学成分（质量分数）	力学性能			用途举例
			抗拉强度/MPa	伸长率(%)	HBW	
ZCuSn10Pb1	10-1 锡青铜	Sn 10%, Pb 0.5%~1%, 余量为 Cu	220	3	78.5	重要轴承、衬套、齿轮
ZCuAl9Mn2	9-2 铝青铜	Al 9%, Mn 2%, 余量为 Cu	390	20	83.5	重要用途的耐磨、耐蚀件，如齿轮、衬套等

（2）铜合金的铸造工艺特点　铜合金在液态下极易氧化，熔炼时为了避免铜料与燃料直接接触，一般要使用坩埚或感应电炉进行熔炼。熔化青铜时需要加入硼砂等熔剂覆盖于铜液之上，以隔离空气、阻止氧化。浇铸前投放脱氧剂以去除已经存在的铜的氧化物 Cu_2O。黄铜中的 Zn 具有较强的脱氧能力，因此黄铜熔炼无需特别的脱氧隔离措施。

锡青铜倾向于糊状凝固，流动性差，易出现缩松、裂纹等铸造缺陷。一般，对于壁厚较大的重要零件，为防止缩孔和宏观缩松，需采取顺序凝固原则；而对于复杂结构薄壁类铸件，从防止铸造热应力及变形或裂纹角度考虑，则可以采用同时凝固原则。

铝青铜、铝黄铜倾向于逐层凝固，铸造的主要问题是防止缩孔和氧化。

2. 铸造铝合金

铝合金的分类已在第 4.2 节介绍，见表 4-8 常用铸造铝合金牌号、成分、力学性能及用途。

纯铝的熔点是 660℃，铸造铝合金的熔点要比纯铝低一点。铝合金在液态下也极易氧化的，所生成的氧化物 Al_2O_3 的熔点是 2054℃，成为悬浮在铝液中的固态夹杂物，浇注时易形成铸件夹渣；另外，熔化的铝液还容易吸收氢等气体，在凝固过程中会形成铸件内的气孔，从而影响铸件的力学性能和材料的气密性。这是铸铝件缺陷的两个特殊点。

防止铝液氧化的有效措施是使用熔剂保护，如熔化过程中加入 KCl 或 NaCl 等盐类熔剂将铝液覆盖，以隔离空气。排出铝液中的气体一般是在熔炼后期，要进行去气精炼。

铸造铝合金熔点低，流动性好，适合形状复杂薄壁铸件和各种铸造方法，砂型铸造、金属模铸造和压力铸造都被广泛采用。但铝合金的凝固收缩率较大，需要加强补缩措施。

5.3　砂型铸造

砂型铸造（Sand Casting）是最基本的铸造生产方法，也是学习其他各种铸造方法和改进现有铸造工艺所必须掌握的工艺知识基础。学习砂型铸造，重点是造型方法的选择、浇铸位置和分型面的选择，以形成铸造工艺方案制定的初步能力。工程训练的学习经历是理解和掌握这些知识的重要实践基础。

铸造工艺图是铸造工艺方案的图样化表达，是铸造生产中贯穿于模样、造型、浇注与铸件检验各环节的指导性工艺文件。铸造工艺图的是在零件图的基础上使用各种铸造工艺符号及参数表示的铸造工艺方案表达，其中包括：浇注位置、铸型分型面、型芯的几何参数及固定方法、加工余量、收缩补偿量、起模斜度、冒口及冷铁的位置与尺寸等。支架的砂型铸造工艺方案图如图 5-22 所示。

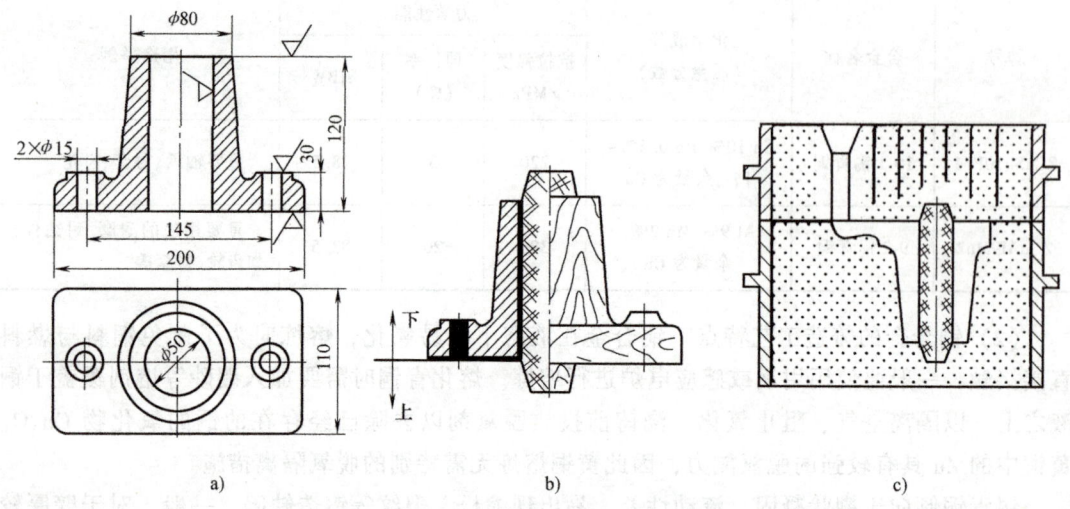

图 5-22　支架的砂型铸造工艺方案图
a) 零件图　b) 铸造工艺图（左）和模样图（右）　c) 合型图

5.3.1　造型方法的分类及选择

造型是指基于模样，用造型材料制备液态金属铸造用型腔的工艺过程。古人以模范制造出青铜器，范就是型，金形之器，成形于型。用木制模样和黏土砂手工造型是最基本、最传统的砂型造型方法，人类从中认识了许多铸造的内在规律。铸造发展到现在，已有多种造型方法，如机器造型方法、自硬树脂造型制芯、水玻璃砂造型制芯、干型和半干型造型、实型铸造、负压造型以及手工造型等。

1. 手工造型

手工造型（Hand Molding）是全部用手工完成的造型工序。手工造型操作灵活、工艺适应性强、工艺装备简单、生产准备周期短，工艺成本低，但其铸件质量不稳定、生产效率低、劳动强度大、对操作者有较高的技能要求。因此主要用于单件、小批量生产，特别是重型和形状复杂的铸件。有时也用于较大批量的生产。

手工造型对模样的要求不高，一般采用成本较低的实体木模，对于尺寸较大的回转体或等截面铸件，还可采用成本更低的刮板来造型。手工造型对砂箱的要求也不高，如砂箱无需严格的配套和机械加工，较大的铸件还可采用地坑来取代下箱，这样可减少砂箱的费用，并缩短生产准备时间。因此，尽管手工造型生产率低，对工人技术水平要求较高，而且铸件的尺寸精度低及表面质量较差，但在实际生产中仍然是难以完全取代的重要造型方法。

根据砂型的不同特征，手工造型可以分为两箱造型、三箱造型、地坑造型和组芯造型；根据模具的不同特征，可以分为整模造型、分模造型、挖砂造型、假箱造型、活块造型、刮板造型。表 5-9 列出了手工造型各种方法的特点及适用范围。

（1）地坑造型　地坑造型也称地坑-刮板造型，是一种就地造型的方法，适合于形状简单、尺寸较大的回转型铸件。如图 5-23 所示的圆环形铸件采用地坑-刮板造型，省去了木模和下砂箱，仅用一块简单的刮板即可完成型腔的造型；工艺成本很低，但生产率很低，对工人技术水平要求高，适合单件、小批量生产。

表5-9 手工造型各种方法的特点及适用范围

分类	造型方法	特点			应用范围
		模样结构和分型面	砂箱	操作	
按砂箱特征	两箱造型	各类模样，分型面为平面或曲面，可采用机器造型也可采用手工造型	两个砂箱	简单	较广
	三箱造型	铸件中间截面比两端小，使用两箱造型不能取出模样，所以必须采用分开模，分型面一般为平面，有两个分型面，不能采用机器造型	三个砂箱	简单	较广
按模样特征	整模造型	整体模，分型面为平面	两个砂箱	简单	较广
	分模造型	分开模，分型面多为平面	两到多箱	较简单	回转类铸件
	活块造型	模样上阻碍起模的部分需做成活块	两到多箱	较简单	各种单件，小批量中小件
	挖砂造型	整体模，铸件的最大截面不在分型面处，需挖去阻碍起模的型砂才能取出模样，分型面一般为曲面	两到多箱	对工人的技能要求较高，复杂	单件、小批量中小件
	假箱造型	免去挖砂操作，利用假箱来代替挖砂操作，分型面仍为曲面	两到多箱	较简单	成批生产的需挖砂件
	刮板造型	用和铸件截面相适应的木板代替模样，分型面为平面	两个砂箱	对工人的技能要求较高，复杂	大中型轮类、管类单件、小批量生产

（2）两箱造型　两箱造型是造型的最基本方法，铸型由成对的上型和下型构成，操作简单。两箱造型适用于各种生产批量和各种大小的铸件。

（3）三箱造型　三箱造型的铸型由上、中、下三型构成。中型高度需与铸件两个分型面的间距相适应。三箱造型操作费工时，主要适用于具有两个分型面的单件、小批量生产的铸件。

2. 机器造型

在现代化的铸造车间里，铸造生产中的造型、制芯、型砂处理、浇注、落砂等工序均由机器来完成；并把这些工艺过程组成机械化的连续生产流水线，不仅提高了生产率，而且提高了铸件精度和表面质量，改善了劳动条件。尽管设备投资较大，但在大批量生产时，铸件成本可显著降低。

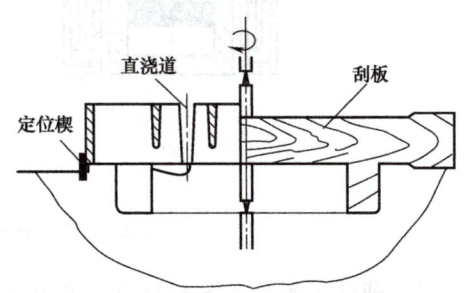

图5-23 地坑-刮板造型

将造型过程中的两项最主要操作——紧砂和起模实现机械化的造型方法称为机器造型（Machine Molding）。机器造型是采用模板两箱造型。模板是将模样和浇注系统沿分型面与模底板连成一个组合体的专用模具。造型后，模底板形成分型面，模样形成铸型空腔。模底板的厚度不影响铸件的形状和大小。机器造型不能用于干砂型铸造，难以生产大型铸件，也不能用于三箱造型，同时也应避免费时、费工的活块造型。

(1) 机器造型基本原理 为了适应不同形状、尺寸和不同批量铸件生产的需要，机器造型的种类繁多，紧砂和起模方式也不同。其中，以压缩空气驱动的震压式造型机最为常用。图 5-24 所示为顶杆起模式震实造型机的工作过程：

1) 填砂（见图 5-24a）。打开砂斗门，向砂箱中放满型砂。

2) 震击紧砂（见图 5-24b）。先使压缩空气从进气口 1 进入震击气缸底部，活塞在上升过程中关闭进气口，接着又打开排气口，使工作台与震击汽缸顶部发生一次震击。如此反复震击，使型砂在惯性力的作用下被初步紧实。

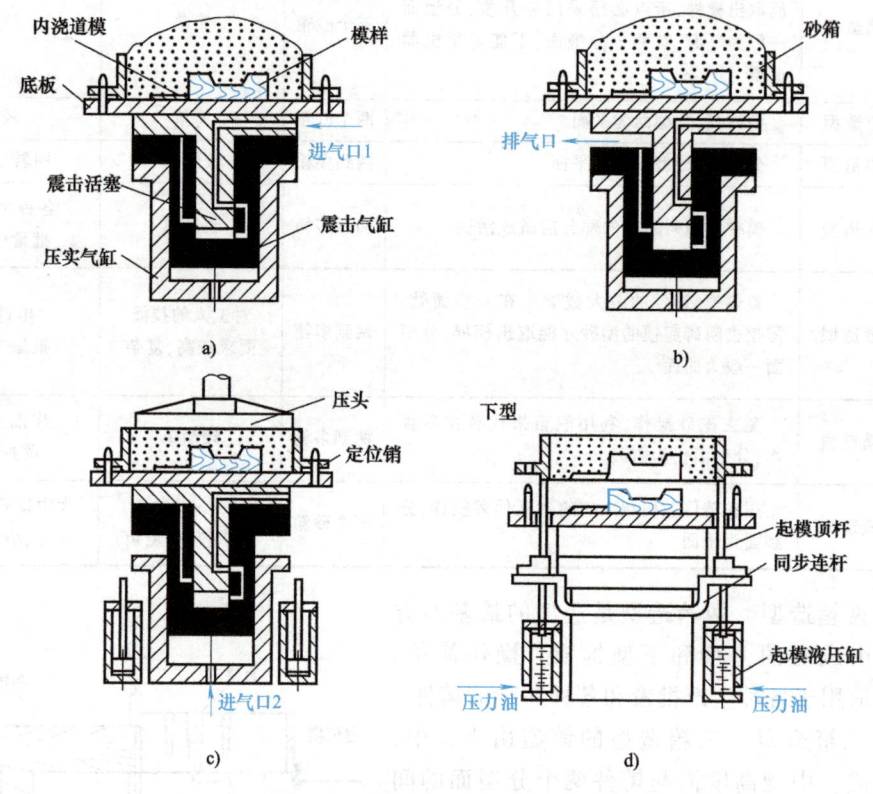

图 5-24 震实造型机的工作过程
a) 填砂 b) 震击紧砂 c) 辅助压实 d) 起模

3) 辅助压实（见图 5-24c）。由于震击后砂箱层的型砂紧实度仍然不足，还必须辅助压实。此时，压缩空气从进气口 2 进入压实气缸底部，压实活塞带动砂箱上升，在压头的作用下，型砂被压实。

4) 起模（见图 5-24d）。当压缩空气推动的压力油进入起模液压缸，四根顶杆将砂箱平地顶起，从而使砂型与模样分离。

一般震实造型机价格较低，生产率为每小时 30 箱。目前主要用于一般机械化铸造车间。它的主要缺点是型砂紧实度不高、噪声大、工人劳动条件差，且生产率不够高。在现代化的铸造车间，一般震实造型机已被微震压实造型机或其他先进造型机所取代。

另一种常用的机器造型是使用射压造型机造型。其工作原理如图 5-25 所示，它是采用射砂和压实复合方法紧实型砂。首先，利用压缩空气将型砂从射砂头射入造型室内（见图 5-25a），造型室由左右两块模板组成。射砂完毕后，通过右模板（即右压实板）水平施压，进行压实（见图 5-25b）。然后，左模板向左移动，起模一定距离后向上翻起，以让出空间。右模板前移、推建砂型，并与前一块砂型合上，形成空腔（见图 5-25c）。最后，左右模板恢复原位，准备下一次射砂（见图 5-25d）。射压造型所形成的是一串无砂箱的垂直分型的铸型。通常，射压造型与浇注、落砂、配砂构成一个完整的自动生产线，其生产率可高达每小时 200~300 型。射压造型的主要缺点是因垂直分型导致下芯困难，且对模具精度要求高，现主要用于大批量生产小型简单件。

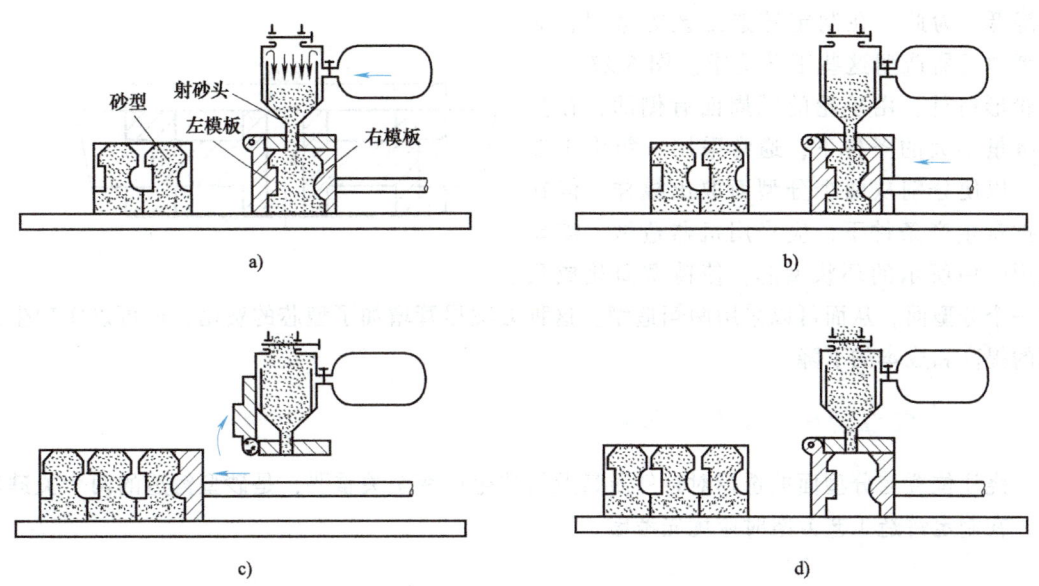

图 5-25 射压造型机的工作原理
a）射砂 b）压实 c）合型 d）复位

机器造芯除可采用前述的震击、压实等紧砂方法外，最常用的是吹芯机或射芯机。图 5-26 所示为射芯机的工作原理。开始时，将芯盒置于工作台上，并向举升缸 12 中通入压缩空气，使芯盒上升，以便与底板压紧。射砂时，打开射砂阀，使储气罐 10 中的压缩空气通过射砂筒 3 上的缝隙进入射砂筒内。于是型芯砂形成高速的砂流从射砂孔射入芯盒，并使砂紧实，而空气则从射砂头上的排气孔排入大气。可见，射砂紧实是同时完成填砂与紧砂两个工序，故生产率很高。射砂紧实不仅用于造芯，也可用于造型。

近些年来，由于采用以合成树脂为黏结剂的树脂砂来造芯，使机器造芯工艺发生了变革。此时，采用电热的芯盒（或其他硬化措施），使射入芯盒内的树脂砂快速硬化，

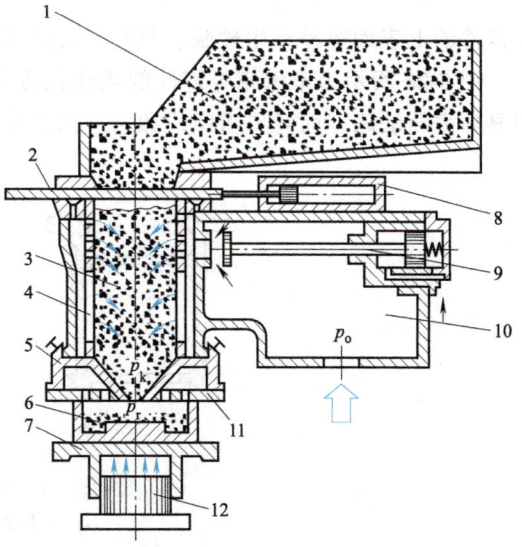

图 5-26 射芯机工作原理
1—射砂斗 2—闸门 3—射砂筒 4—射腔 5—射砂头
6—芯盒 7—工作台 8—气缸 9—射砂阀 10—储气罐
11—底板 12—举升缸

不仅省去了型芯骨和烘干工序，降低了型芯成本，而且由于型芯是在硬化后才从芯盒中取出的，因此，型芯变形小、精度高。

（2）机器造型的工艺特点 机器造型通常是采用模板进行两箱造型。模板是将模样、浇注系统沿分型面与模底板连接成一个整体的专用模具。造型后，模底板形成分型面，模样形成空腔，而模底板的厚度并不影响铸件的形状与尺寸。机器造型不能紧实中箱，故不能进行三箱造型。同时，机器造型也应尽力避免活块，因为取出活块费时，使造型机的生产率大为降低。为此，在制定铸造工艺方案时，必须考虑机器造型这些工艺要求。图 5-27 所示的轮形铸件，由于轮的圆周面有侧凹，在生产批量不大的条件下，通常采用三箱手工造型，以便分别从两个分型面取出模样。但在大批量生产条件下，应采用机器造型，需要改用图中所示的环状型芯，使铸型简化成只

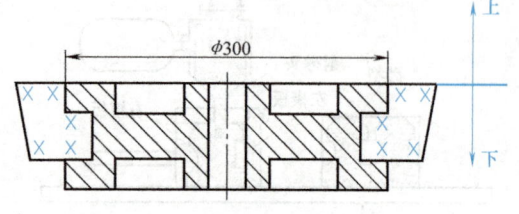

图 5-27 适应机器造型的工艺方案

有一个分型面，从而可以采用两箱造型。这种方案尽管增加了型芯的费用，但可以实现生产率的提高和成本的下降。

5.3.2 浇注位置和分型面的选择

浇注位置与分型面的选择对铸件质量及铸造生产率至关重要，是砂型铸造的两个关键环节，在制定铸造工艺方案时应优先考虑。

1. 浇注位置的选择原则

浇注位置是指浇注时铸件在铸型中所处的位置与姿态。在浇注位置的选择有以下几个原则：

1）铸件的重要面应该保持侧立或者朝下，而且铸件面积较大的平面应该朝下。这是因为铸件的上表面容易产生砂眼、气孔、夹渣等缺陷，组织也不如下表面致密。

图 5-28 所示为车床床身铸件的浇注位置方案。由于床身导轨面是关键表面，不允许有明显的表面缺陷，而且要求组织致密，因此应选择导轨面朝下的浇注位置。

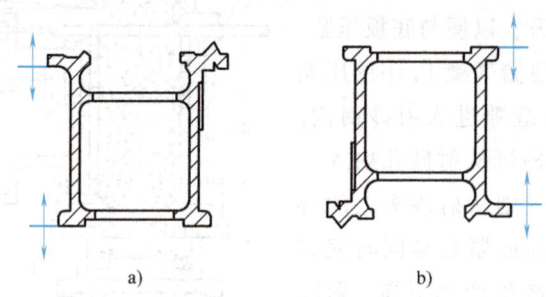

图 5-28 车床床身的浇注位置
a) 不合理 b) 合理

图 5-29 表示卷扬筒的浇注位置，图 5-29a 为不合理的浇注位置，图 5-29b 所示的立式浇注方案是正确的，它将铸件的主要加工面放在铸型侧面，有利于卷扬筒的外圆柱组织和性能保持一致。

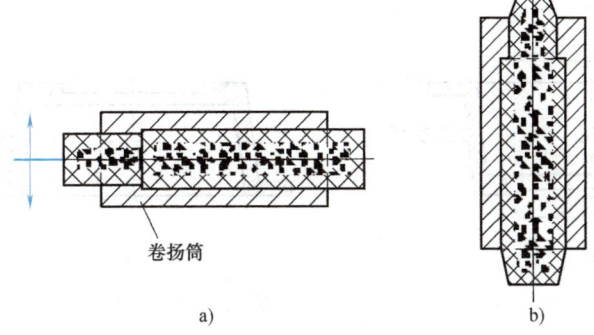

图 5-29 卷扬筒的浇注位置
a) 不合理 b) 合理

2) 对于具有大平面的铸件,应将铸件的大平面放在铸型下面,如图 5-30 所示实例。铸件的大平面若朝上,则容易产生夹砂缺陷,这是因为在浇注过程中金属液对型腔上表面有强烈的热辐射,型砂因急剧热膨胀和强度下降而拱起或开裂,于是铸件表面形成夹砂缺陷。因此,平板、圆盘类铸件的大平面应朝下。

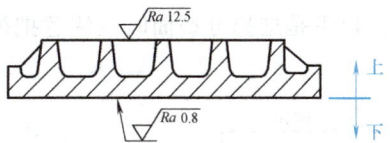

图 5-30 平板铸件的浇注位置

3) 对于具有大面积薄壁的铸件,应将薄壁部分放在铸型的下部,同时尽量使薄壁立着或倾斜着浇注。这样利于金属的充填,防止薄壁处产生浇不足或冷隔缺陷。图 5-31b 为薄壁铸件的合理浇注位置。

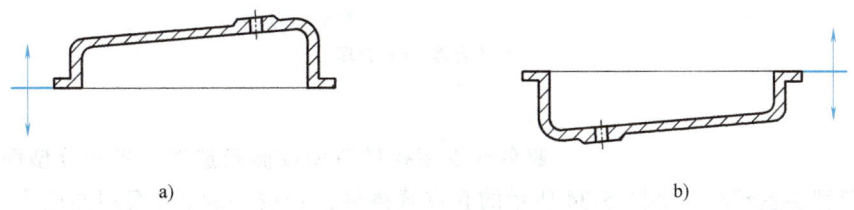

图 5-31 薄壁铸件的浇注位置
a) 不合理 b) 合理

4) 对于一些需要补缩的铸件,应把截面较厚的部分放在铸型的上部或侧面。这样便于在铸件的厚壁处放置冒口,使之实现自下而上的顺序凝固。如图 5-29 所示的铸钢卷扬筒,浇注时厚端放在上部是合理的;反之,若厚端放在下部,则难以补缩。

5) 浇注位置利于减少型芯的数量,以减少制芯的工作量,或利于型芯的安装、固定、检查和排气。如图 5-32 所示的车床床腿铸件,图 5-32a 所示方案需要专门做一个很大的型芯,而 5-32b 所示方案则可以使造型工艺大为简化,自带型芯,不需要另外单做,且定位可靠,便于合箱。

砂型铸造所用的模样,主要有木质模或金属模两大类,木模容易加工成形,成本低,但易磨损和变形;金属模精确、耐用,制造成本高,一般只用于铸件批量较大的情况。近年来出现了一些新的制模材料和制模方法,例如,易于精确加工成形的代木塑料,3D 打印的塑料模或金属模等。

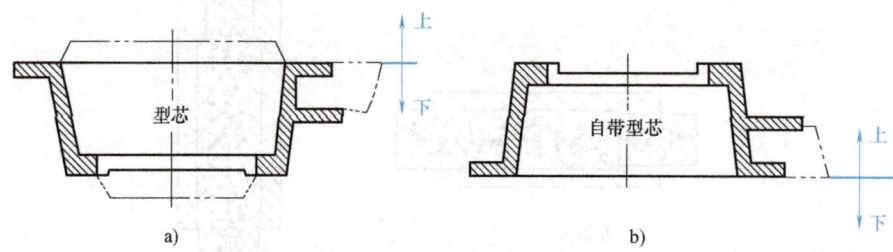

图 5-32 车床床腿铸件的浇注位置比较

2. 铸型分型面的选择原则

分型面是指两半铸型的相对结合面。分型面的选择合理与否，对铸件质量及制模、造型、造芯、合型及清理等工序的复杂程度均有很大影响，还可能影响到后续的切削加工工作量。以下是选择分型面时应注意把握的原则。

1) 为便于起模，分型面应选在铸件的最大截面上，如图 5-33 所示。

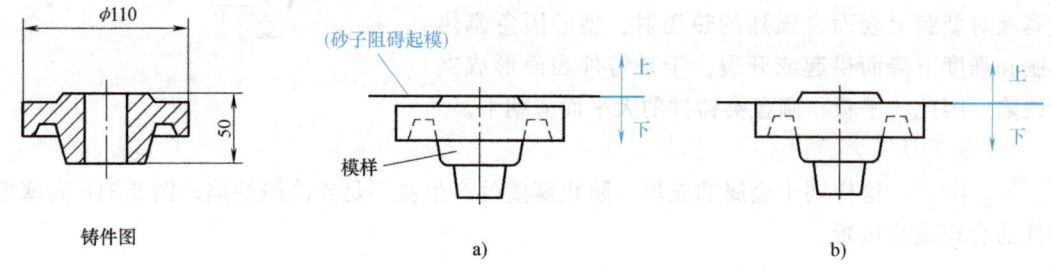

图 5-33 分型面应选在铸件最大截面
a) 不合理 b) 合理

2) 尽量选用平面作为分型面，避免或少用挖砂造型或假箱造型。平面分型面使造型操作简单，造型误差较小。如图 5-34 所示的起重臂铸件，若按 5-34a 方案用曲面作为分型面，需要挖砂或假箱造型工艺，生产率很低且铸件精度不易保证。而采用图 5-34b 所示方案，则分型面是一个平面，所以是合理的。

3) 尽量减少分型面的数量，并尽量做到只有一个分型面，即两箱造型。因为多一个分型面就会多一个铸件误差来源，而且增加铸造工时和成本。如图 5-35a 所示的一种常见的三通铸件，其内腔需要使用型芯来成形，但不同的分型方案会导致不同的分型面数量。图 5-35b 的方案，铸件中心线 $a-b$ 处于垂直位置，需要有三个分型面四箱造型才能完成；图 5-35c 方案，须两个分型面三箱造型；而 5-35d 方案时，ef 垂直，则为一个分型面，两箱造型即可，而且下芯和安放冒口都方便，因此是最佳方案。

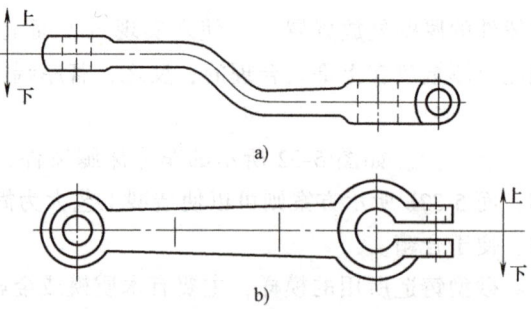

图 5-34 起重臂铸件的分型面
a) 不合理 b) 合理

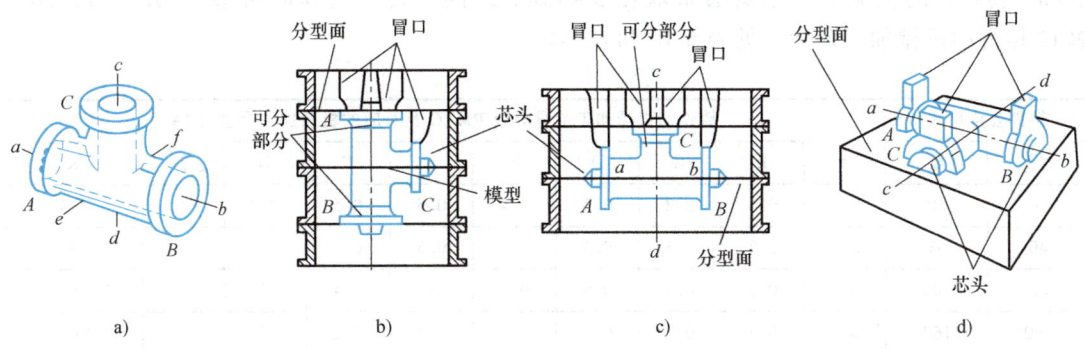

图 5-35 三通铸件的分型面选择

a) 铸件　b) 四箱造型　c) 三箱造型　d) 两箱造型

4）尽可能避免或减少活块和型芯的数量。砂型中的活块取出难度较大，一般需要人工取出，这会严重降低生产率或成为实现造型自动化的障碍。造芯会增加较大的工作量，并使造型工艺变得复杂。

5）尽量把铸件的大部分或全部放在同一个砂箱内，并使铸件的重要加工面、工作面、加工基准面及主要型芯位于下型内。这样便于型芯的安放和检验，还可使上型的高度减低，便于合箱，并可保证铸件的尺寸精度，防止错箱。图 5-36 所示是铸件分型面的选择，其中方案图 5-36a 是正确的，它将铸件全部放在下型，避免了错箱，有利于保证铸件质量。

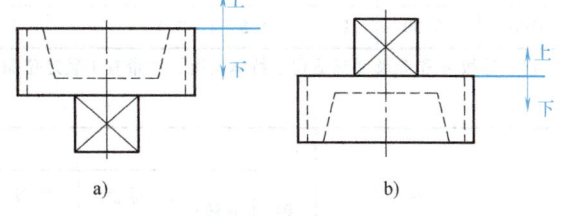

图 5-36 管子堵头分型面选择

a) 合理　b) 不合理

以上是从不同侧面列举的铸件浇注位置及分型面的选择原则，生产实践中的造型问题很多是综合性的，需要针对具体情况具体分析，在多个因素间权衡利弊，作出合理的选择。

5.3.3 铸造工艺参数的选择

造型工艺方案基本确定后，还需要进一步确定相应的机械加工余量、起模斜度、铸造收缩率、型芯头尺寸和铸造圆角等工艺参数。

1. 铸件的机械加工余量和最小铸孔

铸件的机械加工余量是指在铸件上为后续需要进行切削加工的部位所应预留出的加工余量。加工余量的大小应适当。加工余量过大，费工、费时、浪费材料；加工余量过小，则不能保证加工表面的技术要求，甚至会有黑皮残留。

机械加工余量的具体数值取决于铸件的生产批量、合金的种类，铸件的大小、加工面与基准面的距离，以及加工面在浇注时的位置等。机器造型铸件精度高，加工余量小；手工造型误差大，加工余量应增大。灰铸铁表面平整，加工余量小；铸钢件表面粗糙，加工余量应增大。铸件的尺寸越大或加工面与基准面的距离越大，加工余量也应随之增大。铸件上位于浇铸位置顶部的表面粗糙、缺陷多，其加工余量应比底部表面要大，一般情况下增加 1~

2mm。铸铁件的机械加工余量通常取在 3～15nm 之间。具体选择时可参阅 GB/T 11350—2017 铸件的机械加工余量,见表 5-10 和表 5-11。

表 5-10　机械加工余量

铸件公称尺寸		铸件的机械加工余量等级 RMAG 及对应的机械加工余量 RMA									
大于	至	A	B	C	D	E	F	G	H	J	K
—	40	0.1	0.1	0.2	0.3	0.4	0.5	0.5	0.7	1	1.4
40	63	0.1	0.2	0.3	0.3	0.4	0.5	0.7	1	1.4	2
63	100	0.2	0.3	0.4	0.5	0.7	1	1.4	2	2.8	4
100	160	0.3	0.4	0.5	0.8	1.1	1.5	2.2	3	4	6
160	250	0.3	0.5	0.7	1	1.4	2	2.8	4	5.5	8
250	400	0.4	0.7	0.9	1.3	1.8	2.5	3.5	5	7	10
400	630	0.5	0.8	1.1	1.5	2.2	3	4	6	9	12
630	1000	0.6	0.9	1.2	1.8	2.5	3.5	5	7	10	14
1000	1600	0.7	1.0	1.4	2	3	4	5.5	8	11	16
1600	2500	0.8	1.1	1.6	2.2	3.2	4.5	6	9	13	18
2500	4000	0.9	1.3	1.8	2.5	3.5	5	7	10	14	20
4000	6300	1	1.4	2	2.8	4	5.5	8	11	16	22
6300	10000	1.1	1.5	2.2	3	4.5	6	9	12	17	24

注:等级 A 和等级 B 只适用于特殊情况,如带有工装定位面、夹紧面和基准面的铸件。

表 5-11　铸件的机械加工余量等级

方　法	机械加工余量等级								
	钢	灰铸铁	球墨铸铁	可锻铸铁	铜合金	锌合金	轻金属合金	镍基合金	钴基合金
砂型铸造 手工铸造	G~J	F~H	F~H	F~H	F~H	F~H	F~H	G~K	G~K
砂型铸造 机器造型和壳型	F~H	E~G	E~G	E~G	E~G	E~G	E~G	F~H	F~H
金属型 (重力铸造和低压铸造)	—	D~F	D~F	D~F	D~F	D~F	D~F	—	—
压力铸造	—	—	—	—	B~D	B~D	B~D	—	—
熔模铸造	E	E	E	—	E	—	E	E	E

注:本表也适用于经供需双方商定的本表未列出的其他铸造工艺和铸件材料。

铸件的孔、槽是否铸出,不仅取决于工艺上的可能性,还必须考虑其必要性。一般来说,较大的孔、槽应当铸出,以减少切削加工工时、节省金属材料,同时也可以减小铸件上的热节。但较小的孔、槽则不必铸出,留待加工反而更经济。灰铸铁件的最小铸孔(毛坯孔径)推荐如下:单件生产,30～50mm;成批生产,15～20mm;大量生产,12～15mm。对于零件图上不要求加工的孔、槽,无论大小都应铸出。

2. 起模斜度

为方便起模,在模样、芯盒的出模方向留有一定斜度,以免损坏砂型或砂芯。设计时所规定的斜度，称为起模斜度（Pattern Draft）。起模斜度的大小取决于型腔立壁的高度、造型方法、模样材料等因素，通常为 15°~3°。立壁越高，斜度越小；机器造型应比手工造型小；木模应比金属模斜度大。为使型砂便于从模样内腔中脱出，以形成自带型芯，内壁的起模斜度应比外壁大，如图 5-37 中的 $α_3>α_2>α_1$。

砂型是一次性使用，设计起模斜度的目的是便于取出模样。在永久型铸型铸造中，如金属模，其目的是更方便地从铸型中取出铸件，因此，斜度要比砂型大一些。砂型的起模斜度一般在 1°左右，金属模一般为 2°~3°。

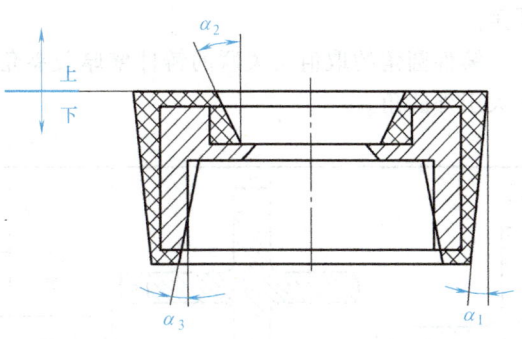

图 5-37 内、外壁的起模斜度

3. 收缩率

由于合金的线收缩，铸件的实际尺寸要比模样的尺寸小。为保证铸件尺寸符合要求，必须按合金收缩率（Shrinkage Rate）放大模样尺寸。不同的合金，其收缩率不同，见表 5-2。在铸件冷却过程中其线收缩不仅受铸型和型芯的机械阻碍，同时还受到铸件各部分之间的相互制约。因此，铸件的实际线收缩率除随合金的种类而异外，还与铸件的形状、尺寸有关。通常，灰铸铁为 0.7%~1.0%，铸造碳钢为 1.3%~2.0%，铝硅合金为 0.8%~1.2%，锡青铜为 1.2%-1.4%。

4. 型芯头

型芯头的形状和尺寸对型芯装配的工艺性和稳定性有很大影响。垂直型芯头一般都有上、下芯头（见图 5-38a），但短而粗的型芯也可省去上芯头。芯头必须留有一定的斜度 α。下芯头的斜度应小些（5°~10°），为便于合箱上芯头的斜度应大一些（6°~15°）。水平型芯头（见图 5-38b）的长度取决于型芯头直径及型芯的长度。悬臂型芯头必须加长，以防止合箱时型芯下垂或被金属液抬起。

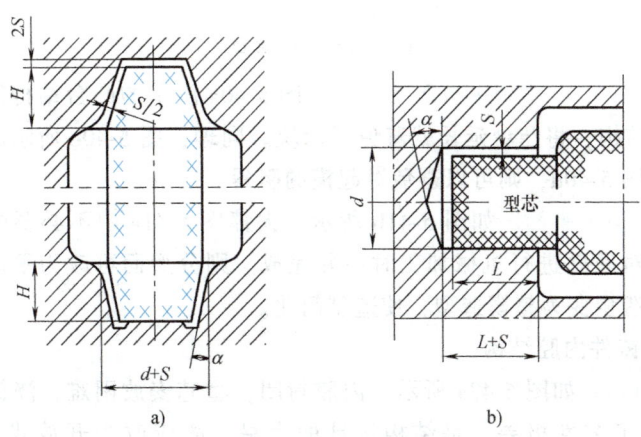

图 5-38 型芯头的构造

5. 铸造圆角

为了便于造型、防止铸型尖角损坏、减少铸件应力集中，应避免铸型尖角。即使是零件上不需要圆角，也要在铸件上加工出圆角，待后续加工时再去除。但是，分型面处不能有圆角。

铸件圆角的取值与关联的铸件壁厚及夹角有关，可参考表 5-12 所列部分数据。内圆角应大于外圆角。

表 5-12 铸件的内圆半径 R 值　　　　　　　　　　　　　　（单位：mm）

$(a+b)/2$	<8	8~12	12~16	16~20	20~27	27~35	35~45	45~60
铸铁	4	6	6	8	10	12	16	20
铸钢	6	6	8	10	12	16	20	25

5.3.4 铸件的结构工艺性

1. 铸造工艺要求的铸件结构

结构工艺性指的是所设计的结构对制造工艺的影响，工艺上容易实现的结构设计称为工艺性好，反之为不好。好的铸件结构设计，除了能满足该铸件的使用要求外，还应使铸造工艺过程简化，造型方便，有利于保证质量和提高生产率。以下几条是铸件结构设计时应注意的原则。

（1）外形力求简单，造型方便

1）避免外部侧凹。如图 5-39a 所示的工件，由于上、下法兰之间存在侧凹，需要两个分型面和三箱造型。改为图 5-39b 所示结构，则一个分型面、两箱造型就可以了。

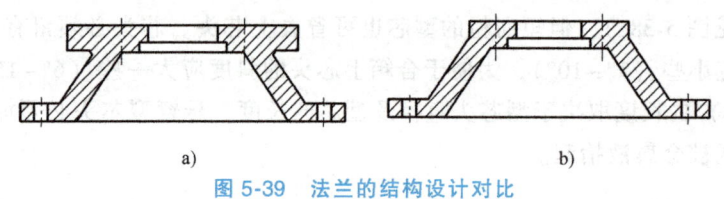

图 5-39　法兰的结构设计对比
a）不合理　b）合理

2）凸台结构要避免出现活块，便于起模。图 5-40a 所示的凸台结构需要活块造型，改成图 5-40b 所示的结构，将凸台延长就避免了活块。同理，图 5-40c 所示的筋条和凸台改成与起模方向一致见图 5-40d，则可以避免对起模的阻碍。

3）尽量使分型面为平面。如图 5-41b 所示，去掉图 5-41a 中不必要的圆角，并将底面上的空槽留到后续对底面进行机械加工时一并完成。则分型面可改为平面，避免了挖砂造型，还可以使分模造型变为整模造型，使造型简化。

（2）合理设计铸件内腔结构

1）避免内腔封闭。如图 5-42a 所示，内腔封闭，型芯安放困难，浇铸时排气不畅；铸后无法清砂，结构工艺性极差，是结构设计的大忌。故应改为开放式内腔，如图 5-42b 所示。

2）型芯越少越好。如图 5-43a 所示的支架，中空的截面设计需要使用悬臂吊芯的方法进行造型，型芯难以固定，不易排气，清砂困难。如非必要，可以改为无内腔结构，如图

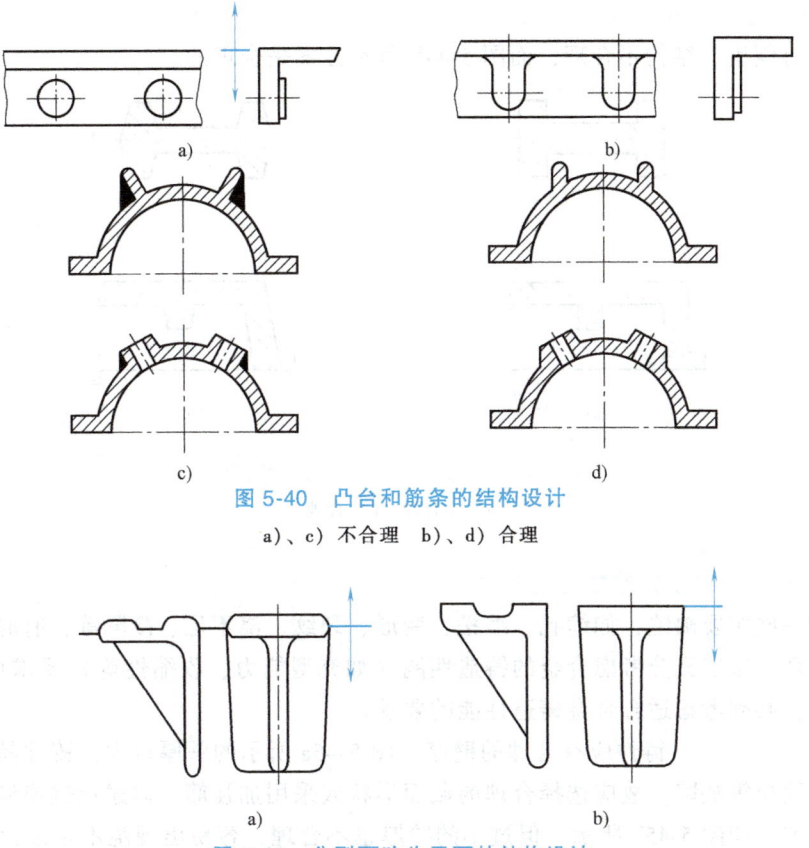

图 5-40 凸台和筋条的结构设计
a)、c) 不合理　b)、d) 合理

图 5-41 分型面改为平面的结构设计
a) 不合理　b) 合理

图 5-42 避免内腔封闭的结构设计
a) 不合理　b) 合理

5-43b、d 所示的工字型结构,问题就解决了。图 5-43c 所示的结构因有内凸缘结构而不得不使用型芯,若可以改为图 5-43d 所示的结构,则可以在造型时做成自带型芯的结构而使工艺大为简化。

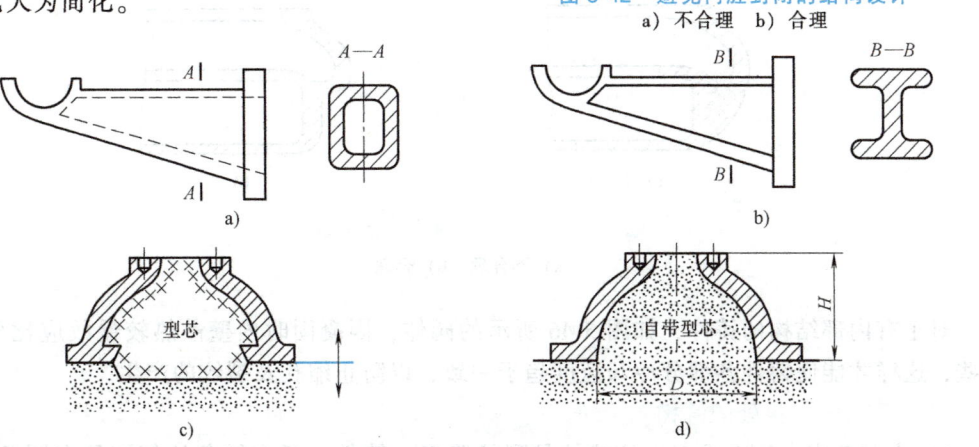

图 5-43 减少型芯的结构设计
a)、c) 不合理　b)、d) 合理

3）位于铸型立面上的不加工表面应在零件设计时给出结构斜度，以便起模。图5-44a所示方案没有斜度，结构不合理，而图5-44b所示方案是合理的。

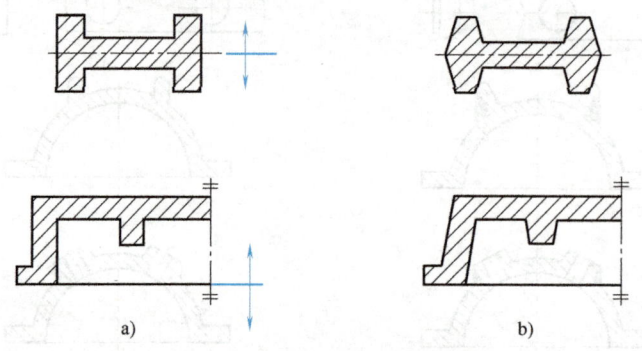

图 5-44　不加工表面的结构斜度设计
a）不合理　b）合理

2. 铸件结构与合金铸造性能的关系

铸件的一些主要缺陷，如缩孔、缩松、变形、裂纹、浇不足、冷隔等，有时是由于铸件结构不够合理，未能充分考虑合金的铸造性能（如充型能力、收缩性等）要求所致。因此，设计铸件时，必须考虑适合合金铸造性能的要求。

（1）**铸件的壁厚**　铸件应有合理的壁厚。图5-45a所示的壁厚过大，铸件晶粒粗大，易出现缩孔、缩松等缺陷。故应选择合理的截面形状或采用加强筋，以避免过厚结构，并尽可能使壁厚均匀，如图5-45b所示。但过小的壁厚也不合理，容易出现浇不足或冷隔缺陷。应参考设计规范给出的壁厚数据。

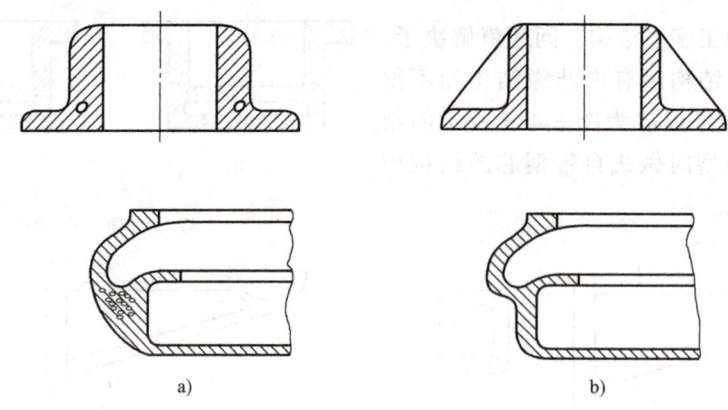

图 5-45　避免壁厚过大的结构设计
a）不合理　b）合理

对于有内部结构的铸件，如图5-46所示的阀体，因凝固时内壁散热较慢故应比外壁稍薄些，这样才能使铸件各部分冷却速度趋于一致，以防止缩孔及裂纹的产生。

（2）**壁与壁连接处的结构**

1）为避免应力集中或产生柱状结晶裂纹隐患，铸件上所有转角处都应具有圆角过渡。如图5-47所示，铸造圆角的大小应与铸件的壁厚相适应。

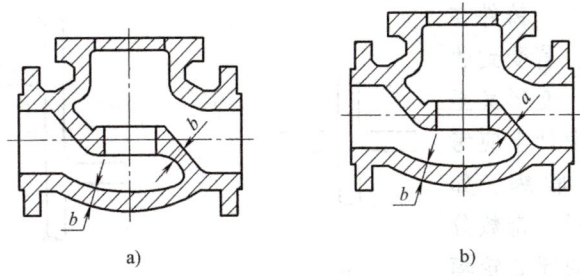

图 5-46 铸造结构与合金铸造性能的关系
a) 不合理 b) 合理

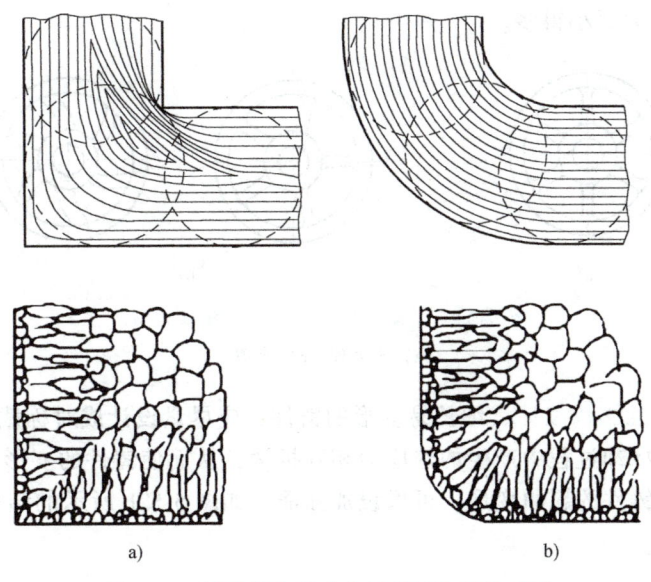

图 5-47 铸件转角处应有过渡圆角结构设计
a) 不合理 b) 合理

2) 避免锐角连接。为减小热节和内应力，应避免铸件壁间锐角连接（图 5-48a），而改用先直角接头后再转角的结构。当接头间壁厚差别很大时，为减少应力集中，应采用逐步过渡的方法，防止壁厚的突变，如图 5-48b 所示。

3) 避免交叉连接 壁与壁连接处出现交叉，会出现热节，导致缩孔等缺陷发生，如图 5-49a 所示。合理的结构如图 5-49b 所示，当存在两壁相交时，若是中、小尺寸铸件，可采用"T"形错开结构，若是大型铸件，则可以采用环形接头方式。

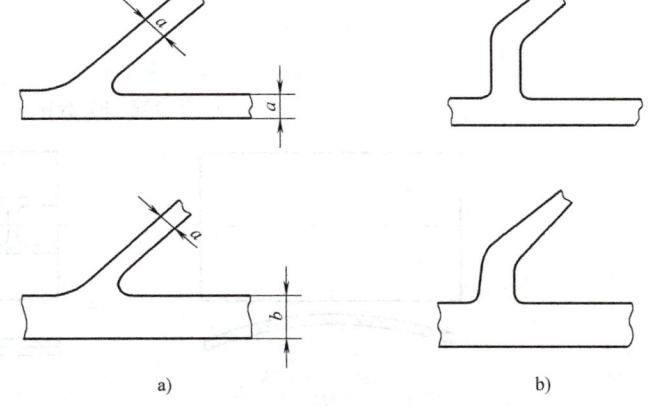

图 5-48 避免铸件上锐角连接的结构设计
a) 不合理 b) 合理

（3）避免收缩受阻　铸件在凝固后的冷却过程中，若受到收缩阻力，会产生应力、变形甚至裂纹。因此，在结构设计上应考虑尽量使铸件自由收缩。如图 5-50 所示的轮毂铸件，奇数分布的轮辐或曲线结构的偶数轮辐（见图 5-50b）所受到的收缩应力，显然比偶数直线布置轮辐（见图 5-50a）的应力要小得多。

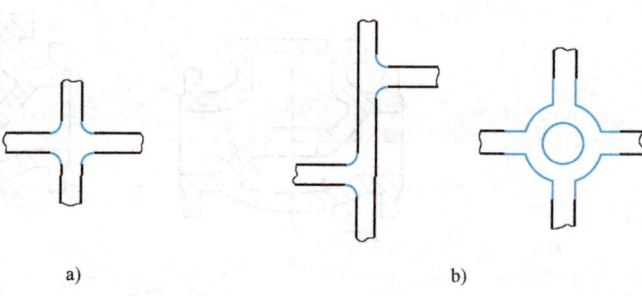

图 5-49　避免壁与壁交叉连接的结构设计
a）不合理　b）合理

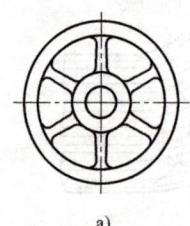 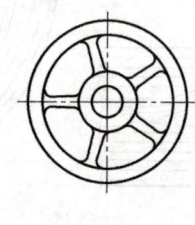 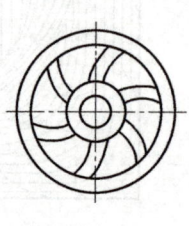

图 5-50　避免收缩受阻的轮辐结构设计
a）不合理　b）合理

（4）防止变形的结构设计　细长易变形的铸件，应尽量设计成对称截面。如图 5-51b 所示的截面结构可使冷却过程中产生的热应力相互抵消，从而使铸件的变形大为减小。

为防止平板类铸件的翘曲变形，可增设加强筋，如图 5-52b 所示的结构方案，可以提高平板类铸件的刚度。

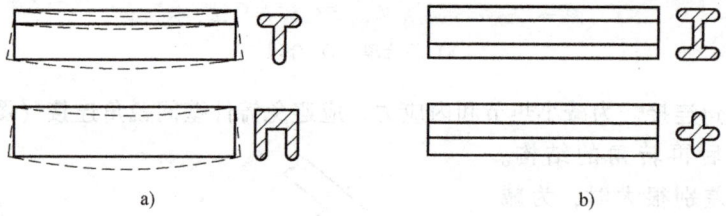

图 5-51　防止变形的对称截面结构
a）不合理　b）合理

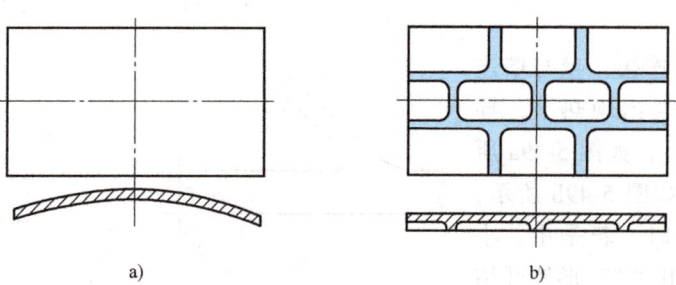

图 5-52　平板类铸件的防变形结构
a）不合理　b）合理

上述所列仅为原则性的。不同类合金的铸造性能各有特点，因此，对它们的结构要求也有所不同。铸钢的流动性差，收缩率大，易出现缺陷，对结构设计很敏感。灰铸铁的铸造性能优良，对结构设计要求相对宽松些。但灰铸铁的壁厚对力学性能敏感，需要严格控制在合适的范围内。灰铸铁的牌号越高，铸造性能相对越差，故对铸件结构的要求也随之提高。

5.4 特种铸造

虽然砂型铸造具有适应性强、生产准备简单等优点，广泛用于制造业，但是砂型铸造生产的铸件尺寸精度较低，表面质量、内在质量较差，生产过程较复杂，不易实现机械化，工人的劳动条件差，劳动强度大。为改变砂型铸造的这些缺点，人们在砂型铸造的基础上，通过改变铸型的材料（如金属型、磁型、陶瓷型铸造）、模型材料（如熔模铸造、实型铸造）、浇注方法（如离心铸造、压力铸造）、金属液充填铸型的形式或铸件凝固的条件（如压铸、低压铸造）等，又创造了许多其他的铸造方法，通常把这些不同于普通砂型铸造的其他铸造方法统称为特种铸造（Unconventional Casting）。常用的特种铸造方法有：熔模铸造、金属型铸造、压力铸造、离心铸造、低压铸造、陶瓷型铸造等。这些特种铸造工艺各有优缺点，都能对铸件质量、劳动生产率、生产成本和劳动条件等不同方面做出改善。近年来，特种铸造在我国得到快速发展，尤其在有色金属的铸造生产中占有重要的地位。

5.4.1 熔模铸造

熔模铸造（Investment Casting）又称为"失蜡精密铸造"，是用蜡料制成模样，然后在蜡模表面涂覆多层耐火材料，硬化干燥后，将蜡模熔去，从而获得具有与蜡模形状相对应的空腔型壳，再经焙烧硬化后进行浇注而获得铸件的一种方法。它能够制造出精度较高、细节复杂的铸件。

1. 熔模铸造的工艺过程

熔模铸造的工艺过程包括：蜡模制造、型壳制造、焙烧和浇注等步骤，如图 5-53 所示。

（1）母模　母模（见图 5-53a）是铸件的原始模样。多用钢、铝或黄铜机械加工制成，其形状与铸件相同，但尺寸比铸件稍大，因为需加上蜡料和铸造合金的收缩量。

（2）压型　用来制造蜡模的特殊铸型，如图 5-53b 所示。为保证蜡模质量，压型必须有很高的精度和表面质量，当铸件精度高或大批量生产时，压型常用钢或铝合金经加工而成；小批量生产时，可采用易熔合金（Sn、Pb、Bi 等组成的合金）、塑料或石膏直接在模样（母模）上浇注而成。

（3）蜡模的压制　制造蜡模的材料有石蜡、蜂蜡、硬脂酸和松香等，最常用的是质量分数各为 50% 的石蜡和硬脂酸的混合料。

压制时，将蜡料加热至糊状后，在 0.2~0.3MPa 的压力下，压入压型内，待蜡料冷却凝固后便可从压型内取出，然后修整分型面上的毛刺，即可得到单个蜡模。为了提高生产率，常需将单个蜡模粘焊在预制好的蜡质浇口棒上，制成蜡模组，如图 5-53c~e 所示。

（4）结壳　将蜡模或蜡模组浸入由水玻璃和石英粉配成的涂料浆中，使涂料均匀地覆盖在蜡模表层，然后在上面均匀地撒一层细石英砂，再放入硬化剂（通常为氯化铵溶液）中，使涂层硬化，如图 5-53f 所示。如此反复 3~7 次，直至结成 5~10mm 硬壳。

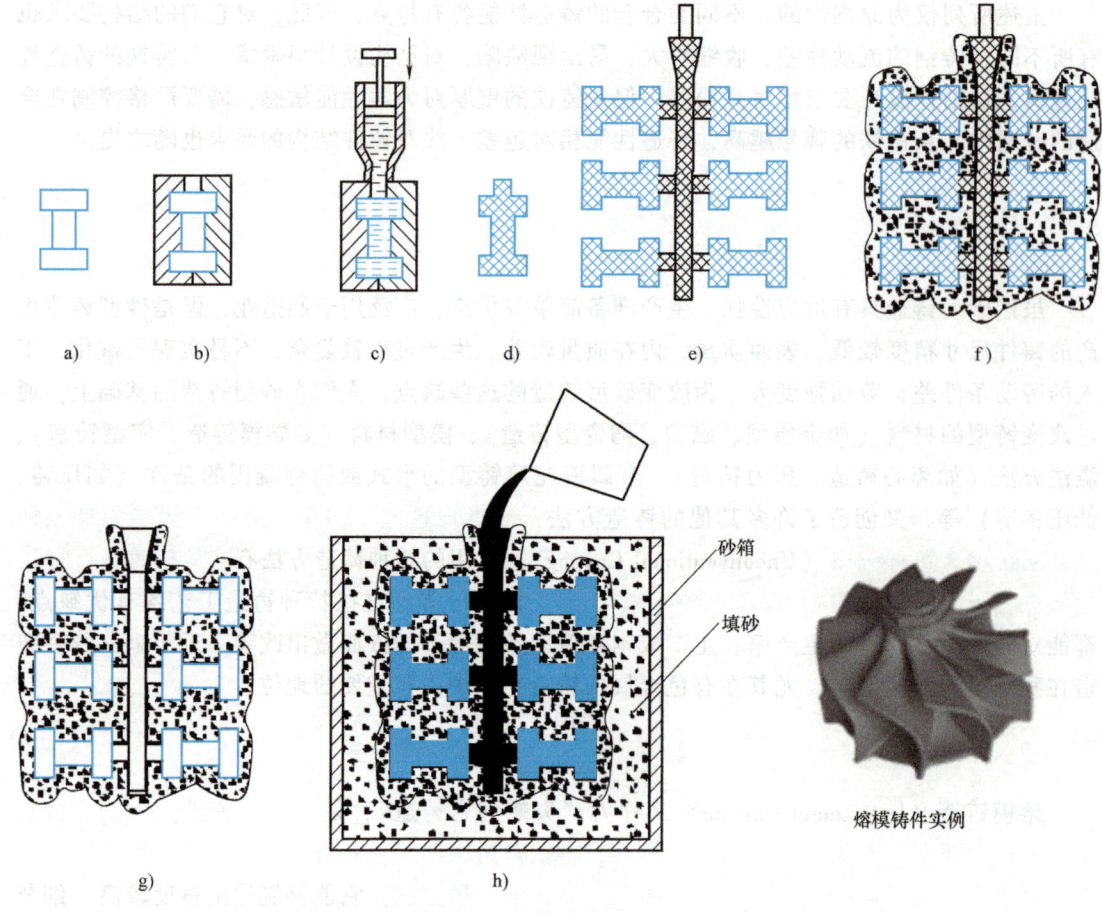

图 5-53 熔模铸造工艺过程

a）母模　b）压型　c)~e）蜡模的压制　f）结壳　g）膜模与焙烧　h）加固与浇注

（5）脱模与焙烧　将结壳后的型壳放入 85~95℃ 的水中（或放在高压釜中，通入 0.2~0.5MPa 压力的水蒸气），使蜡模熔化而脱出，如图 5-53g 所示。再将此空腔型壳在 850~950℃ 的温度下焙烧，使其硬化并进一步排出型壳中的残余挥发物。

（6）加固与浇注　为了提高型壳的强度，防止浇注时变形或破裂，通常在焙烧后将型壳置于砂箱中，周围用干砂填紧加固，并趁热进行浇注，如图 5-53h 所示。若型壳强度足够，可以焙烧后直接浇注，则效果更好。

待铸件冷却后除掉铸型，切去浇道冒口，清理毛刺即可得到铸件。对于铸钢件，还需进行退火或正火。

2. 熔模铸造的特点及适用范围

与砂型铸造相比，熔模铸造有如下特点。

1）铸件精度高，表面质量好（CT4~CT9，$Ra = 12.5~1.6\mu m$）。机械加工余量很少或不需要机械加工，节省铸造金属材料。

2）可铸造各种合金铸件。从铜、铝等有色合金到各种合金钢均可铸造。尤其适用于那些熔点高及难切削材料的铸造，如耐热合金、磁钢和不锈钢等。

3）熔模铸件的形状可以很复杂、精细，可铸最小孔径为 0.5mm，最小壁厚为 0.3mm。

可以生产通过砂型铸造或机械加工难以完成的复杂铸件或零件。

4）生产批量不受限制，从单件、小批量到大量生产均可。

5）熔模铸造的主要缺点是铸前工艺复杂，流程较长，生产周期一般要4~15天；耗材费用大，铸件成本高。此外，铸件不宜过大或太长，一般为几十克到几千克重的小型铸件。

对比其他各种铸造方法，熔模铸造最适于高熔点合金，小型精密复杂铸件的成批、大量生产。

例如，图5-54所示的定子叶片，其形状非常复杂，带有108个单独翼型的压缩机定子，若采用切削加工方法来制造，不仅费工，且金属材料（耐热合金钢）的利用率很低；若采用熔模铸造，则对铸件稍加磨削便可使用。目前熔模铸造已在汽车、拖拉机、机床、刀具、汽轮机、仪表、航空、兵器等制造业得到了广泛应用，成为少、无屑加工中最重要的工艺方法之一。

图5-54 定子叶片

5.4.2 金属型铸造

使用金属铸型的铸造方法称为金属型铸造（Permanent Mold Casting）。金属型可反复多次使用，故又称永久型铸造。相对一次性使用的砂型，金属型铸造可大大提高铸造的生产率。

1. 金属型工艺特点

根据分型面的位置不同，金属型的结构可分为整体式、垂直分型式、水平分型式和复合分型式。其中，垂直分型式使用方便，应用最广。图5-55所示为铝活塞铸造金属型简图，是一种典型的垂直分型与水平分型结合的复合式结构。

金属铸型多由灰铸铁制造，在工作条件恶劣时可用铸钢或45钢制造。为了使铸件能在高温下自铸型内取出，大部分金属型设有铸件顶出机构。

铸件的内腔用型芯获得，通常有色合金铸件使用金属型芯；薄壁复杂件或高熔点合金（铸钢、铸铁等）铸件使用砂芯。为了便于取芯，金属型芯往往由几块拼合而成，浇注后按先后次序逐块抽出。

用金属型代替砂型，克服了砂型的许多缺点，但也带来一些新问题，为了确保铸件质量和延长铸型使用寿命。金属型铸造必须采取以下措施：

(1) 浇注前必须预热金属型 由于金属型导热性好且无退让性，因此液态金属冷却快，流动性差，铸件容易产生浇不足、冷隔、裂纹等缺陷。铸铁件还会产生白口组织。因此，在浇注前必须预热金属型。工作过程中，金属型因吸热而温度过高时，会造成晶粒粗大，降低其力学性能，故应对金属型强行冷却以延长其使用寿命。金属型合理的工作温度是：有色金属铸件为100~250℃，铸铁件为250~350℃。

(2) 加强金属型的排气 由于金属型无透气性，铸件易产生气孔。因此，在金属型的分型面上做出通气槽，在容易积聚气体的部位开设排气孔，有利于气体的排出。

(3) 金属型的型腔应喷刷涂料 由于金属型的耐热性比砂型差，在高温金属液的反复浇注下型腔容易被破坏。在型腔表面喷刷耐火涂料，使金属液和铸型隔开，以延长金属型的使用寿命和获得表面质量好的铸件。

(4) 应尽早开型取出铸件 由于金属型无退让性，因此铸造过程中会产生较大的内应力及裂纹。当铸件凝固后,已有足够强度时,就要趁热取出铸件。

(5) **防止铸铁产生白口组织** 为防止铸铁件产生白口组织,在实际生产中通常在取出铸件后立即进行高温退火,消除白口组织。铸铁件壁厚不宜过小（一般应大于15mm）,并控制铁液中的碳、硅总含量（质量分数）应不小于6%。采用孕育处理的铁液进行浇注,对预防铸铁体产生白口组织非常有效,对已产生的白口组织,应利用出型时的余热及时进行退火。

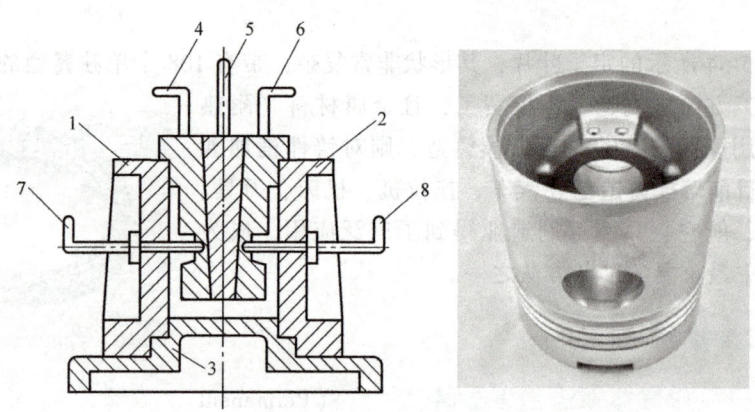

图5-55 铝活塞铸造金属型简图
1、2—左右半型　3—底型　4、5、6—分块金属型芯　7、8—销孔金属型芯

2. 金属型铸造的特点及应用范围

与砂型铸造相比,金属型铸造有如下特点:

1) **实现了"一型多铸"**,从而节约了大量造型工时和型砂,提高了劳动生产率,改善了劳动条件。

2) **铸件的力学性能好**,如铝合金的金属型铸件比砂型铸件的抗拉强度平均可提高20%,同时耐蚀性和硬度也得到显著提高。这是由于金属型铸件的冷却速度较快,组织比较致密造成的。

3) **铸件的精度较高**,可达CT7~CT10,表面粗糙度值Ra可达12.5~6.3μm,可少加工或不加工,提高了金属材料的利用率,减少了机械加工费用。

4) **金属型的制造成本高、周期长**;受铸型的限制,金属型铸件合金的熔点不宜太高,重量也不易太大;金属型铸造必须采用机械化或自动化装置。否则,劳动条件更加恶劣。因此,金属型铸造的适用范围受到了很大限制。

金属型铸造主要适用于大批量生产有色合金铸件,如飞机、汽车、拖拉机、内燃机、摩托车等的铝活塞、气缸体、缸盖、液压泵壳体以及铜合金轴瓦等。金属型铸造有时也可用来制造形状较简单的可锻铸铁件或铸钢件。

5.4.3 压力铸造

在高压作用下,使液态或半液态金属以较快的速度填充铸型的型腔,并在压力作用下凝固而获得铸件的方法称为压力铸造（Die Casting）。高压和高速充型是压力铸造的两大特点,常用的压射比压从几千到几万兆帕,充填速度为0.5~50m/s,充填时间为0.01~0.2s。

1. 压力铸造的工艺过程

压力铸造在压铸机上进行。压铸机按压射部分的特征分为热压室式和冷压室式两大类。

热压室式压铸机上装有储存液态金属的坩埚,压室浸在液态金属中,因此只能压铸低熔点合金,应用较少。目前广泛应用的是冷压室式压铸机,金属的熔炼设备不在压铸机上。图5-56为卧式冷压室式压铸机,图5-57为卧式冷压室式压铸机的工作过程。

图5-56 卧式冷压室式压铸机

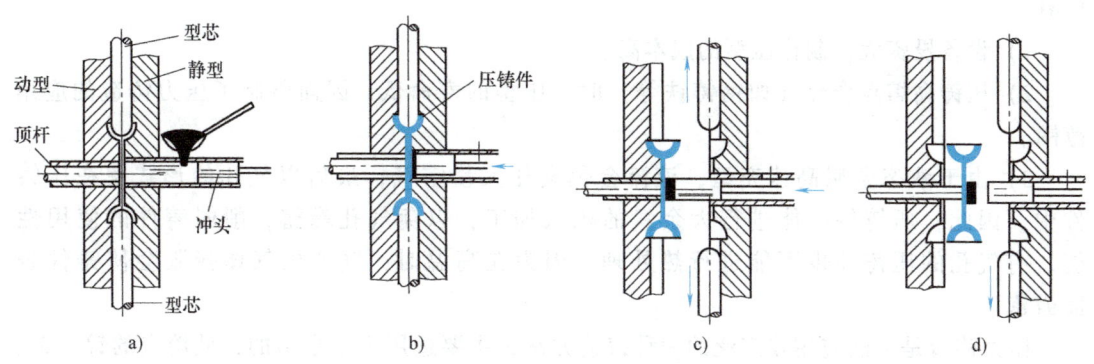

图5-57 卧式冷压室式压铸机的工作过程

(1) 注入金属 先闭合压型,将勺内金属液通过压室上的注液孔向压室内注入(图5-57a)。

(2) 压铸 压射冲头向前推进,金属液被压入压型中(图5-57b)。

(3) 取出铸件 铸件凝固后,抽芯机构将型腔两侧的型芯同时抽出,动型左移开型,铸件则借冲头的前伸动作离开压室(图5-57c)。此后,在动型继续打开过程中,由于顶杆停止了左移,铸件在顶杆的作用下被顶出动型(图5-57d)。

为了制出高质量铸件,压型的型腔精度必须很高、表面粗糙度值要低。压型要采用专门的合金工具钢(如3Cr2W8V)来制造,并需进行严格的热处理。压铸时,压型应保持120~280℃的工作温度,并喷刷涂料。

在压铸件生产中有时采用镶嵌法。它是将预先制好的嵌件放入压型,通过压铸使镶嵌件与压铸合金结合成整体。镶嵌法可制出通常难以制出的复杂件,还可采用其他金属或非金属材料制成的镶嵌件(见图5-58),以改善铸件某些部位的性能,如强度、耐磨性、绝缘性、导电性等,并使装配工艺大为简化。

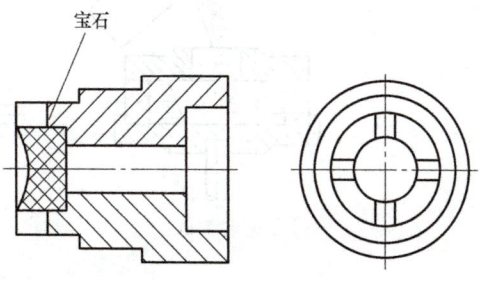

图5-58 镶嵌件的应用

2. 压力铸造的特点及应用范围

与砂型铸造相比,压力铸造有如下优点:

1) 铸件的尺寸精度高,可达到CT4~

CT8，表面粗糙度值 Ra 可达 3.2~0.8μm，有时达 0.4μm，一般可不经过机械加工直接使用。

2) 铸件的强度和表面硬度高。因为液态金属在压力下结晶，冷却速度又较快，所以压铸件的组织致密，晶粒较细，其抗拉强度可比砂型铸件提高 25%~30%，但伸长率有所下降。

3) 可压铸形状复杂的薄壁铸件，如铝合金压铸件的最小壁厚为 0.5mm，最小铸出孔直径为 0.7mm。

4) 压铸件中可嵌铸其他材料（如钢、铁、铜合金、金刚石等）的零件，以节省贵重材料和机械加工工时，有时嵌铸还可以代替部件的装配过程。

5) 生产率高，一般班产 600~700 件，是所有铸造方法中生产率最高的方法。

压力铸造虽然是实现金属零件少、无屑加工的有效方法，但也存在着若干不足之处。主要有：

1) 设备投资大，制作压型的成本高。

2) 压铸高熔点合金（如钢铸铁等）时，压型的寿命低，因而限制了压力铸造的应用范围。

3) 由于液态金属高速充型，液流会包裹住大量空气，最后以气孔的形式留在压铸件中。因此，压铸件不能进行大余量的机械加工，以免气孔暴露，削弱铸件的使用性能。有气孔的压铸件也不能进行热处理，因为在高温时，气孔内气体膨胀会使铸件表面鼓泡。

压力铸造是目前应用较广泛的一种铸造方法，主要适用于中小型的、低熔点的锌、铝、镁及铜等有色合金铸件的大批量生产，如用于生产发动机汽缸体、汽缸盖、变速箱体、发动机罩、仪表和照相机壳体及支架、管接头等。

5.4.4 离心铸造

将液态金属浇入高速旋转的铸型中，使金属在离心力的作用下填充铸型并凝固成形的铸造方法称为离心铸造（Centrifugal Casting）。离心铸造的铸型有金属型和砂型两种，目前广泛应用的是金属型离心铸造。离心铸造在离心铸造机上进行。根据铸型旋转轴在空间的位置不同，离心铸造机分为立式离心铸造机和卧式离心铸造机两类。

立式离心铸造机上的铸型是绕垂直轴旋转的（见图 5-59a），主要用于生产高度小于直

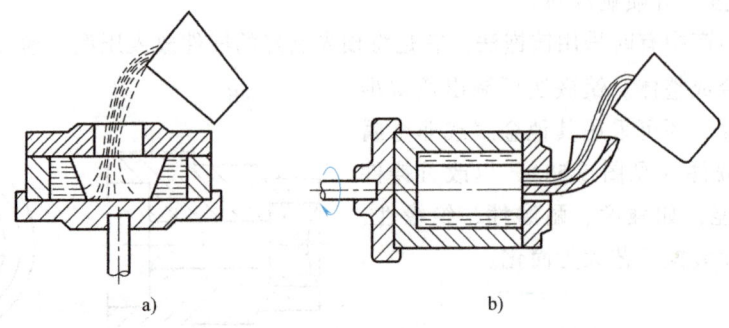

图 5-59 圆筒形铸件的离心铸造

a) 绕垂直轴旋转 b) 绕水平轴旋转

径的圆环类铸件。卧式离心铸造机的铸型是绕水平轴旋转的（见图 5-59b），主要用于生产长度大于直径的套类和管类铸件。

与砂型铸造相比，离心铸造有如下特点：

1) 工艺过程简单，铸造中空筒类、管类零件时，省去了型芯、浇注系统和冒口，节约金属和其他原材料。

2) 离心铸造使液态金属在离心力作用下充型并凝固。其中，密度较小的气体、夹渣等均集中于铸件内表面，而金属则由外向内进行方向性结晶，因此铸件组织致密，无缩孔、气孔、夹渣等缺陷，力学性能较好。

3) 便于铸造"双金属"铸件，如制造铜套挂衬滑动轴承，既可达到滑动轴承的使用要求，又可节约价格较高的滑动轴承合金材料。

在离心铸造中，铸造合金的种类几乎不受限制。目前已有高度机械化、自动化的离心铸造机，如年产量达 10 万吨的机械化离心铸管。

离心铸造的不足之处是铸件的内表面质量差，孔的尺寸不易控制，但这并不妨碍其作为一般管道的使用要求。对于内孔待加工的机器零件，则可采用加大内孔加工余量的方法来解决。

目前离心铸造已广泛用于大批量生产灰铸铁及球墨铸铁管、缸套及滑动轴承等中空件，也可采用熔模离心铸造浇注刀具、齿轮等成形铸件。

5.4.5 消失模铸造

消失模铸造（Lost Foam Casting）又称气化模铸造或实型铸造，是用泡沫塑料制成的模样制造铸型，之后，模样并不取出，浇注时模样气化消失而获得铸件的方法。消失模铸造是在 20 世纪 60 年代出现的技术，在汽车制造业已用于大批量、自动化生产，在铸造业占有相当重要的地位。

1. 消失模铸造的工艺过程

消失模铸造工艺包括模样制造、挂涂料、干砂造型、浇注和落砂清理等工序，如图 5-60 所示。

(1) 模样制造　消失模铸造所用的模样材料主要是可发性聚苯乙烯（Expandable Polystyrene，简称 EPS）。当铸造低碳钢或合金钢时，常以可发性聚甲基丙烯酸甲酯（EPMMA）取代 EPS，因为 EPMMA 可减少浇注时产生的黑烟及铸件表面增碳，且预发泡后的储存时间不受限制。

泡沫塑料模的制造过程如下：

1) 预发泡与熟化。采用发泡成形法制造模样前，要将 EPS 原珠粒预发泡，使其体积膨胀十几倍，以获得密度、粒度适当的珠粒。生产上常用的预发泡方法是水蒸气法。预发泡后的珠粒经干燥和停放一定时间（称为熟化），使珠粒稳定，强度提高。

2) 模样成形。对单件、小批量生产或大型铸件生产，可采用可发性聚苯乙烯板材通过机械加工和胶接方法制造模样。对于大批量生产，则将预发泡珠粒充填于成形机的金属模具中加热（如通入水蒸气等），使珠粒进一步膨胀，表面熔融，相互粘结在一起，冷却后取出，形成模样（见图 5-60a）。

3) 模样组合。为了制模方便，降低制模成本，多数模样需先分成几块制作，然后再胶接成一个完整的模样,最后再将组合的模样和浇注系统模样胶接在一起形成一个模样簇(见图 5-60b)。

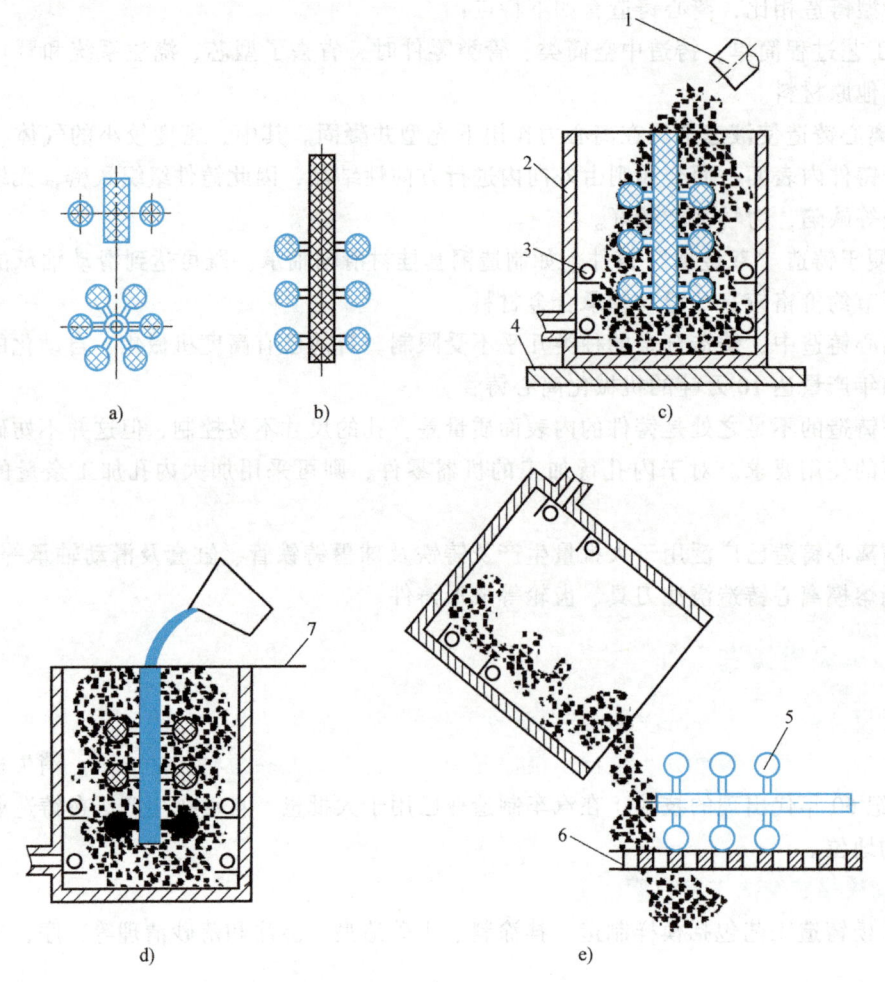

图 5-60 消失模铸造主要工艺过程
1—填砂导管 2—砂箱 3—抽气管 4—振动台 5—铸件 6—落砂栅格 7—塑料薄膜

(2) 挂涂料 在泡沫塑料模样表面涂两层涂料。第一层是表面平整涂料,以填补泡沫塑料的表面凹坑及孔洞。第二层是耐火涂料,起到防止泡沫塑料模表面粘砂,提高模样刚度及强度,以及浇注时支撑干砂的作用。涂料多为水基涂料,以浸涂或浸涂加淋涂的方法进行。上涂料后需进行干燥。

(3) 干砂造型 将模样簇放在砂箱内,分层填入不加黏结剂的干石英砂,同时,在振动台上进行振动紧砂(见图 5-60c)。

(4) 浇注和落砂清理 填砂振实后,应在砂箱顶面覆盖塑料薄膜,并对砂箱抽负压(0.02~0.06MPa),然后浇注(见图 5-60d)。应合理选择浇注速度、浇注温度及铸件冷却时间等参数,否则容易产生各种缺陷。如果浇注速度过快,模样汽化分解产生的气体来不及向型外排出,铸件容易产生气孔;如果浇注速度过低,铸件容易产生浇不足和冷隔缺陷。

铸件的落砂清理甚为简便。铸件凝固后,解除负压,将砂箱倾倒即可使干砂与铸件分离

(见图 5-60e)。然后去除浇道、冒口，进行表面清理。

2. 消失模铸造的特点及应用范围

消失模铸造与传统砂型铸造最大的区别在于采用可发性塑料制造模样，采用无黏结剂的干砂来造型，模样不取出，铸型没有型腔、分型面和单独制造的型芯。因此，消失模铸造具有如下优越性：

1）它是一种近乎无余量的精密成形技术，铸件尺寸精度高，表面粗糙度值低，接近熔模铸造。

2）无需传统的混砂、制芯、造型等工艺及设备，故工艺过程简化，易实现机械化、自动化。此设备投资较少，占地面积小。

3）为铸件结构设计提供了充分的自由度，如原来需要加工成形的孔等可直接铸出。

4）铸件清理简单，机械加工量减少。

5）适应性强，对合金种类、铸件尺寸及生产数量几乎没有限制。

据统计，建立一个消失模铸造厂与建立一个相同产量的传统湿砂型铸造厂相比，总投资可减少 30% 以上，而铸造成本可下降 20%~30%。

消失模铸造的主要缺点是：浇注时塑料模汽化有异味，对环境有污染；铸件容易出现与泡沫塑料高温热解有关的缺陷，如铸铁件容易产生皱皮、夹渣等缺陷，铸钢件可能稍有增碳，但对铜、铝合金铸件的化学成分和力学性能的影响很小。

消失模铸造的应用极为广泛，如单件、小批量生产冶金矿山、船舶机床等一些大型铸件，以及汽车、化工、锅炉等行业大型冷冲模具等。消失模铸造的大批量生产在很多领域也得到了应用，但以汽车制造业为主。典型的铸铁件有球墨铸铁轮毂、差速器壳、空心曲轴及灰铸铁发动机机座排气管等；典型的铝合金铸件有发动机缸体、缸盖和进气管等。

总之，消失模铸造的应用领域越来越宽，是一种极具发展前途的铸造新技术。

5.4.6 常用铸造方法的比较

各种铸造方法均有其优、缺点及适用范围，不能认为哪种方法最为完善。因此，必须依据铸件的形状、大小、质量要求、生产批量、合金的品种及现有设备条件等具体情况，进行全面分析比较，才能正确选出合适的铸造方法。

表 5-13 列出了几种常用铸造方法的综合比较。可以看出，砂型铸造尽管有着许多缺点，但它对铸件的形状和大小、生产批量、合金品种的适应性最强，是当前最为常用的铸造方法，故应优先选用，而特种铸造仅在相应的条件下才能显示其优越性。

表 5-13 常用铸造方法的比较

项目	砂型铸造	消失模铸造	熔模铸造	金属型铸造	压力铸造
铸件尺寸公差等级(CT)	8~15	5~10	4~9	7~10	4~8
铸件表面粗糙度值 $Ra/\mu m$	12.5~200	6.3~100	3.2~12.5	3.2~50	1.6~12.5（铝合金）
适用铸造合金	任意	各种合金	不限，以铸钢为主	不限，以非铁合金为主	铝、锌、镁低熔点合金

(续)

项目	砂型铸造	消失模铸造	熔模铸造	金属型铸造	压力铸造
适用铸件大小	不限制	几乎不限	小于45kg，以小铸件为主	中、小铸件	一般小于10kg，也可用于中型铸件
生产批量	不限制	不限制	不限，以成批、大量为主	大批、大量	大批、大量
铸件内部质量	粗、中晶粒	粗、中晶粒件	粗晶粒	细晶粒	表层细晶粒，内部多有孔洞
铸件加工余量	大	小	小或不加工	小	小或不加工
铸件最小壁厚/mm	3.0	3~4	0.3	铝合金2~3	铝合金0.5
生产率(一般机械化程序)	低、中	低、中	低、中	中、高	最高

5.5 铸造生产自动化

5.5.1 铸造过程辅助设计及控制

随着科学技术尤其是数字技术的迅速发展和全球可持续发展战略的实施，现代铸造技术正朝着生产清洁化、专业化、智能化、网络化和铸件高性能化、精密化、轻薄化的方向发展。

计算机技术几乎被应用到铸造生产的各个环节，且应用还在不断地扩大和深化。在计算机辅助设计上，已由二维平面图设计发展到以三维立体化设计方式为主。以三维造型为基础的CAD/CAE/CAPP/CAM的集成应用，可以构成一个闭环快速产品开发系统，在并行工程（Concurrent Engineering）环境下，能对产品设计进行快速评价和修改，以实现面向市场客户生产需求的快捷响应。

铸造CAE技术可以在对多物理场（温度场、流场、应力应变场等）、多合金材质性能及多种铸造方式的知识和信息集成的基础上，运用大数据进行综合工程分析。

在上述基础上，进一步运用铸造专家系统、人工智能技术和网络互通互联技术，可以实现铸造生产的智能化。智能化能实现铸造缺陷的自动预报、铸造生产流程的自动监测、自动反馈与自动响应，完成最佳铸造工艺的智能决策与控制。

1. 铸造专家系统

专家系统（Expert System）是一种以知识为基础的计算机程序系统，具有大量的专家知识，能依据人工智能的理论和技术，根据专业专家的知识和经验进行推理、判断和提出解决对策。

一般铸造专家系统由知识库、综合数据库、推理机、知识获取程序、解释程序和人机接口组成，其相互关系如图5-61所示。知识库用来存放专家提供的专门知识，专家系统的性能水平取决于知识库中拥有的知识数量和质量。知识库易于修改和增删。综合数据库用于存放系统运行中所需要和产生的信息。推理机是针对当前的信息识别、选取、匹配知识中的规则，以得到问题求解的结果。知识获取程序可以扩充和修改知识库。解释程序用于回答用户提出的各种问题，包括该系统得出的结论说明等。人机接口则用于人机之间相互的信息交流。

铸造专家系统的主要应用如下：

（1）铸造工艺设计　铸造工艺尽管历史悠久，但主要依赖个人经验积累。近些年尽管铸造工艺 CAD 已取得很大进展，但铸造涉及许多学科，影响因素众多，而采用专家系统可将关系规范化，便于解决问题。现已有铸造工艺专家系统，浇道、冒口设计专家系统，铸造工艺装备专家系统等。

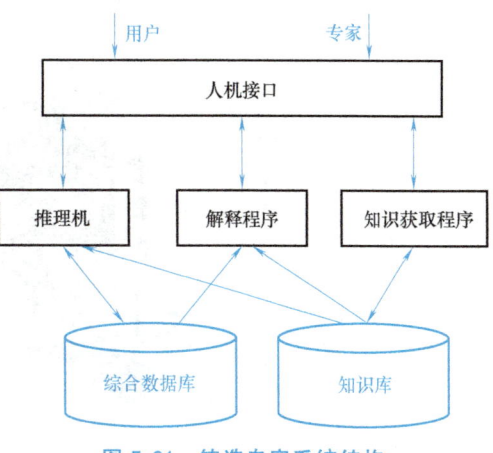

图 5-61　铸造专家系统结构

（2）型砂质量管理　型砂质量管理是针对采用流水线生产时，为型砂质量管理和控制而研制的系统。

（3）其他　如铸件缺陷分析专家系统等。

2. 铸造工艺计算机辅助设计

铸造工艺的计算机辅助设计（CAD）不仅使计算机代替了人工设计铸造工艺和绘制工艺图，而且还能优化工艺设计。目前，计算机辅助设计技术在凝固成形领域的应用重点是铸件的结构设计和工艺设计。

铸件结构 CAD 是基于结构参数，如最小壁厚、最小铸孔、铸件圆角半径、最小起模斜度、热节处的合理形状、筋的合理布置等，运用 CAD 软件和优化方法最后作出优化铸件图。

铸造工艺 CAD 是铸件凝固数值模拟、铸造工艺计算机分析和数据库等技术的综合。主要功能有铸造分型面的确定、浇注系统和冒口的设计、冷铁的设计、砂芯的设计、加工余量和起模斜度的确定、工艺图的标注与打印等，可以实现铸造工艺的快速准确设计，最终自动形成铸造工艺图及有关的工艺装备图。

铸造生产运用 CAD 可以节约人力物力，减少废品、降低成本，有助于保证铸件生产质量的稳定提高。目前已有多种铸造 CAD 软件在生产中应用，例如：按铸件结构分，有轴类、框架类、轮形类、板类和壳体类等；按材质分，有灰铸铁、球墨铸铁、碳钢、低合金钢及不锈钢等；按零件装机工况分，有静载荷、动载荷以及高温高压下的各种载荷等。

数值模拟即对过程的数值化模拟，是指用一组控制方程来描述一个过程的基本参数的变化关系，利用数值方法求解以获得该过程定量的结果。数值模拟能提供整个计算区域内所有有关变量完整而详尽的数据，而实验方法通常只能获得有限点上的测试值，且难以避免整个测量系统所带来的误差。数值模拟的实例如图 5-62 所示。

目前，数值模拟研究主要针对如下两个方面：充型过程数值模拟（流场模拟）和凝固过程数值模拟（热场模拟）。

1）铸件充型过程的数值模拟是通过计算金属液体充型过程中流体流动得出的充型过程模拟，可得出在给定条件下，金属液在浇注系统及在型内的流动情况。包括流量及流速的分布以及由此形成的铸件温度场。充型过程的数值模拟可预测气孔、夹渣、冷隔、浇不足及缩孔等缺陷的产生，对浇注系统及冒口的优化设计是非常重要的。

2）铸件凝固过程的数值模拟是计算温度场的温度梯度、凝固时间等，可预测铸件凝固

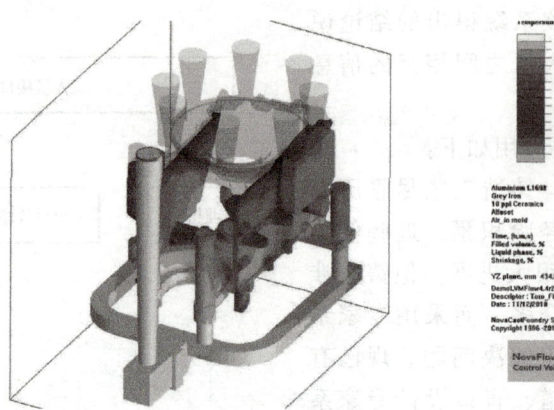

图 5-62 数值模拟实例

过程中产生缩孔、缩松的部位和大小，通过这种预测可对所制订的铸造工艺方案进行修改和验证。可使浇注系统的设计更为合理、更具有科学性，而且能够大大缩短设计周期，减少了工装模具的反复修改。

数值模拟技术自 20 世纪 60 年代问世以来，已得到飞速发展。国内外大的汽车公司铸造厂都将数值模拟软件作为日常工具使用。

3. 铸造过程的计算机控制

过程控制可有效改善铸造车间恶劣的工作环境、提高劳动生产率。现代铸造生产中常用计算机控制型砂处理、造型操作、冲天炉熔炼、自动浇注以及控制压铸生产过程等。

造型工艺已开始用计算机控制造型机的所有动作。例如采用数控的工位造型机，每个工位完成某一操作（如填砂、紧砂、起楔、下芯、合型等），同时通过控制机械手搬运砂箱，完成整个造型工作。一些先进的铸造厂已实现造芯自动化，从混芯砂射芯、去毛刺、上涂料到烘干等工序均依照计算机指令进行。

目前，单机自动化正向全盘自动化方向发展，已出现计算机控制的铸造自动生产线。

5.5.2 快速成形技术应用于铸造生产

快速成形技术又称为 3D 打印技术，是指基于 CAD 实体模型（即 3D 模型）和计算机分层技术，通过分层叠加完成实际零件制造的技术，是近 20 多年来制造领域出现且发展最快的新技术。快速成形技术应用于工业铸造生产，在快速制模和快速造型方面表现出很强的优势，为实现铸造行业的柔性铸造生产和快速响应小批量定制化铸造生产提供了一种可行的技术路径。因此，该技术的应用具有重大技术创新意义。

快速成形技术应用于铸造生产的优势如下：

（1）成形速度快，生产效率高　快速成形技术属于增材制造方式，基于 CAD 实体模型，分层制造，连续叠加，不产生余料或废料，作业效率可以高出传统铸造制模的 10 倍至上百倍，可大大缩短铸件生产准备周期。

（2）精度高　快速成形设备属于数控机床类设备，普遍采用滚动导轨和滚珠丝杠传动，运动精度高。无论是制造实体模样还是直接造型，都可以达到或接近金属切削数控机床加工的精度，可以实现高精度的精密铸造。

(3) **不受制件复杂程度的影响**　增材制造是由小聚大的过程，工件结构和形状的复杂与否对成形几乎没有影响，理论上都能通过快速成形方式完成物理实现。对于具有薄壁、内腔结构的复杂整体构件制造，快速成形方法有其他工艺方法所不能比拟的优势。

(4) **成形材料可选范围宽**　快速成形方法的材料结合方式已有多种，如加热熔融、激光烧结、胶黏剂黏结、光致树脂大分子交联固化等，因此可以有很大的应用选材空间。目前，常用的快速成形制造铸造模样的选材有金属及合金、工程塑料、纸基材料、蜡基材料、无机非金属材料（陶瓷、黏土、硅酸盐等）等，以及多元混合材料；用料的形态也很丰富，液体（如光固化树脂）、线材、粉料都有。

(5) **节省材料**　快速成形属于近净制造方式，成形过程一般没有废料，成形制品也没有或只有局部少量的去除加工余量。

(6) **便于设计改进**　因为该技术是基于数字模型的成形制造方法，当需要对原设计进行改动，或需要对误差进行调整时，直接在电脑上修改对应的 CAD 模型即可，其简单快捷。这对于铸造生产中的新品试铸非常有用，例如调整铸型或型芯的收缩量、改变起模斜度等，可以大大缩短调试周期。

1. 快速成形技术用于快速制模

传统的铸造工艺都是先做出模样，再依模样造型，然后才浇注出件，"先模后范，借范成器"。造型用的模样要求高，且一般情况下都是单件生产，费工费时成本高，这成为制约铸造生产周期难以缩短的一个主要因素。

CAD 建模技术，包括用逆向工程技术建构的三维模型，都已被成熟应用的当下，已可以运用快速成形方法基于 CAD 模型直接进行铸造造型模样的实体制造。举例如下：

(1) **快速制造砂型用模样**　对于单件、小批量生产砂型铸件的需求，可以采用熔融堆积快速成形法（FDM 法）制造塑料模样、蜡质模样，或采用立体光固化快速成形法（SLA 法）制造树脂模样。FDM 法原材料价格低廉，制模成本低，但模样的耐用度较低；SLA 法制模精度高，模样耐用度较高，但原料价格高，设备投资较大，因此制模成本较高。

对于大批量铸件生产所用的造型模样，要求使用寿命长。可以采用选择性激光烧结法（SLS 法）制作耐用度高的模样，如金属粉末烧结模样。也可以使用特制的纸、涤纶薄膜做成形材料的分层实体制造法（LOM 法）来制作模样，为增强模样的耐磨性，通常还需要在模样表面喷涂耐磨涂层。

目前的快速成形技术已可以制作单边 1000mm 以上的大尺寸模样。但 SLS 法金属模样和 SLA 法树脂模样的制作成本高，一般不用于大件模样的制造。

(2) **快速制造熔模铸造用蜡模**　熔模铸造使用的模样是蜡模，如图 5-63 所示。传统方法制作蜡模是用金属压型模具压制，压型需要采用机械加工模具的方式来制作，难度大、周期长、成本高，往往成为熔模铸造生产的制约环节。应用快速成形技术可以从两个方面来改变这种状况。一是用 LOM 法或 SLS 法快速制造纸基压型或金属压型，二是用 FDM 法制成蜡质模样直接使用。对于批量不太大，或形状结构很复杂的铸件生产任务，直接快速成形蜡模是非常有优势的。如图 5-64 所示的发动机进气管蜡模制作，该进气管为新品试制，其工艺路线是：CAD 建模→SLS 法制造蜡模→熔模铸造→进气管铸件。基于快速成形方法推动制作出第一批次进气管，经测试优化和气道设计改进后，再次进行制模和铸造，其中蜡模的快速成形只用了 1 天，大大缩短了交货周期。

图 5-63　熔模铸造用的蜡模

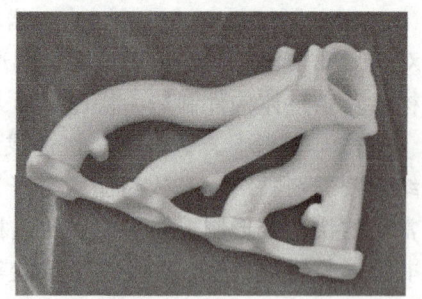

图 5-64　发动机进气管蜡模

近年来，有用 SLS 法将聚碳酸酯粉快速成形制模替代蜡模的趋势，使用聚碳酸酯粉模样可以得到更高的铸件成形精度和更好的表面质量。

(3) 快速制造消失模用模样　与熔模铸造用蜡模需要用压型压制类似，消失模铸造所需要的泡沫塑料（EPS 或 EPMMA）模样也是通过金属压型来制作的，因此存在着与蜡模制作同样的问题。快速成形制作的纸基压型和金属压型都可以用于泡沫模样的压制生产；用聚苯乙烯粉等材料制成的模样（SLA 法或 SLS 法）也可以直接用于消失模铸造。

2. 快速造型（无模造型、直接造型）

用快速成形方法可以直接制作铸造用砂型，此法基于 CAD 模型驱动，通过快速成形法直接翻出砂型进行铸件生产，取消了制模环节，简化了工艺路线，因此也称为无模造型或直接造型技术。图 5-65 所示为一种汽车发动机汽缸盖铸件生产用的铸造砂型，其内部构造十分复杂。在 SLS 快速成形设备上，以激光束对混有黏接剂的树脂砂进行选择性扫描照射，聚焦光斑的高温使被照射处的型砂瞬间黏结，进而硬化。在分层扫描程序指令的驱动控制之下，经过逐层扫描→黏接→固化过程，用 19h 就完成了一个汽缸盖铸造砂型的构建。快速成形的整体无模样砂型，组模精度高，可以得到高质量的铸件。图 5-66 所示为用快速成形法制作的一套小型汽油机排气支管整体铸件用的砂型。

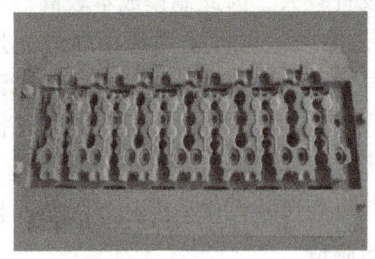

图 5-65　汽缸盖铸造用砂型

图 5-66　排气支管整体铸件用砂型

思　考　题

1. 铸造所指的充型能力是什么？它与合金的流动性有何关系？
2. 试述合金的化学成分、浇注条件以及铸型条件分别对充型能力有哪些影响。
3. 逐层凝固、糊状凝固和中间凝固各有何特点？影响因素是什么？
4. 如何应用顺序凝固原则和同时凝固原则？
5. 铸件的缩孔和缩松有何不同？如何防止或减小其影响？

6. 铸造内应力、铸件变形和裂纹是怎样形成的？试从铸造工艺、铸型条件和铸件结构三个方面讨论如何避免或减轻其危害？

7. 何谓铸造偏析？产生的原因是什么？

8. 铸件的气孔有哪几种？其产生的原因及识别特征是什么？

9. 常见的铸件铸造缺陷有哪几种？其防止措施有哪些？

10. 影响铸铁石墨化的主要因素是什么？为什么铸铁的牌号不用化学成分来表示？

11. 试举出十种车床上的灰铸铁铸件的名称，并说明为何选用的是灰铸铁，而不是铸钢？

12. 试比较普通灰铸铁、可锻铸铁和球墨铸铁的铸造工艺性、力学性能特点以及适用范围。

13. 下列铸件宜选用哪类铸造合金？请阐述理由。

普通车床床身；水暖管道三通；汽车发动机曲轴；气缸套；摩托车的变速箱体；金属门把手；变速箱涡轮。

14. 铸造型砂应具备哪些性能？芯砂与型砂有什么不同？

15. 选择浇注位置有哪些原则？

16. 如何选择分型面？应如何处理好分型面和浇注位置在选择问题上的对立统一？

17. 分别以单件生产和大批量生产要求来说明图 5-67 所示铸件的造型方法选择和分型方案的选择。

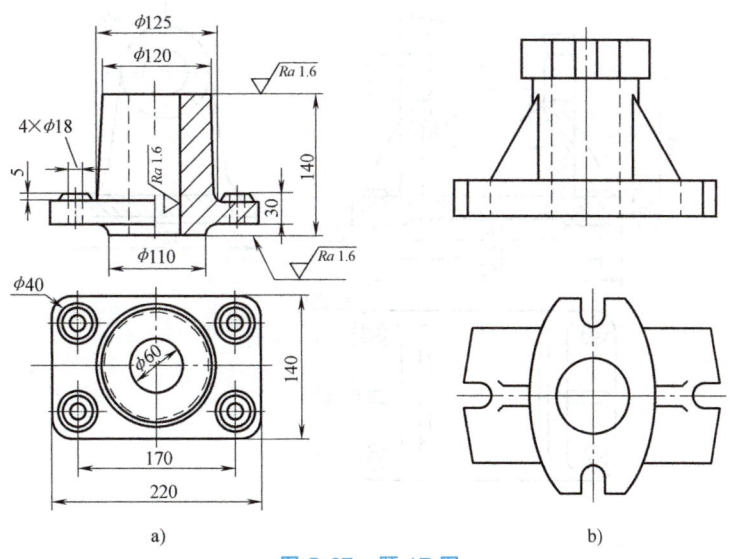

图 5-67　题 17 图

a）轴座　b）支架

18. 图 5-68 所示铸件的结构有何缺点？如何改进？

19. 金属型铸造有何优点？为何不能广泛取代砂型铸造？

20. 熔模铸造、压力铸造和离心铸造各有何优缺点？其适用性如何？

21. 消失模铸造与熔模铸造有哪些不同？

22. 快速成形（3D 打印）用于铸造生产有哪些技术优势？在其他制造领域应用也具有这些优势吗？快速成形方法的缺点是什么？

23. 通过本章的学习，你认为铸造成形最显著的特点是什么？它有哪些优缺点？在哪些情况下你会优先选用铸造毛坯或铸造零件？

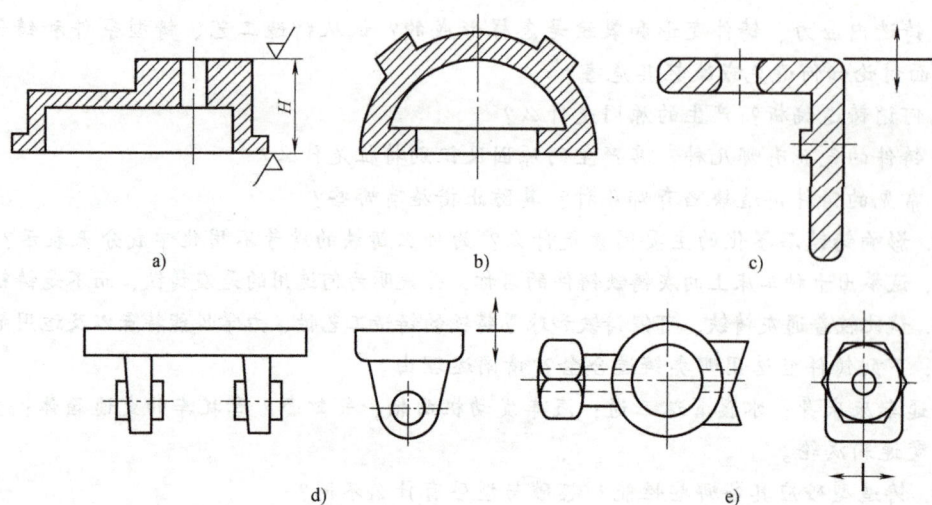

图 5-68 题 18 图

24. 如图 5-69 所示支座，材料 HT150，大批量生产，请根据该件的结构特征给出不同的铸造分型方案并分析其优缺点。

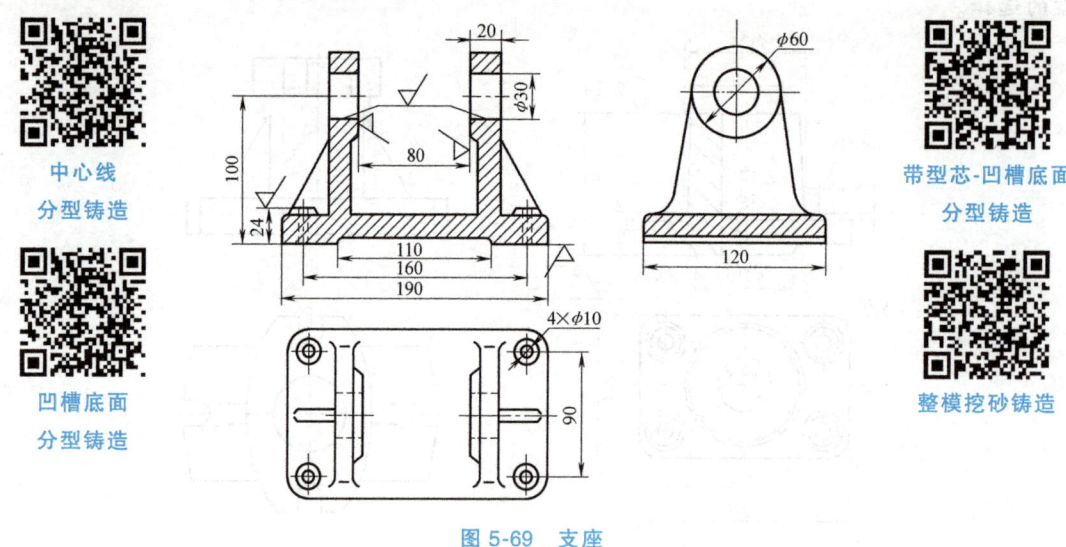

图 5-69 支座

【砂型铸造工程案例】：CA6140 车床主轴箱铸造生产视频

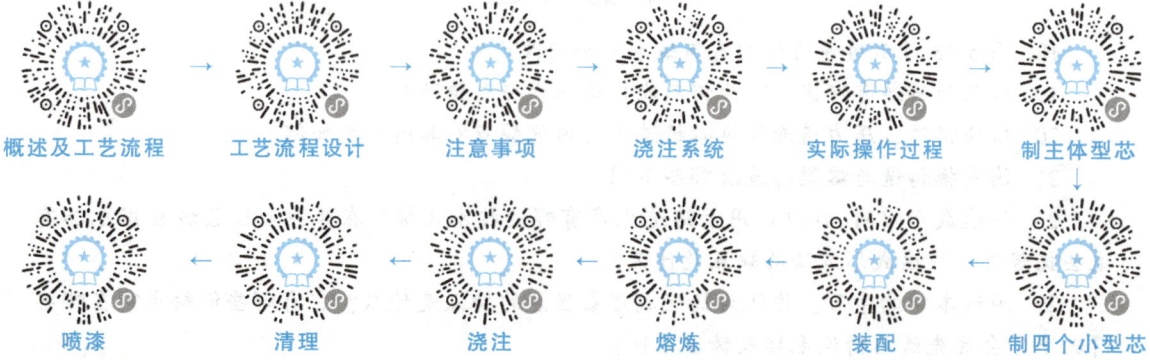

第6章

金属的塑性成形

> **本章导学：** 塑性成形是机械加工及工业制造的一大门类，是材料在固态下受外力作用强制变形而成为制品的加工方式，有其自身的内在规律和特殊优势。本章主要介绍金属材料的塑性成形加工，分为热成形（锻造）和冷成形（冲压）两部分。学习重点为了解固体材料塑性变形的本质、组织和性能变化的特点及主要影响因素，这与前面章节的知识以及工程训练的实践基础都有一定的关联。要求掌握自由锻、模锻、冲裁、拉深等常用基本成形方法的原理、工艺及其应用特点，并熟悉不同塑性成形工艺对加工件的结构要求。

6.1 金属的塑性成形理论基础

6.1.1 金属塑性变形机理

金属在固态下通常都是晶体。晶体材料受外力作用会产生变形，除去外力后恢复原状的变形为弹性变形。当外力所致的内应力超过材料的屈服强度后，即使去除外力，也会留下不能完全恢复原状的永久性变形，此即塑性变形。

如图 6-1a 所示，晶体在较小切应力的作用下会发生剪切弹性变形。若某个晶面的切应力增大到一定程度，该晶面两侧的原子将发生相对滑移。切应力消失后，晶格的弹性变形可以恢复，但已滑移的原子不能回到变形前的位置，即产生了塑性变形，如图 6-1c 所示。塑性变形的实质是晶体内部产生了滑移。

进一步研究证明实际晶体内存在着大量的缺陷，晶体的滑移并不是滑移面上所有原子一起移动的刚性滑移，而是通过晶体内大量存在的位错缺陷沿晶面的移动来实现的，如图 6-2 所示。因为位错的存在使部分原子处于非稳态，受力作用时很容易发生晶格位置的迁移。这解释了导致实际晶体塑性变形的作用力值远小于滑移理论计算力值的原因。所以，虽然晶体变形的实质是滑移，但促进塑性变形的实际原因则是位错。

除晶内变形之外，多晶体的塑性变形还来自晶间滑移变形，包括晶粒间的相对滑动和转动，这使得多晶体的塑性变形量可以更大，如图 6-3 所示。常温下，晶间变形会因较大的变形抗力而对塑性变形量的贡献较小，材料的塑性变形主要是晶内变形；高温时，晶界强度降

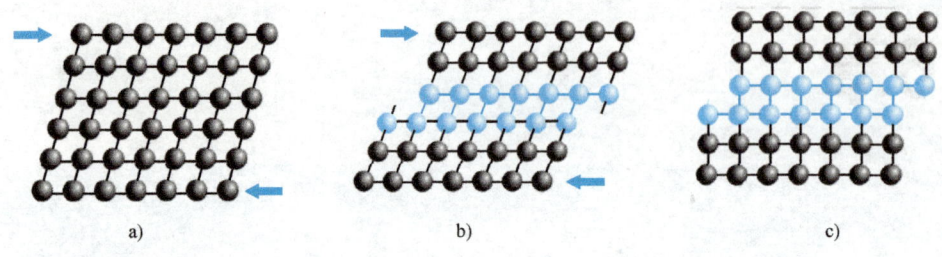

图 6-1 单晶体滑移变形示意图
a) 弹性变形 b) 弹塑性变形 c) 塑性变形

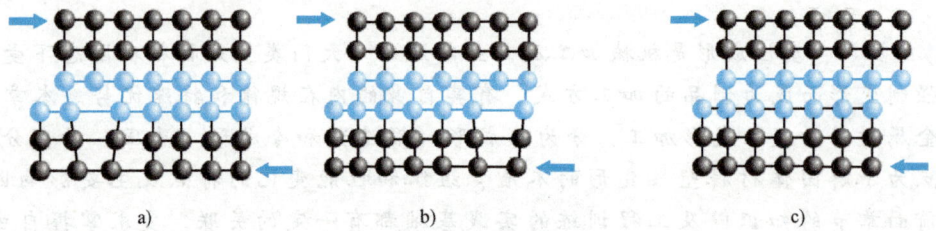

图 6-2 晶体的位错滑移
a) 变形前 b) 位错运动 c) 塑性变形

低,晶间变形才容易进行。

外力去除后,弹性变形也随之恢复的现象称为"弹复"。对于常温下的冷变形加工,如钣金冲压加工,弹复现象是影响加工精度和质量的最重要因素之一。

塑性成形过程中有一些基本的变形规律,如最小阻力定律、体积不变条件等,对金属塑性加工工艺有重要的指导作用。

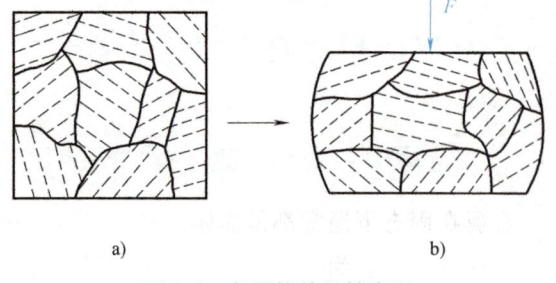

图 6-3 多晶体的塑性变形
a) 变形前 b) 变形后

1. 最小阻力定律

当金属受外力作用发生塑性变形时,质点的位移将首先取阻力最小的方向,即宏观上变形阻力最小的方向上变形量最大,此谓最小阻力定律,可定性分析金属质点的流动方向。按照这一规律,通过调整某方向上的流动阻力来改变金属在此方向上的流动量,从而使成形更合理。如果镦粗时各方向的摩擦力相等,则各个方向上变形量的大小就和边长成正比。根据这个定律,在自由变形(例如自由锻)的情况下,金属的流动总是取最短的路线,因为最短的路线抵抗变形的阻力最小。这个最短路线,即是从该动点到断面周界的垂线。如图 6-4 所示,初始截面为矩形的材料,通过不断地镦粗而趋向于圆形截面的变化就是这个道理。

2. 体积不变定律

塑性变形时,金属的密度有微小改变,体积随之有微量变化,但相对于材料发生的宏观变形量,体积变化是高阶小量,工程上将此忽略不计,认为变形前后的体积相等,故称为体积不变定律。塑性加工工艺设计中据此计算原始坯料的体积。

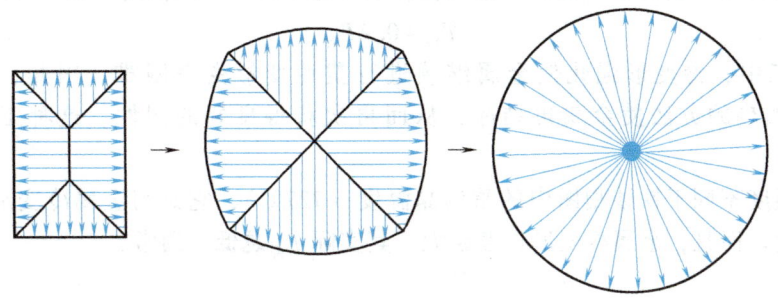

图 6-4　最小阻力定律

6.1.2　塑性变形对金属组织和性能的影响

1. 冷变形强化

金属材料在进行冷变形（低于再结晶温度）加工时，随着变形程度的增加，材料的强度、硬度提高，塑性和韧性下降，这种现象称为冷变形强化或加工硬化。常温下塑性变形对低碳钢力学性能的影响如图 6-5 所示。

冷变形强化产生的原因是塑性变形过程中滑移面附近的晶格发生畸变，甚至产生许多微小碎晶，增大了变形阻力，从而使金属的强度和硬度提高，塑性和韧性下降。但从另一方面来看，冷变形强化也是强化金属的重要方法之一，尤其适合不能用热处理方法强化的金属材料，如纯金属、奥氏体不锈钢等，可以通过冷轧、冷拔、冷挤压等方法提高其强度和硬度。

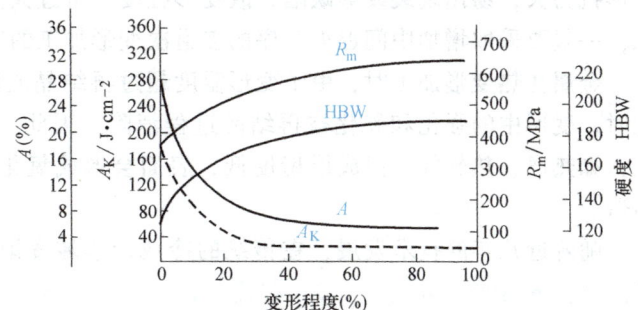

图 6-5　常温下塑性变形对低碳钢力学性能的影响

2. 回复与再结晶

冷变形强化使金属材料处于一种不稳定的状态，金属原子有回复到晶格畸变前稳定状态的自发趋势。但是，常温下这种不稳定状态无法改善。

将冷变形强化的金属加热到一定温度，使原子回复到平衡位置，晶内残余应力大大减小的现象，称为回复。这一温度称为回复温度（K）。回复不改变晶粒的大小和形状，但能使晶格畸变减轻或消除。回复温度计算公式如下：

$$T_{回} = (0.25 \sim 0.3) T_{熔}$$

实际生产中，可通过对冷变形强化的金属进行回复处理（也称低温退火），保持较高的强度，并适当改善其塑性和韧性，以基本消除内应力。例如：冷拔钢丝卷成弹簧后，低温退火处理后可使其保持良好的弹性。

将变形金属加热到较高温度时，金属被拉长的晶粒重新生核、结晶，变为与变形前晶格相同的新等轴晶粒的过程，称为再结晶。再结晶可以完全消除冷变形强化作用，并且使晶粒细化，重新获得良好的力学性能。纯金属在接近静态下的再结晶温度（K）为：

$$T_{再} = 0.4T_{熔}$$

塑性加工中，冷变形强化使金属继续进行塑性变形变得困难。因此，在实际生产中，常采用加热的方法使金属再结晶，从而再次获得良好的塑性，这种工艺称为再结晶退火。

再结晶温度不同于铁碳相图中的重结晶温度（727℃），它是与金属冷变形不稳定现象相关联的温度。而且，金属冷变形程度越大，其实际$T_{再}$越低。通常，$T_{再}$定义为冷变形程度达到70%的金属，加热后保温60min能使变形组织消失达到95%以上时的温度。

合金的再结晶温度一般都比纯金属要高一些。实际生产中，为缩短再结晶退火的加热和保温时间，一般将温度加热到理论再结晶温度以上100~200℃再进行保温。

3. 冷变形与热变形

由于金属在不同温度下变形后的组织和性能不同，通常以再结晶温度为分界线，低于再结晶温度的变形称为冷变形，高于再结晶温度的变形称为热变形。

冷变形是一种精密成形加工方法，在得到高精度成形的同时，还能提高强度、硬度和表面质量。工业生产中的冷轧、冷锻、冷拔、冷挤和冷冲压等，都属于冷变形加工方法。但因变形抗力大，易出现裂纹等缺陷，故变形程度不可过大。生产中对于变形量较大的冷变形加工，一般要采取增加中间退火工序的多道次变形加工的工艺。

金属在热变形加工时，由于变形温度超过再结晶温度，冷变形强化和再结晶同时存在。此时，变形中的强化和硬化被再结晶过程消除。因此，变形抗力小，可塑性强，变形程度大，如热锻、热轧等。但成形精度低，表面会形成氧化皮，一般用于零件毛坯或半成品的制造。

随着近几年的技术发展，在传统的冷成形领域逐渐形成一个很有优势的分支，即温变形。温变形特指在（$T_{回}$ ~ $T_{再}$）温度区间进行的变形，加工硬化和回复都有，但没有再结晶，其硬化程度降低，变形抗力变小，变形量得以增大，而加工质量则比热变形有所提高，故应用上得到快速推广。目前的温挤压、温拉拔和温锻等都属于这种工艺。

4. 纤维组织及锻造流线

在塑性变形时，金属晶粒沿变形方向被拉长或压扁呈纤维状，这种组织称为纤维组织。与此同时，变形后晶粒之间的杂质也沿变形方向排列，形成锻造流线（或称流纹）。

再结晶后，变形金属被拉长或压扁的纤维组织晶粒被再结晶的细小等轴晶粒代替，但是锻造流线却不能通过再结晶或其他热处理方式改变或消除，只有经过继续塑性变形才能改变其分布状态。

纤维组织和锻造流线的明显程度与金属的塑性变形程度有关。变形越大，纤维组织和锻造流线越明显。锻造生产中，通常用锻造比来表示金属的变形程度。

镦粗时的锻造比为：$Y_{镦粗} = A_1/A_0 = H_0/H_1$

拔长时的锻造比为：$Y_{拔长} = A_0/A_1 = H_1/H_0$

式中，A_0、A_1分别为材料变形前、后的截面积；H_0、H_1分别为变形前、后的高度。

纤维组织和锻造流线使金属性能呈现各向异性，沿着流线方向（纵向）抗拉强度较高，而垂直于流线方向（横向）抗拉强度较低。生产中若能利用流线组织纵向强度高的特点，使锻件中的流线组织连续分布并且与其受拉力方向一致，则会显著提高零件的承载能力。例如，锻造成形的起重机吊钩，其流线方向与吊钩受力方向一致（见图 6-6a），从而可提高吊钩的承载能力及安全性。图 6-6b、c 分别为锻造曲轴和锻造螺钉头的流线。

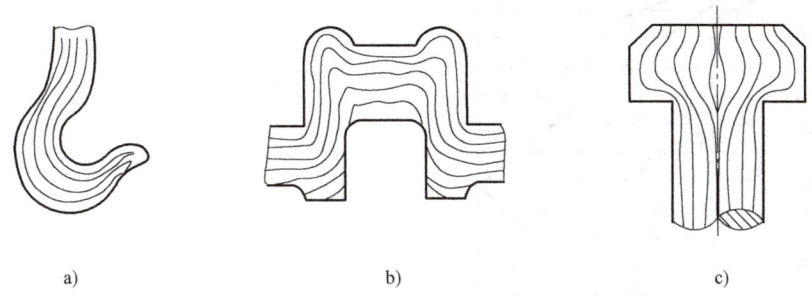

图 6-6 锻造流线示例
a) 锻造吊钩 b) 锻造曲轴 c) 锻造螺钉头

6.1.3 金属材料的塑性成形性

金属的塑性成形性是指金属材料经受塑性变形而不产生裂纹和断裂的能力。塑性成形性好的金属适合进行塑性加工；塑性成形性差的金属不适合进行塑性加工。塑性成形性的优劣常用金属的塑性和变形抗力来综合评定。金属塑性常用金属的伸长率和断面收缩率来表示。变形抗力是指塑性成形时，变形金属施加于工具上的反作用力。塑性反映了金属塑性成形的能力，变形抗力反映了金属塑性变形的难易程度。塑性越好，变形抗力越低，则金属的塑性成形性越好。金属的塑性成形性取决于金属的本质和加工条件。

1. 金属本质对塑性成形性的影响

（1）化学成分的影响　金属的化学成分不同，则其塑性成形性不同。一般来说，纯金属的塑性成形性优于合金，合金成分越复杂、含量越高，塑性成形性就越差。对于铁碳合金，含碳量越低，塑性成形性就越好，灰铸铁则根本不能进行塑性加工。

（2）金属组织的影响　相同化学成分的金属，其内部组织不同，塑性成形性的差别也很大。固溶体（如奥氏体）的塑性成形性优于金属化合物，晶粒细小、均匀的组织，其塑性成形性优于铸态柱状组织和粗晶粒结构。

2. 加工条件对金属塑性成形性的影响

（1）变形温度　在一定的温度范围内，随着温度升高，金属原子的活动能量增大，原子间结合力减弱，金属的塑性提高，变形抗力降低，适合塑性加工。但加热温度过高会使金属的加热缺陷和烧损增大，材料性能降低，甚至报废，所以应该严格控制加热温度。图 6-7 给出了碳钢的锻造温度范围，始锻温度比 AE 线低 200℃ 左右，终端温度为 800℃ 左右。

（2）应变速率　应变速率是指单位时间内的应变量，其对金属的塑性成形性的影响如图 6-8 所示。当应变速率低于临界应变速率 C 时，随着应变速率的增大，回复和再结晶不能及时克服冷变形强化，金属塑性下降，变形抗力增加，塑性成形性变差；当应变速率高于临界应变速率 C 时，由于变形产生的热效应越来越强烈，金属温度升高使其塑性提高，变形抗力减小，塑性成形性得以改善。在实际生产中，这种热效应除在高速锤锻造中比较明显外，一般塑性加工中不易出现。

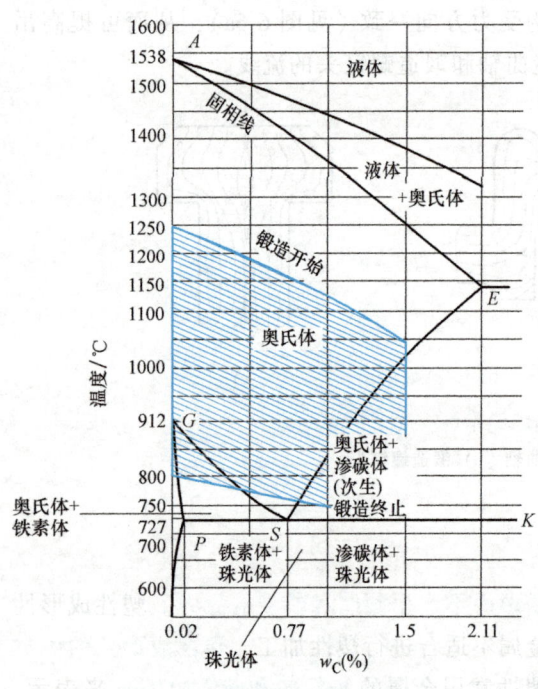

图 6-7　碳钢的锻造温度范围　　　　图 6-8　应变速率对金属塑性成形性的影响

（3）应力状态　金属在经受不同方式的塑性变形时，其内部的应力大小和性质是不同的。拉应力使原子趋于分离，可能会导致材料破裂；压应力可提高金属的塑性。例如，挤压变形为三向受压状态，拉拔为两向受压一向受拉的状态，如图 6-9 所示。实践证明，压应力可有效防止裂纹的产生和扩展。因此，在三个方向的应力中，压应力越多，则金属塑性越好。

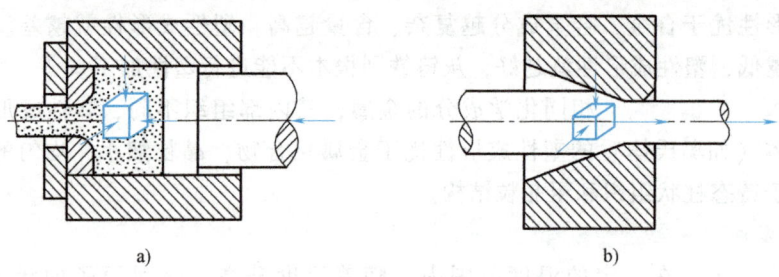

图 6-9　金属挤压与拉拔时的应力状态
a）挤压时金属应力状态　b）拉拔时金属应力状态

6.2　锻造工艺方法

在加压设备及工、模具的作用下，使坯料产生塑性变形而得到具有一定几何尺寸、形状和内部质量的坯件或零件的加工方法称为锻造。

6.2.1　锻造工艺方法简介

按所用设备和工（模）具的不同，锻造可分为自由锻和模锻两大类。

1. 自由锻

让受锻坯料沿变形方向自由流动的锻造方法为自由锻（Open Dieforging）。如在锻造机械的上、下砧间直接锻打坯料使其变形和成形，由于坯料在两砧间变形时，沿变形方向可自由流动，故称为自由锻。传统的手工执锤打铁也是自由锻。

自由锻生产所用工具简单，具有较大的通用性，因而应用范围广泛。自由锻可锻造的锻件单重由不足 1kg 到目前最大的 300t。在重型机械装备制造中，它是生产大型和特大型锻件的唯一成形方法。

根据自由锻所用设备对坯料施加外力的性质不同，分为锻锤和液压机两大类。锻锤是靠产生的冲击力使金属坯料变形，一般用来锻造中、小型锻件。大型锻件是用液压机产生的压力使坯料变形，万吨级的液压机是重型装备生产的关键设备。中国是世界上拥有万吨级锻压设备台数最多的国家，目前世界上最大的自由锻设备是中国产的 1.85 万 t（185MN）油压自由锻压机，位于洛阳中信重工机械有限公司。

自由锻主要用于单件、小批量生产。自由锻工序包括基本工序、辅助工序和修整工序。

(1) 基本工序

基本工序是指改变毛坯的形状和尺寸以获得锻件的工序，包括镦粗、拔长、冲孔、扩孔、芯轴拔长、弯曲、扭转、切割等，工序简图见表 6-1。

1）镦粗（Upsetting）。镦粗是使坯料高度减小、横截面积增大的锻造工序，适于饼块、盘套类锻件的生产。

2）拔长（Drawing out）。拔长是使坯料横截面积减小、长度增加的锻造工序，适用于轴类、杆类锻件的生产。为得到规定的锻造比和改变金属内部组织结构，锻制以钢锭为坯料的锻件时，拔长经常与镦粗交替反复使用。

3）冲孔（Forging Punding）。冲孔是在坯料上冲出透孔或不透孔的锻造工序。对环类件，冲孔后还应进行扩孔工序。

4）扭转（Twisting）。扭转是将坯料的一部分相对另一部分绕其轴线旋转一定角度的锻造工序。

5）错移（Forging offset）。错移是将坯料的一部分相对另一部分错移开，但仍保持轴心平行的锻造工序。它是生产曲拐或曲轴必须的锻造工序。

6）切割（Cutting）。切割是将坯料分割或切除锻件余料的锻造工序。

(2) 辅助工序　辅助工序是指进行基本工序之前的预变形工序，如压钳口、倒棱、压痕等，见表 6-2。

(3) 修整工序　修整工序是安排在基本工序之后用来修整锻件尺寸和形状的工序，如弯曲校正、鼓形滚圆、平整等，变形量一般较小，见表 6-3。表 6-1~表 6-3 所示为锻件分类及所需工序。

表 6-1　自由锻锻件分类及所需基本工序

锻件类别	锻造工序	图　例
盘类锻件	镦粗（或拔长及镦粗），冲孔	

(续)

锻件类别	锻造工序	图 例
轴类锻件	拔长（或镦粗及拔长），切肩和锻台阶	
筒类锻件	镦粗（或拔长及镦粗），冲孔，在心轴上拔长	
环类锻件	镦粗（或拔长及镦粗），冲孔，在心轴上扩孔	
曲轴类锻件	拔长（或镦粗及拔长），错移，锻台阶，扭转	
弯曲类锻件	拔长，弯曲	

表 6-2　锻件所需辅助工序

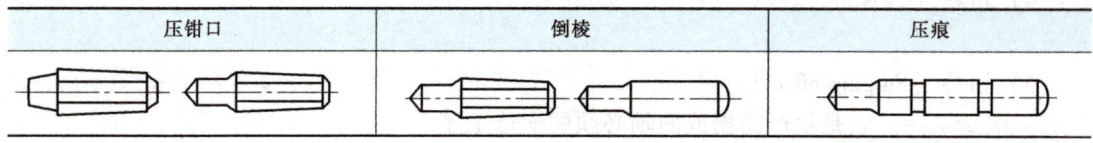

压钳口	倒棱	压痕

表 6-3　锻件所需修整工序

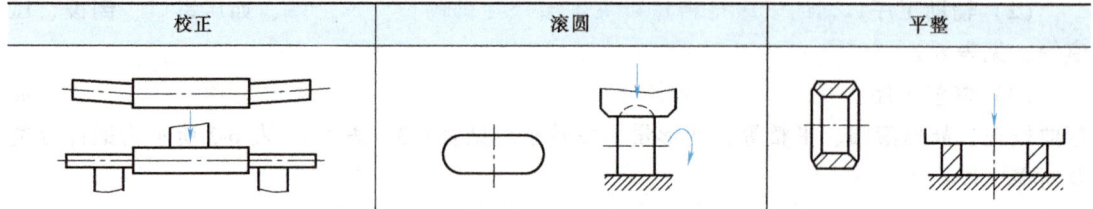

校正	滚圆	平整

自由锻一般使用通用性工具，设备投资较少，锻件精度较低，材料利用率低；对操作者的技能要求高，劳动强度大。因此，自由锻主要用于单件、小批量生产。

2. 模锻

模锻（Die forging）是利用锻模使坯料变形而获得锻件的锻造方法。由于金属是在模膛内变形的，其流动受到模膛的约束和引导，因而模锻生产的锻件形状尺寸精确，结构可以较复杂，锻造流线比较完整，利于提高零件的力学性能和使用寿命；同时，模锻件的加工余量较小，节省加工工时，材料利用率高。与自由锻相比，模锻是坯料的整体变形，需要更大的压力，这导致模锻设备投资较大，锻模成本高，锻件质量相对较小，但生产率高，操作相对简单，劳动强度低。因此，模锻适用于中、小型锻件的成批、大量生产。

模锻生产广泛应用在机械制造业、航空航天、国防工业中。目前世界最大的模锻压力机是中国 2012 年投产的 8 万 t 水压机，由中国第二重机厂设计制造。

按使用设备不同，模锻可分为锤上模锻、曲柄压力机上模锻、摩擦螺旋压力机上模锻、胎模锻等；按金属流动方式不同，模锻又可分为开式模锻和闭式模锻；按锻件精度的不同，模锻还可分为普通模锻和精密模锻。

（1）锤上模锻　锤上模锻是指在锻锤上进行的模锻。常用的模锻设备是蒸汽-空气模锻锤，如图 6-10 所示，其运动副之间的间隙小，运动精度高，可保证合模准确性，砧座较重、结构刚度好。

锤上模锻所用的锻模由上、下模组成，上模和下模分别通过楔铁固定在锤头下端和模座的燕尾槽内。模锻成形时，上、下模合在一起，金属在模膛内成形，如图 6-11 所示。

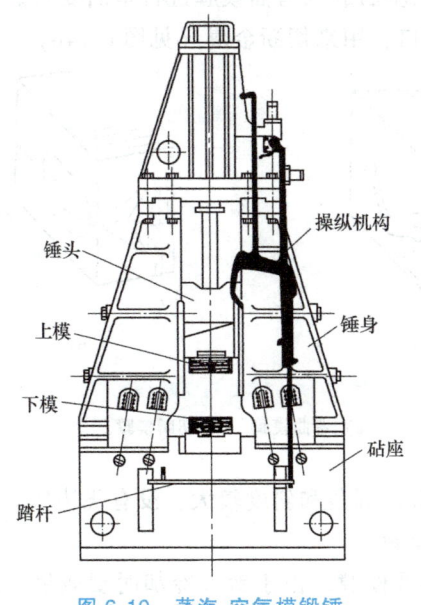

图 6-10　蒸汽-空气模锻锤

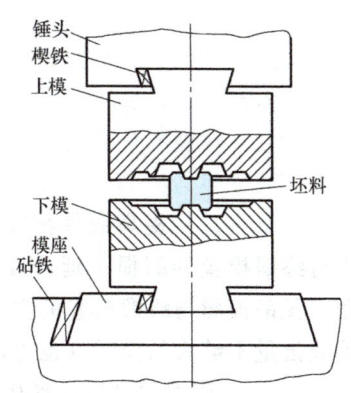

图 6-11　锤上模锻用锻模

坯料在一个模膛中的锻打变形称为一个工步。模锻的变形工步分为制坯工步和模锻工步。制坯工步实现坯料的初步成形，模锻工步完成锻件的最终成形。这些工步的变形都是在相应的模膛内进行的。按照模膛作用不同，模膛分为制坯模膛和模锻模膛。

1）制坯模膛。制坯模膛可改变原毛坯的形状，使坯料形状基本接近模锻件形状，使金属按模锻件的形状合理分布，以便更好地充满模膛。对于形状复杂的模锻件，必须预先在制坯模膛内制坯。制坯模膛有以下几种：

① 拔长模膛。拔长模膛用来减小坯料某部分的横截面积，以增加该部分的长度，如图 6-12 所示。当模锻件沿轴向的横截面积相差较大时，常采用这种模膛进行拔长。拔长模膛分为开式（见图 6-12a）和闭式（见图 6-12b）两种。

② 滚压模膛。在坯料长度基本不变的前提下，用来减小坯料某部分的横截面积，以增大另一部分的横截面积（见图6-13）。滚压操作时需不断翻转坯料，但不做送进运动。滚压模膛也分为开式（见图6-13a）和闭式（见图6-13b）两种。

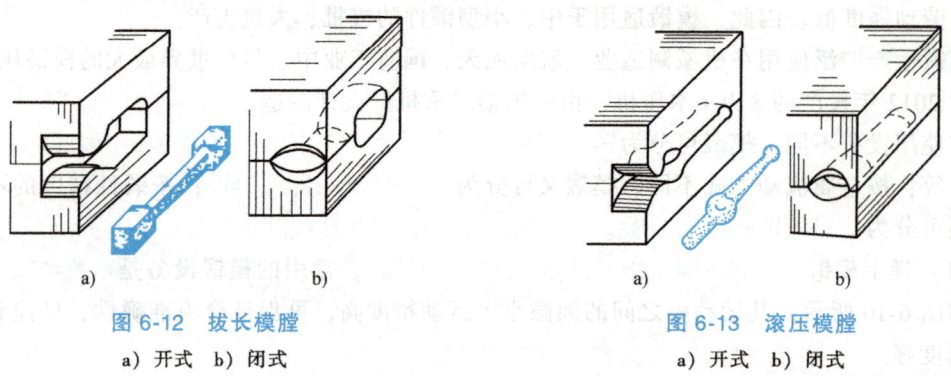

图6-12　拔长模膛
a）开式　b）闭式

图6-13　滚压模膛
a）开式　b）闭式

③ 弯曲模膛。改变坯料的轴线形状，使之接近锻件的空间形状，常用于弯曲的杆类锻件，如图6-14a所示。坯料可直接或先经其他制坯工步后放入弯曲模膛进行弯曲变形。

④ 切断模膛。在上模与下模的角部组成一对刃口，用来切断金属（见图6-14b）。

2）模锻模膛。模锻模膛分为预锻模膛和终锻模膛。由于金属在模锻模膛中发生整体变形，故作用在锻模上的抗力较大。

① 预锻模膛。形状上接近终锻模膛，并简化了细微结构的模膛，称为预锻模膛。其作用是使坯料变形到接近锻件的形状和尺寸，以减少终锻时的变形量，使金属易于充满终锻模膛。提高锻件精度，还可以减少对终锻模膛的磨损，延长锻模的

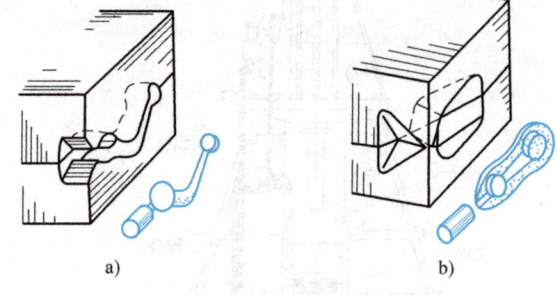

图6-14　弯曲和切断模膛
a）弯曲模膛　b）切断模膛

使用寿命。预锻模膛与终锻模膛的主要区别是，前者的圆角和斜度较大，没有飞边槽。对于形状简单或批量不够大的模锻件也可以不设置预锻模膛。

② 终锻模膛。模锻时最后成形用的模膛称为终锻模膛。由于锻件冷却时要收缩，故终锻模膛的尺寸应比锻件尺寸放大一个收缩量。钢件收缩率取1.5%。

终锻模膛的分模面上沿模膛周围设有飞边槽，其剖面结构如图6-15所示，仓部用来容纳多余的金属，而桥部缝隙较窄，以增大金属流出的阻力，使其在流出前先充满模膛。

为避免损伤锻模和锻压设备，模锻时不能直接获得通孔。通常，在锻孔的部位留有一层较薄的金属，称为连皮（见图6-16）。需在之后的辅助工序中将连皮和飞边冲掉后，才能得到具有通孔的模锻件。

根据模锻件的复杂程度不同，所需变形模膛的数量不等，可将锻模设计成单膛锻模或多膛锻模。单膛锻模是在一副锻模上只有终锻模膛。如齿轮坯模锻件就可将截下的圆柱形坯料直接放入单膛锻模中一次终锻成形。多膛锻模是一副锻模上具有两个以上模膛的锻模，如弯曲连杆模锻件的锻模即为多膛锻模（见图6-17）。

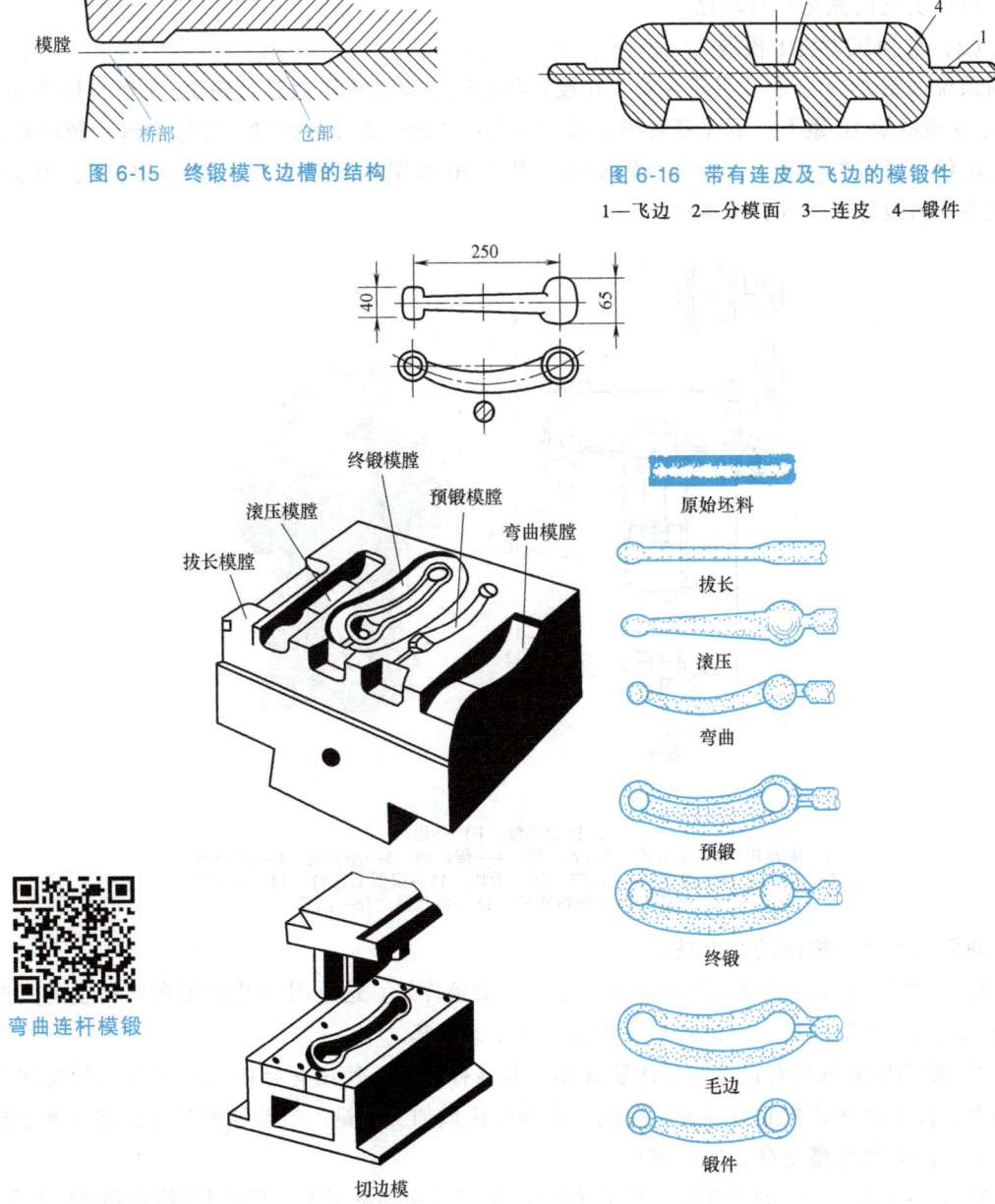

图 6-15 终锻模飞边槽的结构

图 6-16 带有连皮及飞边的模锻件
1—飞边 2—分模面 3—连皮 4—锻件

图 6-17 弯曲连杆模锻过程

图 6-17 所示为弯曲连杆的模锻过程,其中的拔长、滚压和弯曲等变形属于制坯工步,预锻和终锻属于模锻工步。上述各变形工步都是在同一副锻模的不同模腔中完成的,而切除飞边(又称毛边)则在单独的切边模上进行。

锤上模锻的特点是:
1) 设备投资相对较少,适应性强,可以实现多种变形工步。
2) 可锻制不同形状的锻件,质量较好。

3）锤上模锻振动大、噪声大、需要多次锤击完成一个工步，生产率在模锻中相对较低，难以实现机械化和自动化。

（2）曲柄压力机上模锻　曲柄压力机是采用曲柄连杆系统作为工作机构的压力机，其传动系统如图6-18所示。当离合器7在接合状态时，电动机1通过带轮2、3经曲柄连杆机构8、9使滑块10做上、下往复直线运动。离合器7处于脱开状态时，带轮空转，制动器15使滑块停在确定的位置上。锻模分别安装在滑块10和楔形工作台11上。下顶杆12用来从模膛中推出锻件，实现自动取件。

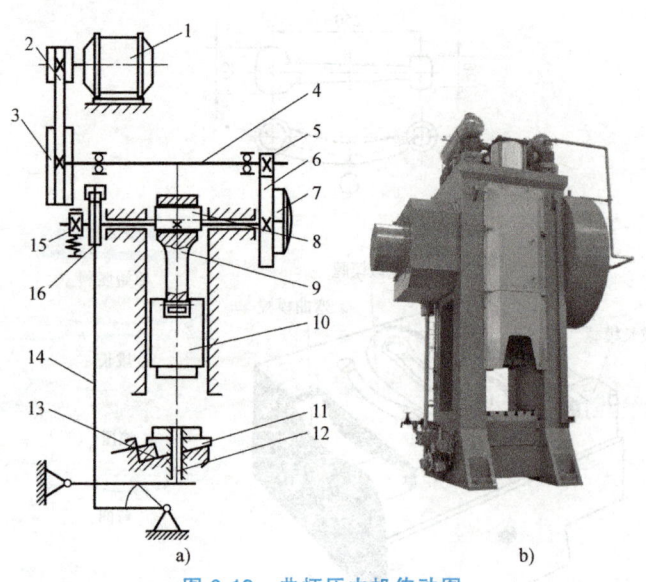

图6-18　曲柄压力机传动图
a）传动系统　b）外形
1—电动机　2—小带轮　3—大带轮　4—传动轴　5—小齿轮　6—大齿轮
7—离合器　8—曲柄　9—连杆　10—滑块　11—楔形工作台　12—下顶杆
13—楔铁　14—顶料连杆　15—制动器　16—凸轮

曲柄压力机上模锻的特点是：

1）曲柄压力机工作时无振动、噪声小、劳动条件好。这是因为其作用在坯料上的变形力是静压力，且变形抗力由机架本身承受，不传给地基。

2）曲柄压力机具有良好的导向装置和自动顶杆机构，使用有导柱模架可以得到高的合模精度，使用镶块式模膛可以方便更换，锻件的机械加工余量、公差和模锻斜度都比锤上模锻要小，因此锻件精度高、生产率高。

3）滑块行程固定，每个变形工步在滑块的一次行程中即可完成，不宜进行拔长和滚压工序。

4）坯料表面上的氧化皮不易被清除，影响锻件质量。

5）曲柄压力机造价高，适合大批生产条件下锻制中、小型锻件。

（3）摩擦螺旋压力机上模锻　摩擦螺旋压力机是靠飞轮旋转所积蓄的能量转化成金属的变形能量进行锻造的。摩擦螺旋压力机的结构和工作原理如图6-19所示。电动机1起动后，通过V带传动系统驱动摩擦盘3旋转；按下手柄11，通过操纵机构12的一组杠杆，使左侧摩擦盘3与飞轮4接触，靠摩擦力作用使飞轮旋转；由于螺母6固定在机架上，故螺杆5旋转时带动飞轮4及滑块7（上砧）整体向下运动；当滑块向下运动一定距离后，及时将手柄扳平，飞轮4与摩擦盘3脱离接触，落下部分继续下落打击工件；然后将手柄提起，使右侧摩擦盘 3 与飞轮 4 接触，飞轮做反向旋转运动，滑块升起；将手柄松开，即完成一个工作循环。批量生产时，将限位挡铁 9 调整到适当位置，即可准确控制压下力的大小及滑块的行程范围。

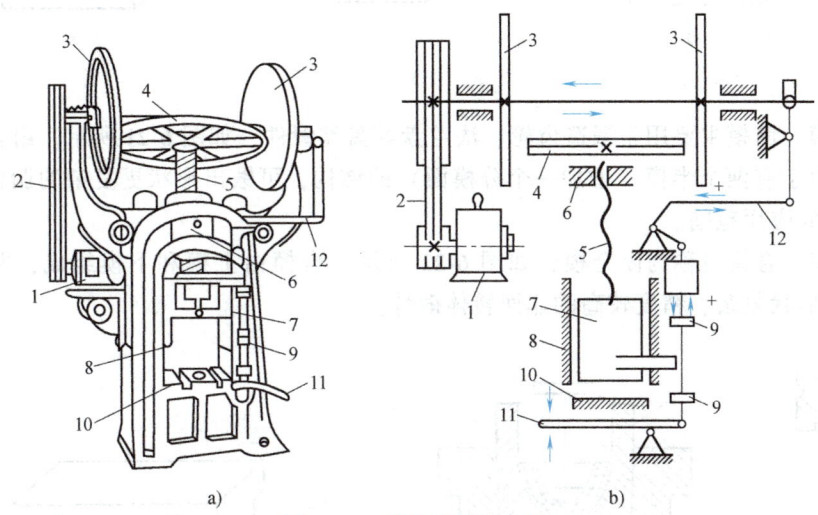

图 6-19　摩擦螺旋压力机
a) 外形　b) 工作原理
1—电动机　2—V 带　3—摩擦盘　4—飞轮　5—螺杆　6—螺母　7—滑块　8—导轨
9—限位挡铁　10—工作台　11—手柄　12—操纵机构

与前述几种模锻方法相比，摩擦螺旋压力机上模锻有以下特点：

1）摩擦螺旋压力机的滑块行程不固定，并具有一定的冲击作用，因而可实现轻打、重打；坯料在一个模膛内可以多次打击，既可完成镦粗、成形、弯曲、预锻、终锻等成形工序，也可进行校正、精整、切边、冲孔等后续工序。

2）滑块行程速度略高于模锻压力机，比空气锤低得多，锻压力仍接近于静压力性质。同时，由于飞轮的惯性大，其锻击频率低，因而生产率较低。

3）金属在两次锻击之间可以充分进行再结晶，适合再结晶速度较低的合金钢和有色金属的锻造。

4）具有顶料装置，可以采用整体式锻模或组合式模具，使模具设计和制造简化，节约材料，降低成本。

5）螺杆与滑块之间为非刚性连接，承受偏心载荷的能力差，通常只进行单模膛锻造。

摩擦螺旋压力机具有较强的工艺通用性，在模锻生产中主要适用于结构简单的中、小型锻件的小批量或中批量生产，如铆钉、螺钉、螺母、配汽阀、齿轮和三通阀等，广泛用于中、小型锻造车间。

（4）胎模锻　胎模锻（Loose tooling forging）是在自由锻设备上使用可移动模具生产模锻件的一种锻造方法。胎模（锻模）不需要固定在锤头或砧座上。胎模锻常用自由锻方法制坯，在胎模中成形。

胎模的种类很多，主要有扣模、筒模及合模三种。

1）扣模。扣模对坯料进行全部或局部扣型，常用于生产长杆非回转体锻件，如图 6-20 所示。扣模也可以为合模锻造制坯。

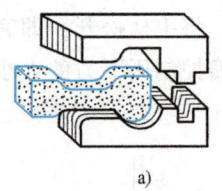 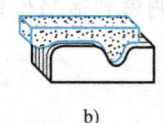 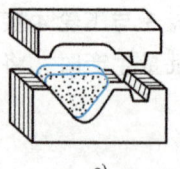

a) b) c)

图 6-20 扣模

2）筒模。筒模主要用于锻造齿轮、法兰盘等盘类锻件，如图 6-21 所示，组合筒模（见图 6-21c）由于有两个半模（增加一个分模面）的结构，可锻出形状更复杂的胎模锻件，扩大了胎模锻的应用范围。

3）合模。合模也称为闭合模，如图 6-22 所示。合模由上模和下模组成，并有导向结构，可锻制形状复杂、精度较高的非回转体锻件。

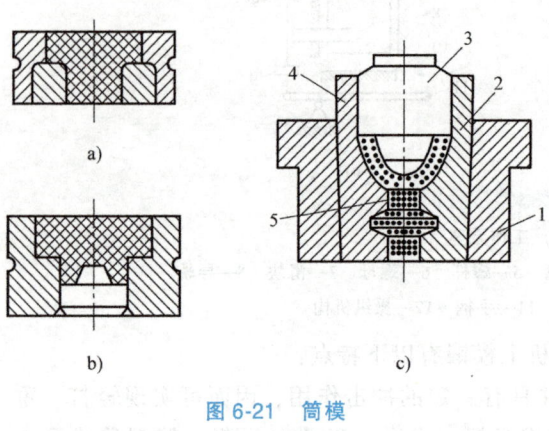

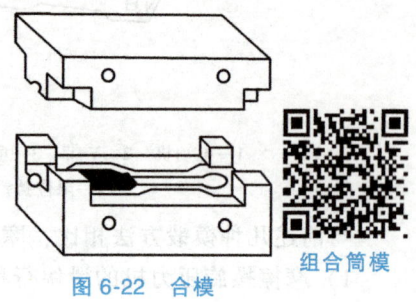

图 6-21 筒模

图 6-22 合模

组合筒模

a）镶块筒模 b）带垫模筒模 c）组合筒模
1—筒模 2—右半模 3—冲头 4—左半模 5—锻件

与自由锻相比，胎模锻具有生产率较高、锻件形状复杂、精度较高、加工余量较小、材料利用率高等优点。但胎模易损坏，比其他模锻方法生产的锻件精度低、劳动强度大。作为介于自由锻和模锻之间的一种锻造方法，以其工艺灵活、操作方便，在中、小型锻件的中、小批量生产中得到较多的应用。

常用锻造方法的综合比较见表 6-4。

表 6-4 常用锻造方法的综合比较

锻造方法	使用设备	适用范围	生产效率	锻件精度及表面质量	模具特点	模具寿命	劳动条件	对环境影响
自由锻	空气锤	小型锻件,单件小批量生产	低	低	采用通用工具,无需专用模具	—	差	振动和噪声大
	蒸汽-空气锤	中型锻件,单件小批量生产						
	水压机	大型锻件,单件小批量生产						

（续）

锻造方法		使用设备	适用范围	生产效率	锻件精度及表面质量	模具特点	模具寿命	劳动条件	对环境影响
模锻	锤上模锻	蒸汽-空气模锻锤 无砧座锤	中、小型锻件，大批量生产。适合锻造各种类型模锻件	高	中	锻模固定在锤头和砧座上，模膛复杂，造价高	中	差	振动和噪声大
	曲柄压力机上模锻	热模锻曲柄压力机	中、小型锻件，大批量生产。不宜进行拔长和滚压工序	高	高	组合模，有导柱、导套和顶出装置	较高	好	较小
	摩擦螺旋压力机上模锻	摩擦螺旋压力机	小型锻件，中批量生产。可进行精密模锻	较高	较高	一般为单膛锻模	中	好	较小
	胎模锻	空气锤 蒸汽-空气锤	中、小型锻件，中小批量生产	较高	中	模具简单，且不固定在设备上，更换方便	较低	差	振动和噪声大

6.2.2 锻造工艺规程的制订

制订工艺规程、编写工艺卡片是锻造生产必不可少的技术准备工作，是组织锻造生产工艺过程的依据。该项工作的主要内容及工作流程如图 6-23 所示。

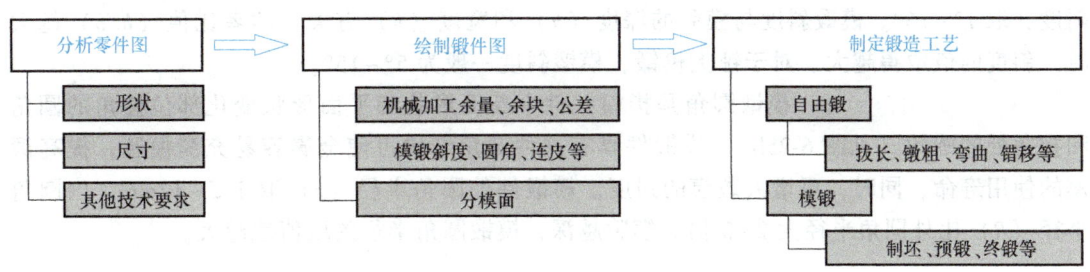

图 6-23 锻造工艺规程制定流程

1. 绘制锻件图

锻件图是根据零件图绘制的。自由锻件的锻件图是在零件图的基础上考虑了机械加工余量、锻造公差、余块等之后绘制的图形。模锻件的锻件图还应考虑分模面的选择、模锻斜度和圆角半径等。

（1）确定机械加工余量、锻造公差及余块 机械加工余量是指获得最终所需的尺寸而允许保留的多余金属，其大小与零件形状、结构、尺寸及锻造方法有关，具体数值可查表确定。

锻造公差是锻件公称尺寸的允许变动量，可查表确定。

余块是指为便于锻造而增加的简化零件形状结构的那部分金属。如消除零件上的键槽、环形沟槽或尺寸相差不大的台阶而增加的金属。

绘制模锻件的锻件图尚需考虑模锻斜度、模锻圆角半径、连皮厚度、分模面等要求。

图 6-24 给出了考虑以上因素的自由锻件的锻件图，图中双点画线代表零件的轮廓。

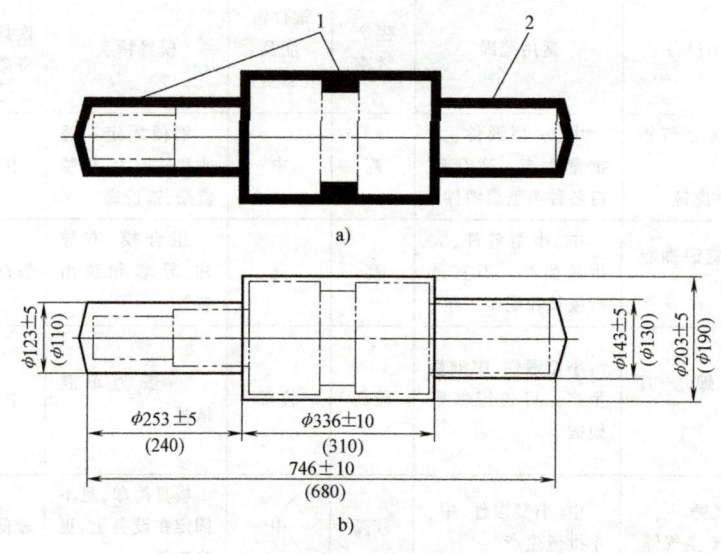

图 6-24　典型锻件图
a) 锻件的加工余量及余块　b) 锻件图
1—余块　2—加工余量

（2）模锻斜度　模锻斜度（Draft Angle）是指为了使锻件易于从模膛中取出，锻件与模膛侧壁接触部分需带有的一定的斜度。锻件内壁（即锻件冷却时，锻件与模壁夹紧的表面）的斜度值应比外壁斜度值大 2°~5°。图 6-25a 中 α_1 为外模锻斜度，取 5°~7°，α_2 为内模锻斜度，取 7°~15°。模锻斜度与模腔的深度（h）和宽度（b）有关，两者比值（h/b）越大时，斜度的值取得越大。对于锤上模锻，模锻斜度一般为 5°~15°。

（3）模锻圆角半径　模锻圆角是指模锻件中断面形状和平面形状变化部位棱角的圆角和拐角处的圆角（见图 6-25b）。模锻件具有这种圆角结构可使金属容易充满模膛，提高锻模的使用寿命，同时，可增大锻模的强度。模锻件外圆角半径（r）取 1.5~12mm，内圆角半径（R）比外圆角半径大 2~3 倍。模膛越深，模锻圆角半径的取值就越大。

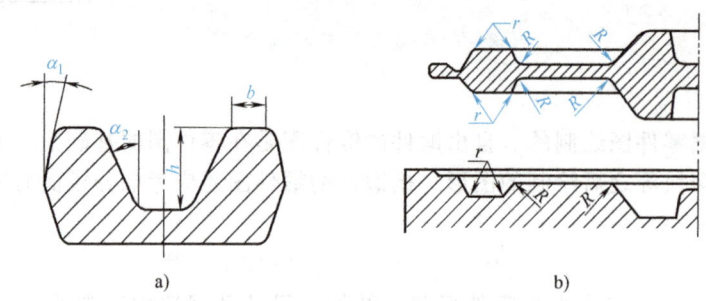

图 6-25　模锻的斜度与圆角
a) 模锻斜度　b) 模锻圆角半径

（4）冲孔连皮　许多模锻件都具有孔形，当模锻件的孔径大于 25 mm 时，应将该孔形锻出。由于模锻无法直接锻出通孔，需在该处留有冲孔连皮（简称连皮）（见图 6-16），其厚度依孔径而定，当孔径为 25~80mm 时，冲孔连皮的厚度取 4~8mm。

(5) 确定分模面　分模面（Parting Face）是指上、下模或凸、凹模的分界面，其可以是平面，也可以是曲面。分模面是影响锻件成形、脱模、材料利用率以及锻模加工的重要因素。合适的分模面选择需要符合以下原则：

1) 分模面一般应选在模锻件的最大截面处，保证其能从模膛中取出。如图 6-26 所示，如选 a-a 面为分模面，已成形模锻件无法取出。

2) 分模面应选在上、下两模模膛轮廓一致处，避免安装和生产中出现错模现象。在图 6-26 中如选 c-c 面为分模面，则容易出现错模现象。

3) 分模面应选在使模膛深度最浅的位置上，这样有利于金属充满模膛，易于锻造，便于取件。图 6-26 中的 b-b 面就不适合作为分模面。

4) 分模面最好是一个平面，便于锻模的制造。

5) 分模面应使零件上增加的余块最少，避免浪费。图 6-26 中，如选 b-b 面作为分模面就会增加余块填充孔造成不必要的浪费。

按照以上原则进行综合分析，图 6-26 中最合理的分模面是 d-d 面。

2. 确定锻造成形工艺方案

根据锻件的形状特征、尺寸、技术要求、生产批量和生产条件等确定锻造成形的工艺方案。具体包括确定锻件成形所必需的基本工序、辅助工序和精整工序，以及完成这些工序所使用的工具等。

3. 确定坯料质量和尺寸

(1) 确定坯料质量　坯料质量为锻件质量和锻造时金属各种损耗的质量之和，可按下式计算：

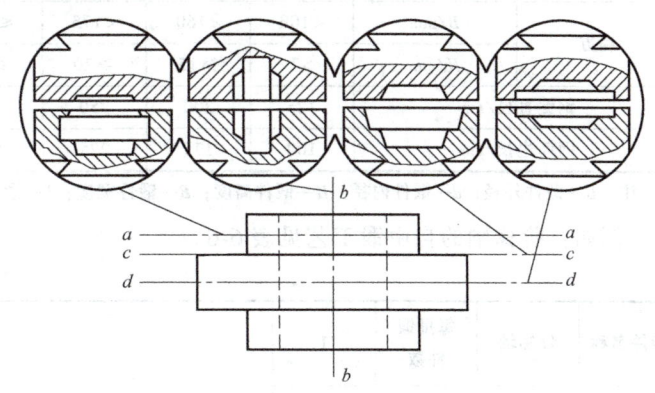

图 6-26　分模面的选择比较图

$$m_{坯料} = m_{锻件} + m_{烧损} + m_{料头}$$

式中，$m_{坯料}$ 为坯料质量（kg）；$m_{锻件}$ 为锻件质量（kg）；$m_{烧损}$ 为加热中坯料表面因氧化而烧损的质量（一般以坯料质量分数表示，第一次加热取 2%~3%，以后各次加热取 1.5%~2.0%）（kg）；$m_{料头}$ 为锻造过程中冲掉或被切掉的那部分金属的质量（如冲孔时坯料中部被冲落的料芯、修切端部切除的金属及模锻生产中连皮和飞边的质量等；采用钢锭做坯料时，料头还包括所切掉的钢锭头部和尾部金属的质量）（kg）。

(2) 确定坯料尺寸　坯料尺寸是根据坯料质量和几何形状确定的，但同时还应考虑锻造比和锻造工序。如锻件是钢锭拔长锻制的，锻造比一般不小于 2.5~3，镦粗时锻造比一般为 1.25~2.5。

4. 选定锻造设备

选定锻造设备的依据是锻件的材料、尺寸和质量。设备吨位太小，锻件内部锻不透，质量不好，生产率也低；吨位太大，不仅造成设备和动力的浪费，而且操作不便，也不安全。

对于低碳钢、中碳钢和普通低合金钢锤上自由锻，可按表 6-5 选定锻锤吨位。

表 6-5 自由锻锤的锻造能力范围

锻件类型		落下部分质量/t						
		0.25	0.5	0.75	1	2	3	5
圆饼	D/mm	<200	<250	<300	≤400	≤500	≤600	≤750
	H/mm	<35	<50	<100	<150	<200	≤300	≤300
圆环	D/mm	<150	<350	<400	≤500	≤600	≤1000	≤1200
	H/mm	<60	<75	<100	<150	<200	≤250	≤300
圆筒	D/mm	<150	<175	<250	<275	<300	<350	≤700
	d/mm	≥100	≥125	>125	>125	>125	>150	>500
	L/mm	≤165	≤200	≤275	≤300	≤350	≤400	≤550
圆轴	D/mm	<80	<125	<150	≤175	≤225	≤275	≤350
	G/kg	<100	<200	<300	<500	≤750	≤1000	≤1500
方块	$H=B$/mm	≤80	≤150	≤175	≤200	≤250	≤300	≤450
	G/kg	<25	<50	<70	≤100	≤350	≤800	≤1000
扁方	B/mm	<100	<160	<175	≤100	≤400	≤600	≤700
	H/mm	>7	≥15	≥20	≥25	≥40	≥50	≥70
钢锭直径/mm		125	200	250	300	400	450	600
钢坯边长/mm		100	175	225	275	350	400	550

注：D—锻件外径；d—锻件内径；H—锻件高度；B—锻件宽度；L—锻件长度；G—锻件质量。

例如：阶梯轴的自由锻工艺见表 6-6。

表 6-6 阶梯轴的自由锻工艺

锻件名称	阶梯轴	每批锻件数	1	锻件图
钢号	45	锻造温度范围	1200~800℃	
锻件质量	790kg	锻造设备	5t 蒸汽锤	
坯料质量	836kg	冷却方法	空冷	
坯料尺寸	φ320mm×1040mm	生产数量	5	

火次（加热次数）	操作说明	变形简图	使用工具
1	拔长	φ310	上、下平砧
	压肩	405 / φ310 / 575 / 405	上、下平砧、三角刀
	拔长一端、压肩	φ203 / 813	上、下平砧、三角刀

(续)

火次 （加热次数）	操作说明	变形简图	使用工具
2	拔长另一端、切头	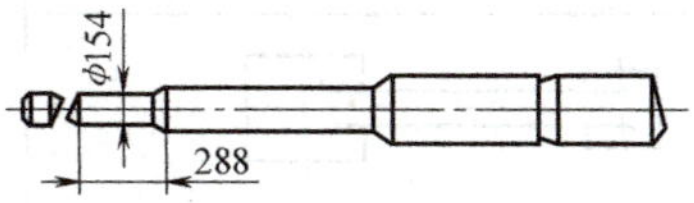 φ154, 288	上、下平砧、剁刀，圆弧垫铁
	调头、拔长各台阶、切头、修整	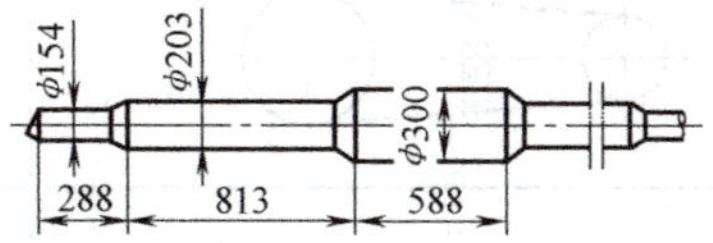 φ154, φ203, φ300, 288, 813, 588	上、下平砧、剁刀，圆弧垫铁

6.2.3 锻件的结构工艺性

1. 自由锻锻件的结构工艺

由于锻造是在固态下成形的，锻件的形状、结构所能达到的复杂程度远不如铸件，而且自由锻所使用的工具一般又都是简单的通用性工具，锻件的形状和尺寸要求主要靠工人的操作技能来保证。因此，对自由锻件结构工艺性总的要求是，在满足使用要求的前提下，锻件形状应尽量简单和规则，具体要求见表 6-7。但是，也不能由此认为自由锻件只能是形状很简单的，在确实需要的情况下，依靠工人的技术并借助一些专用的工具，也可以锻造出形状相当复杂的锻件。

2. 模锻件的结构工艺性

设计模锻零件时应使其结构符合下列要求：

1）锻件应具有合理的分模面，以满足制模方便、金属易于充满模膛、锻件便于出模及减少余块等要求。

2）模锻件上与分模面垂直的非加工表面，应设计出模锻斜度。两个非加工表面形成的角（包括外角和内角）都应按模锻圆角设计。

表 6-7 自由锻件的结构工艺性要求

要求	举例	
	不合理的结构	合理的结构
避免锥面或斜面	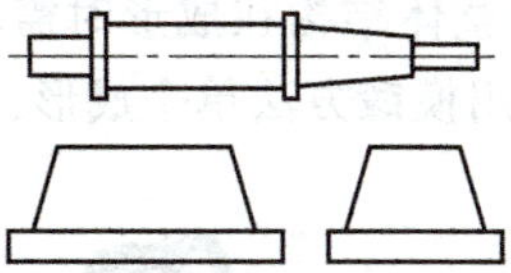	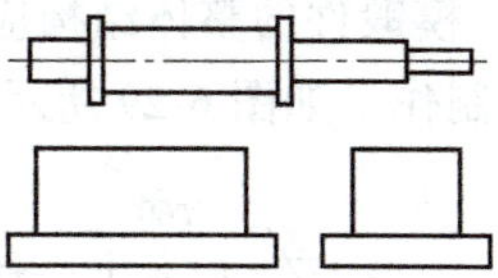
避免圆柱面与圆柱面相交	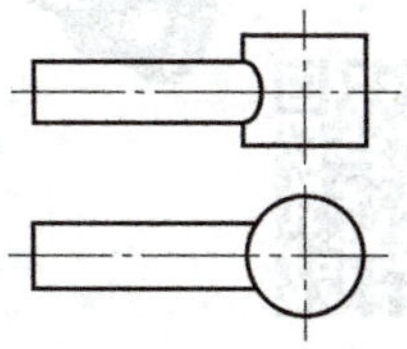	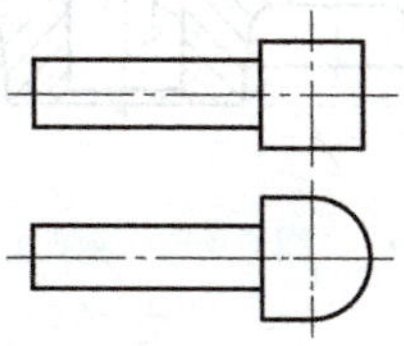

(续)

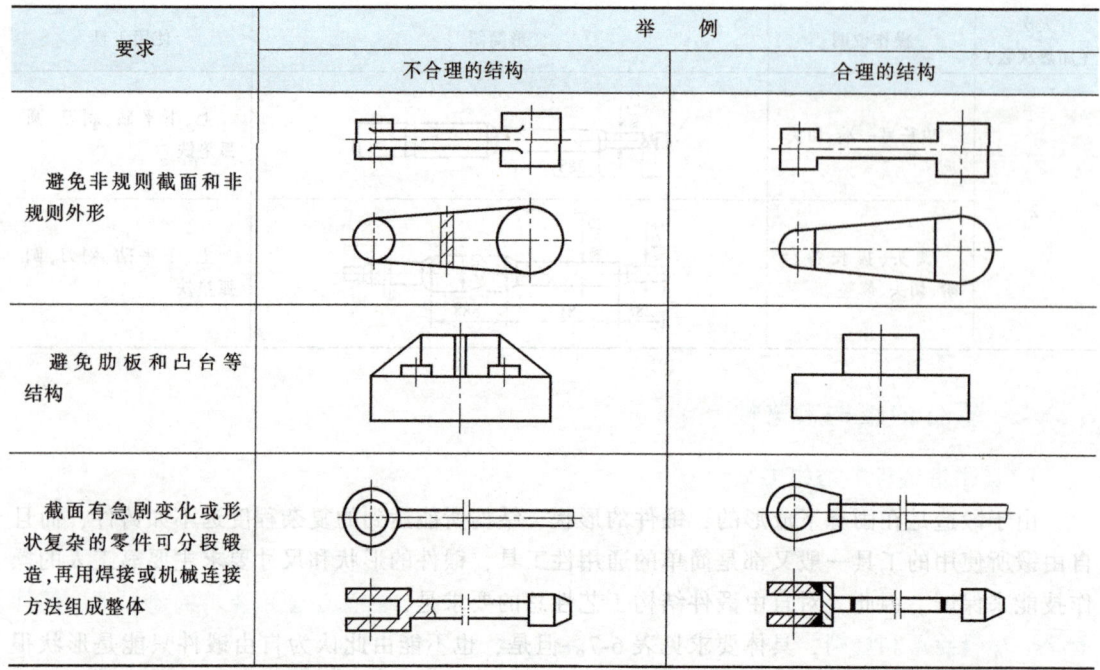

3）在满足使用要求的前提下锻件形状应力求简化，尤其应避免薄片、高肋、高台等结构。图 6-27a 所示的锻件凸缘高而薄，两个凸缘之间又形成较深的凹槽。图 6-27b 所示的锻件又扁又薄，锻造时坯料很快冷却而不易锻出，同时对保护设备和锻模也不利。

4）应尽量避免深孔、深漕和多孔结构，以便于模具的制造和延长模具寿命，如图 6-28 所示。

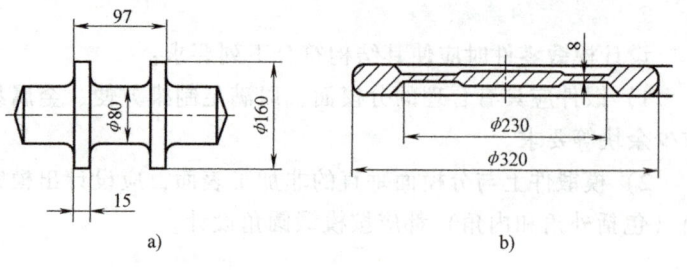

图 6-27　结构不合理的模锻件

5）模锻件的整体结构应力求简单。当整体结构在成形时需增加较多余块时，可采用组合工艺制作。如图 6-29 所示的零件，先采用模锻方法单个成形，然后焊接成一个整体零件。

图 6-28　多孔齿轮

齿轮坯模锻

图 6-29　锻-焊结构模锻件
a）模锻件　b）焊合件

6.3 冲压工艺方法

冲压（Sheet metal working）是使板料经分离或成形而获得制件的加工方法。冲压通常是在常温下进行的，所以又称为冷冲压。只有当板料厚度超过 8~10mm 时，才采用热冲压。

冲压具有以下特点：

1) 可以冲压出形状复杂的零件，且废料较少，节约材料和能源。

2) 冲压件具有足够高的精度和较低的表面粗糙度值，互换性好，冲压后一般不需要进行机械加工。

3) 冲压生产主要是依靠冲模和冲压设备完成加工的，操作简单，工艺过程便于机械化和自动化，生产率很高，故零件成本低。

4) 冲压材料必须具有足够的塑性和较低的变形拉力，常采用低碳钢，塑性好的合金钢及铜铝等有色金属。

5) 冲模结构复杂，精度要求高，制造成本高，只有大批量生产才是经济合理的。

总之，冲压作为一种高质、高效、节能的加工方法，在制造业中得到了广泛应用，特别是在汽车、拖拉机、仪器仪表及国防等工业中占有重要地位。

冲压生产常用的设备是剪床和压力机。剪床用来把板料剪切成一定宽度的条料，以供下一步使用。压力机用来实现冲压工序，以制成所需形状和尺寸的零件。目前在用压力机的最大吨位 40000kN。

冲压有多种工序，其中包含分离工序和变形工序两大类基本工序。

6.3.1 分离工序

分离工序是使坯料的一部分与另一部分相互分离的工序，如落料、冲孔、切断和修整等。

1. 冲裁

冲裁（Blanking）是利用冲模将板料以封闭的轮廓与坯料分离的一种冲压方法，包含冲孔和落料。冲孔是为了获得带孔制件，冲落部分是废料，周边是成品；而落料是为了取得一定形状和尺寸的制件，冲落部分是成品，周边是废料。在冲孔和落料中，材料的变形过程是一样的。

（1）冲裁的变形过程　冲裁时板料的变形和分离过程可分为如下三个阶段（见图 6-30）。

1) 弹性变形阶段。冲头（凸模）接触板料后继续向下运动的初始阶段，板料产生弹性压缩、拉伸与弯曲等变形。板料中的应力值迅速增大，但未超过材料的弹性极限。此时，凸模下的板料略有弯曲，凸模周围的板料则向上翘，单边间隙 c 的数值越大，弯曲和上翘越明显。

2) 塑性变形阶段。冲头继续向下运动，板料中的应力值达到屈服强度，板料发生塑

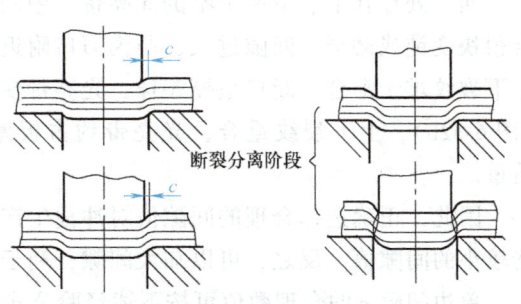

图 6-30　冲裁的变形过程

性变形，产生光亮的剪切带。变形达到一定程度时，位于凸、凹模刃口处的金属冷变形强化加剧，出现微裂纹。

3）**断裂分离阶段**。随着冲头继续向下运动，已形成的上、下裂纹逐渐向内部扩展直至汇合，板料被剪断分离。

冲裁件分离面的质量主要与凸凹模间隙、刃口锋利程度有关，同时也受模具结构、材料性能及板料厚度等因素影响。

（2）断面质量 冲裁件断面由塌角、光亮带、剪裂带和毛刺四个部分组成，如图6-31所示。光亮带具有较好的尺寸精度和表面质量；其他三个部分，尤其是毛刺降低了断面质量。冲裁件断面各部分的尺寸和质量主要与材料性能、板料厚度、模具结构、凸凹模间隙、刃口锋利程序等因素有关。

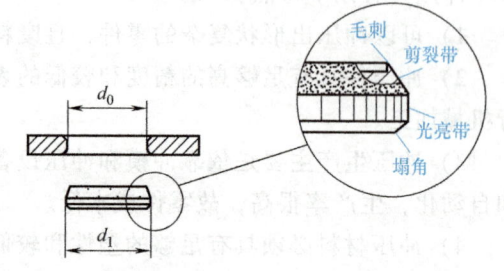

图 6-31 冲裁断面尺寸和形状

（3）凸凹模间隙 凸凹模间隙直接影响冲裁件的断面质量和尺寸精度，也影响冲裁过程中的卸料力、推件力、冲裁力和模具寿命，如图6-32所示。间隙越大，则卸料力和推件力就越小。间隙越小，凹凸模和磨损越严重。

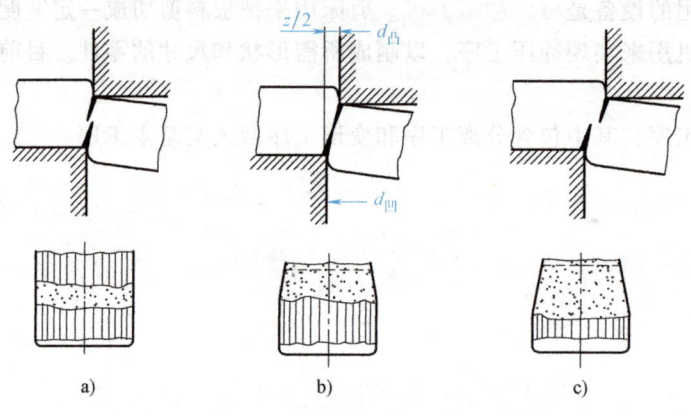

图 6-32 冲模间隙对冲裁件断面质量的影响

a) 间隙过小　b) 间隙合适　c) 间隙过大

间隙过小时，凸模刃口附近的剪切裂纹比正常间隙向外错开一段距离，上下裂纹不能重合，断口处存在上、下两个窄的光亮带，中间呈撕裂的层片状，断口质量差，而且冲模刃口会很快变钝或磨损。间隙过大，凸模刃口附近的剪切裂纹比正常间隙时向内错开一段距离，上下裂纹难于汇合，断口呈撕裂样，光亮带变窄，边缘粗糙，塌角及毛刺增大。间隙合适时，（图6-32b），上下裂纹重合，光亮带约占板厚的1/3，毛刺较小，从而得到好的冲裁断口质量。

因此，正确选择合理的间隙值对冲裁生产至关重要。当冲裁件断面质量要求较高时，应选较小的间隙值。反之，可以加大间隙，利于提高冲模寿命。

单边间隙 c 的合理数值可按下述经验公式计算：

$$c = m\delta$$

式中，δ 为板料厚度（mm）；m 为与板料性能及厚度有关的系数。

实际生产中，板料较薄时，m 可以选用如下数据：对于低碳钢、纯铁，m = 0.06~0.09；对于铜、铝合金，m = 0.06~0.1；对于高碳钢，m = 0.08~1.2。

当板料厚度 δ>3mm 时，由于冲裁力较大，应适当把系数 m 放大。当对冲裁件断面质量有特殊要求时，系数 m 可放大 1.5 倍。

(4) 凸凹模刃口尺寸的确定　设计落料模时，应先按落料件尺寸确定凹模刃口尺寸，即凹模刃口尺寸等于落料件图样尺寸；再以凹模刃口尺寸为基准，减去合理的间隙值来确定凸模尺寸。

设计冲孔模时，应先按冲孔件确定凸模刃口尺寸，取凸模刃口尺寸作为设计基准件，根据合理的间隙值确定凹模尺寸，即用扩大凹模刃口尺寸的方法来保证间隙值。

冲模在工作中必然有磨损，落料件尺寸会随凹模刃口的磨损而增大，而冲孔件尺寸则随凸模的磨损而减小。为了能给凹模或凸模留出较大的磨损和再修复的空间，提高模具的使用寿命，落料时凹模刃口的尺寸应选取靠近落料件公差范围内的下极限尺寸；冲孔时，选取凸模刃口的尺寸靠近孔的公差范围内的上极限尺寸。

(5) 冲裁件的排样　排样是指冲裁件在条料或带料上的布置方法。合理的排样可以减少废料，提高材料利用率。目前已有多种排样优化软件在冲裁作业中选用，图 6-33 所示案例为同一个冲裁件采用四种不同排样方式时材料消耗的对比情况。

落料件的排样有两种类型：无搭边排样和有搭边排样。有搭边排样是在各个落料件之间均留有一定尺寸搭边的排样方法（见图 6-33a~c）。其优点是毛刺小，而且在同一个平面上，冲裁件尺寸准确，质量较高，但材料消耗多。无搭边排样是利用落料件形状的一边作为另一个落料件的边缘（见图 6-33d）的排样方法。这种排样的材料利用率很高，但落料件的毛刺不在同一个平面上，而且尺寸不易控制，变形较大，因此只用于对冲裁件质量要求不高的场合。

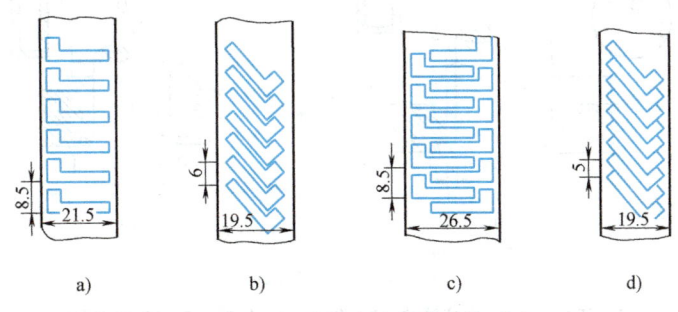

图 6-33　不同排样方式材料消耗对比

a) 182.7mm² 　b) 117mm² 　c) 112.63mm² 　d) 97.5mm²

2. 修整

修整是利用修整模沿冲裁件外缘或内孔切除一薄层金属，以切掉冲裁件上的剪裂带、毛刺和塌角，从而提高冲裁件的尺寸精度（可达 IT7~IT6），降低表面粗糙度值（Ra 1.6~0.8μm）。修整冲裁件的外形称为外缘修整，修整冲裁件的内孔称为内孔修整（见图 6-34）。

修整的机理与冲裁完全不同，但与切削加工相似。对于大间隙冲裁件，单边修整量一般为板料厚度的 10%；对于小间隙冲裁件，单边修整量在板料厚度的 8% 以下。当冲裁件的修整总量大于一次修整量或板材厚度大于 3mm 时，均需多次修整，但修整次数越少越好。

3. 切断

切断是指用剪刃或冲模将板料沿不封闭轮廓进行分离的工序。

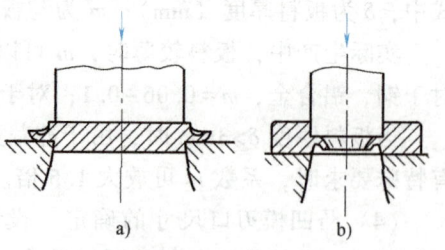

图 6-34 修整工序简图
a) 处缘修整 b) 内孔修整

通常在剪板机上把大板料剪切成一定宽度的条料，供下一步冲压工序用或直接用于其他的钣金制作。该方法操作简单，工艺成本较低，但只能做直线切断。而做板料切断用的冲模是安装在压力机上的，分别用凸凹模的一部分刃口对板料做非封闭轮廓的冲裁，通过逐段衔接的步进切断方式完成工件的分离。冲模切断可以快速获得复杂轮廓的平板件，而不需要配专用的冲模，因此具有很好的工艺柔性。工业常用的冲模切断设备有机械式步冲压力机和数控式步冲压力机。后者具有较高的冲裁精度和生产率，近年来发展很快。

6.3.2 变形工序

变形是使坯料的一部分相对于另一部分产生位移而不破裂的工艺方法，如拉深、弯曲、翻边和胀形等。

1. 拉深

拉深（Drawing）是利用拉深模具使平板坯料变形为具有封闭截面轮廓的开口空心形状冲压件的方法。拉深件的截面轮廓一般为圆形或简单的有圆角过渡的矩形等简单形状，但应用很广。

（1）拉深过程 将直径为 D 的平板坯料放在凹模上（见图 6-35a），在凸模作用下，坯

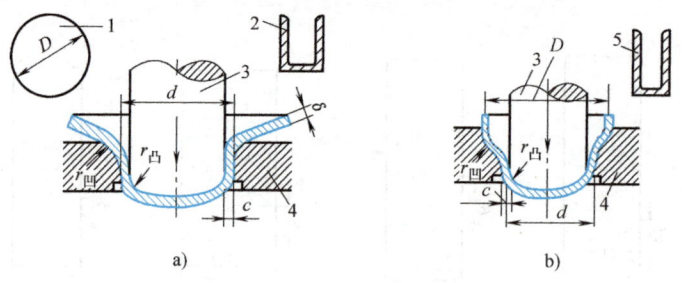

图 6-35 拉深过程
1—坯料 2——次拉深件 3—凸模 4—凹模 5—二次拉深件

料被拉入凸模和凹模的间隙中，形成空心拉深件。拉深件的底部金属一般不变形，只起传递拉力的作用，厚度也基本不变。坯料外径 D 与内径 d 之间环形部分的金属进入凸模和凹模之间的间隙处，形成拉深件的直壁，主要受轴向拉应力作用，厚度有所减小，而直壁与底部之间的过渡圆角部位被拉薄得最为严重。

（2）拉深缺陷及其防止 从拉深过程可以看出，拉深件主要受拉应力作用。当拉应力值超过材料的强度极限时，拉深件将被拉穿，形成废品。拉深件最危险的部位是直壁与底部的过渡圆角处（图 6-35）。为了防止出现拉穿缺陷，可采用以下工艺措施：

1) 合理的凸凹模圆角半径。拉深模的工作部分必须有合理的圆角，不能做成锋利的刃口。圆角半径过小时，容易将板料拉穿。对于钢的拉深件，取 $r_{凹}=10\delta$，而 $r_{凸}=(0.6\sim1)r_{凹}$。

2) 适中的凸凹模间隙。间隙过小，模具与拉深件的摩擦力增大，易拉穿工件和擦伤工件表面，且会降低模具寿命。间隙过大，又容易使拉深件起皱，影响拉深件的尺寸精度。一般情况下取单边间隙 $c=(1.1\sim1.2)\delta$，这远比冲裁模的单边间隙大。

3) 选择适当的拉深系数。拉深变形后拉深件的直径 d 与坯料直径 D 之比称为拉深系数，用 m 表示（$m=d/D$），它是衡量拉深变形程度的指标。m 值越小，表明变形程度越大，坯料被拉入凹模越困难，越容易产生拉穿废品。一般情况下，m 不小于 $0.5\sim0.8$，坯料塑性差取上限，坯料塑性好取下限。

如果拉深系数过小，不能一次拉深成形时，则可采用多次拉深工艺（图 6-36）。由于在多次拉深过程中会出现冷变形强化现象，所以在一两次拉深后，应安排工序间退火处理以保证坯料具有足够的塑性。另外，多次拉深时，拉深系数应一次比一次略大一些，以确保拉深件的质量，使生产顺利进行。总拉深系数值等于各次拉深系数值的乘积。

4) 注意润滑。为了减少摩擦、降低拉深件壁部的拉应力和减小模具的磨损，拉深时通常要加润滑剂或对坯料进行表面处理。

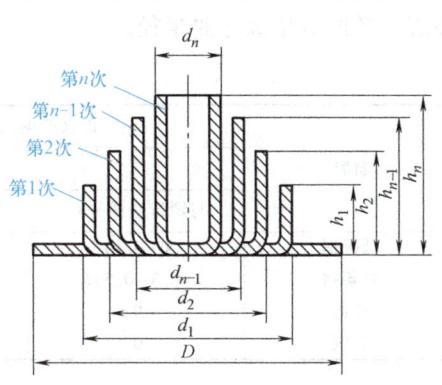

图 6-36 多次拉深工艺

拉深过程中的另一种常见缺陷是起皱（见图 6-37a）。当拉深变形程度较大，压力增大，拉深变形区的坯料相对厚度较小时，会引起坯料失稳而形成折皱。严重起皱使金属更难通过凸凹间隙，坯料被拉穿而报废。轻微起皱时，金属勉强通过间隙，但也会在产品侧壁留下起皱痕迹，影响产品质量。为防止起皱，可采用设置压边圈来解决（图 6-37b）。也可以通过增加坯料的相对厚度或拉深系数来解决。

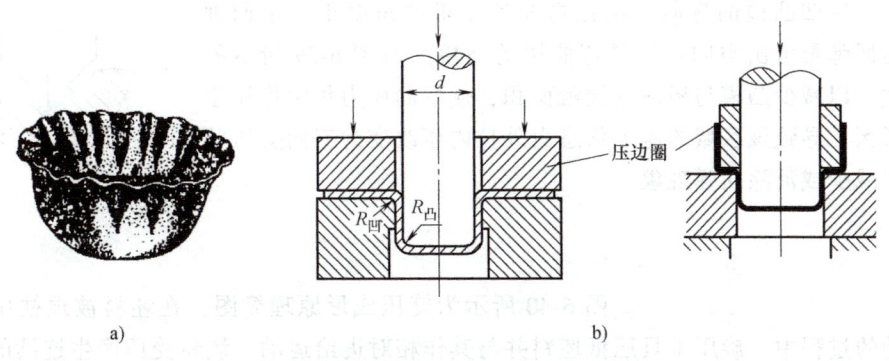

图 6-37 拉深件起皱及压边圈的使用

a) 起皱的拉深件 b) 拉深模的压边圈

2. 弯曲

(1) 弯曲过程 弯曲（Dending）是将坯料弯成具有一定角度和曲率的变形工序（见

图 6-38)。弯曲过程中板料弯曲部分的内侧受压，而外侧受拉。板料外表面的拉伸应变量和拉应力都是最大的，当外侧的拉应力超过板料的抗拉强度时，还会造成弯裂。弯曲应力的大小与变曲半径、弯曲角度、板料厚度以及板料的力学性能有关。板料越厚，内弯曲半径 r 越小，就越容易出现弯裂。表 6-8 列出了常用板料的允许最小弯曲半径，$r_{\min} = (0.25 \sim 1)\delta$（$\delta$ 为板料的厚度），以控制弯曲程度。材料的塑性好，$r_{\min}$ 可取较小值。

弯曲时还应尽可能使板料的金属流线与弯曲线方向垂直。若流线与弯曲线方向一致，则容易产生破裂，此时应增大弯曲半径。

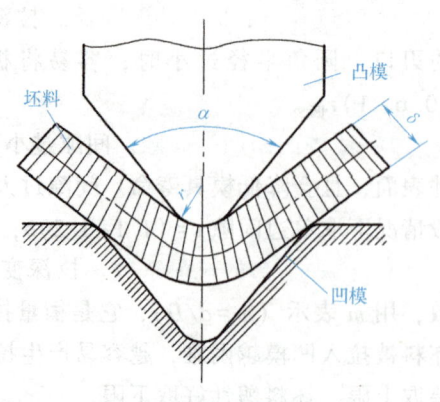

图 6-38 板料弯曲过程

表 6-8 常用板料的允许最小弯曲半径

材料	正火或退火状态		冷轧状态	
	主应力方向			
	与锻造流线平行	与锻造流线垂直	与锻造流线平行	与锻造流线垂直
低碳钢	$(0 \sim 0.1)\delta$	$(0.4 \sim 0.5)\delta$	$(0.4 \sim 0.5)\delta$	$(0.8 \sim 1.0)\delta$
中碳钢	$(0.3 \sim 0.5)\delta$	$(0.8 \sim 1.0)\delta$	$(0.8 \sim 1.0)\delta$	$(1.5 \sim 1.7)\delta$
纯铝	0	0.3δ	0.3δ	0.8δ
黄铜	0	0.3δ	0.3δ	0.8δ

（2）回弹及其防止　材料冷弯时，应特别注意回弹对成形精度的影响。材料受力作用产生的弯曲变形由塑性变形和弹性变形两部分组成，卸载后，弹性变形的恢复会使板料发生与弯曲方向相反的变形，此即弯曲回弹，或称为弯曲弹复。回弹会使板料实际弯曲角度变大，一般回弹角为 $0° \sim 10°$。在许多情况下，回弹是造成板料弯曲角度误差的最大因素，必须高度重视。解决的对策可以从两个方向考虑，一是在设计弯曲模时，使凹凸模的弯曲角度比弯曲件要求的角度小一个回弹角，以给回弹量留出空间；二是弯曲用的凸模采取图 6-39 所示的结构形式，以减少凸模与板料的接触面积，使弯曲压力集中作用于弯曲变形区，导致该区域的应力状态由外拉内压改变为三向受压状态，从而减少或消除回弹现象。

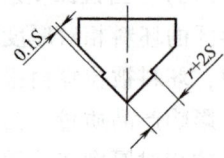

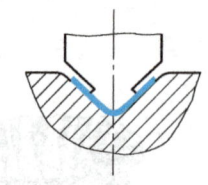

图 6-39 减少弯曲回弹量的凸模结构

3. 旋压

旋压（Spining）是一种通过连续的局部塑性变形将薄板料加工成空心回转体件的工艺方法。图 6-40 所示为旋压成形原理简图，在坯料被顶柱压紧并随模具转动的过程中，旋压工具压抵坯料并与其作相对进给运动，坯料受压产生连续的局部塑性变形，最后成为具有模具作用轮廓形状的钣金成品。因为是局部顺序变形，所需成形作用力小，对设备要求较简单，可以由车床改造；不需要复杂的冲模，也不需要预留加工余量，因而在钣金加工领域应用较多。从民用小型薄壁容器、金属餐具、灯具五金，到工业用大型压力容器和化工罐釜的球型封头、风机导流口等有广泛应用。近年来，数控旋压机床应用呈快速增长（见图 6-41），其工艺柔性和生产率都有显著提高，对于单件小批量或中、大批量旋压加工都有良好的适用性。

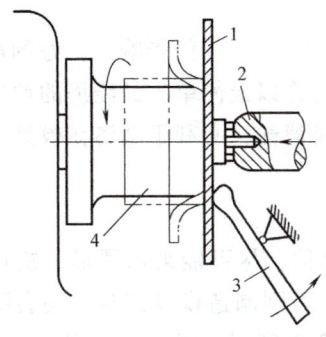

图 6-40　旋压成形原理

1—坯料　2—顶柱　3—压杆　4—模具

图 6-41　在数控旋压机床上旋压成形

4. 翻边

翻边（Flanging）是指在板料的平面或曲面的边缘翻起竖立直边的成形方法。可分为内孔翻边和外缘翻边、变薄翻边和不变薄翻边。内孔翻边简称为翻孔，包括在有预孔的半成品上翻孔（见图 6-42）和在没有预孔的板料上直接带翻边孔两种情况。影响翻边质量的主要因素有二，一是凸模的圆角，不能太小，一般取半径 $r_凸=(4\sim9)\delta$；二是翻边前后的孔径变化，过大的孔径变化会造成孔的边缘破裂。孔径变化的允许值用翻边系数 K_0 来衡量：

$$K_0 = d_0/d$$

式中，d_0 为翻边前的孔径尺寸；d 为翻边后的内孔尺寸。

K_0 值与材料种类和板料厚度等因素有关，一般通过实验获得。对于厚度≤2mm 的酸洗低碳钢板薄钢板，$K_0 \geq 0.68 \sim 0.72$；厚度为 3~6mm 时，$K_0 \geq 0.72$。对于常用的镀锡或镀锌薄板、有色金属薄板、铝板及奥氏体不锈钢薄板，$K_0 \geq 0.65 \sim 0.7$。

5. 胀形

胀形（Bulging）是将板料或空心半成品钣金件的局部产生塑性变形而起伏或胀大的工艺方法。平板起伏胀形常用于在平板上压制肋条、凸台、凹槽等，采用的模具有刚性模和软性模两种。图 6-43a 所示为使用橡胶软性模作为平板压肋。软性模的结构和工艺操作都比较简单易得，因而应用广泛。图 6-43b 的空心件胀形也是使用了软性模。胀形的极限变形程度，

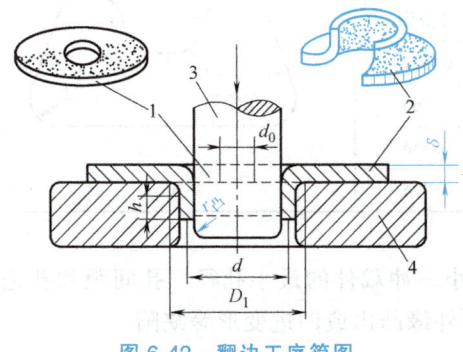

图 6-42　翻边工序简图

1—坯料　2—成品　3—凸模　4—凹模

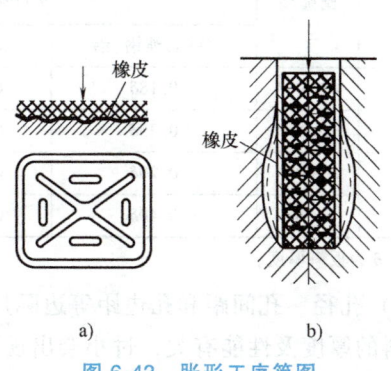

图 6-43　胀形工序简图

主要取决于材料的塑性。材料的塑性越好，可能达到的极限变形程度就越大。

6.3.3 冲压件的结构工艺性

冲压件的结构工艺性是指冲压件的设计结构对其加工难易程度的影响。良好的冲压件结构工艺性，是指在满足冲压件使用要求的前提下，能够允许以最简单、最经济的冲压方式加工出来。冲压件的设计结构应有利于减少制模费用和材料消耗，有利于金属在模具中成形和延长模具的使用寿命，降低成本和保证产品质量。

1. 对冲裁件的要求

1）落料件的外形和冲孔件的孔形均应力求简单、对称，尽可能采用圆形、矩形等简单规则形状；尽量避免细长悬臂和窄槽结构（见图 6-44），否则制造模具困难，还会降低模具寿命；落料件形状还应使排样时废料较少，利于材料的合理利用，图 6-45 中的 b 图方案比 a 图方案更为合理，材料利用率可达 79%。

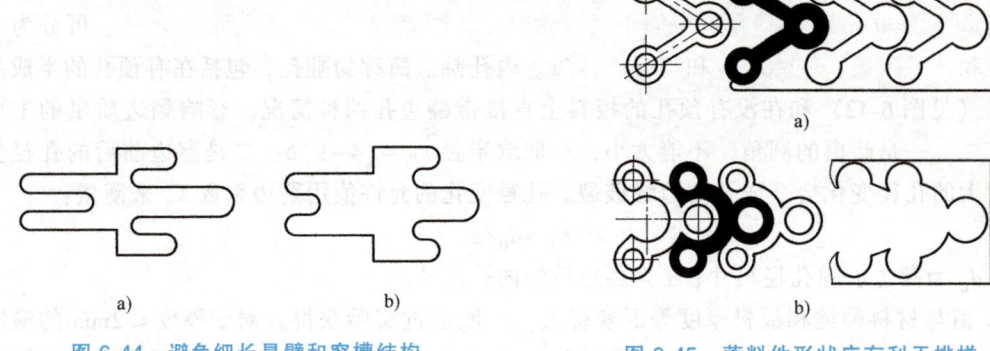

图 6-44 避免细长悬臂和窄槽结构
a) 不合理结构　b) 合理结构

图 6-45 落料件形状应有利于排样
a) 不合理结构　b) 合理结构

2）冲裁件的直线与直线、曲线与直线的交接处，均应以圆弧连接，尽量避免尖角，以防止模具磨损或尖角部位产生应力集中而被冲裂。最小圆角半径数值见表 6-9。

表 6-9 落料件、冲孔件的最小圆角半径

工序	圆弧角	最小圆角半径/mm (δ 为板厚)		
		黄铜，纯钢，铝	低碳钢	合金钢
落料	$\alpha \geq 90°$	0.18δ	0.25δ	0.35δ
	$\alpha < 90°$	0.35δ	0.50δ	0.70δ
冲孔	$\alpha \geq 90°$	0.20δ	0.30δ	0.45δ
	$\alpha < 90°$	0.40δ	0.60δ	0.90δ

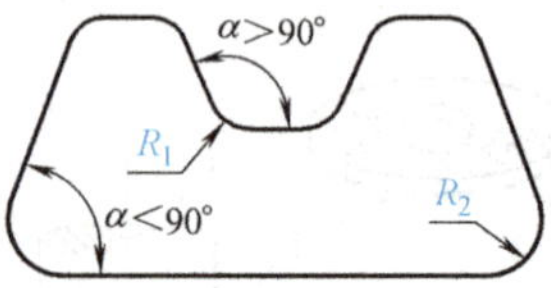

注：δ 为板料厚度。

3）孔径、孔间距和孔边距等边际尺寸不能过小。冲裁件的最小孔径、孔间距和孔边距与材料的厚度及性能有关，过小会出现孔边冲裂、外缘凸出或凹进变形等缺陷。低碳钢薄板冲裁件各部位的最小尺寸要求及冲孔件尺寸与厚度的关系如图 6-46 所示。

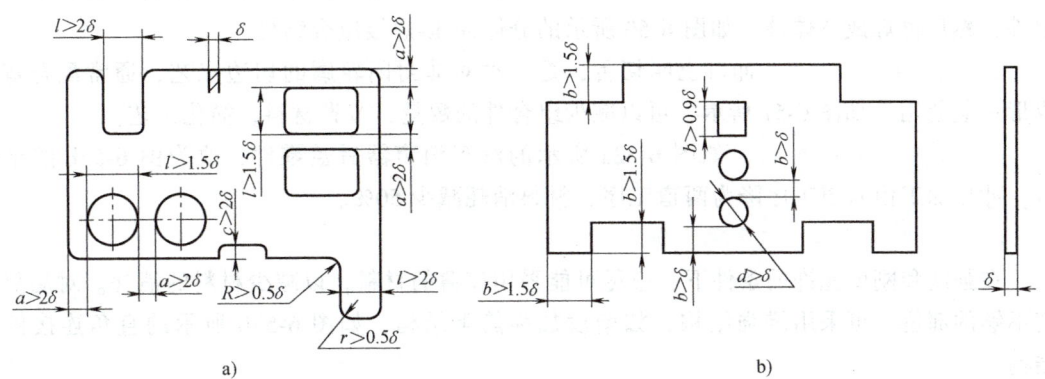

图 6-46 冲裁件的边际尺寸规定

a) 冲裁件各部位的最小尺寸　b) 冲孔件尺寸与厚度的关系

2. 对弯曲件的要求

(1) 弯曲件的形状　弯曲件的形状应力求简单、对称，尽量采用 V 形、Z 形等简单、对称的形状，以利于制模和减少弯曲次数。

(2) 弯曲半径　弯曲半径 R 不能小于材料允许的最小弯曲半径 $r_{min}=(0.25\sim1)\delta$，以防弯裂，并且应考虑材料的纤维方向，若材料纤维方向与弯曲轴线平行，弯曲半径应进一步变大。但过大的弯曲半径，会因回弹量过大而使制件精度难以控制。

(3) 弯曲边高度 H　弯曲件的弯曲边高度过小不易弯曲成形，应使弯曲边的平直部分 $H>2\delta$（见图 6-47）。

(4) 弯曲带孔件　为避免孔变形，孔的位置应避开变形区，如图 6-48 所示，图中的孔不受弯曲变形影响的最小尺寸应保证 $L\geqslant(1.5\sim2)\delta$。

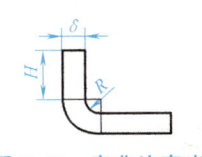

图 6-47 弯曲边高度

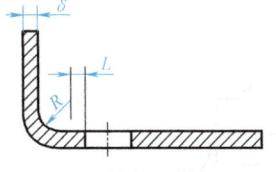

图 6-48 弯曲带孔件

3. 对拉深件的要求

1) 拉深件外形应力求简单、对称，尽量采用回转体设计。非对称结构的拉深件会因变形不均匀而使拉深工艺复杂和模具制造难度增大。

2) 拉深件的圆角半径不宜过小。为避免拉穿，一般低碳钢薄板拉深件最小允许半径如图 6-49 中的 R 所示。

3) 拉深件上的孔应避开转角处，以防止拉深时造成孔变形，或避免拉深后冲孔的难度，如图 6-49 所示。

4. 改进结构简化工艺及节省材料

有时改进冲压件的结构可以简化制造工艺或节省材料。例如：

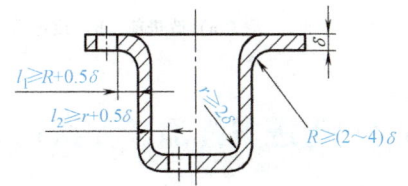

图 6-49 拉深件的圆角半径

（1）采用分体结构　某些形状复杂的冲压件可以采用分体结构，先分别冲制若干个简单件，然后再焊成整体件，如图 6-50 所示的分体冲压-焊接组合结构。

（2）采用冲口工艺　冲口也叫切舌，是一种对非封闭轮廓的切边工艺，通常配合弯曲成形一起使用。如图 6-51 所示，可以减少组合件的数量，节省材料，简化工艺。

（3）简化拉深件结构　如图 6-52a 所示的汽车消声器后盖零件，改为图 6-52b 的结构后，冲压加工由八道工序降为两道工序，材料消耗减少 50%。

5. 采用增强结构以减少用料厚度

在强度和刚度允许的条件下，应尽可能采用较薄的材料，以减少材料的消耗。对局部刚度不够的部位，可采用增强结构，如增设加强筋类结构，如图 6-53b 所示的直角连接件的结构。

6. 冲压件的精度和表面质量

对冲压件的精度要求，不应超过冲压工艺所能达到的一般精度，并应在满足需要的情况下尽量降低要求，以降低工艺难度，减少制造成本。

一般冲压工艺的经济精度等级为：落料件 IT10，冲孔件 IT9，弯曲件 IT10~IT9；拉深件高度尺寸的经济精度为 IT10~IT18，直径尺寸为 IT10~IT9，经整形后的尺寸精度可达 IT7~IT6。

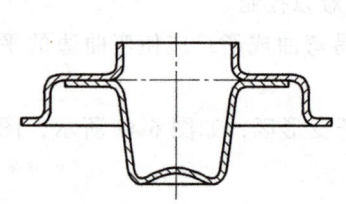

图 6-50　冲压-焊接结构零件

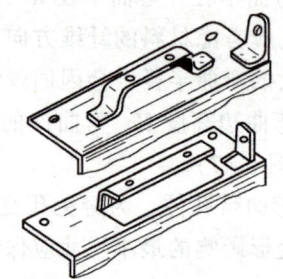

图 6-51　冲口工艺的运用

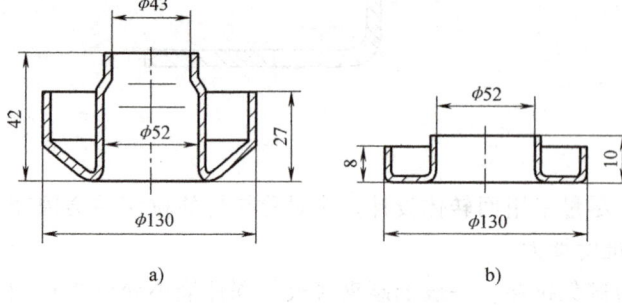

图 6-52　消音器后盖零件结构
a）改进前　b）改进后

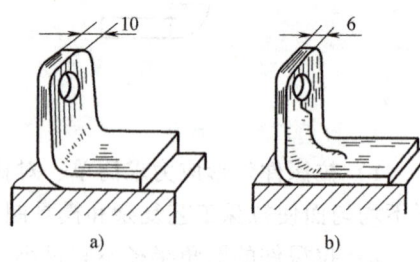

图 6-53　使用加强筋举例
a）无加强筋　b）有加强筋

6.4　先进塑性加工方法简介

随着现代机械制造技术的发展，近年来，塑性加工生产中出现了许多新工艺、新技术，如精密模锻、粉末锻造、超塑性成形以及高能高速成形等。新工艺的开发与应用，扩大了塑性成形的适用范围，使塑性加工有了更高的加工质量和生产率，劳动条件也得到改善。

6.4.1 精密模锻

精密模锻（Precision Die Forging）是在模锻设备上锻造出形状复杂的高精度锻件的模锻工艺。如图 6-54 所示的一种汽车差速器精密模锻锥齿轮，其齿形部分可直接锻出而不必再经切削加工。一般精密模锻件尺寸公差等级精度可达 IT15～IT12，表面粗糙度值 Ra 可达 3.2～1.6μm。

精密模锻的工艺过程一般是先通过普通模锻将原始坯料制成中间坯料，经去除氧化皮和严格的清理之后，进行无氧化加热；再进行精密模锻。精密模锻具有以下工艺特点：

1）原始坯料的尺寸和质量需精确计算，严格下料，否则会降低精度。

2）中间坯料表面需精细清理，除净坯料表面的氧化皮、脱碳层及其他缺陷等。

3）应采用保护性气氛加热法，尽量减少坯料表面形成的氧化皮。

4）精锻模膛的精度一般要比锻件精度高两级。精锻模应有导柱导套结构，以保证合模准确。精锻模上应开排气通道，以排出模膛中的气体，减小金属流动和充型阻力。

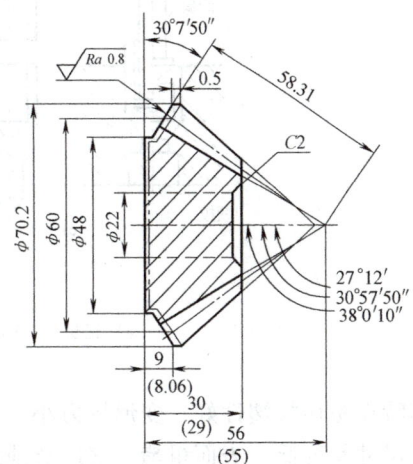

图 6-54 差速精密模锻齿轮图

5）模锻时需要对锻模进行良好的润滑和冷却。

6）精密模锻一般都在刚度大、运动精度高的模锻设备上进行，如曲柄压力机、摩擦压力机或高速锤等。

6.4.2 挤压成形

挤压成形（Extrusion）是使坯料在封闭模膛内受三向不均匀压应力作用下，在模具的型孔或缝隙处发生塑性流动，从而获得所需制件的加工方法。

1. 挤压类型

按照挤压时金属的流动方向与凸模运动方向的不同，挤压成形方式可分为以下几种：

(1) 正挤压 坯料从模孔中流出部分的运动方向与凸模运动方向相同的挤压方法（见图 6-55a）。

(2) 反挤压 坯料的一部分沿凸、凹模之间的间隙流出，其流动方向与凸模运动方向相反的挤压方法（见图 6-55b）。

(3) 复合挤压 同时兼有正挤、反挤时金属流动特征的挤压方法（见图 6-55c）。

(4) 径向挤压 坯料沿与凸模运动相垂直方向流动的挤压方法（见图 6-55d）。

按坯料变形温度的不同，挤压又可分为：

(1) 热挤压（Hot Extrusion） 坯料加热到再结晶温度以上进行的挤压加工称为热挤压

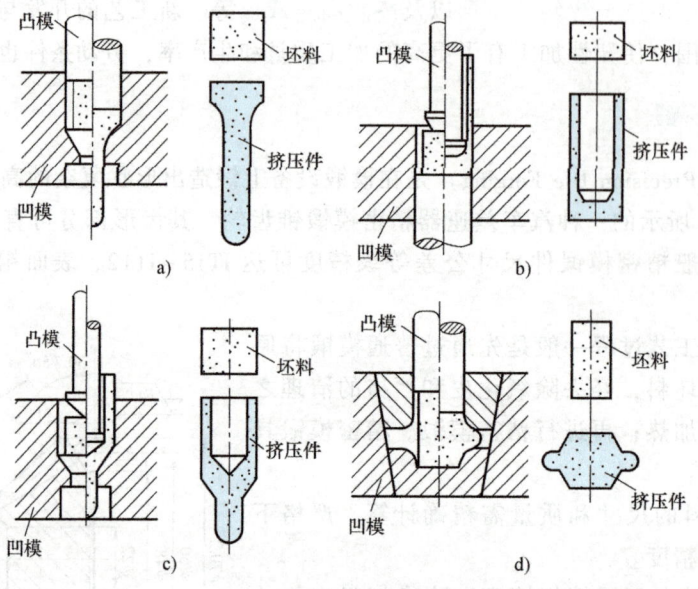

图 6-55 挤压成形的类型

a) 正挤压 b) 反挤压 c) 复合挤压 d) 径向挤压

其特点是坯料塑性好,变形抗力小,可以挤压尺寸较大的工件和强度较高的材料,但挤压件的尺寸精度低,表面粗糙。它广泛地应用于冶金部门,生产铝、铜、镁及其合金的型材和管材等。目前也越来越多地用于机器零件和毛坯的生产。

(2) 冷挤压(Cold Extrusion) 在室温下进行的挤压加工称为冷挤压。冷挤压中,坯料的变形抗力较大,变形程度不宜过大。冷挤压件具有较高的尺寸精度和表面质量,由于其内部组织为冷变形强化组织,故强度也比较高。图 6-56 所示为纯铁底座零件,原来一直是采用机械加工方法制造,工序多。改用冷挤压成形后,一次挤压成形即满足使用要求。

(3) 温挤压(Warm Extrusion) 在介于室温和再结晶温度之间进行的挤压加工称为温挤压。与热挤压相比,坯料氧化脱碳少,表面粗糙度值低,产品尺寸精度较高。与冷挤压相比,金属变形抗力低,增大了变形程度,提高了模具的寿命。温挤压产品的表面粗糙度值 Ra 可达 6.3~3.2μm,适合挤压小型的中、高碳钢或高强度合金钢件。如图 6-57 所示的零件,

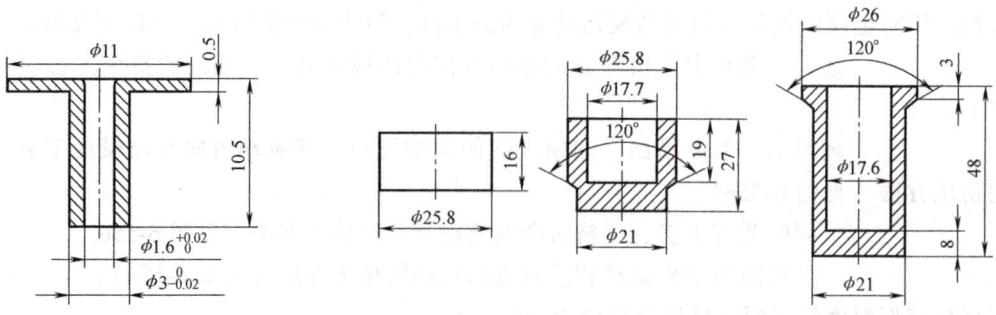

图 6-56 纯铁底座零件

图 6-57 外壳零件的温挤压过程

若采用冷挤压方法,需经多次挤压才能完成。现采用温挤压成形(变形温度300℃),只需两次挤压即可。

2. 零件挤压工艺特点

1)挤压时金属坯料处于三向受压状态,可提高金属坯料的塑性。因此,适合挤压的材料很多,不仅有低碳钢、有色金属、合金钢等塑性好的材料,高碳钢、轴承钢等在一定条件下也可进行挤压。

2)挤压变形量大。可直接制出形状复杂、深孔、薄壁和异型断面的零件。

3)挤压零件的精度高,尤其是冷挤压件,尺寸精度可达IT7~IT6,表面粗糙度值 Ra 可达 $3.2\sim 0.4\mu m$,可直接使用。

4)挤压变形的强化作用和良好的锻造流线提高了挤压件的力学性能。操作简单,易于实现机械化和自动化。生产率比其他锻造及机械加工提高几倍,同时其材料利用率可达70%,节省了原材料,降低了制造成本。

5)挤压时的变形抗力较大,通常在专用挤压机(有液压式、曲轴式、肘杆式等)上进行,也可在经适当改造后的通用压力机(如曲柄压力机、摩擦螺旋压力机)上进行。一般以小型零件为主。

6.4.3 轧制成形

轧制(Rolling)是指金属坯料在旋转轧辊的碾压作用下产生连续的塑性变形,横截面积减小,长度增加,从而获得所要求截面形状制件的加工方法。按轧辊转向和轧辊轴线与轧制件轴线之间关系的不同,轧制成形可分为纵轧、横轧和斜轧三种形式。由于其具有生产率高、质量好、成本低、材料利用率高等优点,近些年来,工业应用得到了快速增长。

1. 纵轧(Longitudinal Rolling)

轧辊轴线平行、旋转方向相反,轧件沿与轧辊轴线垂直的方向做送进运动的轧制方式称为纵轧。主要用于轧制非圆截面的杆件和各种型材。辊锻是工程最常使用的一种纵轧方式。

辊锻又称辊轧,是用一对反向旋转的扇形模具使坯料塑性变形,从而获得所需锻件的加工方法(见图6-58)。辊锻按用途不同,可分为制坯辊锻和成形辊锻。制坯辊锻多用来与热模锻压力机或摩擦压力机配合,轧制长轴类锻件。成形辊锻适用于生产扳手、活动扳手、链环和连杆件等。

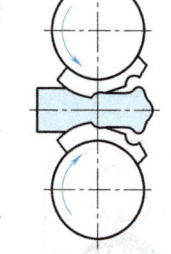

图6-58 辊锻示意图

2. 横轧(Cross Rolling)

轧辊旋转方向相同,轧件轴线与轧辊轴线平行,并做反向旋转的轧制方式称为横轧。横轧主要用于轧制轴类轧件及齿轮、螺纹、链轮等。

(1)齿轮轧制 它是用带齿形的轧辊边旋转边径向进给,使坯料在对滚过程中形成齿形的一种横轧方法(见图6-59)。横轧成形过程中,坯料上的一部分金属受挤压形成齿槽,相邻部分的金属被轧辊齿部"反挤"而上升,形成齿顶。齿轮轧制采用热轧制方式较多,对于小模数的齿轮有时也采用冷轧,冷轧齿轮可以获得更高的尺寸精度、齿形精度,表面粗糙度值也更低。

(2)螺纹轧制 又称螺纹滚压或滚丝,如图6-60所示。两个带螺纹的轧辊同向旋转,带动坯料旋转,其中一个轧辊还要同时做径向进给,从而在坯料上轧制出螺纹。螺纹轧制大都在室温下进行,通常称为冷轧,主要加工直径为3~20mm的螺纹,精度可达IT7,表面粗

糙度值 Ra 可达 $0.4\mu m$。

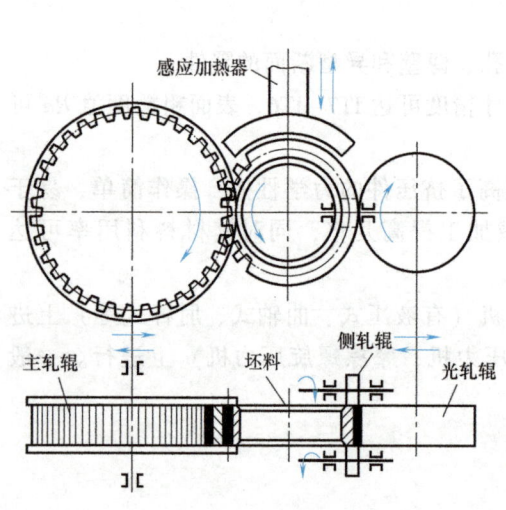

图 6-59　热轧齿轮示意图

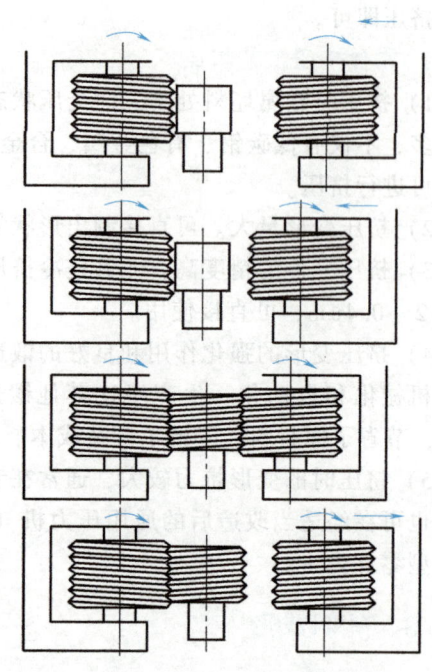

图 6-60　螺纹轧制原理图

（3）辗环轧制　辗环轧制是将环形坯料在旋转的轧辊中进行轧制的方法，又称扩孔，是环形件特有的成形方法之一。如图 6-61 所示，其工艺过程为主动辊 1 由电动机带动旋转，利用摩擦力使坯料 5 在主动辊和芯辊 2 之间受压变形。主动辊还可由液压缸推动做上、下移动。改变 1、2 两辊间的距离，使坯料厚度逐渐变小、直径扩大。导向辊 3 用以保持正确运送坯料方向。检测辊 4 用来控制环件直径。坯料变形到与辊 4 接触时，辊 1 即停止工作。辗环工艺可以轧制火车轮箍、齿圈、轴承套环等工件，其操作简单，生产率高，特别适合环形件的批量生产。

3. 斜轧（Skew Rolling）

轧辊轴线交叉一定角度（一般不大于 7°）并做同向旋转，坯料在轧辊的作用下反向旋转，同时还做轴向运动，这种轧制称为斜轧，也称为螺旋轧制（见图 6-62）。斜轧主要用来

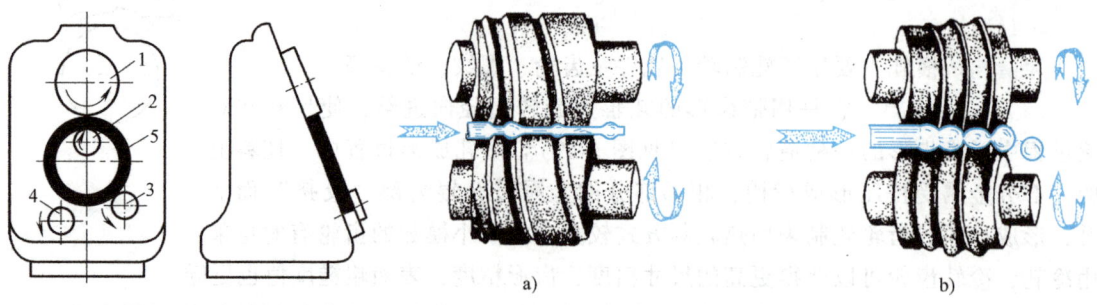

图 6-61　辗环示意图
1—主动辊　2—芯辊　3—导向辊
4—检测辊　5—坯料

图 6-62　螺旋轧制

轧制横截面呈周期性变化的轧件，如钢球轧制（图 6-62b）、截面做周期性变化的杆件轧件（图 6-62a）等，生产率很高。

6.4.4 粉末锻造

粉末锻造（Powder Forging）是粉末冶金成形方法和锻造相结合的一种金属加工方法。该方法兼具粉末冶金件尺寸精度高和锻造件力学性能好的优点。粉末锻造方法的分类如图 6-63 所示，其中，烧结锻造法技术成熟，工业应用较多，其工艺过程为，将粉末预压成形后，在保护性气氛炉内烧结制坯，将坯料加热至锻造温度后模锻成零件，工序流程如图 6-64 所示。

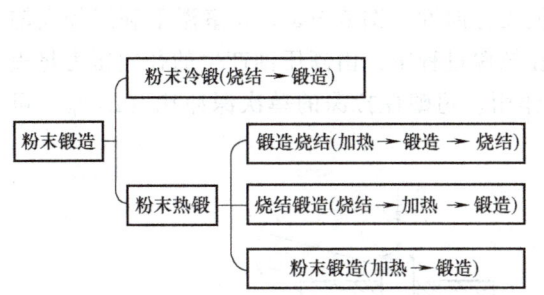

图 6-63 粉末锻造方法的分类

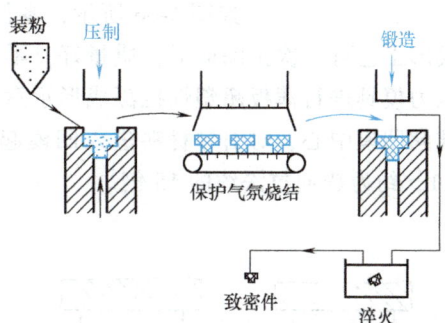

图 6-64 粉末烧结锻造工序流程示意图

与模锻相比，粉末锻造具有以下优点：

1）制件力学性能好，内部组织无成分偏析及各向异性，强度、塑性和冲击韧度都较高。

2）材料利用率高，可达 80%~90%。而模锻的材料利用率只有 50%左右。

3）制作精度高，表面质量好，可实现形状复杂件的少、无切削加工。

4）易于实现机械化和自动化，生产效率高。高生产率的烧结锻造产线已经达到每小时近千件的产量。

5）锻造压力小，模具使用寿命长。例如某汽车差速器齿轮，普通钢坯精锻需要用 2500~3000kN 压力机，而粉末烧结锻造只需 800kN 的即可。

6）可以成形热塑性差的材料。如难以变形的高温铸造合金，可用粉末锻造方法锻出形状复杂的零件。

粉末锻造工艺近年来发展较快。在机械制造、航空航天等领域得到较多应用。如批量制造内燃机连杆、差速器齿轮、高合金钢刀具、飞机发动机涡轮盘、叶片等都有采用粉末冶金锻造，产品性能和材料利率得到大幅提高的同时降低了单件成本。

6.4.5 超塑性成形

利用金属在特定条件下具有的超塑性进行成形加工的方法称为超塑性成形（Super Plaseic Forming）。超塑性（Superplastic）是指金属或合金在低的变形速率、一定的变形温度和均匀细晶粒度的特定条件下，其相对伸长率 A 超过 100%以上的特性。目前使用的超塑性合金包括铝、镁、钛合金，碳钢，不锈钢和高温合金等。

处于超塑性状态下的金属，其变形应力只有常态下金属变形应力的几分之一至几十分之一，拉深变形过程中不产生缩颈现象，因此更易于成形，可采用挤压、模锻、板料冲压、无模拉拔等多种工艺方法制出复杂零件。

1. 超塑性成形工艺

（1）挤压和模锻 高温合金及钛合金在常态下塑性很差，变形抗力大，不均匀变形易引起各向异性变化，一般的方法较难成形，材料损耗大，成品率低。在超塑性状态下进行挤压或模锻，就可以克服上述缺点，因此成为近年来被高度关注的新技术。图 6-65 所示为钛合金涡轮盘锻件采用两种模锻方法的比较。采用超塑性模锻时材料利用率大大提高，模锻工步由 4 步减少为 1 步。

（2）板料冲压 如图 6-66 所示，零件长径比较大，传统工艺需多次拉深，但选用超塑性成形工艺可一次拉深成形，质量好，零件性能无方向性。图 6-66a 为在室温下利用径向辅助压力模具进行薄板超塑性拉深成形示意图。在拉深过程中，由高压油产生的径向压力将板料推向凹模中心，对引导材料进入凹模起辅助作用。超塑性拉深的单次深冲比（H/d_0）可达 11，约为普通拉深约的 15 倍。

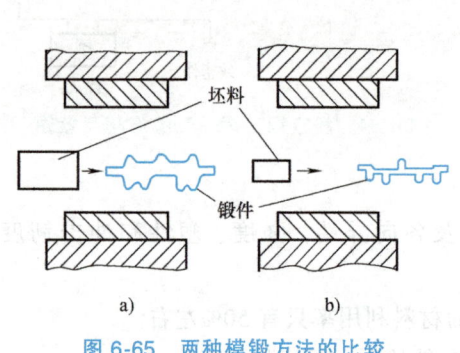

图 6-65 两种模锻方法的比较

a) 普通模锻 b) 超塑性模锻

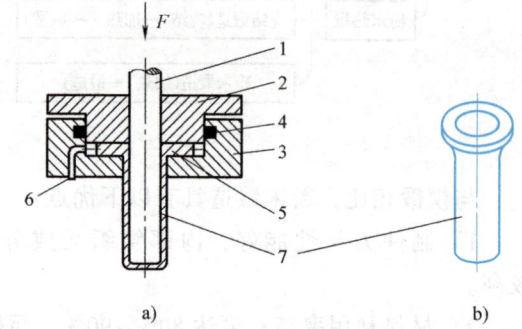

图 6-66 超塑性板料拉深

a) 拉深过程 b) 工件

1—冲头 2—压板 3—凹模 4—电热元件
5—板料 6—高压油孔 7—工件

（3）板料气压成形 如图 6-67 所示，超塑性金属板料置于模具中，将板料与模具一起加热到规定温度，向模具内引入压缩空气建立正压或抽出模具内的空气形成负压，板料将贴紧在凹模或凸模上，从而获得所需形状的工件。该法可加工的板料厚度为 0.4~4mm。

2. 超塑性成形工艺特点

1) 扩大了可锻金属材料的种类范围。如过去只能采用铸造成形的镍基合金，也可以进行超塑性模锻成形。

2) 材料充填性能好，可锻出精度高、加工余量小或零余量的零件。

3) 锻件晶粒细化均匀，力学性能好。

4) 金属的变形抗力小，可降低设备吨位，节省能耗。

5) 超塑性成形的变形温度比较稳定，变形速率较低，因此零件的残余应力小，尺寸稳定性好，但生产效率也因此较低。

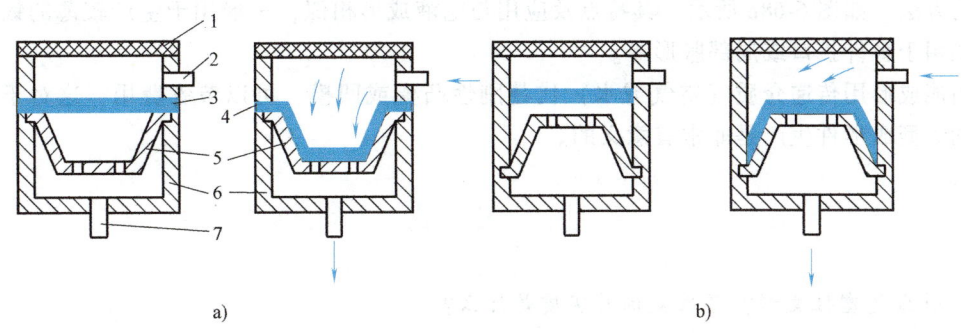

图 6-67 板料气压成形
a) 凹模内成形 b) 凸模内成形
1—电热元件 2—进气孔 3—板材 4—零件 5—凹模 6—模框 7—抽气孔

6.4.6 高能成形

利用高能量的冲击波,通过介质使金属板料产生塑性变形的加工方法称为高能成形。按使用的能源不同,高能成形（High Energy Rate Forming）可分为爆炸成形、电液成形、电磁成形等类型,如图 6-68 所示。

(1) 爆炸成形 爆炸成形（Explosive Forming）是利用炸药爆炸产生的高能冲击波,通过不同介质使坯料产生塑性变形的方法,如图 6-68a 所示。该方法设备简单、易于操作,工件尺寸一般不受设备能力限制,但生产率低,适用试制或小批量生产大型制件。应用上存在爆炸物使用安全及噪声污染问题。

(2) 电液成形 电液成形（Electrohydraulic Forming）是利用在液体介质中高压放电时产生的高能冲击波,使坯料产生塑性变形的方法,如图 6-68b 所示。该方法生产率较高,易于实现机械化,但设备复杂,由于受设备功率、容量的限制,适用于形状复杂程度中等的小型制件的批量生产,在管类零件的胀形加工中应用较多。

(3) 电磁成形 电磁成形（Electromagnetic Forming）是以电磁力作用于坯料使其塑性

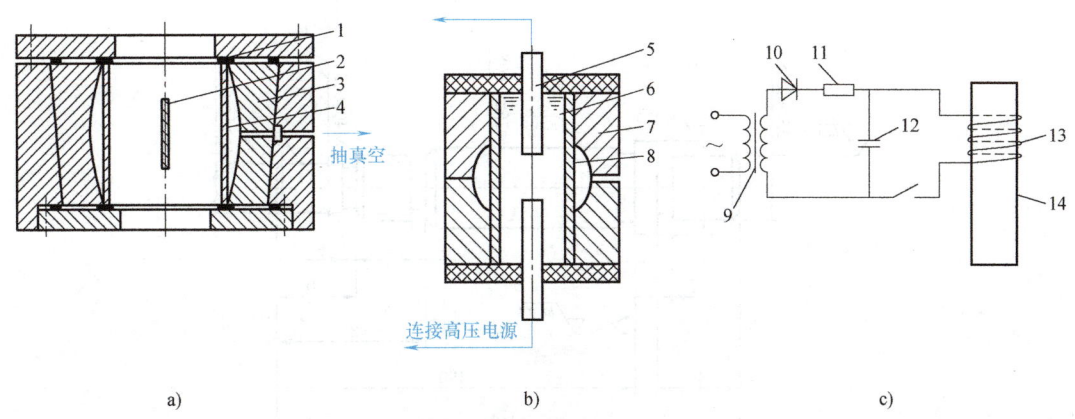

图 6-68 高能成形方法
a) 爆炸成形 b) 电液成形 c) 电磁成形
1—密封圈 2—炸药 3、7—凹模 4、8、14—坯料 5—电极 6—水 9—变压器 10—整流元件
11—限流电阻 12—电容器 13—线圈

变形的方法，如图 6-68c 所示。其特点及应用与电液成形相似，一般用于生产较薄的钣金零件，如用于管件扩口或局部胀形等。

高能成形用传递介质（空气或水）代替刚性凸模或凹模，可以节省费用，这对于批量较小的大型成形件生产是非常有意义的。

思 考 题

1. 什么是塑性变形？塑性变形的实质是什么？
2. 什么是最小阻力定律？举例说明其在生产中的应用。
3. 什么是冷变形？什么是热变形？铅（熔点为 327℃）在室温、钨（熔点为 3380 ℃）在 1000℃ 时的变形各属于哪种变形？为什么？
4. 在生产中提高金属塑性加工性能的措施有哪些？
5. "趁热打铁"的理论依据是什么？
6. 锻造流线对金属性能有何影响？螺栓经棒料切削成形和锻造成形在力学性能上有何差异？为什么？
7. 用棒料坯料做锻造拔长时为什么先镦粗？
8. 在图 6-69 所示的两种砧铁上进行拔长时，效果有何不同？
9. 为什么巨型锻件必须采用自由锻的方法制造？
10. 根据图 6-70 所示零件图绘制自由锻件图。
11. 预锻模膛和终锻模膛在结构形状上有何差异？在什么情况下需要预锻模膛？
12. 简述模锻件分模面的选择原则。
13. 改正图 6-71 模锻件结构设计的不合理之处。
14. 图 6-72 零件采用模锻工艺制造，请根据其特点选择最合适的分模面位置并说明原因。

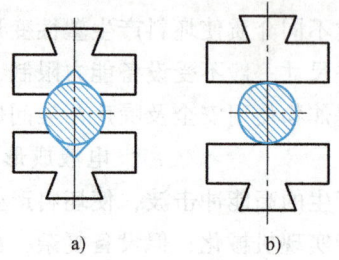

图 6-69 砧铁

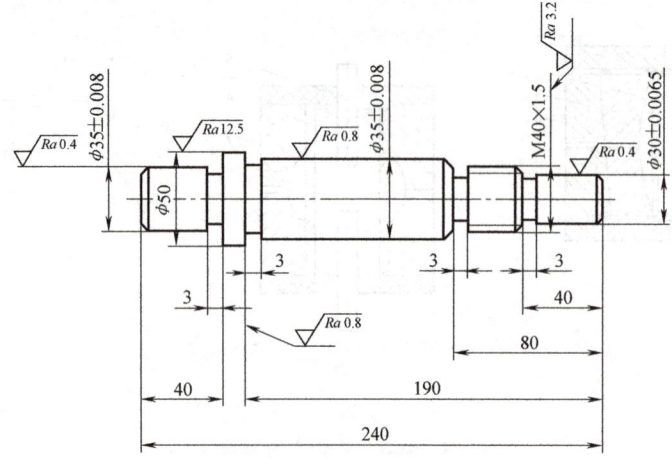

图 6-70 零件图

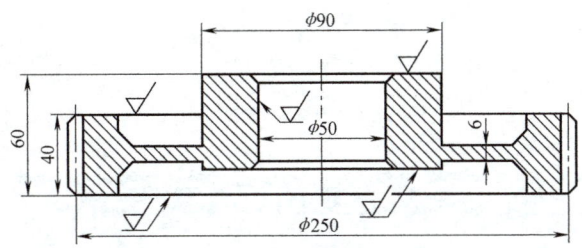

图 6-71　模锻件结构设计

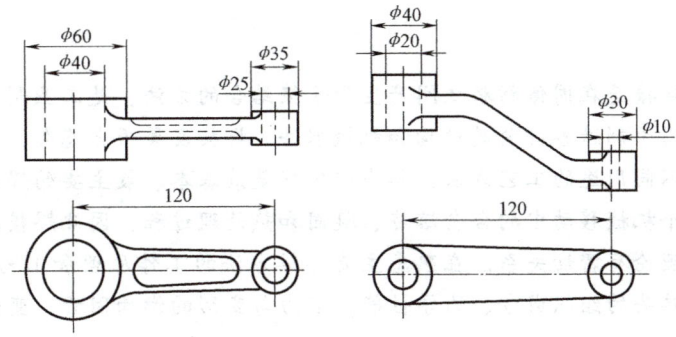

图 6-72　模锻零件

15. 试比较曲柄压力机上模锻和摩擦压力机上模锻的设备、锻件质量、生产率和应用范围。

16. 为什么摩擦压力机上不可以进行多模膛锻造？

17. 锤上模锻和胎模锻有什么区别？应用上各有何特点？

18. 请为下列制品选择合理的锻造方法并说明原因。

铣床主轴（成批）；活扳手（大批）；自行车大梁（大批）；起重机吊钩（小批）；飞机起落架（成批）；六角螺栓（大批）。

19. 冲孔与落料有何异同？冲裁工艺中，如何确定凸、凹模的尺寸？

20. 板料弯曲为什么会产生回弹现象？如何保证弯曲精度？

21. 如何防止拉穿、皱褶等拉深缺陷？

22. 用 $\phi 250mm \times 1.5mm$ 的坯料能否一次拉深成直径为 $\phi 50mm$ 的拉深件？应采取哪些措施才能保证正常生产？

23. 试述图 6-73 示冲压件的冲压工序。

24. 精密模锻通过哪些措施来保证产品的精度？

25. 粉末锻造有哪些特点？

26. 挤压成形与一般锻造相比有哪些特点？

27. 简述热挤压、冷挤压和温挤压的工艺特点和应用场合。

28. 轧制零件的方法有哪几种？各有何特点？

29. 如何区分纵轧、横轧和斜轧？应用上各有何特点？

30. 什么是超塑性成形？其有哪些特点？常用的超塑性成形工艺方法有哪几种？

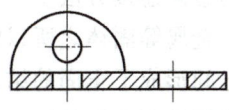
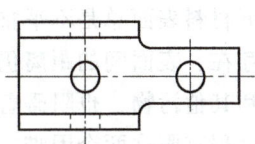

图 6-73　冲压件

第7章

焊　接

> **本章导学：** 焊接是在固体材料之间产生原子级结合的方法，是工业制造方法中的一个大的门类，广泛用于制造各种金属结构和机械零件。焊接发展历史悠久，有较完整的工艺理论和适应各种不同用途的工艺方法，其中熔化焊是最基本、最主要的焊接方式。焊缝形成过程本身是一个机械移动中的合金熔炼、凝固和热处理过程，因此焊接工艺知识与金属材料及其热处理理论有密切关系。在熟悉主要焊接方法的工作原理和工艺特点的基础上，要重点掌握焊接接头的组织成分、力学性能，应力与变形的影响因素、变化规律及控制焊接质量的办法。

7.1　焊接概述

7.1.1　焊接的定义和特点

焊接（Welding）是通过加热、加压或两者并用，并使用（或不用）填充材料，使分离的材料达到原子结合，从而形成不可拆卸连接（永久连接）的成形方法。被结合的两个物体可以是同类的金属或非金属材料，也可以是不同类的材料，如一种金属与一种非金属材料。这种加工方法对经济发展和社会建设具有重要意义。据不完全统计，目前全世界年产量45%的钢和大量有色金属，都是通过焊接加工形成产品的。焊接是目前工业中最经济、最有效的金属连接方法。

金属等固体之所以能保持稳定的形状是因为其内部原子间距（晶格距离）十分小，原子之间形成了牢固的结合力。要使两个分离的金属焊件连接在一起，从物理本质上来看，就是要把这两个焊件连接表面上的原子拉近到金属晶格距离（即 0.3~0.5nm）。然而，一般情况下材料表面总是不平整的，即使经过精密磨削加工的表面，由于平面度误差和表面粗糙度的存在，表面间的距离仍比晶格距离大得多（约几十微米）；另外，金属表面难免存在氧化膜和其他污物，也阻碍着焊件表面原子间的接近。因此，焊接的本质就是通过适当的物理化学过程克服这两个困难。这些物理化学过程，归结起来不外乎是用各种能量加热和用各种方法加压两类。

与铸造、锻压和铆接方法相比，焊接方法具有如下特点：

1) 焊接可以将不同类型、不同形状尺寸的材料连接起来，使金属结构中材料的分布更合理。此外，焊接结构中，各组件间通常可直接用焊接方法连接，不需要附加连接件，焊接接头的强度一般能达到与母材强度相同。因此，焊接结构产品的质量轻，生产成本低。

2）焊接接头是通过原子结合力来实现的连接，焊缝强度高，连接刚度大，结构整体状况好，而且，焊接接头具有良好的气密性、水密性，这是其他连接方法无法比拟的。

3）焊接加工一般不需要大型、贵重的设备，是一种基础投资少、见效快且工艺成本低的方法。同时，焊接"工艺柔性"比较好，既适用于大批量生产，又适用于小批量生产。而产品结构变化时，设备可基本不变。

4）焊接工艺特别适用于几何尺寸大而材料较分散的制品，例如船壳、桁架等。焊接还可以将大型、复杂的结构件分解为许多小型零部件分别加工，然后通过焊接连接成整体结构，从而扩大了工作范围，简化了金属结构的加工工艺，缩短了加工周期。

焊接是现代金属加工的基础生产工艺之一，它能将分离的构件连接成牢固的整体，组成各种零件和结构，大到巨型船舰，小到芯片引线都能广泛地使用焊接技术。焊接技术在石油化工（容器、管道）、建筑业（大型钢结构）、机械制造业、车辆和船舶制造业、航天、电力电子和电器制造业等行业得到广泛应用。

7.1.2 焊接的分类

按照焊接过程中金属所处状态不同，可以把焊接方法分为熔焊、压焊和钎焊三个大类。每一大类又可按不同的方法细分为若干小类，如图7-1所示。

（1）熔焊（Fusion Welding） 将待焊处的母材金属熔化以形成焊缝的焊接方法称为熔焊。实现熔焊的关键是要有一个能量集中、温度足够高的局部热源。若温度不够高，则无法使材料熔化；能量集中程度不够，则增大热源作用区域的范围，徒然增加能量损耗。按所使用热源的不同，熔焊可分为以下基本方法：电弧焊，以气体导电时产生的电弧热为热源，以电极是否熔化为特征，分为熔化极电弧焊和非熔化极电弧焊两大类；气焊，以乙炔或其他可燃性气体在氧气中燃烧的火焰为热源；铝热焊，以铝热剂的放热反应产生的热为热源；电渣焊，以熔渣导电时产生的电阻热为热源；电子束焊，以高速运动的电子流撞击焊件表面所产生的热为热源；激光焊，以激光束照射到焊件表面产生的热为热源等。

熔焊时，为了避免焊接区的高温金属与空气相互作用而使焊接接头的性能恶化，在焊接区要采取保护措施，通常有造渣、通保护气体和抽真空三种。因此，焊接区的保护措施常常是区分熔焊方法的另一个特征。

（2）压焊（Pressure Welding） 焊接过程中，必须对焊件施加压力（加热或不加热）以完成焊接的方法称为压焊。为了降低加压时材料的变形抗力，提高材料的塑性，压焊时，在加压的同时常伴有加热。

按所施加焊接能量的不同，压焊的基本方法可分为：锻焊、冷压焊、电阻焊（包括点焊、缝焊、电阻对焊、闪光对焊）、超声波焊、摩擦焊、爆炸焊和扩散焊等。

（3）钎焊（Brazing Welding） 采用比母材熔点低的金属材料作为钎料，将焊件和钎料加热到高于钎料熔点，但低于母材熔化温度，利用液态钎料润湿母材，填充接头间隙并与母材相互扩散从而实现焊件连接的方法称为钎焊。钎焊时，通常要清除焊件表面污物，增加钎料的润湿性，这就需要采用钎剂。

钎焊时也必须加热熔化钎料（但焊件不熔化）。按热源的不同，钎焊可分为火焰钎焊（以乙炔在氧气中燃烧的火焰为热源）、感应钎焊（以高频感应电流流过焊件产生的电阻热为热源）、电阻钎焊（以电阻辐射热为热源）、电子束钎焊和盐浴钎焊（以高温盐熔液为热源）。此外，也可按钎料熔点的不同分为硬钎焊（熔点在450℃以上）和软钎焊（熔点在450℃以下）两类。钎焊时通常要进行保护，如抽真空、通保护气体和使用钎剂等。

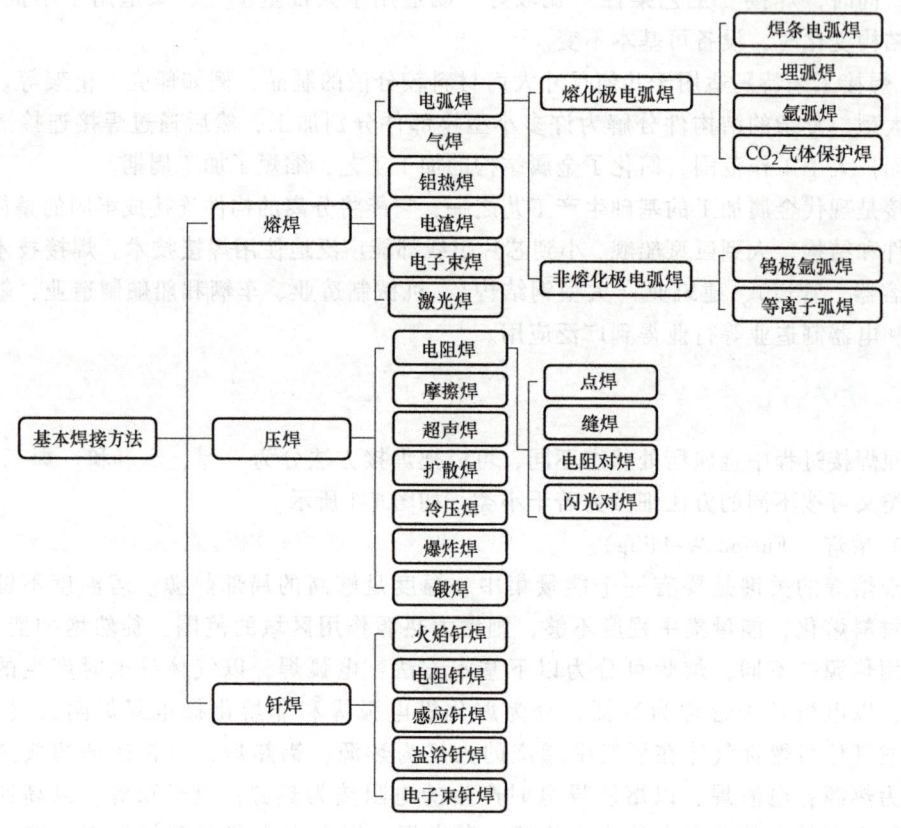

图 7-1 焊接方法分类

7.1.3 焊接的发展

焊接是一种古老而又年轻的加工方法，发展史可以追溯到远古时代。在我国古代就有使用锻焊和钎焊的实例。据记载，春秋战国时期，我们的祖先已经懂得以黄泥作为助熔剂，用加热锻打的方法把两块金属连接在一起。另外，大约公元前1000年，埃及人以及地中海东部地区的一些民族就开始使用焊接技术。

工业生产中广泛应用的现代焊接技术是19世纪发明的。到19世纪末和20世纪初，现代科学技术（特别是冶金学、金属学以及电工学）的发展，奠定了焊接工艺及设备的理论基础；而冶金工业、电力工业和电子工业的进步，则为焊接技术的长远发展提供了有利的物质技术条件。19世纪末期，碳极电弧焊和金属极电弧焊相继出现；1900—1930年，药皮焊条和交流电焊机的出现使得焊条电弧焊得到实际应用。在此基础上,埋弧焊、钨极氩弧焊、熔化极氩弧焊以及二氧化碳气体保护焊等自动或半自动焊接方法相继发展起来。在电弧焊方法发展的同时,各种电阻焊方法也陆续出现,此后逐渐完善为电阻点焊、缝焊和对焊方法,它们几乎与电弧焊同时推向工业应用,逐步取代铆接,成为工业中广泛应用的两种主要焊接方法。到目前为止,人们又相继发明了电子束焊、激光焊等20余种基本方法和上百种派生方法,并且仍处于继续发展之中。

7.2 电弧焊

电弧焊(Arc Welding)是利用电弧作为热源的熔焊方法,主要分为焊条电弧焊、埋弧焊、气体保护电弧焊等方法。电弧焊是现代焊接方法中应用最为广泛,也是最为重要的一类焊接方法。根据一些工业发达国家最新的统计,电弧焊在各国焊接生产总量中所占比例一般都在60%以上,其重要的原因就是,电弧能有效而简便地把电能转换成焊接过程所需要的热能和机械能。

7.2.1 焊接电弧和电源

1. 焊接电弧的生成

电弧是一种气体放电现象,它能放出强烈的光和热。根据电弧的特点,电弧能有效而简便地把电能转换成焊接过程所需要的热能和机械能。为了认识电弧焊接,就必须首先弄清电弧的导电机理以及电弧能量产生和转换的基本规律。

电弧的产生,即气体的放电,需要具备一定的条件,那就是气体的电离。一般情况下,由于气体的分子和原子都呈中性,气体中几乎没有带电质点,因而不能导电。电流无法通过,电弧也就不能自发产生。要使气体导电,必须使气体电离。气体电离后,气体中原来的中性分子和原子转变为正离子、电子和带电质点,这样电流才能通过气体间隙而形成电弧。

焊接电弧是两电极之间的气体介质产生的强烈而持久的放电现象,也就是局部气体介质有大量电子流通过的导电现象。焊接电弧的产生和维持是在光、热、电场和动能等的作用下,气体粒子不断地被激励、游离(同时又存在着中和),以及电子发射的结果。它和其他气体放电的区别在于它的电压低、电流密度大。焊条电弧焊时,电极的一端是被焊工件,另一端是焊条。

沿长度方向焊接电弧可分为三个区域:阳极区、弧柱区和阴极区,如图7-2所示。三个区域长度的总和即为焊接电弧的长度,称为弧长。一般情况下,电弧电压与弧长成正比。

电弧引燃后,弧柱中充满高温的电离气体,放出大量的热和强烈的光。电弧的热量与焊接电流和电弧电压的乘积成正比,焊接电流越大,电弧产生的热量就越多。当用钢质焊条焊接时,阴极区温度约为2400K,放出的热量约占电弧总热量的36%;阳极区的温度约为2600K,放出的热量约占电

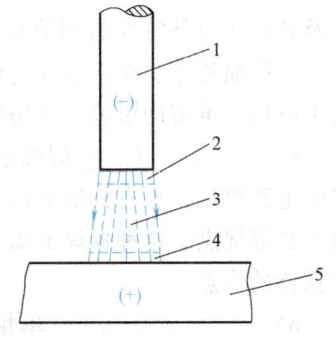

图7-2 焊接电弧

1—焊条 2—阴极区 3—弧柱区 4—阳极区 5—焊件

弧总热量的 43%；弧柱区中心温度可达 5000～8000K，放出的热量仅占电弧总热量的 21%。焊接电弧产生的热量中，65%～85% 用于加热和熔化金属，其余的热量则消失在电弧周围和飞溅的金属液滴中。

由于电弧产生的热量在阳极和阴极上有一定的差异，采用直流电源时，阳极区比阴极区的温度高、热量大，故使用直流电源焊接时，有正接和反接两种接线方法。正接是将工件接到电源的正极，焊条（或电极）接到电源的负极，该接线方法适用于黑色金属和较厚钢板的焊接；反接是将焊条（或电极）接到电源的正极，工件接到电源的负极，该接线方法适用于有色金属和薄件的焊接。如果焊接时采用的是交流电源（交流弧焊机），因为电极交互变化，所以不存在正接和反接问题，两极加热温度实际上无区别。

2. 焊接电源

弧焊电源是用来向电弧提供能量的一种装置。电弧将电源提供的能量转化为热能，以作为焊接的热源。弧焊电源对电弧的稳定燃烧和焊接过程有着重要的影响。因此，了解并正确使用焊接电源，是实现良好电弧焊接的前提条件。

（1）电源的分类 弧焊电源可以分为四大类型，分别为：①交流弧焊电源。包括弧焊变压器和矩形波弧焊电源。②直流弧焊电源。包括弧焊整流器和直流弧焊发电机。③脉冲弧焊电源。④逆变式弧焊电源。

（2）各种弧焊电源的特点和应用

1）弧焊变压器。它把电网电压的交流电变成适于弧焊的低压交流电，由变压器及所需的调节部分和指示装置等组成。它具有结构简单、易造易修、成本低、效率高等优点，但其电流波形为正弦波，电弧稳定性较差、功率因数低，一般应用于焊条电弧焊、埋弧焊和钨极氩弧焊等方法。

2）矩形波交流弧焊电源。它采用半导体控制技术来获得矩形波交流电流，电弧稳定性好，可调参数多，功率因数高。它除了用于交流钨极氩弧焊（TIG）外，还可用于埋弧焊，甚至可代替直流弧焊电源用于碱性焊条电弧焊。

3）直流弧焊发电机。一般由特种直流发电机和获得所需外特性的调节装置等组成。它的缺点是空载损耗较大、效率低、噪声大、维修难；优点是过载能力强、输出脉动小，可用作各种弧焊方法的电源，也可由柴油机驱动用于没有电源的野外施工。

4）弧焊整流器。它把交流电经降压整流后获得直流电，由主变压器、半导体整流元件以及获得所需外特性的调节装置等组成。与直流弧焊发电机相比，它具有制造方便、价格低、空载损耗小、噪声小等优点，而且大多数可以远距离调节，能自动补偿电网电压波动对输出电压、电流的影响，可用作各种弧焊方法的电源。

5）脉冲弧焊电源。焊接电流以低频调制脉冲方式馈送，一般由普通的弧焊电源与脉冲发生电路组成，也有其他结构形式。它具有效率高、热输入量较小、可在较宽范围内控制热输入量等优点。这种弧焊电源用于对热输入量比较敏感的高合金材料、薄板和全位置焊接具有独特的优点。

6）逆变式弧焊电源。单相（或三相）交流电整流后，由逆变器转变为几百至几万赫兹的中频交流电，降压后输出交流或直流电。整个过程由电子电路控制，使电源具有符合需要的外特性和动特性。它具有高效节电、质量轻、体积小、功率因数高、焊接性能好等独特的优点，可用于各种弧焊方法，是一种最有发展前途的普及型弧焊电源。

7.2.2 电弧焊的冶金原理

1. 电弧焊的冶金过程

电弧焊（焊条电弧焊、埋弧焊、气体保护焊）、气焊、电渣焊、等离子弧焊、电子束焊、激光焊、铝热焊等焊接方法的焊接过程伴随着特殊的冶金过程。由于他们都属于熔焊，其熔池的形成、结晶和接头组织的变化规律是相同的。

以焊条电弧焊为例，从母材金属和焊条被加热，到熔池的形成和结晶，伴随着一系列复杂的冶金化学过程，最终影响着焊缝的成分、组织和性能。

此过程会使焊缝金属含氧量大大增加，Fe、Mn、Si、C 等元素大量烧损，使焊缝的力学性能明显下降。高温时氮和氢熔于焊缝金属中，氮与铁结合生成 Fe_4N 和 Fe_2N，Fe_4N 呈片状夹杂物，增加了焊缝的脆性。氢熔于焊缝金属易引起氢脆和冷裂。

为了保证焊缝质量，常采取如下措施：

1）添加合金元素，进行脱硫和脱磷。在焊条药皮中加入锰铁、硅铁等合金，进行脱氧、脱硫、去氢、渗合金等来补充烧损的元素并清理进入熔池的有害元素，从而调整焊缝的化学成分，保证焊缝的力学性能。

2）造成保护气氛。在焊条药皮、自动焊焊剂中加入造气剂和造渣剂，药皮熔化后产生大量的气体和熔渣，保护电弧和熔池金属，减少有害气体的侵入，惰性气体保护也能起到这个作用。如焊条药皮能产生 CO_2 气体和熔渣，将熔池金属和空气隔绝。此外，焊前对焊缝两侧的油污、铁锈、水分等进行清理；焊条、焊剂的烘干处理都能有效地防止有害气体的侵入。

2. 焊接接头的组织和力学性能

电弧焊使焊缝及其附近的母材经历了一个加热和冷却的热过程。由于温度分布不均匀，焊缝经过一次复杂的冶金过程，焊缝附近区域受到一次不同规范的热处理，因此必然引起相应的组织和性能的变化，直接影响焊接质量。

（1）焊缝金属的温度变化与分布　焊接时，焊接电弧对焊件进行局部加热，焊缝区的金属由常温状态被加热到较高温度，而后又冷却到常温状态。焊件横截面上距离焊缝区不同的各点，所到的最高温度以及到达最高温度的时间都是不同的。如图 7-3 所示，距焊缝中心的距离越近，加热温度越高，加热到最高温度的时间越短。由于焊缝区金属受到一次不同的热处理过程，必然得到不同的组织和性能。

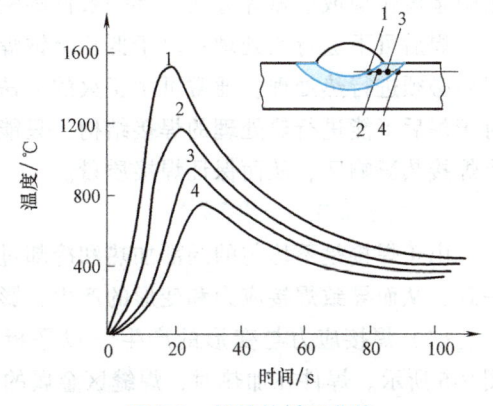

图 7-3　焊接热循环曲线

（2）焊接接头金属组织和性能的变化

1）焊缝金属。焊缝组织是由熔池金属结晶所得到的铸造组织，因晶粒向散热最快方向的反方向长大最快。所以，焊缝中的晶体是方向指向熔池中心的柱状晶体。在结晶过程中形成的铸态组织晶粒粗大，杂质聚集在柱状晶粒的交界处。因此，在焊缝的中心线附近易形成成分偏析，热裂倾向大。但是由于焊缝金属冷却速度快、晶粒细，烧损的化学元素可以由焊条药皮（或焊剂）中的添加元素得到补充，所以，焊缝金属的性能不低于母材金属。低碳钢的焊缝和热影响区的温度、组织变化如图7-4所示。

2) 焊接热影响区。焊接热影响区是指焊缝两侧因焊接热作用而产生组织和性能变化的区域。由于焊缝区金属各点的受热情况不同，热影响区分为熔合区、过热区、正火区和部分相变区。

① 熔合区。熔合区是指焊缝与母材金属的交界区。焊接时，该区金属被加热到液、固两相之间的温度，冷却后得到的组织是过热的粗晶粒。熔合区宽度虽然只有0.1～1mm，但力学性能很差，很大程度上影响着焊接接头的性能。

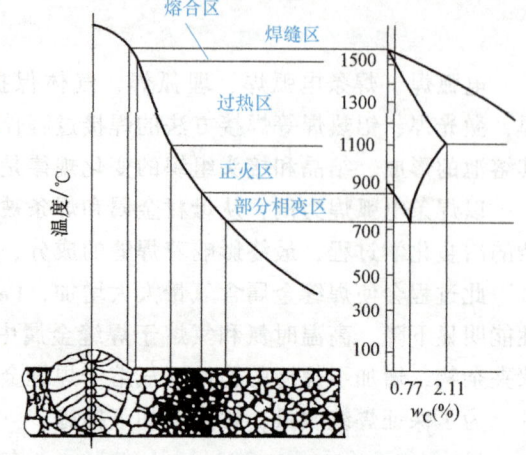

图7-4 低碳钢焊缝和热影响区的组织

② 过热区。焊接时被加热到1100℃以上至固相线温度区间，奥氏体晶粒急剧长大，形成过热组织。因此，过热区的塑性、韧性降低，是热影响区中力学性能较差的部位。

③ 正火区。焊接时，正火区的温度被加热到Ac_3～1100℃，在此温度下，冷却结晶后得到的是均匀而细小的铁素体和珠光体组织，其力学性能优于母材。

④ 部分相变区。焊接时，相当于被加热到Ac_1～Ac_3，只有部分组织发生转变，珠光体和铁素体发生重结晶，晶粒细小，但部分铁素体来不及转变，故称为部分相变区，冷却后晶粒大小不一，力学性能稍差。

综上所述，熔合区和过热区对焊接接头影响不利，应尽量使之减小。焊接热影响区的大小和组织性能变化程度取决于焊接方法、焊接规范、接头形式和冷却速度等因素。焊接规范包括焊条直径、焊接电流、焊接速度和电弧电压等。

(3) 改善焊接热影响区组织性能的措施　电弧焊过程中总会产生一定尺寸的热影响区。用焊条电弧焊或埋弧焊方法焊接一般低碳钢结构时，热影响区较窄，对焊接产品质量影响较小，焊后可不进行热处理；对于低合金钢焊接结构或用电渣焊焊接的结构，热影响区较大，焊后必须进行热处理，通常可用正火的方法，细化晶粒，均匀组织，改善焊接接头的质量；对于焊后不能进行热处理的焊接结构，只能通过正确选择焊接方法，合理制定焊接工艺来减小焊接热影响区，从而保证焊接质量。

3. 焊接的应力和变形

由于焊接是不均匀的局部加热和冷却过程，会使焊件的热胀冷缩速度和组织变化先后不一致，从而导致焊接应力和变形的产生，影响焊件的质量。

(1) 焊接应力与变形的产生　以平板对接焊为例来分析应力和变形的产生过程，如图7-5所示。焊件在加热时，焊缝区金属的热膨胀量较大，并受两侧金属制约，使应受热膨胀的金属不能自由伸长而被塑性压缩，并在其厚度方向上变大；冷却时同样会受两侧金属制约而不能自由收缩，尤其当焊缝区金属温度降至弹性变形阶段以后，由于焊件各部分收缩不一致，必然使焊缝区乃至整个焊件产生应力和变形。焊接构件由焊接而产生的内应力称为焊接应力；焊后残留在焊件内的焊接应力称为焊接残余应力。焊件因焊接而产生的变形称为焊

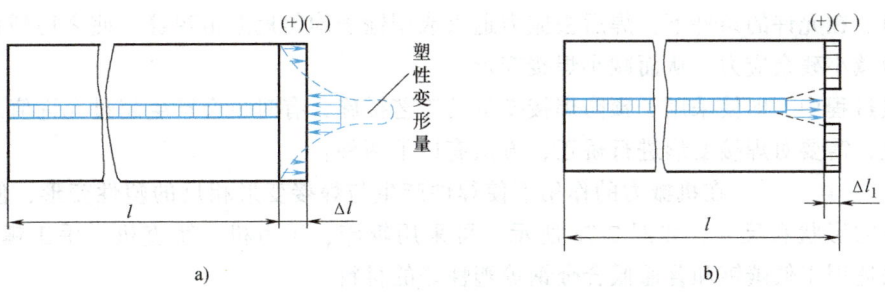

图 7-5 平板焊缝的应力和变形
a) 加热时应力和变形 b) 冷却时应力和变形

接变形；焊后焊件残留的变形称为焊接残余变形。

焊件变形的基本形式有收缩变形、角变形、弯曲变形、扭曲变形和波浪变形等，如图 7-6 所示。

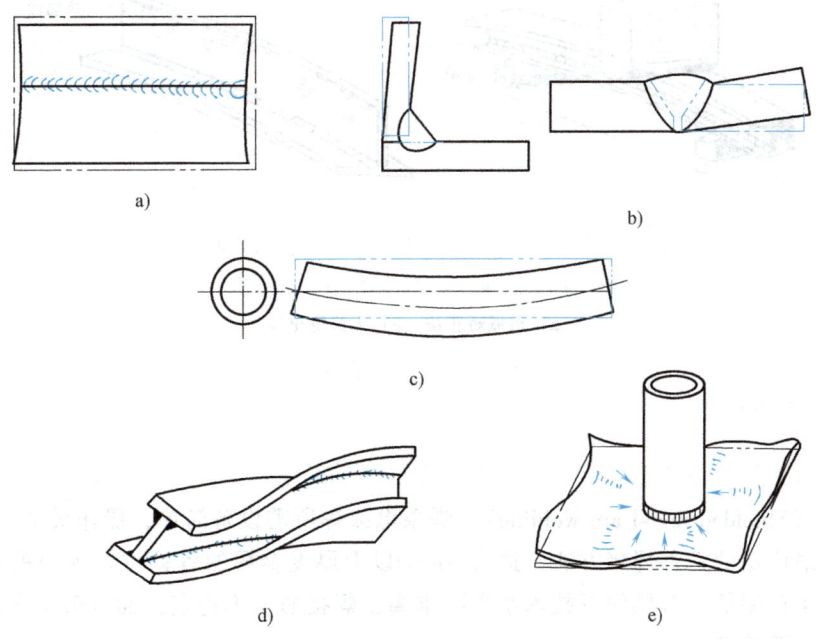

图 7-6 焊接变形基本形式
a) 收缩变形 b) 角变形 c) 弯曲变形 d) 扭曲变形 e) 波浪变形

（2）焊接变形预防和矫正　焊接变形不但影响焊件结构尺寸的准确性和外形美观性，严重时还可能降低其承载能力，甚至造成事故，所以在焊接过程中要加以控制。预防焊接变形的方法有以下几种：

1）反变形法。通过试验或计算，预估变形的大小和方向，将工件安装在相反方向位置上，或预先使焊件向相反方向变形，以抵消焊后所发生的变形。

2）刚性固定法。当焊件刚性较小时，将焊件加固来限制变形。这种方法能有效地减小焊接变形，但会产生较大的焊接应力。

3）合理安排焊接次序。合理的焊接次序是尽可能使焊件自由收缩，如对称截面梁焊接次序要交替进行。

4）焊前预热，焊后热处理。预热可以减小焊件各部分温差，降低焊后冷却速度，减小焊接应力。在允许的条件下,焊后去应力退火或用锤子均匀地敲击焊缝,使之得到释放,均可有效地减小残余应力,从而减小焊接变形。

焊接过程中,即使采用了预防焊接变形的工艺措施,有时也会产生超过允许值的焊接变形。因此,需要对焊接变形进行矫正,方法有以下两种:

1) **机械矫正法**。在机械力的作用下使焊件产生与焊接变形相反的塑性变形,使焊件恢复到要求的形状和尺寸,如图 7-7a 所示。可采用辊床、压力机、矫直机、手工锤击矫正。这种方法适用于低碳钢和普通低合金钢等塑性好的材料。

2) **火焰矫正法**。利用氧-乙炔焰对焊件适当部分进行加热,利用加热时的压缩塑性变形和冷却时的收缩变形来矫正原来的变形,如图 7-7b 所示。火焰矫正法适用于低碳钢和没有淬硬倾向的普通低合金钢。

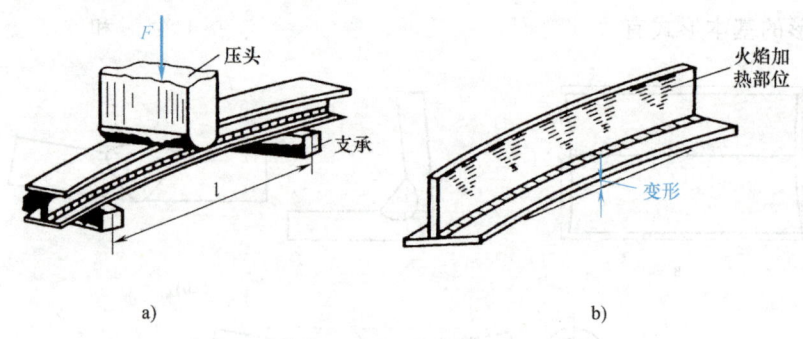

图 7-7 机械矫正法和火焰矫正法
a) 机械矫正法 b) 火焰矫正法

7.2.3 焊条电弧焊

利用电弧作为热源的熔焊方法称为电弧焊。用手工操纵焊条进行焊接的电弧焊方法称为焊条电弧焊(Shielded metal arc welding)。焊条电弧焊所需设备简单,操作灵活,适应性广,是目前应用最广泛的一种焊接方法,适合 2mm 以上厚度金属的各种位置焊缝的焊接。但焊条电弧焊的生产率低,对操作者技术水平要求高,焊接质量不稳定,而且劳动条件差,对操作者技术水平要求高。

1. 焊条电弧焊原理

焊条电弧焊是利用焊条和焊件之间产生的焊接电弧来加热并熔化焊条与局部焊件以形成焊缝的,是熔化焊中最基本的一种焊接方法。焊条电弧焊的焊接回路如图 7-8a 所示,它是由弧焊电源、电弧、焊钳、焊条、电缆和焊件组成的。焊接电弧是负载,弧焊电源为其提供电能,焊接电缆则连接电源与焊钳和焊件。

焊条电弧焊原理如图 7-8b 所示。焊接时,将焊条与焊件接触短路后立即提起焊条,引燃电弧。电弧的高温将焊条、焊件的局部熔化,熔化了的焊芯以熔滴的形式过渡到局部熔化的焊件表面,熔合在一起形成熔池。焊条药皮在熔化过程中产生一定量的气体和液态熔渣,产生的气体充满电弧和熔池的周围,起隔绝大气以保护液体金属的作用。液态熔渣密度小,在熔池中不断上浮,覆盖在液体金属上面,也起着保护液体金属的作用。同时,药皮熔化产生的气体、熔渣与熔化了的焊芯、焊件发生一系列冶金反应,保证了所形成焊缝的性能。随

第7章 焊接

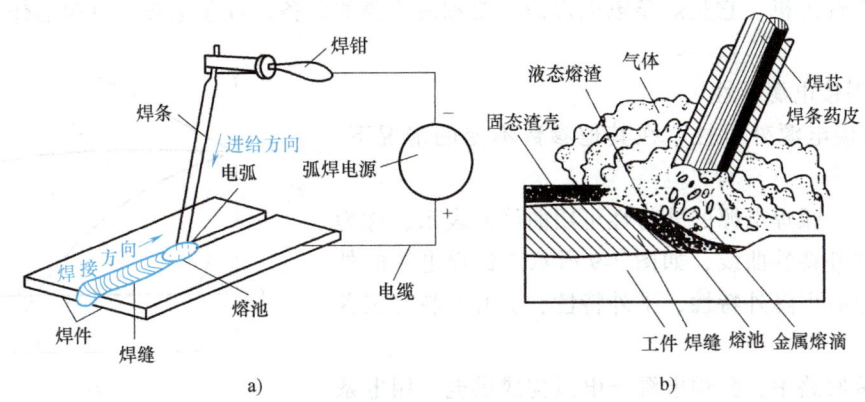

图 7-8 焊条电弧焊的焊接回路和原理
a) 焊接过程　b) 焊接原理

着电弧沿焊接方向不断移动，熔池液态金属逐步冷却结晶形成焊缝。

2. 焊条电弧焊特点

(1) 焊条电弧焊的优点如下：

1) 工艺灵活、适应性强。对于不同的焊接位置、接头形式、焊件厚度及焊缝，只要焊条能达到的位置，均能进行方便地焊接。对一些单件、小件，短的、不规则、空间任意位置的焊接，以及不易实现机械化焊接的焊缝，更显得机动灵活，操作方便。

2) 应用范围广。焊条电弧焊的焊条能够与大多数焊件金属性能相匹配。因此，接头的性能可以达到被焊金属的性能。焊条电弧焊不但能焊接碳钢和低合金钢、不锈钢及耐热钢，对于铸铁、高合金钢等也可以用焊条电弧焊进行焊接。此外，还可以进行异种钢焊接和各种金属材料的堆焊等。

3) 易于分散焊接应力和控制焊接变形。由于焊接是局部的不均匀加热，所以焊件在焊接过程中都存在着焊接应力和变形。对结构复杂而焊缝又比较集中的焊件、长焊缝和大厚度焊件，其应力和变形问题更为突出。采用焊条电弧焊，可以通过改变焊接工艺，如采用跳焊、分段退焊和对称焊等方法，来减少变形和改善焊接应力的分布。

4) 设备简单，成本较低。焊条电弧焊使用的交流焊机和直流焊机，其结构都比较简单，维护保养也较方便，设备轻便而且易于移动，且焊接中不需要辅助气体保护，并具有较强的抗风能力。故投资少，成本相对较低。

(2) 焊条电弧焊的缺点如下：

1) 焊接生产率低，劳动强度大。由于焊条的长度是一定的，因此每焊完一根焊条后必须停止焊接，更换新的焊条。而且每焊完一个焊道后要进行清渣，焊接过程不能连续进行，所以生产率低，劳动强度大。

2) 焊缝质量依赖性强。由于采用手工操作，所以，焊缝质量在很大程度上依赖于操作技术及现场发挥，甚至焊工的精神状态也会影响焊缝质量。

3) 不适合活泼金属、难熔金属及薄板的焊接。

3. 焊条电弧焊电源

焊条电弧焊电源是为电弧负载提供电能并实现稳定的焊接过程的电气设备，即通常所说的焊条电弧焊焊机。它是焊条电弧焊最主要和最重要的设备。焊条电弧焊电源的作用就是为焊接电弧稳定燃烧提供所需要、合适的电流和电压。

（1）焊接电源特性

1）焊接电源外特性。在其他参数不变的情况下，弧焊电源输出电压与输出电流之间的关系，称为弧焊电源的外特性。弧焊电源的外特性可用曲线来表示，称为弧焊电源的外特性曲线，如图 7-9 所示。弧焊电源的外特性基本上有下降外特性、平外特性、上升外特性三种类型。

在焊接回路中，弧焊电源与电弧构成供电、用电系统。为了保证焊接电弧稳定燃烧和焊接参数稳定，电源外特性曲线与电弧静特性曲线必须相交。因为在交点处，电源供给的电压和电流与电弧燃烧所需要的电压和电流相等，电弧才能燃烧。由于焊条电弧焊的电弧静特性曲线的工作段在平特性区，所以只有下降外特性曲线才与其有交点，如图 7-9 中的 A 点。因此，下降外特性曲线电源能满足焊条电弧焊的要求。

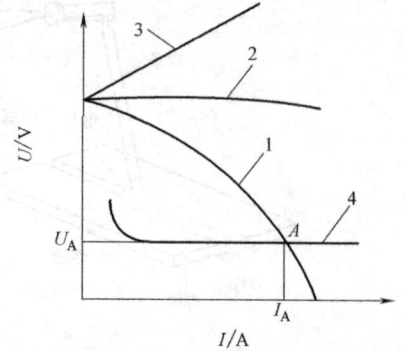

图 7-9　弧焊电源外特性与电弧静特性曲线

1—下降外特性曲线　2—平外特性曲线
3—上升外特性曲线　4—电弧静特性曲线

图 7-10 为两种下降程度不同的电源外特性对焊接电流的影响情况。从图中可以看出，当弧长变化相同时，陡降外特性曲线 1 引起的电流偏差 ΔI_1 明显小于缓降外特性曲线 2 引起的电流偏差 ΔI_2，有利于焊接参数保持稳定。因此，焊条电弧焊应采用陡降外特性电源。

2）焊接电源空载电压。弧焊电源焊接回路为开路时的输出端电压称为空载电压。一般交流弧焊电源空载电压为 55～70V，直流弧焊电源空载电压为 45～85V。

3）焊接电源稳态短路电流。弧焊电源在输出端短路时所能稳定提供的最大电流称为稳态短路电流。稳态短路电流太大，焊条过热，易引起药皮脱落，并增加熔滴过渡时的飞溅；稳态短路电流太小，则会使引弧和焊条熔滴过渡困难。因此，对于下降外特性的弧焊电源，一般要求稳态短路电流为焊接电流的 1.25～2.0 倍。

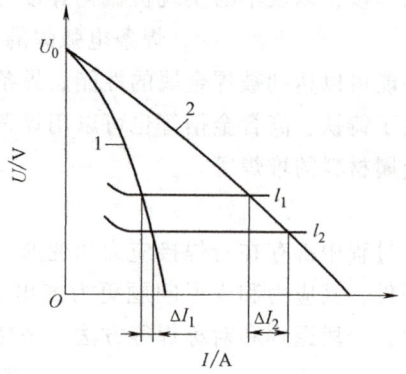

图 7-10　不同下降程度的电源外特性对焊接电流影响

1—陡降外特性曲线　2—缓降外特性曲线

4）焊接电源调节特性。焊接时，根据焊接材料的性质、厚度，焊接接头的形式、位置及焊条直径的不同，选择不同的焊接电流。这就要求弧焊电源能在一定范围内，对焊接电流做均匀、灵活地调节，以利于保证焊接接头的质量。焊条电弧焊焊接电流的调节，实质上是调节电源外特性。

5）焊接电源的动特性。弧焊电源的动特性是指弧焊电源对焊接电弧的动态负载所输出的电流、电压对时间的关系，它表示弧焊电源对动态负载瞬间变化的反应能力。动特性合适时，引弧容易、电弧稳定、飞溅小、焊缝成形良好。弧焊电源动特性是衡量弧焊电源质量的一个重要指标。

（2）常用焊条电弧焊电源

通常将弧焊电源简称为弧焊机，按结构原理不同可分为交流弧焊机、直流弧焊机和逆变式弧焊机三种类型。

1）交流弧焊机。交流弧焊机又称为弧焊变压器。图7-11为BX1-400型交流弧焊机的外形及结构图。型号中的"B"表示弧焊变压器，"X"表示下降外特性，"1"为系列产品序号，"400"表示焊机额定输出电流为400A。输出端空载电压为60~80V，工作电压为20~30V。焊接过程中，当焊条与工件接触短路时，短路电流不会太高而烧坏弧焊机或电路。这种弧焊机为动圈式弧焊变压器，结构简单、调节方便、噪声较小、价格低，但电弧稳定性较差。

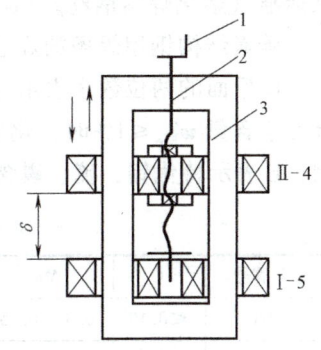

图7-11 BX1-400型交流弧焊机外形及结构图

1—手柄 2—调节螺杆 3—铁心 4—二次绕组 5—一次绕组

2）直流弧焊机。其分为旋转式直流弧焊机和整流式直流弧焊机两类。图7-12所示为ZX5-500型整流弧焊机外形图。牌号中的"Z"代表弧焊整流器，"X"表示下降外特性，"5"表示可控硅整流，"500"表示额定输出电流为500A。整流式弧焊机结构简单、价格低、效率高、噪声小、易维修，得到广泛应用。直流弧焊机输出端有正极（+）和负极（-）之分，因此工作线路有正接和反接两种接法：工件接正极、焊钳接负极的接法称为正接；工件接负极、焊钳接正极的接法称为反接。

图7-12 ZX5-500型整流弧焊机

4. 焊条（covered electrode）

（1）焊条的组成和作用 焊条电弧焊工艺的焊条既是焊接电极（可熔化电极），又是焊缝填充金属的主要材料来源。焊条由焊芯及药皮两部分组成（见图7-13），它直接影响焊接电弧的稳定性、焊缝金属的化学成分和力学性能。

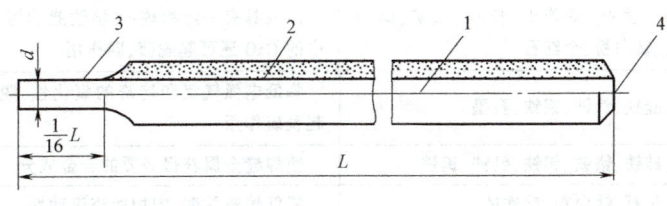

图7-13 焊条的组成

1—焊芯 2—药皮 3—夹持端 4—引弧端

1) 焊芯　焊芯是焊条中被药皮包覆的金属芯。焊接时，焊芯有两个作用：一是作为电极传导电流，产生电弧，提供焊接热源；二是焊芯本身在焊接过程中会熔化，作为填充材料与熔化的母材一起组成焊缝。在焊缝金属中，焊芯金属占 50%～70%，其化学成分对焊缝影响很大。因此，焊芯都是专门冶炼的，硫、磷等有害杂质含量很低，焊芯材料质量应符合国家标准《熔化焊用钢丝》（GB/T 14957—1994）。

碳素结构钢用焊条的焊芯常用的牌号是 H08A 和 H08E，其中"H"表示焊接用实芯焊丝，H 后面的两位数字表示含碳量，化学元素符号后面的数字表示该元素的质量分数，当合金元素含量 w_{Me}≤1% 时，化学符号后面的数字省略。牌号末尾标有"A"时，表示为优质钢，E 表示特优钢，硫、磷含量更低。常用结构钢焊条焊芯见表 7-1。

表 7-1　常用结构钢焊条焊芯牌号及化学成分　　（质量分数,%）

焊芯牌号	C	Mn	Si	Cr	Ni	S	P	用途
H08	≤0.10	0.30～0.55	≤0.30	≤0.20	≤0.30	<0.04	<0.04	一般焊接结构
H08A	≤0.10	0.30～0.55	≤0.30	≤0.20	≤0.30	<0.03	<0.03	较重要焊接结构
H08E	≤0.10	0.30～0.55	≤0.30	≤0.20	≤0.30	<0.02	<0.02	重要焊接结构
H08Mn2SiA	≤0.11	1.80～2.10	0.66～0.95	≤0.20	≤0.30	<0.03	<0.03	埋弧焊用焊丝

2) 药皮　药皮是压涂在焊条芯表面上的涂料层，它由矿石粉、铁合金、有机物和黏合剂按一定比例配制而成。其主要成分包括稳弧剂、造气剂、还原剂、造渣剂、合金剂、稀释剂和黏结剂等，在焊接时形成熔渣及气体，对保证焊缝质量有重要作用：

① 机械保护作用。利用药皮在高温分解时放出的气体和熔化后形成的熔渣起机械保护作用，防止空气中氧、氮等气体侵入焊接区域。

② 冶金处理作用。通过药皮在熔池中的冶金作用去除氧、氢、硫、磷等有害杂质，同时补充有益的合金元素，改善焊缝质量，提高焊缝金属的力学性能。

③ 改善焊接工艺性。药皮使电弧容易引燃并保持电弧稳定燃烧、易脱渣、焊缝成形良好等。

表 7-2 为电弧焊焊条药皮常用材料的种类及其作用，表 7-3 为结构钢焊条药皮的配方举例。

表 7-2　电弧焊焊条药皮常用材料的种类及其作用

原料种类	原料名称	作用
稳弧剂	碳酸钾、碳酸钠、长石、大理石、钛白粉、钠水玻璃、钾水玻璃	改善引弧性能，提高电弧燃烧的稳定性
造气剂	淀粉、木屑、纤维素、大理石	造成一定量的气体、隔绝空气,保护焊接熔滴与熔池
造渣剂	大理石、萤石、菱苦土、长石、锰矿、钛铁矿、黏土、钛白粉、金红石	造成具有一定物理-化学性能的熔渣,保护焊缝。碱性渣中的 CaO 还可起脱硫、磷作用
脱氧剂	锰铁、硅铁、钛铁、铝铁、石墨	降低电弧气氛和熔渣的氧化性,脱除金属中的氧。锰还起脱硫作用
合金剂	锰铁、硅铁、铬铁、钼铁、钒铁、钨铁	使焊缝金属获得必要的合金成分
稀渣剂	萤石、长石、钛白粉、钛铁矿	降低熔渣黏度,增加熔渣流动性
黏结剂	钾水玻璃、钠水玻璃	将药皮牢固地粘在钢芯上

第7章 焊接

表 7-3 结构钢焊条药皮配方举例

焊条牌号	人造金红石	钛白粉	大理石	萤石	长石	菱苦土	白泥	钛铁	45硅铁	硅锰合金	纯碱	云母
J422	30	8	12.4	—	8.6	7	14	12	—	—	—	7
J507	5	—	45	25	—	—	—	13	3	7.5	1	2

（2）焊条的分类、型号和牌号

1）焊条的种类。根据焊接材料不同，分为碳钢焊条、低合金钢焊条、不锈钢焊条、堆焊焊条、铸铁焊条、铜及铜合金焊条、铝及铝合金焊条和特殊用途焊条等 10 大类。其中应用最多的是碳钢焊条和低合金钢焊条。

焊条规格是以焊芯直径来表示的，常用的有 $\phi1.6$、$\phi2$、$\phi2.5$、$\phi3.2$、$\phi4$、$\phi5$、$\phi6$、$\phi8$ 等几种（单位为 mm），其长度"L"一般为 350~450mm。

还可以根据药皮熔化后的熔渣特性将焊条分为酸性焊条和碱性焊条两大类。药皮熔渣中酸性氧化物大于碱性氧化物的焊条则为酸性焊条，反之为碱性焊条。酸性焊条有良好的工艺性，适合各类电源，操作性较好，电弧稳定，成本低，但焊缝韧性、塑性较差，只适合焊接强度等级一般的结构件。碱性焊条焊接焊缝的韧性、塑性好，抗冲击能力强，但操作性差、电弧不够稳定、价格较贵。

2）焊条型号和牌号体系。目前，我国生产和应用的焊条产品存在两种代号表示体系，即型号体系和牌号体系。焊条型号是指有国家标准规定的各类焊条的编码代号，例如《非合金钢及细晶粒钢焊条》（GB/T 5117—2012）规定的 E4303、E5015 等。"E"表示焊条，前两位数字表示熔覆金属抗拉强度的最小值，单位为×10MPa；第三位数字表示焊条适用的焊接位置，"0"或"1"表示焊条适用于全位置（平、横、立、仰等各种焊位）焊接，"2"表示适用于平焊和平角焊，"4"表示适用于向下立焊；第四位表示药皮类型，如"3"表示钛钙型药皮。

焊条牌号则是由我国焊条行业制定的焊条产品统一编码代号，焊条牌号由一个大写汉语拼音字母（或汉字）+三个数字组成。字母（或汉字）表示焊条的大类，如"J"意为碳素结构钢焊条，"A"表示奥氏体不锈钢焊条，"Z"表示铸铁焊条等；前二位数字表示焊接金属的抗拉强度等级，单位为×10MPa；第三位数字表示药皮类型和电流种类，1~5 为酸性焊条，6~7 为碱性焊条。如"J422"焊条，表示为焊接金属的抗拉强度为 420MPa 的结构钢酸性焊条。牌号体系使用历史较久，应用很广泛。而国标型号的编制方法趋于与国际主流更接近。两种编码体系中的牌号与型号大多都有对应一致关系，例如 J422（结 422）与国标的 E4303 对应一致，J507 与 E5015 对应。但是仍有一些型号、牌号不对应，在选用焊条时需要注意。

（3）焊条的选用原则 选用原则主要有以下 4 点：

1）等强原则。对于低碳钢、中碳钢及低合金钢，按焊件抗拉强度来选用相应强度的焊条，使熔敷金属的抗拉强度与焊件的抗拉强度相等或相近。如焊接 Q235A 时，由于其抗拉强度在 420MPa 左右，故选用 J422 合适。

2）焊缝金属化学成分与母材相同或相近原则。对于低碳钢之间、中碳钢之间、低合金钢之间及它们之间的异种钢焊接，一般根据强度等级较低的钢材，按焊缝与母材抗拉强度相等或相近的原则选用相应的焊条。

3) 重要焊缝要选用碱性焊条。所谓重要焊缝就是受压元件（如锅炉、压力容器）的焊缝；承受振动载荷或冲击载荷的焊缝；对强度、塑性、韧性要求较高的焊缝；焊件形状复杂、结构刚度大的焊缝等。对于这些焊缝，要选用力学性能好、抗裂性能强的碱性焊条。

4) 在满足性能前提下尽量选用酸性焊条。因为酸性焊条的工艺性能要优于碱性焊条，即酸性焊条对铁锈、油污等不敏感；析出有害气体少；稳弧性好，可交、直流两用；脱渣性好；焊缝成形美观等。总之，在酸性焊条和碱性焊条均能满足性能要求的前提下，应尽量选用工艺性能较好的酸性焊条。

5. 焊条电弧焊工艺

按照焊接工艺流程次序，对焊条电弧焊工艺介绍如下：

(1) 备料。按焊接图样要求，对原材料划线，并裁剪成一定的形状和尺寸。注意选择合适的接头形式，当工件较厚时，接头处还要加工出一定形状的坡口。

(2) 焊接接头、坡口形式和焊接位置

1) 焊接接头形式。接头是指用焊接的方法进行连接的结合部位。在焊条电弧焊中，由于焊件厚度、结构形式和适用条件不同，其接头形式和坡口形状也不相同。常用的接头形式有：对接接头、搭接接头、角接接头和 T 形接头四种，如图 7-14 所示。对接接头受力均匀，应力集中较小，强度较高，易保证焊接质量，应用最广，但对下料尺寸和组装的要求比较严格。T 形接头在很多情况下只承受较小的切应力或仅作为联系焊缝。搭接接头对装配要求不高，也易于装配，但其熔透能力差，接头承载能力低，一般用在不重要的结构中。

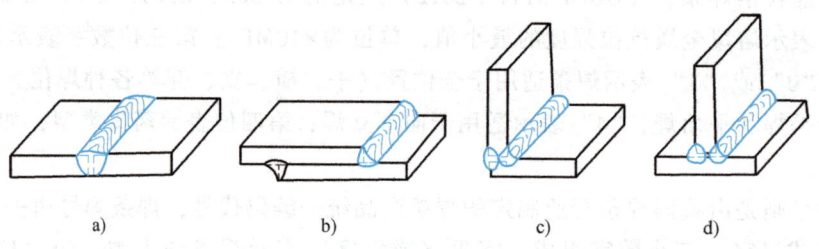

图 7-14 焊接接头形式

a) 对接接头 b) 搭接接头 c) 角接接头 d) T 形接头

2) 坡口形式。根据设计或工艺要求，在焊件待焊部位加工成一定几何形状和尺寸的沟槽称为坡口。其作用是：使热源（电弧或火焰）能深入焊缝根部，保证根部焊透；便于操作和清理焊渣；调整焊缝成形系数，获得较好的焊缝外观；调节母材金属与填充金属的比例。当工件厚度大于 6mm 时就要开坡口。常见的坡口形状有 V 形、U 形、I 形和 X 形等。根据板厚要求可单面或双面开出坡口，对接接头的坡口形式如图 7-15 所示。当工件厚度小于 6mm 时可不开坡口，但接缝处应留有 0~2mm 的间隙。

3) 焊接位置。根据施焊者所持焊条与焊件间相互位置的不同，焊缝连接可分为平焊、立焊、横焊和仰焊四种，如图 7-16 所示。在上述四类焊接位置中，平焊操作方便，劳动条件好，生产效率高，焊缝质量好，是最理想的操作位置；立焊时，因熔池金属有滴落趋势，操作难度大，焊缝成形不好，生产效率较低；横焊时，熔池金属由于重力作用易下流，导致焊缝上边出现咬边，下边出现焊瘤；仰焊时，操作不方便，焊条熔滴难以过渡为熔池，焊缝

第7章 焊接

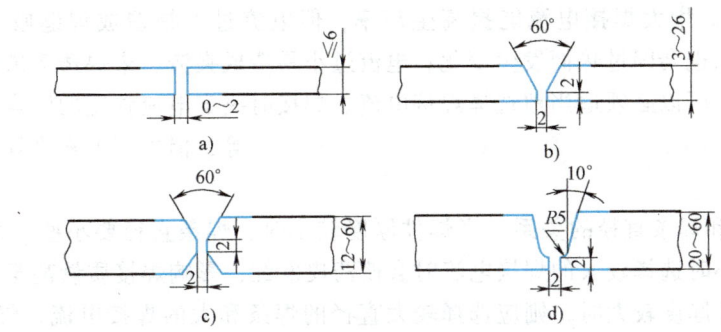

图 7-15 常见对接坡口形式
a) I 形坡口 b) V 形坡口 c) X 形坡口 d) U 形坡口

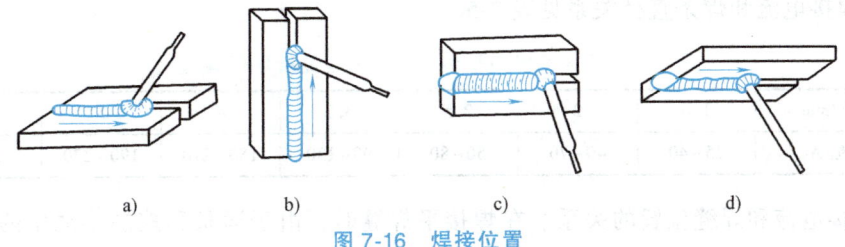

图 7-16 焊接位置
a) 平焊 b) 立焊 c) 横焊 d) 仰焊

成形都很困难,不但生产率低,焊接质量也很难保证。因此,焊缝应尽可能安排在平焊位置施焊。

(3) 工艺参数选择 焊条电弧焊的焊接工艺参数通常包括焊条牌号、焊条直径、电源种类与极性、焊接电流、电弧电压、焊接速度和焊接层数等。主要的工艺参数是焊条直径、焊接电流、电弧电压和焊接速度。焊条电弧焊中,一般靠操作者根据具体情况灵活掌握。选择合适的焊接工艺参数是生产上的一个重要问题,具体焊接工艺的选择如下:

1) 焊条直径。焊条直径指焊芯直径。为了提高生产率,应尽可能选用较大直径的焊条,但是用直径过大的焊条焊接,会造成未焊透和焊缝成形不良。因此,必须正确选择焊条的直径。焊条直径大小的选择与下列因素有关:

① 焊件的厚度。焊条直径一般根据焊件厚度选择。厚度较大的焊件应选用直径较大的焊条;反之,薄焊件的焊接则应选用小直径的焊条。

② 焊缝位置。焊接平焊缝用的焊条直径应比其他位置要大一些,立焊焊条直径最大不超过 5mm,而仰焊、横焊采用的焊条最大直径一般不超过 4mm,这是为了造成较小的熔池,减少熔化金属的下淌。

③ 焊接层数。进行多层焊时,为了防止根部焊不透,对多层焊的第一层焊道采用直径较小的焊条进行焊接,以后各层可以根据焊件厚度,选较大直径的焊条。

④ T 形接头、搭接接头都应选用较大直径的焊条。焊条直径与焊件厚度之间关系的参考数据见表 7-4。

表 7-4 焊条直径与焊件厚度之间的关系

焊件厚度/mm	2	3	4~5	6~12	>13
焊条直径/mm	2	3.2	3.2~4	4~5	4~6

2）焊接电流。增大焊接电流能提高生产率，但电流过大易造成焊缝咬边、焊穿等缺陷，同时金属组织也会因过热而发生变化；电流过小易造成夹渣、未焊透等缺陷，降低焊接接头的力学性能，所以必须适当地选择焊接电流。焊接时决定电流强度的因素很多，如焊条类型、焊条直径、焊件厚度、接头形式、焊缝位置和层数等，但主要因素是焊条直径和焊缝位置。

① 焊接电流和焊条直径的关系。当焊件厚度较小时，焊条直径要小些。焊接电流也应小些，焊条直径小时选择较大的焊接电流时会使药皮发红，影响焊接质量甚至导致不能正常焊接。反之，焊件厚度较大时，则应选择较大直径的焊条和大的焊接电流。焊条直径越大，熔化焊条所需要的电弧热能也越大，电流强度也相应要大。焊接低碳钢时，一般可根据经验公式 $I \approx (30 \sim 55) d$ 来选择。式中，I 表示焊接电流（A），d 表示焊条直径（mm）。焊接低碳钢时，焊接电流和焊条直径关系见表 7-5。

表 7-5　焊条直径与焊件电流之间的关系（低碳钢）

焊件直径/mm	1.6	2	2.5	3.2	4	5	6
焊接电流/A	25~40	40~70	50~80	90~130	150~210	190~270	260~310

② 焊接电流和焊缝位置的关系。在焊接平焊缝时，由于运条和控制熔池中的熔化金属都比较容易，因此可以选择较大的电流进行焊接。但在其他位置焊接时，为了避免熔化金属从熔池中流出来，要使熔池尽可能小些，所以电流相应要比平焊小一些。一般在使用碱性焊条时，焊接电流要比酸性焊条小一些。

（4）电弧电压　电弧电压主要由弧长决定。电弧长，电弧电压高；电弧短，电弧电压低。在焊接时，电弧不宜过长，否则电弧燃烧不稳定，会增加熔化金属的飞溅，减小熔深且易产生咬边、气孔等缺陷，故应尽量使用短弧焊接。一般横焊、立焊、仰焊时弧长应比平焊更短些，碱性焊条比酸性焊条短些。

（5）焊接速度　焊接速度就是焊条沿焊接方向移动的速度，它直接影响焊接生产率。应该在保证焊缝质量的基础上采用较大的焊条直径和焊接电流，同时根据具体情况适当增大焊接速度，提高焊接生产率。但焊接速度过快，熔化温度不够，易造成未熔合、焊缝成形不良等缺陷；焊接速度过慢，使高温停留时间延长，热影响区宽度增加，焊接接头的晶粒变粗。焊接较薄焊件时，易形成焊穿缺陷。

（6）焊接电源种类和极性　交流电源焊接时，焊接电流及电弧电压总是周期性变化的，故电弧稳定性较差。直流电源焊接时，电弧稳定，飞溅少，但电弧磁偏吹比交流电源焊接严重。通常低氢型焊条稳弧性差，必须采用直流弧焊电源，且一般用反接法，电弧比较稳定。焊接薄板时，选用的焊接电流小，电弧稳定性差，不论用碱性焊条还是用酸性焊条，都常用直流弧焊电源，也用反接法。

（7）焊缝层数　焊件厚度较大时，需要进行多层焊。焊接低碳钢和强度等级较低的低合金钢，每层焊缝厚度过大时，对焊缝合金的塑性有不利影响，所以每层焊缝厚度最好不大于 4~5mm。焊接层数主要根据焊件厚度、焊条直径、坡口形式和装配间隙等来确定。近似计算公式为 $n = \delta/d$。式中，n 为焊接层数；δ 为焊件厚度（mm）；d 为焊条直径（mm）。

6. 焊条电弧焊相关工艺措施

为了保证焊接质量，常对焊接性差或较差的金属材料采取预热、后热、焊后热处理等工

第7章 焊接

艺措施。

焊接开始前对焊件全部（或局部）进行加热的工艺措施称为预热。按照焊接工艺的规定，预热需要达到的温度称为预热温度。预热的主要作用是降低焊缝焊后冷却速度，减小淬硬程度，防止焊接裂纹产生，减小焊接应力与变形。

焊接后立即对焊件全部（或局部）进行加热或保温，使其缓冷的工艺措施称为后热，它不等于焊后热处理。后热的作用是避免形成淬硬组织，并使氢逸出焊缝表面，防止裂纹产生。对于冷裂纹倾向较大的焊件，焊后为改善焊接接头的组织和性能或消除残余应力而进行的热处理，称为焊后热处理。焊后热处理的主要作用是消除焊接残余应力，软化淬硬部位，改善焊缝和热影响区的组织和性能，提高焊接接头的塑性和韧性，稳定焊接结构的尺寸。

7.2.4 其他常用电弧焊

1. 自动埋弧焊

埋弧焊是相对于明弧焊而言的，是指电弧在颗粒状焊剂层下燃烧的一种焊接方法。自动埋弧焊接时，电焊机的起动、引弧、焊丝的送进及热源的移动全部由机械控制，是一种以电弧为热源的高效机械化焊接方法。

（1）自动埋弧焊原理　自动埋弧焊是利用焊丝和焊件之间燃烧的电弧所产生的热量来熔化焊丝、焊剂和焊件而形成焊缝的。自动埋弧焊工作原理如图7-17a所示，焊接时电源输出端分别接在导电嘴和焊件上，先将焊丝由送丝机构送进，经导电嘴与焊件轻微接触，焊剂由漏斗口经软管流出后，均匀地堆敷在待焊处。引弧后电弧将焊丝和焊件熔化形成熔池，同时将电弧区周围的焊剂熔化并有部分蒸发，形成一个封闭的电弧燃烧空间。密度较小的熔渣浮在熔池表面，将液态金属与空气隔绝开，以利于焊接冶金反应的进行。随着电弧向前移动，熔池液态金属随之冷却凝固而形成焊缝，浮在表面上的液态熔渣也随之冷却而形成渣壳。自动埋弧焊焊缝断面示意图如图7-17b所示。

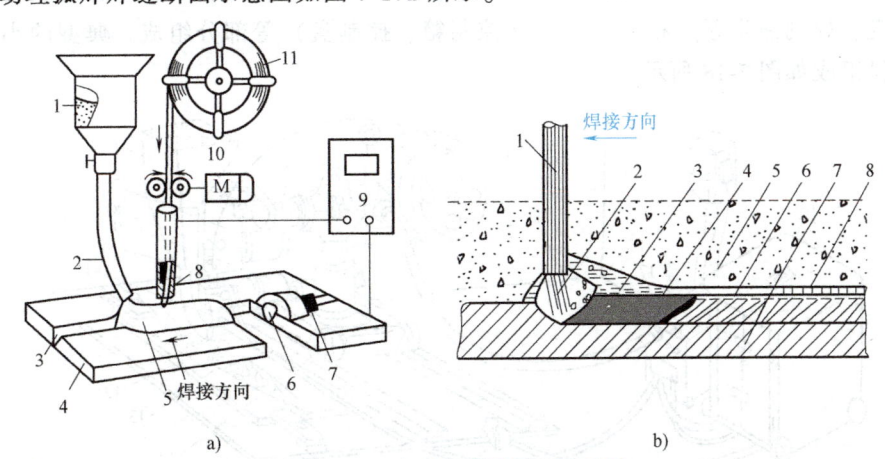

图7-17　自动埋弧焊工作原理图
a）自动埋弧焊过程
1—焊剂漏斗　2—软管　3—坡口　4—焊件　5—焊剂　6—熔敷金属
7—渣壳　8—导电嘴　9—电源　10—送丝机构　11—焊丝
b）自动埋弧焊焊缝断面
1—焊丝　2—电弧　3—熔渣　4—熔池　5—焊剂　6—焊缝　7—焊件　8—渣壳

(2) 自动埋弧焊的特点　自动埋弧焊的优、缺点如下：

1) 自动埋弧焊的优点主要有以下 4 点：

① 焊接生产率高。自动埋弧焊可采用较大的焊接电流，同时因电弧加热集中，使熔深增加，单丝埋弧焊可一次焊透 20mm 以下不开坡口的钢板。而且自动埋弧焊的焊接速度也比焊条电弧焊快，从而提高了焊接生产率。

② 焊接质量好。因熔池有熔渣和焊剂的保护，使空气中的氮、氧难以侵入，提高了焊缝金属的强度和韧性。同时由于焊接速度快，热输入相对减少，故热影响区的宽度比焊条电弧焊小，利于减少焊接变形及防止近缝区金属过热。

③ 改变焊工的劳动条件。由于实现了焊接过程机械化，操作较简便，而且电弧在焊剂层下燃烧没有弧光的有害影响，可省去面罩。同时，焊接时放出烟尘也少，因此其劳动条件得到了改善。

④ 节约焊接材料。由于熔深较大，自动埋弧焊时可不开或少开坡口，减少了焊缝中焊丝的填充量，也节省了因加工坡口而消耗掉的母材。

2) 自动埋弧焊的缺点有以下 4 点：

① 自动埋弧焊采用颗粒状焊剂进行保护，一般只适用于平焊或倾斜度不大的位置及角焊位置焊接。其他位置的焊接，则需采用特殊装置来保证焊剂对焊缝区的覆盖和防止熔池金属的漏淌。

② 焊接时，不能直接观察电弧与坡口的相对位置，容易产生焊偏及未焊透，不能及时调整工艺参数。

③ 自动埋弧焊使用的电流较大时，电弧的电场强度比较高；电流小时，电弧稳定性较差，因此不适宜焊接厚度小于 1mm 的薄件。

④ 焊接设备比较复杂，维修保养工作量比较大。

(3) 埋弧焊机　埋弧焊机是由焊接电源、机械系统（包括送丝机构、行走机构、导电嘴、焊丝盘、焊剂漏斗等）和控制系统（控制箱、控制盘）等部分组成。典型的小车式自动埋弧焊机组成如图 7-18 所示。

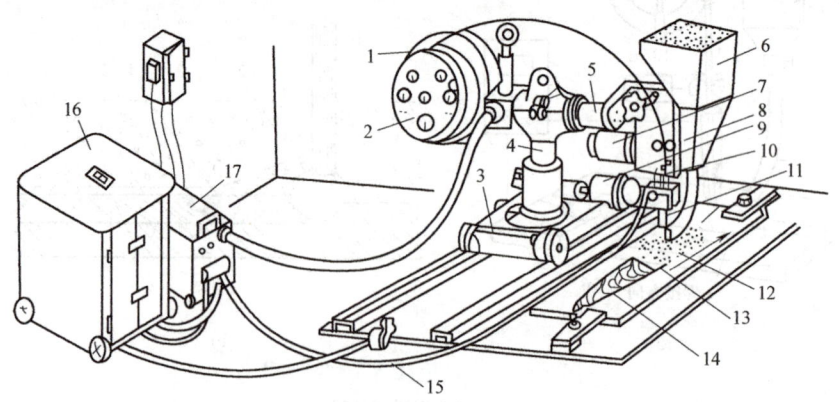

图 7-18　埋弧自动焊机示意图

1—焊丝盘　2—操作盘　3—车架　4—立柱　5—横梁　6—焊剂漏斗　7—送丝电动机
8—送丝轮　9—小车电动机　10—机头　11—导电嘴　12—焊剂　13—渣壳
14—焊缝　15—焊接电缆　16—焊接电源　17—控制箱

第7章 焊接

1) 焊接电源。自动埋弧焊电源有交流电源和直流电源。通常直流电源适用于小电流、快速引弧、短焊缝、高速焊接及焊剂稳弧性较差和对参数稳定性要求较高的场合。交流电源多用于大电流及直流磁偏吹严重的场合。一般自动埋弧焊电源的额定电流为500~2000A，具有缓降或陡降外特性，负载持续率100%。

2) 机械系统。送丝机构包括送丝电动机及转动系统、送丝滚轮和矫直滚轮等。它的作用是可靠地送丝并具有较宽的调节范围；行走机构包括行走电动机及转动系统、行走轮及离合器等。行走轮一般采用绝缘橡胶轮，以防止焊接电流经车轮而短路；焊丝的接电是靠导电嘴实现的，对其要求是导电率高、耐磨、与焊丝接触可靠。

3) 控制系统。自动埋弧焊控制系统包括送丝控制、行走控制和引弧熄弧控制等，大型专用焊机还包括横臂升降、收缩、主轴旋转及焊剂回收等控制系统。一般自动埋弧焊机常设一控制箱来安装主要控制元件，但在采用晶闸管等电子控制电路的新型埋弧焊机中已没有单独控制箱，控制元件安装在控制盘和电源箱内。

2. 气体保护焊

气体保护焊焊接时，保护气体从喷嘴中以一定的速度喷出，将电弧、熔池、焊丝或电极端部与空气隔开，以获得优良性能的焊缝，常见的有CO_2气体保护焊和氩弧焊。

(1) CO_2气体保护焊

1) CO_2气体保护焊原理。CO_2气体保护焊是利用CO_2作为保护气体的一种熔化极气体保护焊方法，以下简称CO_2焊。其工作原理如图7-19所示，电源的两输出端分别接在焊枪和焊件上。盘状焊丝由送丝机构带动，经软管和导电嘴不断地向电弧区域送给；同时，CO_2气体以一定的压力和流量送入焊枪，通过喷嘴后，形成一股保护气流，使熔池和电弧不受空气的侵入。随着焊枪的移动，熔池金属冷却凝固而形成焊缝，从而将被焊的焊件连成一体。

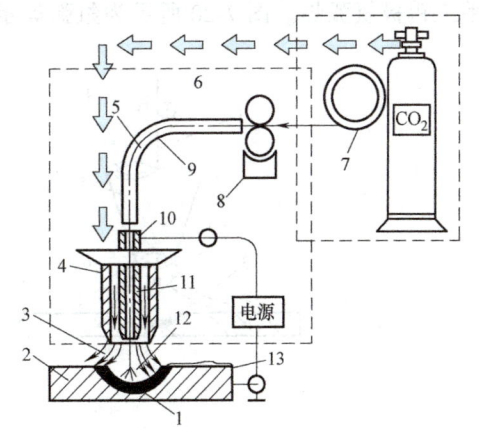

图7-19 CO_2气体保护焊示意图

1—熔池 2—焊件 3—CO_2气体 4—喷嘴 5—焊丝 6—焊接设备 7—焊丝盘 8—送丝机构 9—软管 10—焊枪 11—导电嘴 12—电弧 13—焊缝

2) CO_2气体保护焊特点

① CO_2气体保护焊的优点如下：

a. 焊接成本低。CO_2气体来源广、价格低，而且消耗的焊接电能少，所以CO_2焊的成本低，仅为自动埋弧焊及焊条电弧焊的30%~50%。

b. 生产率高。由于CO_2焊的焊接电流密度大，使焊缝厚度增大，焊丝的熔化率提高，熔敷速度加快；另外，焊丝是连续送进的，且焊后没有焊渣，特别是多层焊接时，节省了清渣时间，所以生产率比焊条电弧焊高1~4倍。

c. 焊接质量高。CO_2焊对铁锈的敏感性不大，因此焊缝中不易产生气孔，而且焊缝含氢量低，抗裂性能好。

d. 焊接变形和焊接应力小。由于电弧热量集中，焊件加热面积小，同时CO_2气流具有较强的冷却作用。因此，焊接应力和变形小，特别适于薄板焊接。

e. 操作性能好。因是明弧焊，可以看清电弧和熔池情况，便于掌握与调整，也有利于实现焊接过程的机械化和自动化。

　　f. 适用范围广。CO_2 焊可进行各种位置的焊接，不仅适用焊接薄板，还常用于中、厚板的焊接，而且也可用于磨损零件的修补堆焊。

　② CO_2 焊的不足之处如下：

　　a. 使用大电流焊接时，焊缝表面成形较差，飞溅较多。

　　b. 不能焊接容易氧化的有色金属材料。

　　c. 很难用交流电源焊接或在有风的地方施焊。

　　d. 弧光较强，特别是大电流焊接时，所产生的弧光强度和紫外线强度分别是焊条电弧焊的 2~3 倍和 20~40 倍，电弧辐射较强；而且操作环境中 CO_2 的含量较大，对工人的健康不利。

　（2）氩弧焊　氩弧焊是以氩气作为保护气体的电弧焊。氩气是惰性气体，高温下氩气不与金属发生化学反应，可以有效地保护电极和熔池金属不受空气的侵害。因此，氩弧焊的质量较高，但设备复杂，成本高。按照使用的电极，分为非熔化极氩弧焊和熔化极氩弧焊。

　　非熔化极氩弧焊是用高熔点的钨棒作为电极，又称为钨极氩弧焊。钨极氩弧焊的钨极载流能力有限，所以只适合焊接厚度在 6mm 以下的板材。熔化极氩弧焊是用焊丝作为电极，可用较大的电流。它热量集中、利用率高，可焊厚板，容易实现自动化。当前应用最广的为手工钨极氩弧焊。图 7-20 所示为氩弧焊示意图。

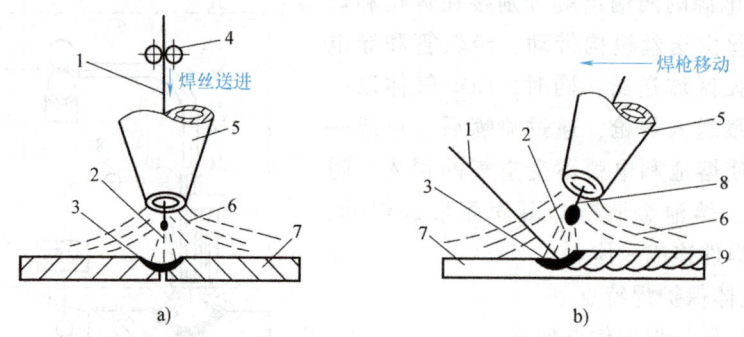

图 7-20　氩弧焊示意图
a）熔化极氩弧焊　b）非熔化极氩弧焊
1—焊丝　2—电弧　3—熔池　4—送丝轮　5—喷嘴　6—氩气　7—工件　8—钨极　9—焊缝

氩弧焊具有下列特点：

1）焊缝质量高。氩气是惰性气体，保护性能优良。氩气导热慢，高温下不吸热、不分解，热量损失小。电弧受氩气流的冷却，可使电弧热量集中，焊缝热影响区小，故焊件变形小、应力小、焊缝质量高。

2）焊接过程简单。明弧焊容易观察，氩弧焊可进行任何空间位置的焊接并易实现自动化。

3）焊接成本高。氩气价格高、设备较复杂，目前主要适用于焊接不锈钢及容易氧化的铝、镁、钛和铜等有色金属及其合金。

7.3 其他焊接方法

7.3.1 电阻焊

电阻焊是压焊中应用最广的一种焊接方法。它与熔焊不同，熔焊是利用外加热源使连接处熔化，凝固结晶形成焊缝；而电阻焊则是利用通电后材料本身产生的电阻热及大量塑性变形能量而形成焊缝或接头。

1. 电阻焊原理

电阻焊是焊件组合后通过电极施加压力，利用电流通过接头的接触面及邻近区域产生的电阻热进行焊接的方法。电阻焊时，产生电阻热的电阻有工件之间的接触电阻、电极与工件之间的接触电阻和工件本身的电阻三部分。其中工件之间的接触电阻产生的电阻热是最主要的部分。这是因为工件之间的接触电阻总是大于工件本身的电阻。当两个工件相互压紧时，它们不可能在整个平面相接触，而只是在个别凸出点接触，电流就只能沿这些实际接触点通过，使电流流过的截面积减小，从而形成接触电阻。由于接触面总是小于焊件的截面积，并且焊件表面还可能有导电性较差的氧化膜或污物，故工件之间的接触电阻总是大于工件本身的电阻。电极与工件的接触较好，它们之间的接触电阻较小，一般可忽略不计。

由此可见，在电阻焊焊接过程中，焊件间接触面上产生的电阻热，是电阻焊的主要热源。

2. 电阻焊特点

电阻焊与其他焊接方法相比有以下特点：

1）由于是内部热源，热量集中，加热时间短，在焊点形成过程中周围始终被塑性金属包围，故电阻焊冶金过程简单，热影响区小，变形小，易于获得质量较好的焊接接头。

2）电阻焊焊接速度快，尤其是点焊，甚至1s可焊接4~5个焊点，故生产率高。

3）除消耗电能外，电阻焊无需消耗焊条、焊丝、乙炔、焊剂等，可节省材料，因此成本较低。

4）操作简便，易于机械化、自动化。

5）改善劳动条件，电阻焊所产生的烟尘、有害气体少。

6）由于焊接在短时间内完成，需要用大电流及高电压，因此电焊机容量大，设备成本较高、维修较困难。且常用的大功率单相交流焊机不利于供电电网的正常运行。

7）电阻焊机大多工作位置固定，不如焊条电弧焊等方法灵活、方便。

3. 电阻焊主要形式

按工艺特点，电阻焊主要可分为点焊、缝焊和电阻对焊三种，如图7-21所示。

（1）点焊 点焊是将焊件装配成搭接接头，并压紧在两电极之间，利用电阻热熔化母材金属，形成焊点的电阻焊方法。焊接时，电流通过在电极压力下接触的工件产生电阻热，使接触面的一点或多点焊接起来。施焊时，采用低电压、大电流的短时间脉冲加热，电流集中在接触面，使之形成一个焊接金属熔核。切断电流时，保持电极压力，焊缝金属迅速冷却和凝固。在不到1s的时间内完成每一焊点，然后电极退回，取出工件。点焊时，熔化金属不与外界空气接触，焊点缺陷少、强度高；焊件表面光滑、变形小，适用于薄板冲压件搭接

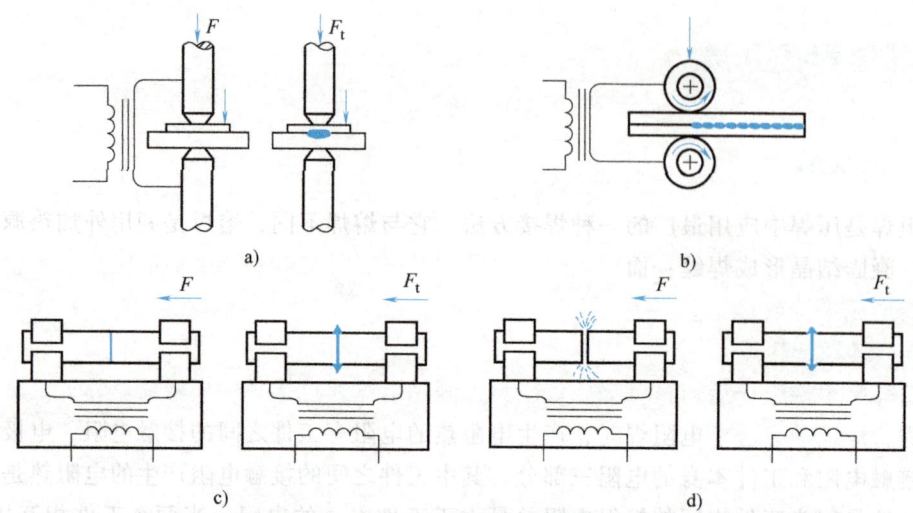

图 7-21　电阻焊主要形式
a) 点焊　b) 缝焊　c) 电阻对焊　d) 闪光对焊

(如汽车驾驶室、车厢)、薄板与型钢构架、蒙皮结构（如车厢侧壁和顶棚、拖车箱板）、网状空间构架及交叉钢筋等。

(2) 缝焊　缝焊与点焊相似，只是用旋转的圆盘状滚动电极代替柱状电极。焊接时，盘状电极压紧焊件并转动（也带动焊件向前移动），配合断续通电，即形成连续重叠的焊点，因此称为缝焊。缝焊时，电流通过焊件产生电阻热，施加压力，焊接的重叠焊点则形成连续焊缝，其密封性好，但缝焊所需焊接电流较大。缝焊主要用于焊接厚度在 3mm 以下、密封性要求高的薄壁结构，如油箱、小型容器与管道等。

(3) 对焊　按加压和通电方式不同，对焊可分为电阻对焊和闪光对焊两种。

电阻对焊是将焊件装配成对接接头，使其端面紧密接触，利用电阻热加热至塑性状态，然后迅速施加顶锻力完成焊接。电阻对焊需要在专用的对焊机上进行，焊件装夹在两个同轴相对的电极夹具上，对顶紧贴后开始通电，在两接触面间产生的电阻热导致该部位迅速升温并达到塑性状态，随之切断电源，施加压力，两工件接触面便产生一定的塑性变形而形成焊接接头。

闪光对焊是在工件未接触之前先接通电源，然后使工件逐渐接触。因端面个别点的接触，电阻热使接触点金属迅速升温熔化、蒸发，熔化的金属在蒸气压力和电磁力的作用下形成火花溅出，造成闪光。连续闪光一段时间后，工件端面形成熔化层和塑性层，此时断电并加压顶锻，将熔化层挤出，焊件于是焊合成一体。闪光对焊不仅能焊接同种金属，且能焊接异种材料（如铝-钢、铜-钢、铝-铜等），被焊工件可以是直径小到 0.01mm 的金属丝，也可以是断面面积大到 20000mm² 的棒材和金属型材。

7.3.2　摩擦焊

1. 摩擦焊的基本原理

摩擦焊是利用焊件接触端面相对运动中相互摩擦产生的热量，使端部达到热塑性状态，然后迅速顶锻完成焊接的一种压焊方法。图 7-22 所示为最普通的摩擦焊过程示意图。欲将两个圆形截面工件进行对接焊，首先使一个工件以其中心线为轴高速旋转；然后将另一个工件向旋转工件施加轴向压力，接触端面开始摩擦生热；达到给定的摩擦时间或规定的摩擦变形量（这时接头已加热到焊接温度）时，工件立即停止转动，同时施加更大的轴向压力，进行顶锻完成焊接。焊接过程不添加填充金属，不需要焊剂，也不需要保护气体，全部焊接过程只需要几秒钟。

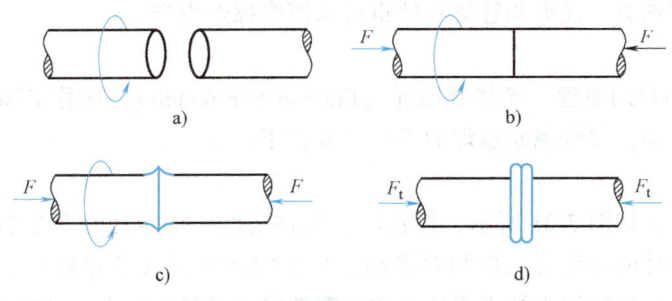

图 7-22 摩擦焊过程示意图

两焊件接合面在压力下高速相对摩擦可以产生两个很重要的效果：一是破坏了接合面上的氧化膜或其他污染层，使干净的金属暴露出来；另一方面就是发热，使接合面很快形成热塑性层。在随后的摩擦扭矩和轴向压力作用下，这些破碎的氧化物和部分塑性层被挤出接合面外而形成飞边，剩余的塑性变形金属就构成焊缝金属；最后的顶锻使焊缝金属被进一步锻造，从而形成质量良好的焊接接头。从焊接过程可以看出，摩擦焊接头是在被焊金属熔点以下形成的，所以摩擦焊属于固态焊接方法。

2. 摩擦焊的特点

（1）摩擦焊的优点

1) 摩擦过程能破坏和清除表面层，使焊接接合表面具有自清洁能力。

2) 局部受热、不发生熔化使得摩擦焊比其他焊接方法更适于焊接异种金属。

3) 可进行大批量生产，易于实现机械化和自动化。具有自动上、下料装置的摩擦焊机，生产率非常高，高达 1200 件/h。

4) 电能和总能量消耗比其他焊接方法小，比闪光对焊节能 80%~90%。

5) 工作场地环境较好，没有火花、弧光、飞溅及有害气体或烟尘。

（2）摩擦焊的缺点

1) 摩擦焊不适于非圆形截面工件的焊接，也不适于薄壁、盘状工件的焊接。

2) 受摩擦焊机主轴功率和压力的限制，不适合焊接大截面工件。目前最大的焊接截面面积仅为 $200 cm^2$。

3) 摩擦焊机的一次性投资较大，不适合单件、小批量生产。

3. 摩擦焊应用

摩擦焊已在各领域获得广泛应用，下面列举一些摩擦焊应用的行业及产品。

（1）刀具制造业　用于钻头、立铣刀、丝锥、铰刀、拉刀等的毛坯焊接，通常是指切削刃部（高速钢）与圆刀柄部（碳钢）之间的摩擦焊。

（2）机器制造业　可生产轴类零件、管子、螺杆、顶杆、拉杆、拨叉、机床主轴、铣床刀杆、地质钻杆、液压千斤顶、轴与法兰盘等。

(3) 汽车、拖拉机制造业　可生产半轴、齿轮轴、柴油机增压器叶轮、汽车后桥轴头、排气阀、活塞杆、双金属轴瓦等。

(4) 自行车零件制造业　用于压力安全阀的摩擦焊等。除此之外，摩擦焊在锅炉制造业，可用于蛇形管的对接焊；在石油化工行业，可用于石油钻杆、管道的焊接，在阀门制造业，可用于高压阀门的阀体焊接；在电工行业，可用于铜-铝接线端子的焊接。另外，轻工纺织机械中的小型轴类、辊类和管类零件也可采用摩擦焊生产。

4. 搅拌摩擦焊

（1）搅拌摩擦焊的原理　搅拌摩擦焊（Friction Stir Welding，简称FSW）是一种近年出现的摩擦焊接新方法。与常规摩擦焊的不同之处在于：搅拌摩擦焊焊接过程是由一个柱形焊头伸入工件的接缝处，通过高速旋转焊头，使其与焊接工件材料摩擦，使连接部位的材料温度升高塑化而焊合。如图7-23所示，焊接时，工件要刚性固定在背部垫板上，焊头一边高速旋转，一边沿工件的接缝与工件相对移动，焊头的凸出段（搅拌针）伸进材料内部进行摩擦和搅拌，焊头的肩部用于抹平焊缝并防止塑性状态材料的溢出，同时可以起到清除表面氧化膜的作用。

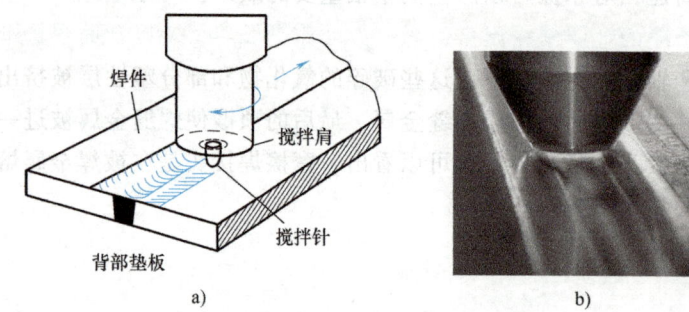

图7-23　摩擦搅拌焊
a) FSW示意图　b) FSW工作场景　c) FSW搅拌头

焊头是搅拌摩擦焊工艺的核心技术之一，一般由具有良好耐高温和力学性能的耐磨损材料制成。主要功能有：加热和软化被焊材料；破碎和弥散接头表面的氧化层；驱使搅拌头前部的材料向后部转移；驱使接头上部的材料向下部转移；使转移后的热塑化的材料形成固相接头。搅拌头的形状是影响焊缝质量的关键因素。

（2）搅拌摩擦焊的特点

1）搅拌摩擦焊的优点如下：

① 搅拌摩擦焊是一种高效、节能的焊接方法。焊接过程无需填充焊丝和惰性气体保护，焊前不需要开坡口和对材料表面做特殊处理。

② 焊接过程中母材不熔化，利于全位置焊接以及高速焊接。

③ 适用于热敏感性很强难以进行熔焊材料的焊接，如硬铝、超硬铝等材料，采用搅拌摩擦焊可以获得细晶粒、高密度、无缺陷、无变形或变形很小的高质量焊缝。

④ 可以实现焊接过程的精确控制，易于机械化、自动化。

⑤ 安全性好。搅拌摩擦焊没有飞溅、烟尘以及弧光辐射等危害性。

2）搅拌摩擦焊存在的问题。受本身特点限制，搅拌摩擦焊仍然存在以下问题：

① 焊缝无增高。焊接角接接头受到限制，接头形式必须进行特殊设计。
② 焊接过程中需要对焊缝施加较大的压力。
③ 对接头的间隙及高度一致性有较高要求。

(3) 搅拌摩擦焊的应用　搅拌摩擦焊的发展很快，早已进入工业化应用阶段。主要用于各种铝及铝合金，包括铝基复合材料的焊接，也可用于钛合金、镁合金、铜合金、铁合金等材料的焊接。目前已在航空航天、船舶、高速列车等轻型结构上得到成功的应用。

7.3.3 钎焊

1. 钎焊的原理和分类

钎焊是利用熔点比工件低的钎料作为填充金属，适当加热后，钎料熔化而将处于固态的工件连接起来的一种焊接方法。其特点是熔化的钎料靠润湿和毛细管作用吸入并保持在工件间隙内，依靠液态钎料和固态工件金属间原子的相互扩散而实现连接（见图7-24）。

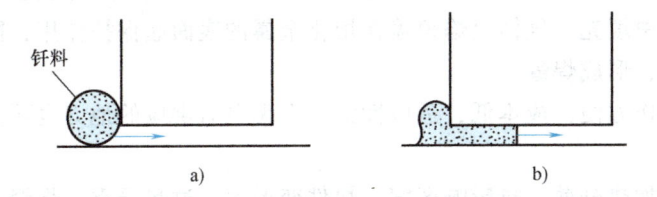

图 7-24　钎焊过程

a）在接头处安置钎料，并对焊件和钎料进行加热　b）钎料熔化并开始流入钎缝间隙　c）钎料填满整个钎缝间隙，凝固后形成钎焊接头

钎焊可分为软钎焊和硬钎焊两类。软钎焊的钎料熔点低于450℃，接头强度一般不超过70MPa。常用锡铅合金作为钎料（锡焊），用松香、氯化锌溶液等作为钎剂，广泛用于受力不大的仪表、导电元件与线路的焊接。软钎焊可用烙铁、喷灯和炉子加热，也可把焊件直接浸入已熔化的钎料中。

硬钎焊的钎料熔点高于450℃，接头强度可达500MPa。常用的钎料有铜基、铝基、银基和锰基合金，钎剂有硼砂、硼酸和碱性氟化物等，适用于受力较大、工作温度较高的钢、铜、铝合金件以及某些工具的焊接。硬钎焊可采用氧-乙炔焰加热、电阻加热、感应加热、炉内加热和盐浴加热等方法。

2. 钎焊特点

与熔焊方法相比，钎焊具有如下的特点：

1) 钎焊时，加热温度低于焊件金属的熔点，所以钎料熔化，焊件不熔化，焊件金属的组织和性能变化较小。钎焊后，焊件的应力与变形较小。因此，钎焊可以用于焊接尺寸精度要求较高的焊件。

2) 某些钎焊可以一次焊几条、几十条钎缝甚至更多，所以生产率高，如自行车车架的焊接。它还可以焊接其他方法无法焊接的结构形状复杂的工件。

3) 钎焊不仅可以焊接同种金属，也适宜焊接异种金属，甚至可以焊接金属与非金属，如原子能反应堆中的金属与石墨的钎焊，因此应用范围很广。

4) 钎焊接头的强度和耐热能力比母材金属低；装配要求比熔焊高，以搭接接头为主，会使结构重量增加。

7.3.4 气焊和气割

气焊与气割是利用可燃气体与助燃气体混合燃烧产生的气体火焰的热量作为热源,进行金属材料的焊接或切割的加工工艺方法。在电弧焊广泛应用之前,气焊是一种应用比较广泛的焊接方法。尽管现在电弧焊及先进焊接方法得到迅速发展和广泛应用,气焊的应用范围越来越小,但在铜、铝等有色金属及铸铁的焊接领域仍有其独特优势。气割和气焊几乎是同时诞生的"孪生兄弟",构成金属材料的一"裁"、一"缝",气割和气焊一样也是应用范围大的重要加工工艺方法。

1. 气焊的原理及特点

气焊是利用可燃气体和氧气通过焊炬按一定的比例混合,获得所要求的能量和性质的火焰作为热源,熔化被焊金属和填充金属,使其形成牢固的焊接接头的方法。常用氧气和乙炔混合燃烧的火焰进行焊接,故又称为氧乙炔焊。气焊时,将焊接处的金属加热到熔化状态形成熔池,并不断地熔化焊丝向熔池中填充,气体火焰覆盖在熔化金属的表面起保护作用,随着焊接过程的进行,熔化金属冷却,形成焊缝。

气焊的优点是:设备简单,操作方便,成本低,适应性强,在无电力供应的地方也可方便地焊接。

气焊的缺点是:火焰温度低,加热分散,热影响区宽,焊件变形大、过热严重,焊缝质量不如焊条电弧焊那么容易保证;生产率低,难以焊接较厚的金属;难以实现自动化。因此,目前在工业生产中气焊主要用于焊接薄板、小直径薄壁管、铸铁、有色金属、低熔点金属及硬质合金等。此外,气焊火焰还可用于钎焊、喷焊和火焰矫正等。

气焊设备及工具主要有:氧气瓶、乙炔瓶、液化石油气瓶、减压器、焊炬等,其连接方式如图 7-25 所示。

2. 气焊材料——焊丝和焊剂

(1) 焊丝 气焊时焊丝不断送入熔池内,与熔化了的母材金属熔合,形成焊缝。因此,焊丝的化学成分对焊缝质量影响很大。一般低碳钢焊件采用 H08、H08A 焊丝;优质碳素钢和低合金结构钢的焊接,可采用 H08Mn、H08MnA、H10Mn2 等;补焊灰铸铁时可采用 RZC1 型或 RZC2 型焊丝。

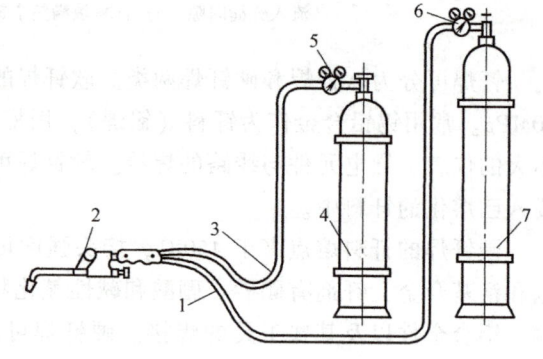

图 7-25 气焊设备组成
1—氧气胶管 2—焊炬 3—乙炔胶管 4—乙炔瓶
5—乙炔减压器 6—氧气减压器 7—氧气瓶

(2) 焊剂 气焊过程中,焊剂的作用是去除焊缝表面的氧化物和保护熔池金属。焊接低碳钢时,因火焰本身已具有相当的保护作用,可不用焊剂。但在焊接有色金属、铸铁和不锈钢等材料时,必须使用相应的焊剂。焊剂可直接加入到熔池中,也可在焊前涂于待焊部位与焊丝上。常用的焊剂有:CJ101(气剂 101)用于焊接不锈钢、耐热钢,俗称不锈钢焊粉;CJ201(气剂 201)用于焊接铸铁;CJ301(气剂 301)用于焊接铜合金、铸铁。

3. 气焊气体和火焰

(1) 气焊气体　气焊与气割的热源是气体火焰。产生气体火焰的气体有可燃气体和助燃气体，可燃气体有乙炔、液化石油气等，助燃气体为氧气。气焊常用的是氧气与乙炔燃烧产生的氧-乙炔焰。在常温、常态下氧是气态，氧气的分子式为 O_2。氧气本身不能燃烧，但能帮助其他可燃物质燃烧，具有强烈的助燃作用。氧气的纯度对气焊与气割的质量、生产率和氧气本身的消耗量都有直接影响。气焊与气割对氧气的要求是纯度越高越好。气焊与气割用的工业用氧气一般分为两级：一级纯度，氧气含量（体积分数）不低于 99.2%，二级纯度，氧气含量（体积分数）不低于 98.5%。

乙炔是由电石（碳化钙）和水反应而得到的一种无色而带有特殊臭味（纯乙炔是无臭的，但工业用乙炔由于含有硫化氢、磷化氢等杂质，而有一股大蒜味）的碳氢化合物，其分子式为 C_2H_2。乙炔是可燃性气体，它与空气混合燃烧时产生的火焰温度为 2100~2400℃，而与氧气混合燃烧时产生的火焰温度为 3000~3300℃，因此，乙炔燃烧的火焰足以迅速熔化金属进行焊接和切割。乙炔是一种具有爆炸性的危险气体，在一定压力和温度下很容易发生爆炸。乙炔爆炸时会产生高热量，特别是产生高压气浪，其破坏力很强，因此使用乙炔时必须要注意安全。

(2) 气焊火焰　气焊时通过焊炬改变氧气与乙炔的混合比例，可得到三种不同的气焊火焰：中性焰、氧化焰和碳化焰，如图 7-26 所示。

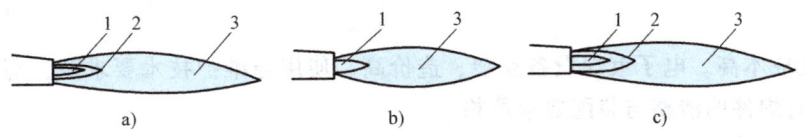

图 7-26　氧炔焰的构造和形状
a) 中性焰　b) 碳化焰　c) 氧化焰
1—焰心　2—内焰　3—外焰

1) 中性焰。氧气与乙炔混合比例为 1~1.2 时，燃烧所得的火焰为中性焰，也称正常焰。它由焰心、内焰和外焰三部分组成。内焰温度最高，可达 3000~3200℃，焊接时应使用内焰加热。中性焰适用焊接低碳钢、中碳钢、普通低合金钢、不锈钢、纯铜、铝及铝合金等金属材料，是应用最广泛的火焰。

2) 氧化焰。氧气与乙炔的混合比例大于 1.2 时，燃烧所得的火焰为氧化焰。氧化焰比中性焰短，分为焰心和外焰两部分，火焰最高温度可达 3100~3300℃。由于火焰中含有过量的氧气，故对熔池有氧化作用，一般很少使用。只有在采用气焊焊接黄铜、锡青铜和镀锌铁板时，才使用轻微氧化焰，以利用其氧化性在熔池表面形成一层氧化物薄膜，防止锌、锡在高温时蒸发。

3) 碳化焰。氧气与乙炔的混合比例小于 1 时，燃烧所得的火焰为碳化焰。碳化焰比中性焰长，也由焰心、内焰和外焰三部分组成，其明显特征是内焰呈乳白色。碳化焰的最高温度为 2700~3000℃。由于氧气较少，燃烧不完全，乙炔分解为碳和氢，具有较强的还原作用和一定的碳化作用。碳化焰适用于焊接高碳钢、铸铁和硬质合金等材料。

7.3.5　先进焊接方法

1. 真空电子束焊

电子束焊是利用加速和聚焦的电子束流轰击焊件材料，利用其产生的热能进行焊接的方法。真空电子束焊是电子束焊的一种，是目前发展较成熟的一种先进焊接工艺。

（1）真空电子束焊原理　如图 7-27 所示，电子枪的阴极通电加热到高温而发射出大量电子，电子在加速电压的作用下达到 0.3~0.7 倍的光速，经静电透镜和电磁透镜聚焦后，以极高的速度撞击焊件表面，其动能转变为热能，使金属迅速熔化和蒸发。随着高能量束流的移动，在被焊焊件上形成大深宽比的焊缝。

（2）真空电子束焊特点如下：

1）由于在真空焊接，焊件金属无氧化、氮化，无沾污，能保证高纯度焊接。

2）焊缝质量高。焊接速度快，焊接热影响区很小，可对精加工后的零件进行焊接。

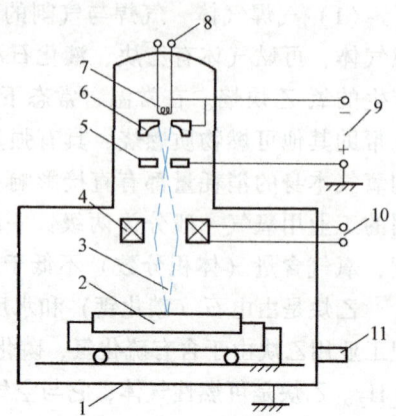

图 7-27　真空电子束焊接示意图
1—真空室　2—焊件　3—电子束　4—电磁透镜　5—阳极　6—阴极　7—灯丝　8—交流电源　9—高压电源　10—电磁透镜电源　11—排气装置

3）焊缝深而窄（焊缝深宽比可达 20∶1），能单道焊厚件而不必开坡口。但接头要加工的平整洁净，不留间隙。

4）控制方便。电子束参数可在较宽范围内调节，控制灵活。

5）焊接成本高。电子束焊设备复杂、造价高、使用与维护技术要求高，焊件尺寸受真空室限制，对焊件的清整与装配要求严格。

电子束焊能适应熔点、导热性、溶解度相差很大的异种金属构件的焊接。其应用范围正日益扩大，从微型电子线路组件、真空膜盒、钼箔蜂窝结构、原子能燃料元件到航空航天装备的焊接都有广泛应用。

2. 激光焊接和切割

激光具有能量密度高、单色性好与方向性强的特点。激光焊（Laser Beam Welding）和激光切割（Laser Beam Cutting）都是以聚焦的激光束照射工件时所产生的热量进行焊接或切割的方法。

（1）激光焊接的特点如下：

1）能准确聚焦为很小的光束（直径 10μm），焊缝极为窄小，变形极小，热影响区极窄。

2）功率密度高，加热集中，可获得熔宽比大（目前已达 12∶1）的焊缝，不开坡口单道焊接钢板的厚度已达 50mm。

3）焊接过程非常快，焊件不易氧化。可以在真空、保护气体或在空气中焊接，效果几乎是相同的。

4）激光焊的不足之处是，设备的一次性投资大，设备较复杂，对高反射率的金属直接进行焊接较困难。

由于激光焊接具有上述特点，所以它被用于仪器、微型电子工业中的超小型元件及航天技术中的特殊材料的焊接。激光焊可以焊接同种或异种材料，其中包括铅、铜、银、不锈钢、镍、锆、铌及难熔金属钽、钼、钨等。

（2）激光切割的特点　激光切割是激光在材料加工中一个新的应用领域，是一种新型的切割方法。与氧乙-炔焰切割相比，激光切割的割缝狭小，切割速度大，母材的热影响区小，材料变形小，因此，可以进行材料的精密切割。除此以外，对氧-乙炔焰难以切割的不锈钢、钛、铝、铜、锆及其合金等材料皆可采用激光切割，甚至对木材、纸、布、塑料、橡胶以及岩石、混凝土等非金属材料也能进行切割，而且均有较好的工艺性能。

3. 等离子弧焊接和切割

等离子弧是利用等离子枪将阴极（如钨极）和阳极之间的自由电弧压缩成高温、高电离、高能量密度及高焰流速度的电弧。利用等离子弧来进行焊接或切割的工艺方法称为等离子弧焊接（Plasma Arc Welding）或等离子切割（Plasma Arc Welding）。

（1）等离子弧 一般的焊接电弧未受到外界的压缩，称为自由电弧。自由电弧中的气体电离是不充分的，能量不能高度集中，并且弧柱直径随着功率的增加而增加，因而弧柱中的电流密度近乎为常数，其温度也就被限制在 5730~7730℃。如果根据压缩效应，对自由电弧的弧柱进行强迫"压缩"，就能获得导电截面收缩得比较小而能量更加集中，弧柱中的气体几乎达到全部电离状态的电弧，这种电弧称为等离子弧，等离子弧中心温度可达15000℃以上。

目前广泛采用的压缩电弧的方法是将钨极缩入喷嘴内部，并在水冷喷嘴中通以一定压力和流量的离子气，强迫电弧通过喷嘴孔道，以形成高温、高能量密度的等离子弧。等离子弧的形成如图7-28所示（等离子弧切割无保护气和保护罩），此时电弧受到如下三种压缩作用。

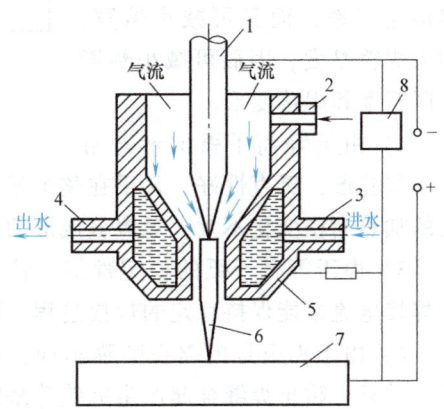

图 7-28 等离子弧产生装置和原理
1—钨极 2—进气管 3—进水管 4—出水管
5—喷嘴 6—等离子弧 7—焊件 8—高频振荡器

1）机械压缩作用。电弧弧柱强迫通过细孔道的喷嘴，使弧柱截面压缩变细，而不能自由扩大。

2）热收缩作用。电弧通过水冷却的喷嘴，同时又受到外部不断送来的高速冷却气流（氮气、氩气等）的冷却作用，这样弧柱外围受到强烈冷却作用，使其外围的电离度大大减弱，电弧电流只能从弧柱中心通过，电弧弧柱进一步被压缩。

3）磁收缩作用。带电粒子在弧柱内的运动，可看成是电流在一束平行的"导线"内移动，由于这些"导线"自身磁场所产生的电磁力使这些"导线"相互吸引，从而产生磁收缩效应。由于前述两种效应使电弧中心的电流密度已经变得很高，使得磁收缩作用明显增强，从而使电弧更进一步受到压缩。

电弧在以上三种压缩作用下，弧柱截面变得很细，温度变得极高，弧柱内气体高度电离，从而形成稳定的等离子弧。

（2）等离子弧焊接 等离子弧焊接是借助水冷喷嘴对电弧的拘束作用，获得较高能量密度的等离子弧进行焊接的一种方法。它是利用特殊构造的等离子焊枪所产生的高温等离子弧，并在保护气体的保护下，来熔化金属进行焊接的，如图7-29所示。它几乎可以焊接电弧焊所能焊接的所有材料和多种难熔金属及特种金属材料，且具有很多优越性。在极薄金属焊接方面，等离子弧焊解决了氩弧焊所不能实现的焊接。

等离子弧焊与钨极氩弧焊相比有下列特点：

1) 由于等离子弧的温度高，能量密度大（即能量集中），熔透能力强，对于 8mm 或更厚的金属焊接可不开坡口，不加填充金属，可用比钨极氩弧焊高得多的焊接速度施焊。这不仅提高了焊接生产率，而且可减小熔宽，增大焊缝厚度，因而可减小热影响区宽度和焊接变形。

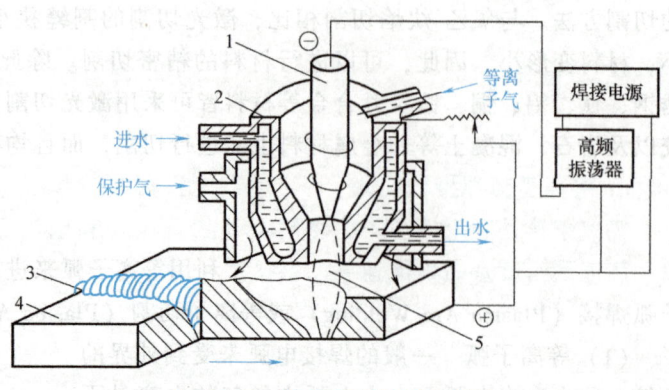

图 7-29 等离子弧焊接示意图
1—钨极　2—喷嘴　3—焊缝　4—焊件　5—等离子弧

2) 由于等离子弧的形态近似于圆柱形，挺直性好，几乎在整个弧长上都具有高温。因此，当弧长发生波动时，熔池表面的加热面积变化不大，对焊缝成形的影响较小，容易得到均匀的焊缝。

3) 由于等离子弧的稳定性好，特别是用联合型等离子弧时，使用很小（大约 0.1A）的焊接电流也能保持稳定的焊接过程。因此，可焊接超薄的工件。

4) 由于钨极是内缩在喷嘴里面，焊接时不会与工件接触。因此，不仅可减少钨极损耗，并且可防止焊缝金属产生夹钨等缺陷。

(3) 等离子弧切割　利用等离子弧的热能实现切割的方法称为等离子弧切割。等离子弧与氧-乙炔焰切割有本质区别，它是以高温、高速的等离子弧为热源，将被切割件局部熔化，并利用压缩高速气流的机械冲刷力，将已熔化的金属或非金属吹走而形成狭窄切口的过程。

等离子弧是一种比较理想的切割热源，等离子弧切割具有以下特点。

1) 应用范围广。等离子弧可以切割各种高熔点金属及其他切割方法不能切割的金属，如不锈钢、耐热钢、钛、钼、钨、铸铁、铜、铝及其合金等。

2) 切割速度快、生产率高。在目前采用的各种切割方法中，等离子弧切割的速度比较快，生产率也比较高。

3) 切割质量高。等离子弧切割时，能得到比较狭窄、光洁、整齐、无粘渣、接近垂直的切口，而且切口的变形和热影响区较小，其硬度变化也不大，切割质量好。

7.4　常用金属材料的焊接

7.4.1　金属材料的焊接性

1. 金属焊接性的概念

金属焊接性是金属材料对焊接加工的适应性，是指金属在一定的焊接方法、焊接材料、工艺参数及结构形式条件下，获得优质焊接接头的难易程度，即金属材料在一定的焊接工艺条件下，表现出易焊和难焊的差别。

金属焊接性包括两个方面：一是工艺焊接性，主要是指焊接接头产生工艺缺陷的倾向，尤其是出现各种裂纹的可能性；二是使用焊接性，主要是指焊接接头在使用中的可靠性，包括焊接接头的力学性能及其特殊性能（如耐热、耐蚀性能等）。

金属焊接性是金属的一种加工性能。它决定于金属材料的本身性质和加工条件。就目前的焊接技术水平，工业上应用的绝大多数金属材料都是可以焊接的，只是焊接的难易程度不同而已。

随着焊接技术的发展，金属焊接性也在改变。例如，铝在气焊和焊条电弧焊条件下，难以达到较高的焊接质量；氩弧焊出现以后用来焊接铝却能达到较高的技术要求。化学活泼性极强的钛的焊接也是如此。等离子弧、真空电子束、激光等在焊接中的应用，使钨、钼、铌、钽及锆等高熔点金属及其合金的焊接都已成为可能。

2. 碳当量法估算钢材的焊接性

碳当量法是依据钢材中不同化学成分对焊接热影响区淬硬性的影响程度来评估钢材焊接时可能产生裂纹和硬化倾向的计算方法。在钢材的化学成分中，影响最大的是碳，其次是锰、铬、钼、钒等。把钢中合金元素（包括碳）的含量（质量分数）按其对焊接性的影响程度换算成碳的相对含量（质量分数），其总和称为碳当量，用 w_{CE} 来表示，可作为评定钢材焊接性的一种参考指标。国际焊接学会推荐的碳钢和低合金结构钢适用的计算碳当量的经验公式为：

$$w_{CE} = w(C) + \frac{w(Mn)}{6} + \frac{w(Cr) + w(Mo) + w(V)}{5} + \frac{w(Ni) + w(Cu)}{15} (\%)$$

式中化学元素符号后的数字表示该元素在钢材中的质量分数，各元素含量取其成分范围的上限。实践证明，随着碳当量的增加，钢材的焊接性逐渐变差，其焊接性分为以下三种情况：

1) $w_{CE} < 0.4\%$ 时，钢材塑性良好，淬硬倾向不明显，焊接性良好。焊接厚大工件或在低温下焊接时，应考虑预热。

2) $w_{CE} = 0.4\% \sim 0.6\%$ 时，钢材塑性下降，淬硬倾向明显，焊接性能相对较差。焊前工件需要适当预热，焊后应注意缓冷。

3) $w_{CE} > 0.6\%$ 时，钢材塑性较低，淬硬倾向很强，焊接性不好。焊前工件必须预热到较高温度，焊接时采取减少焊接应力和防止开裂的工艺措施，焊后进行适当的热处理才能保证焊接接头质量。

7.4.2 碳钢的焊接

1. 低碳钢的焊接

低碳钢的焊接性是最好的，用任何一种焊接方法，即使用最普通的焊接工艺都能获得优质焊接接头。焊接时的填充金属可根据等强度原则选用，即应使焊缝强度等于或接近母材强度。只在下列情况下需采取相应措施：

1) 在 0℃ 以下的低温环境中焊接厚件时，应预热焊件。
2) 厚度超过 50mm 时，应进行焊后热处理。
3) 电渣焊焊件焊后应进行正火处理，以细化热影响区晶粒。

低碳钢最常用的焊接方法是焊条电弧焊、自动埋弧焊、电渣焊、气体保护焊和电阻焊。用焊条电弧焊焊接低碳钢工件时，一般采用 J422 焊条或 J427 焊条。埋弧焊时，一般采用

H08A 或 H08MnA 焊丝配合 HJ431 焊剂。低碳钢钎焊可用锡铅、黄铜和银基钎料等，适用于所有钎焊方法。

2. 中碳钢的焊接

中碳钢的焊接主要是在铸、锻毛坯的组合件以及补焊中应用。随着含碳量的增加，钢的焊接性由良好降至中等，焊缝中易产生热裂，热影响区则易产生淬硬组织（马氏体），甚至导致冷裂。

中碳钢主要采用焊条电弧焊和气焊，焊接时应设法减小焊件各部分之间的温差以降低焊后冷却速度，还应尽量减小母材在焊缝中的比例以降低焊缝中的含碳量。为此，应采取以下措施：

（1）焊接预热　平均含碳量（质量分数）低于 0.45% 的钢预热至 150~250℃；含碳量（质量分数）高于 0.45% 的钢或者厚度较大时，可预热至 250~400℃。

（2）开坡口进行多层焊　采用细焊条、小电流焊接，可减小母材的熔化深度。在操作上还应力求减慢热影响区的冷却速度。

（3）焊条电弧焊时最好采用低氢型焊条　如允许焊缝不与母材等强度，可采用强度等级低的焊条。当焊件不允许预热时，可采用奥氏体不锈钢焊条，因其塑性好可避免裂纹。

3. 高碳钢的焊接

高碳钢的 w_{CE}>0.60%，含碳量高，导热性差，塑性差，热影响区淬硬倾向以及焊缝产生裂纹、气孔的倾向严重，焊接性很差。高碳钢一般不用于焊接结构，只用于修补。焊接措施大致与中碳钢相似，但预热温度更高，焊前应进行 250~350℃ 以上的预热（若用奥氏体不锈钢焊条可不预热）。选用 J857 和 J857Cr 焊条，焊后要立即进行去应力退火，常采用焊条电弧焊或气焊进行修补。其焊接特点与中碳钢的焊接基本相同，但焊接性差。

7.4.3　合金结构钢的焊接

1. 低合金钢结构的焊接

要焊接的低合金结构钢主要是指用于制造金属结构的建筑和工程用钢，其性能的主要要求是强度（同时要求有良好的塑性、韧性），所以也叫强度用钢，在我国一般按屈服强度分等级。

对于 16Mn（R_{eL}=350MPa）等强度级别较低的低合金结构钢，其塑性、韧性好，w_{CE}≤0.4%，焊接性良好。常温下焊接此钢时，按焊接低碳钢对待。在低温下或大刚度、大厚度构件上进行焊接时，应防止出现淬硬组织，为此要适当增大焊接电流、减小焊速、选用低氢型焊条，并进行预热。对受压容器（厚度大于 20mm）的焊接，还应注意焊后退火，以消除内应力。

对强度级别高的低合金结构钢，淬硬、冷裂倾向增大，焊接性较差，一般都要预热。焊接时采用大电流、小焊速，以减缓焊接接头的冷却速度。焊后及时进行回火，回火温度为 600~650℃。当不能及时回火时，可先将焊件加热到 200~300℃，保温 2~6h，进行除氢处理，以防止冷裂。根据钢材强度等级选择相应的焊条（应尽量使用低氢型焊条）或使用碱度高的焊剂配合适当的焊丝施焊，并注意焊前烘干焊条、焊剂，对焊件进行认真地清理。

2. 不锈钢的焊接

不锈钢中应用最广泛的是奥氏体不锈钢。其焊接性良好，常采用焊条电弧焊和钨极氩弧焊，也可用埋弧焊。采用焊条电弧焊时，应选用与母材化学成分相同的焊条；采用氩弧焊和埋弧焊时，选用的焊丝应保证焊缝的化学成分与母材相同。

焊接奥氏体不锈钢的主要问题是晶界腐蚀和热裂纹。由于不锈钢在500～800℃长时间停留，晶界处将析出碳化铬，引起晶界贫铬，使接头丧失耐蚀性能。因此，应选择适当的焊接材料及采用小电流、快速焊、强制冷却等措施以防止晶界腐蚀。热裂纹的出现是因为晶界处易形成低熔点含硫、磷的共晶体，且此类钢本身热导率较小，仅为低碳钢的1/3左右，而线膨胀系数大，约比低碳钢大50%，故在焊接时易形成较大拉应力。因此，应严格控制焊缝中的硫、磷等杂质的含量。

7.4.4 铸铁的补焊

铸铁含碳量高，组织不均匀，塑性很低，属于焊接性很差的材料，因此不应用铸铁设计和制造焊接构件。但铸铁件常出现铸造缺陷，铸铁零件在使用过程中有时会发生局部损坏或断裂，若用焊接手段将其修复，经济效益是很大的。所以，铸铁的焊接主要是进行补焊工作。

铸铁的焊接性差，由于焊接时C、Si等元素易烧损，加之焊接时冷却速度较大，故常使焊缝中的C全部形成Fe_3C而成为白口组织。尤其是半熔化区最易产生白口组织，使切削加工变得困难。因此，对焊后需进行机械加工的工件是不允许产生白口组织的。又由于铸铁的塑性极差，抗拉强度较低，当焊接时，因局部快速加热和冷却而造成较大内应力，就易形成裂缝。而且当接头处产生白口组织时，因其硬而脆，冷却时收缩率又比母材金属大得多，更促使焊缝金属在冷却时产生裂缝。

1. 铸铁的焊接特点

（1）**熔合区易产生白口组织** 由于焊接为局部加热，焊后铸铁件上的焊补区冷却速度远比铸造成形时快得多，因此很容易形成白口组织，其硬度很高，焊后很难进行机械加工。

（2）**易产生裂纹** 铸铁强度低，塑性差。当焊接应力较大时，就会在焊缝及热影响区内产生裂纹，甚至使焊缝整体断裂。此外，当采用非铸铁组织的焊条或焊丝焊接铸铁件时，铸铁因C及S、P杂质含量高，母材金属会过多地溶入焊缝中，易产生裂纹。

（3）**易产生气孔** 铸铁含碳量高，焊接时易生成CO和CO_2气体。凝固时，由液态转变为固态所经历的时间很短，熔池中的气体会因来不及逸出而形成气孔。

此外，铸铁的流动性好，立焊时熔池金属容易流失，所以一般只进行平焊。

2. 铸铁的焊接方法

根据铸铁的焊接特点，采用气焊、焊条电弧焊（个别大件可采用电渣焊）进行补焊较为适宜。按焊前是否预热，铸铁的补焊可分为热焊法和冷焊法两大类。

（1）**热焊法** 热焊法是将铸件整体或局部缓慢预热到600～700℃，焊接时保持400℃以上，焊后缓慢冷却的方法。这种方法应力小，不易产生裂纹，可防止出现白口组织和气孔，但成本较高，生产率低，劳动条件差。热焊时，常用的方法是气焊和焊条电弧焊。气焊时，采用含硅高的铸铁焊条作为填充金属，并用气焊熔剂去除氧化物，通常用的气焊熔剂是CJ201或硼砂。气焊适用于焊补中、小型薄壁件。焊条电弧焊时，采用铸铁作为焊芯的铸铁焊条 Z248 或钢芯石墨化铸铁焊条 Z208。焊条电弧焊主要用于补焊厚度较大（大于 10mm）的铸铁件。

热焊法一般仅用于焊后要求机械加工或形状复杂的重要铸铁件，如机床导轨、主轴箱、汽车的气缸体等。热焊法成本高，工艺复杂，生产周期长，因此应尽量少用。

（2）冷焊法　冷焊法是补焊前不对铸件预热，或在低于 400℃ 的温度预热铸件的补焊方法。常用焊条电弧焊进行铸铁冷焊。焊接时，依靠焊条来调整焊缝的化学成分，防止产生白口组织和裂纹。焊接时应尽量用小电流、短电弧、窄焊缝、分段焊等工艺，焊后立即用锤轻击焊缝，以松弛焊接应力，待冷却后再继续焊接。

铸铁冷焊常用焊条有钢芯铸铁焊条、镍基铸铁焊条、铜基铸铁焊条和铸铁心铸铁焊条。它们都具有良好的抗裂性，焊后也能进行加工，且价格也较低，故多用于一般灰铸铁件的补焊。

冷焊法生产率高、成本低、劳动条件好，尤其是不受焊缝位置限制，故应用广泛。

综上所述，铸铁的补焊应根据铸铁件结构和缺陷情况以及使用与加工的要求，选择较为合适的工艺与焊接材料。对于薄壁、小型铸铁件的缺陷，一般采用气焊，用气焊火焰局部预热，减小应力，可取得较好的效果。对加工后出现铸铁小气孔、浇不足或小裂纹铸铁件，如受力不大，也可采用黄铜钎焊进行修复。

7.4.5　有色金属的焊接

1. 铝及铝合金的焊接

工业上用于焊接的主要是纯铝、铝锰合金、铝镁合金及铸铝。铝及铝合金有易氧化、热导率高、热容和线膨胀系数大、熔点低及高温强度小等特点，因而给焊接带来了一定困难。

（1）极易氧化　铝极易氧化，很容易生成氧化铝（Al_2O_3），其组织致密，熔点（2050℃）远高于铝的熔点（660℃），覆盖在金属表面而阻碍熔合。此外，氧化铝密度较大，易形成夹渣而使焊缝脆化。

（2）形成气孔　液态铝能吸收大量的氢，而固态铝又几乎不溶解氢。因此，焊缝冷却时由于结晶速度快，大量的氢来不及逸出熔池，易产生气孔。

（3）电源功率大、焊缝易变形　铝的热导率大，焊接时要求使用大功率电源，焊件厚度较大时要进行预热。此外，铝的线膨胀系数也较大，易产生焊接应力和变形，严重时导致开裂。

（4）特殊工艺措施　铝在高温时强度很低，容易引起焊缝塌陷，焊接时常需采用垫板。

（5）熔化温度不易判断　铝在熔化前不像钢等金属有颜色的变化，因此，熔化前不易判断是否已接近熔化温度，使用焊条的焊接方法时容易出现焊穿等缺陷。

工业上广泛采用氩弧焊、气焊、电阻焊和钎焊等方法焊接铝合金。氩弧焊是较为理想的焊接方法。用纯度高达 99.9% 的氩气作保护，不用焊剂，利用氩气的阴极破碎作用去除氧化膜，焊接质量好，焊缝耐蚀性较强。一般厚度在 8mm 以下的焊件采用钨极（非熔化极）氩弧焊；厚度在 8mm 以上的焊件采用熔化极氩弧焊。焊接要求不高的纯铝和不能热处理强化的铝合金时可采用气焊，其优点是经济、方便，但生产率低，接头质量较差，且必须使用焊剂去除氧化膜和杂质。气焊适用于板厚 0.5~2mm 的薄件焊接。焊丝的选用，可采用与母材成分相同的铝焊丝，甚至可以用从母材上切下的窄条作为填充金属；对于热处理强化的铝合金，可采用铝硅合金焊丝以防止热裂纹产生。无论用哪种方法焊接铝及铝合金，焊前必须彻底清理焊接部位和焊丝表面的氧化膜及油污。由于铝焊剂对铝有强烈的腐蚀作用，焊后应仔细清洗，以防止焊剂对铝焊件继续腐蚀。

2. 铜及铜合金的焊接

由于铜及铜合金独特的物理化学性能，其焊接比低碳钢要困难得多，焊接时如不采取相应的工艺措施很容易出现以下问题。

(1) 难熔合　铜热导率大，比铁大7~11倍，热量很容易传导出去，使母材和填充金属难以熔合。因此，需要大功率电源，且焊前需要预热，焊接过程中需要保温。

(2) 易氧化　液态的铜易生成CuO_2，分布在晶界处，且铜的膨胀系数大，凝固系数也大，容易产生较大的焊接应力，极易引起开裂。

(3) 产生气孔　铜特别容易吸收氢，氢在凝固时来不及逸出，从而形成气孔。

(4) 易变形　铜的膨胀系数和收缩率都大，且铜的导热性强，因此焊接热影响区宽，焊接变形严重。

铜及铜合金可用氩弧焊、气焊、碳弧焊和钎焊等方法进行焊接。铜的电阻很小，不适于用电阻焊焊接。氩气对熔池的保护可靠，接头质量好，飞溅少，成形美观。因此，氩弧焊广泛用于纯铜、黄铜和青铜的焊接。纯铜及铜合金进行钨极氩弧焊时，应使用与母材相同成分的焊丝。黄铜气焊时，填充金属采用$w_{Si}=0.3\%~0.7\%$的黄铜和焊丝 HSCuZn-4。气焊时需用焊剂去除氧化物。铜及铜合金也可采用焊条电弧焊，应选用相同成分的铜焊条。

3. 钛及钛合金的焊接

钛及钛合金比强度（强度与密度之比）高；在300~500℃高温下仍有足够的强度；在海水及大多数酸、碱、盐介质中均有良好的耐蚀性；有良好的低温冲击韧性。

钛及钛合金的焊接很困难，其主要问题是氧化、脆化开裂，气孔也较明显。普通的焊条电弧焊、气焊等均不适合钛及钛合金的焊接。目前主要方法是钨极氩弧焊、等离子焊和真空电子束焊。钨极氩弧焊工艺是成熟的。由于钛及钛合金的化学性能非常活泼，不但极易氧化，而且在250℃就开始吸氢。因此，要注意焊枪的结构，加强保护措施，并要采用拖罩保护高温的焊缝金属。保护效果的好坏可通过接头颜色初步鉴别：银白色保护效果最好，无氧化现象；黄色为TiO，表示轻微氧化；蓝色为Ti_2O_3，表示氧化较严重；灰白色为TiO_2，表示氧化甚为严重。因此，一般应保证焊后焊接接头为银白色，说明保护效果好。

7.5　焊接的结构工艺性

7.5.1　焊接结构材料和焊接方法的选择

1. 焊接结构材料的选择

选择焊接结构材料的着眼点，一是材料的力学性能，二是材料的焊接性。在满足工作性能要求的前提下，首先应考虑焊接性较好的材料（见表7-6）。一般来说，低碳钢和$w_{CE}<0.4\%$的低合金钢都具有良好的焊接性，在设计焊接结构时应尽量选用。而$w_{CE}>0.6\%$的碳钢、$w_{CE}>0.4\%$的合金钢，焊接性不好，在设计焊接结构时，一般不宜采用；如果必须采用上述材料，应在设计和生产工艺中采取必要的措施。

对异种金属的焊接，必须注意两种不同焊接材料的焊接性。我国低合金钢体系中的钢种,其化学成分与物理性能较接近,对这些异种钢的焊接,一般困难不大。若低碳钢或低合金钢与其他钢种焊接,则应充分注意焊接性的差异,一般要求接头强度不低于母材中的强度较低者的强度。因此,设计者应对焊接材料提出要求,而焊接时应按焊接性较差的钢种采取工艺措施。

表7-6 常用金属材料焊接性能

金属材料	焊接方法										
	气焊	焊条电弧焊	埋弧焊	CO_2气体保护焊	氩弧焊	电子束焊	电渣焊	点焊、缝焊	对焊	摩擦焊	钎焊
低碳钢	A	A	A	A	A	A	A	A	A	A	A
中碳钢	A	A	B	B	A	A	A	B	A	A	A
低合金结构钢	B	A	A	A	A	A	A	A	A	A	A
不锈钢	A	A	B	B	A	A	B	A	A	A	A
耐热钢	B	A	B	C	A	A	D	B	C	B	A
铸钢	A	A	A	A	A	A	(—)	B	A	B	B
铸铁	B	B	C	C	B	(—)	B	(—)	D	D	B
铜及其合金	B	B	A	C	A	A	B	A	D	B	A
铝及其合金	B	C	C	D	A	A	D	A	B	B	C
钛及其合金	D	D	D	D	A	A	D	B~C	C	A	B

注:A—焊接性良好;B—焊接性较好;C—焊接性较差;D—焊接性不好;(—)—很少采用。

设计焊接结构时,应多采用工字钢、槽钢、角钢和钢管等型材,以减少焊缝数量、简化焊接工艺及增加结构件的强度和刚度。对于形状较复杂的部分,还可以考虑用铸件、锻件或冲压件焊接。如图7-30所示的构件,图7-30a有四条焊缝,图7-30b、c各有两条焊缝,可见,图7-30b、7-30c的选材合理。此外,在设计焊接结构的形状尺寸时,还应注意原材料的尺寸规格,以便下料、套料时减少边角余料损失和减少拼料焊缝数量。

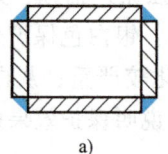
a)
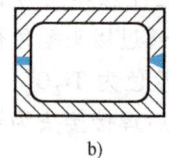
b)
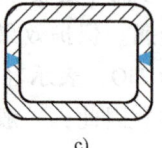
c)

图7-30 合理选材减少焊缝数目
a)用四块钢板焊成 b)用两根槽钢焊成 c)用两块钢板弯曲后焊成

焊接时,选择合适的焊接方法才能获得质量优良的焊接接头,并且具有较高的生产率。焊接方法的选择应根据材料的焊接性、焊件厚度、产品的接头形式、不同焊接方法的适用范围,以及所有可选焊接方法的生产率和现场拥有的设备条件等进行综合考虑。

2. 焊接方法的选择

低碳钢及普通低合金结构钢可采用各种方法焊接,故需根据其他条件选择焊接方法。若为薄板,可用点焊;若为密封容器,则应选用缝焊;对若产品不大,对强度要求不高,对尺寸要求精确且要求焊缝致密,可用钎焊。中厚板的焊接可选用自动埋弧焊或二氧化碳气体保护焊,但如果焊缝较短、焊接操作空间狭窄或单件生产等,则宜采用焊条电弧焊。厚板的焊接可选用电渣焊。如果材料为密集截面(管子、棒料),并要求对接,则宜采用对焊(电阻焊)或摩擦焊,无其他条件限制可采用焊条电弧焊。

铜铝异种金属的焊接可用压焊,薄板或细丝可用钎焊。钢铝接头只能用压焊,棒材或线材的焊接宜选用摩擦焊。不锈钢或铜及其合金的焊接可选用焊条电弧焊,若质量要求较高,可选用氩弧焊。铝及其合金的焊接宜选用氩弧焊,质量要求不高或无氩弧焊设备时,可选用气焊。

7.5.2 焊接结构设计

1. 焊接接头和坡口设计

(1) 焊接接头形式　接头是指用焊接的方法进行连接的结合部位。常用的接头形式有对接接头、搭接接头、角接接头和T形接头四种,如图7-31所示。对接接头受力均匀,应力集中较小,强度较高,易保证焊接质量,应用最广,但对下料尺寸和组装的要求比较严格。角接接头和T形接头在很多情况下只承受较小的切应力或仅作为联系焊缝,但在结构有转折时必须使用。搭接接头对装配要求不高,也易于装配,但其熔透能力差,接头承载能力低,一般用在不重要的结构中。

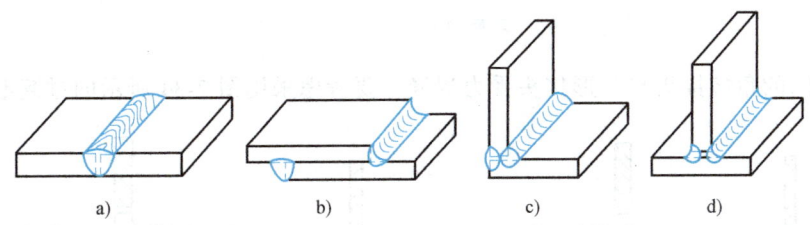

图 7-31　焊接接头形式

a) 对接接头　b) 搭接接头　c) 角接接头　d) T形接头

(2) 坡口形式　根据设计或工艺要求,在焊件待焊部位加工成具有一定几何形状和尺寸的沟槽称为坡口。其作用是:使热源(电弧或火焰)能深入焊缝根部,保证根部焊透;便于操作和清理焊渣;调整焊缝成形系数,获得较好的焊缝外观;调节母材与填充金属的比例。当工件厚度大于6mm时就要开坡口。常见的坡口形状有I形、V形、U形和X形等。根据板厚要求,可在焊件单面或双面开出坡口,常见对接接头的坡口形式如图7-32所示。当工件厚度小于6mm时可不开坡口,但接缝处应留有0~2mm的间隙。

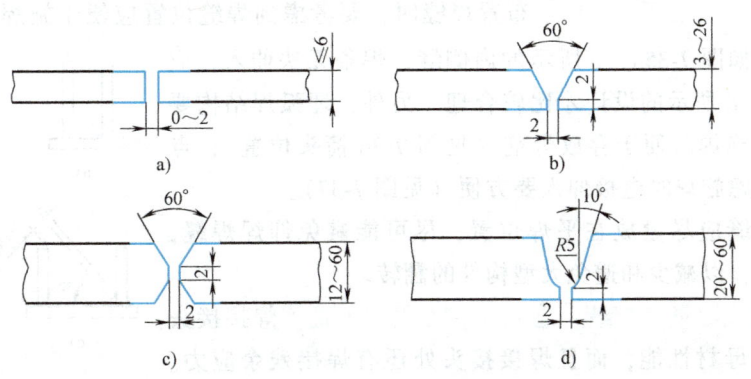

图 7-32　常见对接接头的坡口形式

a) I形坡口　b) V形坡口　c) X形坡口　d) U形坡口

（3）不同厚度焊件的接头　设计焊接结构最好采用相同厚度的金属材料，以便获得优质的焊接接头。如果采用厚度相差较大的金属材料进行焊接，接头处易形成应力集中，而且接头两边由于受热不均匀易产生焊不透等缺陷。不同厚度的金属材料对接时，厚度公差见表7-7。超出表中规定的公差时，应在较厚的板料上加工出单面或双面过渡的斜边，如图7-33所示。

表7-7　不同厚度金属对接时的厚度公差　　　　　　　　　　（单位：mm）

较薄板的厚度	2~5	6~8	9~11	>=12
公差($\delta_1-\delta$)	1	2	3	4

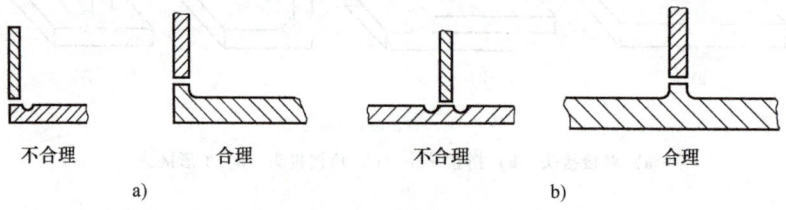

图7-33　不同厚度金属材料的过渡形式

板厚不同的角接接头与T形接头受力焊缝，要考虑采用图7-34所示的过渡形式。

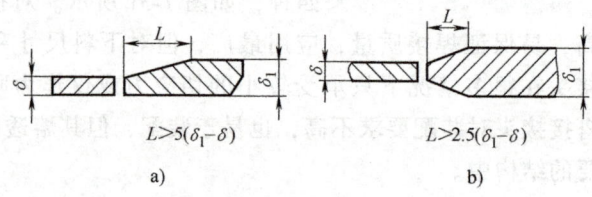

图7-34　不同厚度金属材料角接接头和T形接头的过渡形式
a）角接接头　b）T形接头

2. 焊缝的布置

焊接结构中，焊缝布置对焊接质量和生产率有很大影响。考虑焊缝布置时，要注意下列一般原则。

（1）焊缝位置应便于操作　布置焊缝时，要考虑到焊缝位置应便于施焊，周围有足够的操作空间。如图7-35a、b所示的内侧缝，焊条无法伸入，应改成图7-35c、d所示的设计才比较合理。另外，埋弧焊结构要考虑在接头处施焊时便于存放焊剂（见图7-36箭头位置）；点焊与缝焊应考虑施焊时电极伸入要方便（见图7-37）。

此外，焊缝应尽量放在平焊位置，尽可能避免仰焊焊缝，减少横焊焊缝，以减少和避免大型构件的翻转。

（2）焊缝应尽量避开最大应力和应力集中位置　焊接接头性能往往低于母材性能，而且焊接接头处还有焊接残余应力。因此，要求焊缝避开应力大的部位，特别是要避开应力集中部位（见图7-38）。

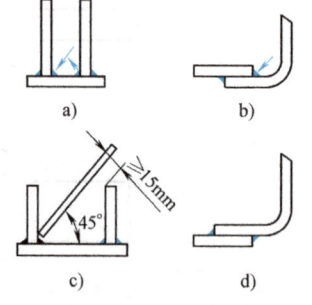

图7-35　便于焊条电弧焊的布置

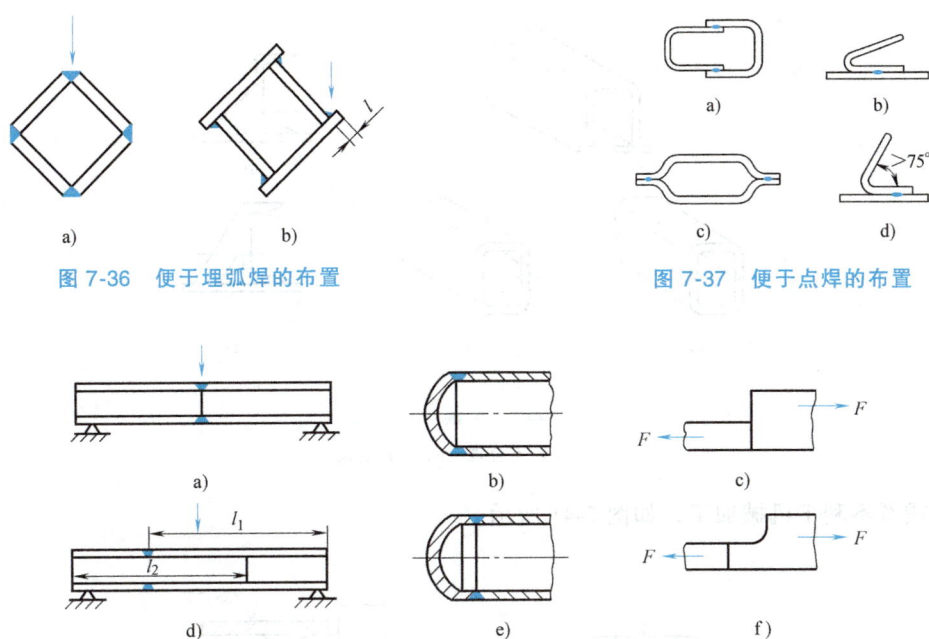

图 7-36　便于埋弧焊的布置　　　　图 7-37　便于点焊的布置

图 7-38　焊缝布置应避开最大应力和应力集中处
a)~c) 不合理　d)~f) 合理

（3）**焊缝布置应避免密集或交叉**　焊缝密集或交叉都会造成金属局部热量过分集中，待冷却收缩时，可能由于双向拉应力的出现及应力数值过大而使其产生裂纹。分散或错开焊缝，可减少拘束应力和应力集中，从而避免应力过大和减小产生裂纹的倾向（见图 7-39）。

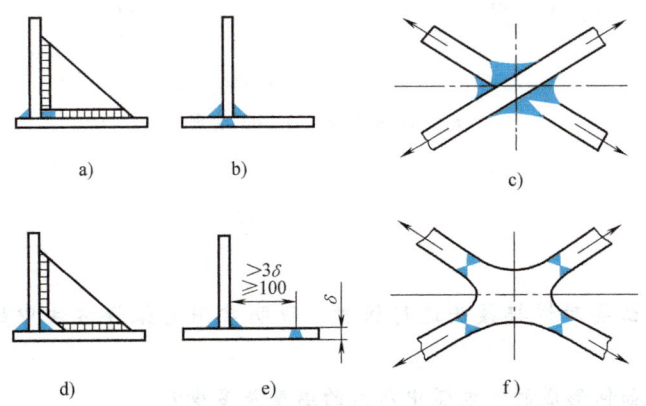

图 7-39　焊缝布置应避免密集或交叉
a)~c) 不合理　d)~f) 合理

（4）**焊缝布置应尽量对称**　如图 7-40a、b 所示的焊件，焊缝位置偏在截面重心的一侧，由于焊缝的收缩会造成较大的弯曲变形。图 7-40c~e 所示的焊缝位置对称，就不会发生明显的变形。图 7-40c、d 二者所示焊缝位置又以图 7-40d 的效果较好。

（5）**焊缝位置一般应避开加工部位**　焊缝位置要避开加工部位，以免影响加工表面的

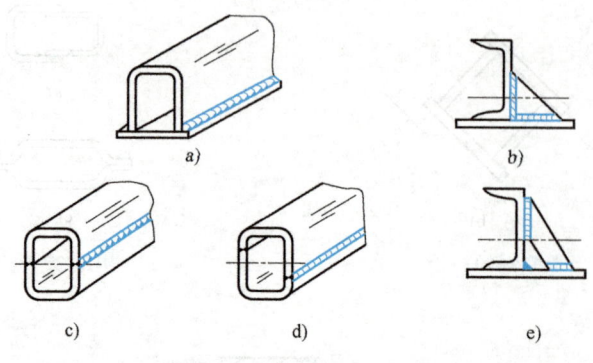

图 7-40 焊缝对称布置
a)、b) 不合理　c)~e) 合理

质量,或者不利于机械加工,如图 7-41 所示。

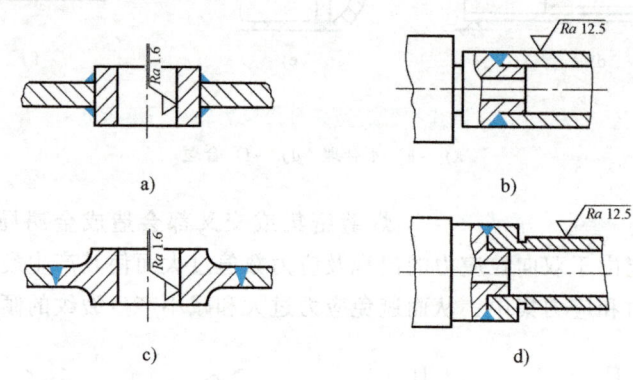

图 7-41 焊缝应避开机械加工部位
a)、b) 不合理　c)、d) 合理

思 考 题

1. 焊接时为什么要对焊接接头进行保护,说明常用电弧焊方法中的保护方式及保护效果。
2. 焊接电弧是如何形成的?电弧中各区的温度是多少?
3. 焊芯的作用是什么?焊条药皮有哪些作用?
4. 焊接接头中力学性能差的薄弱区域在哪里?为什么?
5. 影响焊接接头性能的因素有哪些?如何影响?
6. 矫正焊接变形的方法有哪几种?
7. 减少焊接应力的工艺措施有哪些?
8. 电阻对焊和闪光对焊的焊接过程有何不同?焊接质量有何差异?
9. 普通低合金钢焊接的主要问题是什么?焊接时应采取哪些措施?

10. 试比较图 7-42 所示的哪种焊接结构较合理。

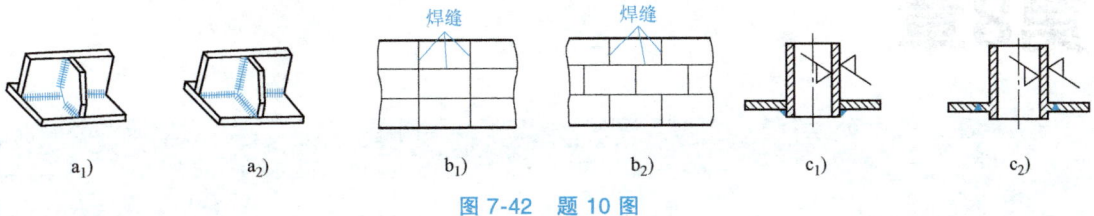

图 7-42 题 10 图

11. 图 7-43 中焊缝的布置是否合理？不合理的请加以改正。

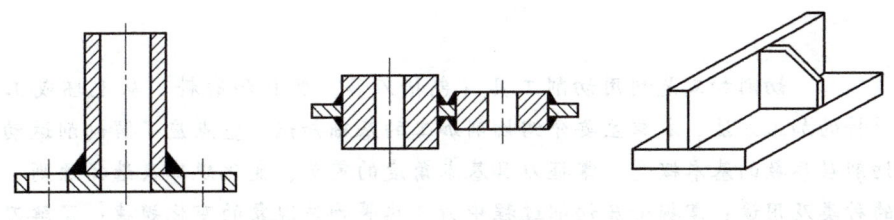

图 7-43 题 11 图

第8章

切削加工基础知识

> **本章导学**：切削加工是利用切削工具（包括刀具、磨具和磨料）从毛坯或工件上切除多余材料的加工方法。本章主要介绍切削加工的基础知识，重点应了解切削运动、切削用量及切削层参数的基本概念；掌握刀具基本角度的定义、变化规律及选择原则；熟悉刀具材料的种类及用途；掌握金属切削过程中力、热等物理现象的变化规律；了解刀具磨损规律及刀具寿命；掌握常用材料的切削加工性能以及切削用量的选用原则；熟悉提高切削加工质量的措施及切削加工技术经济性的分析方法。

8.1 切削运动及切削要素

8.1.1 零件表面的形成及切削运动

零件表面虽然形状比较复杂，但主要由以下几种基本表面组成：外圆面、内圆面（孔）、平面以及各种简单成形面。其中，外圆面和孔是以某一直线为母线并做圆周运动所形成的表面，如轴类零件的外圆表面、变速箱上的轴承孔等；平面是以某一直线为母线，沿另一直线轨迹作平移运动所形成的平面，如机床工作台面等；简单成形面是以曲线为母线，以圆弧轨迹运动或以直线轨迹平移运动所形成的表面，如螺纹、齿轮齿形等。图 8-1 所示为不同表面的典型切削加工方法及切削运动。

切削加工时，刀具与工件之间必须有相对运动，即切削运动。它包括主运动（图 8-1 中 Ⅰ 所示）和进给运动（图 8-1 中 Ⅱ 所示）。

主运动是使刀具的前面接近并进入工件实现切削的运动。在一个加工系统，如一台机床的多个运动中，主运动消耗的功率最大，速度一般也是最高的。主运动可以体现为工件的运动，也可以是刀具的运动。主运动一般为单一驱动的运动，也可以是合成的运动，但一个切削过程中，主运动只有一个。旋转和往复是最常见的两种主运动形式，如车削、铣削、磨削加工时，主运动是旋转运动，刨削、插削加工时，主运动是直线往复运动。

进给运动是使切削主运动在工件被加工表面持续进行的运动。一个切削过程中的进给运动可以是 1 个，也可以是多个；可以是连续的，也可以是间歇的。

实际切削时，切削运动是一个合成运动，其方向可由合成切削速度角 η 确定。车削、钻削和铣削的实际切削运动方向如图 8-2 所示。

第8章 切削加工基础知识

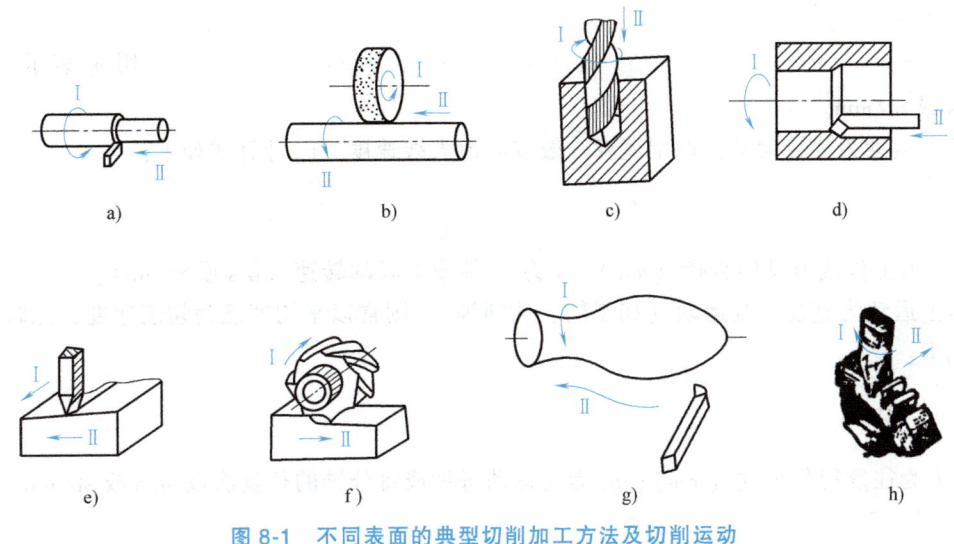

图 8-1　不同表面的典型切削加工方法及切削运动
a) 车外圆面　b) 磨外圆面　c) 钻孔　d) 车床上镗孔
e) 刨平面　f) 铣平面　g) 车成形面　h) 铣成形面

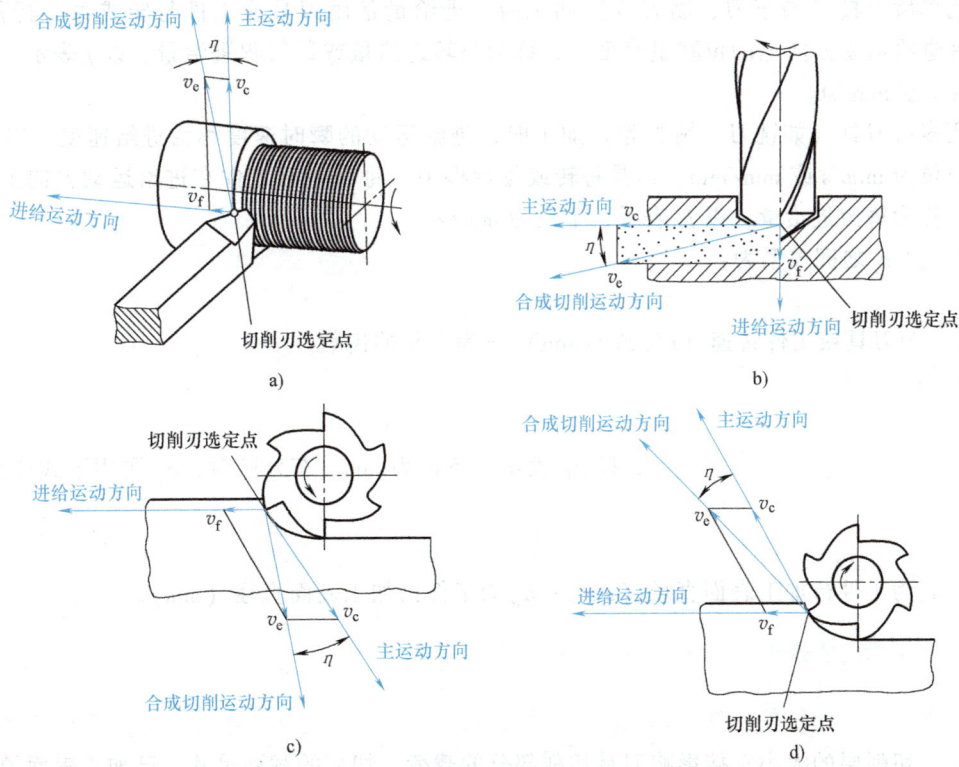

图 8-2　车削、钻削和铣削的实际切削运动方向
a) 车削　b) 钻削　c) 顺铣　d) 逆铣

8.1.2　切削用量

切削用量用来衡量切削运动量的大小，一般包括切削速度、进给量和背吃刀量三要素。

1. 切削速度

切削刃上选定点处相对工件主运动的瞬时速度称为该点的切削速度，用 v_c 表示，单位为 m/s 或 m/min。

若主运动为旋转运动，切削速度一般取其最大线速度，v_c 计算式如下：

$$v_c = \frac{\pi d n}{1000}$$

式中，d 为工件或刀具的直径（mm）；n 为工件或刀具的转速（r/s 或 r/min）。

若主运动为直线往复运动（如刨削、插削等），则常以平均速度为切削速度，此时 v_c 计算式如下：

$$v_c = \frac{2L n_r}{1000}$$

式中，L 为往复行程长度（mm）；n_r 为主运动每秒或每分钟的往复次数 st/s 或 st/min。

2. 进给量

在进给运动方向上，刀具相对工件的位移量称为进给量。不同的加工方法，由于所用刀具和切削运动形式不同，进给量的表述和度量方法也不同。

用单齿刀具（如车刀、刨刀等）加工时，进给量常用刀具或工件每转或每一行程中，刀具在进给运动方向上的位移量来度量，称为每转进给量或每行程进给量，以 f 表示，单位为 mm/r 或 mm/st。

用多齿刀具（如铣刀、钻头等）加工时，进给运动的瞬时速度称为进给速度，以 v_f 表示，单位为 mm/s 或 mm/min。刀具每转或每行程中，每齿相对工件在进给运动方向上的位移量，称为每齿进给量，以 f_z 表示，单位为 mm/z。

f、f_z、v_f 之间关系为：

$$v_f = fn = f_z z n$$

式中，n 为刀具或工件转速（r/s 或 r/min）；z 为刀具的齿数。

3. 背吃刀量

通过切削刃上选定点并垂直于该点主运动方向的切削层平面中，垂直于进给运动方向测量的切削层尺寸，称为背吃刀量，以 a_P 表示，单位为 mm。车外圆时，a_P 可用下式计算：

$$a_P = \frac{d_w - d_m}{2}$$

式中，d_w 为工件待加工表面直径（mm）；d_m 为工件已加工表面直径（mm）。

8.1.3 切削层参数

切削层是指在切削过程中，刀具或工件沿进给方向移动一个 f 或 f_z 时刀具所切除的工件材料层。切削层的大小直接影响刀具切削部分的载荷、切屑的截面尺寸、已加工表面的表面粗糙度，以及切削加工的生产率和刀具的磨损等。切削层的尺寸和形状通常在垂直于切削主运动方向的切削层横截面中测量，如图 8-3 所示。

（1）切削层公称厚度 h_D　在与工件过渡表面垂直方向测量的切削层横截面尺寸，可简称为切削厚度，单位为 mm。车外圆时，若车刀主切削刃为直线，则：

$$h_D = f \sin k_r$$

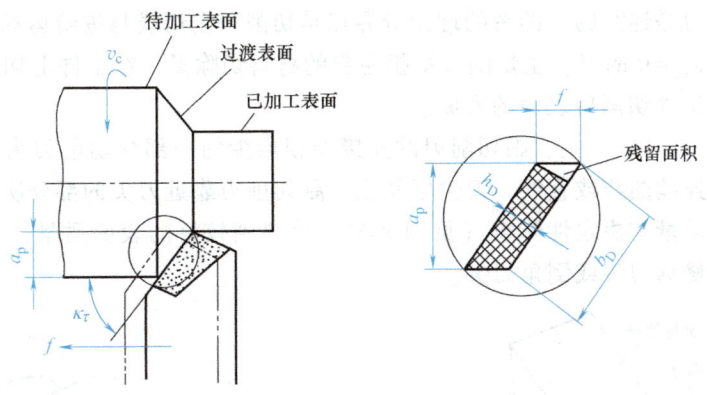

图 8-3　车外圆时的切削层尺寸

（2）切削层公称宽度 b_D　切削层横截面上，沿主切削刃测量的长度尺寸，单位为 mm。

（3）切削层公称横截面积 A_D　指在切削层横截面上测量的切削层面积，单位为 mm^2。其计算式为：

$$A_D = b_D h_D$$

A_D 不包括切削残留面积。不同的切削加工方法产生的残留面积所占的比例是不同的，一般车削加工时的残留面积很小，可以近似认为：

$$A_D = b_D h_D \approx f a_p$$

8.2　刀具角度及刀具材料

8.2.1　刀具角度

切削刀具种类很多，如车刀、铣刀、刨刀和钻头等，它们的几何形状各异，但是切削部分的结构要素和几何角度都有着许多共同的特征，如图 8-4 所示。下面从车刀入手，进行分析和研究。

1. 车刀切削部分的组成

车刀切削部分的构成要素为"三面二刃一刀尖"，如图 8-5 所示。

（1）前面（Face）　刀具上切屑流过的表面。

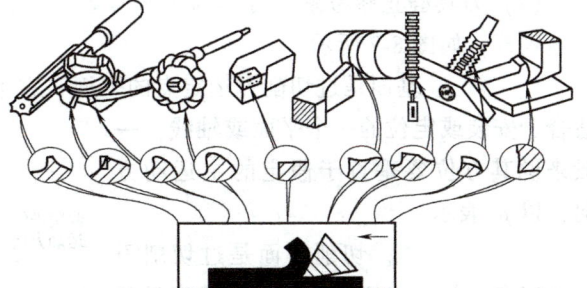

图 8-4　刀具的切削部分

（2）主后面（Flank）　与工件上切削中产生的表面相对的表面为主后面，通常可简称为后面，其与前面的交线形成主切削刃。

（3）副后面（Minor Flank）　与工件已切削表面相对的刀具表面为副后面，其与前面的交线形成副切削刃。

（4）主切削刃（Tool Major Cutting Edge）　前面与主后面的交线为主切削刃。

（5）副切削刃（Tool Minor Cutting Edge）　前面与副后面的交线为副切削刃。

主、副切削刃是连续的,两者的理论分界点是切削刃上切线与进给运动方向平行的那一点,见图 8-6 中 $\kappa_{re}=0$ 的点。主切削刃承担主要的材料切除量,在工件上切出过渡表面;副切削刃主要影响工件切削后表面的形成。

(6) 刀尖(Corner) 主、副切削刃的连接处相当少的一部分切削刃为刀尖。实际刀具的刀尖是一小段连续曲线或直线,刀尖以及主、副切削刃靠近刀尖的部分所形成的过渡切削刃,对加工表面质量有决定性影响(见图 8-6)。为得到较好的表面质量,通常在刃磨时将刀尖刻意修磨成修圆刀尖或倒角刀尖。

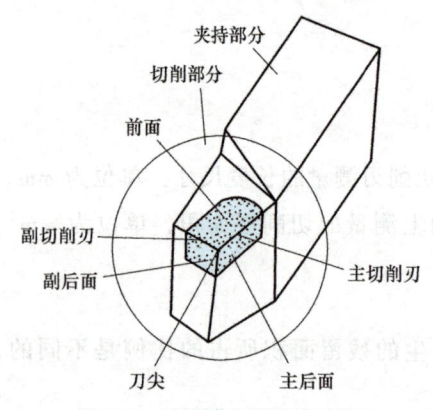

图 8-5 外圆车刀的切削部分

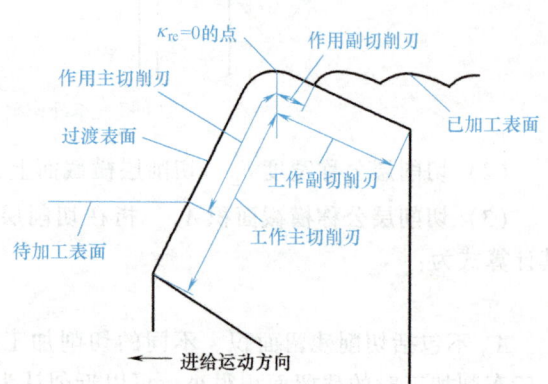

图 8-6 刀尖和主、副切削刃

2. 车刀切削部分的主要角度

除刀具、工件材料及切削用量,刀具角度是影响切削过程最重要的参数。为定义刀具角度而建立的参考坐标系有两种。其中,用于定义刀具设计、制造、刃磨和测量刀具角度的参考系,称为刀具静止参考系;用于定义刀具在切削进行时的角度参数的参考系,称为刀具工作参考系。工作参考系与静止参考系的区别在于,用实际的合成运动方向取代假定的主运动方向,用实际的进给运动方向取代假定的进给运动方向。

(1) 刀具静止参考系 刀具静止参考系主要由基面、切削平面、正交平面和假定工作平面构成,如图 8-7 所示。

1) 基面。基面是过切削刃选定点的平面,它平行或垂直于刀具在制造、刃磨及测量时适合于安装或定位的一个平面或轴线,一般来说其方位要垂直于假定的主运动方向,以 p_r 表示。

2) 切削平面。切削平面是过切削刃上选定点,与该点切削刃相切并垂直于基面的平面。主切削平面以 p_s 表示。

3) 正交平面。正交平面是过切削刃选定点并同时垂直于基面和切削平面的平面,以 p_o 表示。

4) 假定工作平面。假定工作平面是过切削刃选定点的平面,它平行或垂直于刀具在制造、刃磨及测量时适合于安装或

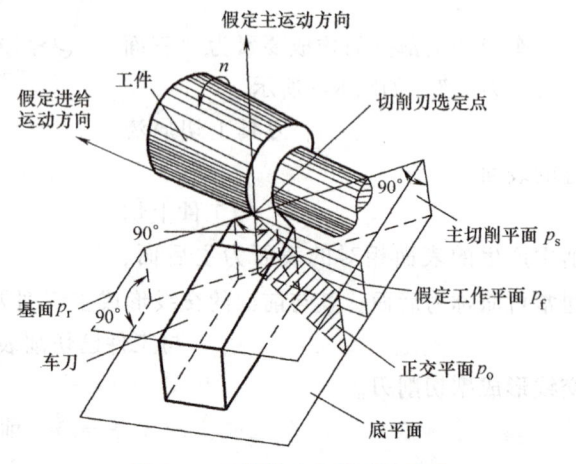

图 8-7 刀具静止参考系的平面

定位的一个平面或轴线,一般来说其方位要平行于假定的进给运动方向,以 p_f 表示。

(2) 刀具的主要角度　刀具的主要角度是指在刀具设计图样上标注的角度,是刀具制造、刃磨和测量的依据。车刀的主要角度如图 8-8 所示。

1) 前角（Tool Orthogonal Rake）γ_o。前角是在正交平面中测量的前面与基面间的夹角。根据前面和基面相对位置的不同,有正前角、零前角和负前角之分,如图 8-9 所示。

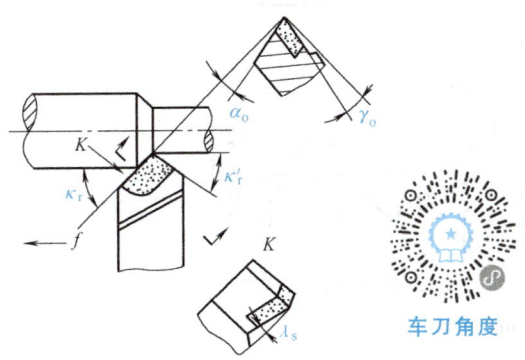

图 8-8　车刀的主要角度

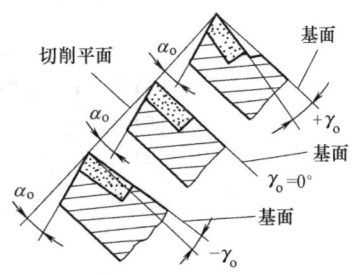

图 8-9　前角的正与负

前角的大小常根据工件材料、刀具材料和加工性质来选择。当工件材料塑性较大、强度和硬度较低或精加工时,前角取较大值,反之取较小值。例如,用硬质合金车刀切削结构钢工件,γ_o 可取 10°~20°；当切削脆性材料或粗加工时,γ_o 可取零或负值。

2) 后角（Tool Orthogonal Clearance）α_o。后角是在正交平面中测量的后面与切削平面间的夹角。一般 $\alpha_o > 0°$。

后角的主要作用是减小刀具后面与工件过渡表面间的摩擦,并配合前角改变切削刃的锋利程度与强度。后角的大小常根据加工的种类和性质来选择。例如,粗加工或工件材料较硬时,后角取较小值,如 6°~8°。反之,对切削刃强度要求不高,主要希望减小摩擦和提高已加工表面的表面质量时,后角可取稍大值,如 8°~12°。

后面与前面之间的夹角称为楔角,楔角的大小会影响主切削刃及刀头切削部分的强度。前角、后角小则楔角就大,切削强度和硬度大的材料需要较大的楔角,但切削力变大。

3) 主偏角（Tool Cutting Edge Angle）κ_r。主偏角是在基面中测量的主切削平面与假定工作平面间的夹角。

4) 副偏角（Tool Minor Cutting Edge Angle）κ_r'。副偏角是在基面中测量的副切削平面与假定工作平面间的夹角。

主偏角主要影响切削分力的变化和切削层截面的形状及参数,并和副偏角一起影响已加工表面的表面质量。如图 8-10 所示,当主、副偏角变小时,已加工表面残留面积的高度 h_c 变小,因而可提高表面质量,并改善刀尖强度和散热条件,利于提高刀具寿命。副偏角还有减少副后面与已加工表面间摩擦的作用。

如图 8-11 所示,当背吃刀量和进给量一定时,主偏角变小,切削层公称宽度会变大,而厚度变小,切下的切屑会变得宽而薄。这会导致主切削刃单位长度上的负荷变小,散热条件和切削条件变好,利于主切削刃及刀具寿命的提高。但是,当主偏角减小时,背向力将增大,若加工刚度较差的工件（如车细长轴）,则容易引起工件变形,并可能产生

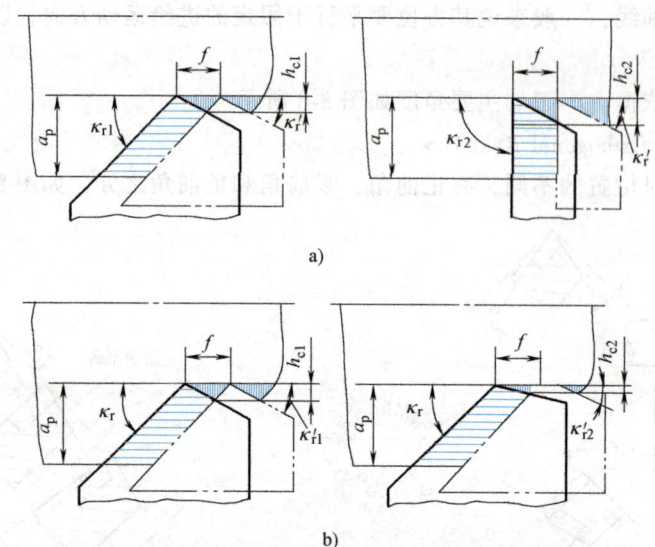

图 8-10 主、副偏角对加工表面残留面积的影响

a) 主偏角对残留面积的影响 b) 副偏角对残留面积的影响

振动。

主、副偏角应根据工件的刚度及加工要求选取合理的数值。一般车刀常用的主偏角有 45°、60°、75°、90° 等几种；副偏角为 5°~15°，粗加工时取较大值。

5）刃倾角（Tool Cutting Edge Inclination Angle）λ_s。刃倾角是在主切削平面中测量的主切削刃与基面间的夹角。与前角类似，刃倾

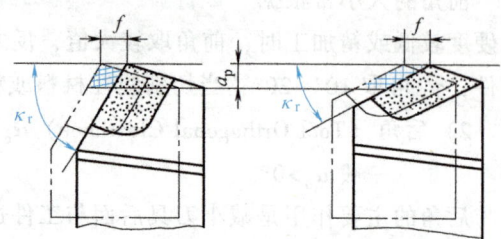

图 8-11 主偏角对切削层参数的影响

角也有正、负和零值之分。如图 8-12 所示，刀尖位于主切削刃的最高点，λ_s 为正值；刀尖位于主切削刃的最低点，λ_s 为负值。

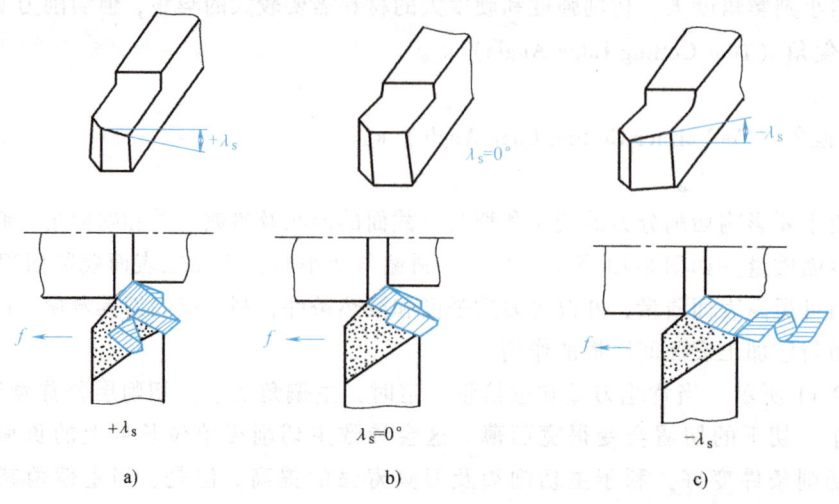

图 8-12 刃倾角及其对排屑方向的影响

刃倾角主要影响刀头的强度、切削分力和排屑方向。负的刃倾角可起到增强刀头的作用，但会使背向力增大，有可能引起振动，而且还会使切屑排向已加工表面，划伤和拉毛已加工表面。因此，粗加工时为了增强刀头，λ_s 常取负值或零值；车刀的刃倾角一般在 $-5°\sim +5°$ 选取。有时为了提高刀具耐冲击的能力，λ_s 可取较大的负值。

合理选择刀具在静止条件下的几何角度，可获得较高的生产率及较低成本的刀具损耗，主要选择原则见表 8-1。

表 8-1 刀具静止参考系下主要角度的选择

角度名称	作用	选择原则
主偏角	主偏角较大时，背向力小，可降低工艺系统的变形、振动； 主偏角较小时，主切削刃散热条件好，可提高刀具寿命，同时提高表面质量	加工高硬度材料时，应选取较小的主偏角 工艺系统刚性好时，选取较小的主偏角 粗加工时，选取较大的主偏角
副偏角	副偏角较大时，背向力也较小，可降低工艺系统的变形、振动，减小副后面与已加工表面间的摩擦 副偏角较小时，可提高工件的表面质量，并且可增加刀尖强度，散热条件较好	加工高强度、硬度材料或者断续加工时，应取较小的副偏角 精加工时，副偏角可以很小，甚至有一段为零度的修光刃
前角	前角较大时，切削刃锋利，切削层变形小，切削轻快，切削力小，但是前角过大时，切削刃强度下降，散热条件差，刀具磨损加快 前角较小时，虽然切削刃强度增大，散热条件和受力状况也变好，但切削刃变钝	工件材料强度、硬度较低，塑性大时选用较大前角，反之选用较小的前角甚至负前角 成形刀具及齿轮刀具常取小前角，甚至零前角 刀具材料强度和韧性好或精加工时，取较大的前角
后角	后角较大时，可减小后面与工件过渡表面间的摩擦，切削刃锋利，但后角过大时，会降低切削刃强度，散热条件变差，降低刀具寿命 后角过小，虽切削刃强度增加，散热条件变好，但摩擦加剧	工件材料强度、硬度较高或者粗加工时，选较小的后角 希望减小摩擦和提高已加工表面的表面质量时，选较大的后角
刃倾角	刃倾角为正且较大时，切削轻快，提高刀具耐冲击能力，使切屑向待加工表面流出 刃倾角为负时，增大刀头强度，增大背向力易引起振动，切屑向已加工表面流出	加工材料硬度大或有较大冲击载荷时，应选负值 精加工时为了保护已加工表面，应选正值或零值

（3）**刀具的工作角度** 刀具的工作角度是指在工作参考系中定义的刀具角度。刀具工作角度考虑了合成运动和刀具安装条件的影响。

一般情况下，进给运动对合成运动的影响可忽略。在正常的安装条件下，如车刀刀尖与工件回转轴线等高、刀柄纵向轴线垂直于进给方向等，这时车刀的工作角度近似于静止参考系中的角度。但在切断、车螺纹及车非圆柱表面时，就要考虑进给运动的影响。

刀具安装位置对工作角度的影响如图 8-13 所示。车外圆时，若刀尖高于工件的回转轴线，则工作前角 $\gamma_{oe}>\gamma_o$，而工作后角 $\alpha_{oe}<\alpha_o$；反之，若刀尖低于工件的回转轴线，则 $\gamma_{oe}<\gamma_o$，$\alpha_{oe}>\alpha_o$（镗孔的情况正好与此相反）。当车刀刀柄的纵向轴线与进给方向不垂直，将会引起主偏角和副偏角的变化，如图 8-14 所示。

刀具各角度之间是相互联系、相互影响的，孤立地选择某一角度并不能得到合理值。因

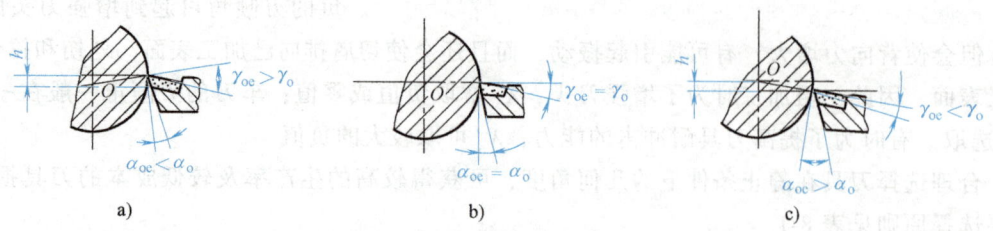

图 8-13 车刀安装高度对前角和后角的影响

a) 偏高 b) 等高 c) 偏低

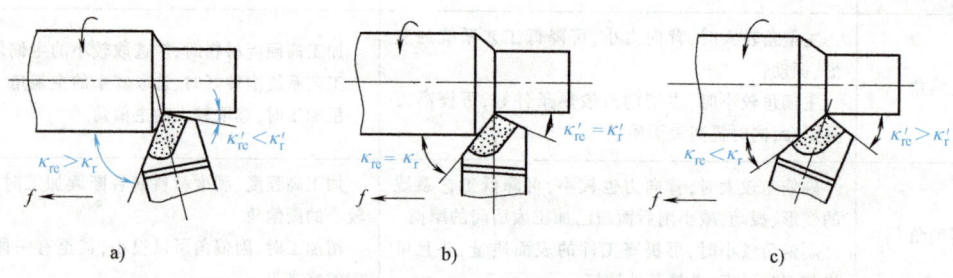

图 8-14 车刀安装偏斜对主偏角和副偏角的影响

此，应综合考虑并不断积累经验，掌握一般刀具的选用规律。另一方面，各种新的刀具材料和刀具加工工艺不断涌现，应掌握各种新型刀具的特点和选用原则。

3. 刀具结构

刀具的结构形式对其切削性能、切削加工的生产率和经济效益都有着重要的影响。下面以车刀为例说明刀具结构的特点。车刀的结构形式有<u>整体式、焊接式、机夹重磨式、机夹可转位式</u>等几种，如图 8-15 所示。

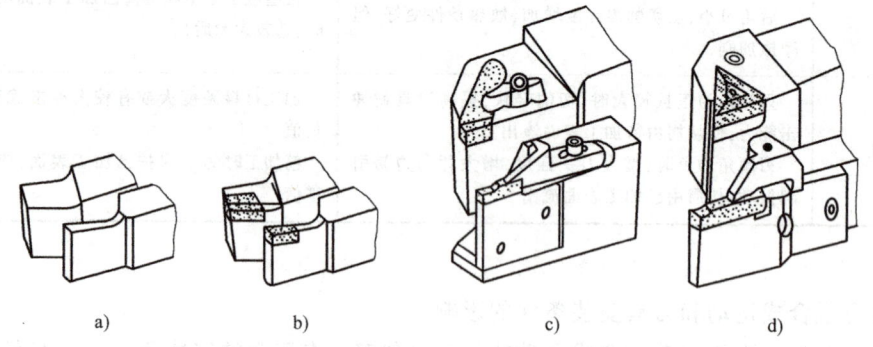

图 8-15 车刀的结构形式

a) 整体式 b) 焊接式 c) 机夹重磨式 d) 机夹可转位式

早期使用的车刀多半是整体式的，切削部分与夹持部分材料相同，对贵重的刀具材料消耗较大，常用高速钢制造。焊接式车刀一般是将硬质合金刀片用硬钎料焊接在开有刀槽的刀杆上，然后刃磨使用。焊接式车刀结构简单、紧凑、刚性好，可根据加工条件和加工要求磨出所需角度，应用比较普遍。但刀具刃磨准备周期长，同时，焊接后的硬质合金刀片易产生内应力和裂纹，使切削性能下降，对提高生产率不利，不适合自动化或大批量生产。

机夹重磨式车刀避免了焊接引起的缺陷，提高了刀具的寿命，刀杆可重复使用，利用率高。其主要特点是刀片和刀杆是两个可拆开的独立元件，工作时靠夹紧元件把它们紧固在一起。车刀磨钝后，将刀片卸下刃磨，然后重新装上继续使用。图 8-16 所示为机夹重磨式切断刀的典型结构。

机夹不重磨刀具与机夹重磨式刀具的区别在于它使用标准化的刀片，有专业刀具厂提供新刀片并回收旧刀片，使用者不需要做刃磨工作，从而可以大大提高切削加工生产率，这成为当今机械加工行业主流的刀具使用模式。刀片可转位式刀具是机夹不重磨刀具应用最多的类型，一个刀片上有多个切削刃，其中一个切削刃用钝后，只需松开夹紧机构，将刀片转位换成另一个新的切削刃，便可继续切削。图 8-17 所示为杠杆式可转位车刀。

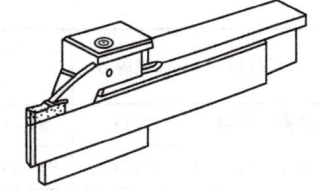

图 8-16　机夹重磨式切断刀

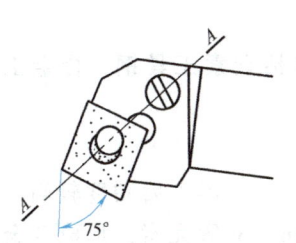
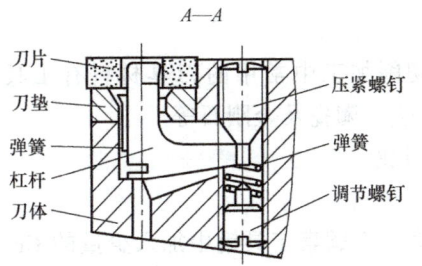

图 8-17　杠杆式可转位车刀

机夹可转位式车刀的主要优点如下：
（1）不需要刃磨和焊接，在相同的切削条件下刀具切削性能大为提高。
（2）减少了刃磨、换刀、调刀所需的辅助时间，提高了生产率。
（3）可使用涂层刀片，提高了刀具寿命。
（4）刀具使用寿命延长，可节约刀体材料及其制造费用。

8.2.2　刀具材料

1. 刀具材料的基本性能

刀具材料是指刀具切削部分的材料，在切削时要承受高温、高压、摩擦、冲击和振动，因此应具备以下基本性能：

（1）**较高的硬度**　刀具材料的硬度必须高于工件材料的硬度，常温硬度一般在 60HRC 以上。

（2）**足够的强度和韧度**　刀具材料应具有足够的强度和韧度，以承受切削力、冲击和振动，防止崩刃或脆性断裂。

（3）**较好的耐磨性**　刀具材料应具有较好的耐磨性，以抵抗切削时的磨损，维持一定的切削时间。

（4）**较好的耐热性**　刀具材料的耐热性又称为热硬性，指材料在高温下仍能保持高硬度、耐磨性、以及强度和韧度的性质。

（5）**良好的加工工艺性**　刀具材料应具有良好的加工工艺性，以便于制造各种刀具。

工艺性包括刀具的成形、焊接、切削加工、磨削加工和热处理性能等。

常用刀具材料的基本性能见表 8-2。

表 8-2 常用刀具材料的基本性能

刀具材料	代表牌号	硬度 HRA（HRC）	抗弯强度 σ_{bb} /GPa	冲击韧度 α_K /kJ·m^{-2}	耐热性/℃	切削速度比
碳素工具钢	T10A	81~83(60~64)	2.45~2.75	—	≈200	0.2~0.4
合金工具钢	9SiCr	81~83.5(60~65)	2.45~2.75	—	250~300	0.5~0.6
高速钢	W18Cr4V	82~87(62~69)	3.43~4.41	176~314	540~650	1.0
硬质合金	K30	89.5~91	1.08~1.47	19.2~39.2	800~900	6
	P10	89.5~95.2	0.88~1.27	2.9~6.8	900~1000	6
陶瓷	AM	91~94	0.44~0.83		>1200	12~14

2. 常用的刀具材料

目前，切削加工中常用的刀具材料有工具钢（包括碳素工具钢、合金工具钢、高速钢）、硬质合金、陶瓷及金刚石等。

（1）工具钢　碳素工具钢是碳含量较高的优质钢（碳的质量分数为 0.7%~1.2%，如 T10A 等），含碳量越高，硬度和耐磨性越好，但韧性越低。淬火后硬度较高，但耐热性较差，价格低廉。在碳素工具钢中加入少量的 Cr、W、Mn、Si 等元素，形成合金工具钢（如 9SiCr 等），可适当减少热处理变形并提高耐热性。由于这两种刀具材料的耐热性较低，常用来制造一些切削速度不高的手工工具，如锉刀、锯条、铰刀等，较少用于制造其他刀具。高速钢是含 W、Cr、V 等合金元素较多的合金工具钢。普通高速钢（如 W18Cr4V）是国内使用最为普遍的刀具材料，广泛用于制造形状较为复杂的各种刀具，如麻花钻、铣刀、拉刀、齿轮刀具和其他成形刀具等。高性能高速钢是在普通高速钢中加入 Co、V 等合金元素，以提高其高温硬度、抗氧化性能力或耐磨性等。

（2）硬质合金　它是以高硬度、高熔点的金属碳化物（WC、TiC 等）作为基体，以金属 Co 等作为黏结剂，用粉末冶金的方法制成的一种合金。它的硬度高、耐磨性好、耐热性好，允许的切削速度比高速钢高数倍，但其强度和韧性均比高速钢低和差，工艺性也不如高速钢。因此，硬质合金常制作成各种形式的刀片，通过焊接或机械夹固在车刀、刨刀、面铣刀等的刀柄（刀体）上使用，硬质合金可分为 P、K、M、N、SH 五个类别，下面对 P、K、M 三种主要类型加以介绍。

1) P 类硬质合金（蓝色标志）。适合加工塑性好的黑色金属，如钢、铸钢等。其代号有 P01、P10、P20、P30、P40、P50 等，数字越大，表示 TiC 质量分数越低、耐磨性越差而韧性越好。精加工可选用 P01，半精加工选用 P10、P20，粗加工选用 P30。

2) K 类硬质合金（红色标志）。适合加工硬脆的金属或非金属材料，如淬硬钢、铸铁、铜铝合金、塑料等。其代号有 K01、K10、K20、K30、K40 等，数字越大，表示 Co 质量分数越小、耐磨性越差而韧性越好。精加工可选用 K01，半精加工可选用 K10、K20，粗加工选用 K30。

3) M 类硬质合金（黄色标志）。适合加工塑性或脆性的金属材料，如钢、铸钢、不锈钢、灰铸铁、有色金属等。其代号有 M10、M20、M30、M40 等。精加工可选用 M10，半精加工可选用 M20，粗加工选用 M30。

（3）涂层刀具材料　通过气相沉积或其他技术方法，在硬质合金或高速钢的基体上涂覆高硬度、高耐磨性的难熔金属或非金属化合物薄层而构成的刀具材料。这是提高刀具材料耐磨性而又不降低其韧性的有效方法之一。主要涂层材料有 TiC、TiN、Al_2O_3 或金刚石等多种。采用多涂层可使涂层具有更高的结合强度并使刀片具有更好的可加工性。

（4）陶瓷刀具材料　按化学成分不同，陶瓷刀具材料可分为 Al_2O_3 基和 Si_3N_4 基两类。陶瓷刀具具有很高的硬度、耐热性和耐磨性，能以更快的速度（可达 750m/min）切削，并可切削难加工的高硬度材料，价格低廉。主要缺点是抗弯强度低，性脆，冲击韧度差，切削时容易崩刃。陶瓷刀具主要用于冷硬铸铁、高硬钢等难加工材料的半精加工和精加工。

（5）超硬刀具材料　目前，超硬刀具材料主要包括天然金刚石、聚晶金刚石和聚晶立方氮化硼三种。天然金刚石是自然界最硬的材料，其硬度范围接近 10000HV，耐热性为 700~800℃。天然金刚石的耐磨性极好，但价格昂贵，主要用于加工对精度和表面质量要求极高的零件，如加工磁盘、激光反射镜、感光鼓、多面镜等。其主要缺点是与铁族材料有亲和作用，易产生黏结，加快刀具磨损，因此不宜加工钢和铸铁。聚晶金刚石是由金刚石微粉在高温高压下聚合而成的，在大部分场合可替代天然金刚石，制成各种车刀、镗刀、铣刀等刀片，主要用于精加工非铁金属及非金属材料，如铝及其合金、铜及其合金、陶瓷、合成纤维、强化塑料和硬橡胶等。聚晶立方氮化硼由单晶立方氮化硼微粉在高温高压下聚合而成，刀片的硬度为 3000~4500HV，其耐热性达 1200℃ 左右，在 1000℃ 的温度下也不与铁、镍和钴等金属发生化学反应。主要用于淬硬工具钢、冷硬铸铁、耐热合金及喷焊等难加工材料的半精加工和精加工，是一种很有发展前途的刀具材料。

8.3　金属切削过程及控制

在金属切削过程中，始终存在刀具和工件之间的相互作用，从而会产生一系列物理现象，如切削力、切削热与切削温度、刀具磨损与刀具寿命等。对这些现象进行研究的目的在于揭示其内在的机理，探索和掌握金属切削过程的基本规律，从而主动地加以有效控制。这对切削加工技术的发展和进步、保证加工质量、提高生产率、降低生产成本和减轻劳动强度都具有十分重大的意义。

8.3.1　切屑的形成及种类

1. 切屑形成过程

金属的切削过程与金属的挤压过程很相似。切削塑性金属时，材料受到刀具的作用以后，开始产生弹性变形。随着刀具继续切入，金属内部的应力、应变继续增大。当应力达到材料的屈服强度时，产生塑性变形。刀具再继续前进，应力达到材料的断裂极限，金属材料被挤裂，并沿着刀具的前面流出而成为切屑。

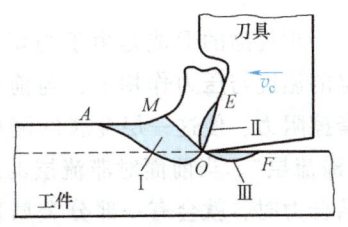

图 8-18　切屑形成过程及切削变形区

如图 8-18 所示，切削塑性金属时有三个变形区。AO-MA 为第 Ⅰ 变形区，又称为基本变形区。该区域是切削层金属产生剪切滑移和大量塑性变形的区域,在 OM 终滑移面上,应力和塑性变形达到最大值,切削过程中的切削力、切削热主要来自这个区域。OEO 区域为第Ⅱ变形区,是切屑与前面间的摩擦变形区。该区域的状况对积屑瘤的形成和刀具前面的磨损有直接影响。OFO 区域为第Ⅲ变形区,是工件已加工表面与刀具后面间的摩擦变形区。该区域对工件表面的变形强化和残余应力以及刀具后面的磨损有很大影响。

2. 切屑的种类

由于工件材料的塑性不同、刀具的前角不同或采用不同的切削用量等,会形成不同类型的切屑,并对切削加工产生不同的影响。常见切屑的种类如图 8-19 所示。

(1) 带状切屑 在用大前角的刀具、较高的切削速度和较小进给量切削塑性材料时,容易得到带状切屑(见图 8-19a)。形成带状切屑时,切削力较平稳,加工表面质量较好,但切屑连续不断,不太安全或可能擦伤已加工表面,因此要断屑。

(2) 节状切屑 在刀具前角较小、采用较低的切削速度和较大的进给量对中等硬度的钢材料进行粗加工时,容易得到节状切屑(见图 8-19b)。形成这种切屑时,金属材料经过弹性变形、塑性变形、挤裂和切离等阶段,是典型的切削过程。由于切削力波动较大,工件表面质量较差。

(3) 崩碎切屑 在切削铸铁和黄铜等脆性材料时,切削层金属发生弹性形变后,一般不经过塑性变形就突然崩落,形成不规则的碎块状屑片,即为崩碎切屑(见图 8-19c)。当刀具前角小、进给量大时易产生这种切屑。产生崩碎切屑时,切削热和切削力都集中在主切削刃和刀尖附近,刀具易崩刃,刀尖易磨损,并容易产生振动,从而影响表面质量。

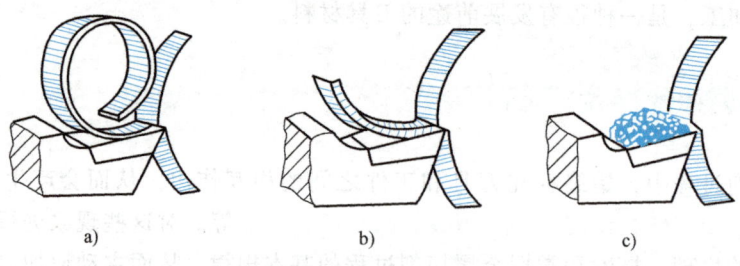

图 8-19 切屑的种类
a)带状切屑 b)节状切屑 c)崩碎切屑

8.3.2 积屑瘤

在一定范围的切削速度下切削塑性金属形成带状切屑时,常发现在刀具前面靠近切削刃部位黏附着一小块很硬的金属楔块,这就是积屑瘤(Built-up Edge),如图 8-20 所示。

积屑瘤的形成是由于当切屑沿刀具的前面流出时,在一定的温度与压力作用下,与前面接触的切屑底层受到很大的摩擦阻力,使这一层金属的流出速度减慢,形成一层很薄的"滞流层"。当前面对滞流层的摩擦阻力超过切屑材料的内部结合力时,就会有一部分金属黏结或冷焊在切削刃附近,形成积屑瘤。

积屑瘤形成后不断长大,达到一定高度后又会破裂,而

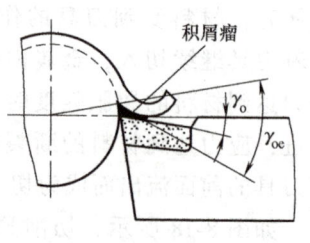

图 8-20 车刀积屑瘤

被切屑带走或嵌附在工件表面上,上述过程是反复进行的。在形成积屑瘤的过程中,金属材料因塑性变形而被强化。因此,积屑瘤的硬度比工件材料的硬度高,能代替切削刃进行切削,起保护切削刃的作用。同时,由于积屑瘤的存在,增大了刀具的实际工作前角(见图8-20),使切削轻快。所以,粗加工时可利用积屑瘤。但是,积屑瘤的顶端伸出切削刃,而且不断地产生和脱落,使切削层公称厚度不断变化,影响尺寸精度。此外,积屑瘤还会导致切削力的变化,引起振动,并会有一些积屑瘤碎片黏附在工件已加工表面上,降低表面质量并导致刀具磨损。因此,精加工时应尽量避免积屑瘤的产生。

影响积屑瘤形成的主要因素有:工件材料的力学性能、切削速度和冷却润滑条件等。

对于工件材料,影响积屑瘤形成的主要是塑性。塑性越好,越容易形成积屑瘤。例如,加工低碳钢、中碳钢、铝合金等材料时容易产生积屑瘤。要避免积屑瘤的产生,可将工件进行正火或调质处理,以提高其强度和硬度,降低塑性。

在对某些材料进行切削时,切削速度是影响积屑瘤的主要因素。切削速度是通过切削温度和摩擦来影响积屑瘤的。以切削中碳钢为例,低速(v_c<5m/min)切削时,切削温度低,切屑内部结合力较大,刀具前面与切屑间的摩擦小,不易形成积屑瘤;当切削速度变大(v_c=5~50m/min)时,切削温度升高,摩擦增大,则易于形成积屑瘤;但当切削速度很高(v_c≥100m/min)时,切削温度高,摩擦减小,则无积屑瘤形成。

可采取以下措施抑制或消除积屑瘤:精车、精铣采用高速切削,而拉削、铰削和宽刀精刨则采用低速切削;采用高润滑性的切削液,使摩擦和黏结减少,降低切削温度;适当减小进给量、增大刀具前角、减小切削变形;采用适当的热处理以提高工件材料的硬度、降低塑性、减小加工硬化倾向。

8.3.3 切削力和切削功率

1. 切削力的构成与分解

在切削工件时,刀具必须克服材料的变形抗力,克服刀具与工件及刀具与切屑之间的摩擦力,才能切下切屑。这些刀具切削时所需的力称为切削力,即刀具施加给工件的力。

在切削过程中,切削力使工艺系统(机床-工件-刀具)变形,影响加工精度。另外,切削力还直接影响切削热的产生,并进一步影响刀具磨损和已加工表面的表面质量。此外,切削力又是设计和使用机床、刀具、夹具的重要依据。

实际加工时,总切削力的方向和大小都不易直接测定,也没有直接测定的必要。为了适应设计和工艺分析的需要,一般不是直接研究总切削力,而是研究它在一定方向上的分力。以车削外圆为例,对切削力的构成与分解进行分析。如图8-21所示,车削外圆时总切削力F一般常分解为以下三个互相垂直的分力。

(1) 切削力F_c 切削力是总切削力F在主运动方向上的分力,大小占总切削力的80%~90%。F_c消耗的功率最多,占总功率的90%左右,是计算机床动力、主传动系统零件和刀具强度及刚度的主要依据。F_c过大时,可能使刀具损坏或使机床发生"闷车"现象。

(2) 进给力F_f 进给力是总切削力F在进给运动方向上

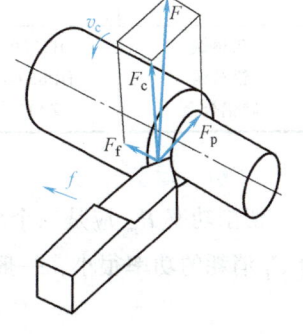

图8-21 车削外圆时力的分解

的分力，其大小是设计和校验进给机构所必需的数据。进给力也做功，但只占总功率的 1%～5%。

(3) **背向力** F_p 背向力是总切削力 F 在垂直于工作平面方向上的分力。因为切削时这个方向上的运动速度为零，所以 F_p 不消耗功率。但它一般作用在工件刚度较弱的方向上，容易使工件变形，甚至可能产生振动，影响工件的加工精度。因此，应当设法减小或消除 F_p 的影响。例如，车削细长轴时，常采用主偏角为 90°的车刀，就是为了减小背向力。

图 8-21 所示的这三个切削分力与总切削力 F 之间有以下关系：

$$F = \sqrt{F_c^2 + F_f^2 + F_p^2}$$

2. 切削力的估算

切削力的大小是由很多因素决定的，如工件材料、切削用量、刀具角度、切削液和刀具材料等。一般情况下，对切削力影响比较大的是工件材料和切削用量。

切削力的大小可用经验公式计算。经验公式是建立在实验基础上，并综合影响切削力的各个因素得到的。例如，车削外圆时计算 F_c（N）的经验公式为：

$$F_c = C_{Fc} a_p^{x_{Fc}} f^{y_{Fc}} K_{Fc}$$

式中，C_{Fc} 为与工件材料、刀具材料及切削条件等有关的系数；a_p 为背吃刀量（mm）；f 为进给量（mm/r）；x_{Fc}、y_{Fc} 为指数；K_{Fc} 为切削条件与试验条件不同时的修正系数。

经验公式中的系数和指数可从有关手册中查出。例如，用 $\gamma_o = 15°$、$\kappa_r = 75°$ 的硬质合金车刀车削结构钢件外圆时，$C_{Fc} = 1609$，$x_{Fc} = 1$，$y_{Fc} = 0.84$。指数 x_{Fc} 比 y_{Fc} 大，说明背吃刀量 a_p 对 F_c 的影响比进给量 f 对 F_c 的影响大。

生产中，常用切削层单位面积切削力 k_c 来估算切削力 F_c 的大小。因为 k_c 是切削力 F_c 与切削层公称横截面积 A_D 之比，所以有：

$$F_c = k_c A_D = k_c b_D h_D \approx k_c a_p f$$

式中，k_c 为切削层单位面积切削力（MPa）；b_D 为切削层公称宽度（mm）；h_D 为切削层公称厚度（mm）。

k_c 的数值可从相关资料中查出，表 8-3 摘选了几种常用材料的 k_c 值。若已知实际的背吃刀量 a_p 和进给量 f，便可利用上式估算出切削力 F_c。

表 8-3　几种常用材料的 k_c 值

材料	牌号	制造、热处理状态	硬度（HBW）	k_c/MPa
结构钢	45(40Cr)	热轧或正火 调质	187(212) 229(285)	1962 2305
灰铸铁	HT200	退火	170	1118
铅黄铜	HPb59-1	热轧	78	736
硬铝合金	ZA12	淬火及时效	107	834

3. 切削功率

切削功率 P_m 应是三个切削分力消耗功率的总和，但背向力 F_p 消耗的功率为零，进给力 F_f 消耗的功率很小，一般可忽略不计。因此，切削功率 P_m（kW）可用下式计算：

$$P_m = 10^{-3} F_c v_c$$

式中，F_c 为切削力（N）；v_c 为切削速度（m/s）。

机床电动机的功率 P_E 可用下式计算：
$$P_E = P_m/\eta$$
式中，η 为机床传动效率，一般取 0.75～0.85。

8.3.4 切削热和切削温度

1. 切削热的产生、传出及对加工的影响

在切削过程中，由于绝大部分的切削功都会转变成热量，所以有大量的热产生，这些热称为切削热。切削热的主要来源有以下三种，如图 8-22 所示。

1) 切屑变形所产生的热量，是切削热的主要来源。
2) 切屑与刀具前面之间摩擦所产生的热量。
3) 工件与刀具后面之间摩擦所产生的热量。

随着刀具材料、工件材料、切削条件的不同，三个热源的发热量也不相同。切削热产生以后，由切屑、工件、刀具及周围的介质（如空气）传出，各部分传出的比例取决于工件材料、切削速度、刀具材料、刀具的几何形状、加工方式及是否使用切削液等。实验结果表明，车削时的切削热主

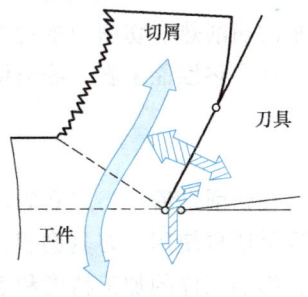

图 8-22 切削热的来源

要由切屑传出。用高速钢车刀及与之相适应的切削速度切削钢料时，热量传出的比例是：由切屑传出的热量占 50%～86%，由工件传出的热量占 10%～40%，由刀具传出的热量占 3%～9%，由周围介质传出的热量约占 1%。传入切屑及介质中的热量越多，对加工越有利。传入工件的切削热会使工件产生热变形，影响加工精度，特别是加工薄壁零件、细长零件、精密零件时，热变形的影响更大。磨削淬火钢件时，切削温度过高，往往使工件表面产生烧伤和裂纹，影响工件的耐磨性和使用寿命。传入刀具的切削热比例虽然不大，但由于刀具的体积小，热容小，因此刀具温度高。高速切削时切削温度可达 1000℃，会加速刀具的磨损。

切削加工中，如何设法减少切削热的产生、改善散热条件以及减少高温对刀具和工件的不良影响，具有重大的意义。

2. 切削温度及影响因素

切削温度一般是指切削区的平均温度。切削温度的高低，除了用仪器进行测定外，还可以通过观察切屑的颜色，进行大致地判别。如切削碳素结构钢时，切屑呈银白色或淡黄色时，说明切削温度不高，切屑呈深蓝色或蓝黑色时，则说明切削温度很高。

切削温度的高低取决于切削热的产生和传出。影响切削温度的主要因素有：

（1）切削用量　当切削速度增大时，切削功率增大，切削热也增大。同时，由于切屑底层与刀具前面强烈摩擦产生的摩擦热来不及向切屑内部传导，而大量积聚在切屑底层，因而使切削温度升高。增大进给量，单位时间内的金属切除量增多，切削热也会增大。但进给量对切削温度的影响，不如切削速度那样显著。这是由于进给量增大使切屑变厚，切屑的热容量增大，由切屑带走的热量增多，切削区的温升较小。背吃刀量增大，切削热增大，但切削刃参与工作的长度也增大，改善了散热条件，因此切削温度的上升不明显。从降低切削温度、提高刀具寿命的观点来看，选用大的背吃刀量和进给量，比选用高的切削速度有利。

（2）工件材料　工件材料的强度和硬度越高，切削力和切削功率越大，产生的切削热

越多,切削温度也越高。对于同一材料,其热处理状态不同,切削温度也不相同。如 45 钢,在正火状态、调质状态和淬火状态下的切削温度相差悬殊。工件材料的热导率高(如铝、镁合金),则切削温度低。切削脆性材料时,由于塑性变形很小,崩碎切屑与刀具前面的摩擦也小,产生的切削热较少。

(3) 刀具角度 采用导热性好的刀具材料,可以降低切削温度。增大前角,可减少切削变形,降低切削温度,但前角过大时会使刀具的传热条件变差,而不利于切削温度的降低。减小主偏角,主切削刃的工作长度增大,可改善散热条件,也可降低切削温度。

(4) 切削液 切削过程中,喷注足够数量的切削液能减小摩擦和改善散热条件,带走大量的切削热。切削液的冷却效果与其导热性能、比热容、流量、浇注方式等有很大的关系。从导热性能来看,油类切削液不如乳化液,乳化液不如水基切削液。

8.3.5 刀具磨损和刀具寿命

在切削过程中,刀具的切削部分会由于磨损或局部破损而逐渐发生变化,切削刃变钝,以致无法再使用。刀具磨损到一定程度后,切削力明显增大,切削温度上升,甚至产生振动,影响工件的加工精度和表面质量。因此,刀具磨损到一定程度后必须重磨或更换新刀。

1. 刀具磨损形态

(1) 后面磨损(Flank wear) 当切削脆性材料或以较小的背吃刀量切削塑性材料时,由于刀具主后面与工件过渡表面存在强烈的摩擦,在后面毗邻切削刃的部位磨损成小棱面。后面磨损量以后面上的磨损宽度值 VB 表示,如图 8-23a 所示。

(2) 前面磨损(Face wear) 在切削速度较快、背吃刀量较大且不用切削液的情况下,加工塑性材料时,切屑将在前面磨出月牙洼。前面的磨损量以月牙洼的最大深度 KT 表示,如图 8-23b 所示。

(3) 前、后面同时磨损 在常规条件下加工塑性金属时,常出现图 8-23c 所示的前、后面同时磨损的形态。

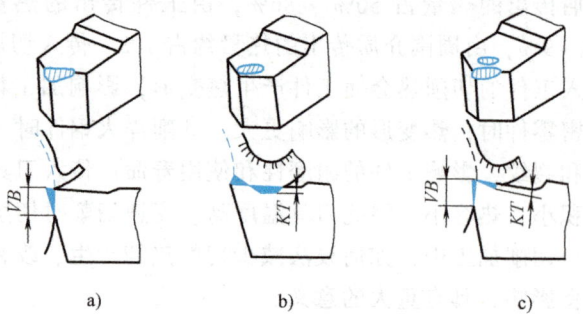

图 8-23 刀具磨损形态
a) 后面磨损 b) 前面磨损 c) 前面与后面同时磨损

2. 刀具磨损过程

在一定的切削条件下,无论何种磨损形态,其磨损量都将随时间的延长而增大。刀具的磨损过程如图 8-24 所示的磨损曲线,可分为三个阶段:

1) OA 段——初期磨损阶段,切削刃锋尖迅速被磨掉,即磨成一个窄面。

2) AB 段——正常磨损阶段,磨损量随切削时间的延长而近似成比例增大,磨损速度随时间延长减慢。刀具的使用不应超过这一阶段。

3) BC 段——急剧磨损阶段,刀具变钝,切削力增大,切削温度急剧上升,磨损加快,会出现振动、噪声,

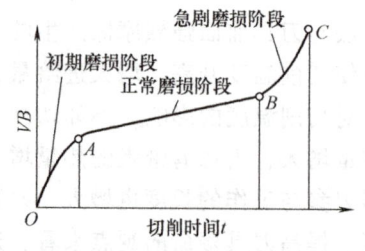

图 8-24 刀具磨损过程

已加工表面表面质量明显恶化。刀具在使用时应避免进入该阶段。

经验表明，在刀具正常磨损阶段的后期、急剧磨损阶段之前，换刀重磨最好。这样既可保证加工质量，又能充分利用刀具材料。

3. 影响刀具磨损的因素

如前所述，增大切削用量时，切削温度随之升高，将加速刀具磨损。在切削用量中，切削速度对刀具磨损的影响最大，进给量次之，背吃刀量最小。

此外，刀具材料、刀具几何形状、工件材料以及是否使用切削液等，都会影响刀具的磨损。例如，耐热性好的刀具材料不易磨损；适当加大刀具前角，由于减小了切削力，可减少刀具的磨损。

4. 刀具寿命

国际 ISO 标准统一规定，以 1/2 背吃刀量处后面上测定的磨损带宽度 VB 作为刀具磨钝标准。生产中一般按刀具进行切削的时间来判断。刀具寿命是指刀具从开始切削至达到磨钝标准为止使用的切削时间，用 T 表示。刀具寿命反映了刀具磨损的快慢，可以比较相同加工条件下刀具材料的切削加工性能，判断刀具工作角度以及切削用量是否合理等。刀具总寿命是指一把新刀从开始投入使用直至完全报废（经刃磨后亦不可再用）所经历的实际切削时间。粗加工时，多以切削时间表示刀具耐用度，卧式车床用的高速钢车刀和硬质合金焊接车刀的刀具耐用度取为 60min，高速钢钻头的刀具耐用度为 80~120min，齿轮刀具的刀具耐用度则取为 200~400min。

8.3.6 切削用量的合理选择

切削用量不仅是机床调整前必须确定的重要参数，而且其数值是否合理对加工质量、刀具寿命、生产率及生产成本等都有着非常重要的影响。当尽量增大切削用量时，可以提高生产率和降低生产成本，但提高切削用量又会受切削力、切削功率、刀具寿命及加工质量等因素的限制。所谓"合理"的切削用量是指充分利用刀具的切削性能和机床的动力性能（功率、转矩），在保证质量的前提下，获得高的生产率和低的加工成本的切削用量。

(1) 背吃刀量 a_p 背吃刀量应根据工件的加工余量来确定。粗加工除需留下精加工的余量外，还应尽可能一次走刀切除全部加工余量，以使走刀次数最少；在毛坯粗大必须切除较多余量时，应考虑机床-刀具-工件系统的刚性和机床的有效功率，若因加工余量太大，一次走刀切削会使切削力太大，机床功率不足，刀具强度不够或产生振动，可将加工余量为两次或多次切完，这时也应将第一次走刀的背吃刀量取得尽量大一些，其后的背吃刀量取得相对小一些；切削表面上有硬皮或切削不锈钢等冷硬材料时，应使背吃刀量超过硬皮或冷硬层厚度。精加工时采取逐渐减小背吃刀量的方法，逐步提高加工精度与表面质量。

(2) 进给量 f 在选定背吃刀量以后，进给量直接决定了切削层的横截面积，从而决定了切削力的大小。粗加工时，一般对工件已加工表面的表面质量要求不太高，进给量主要受机床、刀具和工件所能承受的切削力的限制。在半精加工和精加工时，进给量按已加工表面的表面粗糙度要求选定。一般可通过查阅有关手册来确定，在有条件的情况下，可对切削数据库进行检索和优化。

(3) 切削速度 v_c 在选定背吃刀量和进给量后，根据合理的刀具寿命计算方法或用查

表法确定切削速度 v_c 值。粗加工时,由于切削力一般较大,切削速度主要受机床功率的限制。当依据刀具寿命选定的切削速度使切削功率超过机床许用值时,应适当降低切削速度。精加工时,切削力较小,切削速度主要受刀具寿命的限制。

总之,切削用量选择的基本原则是:粗加工时,在保证合理的刀具寿命的前提下,首先尽可能选大的背吃刀量 a_p,其次尽可能选大的进给量 f,最后选取适当的切削速 v_c;精加工时,主要考虑加工表面的表面质量,常选用较小的背吃刀量和进给量、较高的切削速度,只有在受到刀具等工艺条件限制,不宜采用高速切削时才选用较低的切削速度。例如,用高速钢铰刀铰孔,切削速度受刀具材料耐热性的限制,并为了避免积屑瘤的影响,采用较低的切削速度。

8.4 材料的可加工性

材料的可加工性是指材料被切削加工的难易程度。主要由工件材料的化学成分、组织和力学性能决定,也与切削条件有关。

8.4.1 衡量材料可加工性的指标

1. 衡量可加工性的指标

在不同情况下,可以用不同参数作为指标来衡量和比较材料的可加工性。在生产和实验研究中,较多采用物理量 v_T 来表示材料的可加工性。v_T 的含义是:当刀具寿命为 T 时,切削某种材料所允许的切削速度。v_T 越大,表示材料的可加工性越好。一般情况可取 $T=60\min$;对于一些难切削材料,可取 $T=30\min$ 或 $T=15\min$。以上不同寿命的 v_T 可分别写成 v_{60}、v_{30} 或 v_{15} 等。

2. 材料的相对可加工性

可加工性的概念具有相对性。一般以抗拉强度 $R_m=735\mathrm{MPa}$ 的 45 钢的 v_{60} 作为基准,写做 $(v_{60})_j$;而把其他被切削材料的 v_{60} 与之相比,这个比值 K_r 即为其相对加工性,即:

$$K_r = v_{60} / (v_{60})_j$$

相对加工性 K_r 实际上反映了材料对刀具磨损和刀具寿命的影响。K_r 值越大,表示在相同的切削条件下允许的切削速度越高,其相对加工性越好,也表明切削该种材料时,刀具不易磨损,即刀具寿命高。

常用材料的相对加工性 K_r 分为 8 级,见表 8-4。凡 K_r 大于 1 的材料,其可加工性比 45 钢好;K_r 小于 1 的材料,其可加工性比 45 钢差。

表 8-4 材料相对加工性等级

相对加工性等级	名称及种类		相对加工性 K_r	代表性材料
1	很容易切削的材料	一般有色金属	>3.0	5-5-铜铅合金,9-4 铝铜合金,铝镁合金
2	易切削材料	易切削钢	2.5~3.0	15Cr 退火 $R_m=380\sim450\mathrm{MPa}$ 自动机钢 $R_m=400\sim500\mathrm{MPa}$
3		较易切削钢	1.6~2.5	30 钢正火 $R_m=450\sim560\mathrm{MPa}$

(续)

相对加工性等级	名称及种类		相对加工性 K_r	代表性材料
4 5	普通材料	一般钢及铸铁 稍难切削的材料	1.0~1.6 0.65~1.0	45钢、灰铸铁 20Cr13 调质 R_m = 850MPa 85钢 R_m = 900MPa
6 7 8	难切削材料	较难切削的材料 难切削的材料 很难切削的材料	0.5~0.65 0.15~0.5 <0.15	45Cr 调质 R_m = 1050MPa 65Mn 调质 R_m = 950~1000MPa 50Cr 调质,不锈钢,某些钛合金 某些钛合金,铸造镍基高温合金

3. 已加工表面质量

凡较容易获得好的表面质量的材料,其可加工性较好,反之则较差。精加工时,常以此作为衡量指标。

4. 切屑控制或断屑的难易

凡切屑容易控制或易于断屑的材料,其可加工性较好,反之较差。在自动机床或自动生产线上加工时,常以此作为衡量指标。

5. 切削力

在相同的切削条件下,凡切削力较小的材料,其可加工性较好,反之较差。粗加工时,当机床刚度或动力不足时,常以此作为衡量指标。

8.4.2 常用材料的可加工性

碳素钢是应用最广泛的金属材料,其中,低碳钢在粗加工时不易断屑而影响操作过程,在精加工时表面质量差,故其可加工性较差;中碳钢有较好的综合性能,其可加工性较好,但是经过不同的热处理之后,其可加工性会有很大变化;高碳钢硬而脆,切削时刀具易磨损,故其可加工性不好;合金结构钢的可加工性一般低于碳含量相近的碳素结构钢。

普通铸铁的金相组织是金属基体加游离态的石墨。石墨不但降低了铸铁的塑性,使切屑易断,形成崩碎切屑,而且在切削过程中还有润滑作用。与具有相同基体组织的碳素钢相比,铸铁具有较好的可加工性。但由于其切削加工后表面石墨易脱落,使已加工表面的表面质量变差。

8.4.3 难加工材料的可加工性

一般认为,当材料的相对加工性 K_r < 0.65 时,就属于难加工材料。难加工材料包括难切削金属材料和难切削非金属材料两大类。通常把高锰钢、高强度钢、不锈钢、高温合金、钛合金、高熔点金属及其合金、喷涂(焊)材料等称为难切削金属材料。所谓切削困难,主要表现为:刀具寿命短,易破损;难以获得所要求的加工表面质量,特别是较低的表面粗糙度值;断屑、卷屑、排屑困难。

切削加工难切削金属材料的主要措施有:

(1) 改善切削加工条件 要求机床有足够大的功率,并处于良好的技术状态;加工工艺系统应具有足够的强度和刚性,装夹要可靠;切削过程中应用均匀的机械进给,切忌手动进给，不允许刀具中途停顿。

（2）选用合适的刀具材料　根据金属材料的性质、不同的加工方法和加工要求选用刀具材料。

（3）优化刀具几何参数和切削用量　合理设计刀具结构和几何参数，选用最佳切削用量以及提高刀具强度和改善散热条件，对提高刀具寿命和加工表面质量至关重要。

（4）对材料进行适当的热处理　只要加工工艺允许，用此法可改变材料的金相组织和性质，以改善材料的可加工性。

（5）选用合适的切削液　可减小刀具的磨损和破损，切削液供给要充足，且不要中断。

（6）重视切屑控制　根据加工要求控制断屑、卷屑、排屑并留有足够的容屑空间，以提高刀具寿命和加工表面质量。

非金属硬脆材料的硬度高而且脆性大，也有些材料硬度不高但很脆，故精密加工有一定难度。工程陶瓷包括电子与电工器件陶瓷和工具材料陶瓷，具有硬度高、耐磨、耐热和脆性大等特点，因此只有金刚石和立方氮化硼刀具才能胜任陶瓷的切削。传统的加工方法是用金刚石砂轮磨削，还有研磨和抛光，但磨削效率低，加工成本高。随着烧结金刚石刀具的出现，以及易切削陶瓷和高刚度机床的开发，陶瓷材料切削加工的效率越来越高，而成本相对降低。

8.5　机械加工质量

零件的机械加工质量直接影响机械产品的使用性能和寿命，它是保证机械产品质量的基础。零件的机械加工质量包括机械加工精度和机械加工表面质量两大方面。

8.5.1　机械加工精度

机械加工精度是指零件加工后的实际几何参数（尺寸、形状和表面间的相互位置）与理想几何参数的符合程度，符合程度越高，加工精度就越高。实际值与理想值的不符合程度称为加工误差，误差是对精度的度量。任何一种机械加工方法都不可能将零件加工得绝对精确，因为在加工过程中存在各种产生误差的因素，所以加工误差是不可避免的。设计人员应根据零件的使用要求，合理地规定零件的加工精度。工艺人员则应根据设计要求、生产条件等采取适当的工艺方法，以保证加工误差不超过允许范围，并在此前提下尽量提高生产率和降低成本。机械加工精度包括尺寸精度、形状精度和位置精度三个方面。

（1）尺寸精度　尺寸精度（Dimensional Accuracy）是指零件的直径、长度、表面距离等尺寸的实际数值与理想数值相接近的程度。尺寸精度是用尺寸公差来控制的。尺寸公差是指切削加工中零件尺寸允许的变动量。在公称尺寸相同的情况下，尺寸公差越小，则尺寸精度越高。

（2）形状精度　形状精度（Form Accuracy）是指加工后零件上线、面的实际形状与理想形状的符合程度。包括直线度、平面度、圆度、圆柱度、线轮廓度和面轮廓度特征。

（3）位置精度　位置精度（Positional Accuracy）是指加工后零件上的点、线、面的实际位置与理想位置的符合程度。包括同轴度、同心度、对称度、位置度、线轮廓度和面轮廓度等特征。

8.5.2 机械加工表面质量

1. 机械加工表面质量的含义

在零件的机械加工中,产生的表面微观几何形状误差和表面层材质的变化虽然只发生在很薄的表面层,但会直接影响零件的耐磨性、疲劳强度、配合性质以及耐蚀性等性能。零件磨损、腐蚀和疲劳破坏都是发生在零件的表面,或从零件表面开始。机械加工表面质量主要包含两方面内容:

(1) 加工表面的几何形状特征　几何形状特征主要指表面粗糙度。表面粗糙度是表面微观几何形状误差,其大小用表面轮廓的算术平均偏差 Ra 或微观不平度 Rz 的平均高度来表示。

(2) 加工表面层材质的变化　零件加工后,在表面层内出现不同于基体材料的力学、冶金、物理及化学性能的变质层。主要表现为:因塑性变形产生的表面变形强化,因切削热或磨削热引起的金相组织变化,因力或热的作用产生的残余应力等。

2. 提高表面质量的措施

影响表面粗糙度的因素有刀具几何参数、切削用量物理因素、工件材料及热处理方法、工艺系统刚度和机床精度等几个方面。

提高表面质量的一般措施有以下几点:

(1) 刀具方面　为了减小残留面积,刀具应采用较大的刀尖圆弧半径、较小的副偏角或合适($\kappa_r'=0$)的修光刃或宽刃精刨刀、精车刀等。选用与工件材料适应性好的刀具材料,避免使用磨损严重的刀具。这些均有利于提高表面质量。

(2) 工件材料方面　工件材料性质中,对加工表面粗糙度影响较大的是材料的塑性和金相组织。对于塑性大的低碳钢、低合金钢材料,预先进行正火处理以降低塑性,切削加工后能得到较好的表面质量。工件材料应有适宜的金相组织(包括状态、晶粒度大小及分布)。

(3) 切削条件方面　以较高的切削速度切削塑性材料可抑制积屑瘤出现,减小进给量。另外,采用高效切削液,增强刚度,提高机床的动态稳定性,都可获得好的表面质量。

(4) 加工方法方面　主要是采用精密、超精密和光整加工。

3. 减少加工表面层变形强化和残余应力的措施

合理选择刀具的几何形状,采用较大的前角和后角,并在刃磨时尽量减小其切削刃的刃口半径;使用刀具时,应合理限制其后面的磨损宽度;合理选择切削用量,采用较高的切削速度和较小的进给量;加工时采用有效的切削液等均可减少加工表面层的变形强化。

当零件表面存在残余应力时,疲劳强度会明显下降,特别是对有应力集中或在腐蚀性介质中工作的零件,影响更为突出。为此,应尽可能在机械加工中减少或避免产生残余应力。但影响残余应力产生的因素较为复杂,总之,凡能减小塑性变形和降低切削温度的因素都能使已加工表面的残余应力减小。

8.6 切削加工技术经济分析方法

技术进步与经济发展是社会物质生产不可缺少的两个方面。它们虽然是两个不同的范畴，但在实际生产中，它们是密切联系、互相制约和相互促进的。经济发展是技术进步的动力和方向，而技术进步又是推动经济发展、提高经济效益的重要条件和手段。因此，在研究某个技术方案时，不仅要从技术进步方面评价它的效果，而且还要从经济效益方面评价它的效果，即要求尽量做到既在技术上先进，又在经济上合理。

评价不同方案的技术经济效果时，首先应确定评价依据和标准，也就是要利用一系列的技术经济指标。

某方案的技术经济效果可用下式概括地描述：

$$E = \frac{V}{C}$$

式中，E 为技术经济效果；V 为输入的使用价值，也称效益；C 为输入的劳动耗费。

劳动耗费是指生产过程中消耗与占用的劳动量、材料、动力、工具和设备等，这些一般以货币的形式表示，称为费用消耗。

使用价值是指生产活动创造出来的劳动成果，包括质量和数量两个方面。

在技术发展和生产活动中，都要力争取得最好的技术经济效果，即要尽量做到：使用价值一定，劳动耗费最小；或劳动耗费一定，使用价值最大。

全面分析指标体系是一个较为复杂的问题，需要时可查阅"技术经济分析"有关资料，下面仅简要介绍切削加工的几个主要技术经济指标，即产品质量、生产率和经济性。

8.6.1 产品质量

零件产品质量包括加工精度和表面质量，如第 8.5 节所述。

在加工过程中有各种因素影响加工精度，即使是同一加工方法，在不同的条件下所能达到的精度也不同。甚至在相同的条件下，采用同一种方法，如果多费一些工时，细心完成每一步操作，也能提高其加工精度。但这样做降低了生产率，增加了生产成本，因而是不经济的。所以，通常所说的某加工方法所达到的精度，是指在正常操作情况下所达到的精度，称为经济精度。设计零件时，首先，应根据零件尺寸的重要性来决定选用哪一级精度。其次，还应考虑设备条件和加工费用的高低。总之，选择精度的原则是在保证能达到技术要求的前提下，选用较低的精度等级。

一般情况下，零件表面的尺寸精度要求越高，形状精度和位置精度要求也越高，同时对其表面质量的要求也就越高，表面的表面质量越好。但有些零件表面，出于外观或清洁的考虑，要求表面光亮，而其精度不一定要求高，如机床手柄、面板等。切削加工后的表面，由于切削时力和热的作用，在一定深度的表层金属中，常存在剩余应力和裂纹。这会影响零件表面质量和使用性能。若各部分的剩余应力分布不均匀，还会使零件发生变形，影响尺寸和几何精度。这一点对刚度比较差的细长或扁薄零件影响更大。因此，对于重要的零件，除限制表面粗糙度值外，还要控制其表层加工硬化的程度和深度，以及表层剩余应力的性质（拉应力还是压应力）和大小。而对于一般零件，则主要规定其表面粗糙度的数值范围。

8.6.2 生产率

切削加工中，常以单位时间内生产的零件数量来表示生产率，即：

$$R_0 = \frac{1}{t_w}$$

式中，R_0 为生产率；t_w 为生产1个零件所需的总时间（s）。

在机床上加工1个零件，所用的总时间包括三个部分，即：

$$t_w = t_m + t_c + t_o$$

式中，t_m 为基本工艺时间（s），即加工1个零件所需的总切削时间，也称为机动时间；t_c 为辅助时间（s），即除切削时间外，与加工直接有关的时间，它是工人为了完成切削加工而消耗在各种操作上的时间，如调整机床、空移刀具、装卸货、刃磨刀具、安装和找正工件、检验等消耗的时间；t_o 为其他时间（s），即除切削时间之外，与加工没有直接关系的时间，包括擦拭机床、清扫切屑及自然需要的时间等。

所以，生产率又可表示为：

$$R_0 = \frac{1}{t_m + t_c + t_o}$$

由上式可知，提高切削加工生产率，实际上就是设法减少零件加工的基本工艺时间、辅助时间及其他时间。

以车削外圆为例（见图8-25），基本工艺时间可用下式计算：

$$t_m = \frac{lh}{nfa_p} = \frac{\pi d_w lh}{1000 v_c f a_p}$$

式中，l 为车刀行程长度（mm），并有 $l = l_w$（被加工外圆面长度）$+ l_1$（切入长度）$+ l_2$（切出长度）；d_w 为工件待加工表面直径（mm）；h 为外圆面加工余量的一半（mm）；v_c 为切削速度（m/s）；f 为进给量（mm/r）；a_p 为背吃刀量（mm）；n 为工件转速（r/s）。

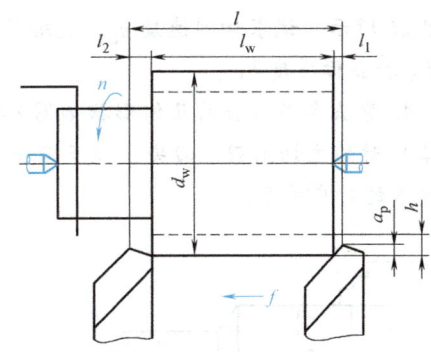

图8-25 车削外圆时基本工艺时间的计算

综合上述分析，提高生产率的主要途径如下：

1）在可能的条件下，采用先进的毛坯制造工艺和方法，减小加工余量。

2）合理选择切削用量，粗加工时可采用强力切削（f 和 a_p 较大），精加工时可采用高速切削。

3）在可能的条件下，采用先进的和自动化程度较高的工、夹、量具。

4）在可能的条件下，采用先进的机床设备及自动化控制系统。例如，在大批量生产中采用自动机床，多品种、小批量生产中采用数控机床、计算机辅助制造等。

8.6.3 经济性

在制订切削加工方案时，使产品在保证使用要求的前提下制造成本最低。产品的制造成本是指费用消耗的总和，包括毛坯或原材料费用，生产工人的工资，机床设备的折旧和调整费用，工、夹、量具的折旧和修理费用，车间经费和企业管理费用等。若将毛坯成本除外，每个零件切削加工的费用可用下式计算：

$$C_{w} = t_{w}M + \frac{t_{m}}{T}C_{t} = (t_{m}+t_{c}+t_{o})M + \frac{t_{m}}{T}C_{t}$$

式中，C_w 为每个零件切削加工的费用；M 为单位时间分担的全场开支，包括工人工资、设备和工具折旧及管理费用等；T 为刀具寿命；C_t 为刀具刃磨一次的费用。

由上式可知，零件切削加工的成本，包括工时成本和刀具成本两部分，并且受基本工艺时间、辅助时间、其他时间及刀具寿命的影响。若要降低零件切削加工的成本，除节约开支、降低刀具成本外，还要设法减少 t_m、t_c 和 t_o，并保证一定的刀具寿命 T。

思 考 题

1. 试说明下列加工方法的主运动和进给运动。
①车端面；②在钻床上钻孔；③在铣床上铣平面；④在牛头刨床上刨平面；⑤在平面磨床上磨平面。

2. 试说明车削时的切削用量三要素，并简述粗、精加工时切削用量的选择原则。

3. 车外圆时，已知工件转速 $n=320\text{r/min}$，车刀进给速度 $v_f=64\text{ mm/min}$，其他条件如图 8-26 所示，试求切削速度 v_c、进给量 f、背吃刀量 a_p、切削层公称横截面积 A_D、公称宽度 b_D 和公称厚度 h_D。

4. 弯头车刀刀头的几何形状如图 8-27 所示，试分别说明车外圆、车端面（由外向中心进给）时的主切削刃、刀尖，以及前角 γ_o、后角 α_o、主偏角 κ_r 和副偏角 κ_r'。与图中角度 1～角度 6 的对应关系。

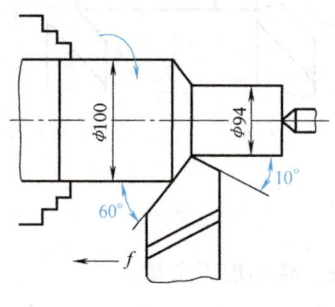

图 8-26 题 3 图

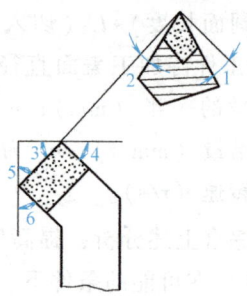

图 8-27 题 4 图

5. 简述车刀前角、后角、主偏角、副偏角和刃倾角的作用及选择原则。

6. 刀具切削部分的材料应具备哪些性能？常用的刀具材料有哪些？

7. 切屑是如何形成的？常见的切屑有哪几种？

8. 积屑瘤是如何形成的？它对切削加工有哪些影响？生产中最有效的控制积屑瘤的手段是什么？

9. 设用 $\gamma_o=15°$、$\alpha_o=8°$、$\kappa_r=75°$、$\kappa_r'=10°$、$\lambda_s=0°$ 的硬质合金车刀在 C6132 型卧式车床上车削 45 钢（正火，187HBW）轴件的外圆，切削工艺参数为 $v_c=100\text{mm/min}$、$f=0.3\text{mm/r}$、$a_p=4\text{mm}$，试用切削层单位面积切削力计算切削力 F_c 和切削功率 P_m。若机床传动效率 $\eta=0.75$，机床主电动机功率 $P_E=4.5\text{kW}$，试问电动机功率是否足够？

10. 车外圆时，工件转速 $n = 360\text{r/min}$，切削速度 $v_c = 150 \text{ m/min}$，此时测得电动机功率 $P_E = 3\text{kW}$。设机床传动效率 $\eta = 0.8$，试求工件直径 d_w 和切削力 F_c。

11. 切削热对切削加工有什么影响？

12. 背吃刀量和进给量对切削力和切削温度的影响是否一样？如何运用此规律指导生产实践？

13. 刀具的磨损形式有哪几种？刀具磨损过程中一般分为几个磨损阶段？刀具寿命的含义和作用是什么？

14. 如何评价材料可加工性的好坏？最常用的衡量指标是什么？如何改善材料的可加工性？

15. 什么是加工精度？都包括哪些内容？

16. 机械加工表面质量的含义是什么？它与表面粗糙度有何区别？在图上常标注哪一项表面质量？

第9章

金属切削机床基本知识

> **本章导学**：机床属于制造装备，是机械零件加工的主要设备，是装备制造的"工作母机"。机床生产是现代工业体系中的重要组成部分。机床的品种、功能、性能、质量和技术发展状况，直接或间接地影响着现代社会各行各业的生产能力、经济效益和社会效益。所以，机床既是生产资料，也是生产力。人类社会经过两百多年的工业化历程，到现在已经形成相对完整的机床设计、制造和使用的知识理论体系。其中，以金属切削机床为核心的机床分类方法、机床的基本构造、传动及控制方式等内容，构成了关于机床的基本知识。了解和掌握这些知识，对于成为一个机械工程师来说都是必须的。而且，还要以发展的观点来学习和理解这些知识。

9.1 机床的分类和型号编制

9.1.1 机床发展简史

金属切削机床是人类长期的生产实践中，在不断改进生产工具的基础上产生和发展起来的。

早期的机床，是以人力或自然力驱动的具有简单主运动的机床。例如，15世纪末，欧洲出现了钟表匠人用的简单人力螺纹车床和齿轮加工机床，以及水力驱动的炮筒镗床。中国明朝出版的《天工开物》中也有磨床结构的记载，即用脚踏的方法使铁盘旋转，在水中掺入沙子来剖切玉石。

18世纪末开始的蒸汽动力工业革命推动了机床的发展。最著名的是英国人莫兹利（H Maudslay, 1771—1831），1800年发明了<u>最早的具有铸铁床身的全金属车床</u>，如图9-1a所示；10年后，造出了如图9-1b所示的<u>装有传动丝杠、转位刀架和交换齿轮的螺纹车床</u>，极大地提高了机械切削加工的精度和效率。在该机床上，已经能够看到当今广泛使用的普通车床所应具有的最基本特征，因而被称为是现代机床的原型。

早期电力时代的机床传动还是<u>天轴—带</u>集中拖动方式，效能很低，如图9-2所示。20世纪后，随着电动机的发展和齿轮变速箱的出现，机床的发展进入多品种和精密化时期。1817年，英国人罗伯茨发明了龙门刨床；1818年，美国人惠特尼制成卧式铣床；1835年，英国人惠特沃思制成了蜗轮滚齿机；1876年，有了万能外圆磨床；1897年，美国人费洛斯发明了插齿机。从最早期的车床开始，逐渐完成了车、铣、刨、磨、钻、镗等机床的演化进步，这些不同类型的机床构成了传统金属机械切削机床的基本谱系。1920年以后的30年中，随着电气、液压等技术的进步及其在机床上得到普遍应用，推动了机床技术的快速发展，机械加工用机床进了半自动化时期。而且，在通用机床之外，又出现了许多变型品种和各式各样的专用机床。

图 9-1 早期的机床

a) 1800 年莫兹利发明的车床　b) 1810 年莫利兹完成的车床

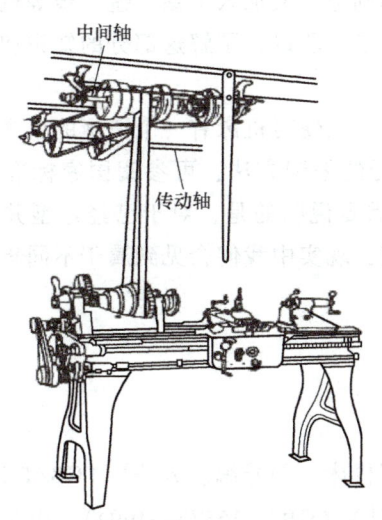 

图 9-2 通过天轴传动的机床

第二次世界大战结束后的30多年间（20世纪50~80年代），以自动化提高劳动生产率和追求机床高精度成为机床发展的基本方向。从1952年，首台数控铣床问世，发展到当今，各种类型的数控机床成为机械制造业的主要加工设备。普通金属切削机床的加工精度已达到近微米至微米级范围（0.01~0.001mm），而超精密切削加工则已进入纳米的级别。一些工业发达国家开始把发展精密和超精密加工作为国家发展战略。

近些年来，技术更新的速度进一步加快，特别是信息化技术和人工智能的快速发展促使工业化、信息化加快融合，来自各个方面的新技术、新思维融入并影响着机床领域，使机床的发展进入到一个以数字化、网络化为特征的面向智能装备和智能制造的全新时代。

9.1.2 机床的分类

机床的分类方法有多种。

按加工方式或主要用途分类，可分为车床、钻床、镗床、磨床、齿轮加工机床、螺纹加工机床、铣床、刨插床、拉床、特种加工机床、锯床和其他机床等类别。在每一类机床中，按工艺范围、布局形式和结构又分为若干组，每一组又细分为若干系列。国家标准公布的机床型号谱系即是依据此分类方法进行编制的。

按机床通用程度（工艺范围）分类，可分为通用机床、专门化机床和专用机床三类。

按加工精度（指相对精度）分类，可分为普通精度机床、精密机床和高精度机床。

按加工工件大小和机床质量分类，可分为仪表机床、普通机床、大型机床（10～30t）、重型机床（30～100t）和超重型机床（100t 以上）。

按操纵方式分类，有手动、半自动和全自动机床，或机械式、液-电式、数控式等。

随着机床的发展，其分类方法也在不断改变。现代数控机床的出现和快速普及，使机床分类出现了数控机床和非数控机床（传统机床）的基本分类。而数控机床的功能多样化、工艺柔性化、工序集中化、组合系统化和信息网络化的发展趋势，则又对机床的分类提出了新的课题。例如，数控车床在卧式车床的基础上，集中了转塔车床、仿形车床、自动车床等多种车床的功能；车削加工中心在数控车床功能的基础上，又加入了钻、铣、镗等机床的功能。技术的发展推动着机床分类及分类方法的不断进步，所以，了解这部分的知识和研究其中的问题是很有意义的。

为了简明地表示出机床的名称、主要规格和特性，以便对机床有一个清晰的概念，需要对每种机床赋予一定的型号。关于我国机床型号现行的编制方法，可参阅国家标准《金属切削机床 型号编制方法》（GB/T 15375—2008）。需要说明的是，对于已经定型并按过去机床型号编制方法确定型号的机床，其型号不会改变，现实中我们会见到属于不同年代的机床型号。

9.1.3 金属切削机床的型号编制

机床型号是人们赋予机床产品的分类代号，用以区别和表征机床的类型、特性及主要技术参数等特征。我国的机床型号现行标准《金属切削机床 型号编制方法》（GB/T 15375—2008），用以推荐替代《金属切削机床 型号编制方法》（GB/T 15375—1994）。由于机床属于长生命周期的产品，目前我国在制和使用的金属切削机床产品型号除涵盖上述两个标准之外，还存在按照由原国家机械工业部 1985 年颁布的《金属切削机床型号编制方法》（JB 1838—1985）标准编制的型号，这三个标准的编制规则及大部分内容是一致的。本书基于 GB/T 15375—2008 简要介绍通用金属切削机床（以下简称机床）型号编制方法。

该标准规定，机床型号由汉语拼音字母和阿拉伯数字按一定规律组合而成，它适用于各类通用及专用金属切削机床，但不包括组合机床。特种加工机床因正处于新的快速发展阶段，其方法、种类、应用范围，甚至定义都在不断变化更新，因此，在新版型号分类标准中暂不列入。机床型号中有固定含义的字母按其对应的汉字字义读音，没有固定含义的字母（如重大改进顺序号）按汉语拼音字母读音。

1. 通用机床的型号编制

(1) 型号表示方法 型号由基本部分和辅助部分组成,中间用"/"分开,型号的构成如图9-3所示,其中,有"( )"的代号或数字,当无内容时,则不表示。若有内容则不带括号。有"○"符号的,为大写的汉语拼音字母。有"△"符号的,为阿拉伯数字。有"⌀"符号的,为大写的汉语拼音字母,或阿拉伯数字,或两者兼有之。

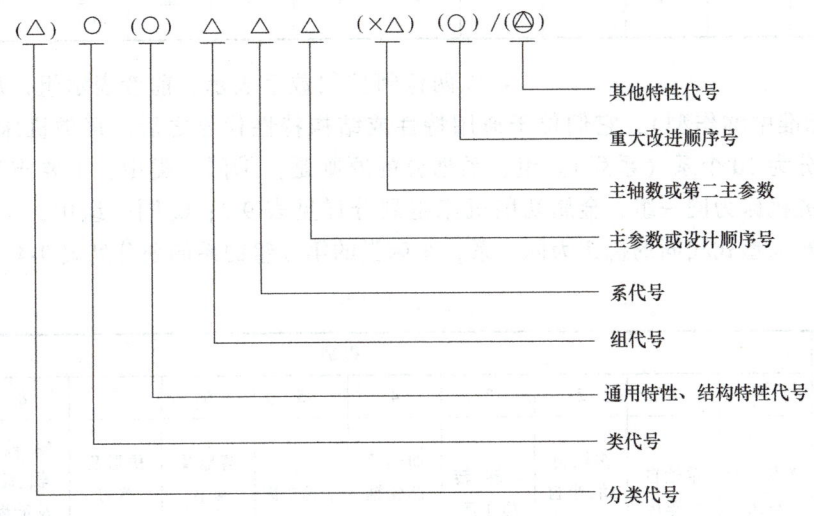

图9-3 通用机床型号的表示方法

(2) 类代号和分类代号 机床的类代号按表9-1的规定编制。根据需要,还可以设有若干分类,分类代号用阿拉伯数字表示,放在类代号之前,作为型号的首位,但第一分类,即"1"的表示可以缺省。例如磨床类机床就有M、2M、3M三个分类(M代表内、外圆磨床分类;2M代表珩磨、平面磨床分类;3M代表轴承、滚子、钢球分类的磨床)。对于具有两个或以上类特点的机床,按主要特性在后的规则编写。例如镗铣机床即表示以铣为主,以镗为辅的机床。

表9-1 机床的类代号

类别	车床	钻床	镗床	磨床			齿轮加工机床	螺纹加工机床	铣床	刨插床	拉床	锯床	其他机床
代号	C	Z	T	M	2M	3M	Y	S	X	B	L	G	Q
参考读音	车	钻	镗	磨	二磨	三磨	牙	丝	铣	刨	拉	割	其

(3) 通用特性代号和结构特性代号 用大写汉语拼音字母表示,写在类代号之后,其中,通用特性代号在前,结构特性代号在后,若无内容则不予表示。例如:CK6140卧式数控车床,"K"是通用特性"数控";CA6140卧式车床(或称卧式普通车床)型号中的"A"则是结构特性代号,表示为中国沈阳机床厂该型机床的特有结构。

通用特性规定了12种代号,见表9-2。在各类机床型号中,通用特性代号表示的意义是相同的。结构特性代号用于区分主参数值相同而结构、性能不同的机床。结构特性代号只用于对同类机床区分机床结构、性能方面的不同,在不同类机床中没有统一的含义。

表 9-2 机床的通用特性代号

通用特性	高精密	精密	自动	半自动	数控	加工中心	仿形	轻型	加重型	柔性加工单元	数显	高速
代号	G	M	Z	B	K	H	F	Q	C	R	X	S
参考读音	高	密	自	半	控	换	仿	轻	重	柔	显	速

（4）机床的组别代号和系别代号　以两位阿拉伯数字表示，前者表示组，后者表示系（系列，旧标准中称作型），它们位于通用特性或结构特性代号之后。每类机床分为 10 个组，每组又分为 10 个系（系列）。组、系划分的原则是：①同一类中，主要布局或适用范围基本相同的机床为同一组，金属切削机床组划分详见表 9-3；②同一组中，主参数相同、主要结构及布局型式相同的机床为同一系，车床类的第 6 组的系的划分见表 9-4。

表 9-3 金属切削机床组划分

类别	组别									
	0	1	2	3	4	5	6	7	8	9
车床 C	仪表小型车床	单轴自动车床	多轴自动、半自动车床	回转、转塔车床	曲轴及凸轮轴车床	立式车床	落地及卧式车床	仿形及多刀车床	轮、轴、辊、锭及铲齿车床	其他车床
钻床 Z	—	坐标镗钻床	深孔钻床	摇臂钻床	台式钻床	立式钻床	卧式钻床	铣钻床	中心孔钻床	其他钻床
镗床 T	—	—	深孔镗床	—	坐标镗床	立式镗床	卧式镗铣床	精镗床	汽车、拖拉机修理用镗床	其他镗床
磨床 M	仪表磨床	外圆磨床	内圆磨床	砂轮机	坐标磨床	导轨磨床	刀具刃磨床	平面及端面磨床	曲轴、凸轮轴、花键轴及轧辊磨床	工具磨床
磨床 2M	—	超精机	内圆珩磨机	外圆及其他珩磨机	抛光机	砂带抛光及磨削机床	刀具刃磨床及研磨机床	可转位刀片磨削机床	研磨机	其他磨床
磨床 3M	—	球轴承套圈沟磨床	滚子轴承套圈滚道磨床	轴承套圈超精机	—	叶片磨削机床	滚子加工机床	钢球加工机床	气门、活塞及活塞环磨削机床	汽车、拖拉机修磨机床
齿轮加工机床 Y	仪表齿轮加工机	—	锥齿轮加工机	滚齿及铣齿机	剃齿及珩齿机	插齿机	花键轴铣床	齿轮磨齿机	其他齿轮加工机	齿轮倒角及检查机
螺纹加工机床 S	—	—	套丝机	攻丝机	—	螺纹铣床	螺纹磨床	螺纹车床	—	—

(续)

类别	组别									
	0	1	2	3	4	5	6	7	8	9
铣床 X	—	仪表铣床	悬臂及滑枕铣床	龙门铣床	平面铣床	仿形铣床	立式升降台铣床	卧式升降台铣床	床身铣床	工具铣床	其他铣床
刨插床 B	—	—	悬臂刨床	龙门刨床	—	—	插床	牛头刨床	—	边缘及模具刨床	其他刨床
拉床 L	—	—	侧拉床	—	卧式外拉床	连续拉床	立式内拉床	卧式内拉床	立式外拉床	键槽、轴瓦及螺纹拉床	其他拉床
锯床 G	—	—	—	砂轮片锯床	—	卧式带锯床	立式带锯床	圆锯床	弓锯床	锉锯床	—
其他机床 Q	其他仪表机床	管子加工机床	木螺钉加工机	—	刻线机	切断机	多功能机床	—	—	—

(5)机床主参数和第二主参数 机床主参数表示机床工作能力或影响机床基本构造的主要参数。一般以机床所能加工的最大尺寸的折算表示于组、系代号之后。如普通车床、外圆磨床为最大加工直径的折算数,升降台铣床、龙门铣床为工作台面宽度尺寸的折算数等。有些机床,为了更完整地表示其尺寸大小与工作能力,还需要有第二主参数。第二主参数一般指主轴数、最大跨距、最大工件长度、工作台工作面长度(用折算值表示)。如普通车床为最大工件长度,龙门铣床为工作台工作面长度等。

表 9-4 是从 GB/T 15373—2008 中节录的关于车床类第 6 组(卧式车床)的组、系及主参数的相关规定,以供学习理解参考。

表 9-4 车床类第 6 组的组、系及主参数的相关规定(GB/T 15373—2008)

组		系		主参数	
代号	名称	代号	名称	折算系数	名称
6	落地及卧式车床	0	落地车床	1/100	最大工件回转直径
		1	卧式车床	1/10	床身上最大回转直径
		2	马鞍车床	1/10	床身上最大回转直径
		3	轴车床	1/10	床身上最大回转直径
		4	卡盘车床	1/10	床身上最大回转直径
		5	球面车床	1/10	刀架上最大回转直径
		6	主轴箱移动型卡盘车床	1/10	床身上最大回转直径
		7			
		8			
		9			

(6)机床的重大改进顺序号 当机床的性能及结构布局有重大改进,并作为新的产品区别于原型号时,按改进的先后顺序选用 A、B、C 等字母加在原机床型号的尾部。

某些机床,根据不同的加工需要,在基本型号机床的基础上,仅改变机床的部分结构时,则在原机床型号之后加/1、/2、/3…,作为同型号机床的变型代号,以示区别。

综合上述通用机床型号的编制方法，举例如下：

1）CK6140：表示最大车削直径为 400mm 的数控卧式车床；

2）CX5112C：表示最大车削直径为 1250mm，经第三次次重大改进的数显单柱立式车床；

3）XK6140：表示工作台宽度为 400mm 的数控万能升降台铣床；

4）XH714：表示工作台宽度为 400mm 的床身式铣削加工中心（注：铣床 7 组的主参数折算系数为 1/100）；

5）TH6340/5L：表示工作台宽度为 400mm 的 5 轴联动卧式镗削加工中心；

6）Z3040×16：表示最大钻孔直径 40mm，最大跨距 1600mm 的摇臂钻床；

7）MG1432A：表示最大磨削直径 320mm，第一次重大改进型的高精度万能外圆磨床，其代号图解如图 9-4 所示。

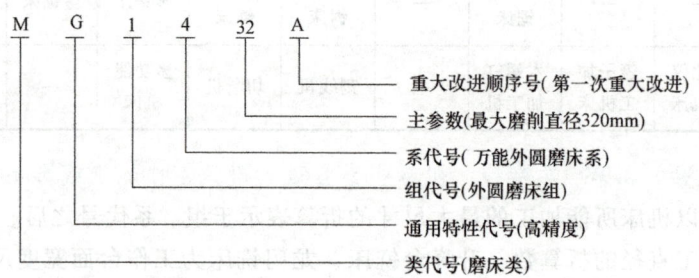

图 9-4　MG1432A 代号图解

2. 专用机床的型号编制（GB/T 15375—2008）

1）专用机床型号表示方法如图 9-5 所示。

设计单位代号可根据设计单位的不同，采用不同的命名方式。当设计单位为机床生产企业时，用企业名称的大写汉语拼音字母或所在城市名称的大写汉语拼音字母及该机床企业在该城市建立的先后顺序号表示。当设计单位为机床研究所时，用研究所名称的

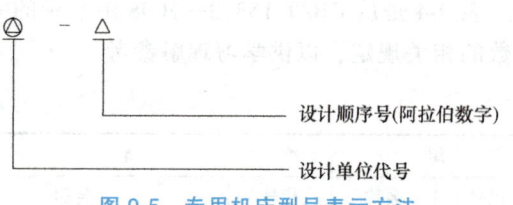

图 9-5　专用机床型号表示方法

大写汉语拼音字母表示。例如，J1-济南一机床，B1-北京一机床，ZHS-组合机床研究所。

2）组代号，用 1 位阿拉伯数字（不包括"0"）表示，放在设计单位代号之后，并用"—"（读作"至"）分开。专用机床的组（按产品的工作原理划分）由各机床厂和机床研究所根据产品情况自行确定。

3）设计顺序号，按各机床厂和机床研究所的设计顺序（由"001"起始）排列，放在专用机床的组代号之后。例如，北京第一机床厂设计制造的第一百种专用机床为专用铣床，属于第三组，其编号为 B1-3100。

3. 组合机床的型号编制

组合机床是模块化设计和应用的专用机床，也是理解柔性制造系统（FMS）及可更换柔性制造系统（RMS）发展的重要关联基础。其型号编制依据国家 1999 年发布的标准《组合机床　型号编制方法》（JB/T 4168—1999），型号的表示方法如图 9-6 所示，其中方框为字母，三角框为数字，分类代号规定见表 9-5。

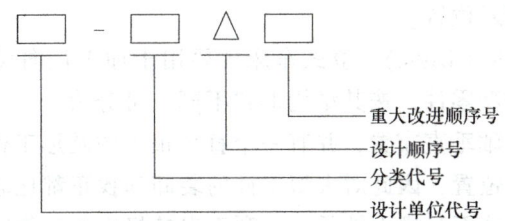

图 9-6　组合机床及其自动线的型号表示方法

表 9-5　组合机床及组合机床自动线的型号分类代号

组合机床分类	分类代号	组合机床分类	分类代号
大型组合机床	U	大型组合机床自动线	UX
小型组合机床	H	小型组合机床自动线	HX
微型组合机床	W	微型组合机床自动线	WX
自动换刀/箱数控组合机床	K	自动换刀/箱数控组合机床自动线	KX

例如，ZHS-K003 为组合机床研究所设计的第三台自动换刀或换箱数控组合机床。

9.2　常见金属切削机床

在各类机床中，车床、钻床、镗床、刨床、铣床和磨床是六种最基本的机床，也是认识机床和研究机床的基础，本节对这六种机床的结构进行简单介绍。

9.2.1　车床

车床（Lathe，Turning Machine）的种类很多，按其结构和用途不同，可分为卧式车床、立式车床、转塔车床、自动和半自动车床、仿形车床、数控车床和车削加工中心等。在大批量生产中还使用各种专用车床。

（1）卧式车床（Center Lathe）　卧式车床是我国通用机床谱系中标准化程度最高、生产量和在用量最大的机床。其通用程度高，加工范围广，适用于中、小型的轴类和盘套类零件加工；可车削内外圆柱面、圆锥面、各种环槽、端面及回转成形面；能车削常用的米制、英制、模数制及径节制四种标准螺纹；也可以车削加大螺距螺纹、非标准螺距及较精密的螺纹；还可以进行钻孔、扩孔、铰孔、滚花和压光等工作。

以 CA6140 型卧式普通车床为例，如图 9-7a 所示。它由主轴箱、进给箱、溜板箱、床鞍、刀架、尾座和床身等部件组成。主轴箱内装有主轴、变速和变向等机构，由电动机经变速机构带动主轴旋转，实现主运动，并获得所需转速及转向，主轴前端可安装卡盘等夹具，用于装夹工件。进给箱的作用是改变切削进给的进给量或被加工螺纹的导程。溜板箱的作用是将进给箱传来的运动传递给刀架，使刀架实现纵向进给、横向进给、快速移动或车螺纹。床鞍位于床身的中部，其上装有中滑板（或称中拖板）、回转盘、小滑板（或称小拖板）和方刀架。方刀架可以同时夹持 4 把车刀，能通过转位实现快捷换刀。车床尾座（或称尾架）安装在床身的尾座导轨上，其上的套筒可安装顶尖、各种孔加工刀具或钻夹头，用来支承工件或对工件进行孔加工。床身是车床的基本支承件。车床的主要部件均安装在床身上，并保持各部件间具有准确的相对位置。

（2）立式车床（Vertical Lathe） 立式车床主要用于加工径向尺寸大、轴向尺寸较小且形状比较复杂的大型或重型零件，按其结构形式不同，可分为单柱式和双柱式两种。立式车床结构上的主要特点是主轴垂直布置，并有一个直径很大的圆形工作台，用于安装工件。立式车床的工作台处于水平位置，因此对大型工件的装卸和找正都比较方便。工件和工作台的重量比较均匀地分布在导轨面和推力轴承上，利于保持机床的工作精度和提高生产率。但是这种结构容易造成排屑不畅。图 9-7b 所示为立式车床的外观图。

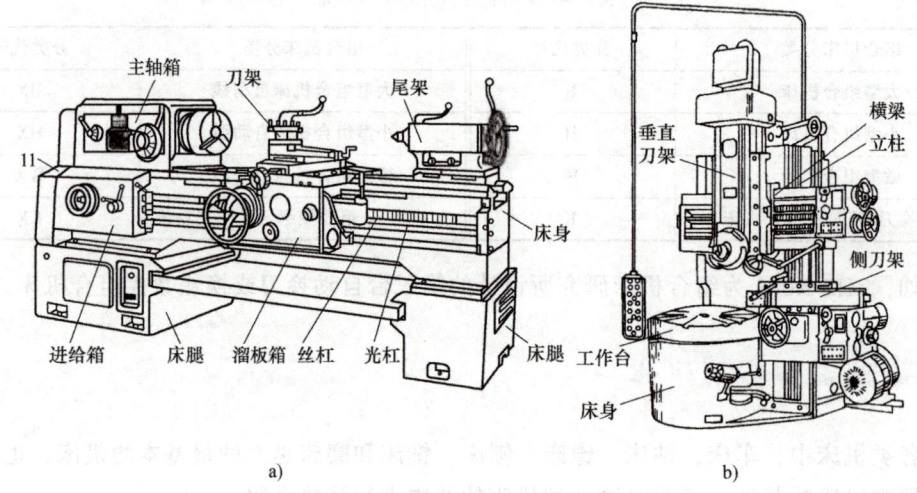

图 9-7 卧式车床和立式车床

a）卧式车床 b）立式车床

（3）转塔车床 为适应短轴类件和盘套类件的高效率加工，以一个转塔刀架取代卧式车床的尾座，从而成为转塔车床（Turret Lathe），如图 9-8 所示。转塔是一个可以纵向移动和转位的多刀位刀架，多把不同的刀具通过快速转位可以对同一个工件依次进行不同内容的加工，因此效率提高很多。

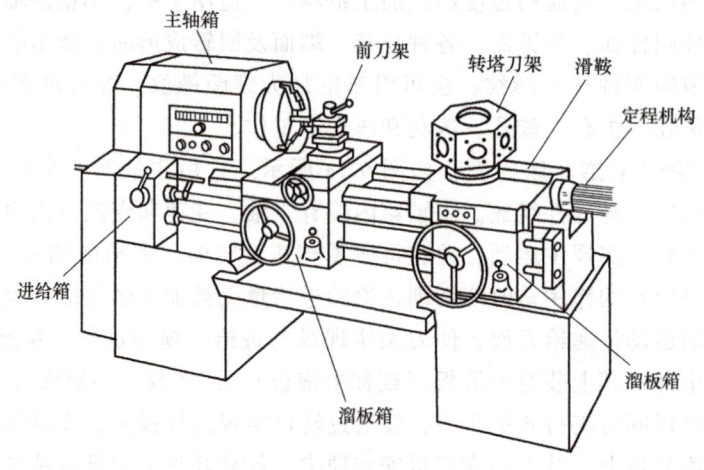

图 9-8 普通转塔车床

传统的机械式转塔车床现已不多见，取代的是具有转塔刀架，包括动力转塔刀架（见图 9-9）在内的各种数控车床。转塔车床的结构原理和高效能特性已成为现代数控车床结构设计的基本思路和主流趋势。

9.2.2 钻床

钻床（Drilling Maching）是用钻头在工件上钻孔的机床，可以用来进行扩孔、铰孔、攻丝等加工。钻床一般用于加工直径不大、精度要求较低的孔，适合单件、小批量生产。加工时，工件固定不动，刀具旋转做主运动，同时做轴向进给运动。根据用途和结构的不同，钻床可分为台式钻床、立式钻床、摇臂钻床、深孔钻床及中心孔钻床等，其中，台式、立式和摇臂式应用最为普遍，如图 9-10 所示。

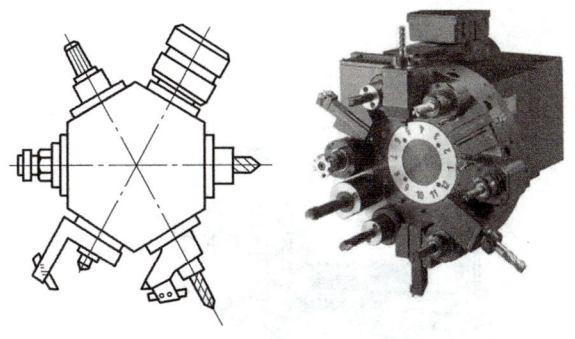

图 9-9 数控车床的动力转塔刀架

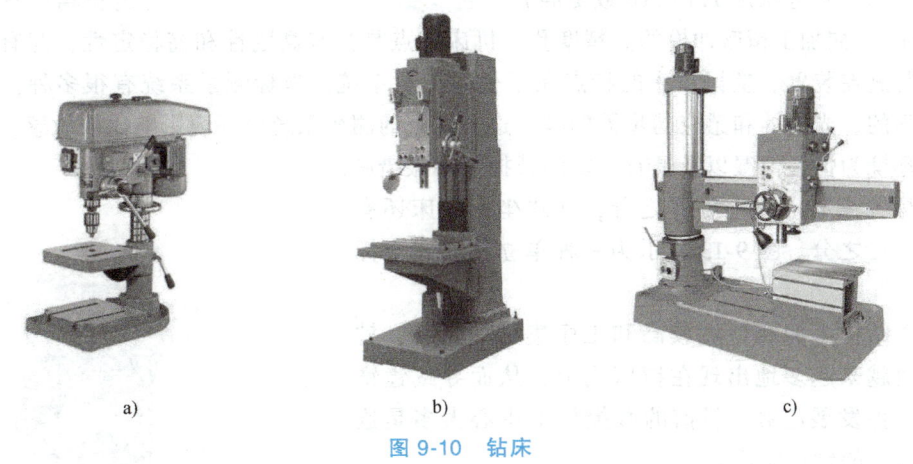

图 9-10 钻床
a) 台式钻床 b) 立式钻床 c) 摇臂钻床

9.2.3 镗床

镗床是用镗刀在工件上镗孔的机床，是大型箱体件上孔或孔系加工的主要设备，具有较高的尺寸加工精度和形状位置加工精度。镗床主要分为卧式镗床、落地镗床及坐标镗床等。

（1）卧式镗床（Horizontal Boring Maching） 卧式镗床是镗床中应用最广泛的一种。它主要用于孔加工，还可以车端面、铣平面、车外圆、车螺纹及钻孔等。

卧式镗床如图 9-11 所示。主轴箱可沿前立柱的导轨上下移动。主轴箱前端可采用镗杆或平旋盘两种方式安装镗刀。镗杆在做旋转主运动时还可以做轴向进给运动；平旋盘上面装有径向移动刀架，可以在旋转的同时做径向进给运动。加工孔或外圆时，使用"镗杆+刀具"方式；加工端面时，使用"平旋盘+刀具"方式。工件安装在工作台上，工作台可以提供纵向、横向以及旋转三个方向的位置移动。

(2) 落地镗床　落地镗床（Landing Maching）是一种用于对大型或超大型工件进行孔加工的卧式镗床，如图 9-12 所示。因尺寸很大，落地镗床的安装主轴箱的床身立柱与承载工件的工作台多做成分体式的（见图 9-11）。

图 9-11　卧式镗床

图 9-12　落地镗床

(3) 坐标镗床　坐标镗床（Coordinate Boring Maching）是一种高精度机床。主要用于镗削精密孔（尺寸精度 IT7~IT6 或更高）和位置精度要求很高的孔系（定位精度达 0.01~0.001mm），如加工精密冲模的高精度孔。机床特点是具有高刚性和高稳定性，配有精密位移驱动与测控装置。坐标镗床的特点在于坐标测量系统。坐标测量系统有很多种，如机械的、光学的、光栅的和感应同步器的等。这些精密的测量系统对环境影响比较敏感，一般要求工作环境为恒温恒湿以及具有一定的减振、隔振措施。

坐标镗床有立式和卧式之分，立式坐标镗床还有单柱和双柱之分。图 9-13 所示为一种单立柱立式坐标镗床。

由于结构上的相似度较高和工序集中的优势，铣削功能也越来越多地出现在镗床之上，从而导致镗铣床成为一种发展趋势。目前的数控加工中心大多是这种镗铣合一的镗铣床模式。

9.2.4　刨床

刨床（Planning Maching）类机床主要有龙门刨床、牛头刨床和插床。

图 9-13　单立柱立式坐标镗床

(1) 龙门刨床　龙门刨床（Double Column Planing Maching）是具有龙门式框架和卧式长床身的刨床，如图 9-14 所示。龙门刨床的工作台带着工件通过门式框架做直线往复运动，空行程速度大于工作行程速度。横梁上一般装有两个垂直刀架，刀架滑座可在垂直面内回转一个角度，并可沿横梁做横向进给运动；刨刀可在刀架上做垂直或斜向进给运动；横梁可在两立柱上做上下调整。一般在两个立柱上还安装可沿立柱上下移动的侧刀架，以扩大加工范围。龙门刨床主要用于刨削大型工件，也可在工作台上装夹多个工件同时加工。

(2) 牛头刨床（Shaping Machine）　牛头刨床是滑枕带着刨刀做直线往复运动的刨床，

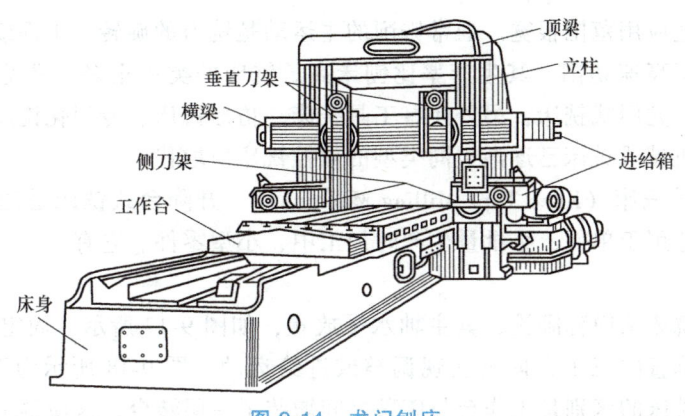

图 9-14 龙门刨床

因滑枕前端的刀架形似牛头而得名。

牛头刨床主要有普通牛头刨床、仿形牛头刨床和移动式牛头刨床等。普通牛头刨床（图 9-15）由滑枕带着刨刀作水平直线往复运动，刀架可在垂直面内回转一个角度，并可手动进给，工作台带着工件作间歇的横向或垂直进给运动，如图 9-15 所示。牛头刨床常用于加工平面、沟槽和燕尾面等。

牛头刨床的加工效率低，现代生产中使用的已经越来越少。

（3）插床（Slotting Machine） 插床实质上是立式刨床，主运动是滑枕带动插刀沿垂直方向做直线往复运动，如图 9-16 所示。滑枕向下移动为工作行程，向上为空行程。滑枕导轨座可以绕轴在小范围内调整角度，以便加工倾斜面及沟槽。床鞍及溜板可以分别做横向和纵向进给，圆工作台可以绕垂直轴线回转完成圆周进给或进行分度。在插床上安装的刀具，其轴线与滑枕运动方向平行，因此可以在较小的空间里进行加工，例如加工齿轮内孔键槽等，这成为插床的一种独特的工艺优势。

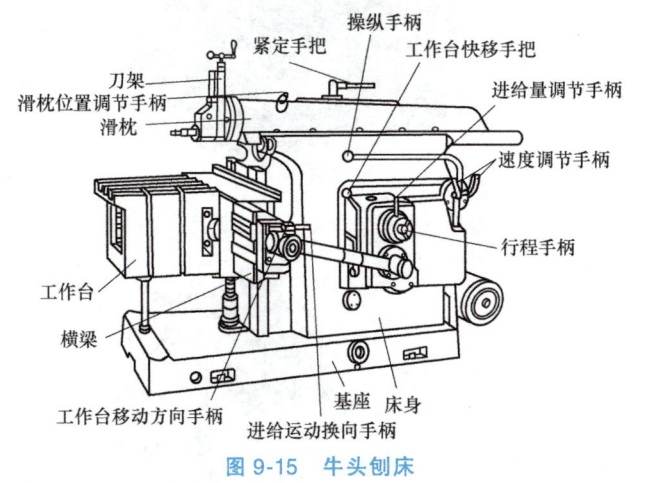

图 9-15 牛头刨床

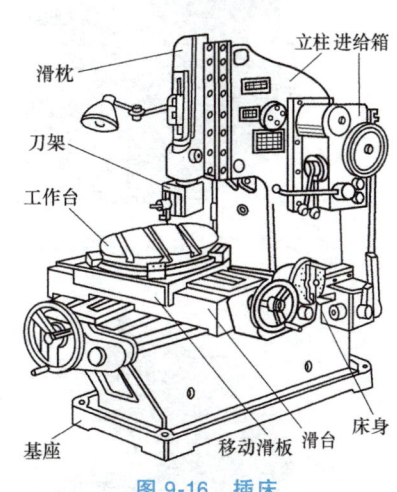

图 9-16 插床

9.2.5 铣床

铣床（Milling Machine）是用铣刀进行铣削加工的机床。铣床上可以加工平面、沟槽、分齿零件、螺旋形表面及各种曲面，此外，还可对回转体表面及内孔进行加工以及切断加工等。因此，其工艺应用范围很宽。通常铣削的主运动是铣刀的旋转，工件或铣刀的移动为进给运动，这样利于高速切削，其生产率比刨床高。铣床的类型很多，常见的有升降台式铣床、床身式铣床、龙门式铣床，另外还有工具铣床、仿形铣床、专门化铣床等类型，近年来各种类型的传统机械式铣床已逐渐被同类型的数控铣床所取代。

（1）升降台式铣床（Knee Type Milling Machine） 升降台式铣床是铣床类机床中应用最广泛的一种，适用于单件、小批量生产时加工中、小型零件。它有卧式升降台铣床和立式升降台铣床两大类。

卧式升降台铣床又简称卧铣，其主轴水平放置，如图9-17所示，固定在工作台上的工件，可以在相互垂直的三个方向上实现调整或进给运动。图9-18所示为万能升降台铣床，它与卧式升降台铣床的区别是工作台与床鞍之间增装了一层转台，这使得工作台可以相对床鞍在水平面内扳转一定的角度（一般为±45°），以便加工螺旋槽等表面。

立式升降台铣床又称立铣，其主轴垂直安装，如图9-19所示，可用各种端铣刀或立铣刀加工平面、斜面、沟槽、台阶、齿轮、凸轮及封闭的轮廓表面等。

（2）床身式铣床（Bed Type Milling Machine） 床身式铣床的特点是工作台不升降，只做纵、横两个方向的进给运动，垂直运动由安装在立柱上的主轴箱来完成，如图9-20所示。机床整体刚度高、稳定性好是床身式铣床的突出特点，可以采用较大的切削用量，便于实现高精度加工。是加工中等尺寸零件铣床的主流结构形式，也是同类规格的数控铣床、加工中心以及精密铣床所采用的主流机床结构。

图9-17 卧式升降台铣床（X6032）

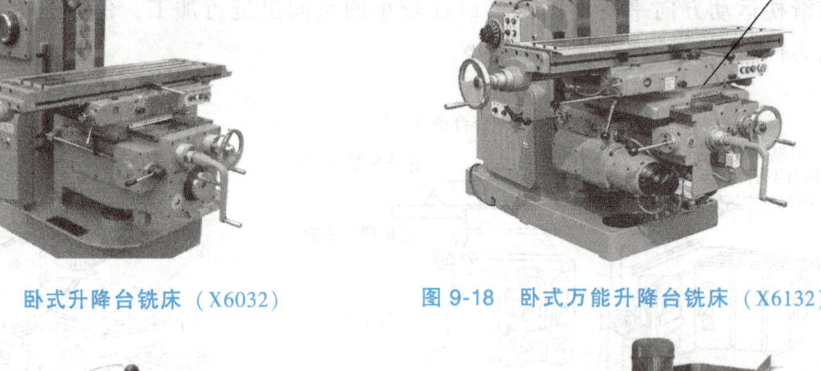

图9-18 卧式万能升降台铣床（X6132）

图9-19 立式升降台铣床（X5032）

图9-20 床身式铣床（X7150）

（3）龙门铣床（Double Column Milling Machine）　龙门铣床主体结构呈龙门式框架，结构刚性好，适于大切削用量切削，而且可用几个铣头同时工作，因此，生产率较高，在单件和批量生产中都得到广泛应用，主要用于加工各类大型工件上的平面、沟槽等，借助于附件还可完成斜面、孔等的加工。

目前，该类机床已基本上更新换代为数控龙门铣床或数控龙门铣削加工中心，常见的有动梁式和定梁式两种如图9-21所示，其功能和工艺能力都有显著增强，可以高效率地进行平面、曲面、沟槽、型孔、螺纹孔等的加工。

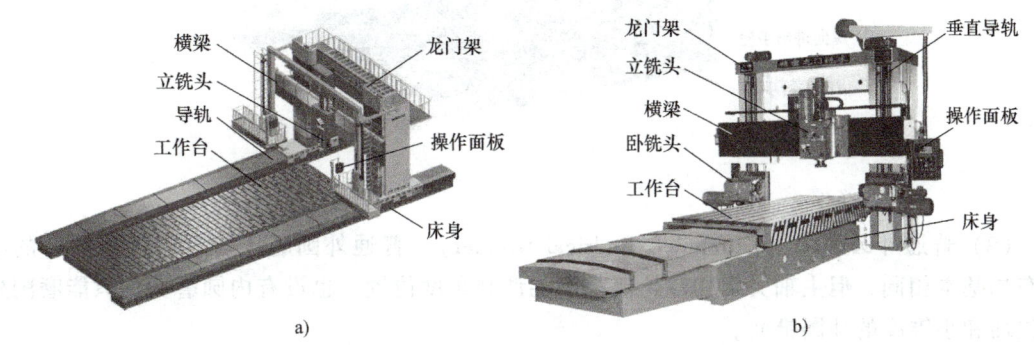

图 9-21　龙门铣床
a）动梁式数控龙门铣床　b）定梁式龙门铣床

9.2.6　磨床

用于磨削加工的切削加工机床统称为磨床（Grinder）。它们是为适应精加工和较硬表面加工的需要而发展起来的，目前也有少数应用于粗加工的高效磨床。

磨床的种类很多，主要类型有外圆磨床、内圆磨床、平面磨床、工具磨床、刀具刃磨磨床、各种专门化磨床（如曲轴磨床、凸轮轴磨床、花键轴磨床、活塞环磨床、齿轮磨床、螺纹磨床等）、研磨床及其他磨床（如珩磨机、抛光机、超精加工机床、砂轮机等）。

（1）万能外圆磨床（Universal External Cylindrical Grinder）　常见外圆磨床有万能外圆磨床和普通外圆磨床两种。万能外圆磨床功能较完善，在外圆磨床中占比很大，主要用于磨削内、外圆柱和圆锥表面、阶梯轴轴肩、端面和简单的成形回转体表面等。

以典型常用型 M1432A 万能外圆磨床为例，如图 9-22 所示，加工精度可达 IT7-IT6 级，表面粗糙度值 $Ra1.25 \sim 0.08\mu m$。它的通用性很强，但自动化程度不高，磨削效率较低，适用于单件、小批量生产。该机床由床身、头架、尾架、内圆磨具、砂轮架、滑鞍、上下工作台及横向进给机构等部分组成。在床身上面的纵向导轨上装有工作台，台面上装有头架和尾座。被加工工件支承在头架和尾架的顶尖之间，或夹持在头架主轴的卡盘中，由头架上的传动装置带动旋转。头架可以绕其垂直轴线转动一定的角度，以便磨削锥度较大的圆锥面；尾架可以在工作台上左右移动，以适应工件的长短需要。工作台沿床身导轨作纵向往复直线运动，带动头架和尾架，从而带动工件纵向往复。工作台分上、下两部分，上工作台可以作小范围的转动，以适应长轴工件的小锥度磨削。砂轮架安装在床身后部横向导轨上，砂轮架上装有砂轮主轴及传动装置，利用横向进给机构可以实现周期或连续的横向进给运动。同时，它还可以绕其垂直轴线旋转一定角度，以满足磨削短圆锥面的需求。砂轮架上装有内圆磨具，磨内孔的砂轮主轴由专门的高速电动机驱动。该磨床的通用性很强，适用于单件小批量生产。

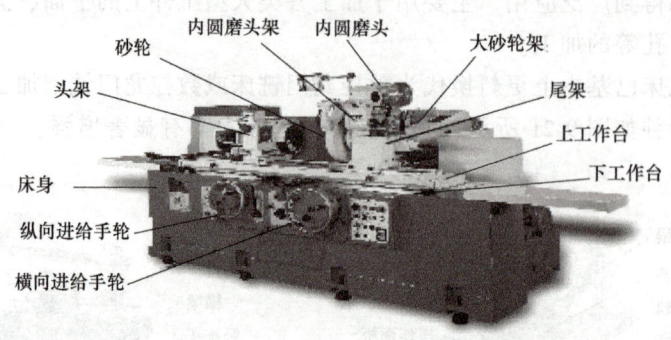

图 9-22　万能外圆磨床（M1432A）

（2）普通外圆磨床（Extrenal Cylindrical Grinder）　普通外圆磨床与万能外圆磨床的结构布局基本相同，但主轴头架和砂轮架都不能调整角度位置，也没有内圆磨头，只能磨削外圆柱面和小锥度的外圆锥面。

普通外圆磨床的万能性不及万能外圆磨床，把机床刚度和加工精度做得更好一些。但由于减少了主要部件的结构层次，头架主轴又固定不转，故机床及头架主轴部件的刚度高，工件的回转精度高，因而磨削加工的精度高一些，表面质量好一些。

（3）内圆磨床（Internal Grinding Machine）　内圆磨床主要用于磨削圆柱孔和圆锥孔。按磨削方式可分为普通内圆磨床、无心内圆磨床和行星内圆磨床等；按自动化程度可分为普通内圆磨床、半自动内圆磨床和全自动内圆磨床三类。普通内圆磨床比较常用，图 9-23 所示为一种常见的普通内圆磨床。

内圆磨削一般采用纵磨法。内圆磨砂轮由砂轮头架主轴带动做主运动旋转，砂轮头架安装在工作台上，可随工作台沿床身导轨做纵向往复运动，通过横向进给，可以实现对加工孔径尺寸的控制；工件装夹在主轴头架的卡盘上，由主轴带动做圆周进给运动；主轴头架还可以绕竖直轴转动一定角度以磨削锥孔。

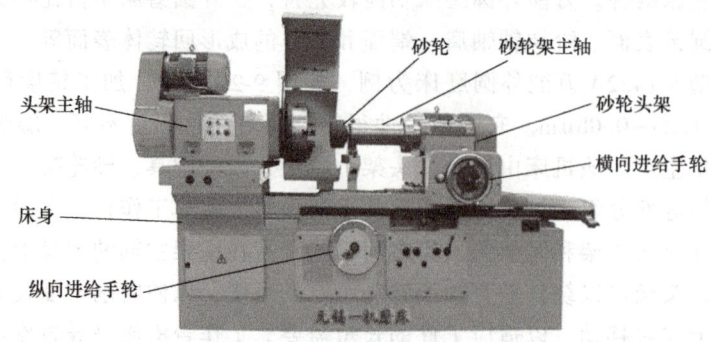

图 9-23　普通内圆磨床（M2110）

（4）无心磨床（Centerless Grinder）　无心磨床通常指无心外圆磨床如图 9-24 所示。被加工工件不用顶尖支承或卡盘夹持，置于磨削砂轮和导轮之间并用托板支承定位，工件中心略高于两轮中心的连线，并在导轮摩擦力的作用下低速旋转，砂轮高速旋转磨削工件外圆面。

无心磨床适用于大批量生产中磨削细长轴以及不带中心孔的轴、套、销等零件,主参数以最大磨削直径表示。由于是以被磨削工件表面自身定位,因而不适合磨削表面不连续的工作表面或外圆和内孔的同轴度要求很高的表面的工件。

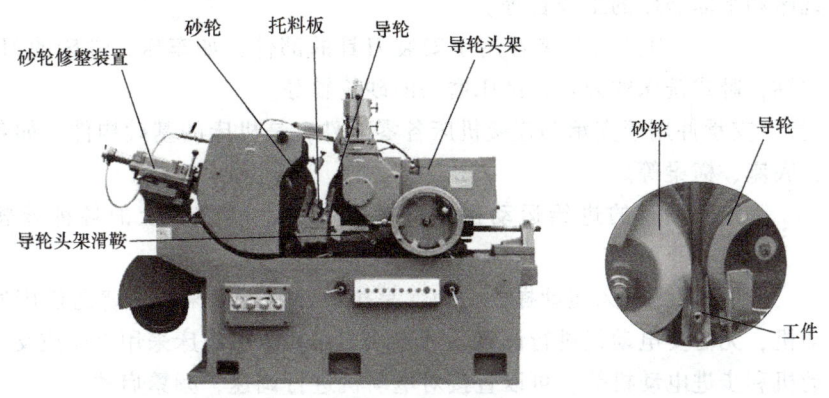

图 9-24 无心外圆磨床

(5) 平面磨床(Surface Grinder) 平面磨床用于磨削各种零件的平面。常见的平面磨床如图 9-25 所示。它通常有两种磨削方法:一种是用砂轮轮缘(即圆周)进行磨削,此时砂轮主轴呈水平布置,称为卧式平面磨床;另一种是用砂轮端面进行磨削,此时砂轮主轴呈垂直布置,称为立式平面磨床。根据工作台的形状不同,平面磨床又可分为矩形工作台和圆形工作台两类,分别称其为矩台式平面磨床和圆台式平面磨床,其中卧轴矩台平面磨床和立轴圆台平面磨床最为常见。

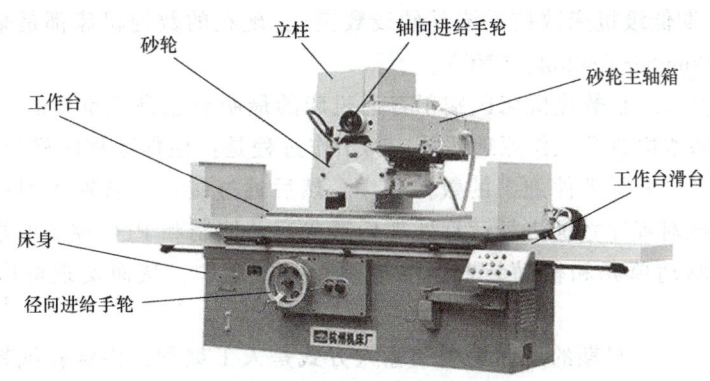

图 9-25 平面磨床

9.2.7 切削机床的基本构成

不同类型的切削加工机床,尽管其外形、布局和结构各有不同,但归纳起来,它们都是由如下几个主要部分组成的。

1) **主传动部件**。主传动部件是用于实现机床主运动的部件,如车床、摇臂钻床、铣床的主轴箱,立式钻床、刨床的变速箱和磨床的磨头等。

2) 进给传动部件。进给传动部件主要用于实现机床的进给运动，也用于实现机床的调整、退刀及快速运动等的部件，如车床的进给箱、溜板箱，钻床、铣床的进给箱，刨床的进给机构，磨床的液压传动装置等。

3) 工件安装装置。工件安装装置用于安装工件的部件，如卧式车床的卡盘和尾座，钻床、刨床、铣床和平面磨床的工作台等。

4) 刀具安装装置。刀具安装装置用于安装刀具的部件，如车床、刨床的刀架，钻床、立式铣床的主轴，卧式铣床的刀轴，磨床磨头的砂轮轴等。

5) 支承件。支承件用于支承和连接机床各零部件，是机床的基础构件，如各类机床的床身、立柱、底座、横梁等。

6) 导向部分。为机床的进给运动提供支承和导向，如机床上的各种导轨、导向套筒等。

7) 动力源。动力源为机床运动提供动力，是执行件的运动来源。普通机床通常都采用三相异步电动机，无需要电动机进行调整，可连续工作。数控机床采用直流或交流调速电动机、伺服电动机和步进电动机等，可以直接对电动机进行调速，频繁启动。

普通型的车、铣、刨、磨、钻、镗床是切削机床的基本类型，由基本类型演变派生出了各种各样的其他类型切削机床，但基本构成仍为上述的全部或某些部分。

9.3 数控机床与机床数控系统简介

9.3.1 机床数控系统的基本构成及工作原理

数控机床是指基于数控程序，经数字化运算实现加工控制的机床，简称数控机床。数字控制（NC）是早期低级机床数控系统（硬线数控），现在的数控机床都是采用计算机数字控制（Computer Number Control，CNC）。

拥有机床数控系统是数控机床区别于普通机床的最明显也是最重要的特征。图 9-26 所示为数控机床的基本构成及工作原理框图。其工作过程是：根据零件图样数据和工艺内容，按规定的方法和格式编制零件加工的数控程序，然后通过接口设备输入到机床数控系统存放，CNC 数控系统对程序数据进行运算处理后形成运动控制和 PLC 控制的指令，通过指令控制各运动伺服驱动单元和辅助装置电气控制回路的动作，从而实现机床加工过程的自动化。

(1) 编程和输入　早期的程序编制和输入方式是人工编程，由穿孔纸带输入。现在的机床数控系统的程序输入界面可以是通过机床操控面板直接键盘输入、U 盘拷入、前级终端分布式数控系统（DNC）直接数据连线传输、无线网络通信传输等方式。程序的编制可以通过 CAD-CAM 自动编程，甚至是人-机自然语言智能化编程。

(2) CNC 数控装置　CNC 数控装置是数控机床控制系统的核心。数控装置完成加工程序的输入、编辑及修改，以实现信息存储、数据转换、代码交换、插补运算及各种控制功能，并输出各种指令经伺服驱动单元或辅助装置回路至机床的对应执行机构，使其有序地进行各种规定动作。其主要功能是：

1) 插补运算。对机床运动轨迹，如刀具加工轨迹，进行插补运算是 CNC 数控系统的主

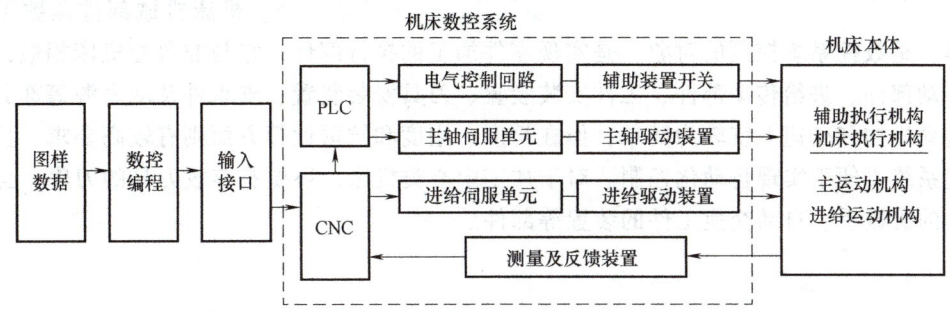

图 9-26　数控机床的基本构成及其工作原理

要功能之一。较简单的是直线插补和圆弧插补,即采用一系列的短直线或圆弧来拟合曲线;较高级的是曲线连续插补运算,如用于自由曲线、曲面的 B 样条(NURBS)插补算法,以及多轴联动插补运算等,可以支持高速加工和高精度表面的加工,但这需要 CNC 有较高的数据处理能力。目前机床主流 CNC 系统都采用 32 位微处理器。

运算速度高的 CNC 可以更小的指令单位对机床进行控制。目前多数机床数控系统的指令单位为微米级或亚微米级,高级 CNC 系统的指令单位可以达到纳米级。这直接影响机床的加工精度。

2) 速度控制。CNC 通过 CPU 运算来实现的另外两个重要任务是速度控制和位置控制。速度控制主要是对机床运动的加速度曲线进行运算和控制,如给出 S 形加减速曲线的指令数据,以减少或消除机床各运动部分因加速度波动而引起的冲击振动或爬行。

3) 位置控制。CNC 对位置检测装置反馈回来的机床各坐标轴的实际位置数据与指令值进行比较,并向伺服驱动系统输出位移量修正指令,从而实现对机床加工位置的精确控制。

(3) 伺服控制及驱动装置　伺服控制及驱动装置是数控系统与机床本体之间电气传动的联系环节。它接受 CNC 装置送来的指令信号并进行功率放大和整形处理,然后精确驱动机床的主轴电动机和工作台电动机等执行部件,实现所要求的运动轨迹和定位精度。伺服驱动系统的性能直接影响数控机床的加工精度和生产率。因此,要求伺服驱动系统具有良好的快速响应性能,能够准确、稳定地跟踪和执行数控装置发出的数字指令信号,并具有良好的动态响应特性。常用的伺服驱动装置有步进电动机伺服、直流电动机伺服、交流电动机伺服和直线电动机伺服等方式。

(4) 可编程逻辑控制器(PLC)　PLC 的特点是可快速进行逻辑运算及机床电器开关量直接控制,因而在现代机床数控系统中都有配置。PLC 接受来自 CNC 的指令,对其进行译码并转换成对 I/O 电路的控制信号,从而实现对机床操作面板、机床辅助装置(换刀装置、冷却装置、CNC 系统电源等)的开关量逻辑处理和动作监控,以及对于需要变速的主轴伺服单元的控制。

现代数控系统采用 PLC 取代了传统的机床电器逻辑控制装置,即继电器控制线路,用 PLC 控制程序实现数控机床的各种继电器控制逻辑,主要负责处理机床相关开关量的逻辑控制,进行机床操作面板和各种机床机电控制监测机构的逻辑处理和监控,并为数控提供机床状态和有关应答信号。

(5) 测量及反馈装置　包括位置检测传感器、前端信号处理及反馈传输两部分。位置检测传感器将数控机床各坐标轴的实际位移值检测出来并反馈到 CNC。

（6）机床执行机构　指数控机床的运动及动作的机械部分。机床机械部件是数控机床的主体，是数控系统控制的对象，是实现零件加工的执行部件。它与非数控机床相似，也是由主传动部件、进给传动部件、工件安装装置、刀具安装装置、支承件及动力源等部分组成的。传动机构和变速系统较为简单，但在精度、刚度和抗振性等方面则有较高要求，且传动和变速系统要便于实现自动化控制。对于加工中心类机床，还要有存放刀具的刀库、自动交换刀具的机械手、自动交换工件的装置等部件。

9.3.2　数控机床的控制类型及常用数控系统

（1）按数控机床运动轨迹的控制类型　按机床运动轨迹控制方式的不同，数控机床可分为点位控制、直线控制和轮廓控制。

1）点位控制。点位控制是只要求控制刀具或机床工作台从一点移动到另一点的准确定位，而对点与点之间的移动轨迹，原则上不加控制，且在移动过程中刀具不进行切削的控制方式。例如，数控钻床、镗床、压力机等都是点位控制。

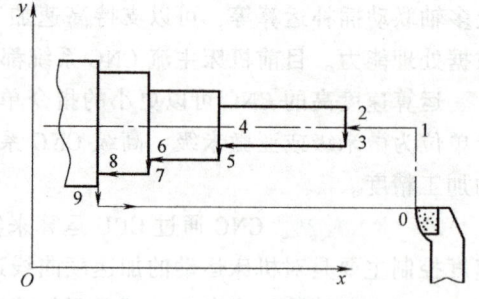

2）直线控制。直线控制的特点是除控制点与点之间的准确定位外，还要保证被控制的两个坐标点间移动的轨迹是一条直线，且在移动的过程中刀具能按指定的进给速度进行切削。车床的直线轨迹控制如图 9-27 所示。

图 9-27　车床直线轨迹控制

3）轮廓控制。轮廓控制是指能够对两轴或多轴联动的切削轨迹进行准确、连续控制的方式，如图 9-28 所示。采用轮廓控制的机床有铣床、车床、磨床和齿轮加工机床等。

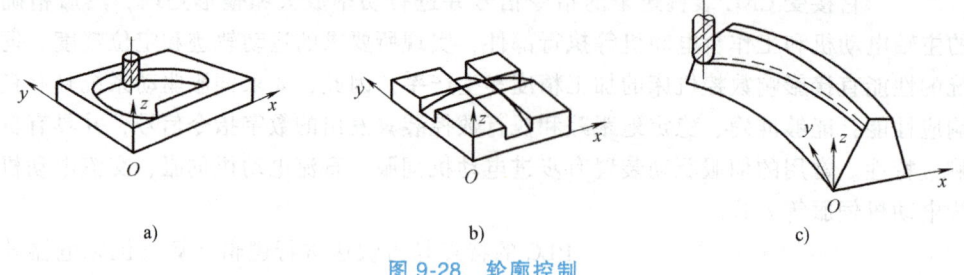

图 9-28　轮廓控制

（2）按数控系统的反馈方式　按数控系统的反馈方式，数控机床可分为开环控制、闭环控制和半闭环控制三种类型。

1）开环控制（Open Loop Control）。开环控制伺服系统没有执行检测反馈装置，不能对实际执行值和系统指令要求值进行比较和修正，故机床加工精度不高。但系统结构简单、维修方便、价格低，适用于经济型数控机床。如图 9-29 所示的步进电动机开环控制伺服驱动系统。

2）闭环控制（Closed Loop Control）。末端执行机构的变化量，如机床工作台的位移数据，能实时反馈到闭环数控系统与指令要求值进行比较，并根据差值做出实时修正控制的方式为闭环控制，如图 9-30 所示，安装在工作台上的线位移检测装置（光栅尺）将工作台的

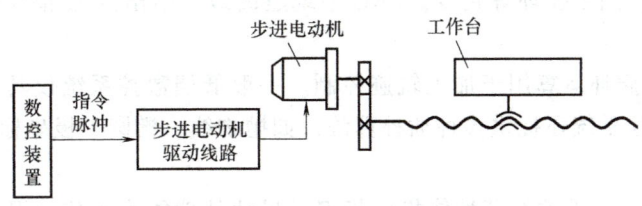

图 9-29 开环控制

实际位移值反馈到 CNC 中。闭环控制可实现很高的位移精度，但系统复杂，成本较高，调整维修难度较大，一般用于高精度要求的数控机床或几何量检测系统，如加工中心、三坐标测量机等。

3）半闭环控制（Semi-Closed Loop Control）。半闭环控制类似闭环控制，但位移检测传感器没有安装在执行器末端，而是装在之前的某个环节。如图 9-31 所示，传感器安装在传动丝杠上，丝杠螺母传动机构及工作台不在控制环内，其误差无法校正。故控制精度低于闭环方式但优于开环方式，系统结构相对简单，稳定性好，调试容易，成本较低，因此应用比较广泛。

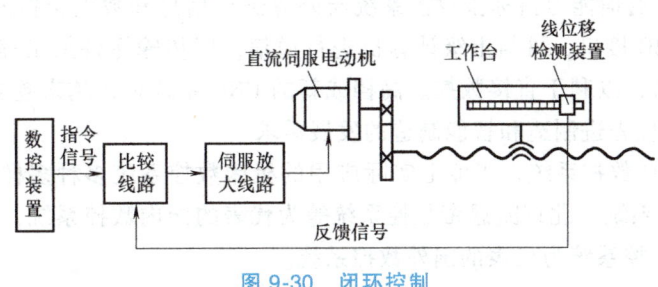

图 9-30 闭环控制

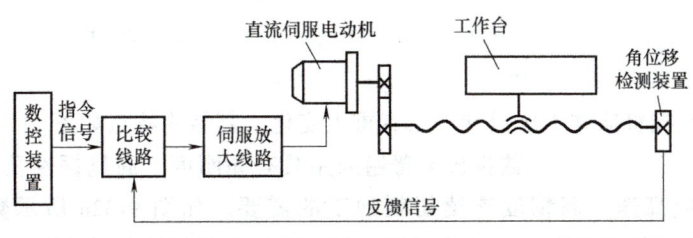

图 9-31 半闭环控制

（3）常用数控系统　CNC 数控系统是数控机床的核心。根据数控机床的类型、用途、档次的不同，可选择不同性能的 CNC 系统。

1）CNC 系统的主要性能指标

① 运动控制能力用控制的轴数和联动轴数表征。通过联动，可以实现连续轮廓轨迹的加工。例如，数控车床至少需要 2 轴联动；一般数控铣床需要 3 轴控制、3 轴联动或 2.5 轴联动；一般加工中心为多轴控制，3 轴、4 轴、5 轴联动。控制、联动的轴数越多，系统越复杂，档次也就越高。

② G 指令代码群。G 代码用来指定机床运动方式等功能，如基本移动、平面选择、坐

标设定、刀具补偿、固定循环等指令。CNC 系统越高级，给出的 G 指令代码越多，可编程的功能就越多。

③ 插补性能。插补运算用于加工轨迹控制。一般低档数控系统仅具有直线插补和圆弧插补能力；高档数控系统还提供多种插补算法，如抛物线、椭圆、极坐标、螺旋线及样条曲线插补等。

④ 误差补偿性能。误差补偿性能指标指刀具尺寸补偿能力和传动误差补偿能力两种补偿。刀具尺寸补偿包含刀具的长度补偿、半径补偿和刀尖圆弧补偿等，其中长度补偿可考虑刀具磨损及热伸长等影响因素。传动误差补偿包括对机床各传动链的原始制造误差（如丝杠螺距误差、齿轮分度误差等）、反向间隙、热变形等原因的补偿。误差补偿性能直接影响机床的加工精度高低，是评价机床数控系统性能的重要指标。

⑤ 自诊断能力。为预防故障发生或在故障发生后能快速查明故障的类型和部位，数控系统都会设置各种自诊断程序，但设置的完善程度以及诊断的水平不尽相同。较新的 CNC 系统还提供远程通信诊断能力。

⑥ 人机对话功能。人机对话功能指标指机床数控系统操控界面的操作方便性。包括操作面板显示屏的档次、字符图形显示效果以及可显示和输入的参量种类、图形编程功能等。

⑦ 通信能力。通信能力指标指数控系统与外界进行信息和数据交换的能力。通常 CNC 系统都具有 RS-232C 接口，可与上级计算机进行通信，以传输零件加工程序。有的 CNC 系统还备有 DNC 接口，以利于直接数控。高档或新的 CNC 系统正在越来越多地配备和完善网络通信能力，以适应先进制造和智能制造的发展需求。

2）常用的 CNC 数控系统。工业上实际应用的机床数控系统多种多样，如以广州数控、华中数控、沈阳 is 系统、北京凯恩帝数控系统等为代表的国内数控系统，以及 FANUC 数控系统和 SIEMENS 数控系统为代表的国外数控系统。

9.3.3 数控机床的本体特点及核心部件

（1）数控机床的本体特点　数控机床本体指的是机床数控系统和机床附件以外的机床主体机械部分，包括床身、主轴、进给机构、工作台、刀架及自动换刀装置等。与传统金属切削机床相比，数控机床在本体设计上已有重大变化，其结构特点如下：

1）提高了刚度和稳定性。数控机床普遍采用具有高刚度、高抗振性及较小热变形的机床新结构，以适应高速、高精度连续切削加工的需要。如图 9-32a 所示数控车床结构和图 9-32b 所示立式铣削加工中心的结构布局示例。通过改善机床结构布局、减小发热量、控制温升及采用热位移补偿等措施，可减小热变形对机床本体的影响。

2）传动链缩短。机床主轴及各进给轴普遍采用独立伺服电动机来实现线位移、角位移的驱动与调速控制，如图 9-32 所示的数控车床和加工中心的主运动和进给运动均采用独立电动机驱动，一改传统机床的多级带传动、长链齿轮传动、机械换向和制动等传动方式，使传动链大为缩短，简化了传动机构，提高了传动效率，同时也减少了传动误差。如果采用电主轴直驱或直线电动机工作台方式，更是完全取消了机械传动。

3）位移精度提高。广泛采用高传动效率、高精度、无间隙的传动装置和运动部件，如滚珠丝杠螺母副、直线滚动导轨、静压导轨和贴塑滑动导轨等，使机床各运动部分的位移、定位和重复定位精度比传统机床显著提高。

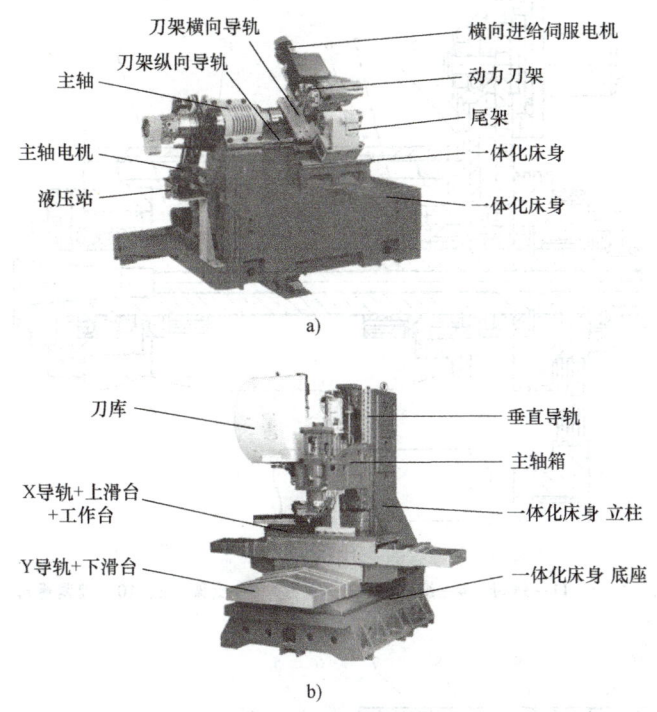

图 9-32 数控机床一体化大刚度床身结构
a) 数控车床结构布局　b) 立式铣削加工中心结构布局

(2) 数控机床的核心功能部件　核心功能部件指用于保证数控机床基本功能和加工精度的机械或机电关键部件。普通数控机床的核心零部件主要有主轴、伺服驱动电动机、刀库、滚动丝杠螺母副和导轨等。

1) 主轴。机床主轴是指机床上带动工件或刀具旋转的轴。主轴部件是机床上最重要的功能部件。数控机床的主轴主要有机械式主轴和电主轴两类。

① 机械式主轴，其与普通机床主轴相似，电动机与主轴非直接连接，需经带传动或齿轮传动减速/变速后获得主轴输出转速。机械式主轴内部结构相对简单，典型机械式主轴结构如图 9-33 所示。可以避开电动机发热对主轴的影响，具有大扭矩的特点；但是会受到外部传动（如带传动）产生的横向作用力的影响，致使主轴承工况变差，不宜在高转速下工作，也不能做全范围无级变速（可以分档无级变速）。

② 电主轴，也称直接式主轴或内藏式主轴。它是将大扭矩驱动电动机与主轴做成同轴直连一体化结构，电动机轴即为主轴本体。典型数控车床用电主轴如图 9-34 所示，由于没有横向作用力影响，电主轴可以有更高的回转精度和运转平稳性，可以无级平滑变速，适合作为高速、精密加工主轴，是目前高端数控机床主轴的首选类型。电主轴的变速通过机床数控系统的主轴伺服驱动单元或外部变频器控制实现，这使得同主轴部件的外部结构变得很简单，所占空间变小；但其内部结构较复杂，价格也较高。为避免电动机发热引起主轴温度升高，需要对机床电主轴采取适当的强制冷却措施。对于铣削加工中心主轴，刀具安装在主轴上，为配合自动换刀动作，还要求主轴具有精确的转角停止定位功能，结构上会更复杂一些。

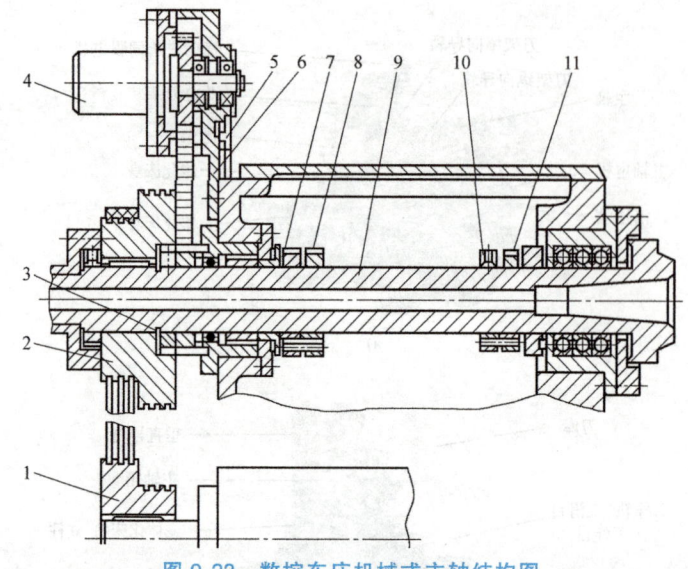

图 9-33 数控车床机械式主轴结构图

1、2—带轮　3、7、11—螺母　4—编码器　5—螺钉　6—支架　8、10—锁紧螺母　9—主轴

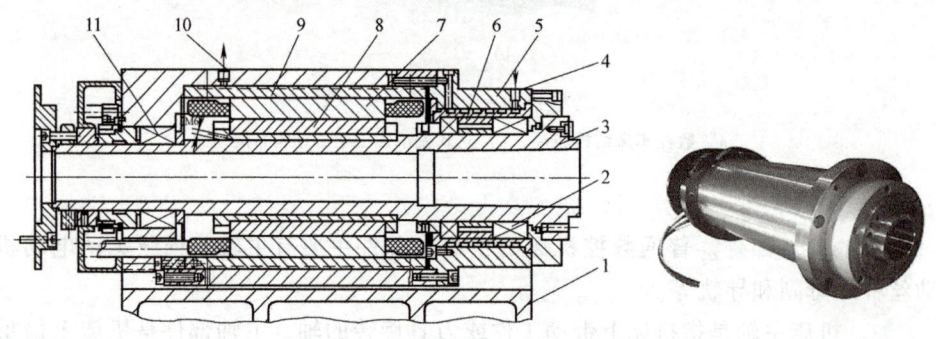

图 9-34 数控车床电主轴结构和电主轴实物图

1—主轴箱体　2—前主轴承　3—主轴　4—冷却液入口　5—前轴承座　6—前轴承冷却套　7—电动机定子
8—电动机转子　9—定子冷却套　10—冷却液出口　11—后主轴承

2) **伺服驱动电动机**（Servo-motor）。伺服电动机的特点是输出的位置（转角位移）和速度（转速）对输入电压信号具有良好的伺服响应性能；通过自带编码器向 CNC 伺服驱动系统提供信号形成反馈控制，可以精确控制其输出角度和速度，因此，在数控机床中被广泛用于主轴和进给轴驱动电动机。主轴伺服电动机要求功率大，一般只具有速度调控能力即可；进给轴伺服电动机功率相对较小，但输出位置和速度都需要精确控制，因此要求比较高。数控机床对进给伺服电动机的要求主要为：①机械特性好，恒扭矩特性，要有较大的刚性；②快速响应性能，直接影响加工精度和加工效率，对于复杂轮廓加工和高速加工十分重要；③调速范围要宽，以适应不同的加工任务和工艺要求。

机床用伺服电动机按工作原理可分为步进伺服、直流伺服和交流伺服三种类型。步进伺服电动机会出现丢步现象，伺服精度较低，主要应用于小功率低端数控机床。直流伺服电动机的出现早于交流伺服电动机，体积大，伺服性能也不如后者，但结构较简单，价格较低。目前交流伺服已成为数控机床应用的主流趋势。交流伺服电动机有同步和异步两种类型，应用较多的是同步永磁式交流伺服电动机,其调速的宽度和平滑性突出,功率因数高。但对伺服驱动技术要求较高。图 9-35 所示为一种数控机床上常见的永磁式同步交流伺服电动机及其伺服驱动模块。

3) 滚珠丝杠副（Ball Screw Pair）。数控机床上的进给运动普遍采用滚珠丝杠来实现旋转运动-直线运动转变。与滑动丝杠副相比,滚珠丝杠副具有摩擦系数小、机械效率高（0.92~0.95）、无低速爬行、传动精度高、运动平稳、不易磨损、精度保持性好等优点。通过适当预紧可消除丝杠与螺母之间的轴向间隙,获得高轴向刚度。机床用滚珠丝杠如图 9-36 所示。

图 9-35　交流伺服电动机及其伺服驱动模块

4) 导轨（Slideway）。导轨对机床的几何精度和承载能力有直接影响。机床导轨要求具有足够的导向精度（直线度、平行度、垂直度等）和结构刚度,要求导轨副有尽量小的摩擦系数,且动、静摩擦系数尽可能一致或接近,以避免爬行,从而保证低速运动的平稳性。同时,还要求导轨结构尽量简单,便于制造、调整和维护。按其接触面间摩擦性质的不同,数控机床常用的导轨可分为滚动导轨、静压导轨和减磨滑动导轨三种基本类型,其传动效率为 $\eta_{静压} > \eta_{滚动} > \eta_{滑动}$。

① 滚动导轨（Ball Guideway）。滚动导轨副的承力导轨和运动导轨之间置有可循环的滚动体,形成滚动摩擦,如图 9-37 所示。其优点是摩擦系数很小,一般为 0.0025~0.005,比减磨导轨小很多,且动、静摩擦系数很接近,因此运动轻便灵活,在很低的运动速度下都不出现爬行,低速运动平稳性好,导向精度和定位精度很高,适用速度范围宽。其缺点是承载能力较低,抗振性差,结构和制造工艺都比较复杂,需专门化、大批量生产方能保证质量和降低制造成本。是目前轻型、中型普通数控机床普遍采用的导轨类型。

滚动导轨的滚动体分为滚珠、滚柱和滚针三种。其中滚珠型导轨摩擦系数最小,滚动体循环结构配置灵活,高速、低速皆宜,但承载能力最低,在轻、中型数控机床中配用最多,如图 9-37 所示。

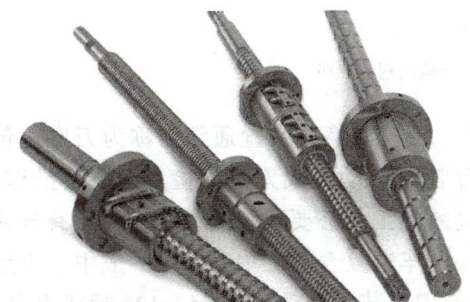

图 9-36　机床用滚珠丝杠

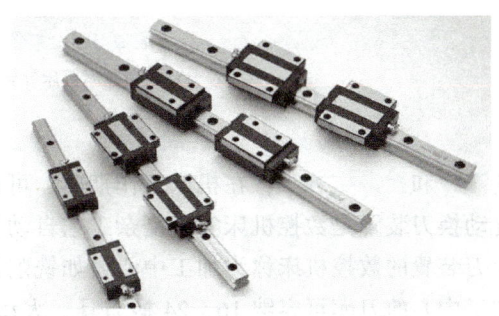

图 9-37　滚动导轨

② 静压导轨（Hydrostatic Guideway）。静压导轨是工作时在动、静轨工作面之间充以液体或气体承压介质,动、静轨被完全隔开,摩擦系数取决于流体承压介质,动、静摩擦系数一致,所以不存在低速爬行,可以获得最高级的导向、定位精度。但结构复杂,运行和维护成本较高,不适合高速移动,主要用于高精密或超精密机床。气体静压导轨适用于轻型承

载，液体静压导轨适用于重载。静压导轨如图 9-38 所示。

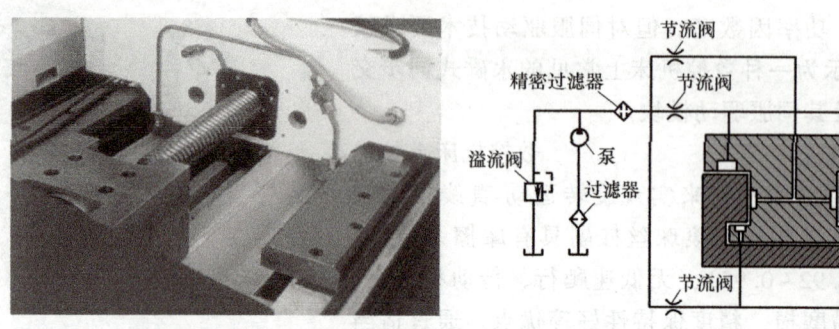

图 9-38　静压导轨及其工作原理

③ 减磨滑动导轨。减磨滑动导轨是在金属滑动导轨工作面上敷有一层减磨材料，通常是用聚四氟乙烯混合石墨、二硫化钼铜粉等减磨材料制成贴塑软带进行粘贴使用，或将减摩材料混合到树脂中通过注射工艺结合到导轨基面上，以降低导轨的摩擦系数，减摩滑动导轨如图 9-39 所示。所以，减磨滑动导轨也常被称为贴塑导轨或注塑导轨。在三类导轨中，此类导轨性能最差，但优于普通机床导轨，且结构及工艺简单，制造及维护成本最低。故适用于速度较低、载荷较大的普通中、重型数控机床。

a)　　　　　　　　　　　　　b)

图 9-39　减摩滑动导轨和耐磨软带
a) 贴塑减摩机床导轨　b) 贴塑导轨用耐磨软带

5) 自动换刀装置（Automatic Tool Changer，ATC）。自动换刀装置通常简称为刀库，包括刀库和换刀机械手，在机床工作期间，可根据程序控制自动完成刀具或检具的更换操作。自动换刀装置是数控机床实现复杂工艺自动化连续高效加工的必要配置。通常，将配有自动换刀装置的数控机床称为加工中心，如铣削加工中心、车铣复合加工中心等。一般中、小型加工中心的刀库可容纳 16、24 柄刀具，大型加工中心刀库装刀数量可达 64、128 柄或更多。图 9-40 所示为一种侧挂式 24 位刀库。

(3) 数控机床的辅助装置　为保证自动加工功能充分发挥，数控机床配备有完善的辅助装置。常用的辅助装置包括：气动、液压装置，自动排屑装置，自动冷却和润滑装置，压缩空气源与液压源或接入口，回转工作台或数控分度头，防护和照明等各种辅助装置以及辅助监控装置等。

第9章 金属切削机床基本知识

图 9-40 侧挂式 24 位刀库

思 考 题

1. 机床主要由哪几部分组成？它们各起什么作用？
2. 机床机械传动主要由哪几部分组成？有何优点？
3. 机床液压传动主要由哪几部分组成？有何优点？
4. 什么是自动机床、数控机床？它们各适用于什么场合？为什么？
5. 简述数控机床的工作原理和种类。
6. 车床有哪些主要类型？简述各种车床的工艺范围及组成。
7. 车床的主运动和两个主参数是什么？
8. 试写出 CA6140 型卧式车床的主运动传动路线表达式。
9. 车床、铣床、钻床和磨床的主参数和设计序号如何表示？第二主参数分别是什么？
10. 机床按什么分类？我国机床型号编制法中将机床分为哪些大类？这些机床类别代号分别是什么？
11. 机床传动系统的基本组成部分有哪些？各部分的作用是什么？

第10章

常用传统机械加工方法

> **本章导学**：本章主要介绍常用的传统机械加工方法，包括车、铣、刨、拉、钻、镗、磨。重点是理解和掌握每一种方法的加工原理、工艺特点及适用范围。结合工程训练课程的实践学习经历及对不同加工方法的操作体验，在已有感性认识的基础上进行本章理论知识的学习，深入理解机械加工方法的内在规律和外在关联，为形成正确选择加工方法和解决具体零件加工工艺问题的能力打好基础。

常规机械加工方法指目前生产中常用的各种传统机械切削加工方法。

机械切削加工属于材料去除类的加工方法。在工业生产中，大多情况下，零件的最终形状、精度和质量要求都是通过机械切削加工过程来完成的。即借助机床设备的切削运动，使刀具对工件坯料上的多余材料进行去除从而得到符合尺寸和形状要求的零件。为适应大小不同、类型各异零件的表面加工要求，出现了多种多样的切削加工方法，其中最常用的有车削、铣削、钻削、镗削、磨削、刨削和拉削等。

认识事物从了解其特殊性开始。不同的切削加工方法所用的机床、刀具和切削运动形式各有不同，其工艺特点及适用范围也各有特点，只有在理解掌握各种加工方法的特点和适用范围的基础上，才可能合理地选择和应用加工方法。

10.1 车削加工

车削加工（Turning Machining）是指工件做旋转运动（主运动），刀具做进给运动的切削加工方法。

车削适于加工回转件的表面，也可以加工回转件的端面，是外圆表面及其端面的首选切削加工方法，在机械制造行业应用广泛。

车削加工可以在多种不同类型的车床上进行。通用卧式车床是应用最多的，一般单件、小批量的中小尺寸工件都在其上进行加工；大型盘套类工件，如大型齿轮坯、水轮机导流套等，可以在立式车床上进行加工；大批量生产的小尺寸零件如手表轴、圆珠笔头等，一般在多刀自动车床上完成；为适应加工任务的频繁变更，提高生产率，出现了各种类型的数控车床；为避免精加工时工件表面被切屑划伤，还出现了倒置立式车床，如加工汽车轮毂。

10.1.1 车削加工的工艺特点

1. 切削过程连续、平稳，生产效率较高

一般情况下，车削加工的切削过程是连续进行的，除非被加工面是断续表面。当车刀的几何形状、背吃刀量和进给量一定时，切削层横截面积不变，则切削力基本恒定，切削过程平稳，可获得好的加工表面质量，也因此允许采用较大的切削用量进行高速切削或强力切削，利于获得高的生产率。

一般车削加工，从粗加工到精加工尺寸的公差等级为 IT12～IT7，表面粗糙度 Ra 值为 12.5～1.6μm。

车削过程连续平稳的特点使其成为形状不太复杂的精密和超精密零件的首选精加工方法，尤其是一些不宜磨削的材料，如铜、铝等有色金属材料以及玻璃、高分子材料、晶体等软、韧、硬、脆的难加工特殊材料等。

例如，硬盘盘面的加工，原材料为铝，普遍采用高精密金刚石车床加工，工艺参数为 a_p<0.01mm，f<0.1mm/r，v_c≈300m/min，可得到尺寸精度为 IT6～IT5，表面粗糙度值 Ra 为 0.01μm 的高质量工件。

2. 易于保证工件被加工面的同轴度和垂直度

在一次安装（工件的一次装夹）中完成多个圆柱面和端面的加工，会得到各圆柱面之间的很高的同轴度精度和端面对回转轴线的垂直度或轴向圆跳动精度，这是铣削类加工机床所不能比拟的优点。这是因为工件安装在车床上后整体绕同一轴线回转，该轴线即车床主轴的回转轴线或前后顶尖的连线，主轴的回转精度高，各回转加工面之间的同轴度精度就高。车床本身的横拖板导轨与主轴线之间的垂直度精度则保证了工件端面与回转轴线的垂直度。同时，车削圆柱面的形状精度也高于铣削类加工。

例如，在卡盘或花盘上安装工件（见图 10-1）时，回转轴线是车床主轴的回转轴线；利用前、后顶尖安装长轴类工件（见图 10-2），或利用心轴安装盘、套类工件时，回转轴线是两顶尖中心的连线。

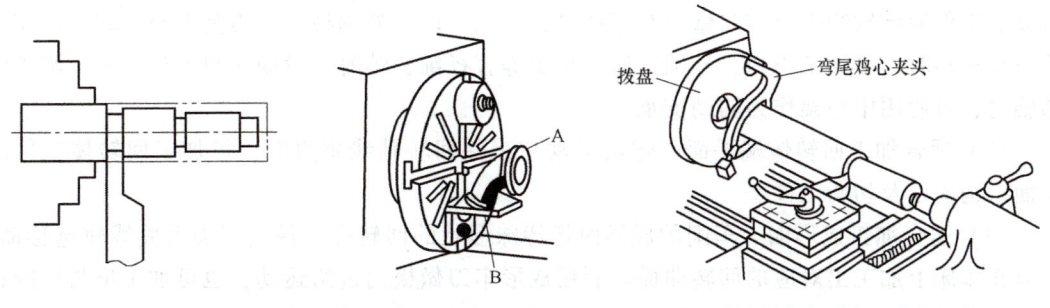

图 10-1 利用卡盘或花盘安装工件　　　　图 10-2 利用双顶尖安装工件
A—工件　B—弯板

3. 刀具结构简单，成本较低

车刀结构简单，刃磨方便，成本较低，是应用最广泛的切削加工刀具。其种类多样，常用车刀刀杆、刀片已标准化且可重复使用或互换使用，选用方便。

4. 适用范围广，加工通用性好

车削是加工轴杆类和盘套类零件广泛采用的加工方法，同时车床上除常用自定心卡盘、单动卡盘、顶尖等装夹工件外，还有中心架、跟刀架、花盘等多种机床附件来支承和装夹工件，如图10-3、图10-4所示，扩大了车削的工艺范围。

5. 车削加工的缺点

车削加工的缺点：一是刀具单刃切削，磨损较快；二是以工件旋转为主运动，不适合进行三维曲面加工。

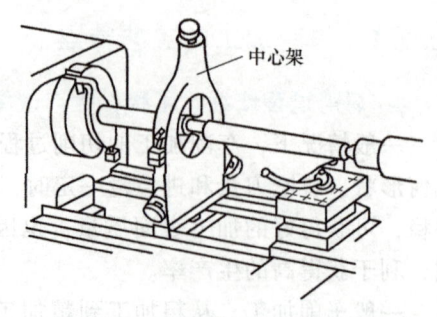

图 10-3 使用中心架装夹工件

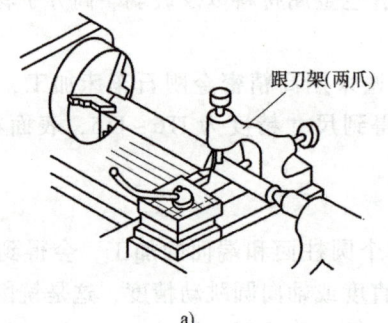

a)

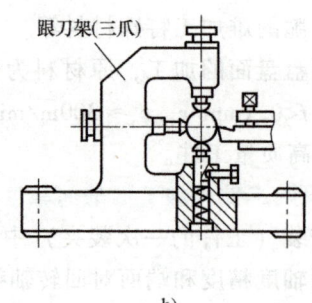

b)

图 10-4 使用跟刀架装夹工件

10.1.2 车削的应用

在车床上，通过不同的刀具和进给运动，可以加工出不同形状的表面。车削可以加工回转面、端面、以及螺纹、沟槽、滚花等。

（1）适合加工回转面　车削加工的回转面包括内、外圆柱面，内、外圆锥面，环槽等。刀具沿工件回转轴线平行方向做直线移动时，可加工内、外圆柱面；刀具沿与回转轴线相交的斜线移动时，可加工出内、外圆锥面。加工等直径细长轴时，可使用跟刀架；加工细长阶梯轴时，可使用中心架作为辅助支承。

（2）适合加工回转体端平面　进给运动与工件回转轴线垂直时，可加工回转体工件的端面、沟槽以及切断工件。

（3）适合加工成形面　车削的成形面指特殊形状的回转面。控制刀尖沿曲线轨迹移动，可以在车床上加工出对应的回转曲面。利用成形车刀做横向进给运动，也可加工出与切削刃相应的回转曲面，如车削螺纹。图10-5所示为常见车削加工的应用。

单件、小批量生产的各种轴类和盘、套类零件一般在普通车床或数控车床上加工；直径大而长度短（长径比 L/D 为 $0.3 \sim 0.8$）的重型零件，用立式车床加工。

成批加工形状较复杂、需要频繁变换刀具的中小型轴、套类零件，可选具有转塔刀架的车床进行加工。

大批量生产形状不太复杂的小型零件，如螺钉、螺母等，可选用有自动上、下料功能的

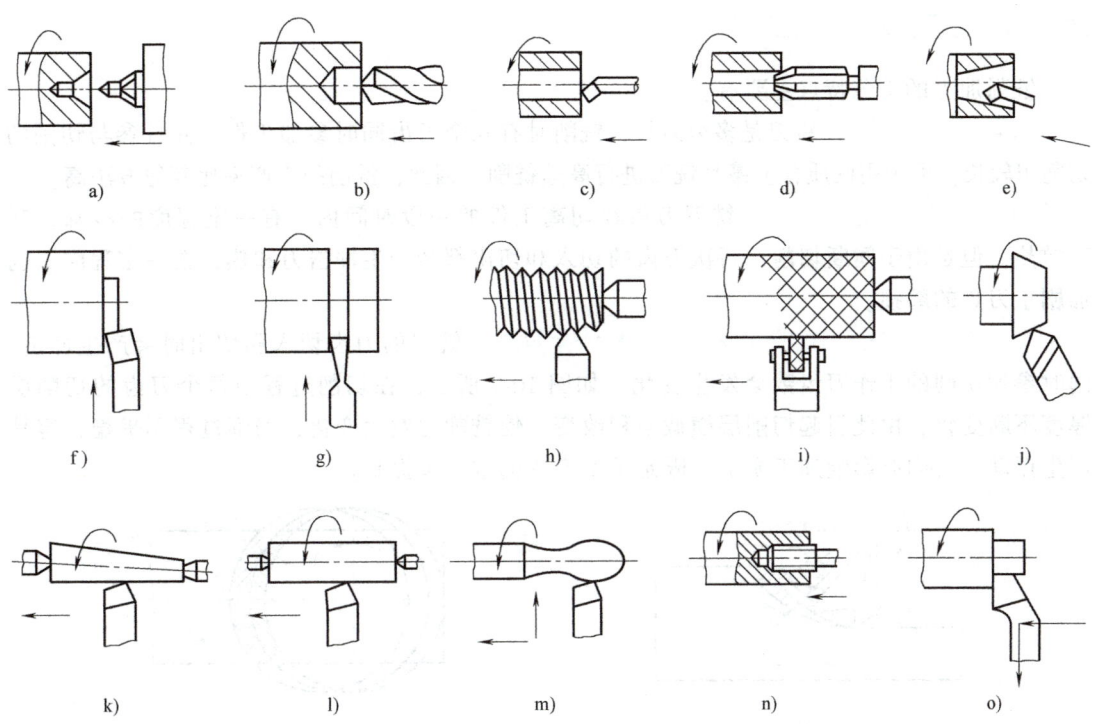

图 10-5 车削加工的应用

a) 钻中心孔 b) 钻孔 c) 车内孔 d) 铰孔 e) 车内锥孔 f) 车端面 g) 切断或车外沟槽 h) 车外螺纹 i) 滚花 j) 车外圆锥 k) 车长外圆锥 l) 车外圆 m) 车特形面 n) 攻内螺纹 o) 车阶台

多刀半自动或自动车床进行加工,生产率高。

10.2 铣削加工

铣削加工（Milling Machining）是以铣刀旋转做主运动,工件做进给运动的切削加工方法。普通铣削是平面加工的主要方法之一,数控铣削是三维曲面加工的主要方法。铣床的类型较多,基本类型有卧式铣床、立式铣床和龙门铣床三类,此外还有工具铣床、成形铣床及专用铣床等。图 10-6 所示为在卧式铣床和立式铣床上铣平面的示意图。

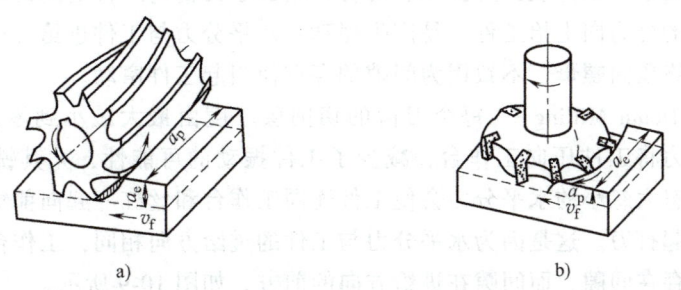

图 10-6 铣平面

a) 在卧式铣床上铣平面——周铣 b) 在立式铣床上铣平面——端铣

10.2.1 铣削加工的工艺特点

铣削加工的工艺特点主要有：

（1）生产率较高　铣刀是多齿刀具，铣削时有几个刀齿同时参加工作，并且参与切削的切削刃较长，可采用硬质合金镶片铣刀进行高速铣削。因此，铣削的生产率比其他方法高。

（2）刀齿散热条件较好　铣刀刀齿在切离工件的一段时间内，有一定程度的冷却，利于散热。但是由于间断切削，每次刀齿的切入和切出都会产生冲击力和热，在一定程度上也加剧了刀具的磨损。

（3）断续切削，切削过程不平稳，易产生振动　铣刀的刀齿切入和切出时会产生冲击，同时参加切削的工作刀齿数会发生变化。如图 10-7 所示，在切削过程中每个刀齿的切削层厚度不断变化，由此引起切削层横截面积改变，使铣削力发生变化，切削过程不平稳，容易产生振动，会因此影响加工质量，限制了生产率的进一步提高。

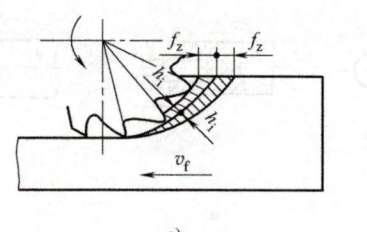 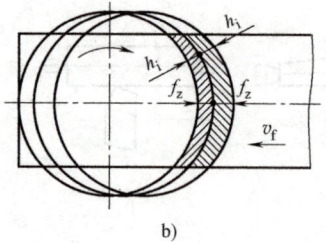

图 10-7　铣削时切削层厚度的变化

a）周铣　b）端铣

10.2.2 铣削方法

铣削方法分为周铣法和端铣法。同一方法又有顺铣和逆铣之分，各有其优缺点。

1. 周铣法

周铣法（Peripheral Milling）是指用圆柱铣刀的圆周刀齿进行加工的铣削方法，如图 10-6a 所示，有逆铣和顺铣两种方式，如图 10-8 所示。当切削区旋转刀齿的线速度方向和工件的进给方向相同时，称为顺铣；相反时，称为逆铣。

（1）逆铣（Up Milling）　每个刀齿的切削层厚度从零增大到最大值，刀具后面的磨损较大，加工表面质量不高。这是由于铣刀刃口有圆弧存在，刀齿在刚开始接触工件时，不能直接切入工件，而是在工件表面上挤压、滑行，增加了刀齿与工件之间的摩擦。从铣削力方面看，竖直方向的分力向上抬工件，易产生振动；水平分力与工件进给方向相反，铣削过程中工作台丝杠始终压向螺母，不致因为间隙的存在而引起工件窜动。

（2）顺铣（Domn Milling）　每个刀齿的切削层厚度由最大减小到零，刀具不易磨损。铣削力的竖直分力将工件压向工作台，减少了工件振动的可能性，尤其铣削薄而长的工件时，更为有利；忽大忽小的水平分力会使工件连同工作台和丝杠一起向前窜动，使进给量突然增大，甚至引起打刀。这是因为水平分力与工件的进给方向相同，工作台进给丝杠与固定螺母之间一般都存在间隙，而间隙在进给方向的前方，如图 10-9 所示。

由上述分析可知，从提高刀具寿命和工件表面质量、增加工件夹持稳定性等方面出发，一般采用顺铣法。从保护刀具的角度出发，当铣削带有黑皮的表面时，应采用逆铣法，而不是刀齿首先接触黑皮的顺铣法。使用没有消除工作台丝杠与螺母之间间隙的铣床进行加工时，多采用逆铣法。在滚珠丝杠的铣床上进行加工，顺铣法则是较好的选择。

在各种铣削方式中，顺铣和逆铣都是普遍存在的。规划铣削加工的走刀路径时，往往需要首先对顺铣还是逆铣做出正确的选择。

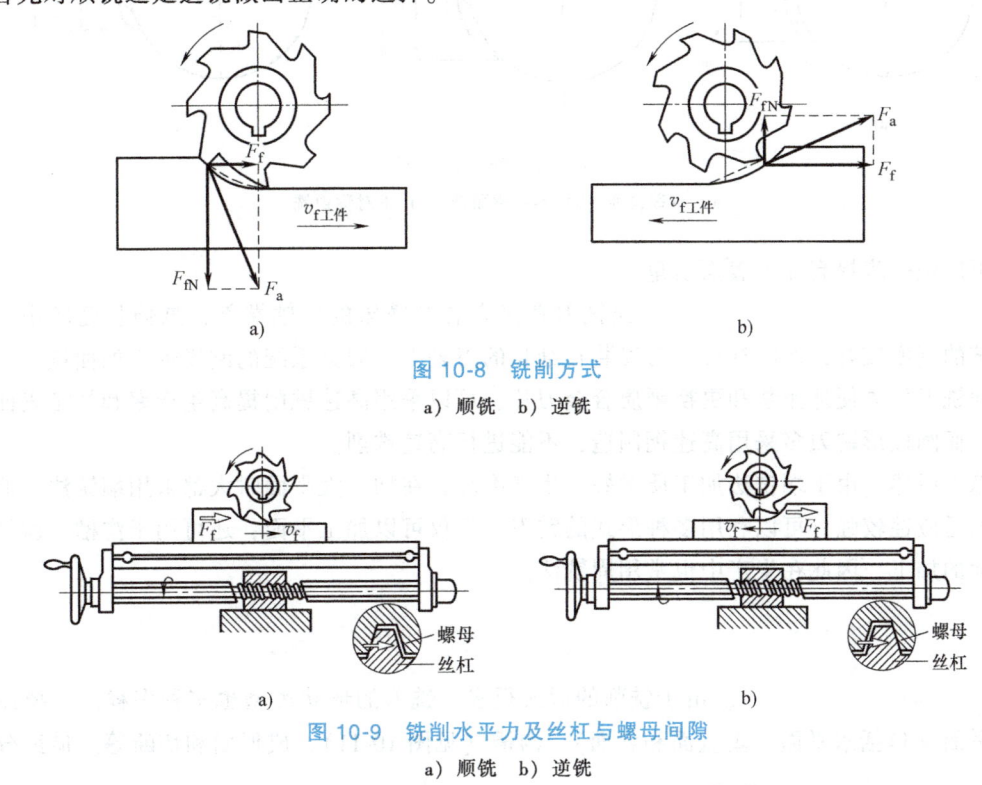

图 10-8 铣削方式
a) 顺铣　b) 逆铣

图 10-9 铣削水平力及丝杠与螺母间隙
a) 顺铣　b) 逆铣

2. 端铣法

端铣法（Face Milling）是指用铣刀的端面刀齿进行加工的方法，如图 10-6b 所示。根据铣刀和工件相对位置的不同，可以分为对称铣削法、不对称逆铣法和不对称顺铣法，如图 10-10 所示。

端铣法可以通过改变工件对铣刀的相对位置，调节刀齿切入和切出时的切削层厚度，从而达到改善铣削过程的目的。对称铣削法是指工件安装在面铣刀（端铣刀）的对称位置上的端铣法，侧吃刀量分布对称，刀齿切程较短，磨损较少。不对称逆铣法，铣刀从较小的切削层厚度切入，冲击振动较小，铣削稳定性较好。不对称顺铣法，铣刀从较大的切削层厚度位置切入，从较小的切削层厚度位置切出，在加工塑性或韧性较大的材料时，可减少切入侧毛刺。在用较小直径的面铣刀加工较大尺寸的平面时，不对称端铣方式的选择对走刀路径的规划有重要影响，需要根据工件材料、毛坯形态、刀具材料及切削用量等因素做具体分析。

（1）端铣比周铣平稳，加工质量较高　　端铣时，同时工作的刀齿数与被加工表面的宽度有关，而与加工余量（相当于背吃刀量 a_p）无关，因此工作刀齿数较多，铣削较平稳。当面铣刀的刀齿切入或切出工件时，虽然切削层厚度较小，但不像周铣时切削层厚度变为零，从而改善了刀具后面与工件的摩擦状况，提高了刀具寿命，并可提高表面质量。此外，还可以在面铣刀的多个刀齿中时安排一个修光刀齿，修光刀齿的切削圆半径比其他切削齿稍

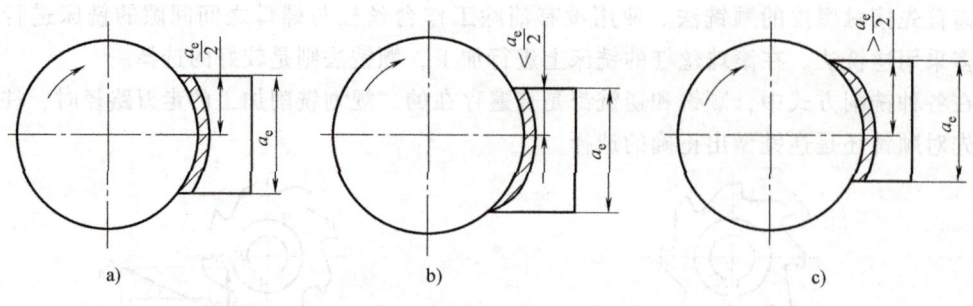

图 10-10 端铣法分类

a) 对称铣削 b) 不对称顺铣 c) 不对称逆铣

小，可以进一步提高加工表面质量。

（2）端铣的生产率高于周铣　面铣刀直接安装在铣床的主轴端部，悬伸长度较小，刀具系统的刚度较好，而圆柱形铣刀安装在细长的刀轴上，刀具系统的刚度远不如面铣刀。同时，面铣刀可方便地镶装和更换硬质合金刀片，可以采用高速铣削提高生产率和加工表面的质量，而圆柱形铣刀多采用高速钢制造，不能进行高速铣削。

综上所述，由于端铣法加工质量好，生产率高，在加工大平面时大都采用端铣法。但周铣法的适应性较强，可以利用多种形式的铣刀，不仅可以加工平面，还可用于沟槽、齿形和成形面的加工，因此在生产中也常用周铣法。

10.2.3 铣削的应用

1) **铣削的加工范围广**。由于铣削的形式很多，铣刀的形状类型也多种多样。主要用于加工平面（包括水平面、垂直面和斜面）、沟槽（见图 10-11）、成形面和切断等。借助分度

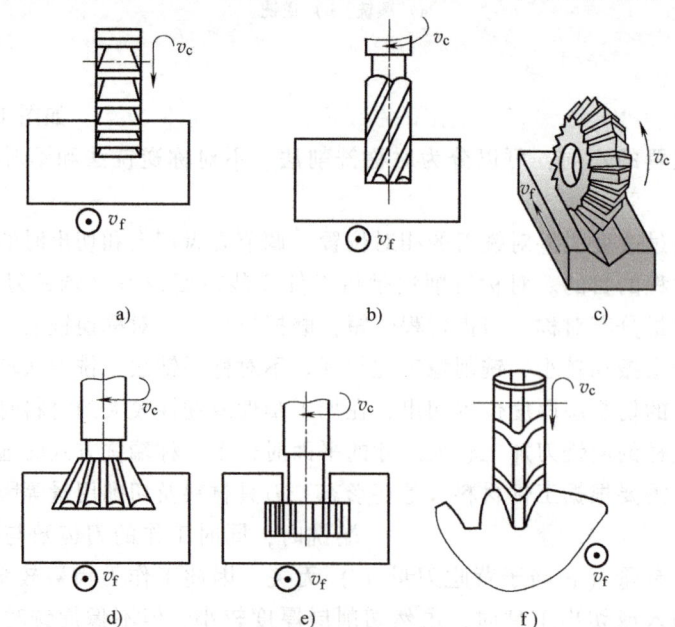

图 10-11 端铣加工各种沟槽和成形面

a) 三面刃铣刀铣直槽 b) 立铣刀铣直槽 c) 铣角度槽 d) 铣燕尾槽 e) 铣 T 形槽 f) 盘状铣刀铣成形面

头、回转工作台（见图10-12）等铣床附件可以扩大铣削加工范围。例如用来加工圆弧外形、圆弧槽或由几段圆弧和直线组成的曲线外形等，如图10-13所示。

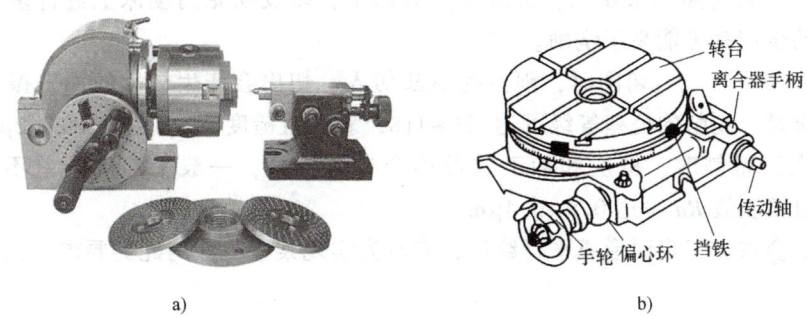

图 10-12　铣床分度头和回转工作台
a）分度头　b）回转工作台

2）铣削的尺寸公差等级一般可达 IT8～IT7，表面粗糙度值 Ra 为 3.2～1.6μm。

3）铣床的类型较多，在实际生产中，可根据工件的结构特点和批量合理选择。

例如：直角沟槽（如传动轴上的导向槽）可以在卧式铣床上用三面刃铣刀加工，也可以在立式铣床上用立铣刀铣削。角度沟槽用相应的角度铣刀在卧式铣床上加工，T形槽和燕尾槽常用带柄的专用槽铣刀在立式铣床上铣削。在卧式铣床上，还可以用成形铣刀加工成形面和用锯片铣刀切断等。单件、小批量生产中，加工小、中型工件多用升降台式铣床。加工中、大型工件时采用龙门铣床。

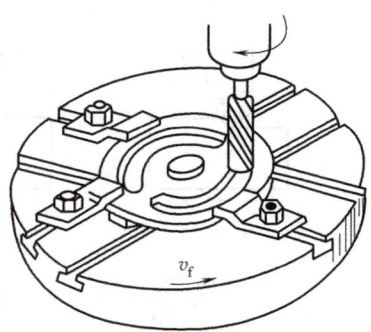

图 10-13　在回转工作台上铣圆弧槽

10.3　刨削、拉削加工

刨削（Planing Machining）是平面加工的主要方法之一。刨削是在刨床上使用刨刀对工件做直线往复运动的切削加工方法。常见的刨削类机床有牛头刨床、龙门刨床和插床等，刨削可以加工平面、直槽和母线为直线的成形面。图10-14所示为在牛头刨床上加工平面的示意图。

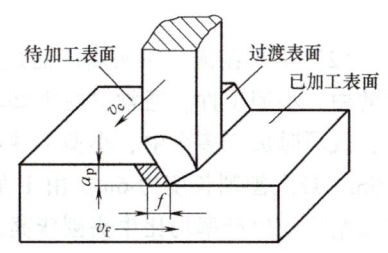

图 10-14　牛头刨床上刨平面

10.3.1　刨削

1. 刨削的工艺特点

（1）通用性强　刨床结构简单，调整和操作方便，价格低。所用的单刃刨刀与车刀基本相同，形状简单，制造、刃磨和安装都比较方便，价格便宜。

(2) 生产率较低　刨削的主运动为刨刀的往复直线运动，回程不进行切削，增加了辅助时间；使用单刃刨刀切削，一个表面需多次行程才能加工出来，加工时间长，生产率低。但是对于狭长表面（如机床导轨、长槽等）的加工，以及在龙门刨床上进行多件或多刀加工时，刨削的生产率可能高于铣削。

(3) 加工精度较低　切削时，刨刀的不断切入、切出会产生较大的冲击振动，影响了加工表面的质量。刨削的公差等级可达 IT9~IT8，表面粗糙度值 Ra 为 $6.3~3.2\mu m$。在龙门刨床上进行宽刀精刨时，精度和加工质量都会有所提高，一般平面度误差不大于 0.02/1000，表面粗糙度值 Ra 可达 $0.8~0.4\mu m$。

刨床加工会在加工表面形成平行纹理，有时为实现某些零件的此类要求，也会选择刨削加工。

2. 刨削的应用

(1) 刨削主要用来加工平面和直槽等，如图 10-15 所示。如果进行适当地调整或增加某些附件，还可以用来加工母线为直线的成形面等。

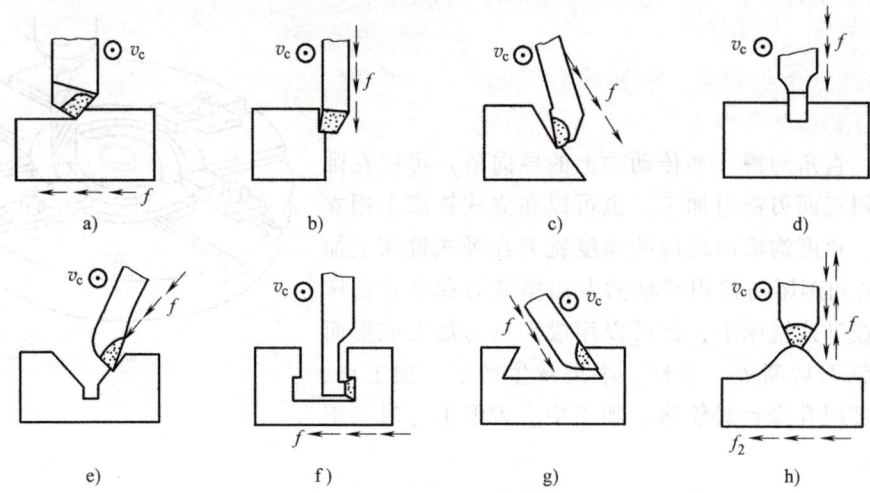

图 10-15　刨削的主要应用

a) 刨水平面　b) 刨垂直面　c) 刨斜面　d) 刨直槽　e) 刨 V 形槽　f) 刨 T 形槽　g) 刨燕尾槽　h) 刨成形面

(2) 牛头刨床　牛头刨床的最大刨削长度一般不超过 1000mm，只适于加工单件、小批量的中、小型工件。通常只在维修车间和模具车间配置，很少在生产线上应用。加工大型工件，或同时加工多个中、小型工件可选用龙门刨床。如 B2016A 龙门刨床，最大刨削宽度为 1.6m，最大刨削长度为 6m。由于龙门刨床刚度较好，而且有 2~4 个刀架可同时工作，因此加工精度和生产率均比牛头刨床高。

(3) 插削（Slotting，也称立式刨削），插床又称为立式牛头刨床，主要用来加工单件、小批量工件的内表面（见图 10-16），如键槽、花键槽、多边形孔等，特别适于加工不通孔或有障碍台肩的内表面。

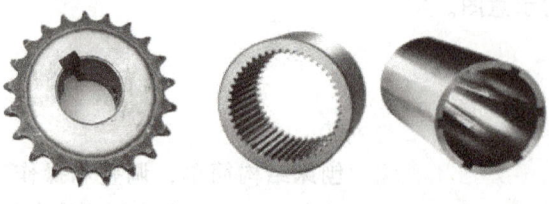

图 10-16　插削内表面

10.3.2 拉削

拉削（Broaching Machining）是指以直线运动为主运动的专用多刃刀具对贯通型表面进行切削加工的一类方法，包括使用拉刀拉削或使用推刀推削加工工件内、外表面的方法。拉削的主运动为拉刀的直线运动，无进给运动，其进给是靠拉刀刀齿的齿升量来实现的，如图 10-17 所示。拉削是在卧式拉床上进行的。加工时，若刀具所受的力不是拉力而是推力，如图 10-18 所示，则称为推削，所用刀具称为推刀，推削则多在压力机上进行。

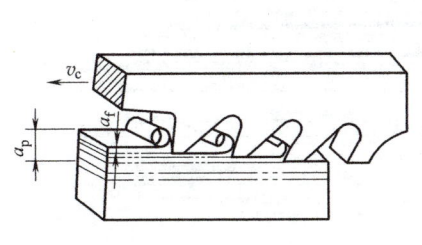

图 10-17　拉削过程　　　　　　图 10-18　推削

1. 拉削的工艺特点

1) 生产率高。拉刀是多齿刀具，同时参加工作的刀齿数较多，参与切削的切削刃较长，并且在拉刀的一次工作行程中能够完成粗加工、半精加工、精加工，大大缩短了基本工艺时间和辅助时间。另外，拉削是在纵向贯通的表面加工，只要拉床的工作行程够用，即可以多种串起来同时加工，可以成倍提高生产率。

2) 加工精度高。表面质量较好。拉刀为定尺寸刀具，具有校准部分，可以校准尺寸和修光表面，并可作为精切齿的后备刀齿。拉削的切削速度较低（通常小于 18m/min），切削过程比较平稳，并可避免积屑瘤的产生。一般拉孔的尺寸公差等级为 IT8~IT7，表面粗糙度值 Ra 为 0.8~0.4μm。拉床一般采用液压传动，拉削过程平稳。

3) 拉床结构简单。只有一个主运动，操作方便，拉床示意图如图 10-19 所示。

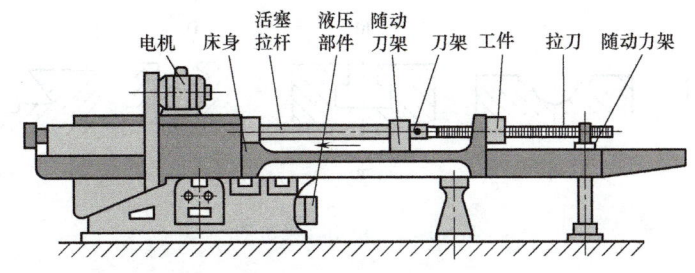

图 10-19　拉床示意图

4) 拉刀形状复杂，如图 10-20 所示，精度和表面质量要求较高，故制造成本很高，刃磨费用也很高，且不适合加工大孔。但拉削时切削速度较低，刀具磨损较慢，并且可以多次重磨，所以拉刀的寿命长，适于成批、大量生产。

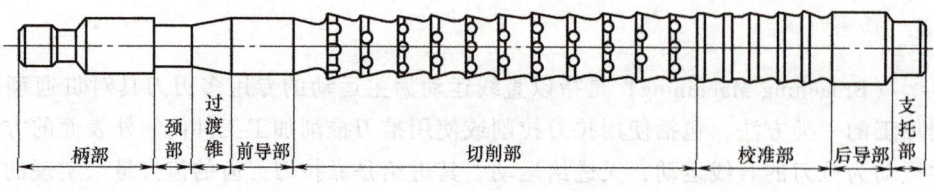

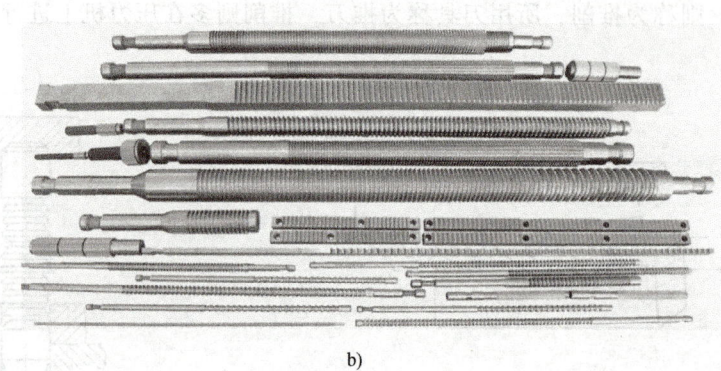

图 10-20 拉刀

a）圆孔拉刀结构 b）实际拉刀

5）加工范围较广。内拉削可以加工轴向截面轮廓一致的各种形状的通孔（见图 10-21），如圆孔、方孔、多边形孔、花键孔和内齿轮等；还可以加工各种形状的沟槽，如键槽、T 形槽、燕尾槽和涡轮盘上的榫槽等。外拉削可以加工平面、成形面、外齿轮和叶片的榫头等。

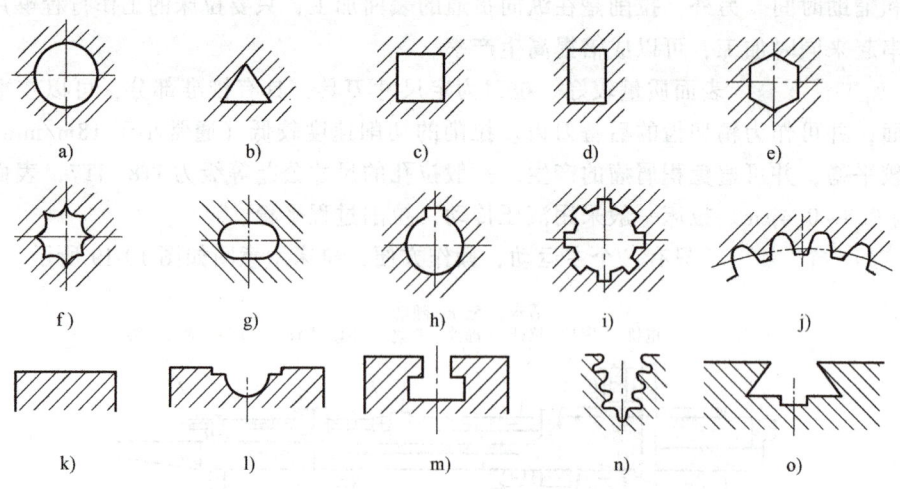

图 10-21 拉削各种型面

2. 拉削的应用

由拉削加工的特点可知，主要适用于成批和大量生产，尤其适于在大量生产中加工比较大的复合型面，如发动机的气缸体等。在单件、小批量生产中，对于某些精度要求较高、形状特殊的成形表面，用其他方法加工很困难时，也有采用拉削加工的。但对于不通孔、深孔、阶梯孔及有障碍的外表面，则不能用拉削加工。

推削加工时，为避免推刀弯曲，其长度比较短（$L/D < 12 \sim 15$），总的金属切除量较少。所以，推削只适用加工余量较小的各种形状的内表面，或用于修整工件热处理后（硬度低于45HRC）的变形量，其应用范围远不如拉削。

10.4　钻、扩、铰与镗孔加工

孔是组成零件的基本表面之一，常规加工孔的方法有钻、扩、铰，镗削和磨削三类，本节介绍前两类。

10.4.1　钻孔、扩孔、铰孔

钻、扩、铰指的是使用钻头或扩孔钻（含锪钻等）、铰刀进行的钻孔、扩孔或铰孔三种方法，都是使用定直径刀具加工孔，因为工艺上的紧密关联和使用设备的一致性，而统一归类为钻削加工。需要指出的是，铰孔也常作为钳工工艺，通过手工作业完成。

1. 钻孔

钻孔（Drilling）是用钻头在实体材料上加工出孔的方法。在钻床上钻孔时，工件固定不动，钻头的旋转运动为主运动，其轴向直线运动为进给运动，如图10-22所示。

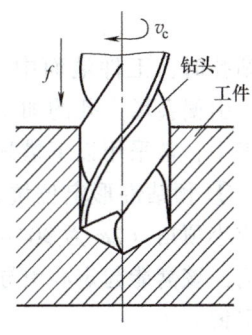

图10-22　钻削运动

（1）钻头

1) 麻花钻。麻花钻（Twist drill）是一种设计巧妙并得到最广泛应用的钻孔刀具，其结构简单，实用性强。麻花钻的结构如图10-23所示。直径小于12mm时一般为直柄钻头，直径大于12mm时为锥柄钻头。麻花钻的前端部为切削部分，承担主要的切削工作，其有两个对称的主切削刃，两刃之间的夹角称为顶角，表示为2φ，角度值约为118°。两个顶面（即主后面）的交线为横刃。横刃处呈大的负前角，这使得钻削时产生很大的轴向作用力，加上钻心附近切削速度近乎为零，实际上横刃不是在切削而是在刮挤，工况很差。麻花钻的导向部分有两条螺旋槽和两条刃带，螺旋槽的前端形成前面和切削刃，并具有向孔外排屑和向孔内切削区输送切削液的作用；螺旋槽的侧边形成既能起导向作用又能减少钻头和孔壁摩擦的导向修光刃带。

麻花钻的结构决定了它的刚度比较差。由于麻花钻主切削刃的刃磨对称性不易保证，其钻孔的位置精度及孔的导向性往往也比较差。

2) 中心钻。中心钻是一种标准化的用于加工60°锥度中心孔的专用钻头，其结构如图10-24所示。中心钻钻孔定位准确，孔型精度较高，用于加工轴类零件的端面中心孔，以作为加工过程中的定位基准；用于在实体材料钻孔前的定位预孔，可防止麻花钻钻孔时定位不准和钻偏。

（2）钻孔的工艺特点　使用麻花钻钻孔，需要了解以下特点。

1) 容易"引偏"。所谓"引偏"，是指加工时由于钻头弯曲而引起的孔径扩大、孔不圆（见图10-25a）或孔的轴线歪斜（见图10-25b）等现象，是用麻花钻钻孔时最容易出现的问题。产生引偏的原因主要是细长钻头的刚性太差和两个主切削刃刃磨的对称性不好，在车床

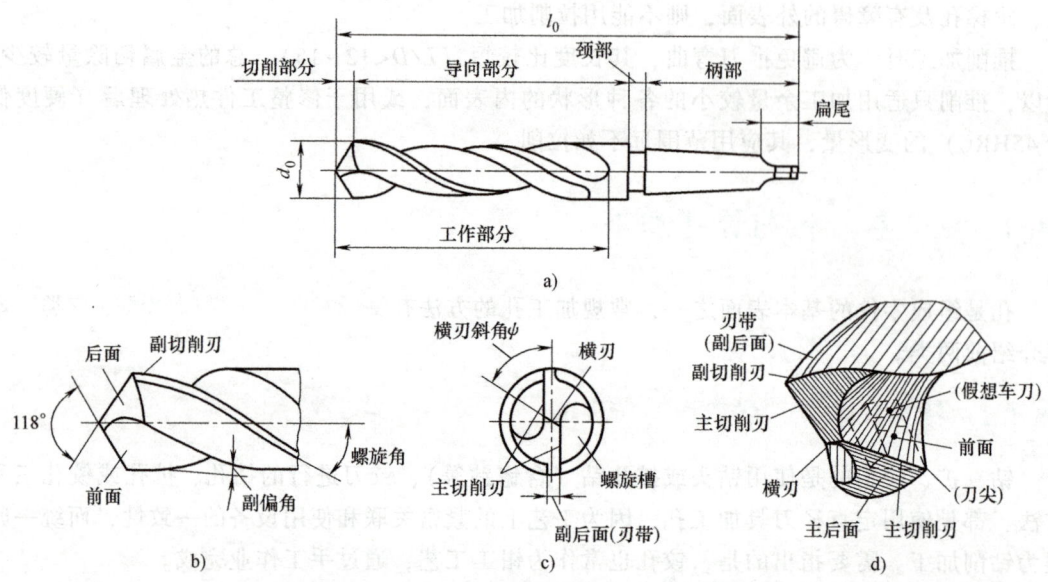

图 10-23 标准麻花钻钻头及其切削部分的结构

上钻孔时，工件端面中心处如有凸起的尖脐也容易引偏。引偏会增大孔的加工误差，甚至造成废品。在实际加工中，常采用以下措施来减少引偏：

① 预钻锥形定位坑，如图 10-26a 所示，先用中心钻或小顶角（2φ 为 $90°\sim100°$）的短麻花钻预钻一个锥形窝，该窝能起定心引导作用，再用钻头钻孔就不易出现引偏。

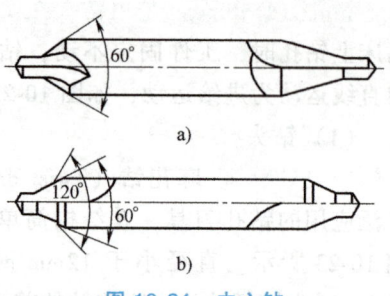

图 10-24 中心钻

② 靠近孔口处使用钻套为钻头定位和导向，如图 10-26b 所示，既以可减少起钻阶段的引偏，又能够增大钻头的动态刚性，特别是在斜面或曲面上钻孔时，更为必要。

③ 尽量使钻头的两个主切削刃刃磨对称，这包括两个主切削刃的主偏角一致和切削刃长度一致。对称性好的主切削刃可以互相抵消钻削时的背向力，避免或减少引偏。使用钻头刃磨机可以得到较好的刃磨对称性，如图 10-27 所示。

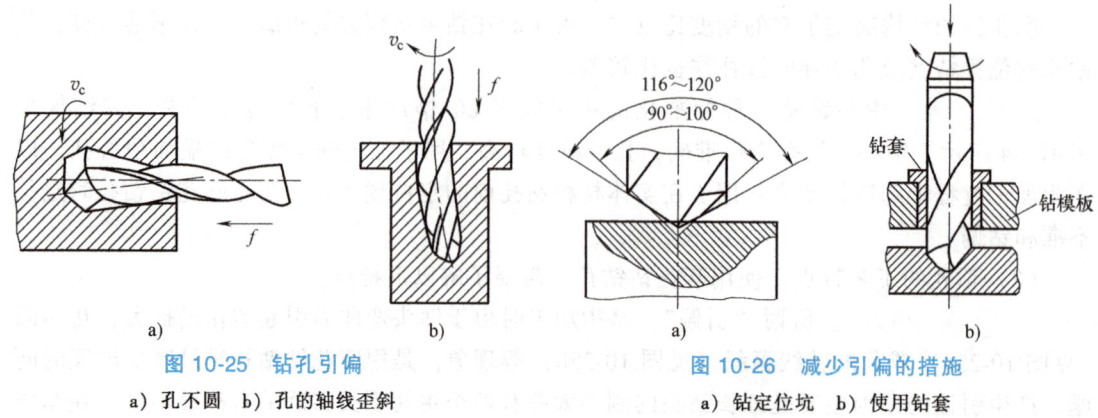

图 10-25 钻孔引偏
a) 孔不圆 b) 孔的轴线歪斜

图 10-26 减少引偏的措施
a) 钻定位坑 b) 使用钻套

图 10-27 钻头刃磨机及钻头的刃磨

2) 排屑困难。钻孔时，由于切屑较宽，排屑时会与槽壁和孔壁剧烈摩擦，会拉毛或刮伤已加工表面，甚至堵塞在螺旋槽里，卡死钻头或导致钻头扭断。改善排屑条件最简单有效的措施是在钻头主切削刃和后面上修磨出分屑槽，如图 10-28 所示，将宽的切屑分切成多个窄屑，以利于排屑。当钻深孔（$L/D>5 \sim 10$）时，应采用合适的深孔钻进行加工。

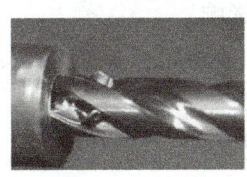

图 10-28 分屑槽及排屑

3) 切削温度高，刀具磨损快。近钻芯处切削速度很低和横刃处大负前角的切削使钻削产生较多热量，加之半封闭式的切削工况，切屑不易排出，切削液难以进入，散热条件很差，导致钻削区温度很高，从而使刀具磨损加剧。

4) 加工精度较低。在各种常用切削加工方法中，使用钻头钻孔的加工精度是最低的，这是由上述工艺特点决定的。一般钻孔的尺寸公差等级为 IT13~IT11，加工表面粗糙度值 $Ra \geqslant 12.5 \mu m$。

（3）钻孔的应用　钻孔属于粗加工，生产率也比较低，一般用来加工对精度和表面质量要求都不高的通孔、不通孔、螺栓孔和螺纹底孔等，也可作为扩孔、铰孔等精加工的预加工工序。

钻孔一般在通用型钻床上进行，如台钻、立钻、摇臂钻床等，也可以在如车床、镗床、铣床等主运动为旋转运动的其他机床上进行。在成批和大量生产中，为了保证加工精度，提高生产率和降低加工成本，广泛使用钻模、多轴钻或组合机床（见图 10-29）进行孔的加工。而具有钻孔功能的各类数控机床则在加工精度、柔性适应能力方面具有更大的优势。

当孔有较高的精度和表面质量要求时，可以在钻削之后选择扩孔和铰孔进行半精加工和精加工。

2. 扩孔

扩孔（Counter Boring）是指用扩孔钻对工件上已有的孔进行扩大孔径和提高加工质量的加工方法（见图 10-30），可在钻床、车床、镗床等机床上进行。扩孔采用扩孔钻，加工余量比钻孔要小得多，因而刀具的结构和切削条件比钻孔时要好得多。扩孔钻的特点是：

1) 无横刃。由于是在已有预孔上进行加工，切削刃不必延续到中心，不需要横刃，因

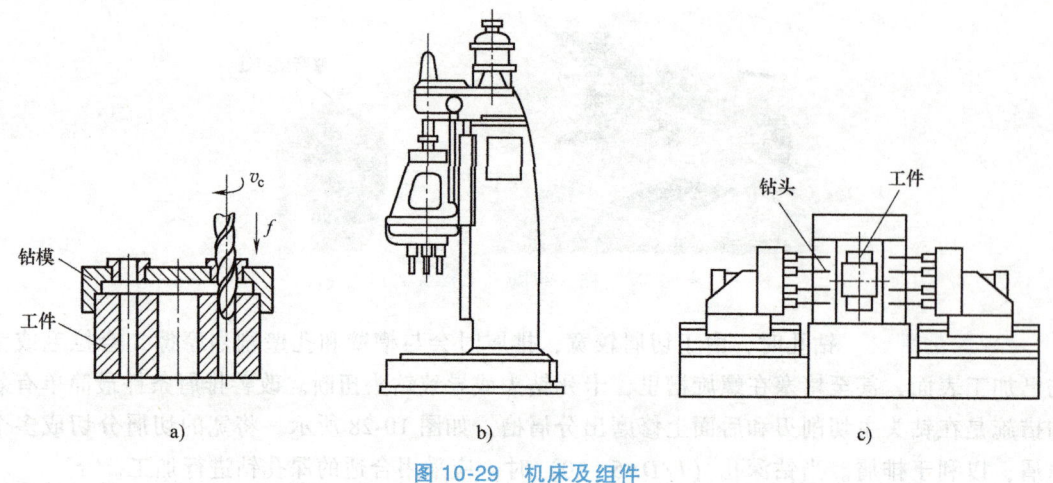

图 10-29　机床及组件

a) 钻模　b) 多轴钻　c) 组合机床

此避免了横刃的不良影响。

2) 切削余量小, 容屑槽可做得较小、较浅, 提高了扩孔钻的刚度。切屑窄, 易排出, 不易擦伤已加工表面。

3) 刀齿多 (3~4 个), 导向作用好, 切削平稳, 生产率高。

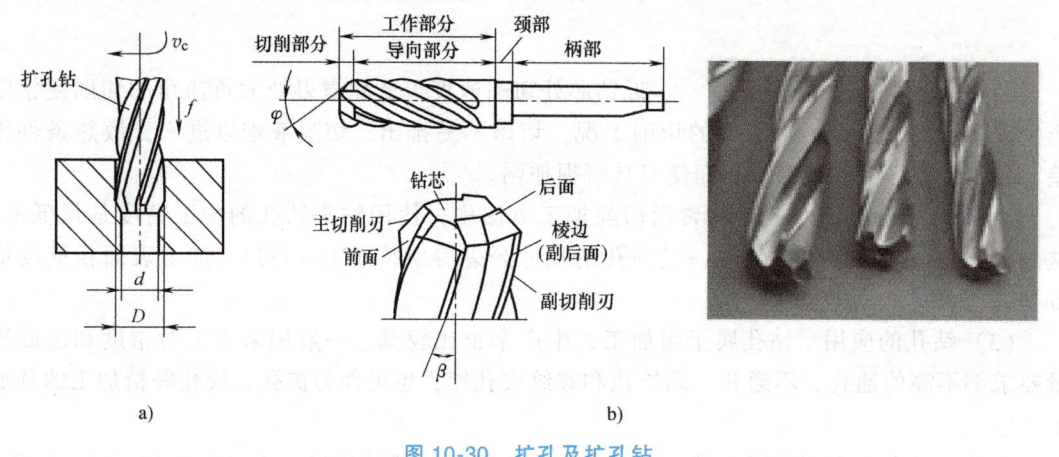

图 10-30　扩孔及扩孔钻

a) 扩孔　b) 扩孔钻

由于上述原因, 扩孔的加工质量比钻孔高, 一般尺寸公差等级可达 IT10~IT9, 表面粗糙度值为 $Ra6.3 \sim 3.2 \mu m$。

扩孔常作为孔的半精加工方式, 既可作为精加工前的预加工, 也可作为精度要求不高的孔的终加工, 广泛应用于成批及大量生产中。当孔的精度和表面质量要求更高时, 则应采用铰孔。

3. 锪孔

锪孔 (Counter Sinking) 是指使用锪钻在已有底孔上加工平底或锥面沉孔, 端面凸台及孔口倒角等。锪孔一般在钻床上进行, 是钻孔工艺的延伸, 如图 10-31 所示。

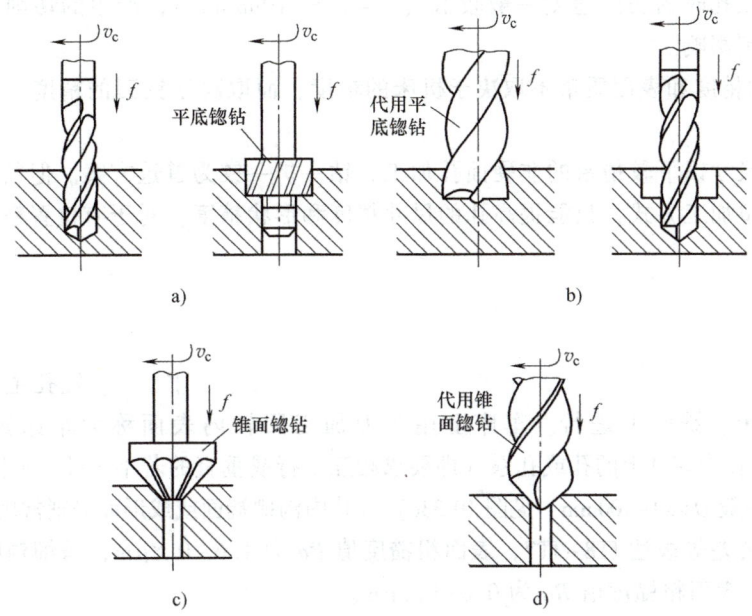

图 10-31 锪孔

a)用平底锪钻 b)用代用平底锪钻 c)用锥面锪钻 d)用代用锥面锪钻

4. 铰孔

铰孔（Reaming）是指用铰刀在未淬硬工件孔壁上切除微量金属层，是应用较为普遍的孔的精加工方法之一。一般公差等级可达 IT9~IT7，表面粗糙度值 Ra 为 1.6~0.4μm。铰孔可加工圆柱和圆锥孔，可以在机床上进行，也可以手工进行。

铰孔具有如下特点：

1) 铰刀（见图 10-32）是孔精加工刀具，分为定直径铰刀和可调铰刀两类。铰刀切削刃多（6~12 个），刚性和导向性好，易于保证尺寸精度和形状精度。铰刀的修光部分的尺寸和形状精度高，其作用是校准孔径、修光孔壁。

2) 铰孔的加工余量小（粗铰为 0.15~0.35mm，精铰为 0.05~0.15mm），切削力较小；

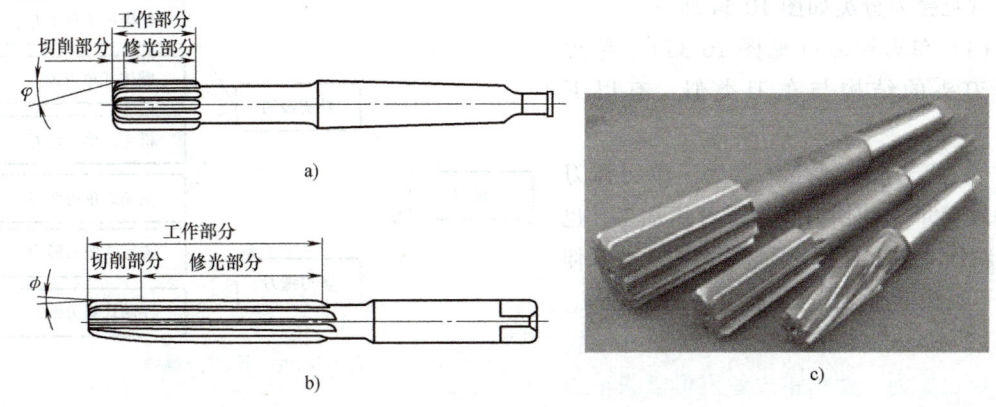

图 10-32 铰刀

a)机用铰刀 b)手用铰刀 c)实物图

用高速钢铰刀铰孔时的切削速度一般较低（$v_c = 1.5 \sim 10 \text{m/min}$），产生的切削热较少，可避免积屑瘤的不利影响。

3）铰孔的精度和表面质量不取决于机床的精度，而取决于铰刀的精度、安装方式及加工条件。

对于中等尺寸以下较精密的非硬面孔加工，钻—扩—铰为首选方案。但铰孔是以被加工孔导向的自定位加工方式，只能提高孔的尺寸精度和形状精度，对于有位置精度要求的孔可以采用镗孔。

10.4.2 镗孔

镗孔（Boring）是指用镗刀对已有预孔进行切削加工的一种方法。镗孔主要在镗床上进行，也可在车床、铣床上进行。车床上用车刀加工回转内表面称为车床镗孔工艺（见图10-33a），箱体类零件上的孔或孔系（即要求相互平行或垂直的若干个孔，见图10-33b）、较大孔径的孔（一般 $D > 80 \sim 100 \text{mm}$，见图10-33c）及孔内沟槽端面或成形面等则常用镗床加工。

一般镗孔公差等级达 IT8~IT7，表面粗糙度值 Ra 为 $1.6 \sim 0.8 \mu\text{m}$；精细镗时，公差等级可达 IT7~IT6，表面粗糙度值 Ra 为 $0.8 \sim 0.2 \mu\text{m}$。

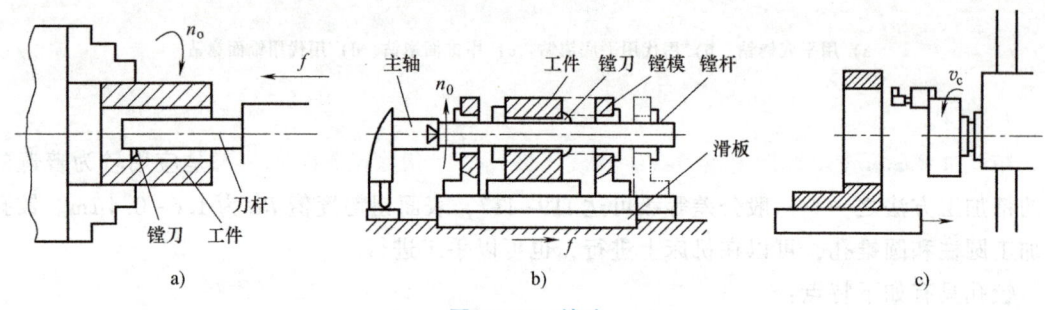

图 10-33 镗孔

a) 在车床上镗孔　b) 在镗床上镗模架镗孔　c) 在镗床上单刃镗刀镗较大直径孔

1. 镗刀

镗孔所用的刀具是镗刀，镗刀有单刃镗刀和多刃镗刀之分，其工艺特点和应用也有所不同。常见镗刀分类如图10-34所示。

（1）单刃镗刀（见图10-35）单刃镗刀刀头的结构与车刀类似，有以下特点：

1）适应性和通用性较强。单刃镗刀结构较简单、使用方便，既可粗加工，也可半精加工和精加工。通过调整刀头的悬伸长度可以加工不同直径的孔（见图10-36）。

2）镗床具有较高的几何精度及位置坐标控制能力，使用单刃镗刀可以纠正预孔原有的位置偏差和中心距误差。这是扩孔或铰孔等定值刀具加工所不具备的。

3）生产率较低。单刃镗刀仅有一个主切削刃，且因为刚度较差只能采用较小的切削用

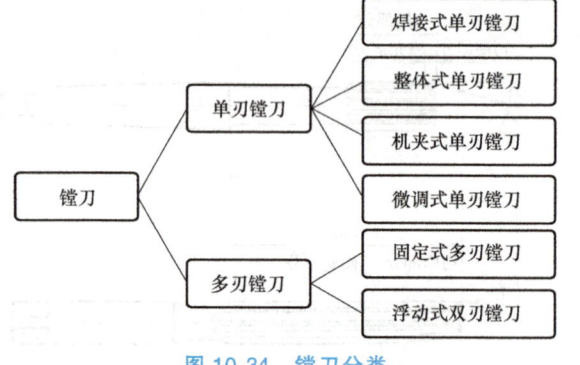

图 10-34 镗刀分类

量，所以生产率较低，多用于单件、小批量生产。使用单刃镗刀切削时，通常选取较大的主偏角和副偏角、较小的刃倾角和刀尖圆弧半径，以减少切削时的径向力。

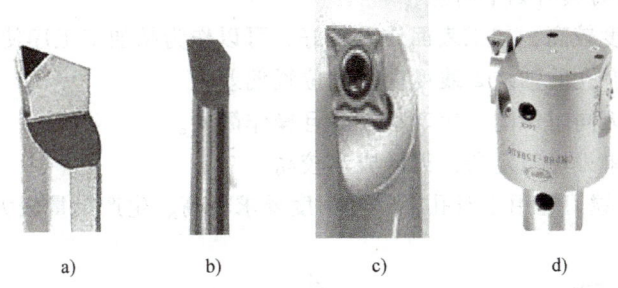

图 10-35　单刃镗刀刀头结构

a）焊接式　b）整体式　c）机夹式　d）微调式

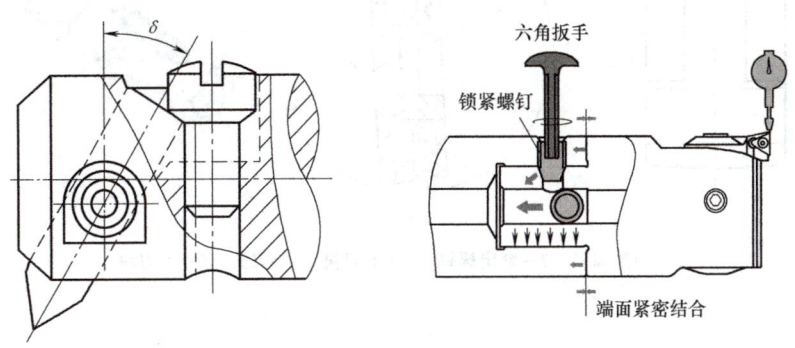

图 10-36　单刃镗刀刀头微调结构

（2）多刃镗刀　一把镗刀上有两个及以上的刀片同时参加切削的为多刃镗刀。多刃镗刀有更高的切削效率，但结构也比较复杂，价格较高。按工作原理分为固定刃和浮动刃两类，前者又称为复合式可调多刃镗刀，如图 10-37 所示，一般用于粗加工的高效率切削。在镗床上使用固定式多刃镗刀也可以纠正预孔原有的位置偏差和中心距误差。

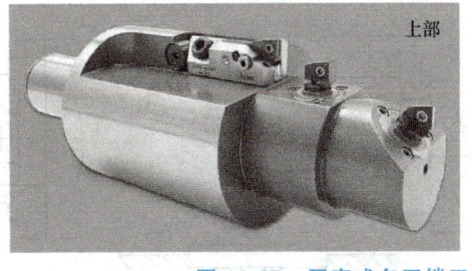 

图 10-37　固定式多刃镗刀

图 10-38 所示为一种常用双刃浮动镗刀，镗刀块由两个切削刀片径向对称组装而成且距离可调，以保证加工孔径尺寸准确。镗孔时，镗刀块插在镗杆前端与轴线垂直的长方孔中，保持间隙配合下的浮动状态，加工过程中来自两个对称切削刃的切削反力自动平衡刀块的位置，镗杆只起传递转矩和承载轴向力的作用，从而保证了加工孔径与镗刀块尺寸严格一致。双刃镗刀的两切削刃在两个对称位置同时切削，故可消除因径向切削力对镗杆的作用而

造成的加工误差。这种镗刀切削时，孔的直径尺寸是由刀具保证的，刀具外径是根据工件孔径确定的，结构比单刃镗刀复杂，刀片和刀杆制造较困难，但生产率较高。

这种镗刀加工孔时具有如下特点：

1) 尺寸加工精度较高，加工表面质量较好，可以作为精加工工序使用。
2) 不能纠正原有孔的轴线直线度误差和位置偏差。
3) 两个主切削刃同时切削，生产率较高且操作简便。
4) 刀具结构比单刃镗刀复杂，刃磨成本较高。

综上，双刃浮动镗刀适用于对孔径尺寸精度要求较高、生产批量较大的场合。

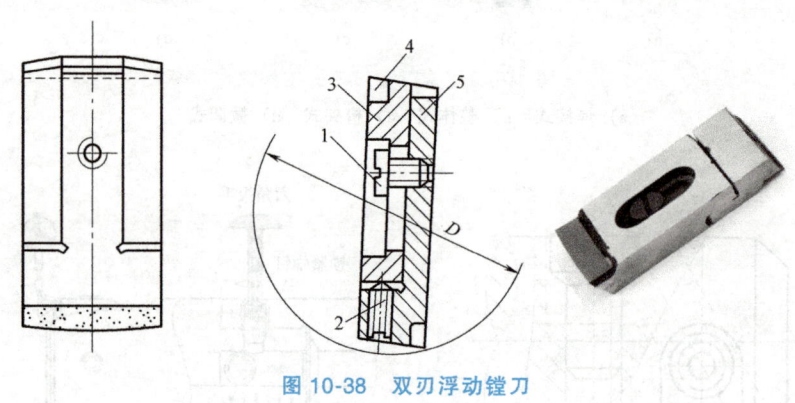

图 10-38 双刃浮动镗刀

1—锁紧螺钉　2—紧定螺钉　3—下刀块　4—刀头　5—上刀块

2. 镗孔

镗孔有三种不同的加工方式，可加工各种不同尺寸和不同精度等级的孔，工艺范围广，如图 10-39 所示。

镗杆的刚度都比较弱。加工孔的过程中，镗杆的刚度变化及其弯曲变形是影响孔加工精度的重要因素。在切削参数不变的情况下，当镗杆悬伸长度固定时，镗杆变形对孔的加工精度无影响；否则，弯曲变形会因镗杆-主轴伸长而增大，导致孔的轴线弯曲或直径变化，这种方式只适于加工较短的孔。

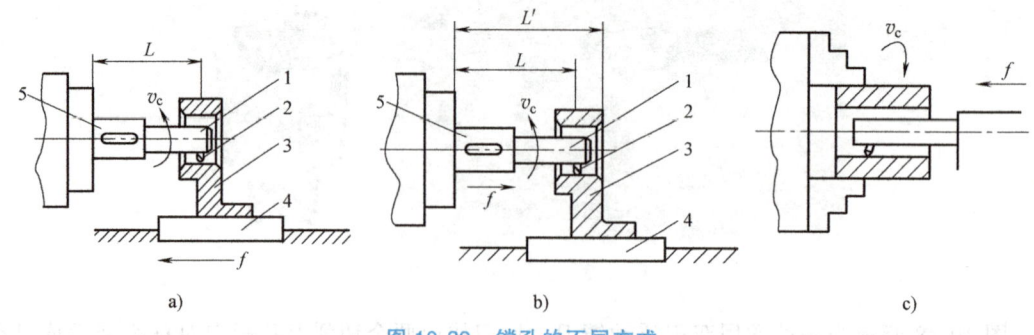

图 10-39 镗孔的不同方式

a) 刀具旋转、工件进给　b) 刀具既旋转又进给　c) 工件旋转、刀具进给

1—镗杆　2—镗刀　3—工件　4—工作台　5—主轴

除了镗孔，在卧式镗床上利用不同的刀具和附件，还可以进行钻孔、车端面、铣平面或车螺纹等（见图 10-40）。

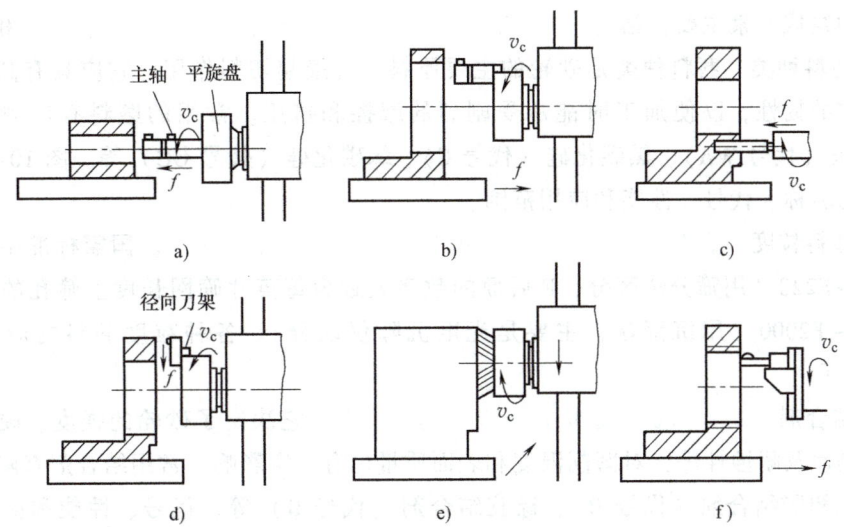

图 10-40 卧式镗床的主要工作

a) 镗孔　b) 镗大孔　c) 钻孔　d) 车端面　e) 铣平面　f) 车螺纹

10.5 磨削加工

磨削（Grinding）是指使用砂轮或涂覆磨具对工件表面进行加工的方法，其主运动是砂轮的旋转运动。作为零件精加工的主要方法之一，磨削的应用范围很广，可以加工平面，内、外圆柱面，内、外圆锥面，以及螺纹、齿轮齿形和花键等。磨床的种类很多，常见的有外圆磨床、内圆磨床和平面磨床等。

10.5.1 砂轮

砂轮是磨削加工的刀具，由磨料加结合剂经压坯和硬化而制成（见图 10-41）。由于磨料、结合剂及制造工艺等的不同，砂轮特性差别很大，其工艺适用范围也不同。

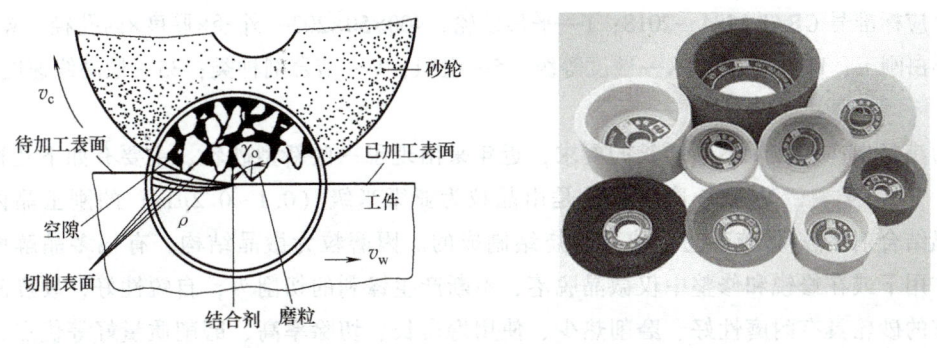

图 10-41 砂轮

1. 砂轮的组成

砂轮的组成要素主要包括磨料种类、磨料粒度、结合剂、硬度、组织、形状和尺寸等。

（1）磨料种类　磨料种类是砂轮的主要原料，直接起切削作用。它应具有高硬度、耐热性及一定的韧性，以便加工时能承受剧烈的摩擦和挤压。常用的磨料有棕刚玉（代号A）、白刚玉（代号WA）、黑碳化硅（代号C）、绿碳化硅（代号GC）等。图10-42列出了常用磨料的名称、代号、性能和应用范围。

（2）磨料粒度　磨料粒度反映了磨粒的大小，常用粒度号表示。国家标准中将粒度分为磨粒F4~F220（用筛分法区分，F后面的数字大致为每英寸筛网长度上筛孔的数目）和微粉F230~F2000（用沉降法，主要是光电沉降仪区分）。各种粒度磨料的应用范围如图10-42所示。

（3）结合剂　结合剂是把磨粒固结成磨具的材料。它决定了砂轮的强度、硬度、抗冲击性、耐热性及耐蚀性等，对磨削温度和表面质量也有一定影响。常用结合剂有陶瓷结合剂（代号V）、树脂结合剂（代号B）、橡胶结合剂（代号R）等，代号、性能和应用范围如图10-42所示。

（4）硬度　砂轮的硬度是指砂轮工作时，在外力作用下磨粒脱落的难易程度。如容易脱落，则砂轮硬度低；反之则硬度高。砂轮硬度的等级、代号及应用如图10-42所示。

（5）组织　砂轮的组织是指砂轮中磨粒、结合剂和气孔之间的体积比例关系。依据磨粒在砂轮中体积分数（称为磨粒率）的不同，组织号可分为0~14，号数越小，组织越紧密。具体组织号和应用如图10-42所示。

（6）形状和尺寸　为了满足不同的磨削需求，将砂轮制成不同的形状和尺寸，具体见表10-1。

2. 砂轮的标记

砂轮的组成要素及允许的最高工作（线）速度标在砂轮的端面上，构成砂轮的标记，根据国标《固结磨具　一般规定》（GB/T 2484—2018），标记的格式顺序是：磨具名称、产品标准号、形状代号—尺寸—磨料、粒度号、硬度、组织号、结合剂-允许的最高工作（线）速度。例如：

平形砂轮　1-400×50×203-WAF60K5V-35m/s 所表达的信息是：

对应标准号GB/T 2484—2018；1—平形砂轮；400×50×203—外径×厚度×内孔径；WA—磨料种类白刚玉；F60—粒度；K—硬度等级；5—组织；V—结合剂种类；35—最高线速度m/s。

3. 新型砂轮

为满足生产和技术不断增长的要求，近年来出现了一些新型砂轮，主要有如下几种。

（1）SG磨料砂轮　SG磨料砂轮是由晶粒为亚微米级（0.1~0.2μm）的刚玉晶体，采用低温结合剂溶胶-凝胶工艺合成并经烧结制成的。因磨粒为微晶结构，有很多晶解面，在外力作用下或在修锐和修整中仅微晶脱落，不断产生锋利的切削刃，自锐性好，硬度高，用其制作的砂轮具有耐磨性好、磨削热少、使用寿命长、切除率高、磨削质量好等优点，现已广泛应用于航空航天、汽车和摩托车、轴承、模具、仪器仪表等领域的精磨和成形磨等方面的加工中。

砂轮

磨料

系别	名称	代号	性能	应用
刚玉	棕刚玉	A	棕褐色，硬度较低，韧性较好	磨削碳钢，合金钢，可锻铸铁与青铜
	白刚玉	WA	白色，比棕刚玉硬度高，磨粒锋利，韧性差	磨削淬硬的高碳钢，合金钢，高速钢，磨削薄壁零件，成形零件
	铬刚玉	PA	玫瑰红色，韧性比白刚玉好	磨削高速钢，不锈钢，成形磨削，刃磨刀具，高表面质量磨削
碳化物	黑碳化硅	C	黑色带光泽，比刚玉类硬度高，导热性好，但韧性差	磨削铸铁，黄铜，耐火材料及其他非金属材料
	绿碳化硅	GC	绿色带光泽，比黑碳化硅硬度高，导热性好，韧性较差	磨削硬质合金，宝石，光学玻璃
超硬磨料	人造金刚石	MBD、RVD、SCD和M–SD等	白色 、淡绿、黑色，硬度最高，耐热性较差	磨削硬质合金，光学玻璃，花岗岩，大理石，宝石，陶瓷等高硬度材料
	立方氮化硼	CBN、M–CBN等	棕黑色，硬度仅次于MBD，韧性比人造金刚石等好	磨削高性能高速钢，不锈钢，耐热钢及其他难加工材料

粒度

类别		粒度号	应用
磨粒	粗粒	F4，F5，F6，F8，F10，F12，F14，F16，F20，F22，F24	荒磨
	中粒	F30，F36，F40，F46，F54，F60	一般磨削。加工表面粗糙度值Ra可达0.8μm
	细粒	F70，F80，F90，F100，F120，F150，F180，F220	半精磨，精磨，成形磨削，精密磨，超精磨，刃磨刀具，珩磨。加工表面粗糙度值Ra可达 0.8～0.05μm
微粉		F230，F240，F280，F320，F360，F400，F500，F600，F800，F1000，F1200，F1500，F2000	精磨，精密磨，超精磨，珩磨，螺纹磨，超精密磨，镜面磨，精研，加工表面粗糙度值Ra为0.05～0.01μm

结合剂

名称	代号	特性	应用
陶瓷	V	耐热、耐油、耐酸、耐碱，强度较高，但脆性较大	除薄片砂轮外，能制成各种砂轮
树脂	B	强度高，富有弹性，具有一定抛光作用，耐热性差，不耐酸碱	荒磨砂轮，磨窄槽，切断用砂轮，高速砂轮，镜面磨砂轮
橡胶	R	强度高，弹性更好，抛光作用好，耐热性差，不耐油和酸，易堵塞	磨削轴承沟道砂轮，无心磨导轮，切割薄片砂轮，抛光砂轮

硬度

等级	极软				很软			软			中级			硬				很硬	极硬
代号	A	B	C	D	E	F	G	H	J	K	L	M	N	P	Q	R	S	T	Y
应用	磨未淬硬钢选用L～N，磨淬火合金钢选用H～K，高表面质量磨削时选用K～L，刃磨硬质合金刀具选用H～J																		

组织

组织号	0	1	2	3	4	5	6	7	8	9	10	11	12	13	14
磨粒率(%)	62	60	58	56	54	52	50	48	46	44	42	40	38	36	34
应用	成形磨削，精密磨削				磨削淬火钢，刃磨刀具				磨削硬度不高的韧性材料					磨削热敏性高的材料	

图 10-42 砂轮组成要素、代号、性能和适用范围

表 10-1　常用砂轮的形状、代号和主要用途

型号	形状	示意图	尺寸标记	应用
1	平形砂轮		1 型-圆周型面-$D \times T \times H$	磨外圆、内孔、平面及刃磨刀具
2	筒形砂轮		2 型-$D \times T \times W$	端磨平面
4	双斜边砂轮		4 型-$D \times T/U \times H$	磨齿轮及螺纹
6	杯形砂轮		6 型-$D \times T \times H$-$W \times E$	端磨平面,刃磨刀具后刀面
11	碗形砂轮		11 型-$D/J \times T \times H$-$W \times E$	端磨平面,刃磨刀具后刀面
12a	碟形砂轮		12a 型-$D/J \times T/U \times H$-$W \times E$	刃磨刀具前刀面
41	平行切割砂轮		41 型-$D \times T \times H$	切断及磨槽

(2) 超硬磨料砂轮 由金刚石或立方氮化硼（CBN）磨料制作的砂轮称为超硬磨料砂轮。金刚石砂轮是磨削硬质合金、光学玻璃、陶瓷、宝石和石材等高硬脆非金属材料的最佳磨具。但金刚石砂轮不适合磨削铁碳合金，也不适合超高速磨削。CBN的硬度稍次于金刚石，但它的热稳定性好（能耐 1300~1400℃ 高温），与铁族元素化学惰性大，热导率高（是刚玉的 46 倍），用其制作的砂轮寿命长（可达刚玉砂轮的几十倍到成百倍以上），在磨削淬硬钢、高速钢、轴承钢、不锈钢、耐热钢和钛合金等硬度高、韧性大的金属材料方面具有很大优势。

(3) 电镀磨料砂轮 利用镍钴合金或其他合金作镀层金属，通过电镀将粒度均匀的超硬磨粒如人造金刚石、CBN 等固结到特定结构尺寸的金属基砂轮的工作面上，从而形成砂轮的超硬磨料磨削层，此类砂轮称为电镀磨料砂轮。复合材料作为砂轮基体时，因为其不导电而不能作电镀砂轮，故不入此类。由于镀层金属对磨粒的机械包嵌作用较强，适合高速磨削，且有很高的材料磨除率。电镀砂轮因形状精确，尺寸范围很宽，易于制成形状复杂的各种成形磨削用砂轮，且旧砂轮的磨粒易于回收重复使用等优点，近年来得到广泛推广应用，尤其适用于高速精磨和成形磨削等工作上。

10.5.2 磨削过程

从本质上讲，磨削也是一种切削，砂轮表面上的每个磨粒，可以近似看成一个微小刀齿，突出的磨粒尖棱为切削刃。诸多磨粒的微刃形状角度各异，但都是大负前角，这使得磨削时的背向力很大。磨削是一种滑擦、挤压、刻划和切削共存的混合去除材料的状态，凸出且锋利的磨粒可以获得较大的切削层厚度，从而切下切屑；次凸出或磨钝的磨粒，只是在工件表面刻划出细小的沟痕，工件材料则被挤向磨粒两旁形成垄状隆起（见图 10-43）；比较凹下的磨粒，既不切削也不刻划工件，只是从工件表面滑擦而过。即使是凸出磨粒，其每次切削过程大致也是从滑擦开始，经历刻痕堆积后才有切削的一个混合切除过程。

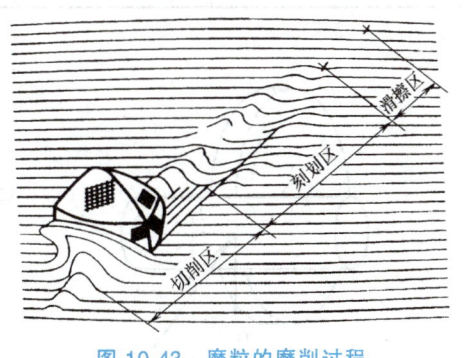

图 10-43 磨粒的磨削过程

磨削过程中，磨粒在高速、高压与高温的作用下逐渐磨损变钝，切削能力下降，受力不断增大，当此力超过砂轮的黏结力或磨粒强度极限时，磨粒就会脱落或破碎露出新的较锋利的磨粒进行磨削。砂轮的这种自行推陈出新、保持自身锋锐的性能，称为"自锐性"。

10.5.3 磨削加工的工艺特点

1. 加工精度高、表面质量好

砂轮磨削是一种多磨粒微刃微切削状态，切削厚度可以小到数微米，主要用作精加工。为进行微量切削，磨床除应具有高的刚度和良好的稳定性外，还应具有微量进给机构，表 10-2 是几种常见机床的微量进给机构的度量值。

一般磨削精度为 IT7~IT6，表面粗糙度值 Ra 为 $0.8~0.2\mu m$，高精密磨削可达 IT5 以上，$Ra 0.1~0.008\mu m$。

表 10-2　常见机床微量进给机构的刻度值

机床名称	立式铣床	车床	平面磨床	外圆磨床	精密外圆磨床	内圆磨床
刻度	0.05	0.02	0.01	0.005	0.002	0.002

2. 可加工高硬度材料

磨削不仅可以加工铸铁、碳钢、合金钢等一般材料，还可以加工一般切削刀具难以加工的高硬度淬硬钢、硬质合金、陶瓷、玻璃等难加工材料。但磨削不宜加工塑性较大、硬度较低的有色金属及其合金，因为其屑末易堵塞砂轮气孔而使砂轮丧失切削能力。

3. 背向磨削力较大

磨削时总磨削力可分解为三个互相垂直的分力，即切向磨削力 F_c、背向磨削力 F_p 和进给磨削力 F_f，如图 10-44 所示。磨削时的负前角多微刃滑擦、挤压、刻痕切削的特点决定了磨削会产生较大的背向磨削力。一般情况下，$F_p \approx (1.5 \sim 3)F_c$，工件材料的塑性越小，$F_p/F_c$ 的值越大（表 10-3）。背向磨削力作用在工艺系统刚度较差的方向上，容易使工艺系统变形，影响工件的加工精度。例如，纵磨细长轴外表面时，由于较大背向力的作用使工件弯曲，导致实际背吃刀量减小，工件产生鼓形如图 10-44 所示。

表 10-3　磨削不同材料时 F_p/F_c 之值

工件材料	碳钢	淬硬钢	铸铁
F_p/F_c	1.6~1.8	1.9~2.6	2.7~3.2

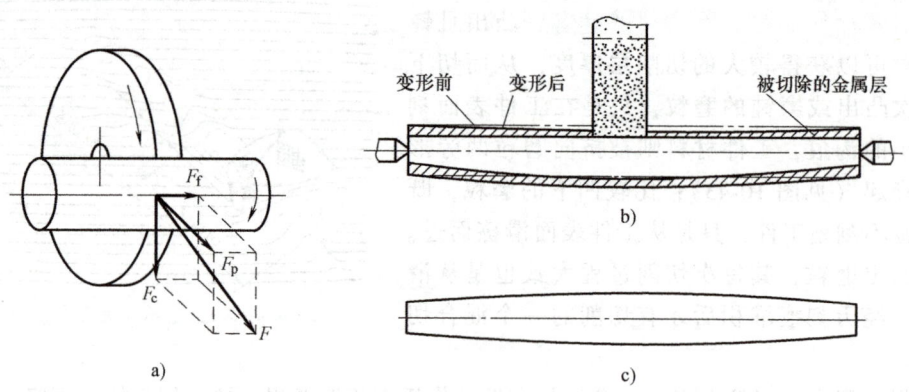

图 10-44　磨削受力及背向力引起的加工误差
a) 磨削力　b) 工艺系统的变形　c) 工件的形状误差

4. 砂轮有自锐作用

磨削过程中，砂轮有其他切削刀具所没有的自锐作用，可以在磨粒脱落或破碎后恢复砂轮的部分切削功能，实际生产中，有时就利用这一原理进行强力连续磨削，以提高磨削加工的生产率。但是磨粒随机脱落的不均匀性会使砂轮失去廓形精度。因此，磨削一定时间后仍需对砂轮进行修整以恢复其切削能力和加工精度，否则会引起振动，使加工质量降低。

5. 磨削温度高

磨削的切削速度通常为一般切削加工的 10~20 倍，加上磨粒多为负前角，挤压和摩擦较严重，消耗功率大，产生的切削热多。又由于砂轮本身的导热性差，大量磨削热在短时间内不易传出，使磨削区形成瞬时高温，有时高达 800~1000℃。高的磨削温度易造成工件表面烧伤和微裂纹等缺陷，而且高温下工件材料变软，容易堵塞砂轮，影响砂轮的寿命，也影响工件的表面质量。

因此，在磨削过程中，应采用大量的切削液。磨削时加注切削液，除起冷却和润滑作用，还可以起到冲洗砂轮的作用，避免细碎的切屑堵塞砂轮，可有效地提高工件的表面质量和砂轮的寿命。磨削钢件时，广泛应用的切削液为苏打水或乳化液。磨削铸铁、青铜等脆性材料时，一般不加切削液，而用吸尘器清除尘屑。

10.5.4 常用磨削工艺

磨削是应用广泛的制造工艺技术之一，加工量少、精度高，常用于半精加工和精加工。新的强力磨削技术已经可以直接对毛坯件进行加工，并达到较高的精度和表面质量。

磨削可分为普通磨削和高效磨削。普通磨削泛指各种常用磨削工艺，如外圆磨削、内孔磨削、平面磨削和成形面磨削等，高效磨削则指以提高生产率为主要目标的磨削。

1. 外圆磨削

外圆磨削一般在普通外圆磨床或万能外圆磨床上进行。磨削方法分为以下五种：

(1) 纵磨法　纵磨法如图 10-45a 所示，是最常用的外圆磨削工艺。工件完成一次往复行程，砂轮做一次横向进给，磨削量小，切削力小，产生的热量少，散热条件较好，加工精度和表面质量较高，因此具有较大的适应性，是使用最多的外圆磨削方法，特别适用于细长轴的磨削。但纵磨法的生产率相对较低。

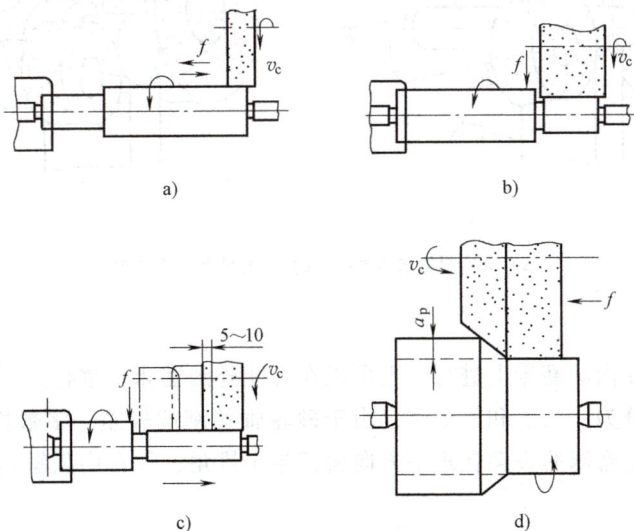

图 10-45　外圆磨削方法
a) 纵磨法　b) 横磨法　c) 综合磨法　d) 深磨法

(2) 横磨法（见图 10-45b）　横磨法又称切入磨法，使用足够宽度的砂轮，无纵向移动的情况下，直接磨至尺寸要求为止。生产率高，适合成批及大量生产，尤其适合磨削成形表面，但磨削力较大，发热量大，磨削温度高，工件易发生变形和烧伤，适合加工表面不太宽且刚性较好的工件。

（3）**综合磨法**（见图10-45c）综合磨法是先横后纵的叠加磨法，横磨法做粗磨，纵磨法做精磨，可保证质量且生产率高。

（4）**深磨法**（见图10-45d）砂轮前端修整成锥面进行粗磨，后端圆柱部分起精磨和修光作用。纵向进给量较小（一般取1~2mm/r）、背吃刀量较大（一般为0.3mm左右），可在一次行程中切除全部余量，生产率较高。

（5）**在无心外圆磨床上磨外圆**　无心磨是一种适合大批量外圆高效磨削的工艺方法，分为无心纵磨法和无心横磨法，如图10-46所示。

磨削时，工件放在两个砂轮之间，下方用托板托住，不用顶尖支持，所以称为无心磨削。两个砂轮中，较小的一个为导轮，无切削能力，主要是带动工件运动；另一个为磨削砂轮，主要起切削作用。导轮轴线与砂轮轴线成一定角度（1°~5°），以比磨削砂轮低得多的速度转动，靠摩擦力带动工件运动，其与工件接触点的线速度可以分解为沿工件圆周切线方向的$v_工$，和沿工件轴线方向的v_a。因此，工件一方面旋转做圆周进给，另一方面做轴向进给运动。为了使工件与导轮保持线接触，应将导轮的圆周表面修整成双曲面。

无心外圆磨削时，工件两端无需预先钻中心孔，安装比较方便，并且机床调整好后，可连续进行磨削，易于实现自动化，生产率较高。不适合加工外圆面在圆周上不连续的工件，如有键槽或平面的外圆面。

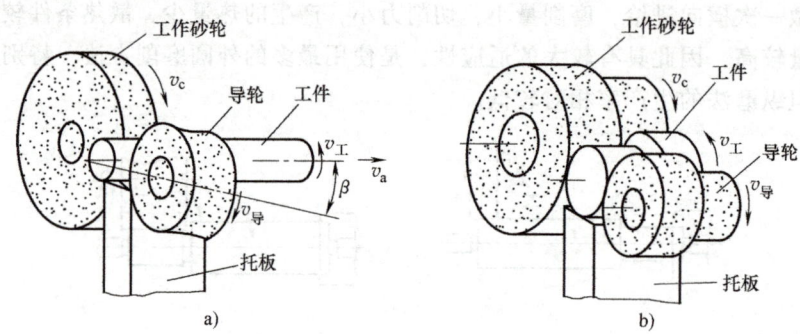

图10-46　无心外圆磨削示意图
a）无心纵磨法磨外圆　b）无心横磨法磨外圆

2. 磨削内圆

孔的磨削可以在内圆磨床上进行，也可以在万能外圆磨床上进行。

磨内圆也可以分为纵磨法和横磨法。由于砂轮轴的刚度较差，多数情况下采用纵磨法。若磨圆锥孔，只需将磨床的头架在水平方向偏转半个锥角；仅在磨削短孔及内成形面时采用横磨法。

与磨外圆相比，磨内圆的砂轮因受到线速度低，砂轮轴刚度差、发热量大且不易散热等不利因素影响，生产率较低，表面粗糙度值较大，但与铰孔和拉孔相比，磨孔的适应性较强，同一砂轮可以磨削不同直径的孔，可以提高孔的位置精度。

3. 磨削平面

磨平面与铣平面类似，也分为周磨法和端磨法两种方式。

周磨法是利用砂轮的外圆面进行磨削（见图10-47a、b），磨平面时，砂轮与工件的接触面积小，散热、冷却和排屑情况较好，加工质量较高，故多用于加工质量要求较高的工件。周磨平面用卧轴平面磨床，适用性好，应用最广。

端磨法是利用砂轮端面进行磨削（见图10-47c、d）。磨平面时，磨头伸出长度较短，刚度较好，允许采用较大的磨削用量，砂轮与工件的接触面积较大，同时工作的磨粒数较多，生产率较高。但由于砂轮端面径向各处切削速度不同，磨损不均匀，加工质量较低。所以，端磨适用于要求不是很高的工件，或者代替铣削作为精磨前的预加工。端磨使用立轴平面磨床，多用于粗磨大型工件或同时加工多个中小型工件。

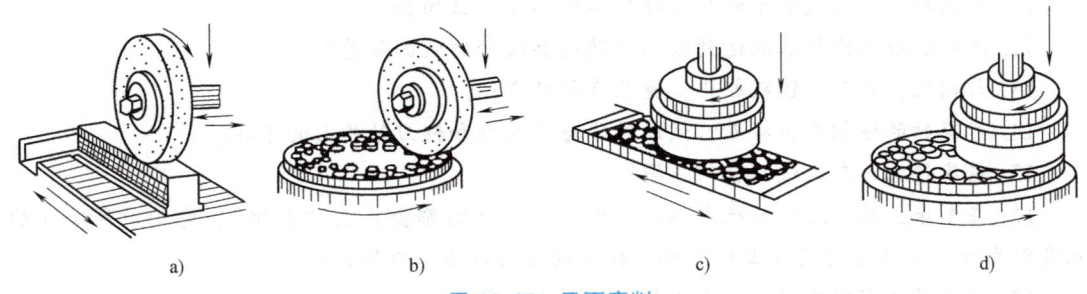

图10-47 平面磨削

4. 砂带磨削

砂带磨削是20世纪60年代出现并得到快速发展的一种高效磨削方法（见图10-48）。砂带磨削的设备一般都比较简单。砂带回转为主运动，工件由传送带带动做进给运动，工件经过支承板上方的磨削区，即完成加工。砂带磨削的生产率高，加工质量好，主要用于平面和外圆面的高效磨削，尤其是大面积磨削。近年出现的静电等高植砂砂带和分布式磨料砂带等新技术、新产品，使砂带磨削的加工质量和生产率进一步提高，已进入高效精密磨削应用领域。

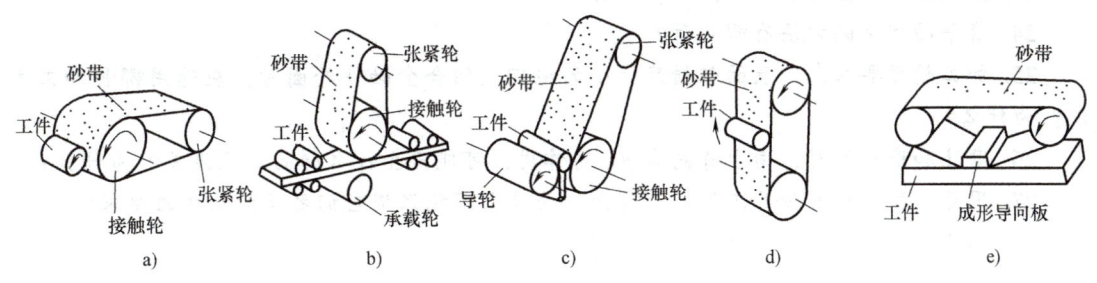

图10-48 砂带磨削的几种形式

a) 磨外圆　b) 磨平面　c) 无心磨　d) 自由磨削　e) 砂带成形磨削

思　考　题

1. 车床适于加工何种表面？为什么？
2. 一般情况下，车削的切削过程为什么比刨削、铣削等平稳？对加工有何影响？
3. 从理论上分析顺铣与逆铣的特点。实际生产中，目前多采用哪种铣削方式？为什么？
4. 成批和大量生产中，铣削平面常采用端铣法还是周铣法？为什么？
5. 铣削为什么比其他加工方法容易产生振动？

6. 若用周铣法铣削带黑皮铸件或锻件上的平面，为减少刀具磨损，应采用顺铣还是逆铣？为什么？

7. 一般情况下，刨削的生产率为什么比铣削低？

8. 为什么拉削加工有很高的效率而且加工质量稳定？适用于何种场合？

9. 用标准麻花钻钻孔，为什么精度低且表面质量差？

10. 什么是钻孔时的"引偏"？试举出几种减小引偏的措施。

11. 台式钻床、立式钻床和摇臂钻床各适用于什么场合？

12. 扩孔和铰孔为什么能达到较高的精度和较好的表面质量？

13. 与钻孔、扩孔、铰孔相比，镗孔有何特点？

14. 麻花钻的结构有何特点？试比较其与扩孔钻和铰刀结构上的差异。

15. 镗床镗孔与车床镗孔有何不同？

16. 在车床上钻孔或在钻床上钻孔，由于钻头弯曲都会产生"引偏"，它们对所加工的孔有何影响？在随后的精加工中，哪一种比较容易纠正？为什么？

17. 普通砂轮有哪些组成要素？各以什么代号表示？

18. 熟悉砂轮标记的表示方法，说明下列标记的意义。

(1) Ⅰ型-300×50×75-AF60L5V-35m/s。

(2) Ⅱ型-150/120×35×32-10×20-GCF46J5B-50m/s。

19. 既然砂轮在磨削过程中有自锐作用，为什么还要进行修整？

20. 砂轮硬度与磨粒硬度有什么不同？二者之间有无联系？

21. 磨削为什么能够达到较高的精度和较小的表面粗糙度值？

22. 对于磨削加注切削液比对一般切削加工更为重要，为什么？

23. 磨孔远不如磨外圆应用广泛，为什么？

24. 磨平面常见的方法有哪几种？

25. 加工精度要求高、表面粗糙度值小的纯铜或铝合金轴件外圆时，应选用哪种加工方法？为什么？

26. 磨孔和磨平面时，由于背向力 F_p 的作用，可能产生什么样的形状误差？为什么？

27. 用无心磨法磨削带孔工件的外圆面，为什么不能保证它们之间同轴度的要求？

第11章

特种加工、复合加工、精整加工与光整加工

> **本章导学**：特种加工、复合加工、精整加工与光整加工都是对传统机械加工技术的拓展与创新，是为解决生产中所遇到的更难加工、更高精度或特殊表面质量要求的问题而提出，并得到发展的新方法、新技术、新工艺。本章学习的重点在于了解现代工业制造中最有代表性且应用较广泛的几种特种加工、复合加工、精整加工和光整加工方法的工作原理、工艺特点及适用范围。在本章所涉及的内容中，出现许多值得关注和思考的工艺创新、技术创新和工程创新的理念和思维方法，这是本章学习的另一个重点。

11.1 特种加工方法及其工艺特点

特种加工泛指那些不属于传统机械切削加工范畴的各种材料去除加工方法，又称非传统加工、非常规加工，特种加工是将电、磁、声、光等物理能量、化学能量或其组合直接作用于被加工表面的方式，实现余量材料的去除从而完成零件加工的方法。特种加工可以完成传统加工难以加工的材料（如高强度或超低强度、高韧性或黏塑性、高硬度或超低硬度、高脆性、耐高温材料，工业陶瓷等无机材料，以及其他具有特殊性能的特殊材料甚至是极端材料等）以及精密、微细、形状复杂零件的加工。在模具制造、航空航天、电子半导体、轻工医疗及国防军工等诸多工业部门，以及电动机、电器、仪表、透平机械、汽车和拖拉机等行业产业中，已成为不可或缺的加工方法。

特种加工方法已有多种，而且还在不断增加。本章的特种加工部分主要介绍应用较多的电火花加工、电解加工、激光加工、超声波加工方法、电子束加工方法，以及复合加工方法。

11.1.1 电火花加工

1. 电火花加工原理

电火花加工是利用工具电极（简称工具）与工件电极（简称工件）之间脉冲放电产生的高温和压力冲击实现对工件材料去除的方法，又称为放电加工方法。此方法自20世纪50年代被提出，经不断发展已成为机械制造行业的成熟技术与常用加工方法。应用上主要发展为两大分支，即电火花成形加工方法（Electrical Discharge Machining，EDM）和线切割加工方法（Wire Electrical Discharge Machining，WEDM）。

电火花成形加工原理如图 11-1 所示，基于 RC 电路设计原理的脉冲直流电源连接在工具电极和工件电极两端，在进给机构驱动下，两极接近至一个足够小的放电间隙时，电极间"相对最靠近的点"处工作介质的绝缘被击穿，形成脉冲式的火花放电通道，产生的局部高温和爆炸引起的冲击力会把放电通道对应点处的材料熔化并抛出，通过持续的脉冲放电可以实现对工件的材料去除加工，在工件上形成与工具电极形状对应的"反拷贝"三维型面（见图 11-1b）。

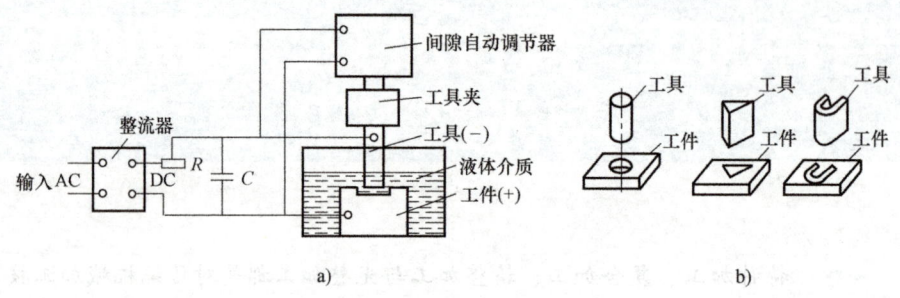

图 11-1 电火花成形加工原理
a）加工原理 b）加工的型孔

2. 电火花加工机床

电火花加工机床如图 11-2 所示，一般由提供放电能量的<u>直流脉冲电源</u>、维持放电间隙的<u>电极伺服驱动装置</u>、<u>机床本体</u>及<u>工作介质</u>（要求有一定的介电绝缘强度，如煤油）<u>供给系统</u>四个基本部分组成。

目前，工业应用的电火花成形机床已普遍升级为数控型，工作电源已达到纳秒级脉冲级别，成为精加工手段之一。

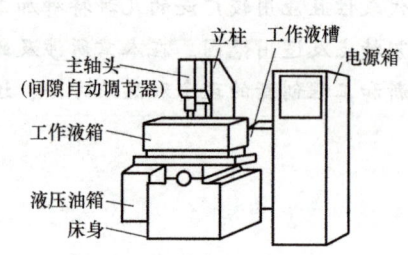

图 11-2 电火花加工机床

电火花线切割机床简称线切割机床，与电火花成形机床不同的是电火花切割机床以直径为 0.02~0.2mm 的线状电极取代成形工具电极。图 11-3 所示为国内常用的往复运丝式的电火花线切割机床工作原理，其卷丝筒做正反向交替转动，带动电极丝相对工件做上下往复移动；脉冲电源的两极分别接在工件（阳极）和电极丝（阴极）上，使工件与电极丝之间发生脉冲放电，从而在工件上形成上下贯通的切割缝，承载工件的数控工作台做 x、y 两维运动，与线电极配合在工件上切割出所需要的形状。一般的线切割机床在其导丝轮架上都还具有 u、v 两个辅助伺服运动，可以切割带有斜面的工件。

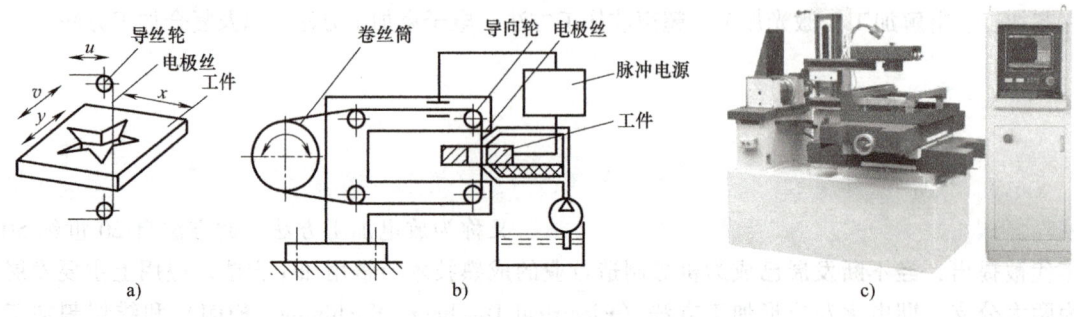

图 11-3 电火花线切割机床及工作原理

3. 电火花加工的特点及应用

1) 主要用于加工硬度高或硬度低、脆性大、韧性高、熔点高等难切削的导电材料，如硬脆合金、淬火钢等。

2) 工具电极与工件不接触，加工时无切削力影响，有利于小孔、窄缝以及各种复杂截面的型孔、曲线孔、型腔等的加工，以及薄壁工件的加工，也适合精密微细加工。

3) 产热少，热影响小，可以提高加工质量，适于加工热敏性强的材料。

4) 操控方便，通过调节脉冲参数，能在同一台机床上连续进行粗、半精、精加工。

电火花加工的加工精度，一般情况下，型腔加工为 0.1~0.01mm，穿孔可达 0.05~0.01mm，线切割可达 0.02~0.01mm；表面粗糙度值为 Ra 为 1.6~0.8μm。

电火花加工的应用范围很广，特别是在模具制造业，可以用于加工型腔及各种孔，如锻模模膛、塑料型腔、异形孔、喷丝孔等，还可以进行表面强化和打印记等，已成为现代模具制造等行业的主流应用技术及设备之一。图 11-4 所示为用电火花加工的喷油嘴小孔。

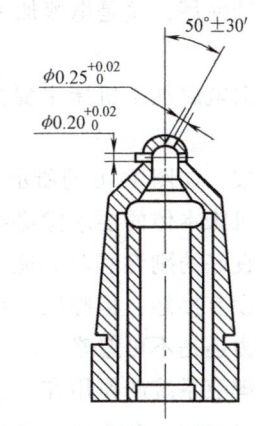

图 11-4 电火花加工的喷油嘴小孔

11.1.2 电解加工

1. 电解加工原理

电解加工属于电化学加工方法，是利用金属在电解液中产生阳极溶解的电化学反应原理，对金属材料进行加工的一种方法。电解加工原理如图 11-5 所示，电解加工时，以工件为阳极，以工具为阴极，电解液在两极间的狭小间隙内高速流过，形成电解反应的同时将蚀除产物带走。随着工具（阴极）不断向工件（阳极）进给，逐渐在工件的对应表面上加工出和阴极型面近似对应的反拷贝形状。电解加工的工艺条件是低电压（6~24V）、大电流（可高达 20000A）、小间隙（0.1~0.8mm）和高速电解液流（流速为 5~60m/s）。

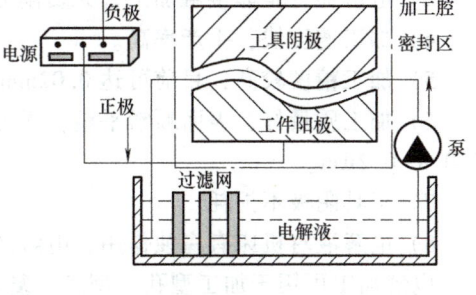

图 11-5 电解加工原理

当使用氯化钠水溶液作为电解液加工低碳钢工件时，其主要电化学反应如下：

1) 电解液在电场作用下发生离解，反应如下：

$$NaCl \rightleftharpoons Na^+ + Cl^-$$
$$H_2O \rightleftharpoons 2H^+ + OH^-$$

2) 工件端（阳极）发生阳极溶解，反应如下：

$$Fe - 2e \longrightarrow Fe^{2+}$$
$$Fe^{2+} + 2(OH)^- \longrightarrow Fe(OH)_2 \downarrow$$
$$4Fe(OH)_2 + 2H_2O + O_2 \longrightarrow 4Fe(OH)_3 \downarrow$$

3）工具端（阴极）反应为：

$$2H^+ + 2e \longrightarrow H_2\uparrow$$

工件端（阳极）溶解生成的氧化铁沉淀物被高速流动的电解液带走，以保证电解去除过程持续进行，最终完成电解加工。加工过程中，工具端的阴极还原过程会产生氢气游离逸出。理论上，电解加工过程中的电解质和工具电极没有耗损，电解液只需补充水，而工具则可以长期使用，这是电解加工的一大特点。

2. 电解加工机床

一般电解加工机床主要由<u>机床本体、直流电源（或脉冲直流电源）以及电解液循环系统</u>三大部分组成，如图11-6的所示。

对机床本体的要求除必要的运动精度外，还要求有良好的刚性和防锈能力。尽管加工时工具与工件没有接触，但隙间高压、高速液流所产生的作用力还是不可忽略的。

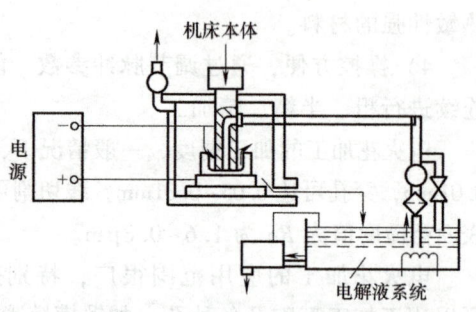

图11-6 电解加工机床组成

电解液系统的作用在于连续而平稳地向加工区供给足够流量和合适温度的干净电解液。它主要由电解液泵、电解液槽、过滤器、热交换器以及管阀等组成。

3. 电解加工的特点及应用

电解加工具有如下特点：

1）能以简单的进给运动一次加工出形状复杂的型面或型腔，如锻模、叶片等。

2）可加工各种难切削的金属材料，不受材料力学性能的限制，如淬火钢、高温合金和钛合金等。

3）电解加工是非接触加工，无切削力和切削热作用，可加工薄壁或易变形类零件。

4）加工速度快，生产率高。

5）加工精度较高，目前可达0.02mm。

6）加工质量好，表面顺滑平整，无毛刺、无残余应力，质量好。加工表面粗糙度值Ra为$0.8\sim0.2\mu m$。

7）工具阴极不损耗。

8）电解液对机床有腐蚀作用，电解产物的处理和回收会产生一定的成本。

电解加工可用于加工型孔、型腔、复杂型面、小孔，以及套料、去毛刺、刻印等方面，在涡轮叶片生产中应用最多。图11-7所示为电解加工后整体叶盘上的叶片。

a)

b)

图11-7 电解加工后整体叶盘上的叶片及电解加工方式

电解加工和电火花加工在应用范围上有许多相似之处,不同的是电解加工的生产率较高,加工精度较低,且机床费用较高。因此,电解加工适用于成批和大量生产,而电火花加工主要适用于单件、小批量生产。

11.1.3 激光加工

1. 激光加工原理

以激光束照射工件使工件发生材料的去除、结合或性能改变的方法统称为激光加工。

激光是一种在激光器中通过受激辐射而产生的加强光束,具有亮度高、方向性好、单色性强、发散角小和相干性的特点,理论上可以聚焦到尺寸与光波波长相近的小斑点上,其焦点处的功率密度可达 $10^3 \sim 10^7$ W/mm^2,温度可高至一万摄氏度左右。在此高温下,地球上任何坚硬的材料都将瞬间(10^{-3}s)被熔化和汽化,同时产生强烈的冲击波,使熔融物质发生喷溅,完成材料的去除。利用这种光热效应可以进行钻孔、切割、焊接、表面处理等激光加工。

图 11-8 所示为激光加工机床工作原理图。激光器将电能转变为光能,产生所需的激光束,通过光学系统聚焦成柱状或带状光束,照射到加工部位。光束的粗细可根据加工需要进行调整。工件安装在数控工作台上,由数控系统控制完成所需的进给运动。

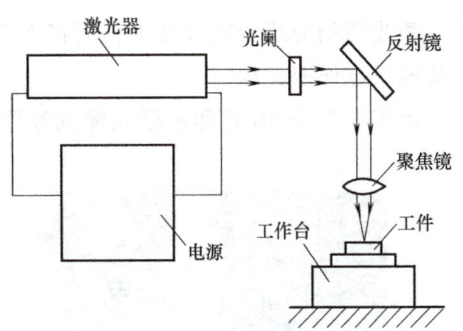

图 11-8 激光加工机床工作原理

目前激光加工用的主流激光器类型及适用特点见表 11-1。

表 11-1 激光加工用主流激光器的类型及适用特点

类型	激光波长/μm	输出方式	光电转换效率	聚焦光斑	金属吸收率	使用寿命/h	激光器体积	适用范围
YAG固体激光器	1.0~1.1	脉冲	3%~5%	较大	35%	300	较小	可加工铜、铝,切割能力较差,适用于点焊和高反材料焊接
CO_2气体激光器	10.6	连续	10%	较小	12%	2000	大	切割能力强,适合非金属切割和金属焊接,可用于激光钎焊
光纤激光器	1.0~1.1	脉冲连续	35%~40%	小	35%	10^4	小	切割能力强,适合加工金属,可用于多种焊接方式。连续式激光用于切割、焊接,脉冲式激光用于打标、清洗等

2. 激光加工特点

1)不受材料力学性能的影响,可以加工几乎所有的金属材料和非金属材料。但不同波长的激光器对加工材料的使用范围是不一样的。

2)加工速度极高,钻一个孔只需 0.001s;无论是切割还是焊接,速度都很快、热影响和热变形小，精度也比较高，易于自动化生产和流水作业。

3）激光加工是非接触式加工，无切削力作用，无加工受力变形。

4）可通过空气、惰性气体或光学透明介质进行加工，可以远距离加工。

5）激光加工是物理热作用，构件材料在加工过程中被汽化或熔化时可能产生有害气体，需要考虑排放处理。

近十多年是激光加工技术发展和工业推广应用最快的时期，激光器种类的增加和成本的大幅降低，以及激光应用技术的成熟为主要原因。激光加工较多的应用是在切割和焊接两大领域，其他方面也有许多应用，如 0.01~0.001mm 级的微小孔加工、服装行业的面料处理加工、金属材料激光热处理及改性等。激光切割速度一般都远超机械切割，可切割厚度 10mm 以上的金属材料或几十毫米的非金属材料，切缝宽度一般为 0.1~1mm，如图 11-9 所示。激光切割应用于钣金加工，可将下料和冲裁，甚至焊接在一道工序上完成，直接改变了传统的钣金作业流程。

近年在激光 3D 打印和激光雕刻等领域的应用也推进的很快。

 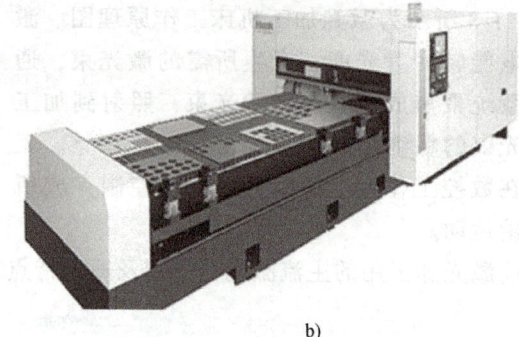

图 11-9　激光切割及激光切割机床
a）激光切割　b）切割机床

11.1.4　超声波加工

1. 超声波加工原理

超声波加工是利用工具头的超声频机械振动作用对工件进行加工的方法。16kHz 以上的频率为超声频段，超声波加工一般使用 20kHz 左右的频率。超声波工具头可以直接作用于工件材料，实现焊接加工；也可借助于磨料对材料做去除加工；作为辅助加工方法，超声波还广泛用于零件清洗。

超声波去除加工原理如图 11-10a 所示。加工时，工具以一定的压力作用在工件上，加工区送入磨料液，高频振动的工具端面锤击工件表面上的磨料，通过磨料将加工区的材料粉碎。磨料液的循环流动，带走被粉碎下来的材料微粒，并使磨料不断更新。工具逐渐深入到材料中，工具形状便复现在工件上，如图 11-10b 所示。

工具的高频振动源自发生器-换能器的电能与机械能转换系统。如图 11-10a 所示，发生器 1 为换能器 4 提供高频交变电流，并建立高频交变磁场。换能器由镍或镍铝合金等具有磁致伸缩效应的材料做成，在高频交变磁场作用下，换能器连同工具头 7 产生相应的高频振

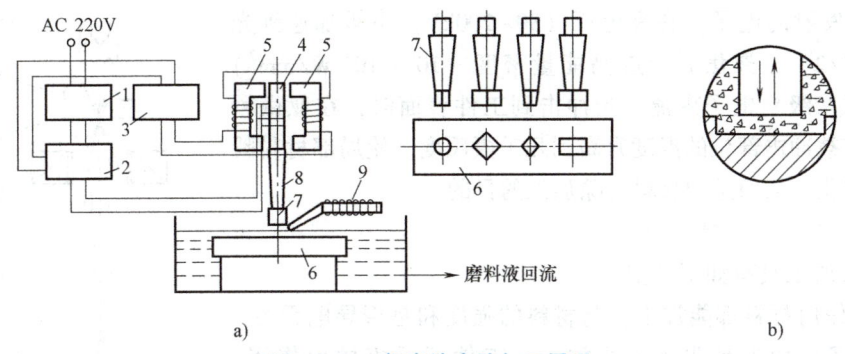

图 11-10 超声波去除加工原理
a) 加工原理　b) 加工型孔过程
1—高频发生器　2—信号放大器　3—硅整流器　4—换能器　5—直流电磁铁
6—工件　7—工具头　8—变幅杆　9—悬浮液喷管

动。工具头 7 前端与工件 6 之间的磨料液由磨料泵及悬浮液喷管 9 提供，高频振动通过磨料作用于工件 6 表面，强化了对工件表面的冲击破碎作用及材料去除过程。在换能器 4 与工具头 7 之间连接一段截面尺寸按一定规律逐渐缩小的变幅杆 8，作用是放大振幅，使工具端部的振动能量密度增大，以提高加工效率。超声波加工机床组成如图 11-11 所示。

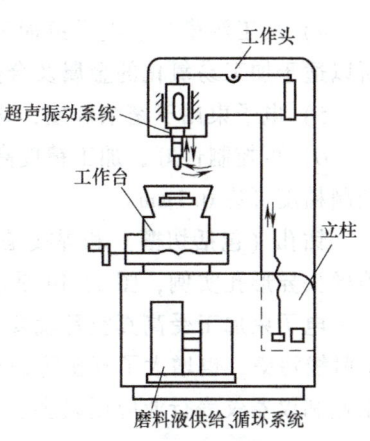

图 11-11 超声波加工机床

2. 超声波加工的特点及应用

超声波加工具有如下特点：

1）作为去除材料的加工方法，超声波加工主要适用于各种不导电的硬脆材料，如玻璃、宝石、陶瓷等材料的钻孔、开槽和型腔加工等，是非金属硬脆材料加工的主要手段之一。对于导电的硬质金属材料，因其生产率远低于电火花加工而不被采用。

2）适于加工复杂形状的内表面和成形表面以及套料加工等。

3）工具对加工材料的宏观作用力小，热影响小。

4）利用超声波振动可以使两个接触的材料表面形成摩擦焊接，具有洁净、低温冷焊的特点，适用软塑性非金属材料的焊接，如食品、药品包装塑料件的焊接。

此外，在加工难切削的硬质金属材料及贵重脆性材料时，利用工具做高频振动，还可以与其他加工方法（如切削加工和电加工）配合，进行复合加工。

一般超声波加工的孔径范围为 0.1～90mm，深度可达 100mm 以上。加工孔的尺寸误差小于 ±（0.02～0.05）mm。采用 F320 碳化硼磨料加工玻璃时，表面粗糙度值 Ra 为 $0.8\mu m$，加工硬质合金时为 $Ra0.4\mu m$。

11.1.5 电子束加工

1. 电子束加工原理

利用高速电子束流的动能转变成热能的方式实现对材料的加工为电子束加工（Electron Beam Machining，简称 EBM）。其加工原理如图 11-12 所示，在真空条件下，由旁热阴极

(电子枪) 发射的电子，在高电压（80~200kV）下被加速到光速的 1/3~1/2，经聚焦后形成高能量密度（10^6~10^9 W/mm²）的极细（微米级）电子束流，当冲击到工件表面时，在亚微秒的时间内使被冲击部位的温度升高到几千摄氏度，使局部材料瞬间熔化或汽化，从而达到材料去除加工的目的。

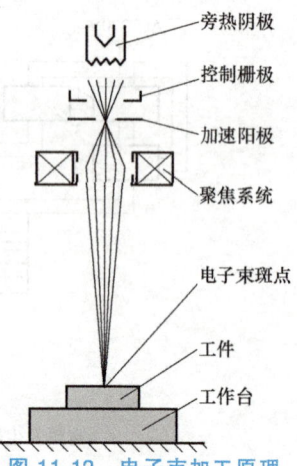

图 11-12　电子束加工原理

2. 电子束加工的特点及应用

电子束加工具有如下特点：

1）对任何材料都能加工，与材料的强度和是否导电无关。

2）电子束加工是非接触式加工，工件不受机械力作用，也不存在工具损耗。

3）束径小，束长大可达束径的几十倍，适合加工深径比大于 10 的深孔、微细孔、窄缝等。

4）加工污染少。电子束加工在真空（10^{-2}~10^{-4}Pa）下进行，可避免氧化和杂质产生，所以适于加工易氧化的金属及合金材料，特别适合加工要求高纯度的半导体材料。

5）电子束用于精细焊接，化学纯度高，熔深大，热影响区小，焊接速度快。

6）可控性好，加工精度高。易通过磁场、电场参数控制束流强度、聚焦点位，位置控制精度可达 0.1μm。

钻孔（包括切槽）和焊接是电子束加工应用的两个主要方面，图 11-13 是电子束加工单喷丝头异形孔实例，图 11-14 是电子束焊缝与钨极氩弧焊焊缝的实例对比。

电子束加工受高真空环境要求的限制，成本高，不适合加工大尺寸工件；高电压会产生 X 射线污染，也增大了安全防护成本。这些限制了电子束加工的应用范围，目前主要在航空工业和仪器仪表行业应用较多。

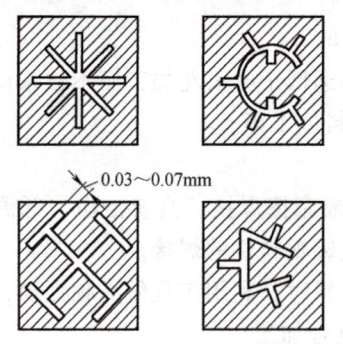

图 11-13　电子束加工单喷丝头异形孔

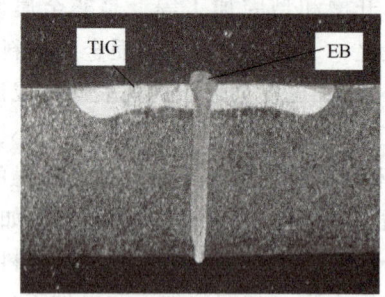

图 11-14　电子束焊缝与 TIG 焊缝对比

11.2　复合加工方法

将两种或两种以上不同的加工方法通过叠加或组合的方式对同一工件进行加工或处理的方法称为复合加工。复合加工是当今机械加工技术发展的重要方向之一，也是工业制造领域关注度最高的学术话题之一。

与单一加工方法相比,复合加工能够扬长避短,优势互补,在进一步提高加工效率和获得更好的加工质量以及降低加工成本方面,往往表现出"1+1>2"的叠加或组合效应。

复合加工方法的分类:

1) 相同能量形式的不同加工方法的组合,通常表现形式为同一工序中的顺序作业。例如,车铣复合加工(机床)、铣磨复合加工(机床)等。

2) 不同能量形式的不同加工方法的组合或叠加,通常表现形式为同一工位上对同一表面同时加工作业。例如,电解磨削、电化学机械研磨、超声电解抛光、超声复合切削、激光3D打印与铣削复合加工等。

本节主要介绍第二类复合加工中的几种典型方法。

11.2.1 电解磨削

电解磨削(Electro-Chemial Grinding,ECG)是将阳极氧化过程和机械磨削过程叠加到一起共同作用于加工表面的一种复合加工方法,其加工原理如图11-15所示。特制的导电砂轮是采用导电基结合剂,通常是电镀固结磨料法制成的砂轮,当其接入直流电源负极,工件接直流电源正极,且有电解液流过两极间隙时,就会构成一个电解过程。电解磨削之前,先对砂轮做阳极溶解处理,使其金属结合剂(如电镀层)表面低于砂轮最外层的磨粒。电解磨削时,导电砂轮靠近工件,使其外凸的磨粒与工件接触并保持一较小的压力,以保证砂轮导电体与工件间建立必要的电解极间间隙。电解加工一般采用非线性电解液,例如 $NaNO_3$-$NaNO_2$ 电解液,其阳极(工件)溶解产物会附着在阳极表面,形成一层阻止电解过程持续进行的薄钝化膜,即出现极化现象。当阳极表面上的膜层被导电砂轮的磨粒磨除后,新的金属表面暴露,使得电解过程由钝化状态重新转入活化状态,阳极溶解得以继续进行。这种持续交替的过程用于对一些难加工材料表面的加工,其材料去除速度远大于单一磨削或单一电解加工方法的去除速度,且因作用力小,不发热,在获得高生产率的同时,还可以得到高的加工表面质量和高的加工精度。应用电解磨削方法时,应注意设备和工件的锈蚀和废液的排放问题。

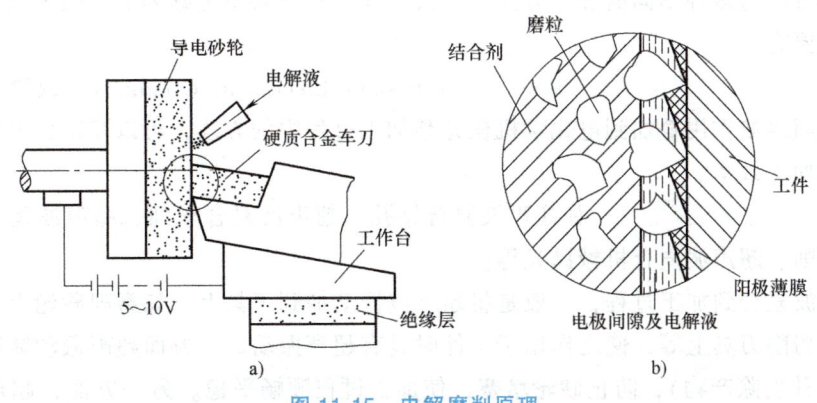

图11-15 电解磨削原理

电解加工主要应用于超硬、超韧、超黏等难加工材料以及受力易变形或受热易变形复杂结构件的精加工,如钛合金、硬质合金等。例如,电解磨削硬质合金车刀时,加工效率比普通的金刚石砂轮磨削要高3~5倍,表面粗糙度值可达 $Ra0.2\sim0.012\mu m$。

11.2.2 电化学机械光整加工

电化学机械光整加工（Electrchemical Machemical Finishing，ECMF）是用于光整加工的一种复合加工方法，或称作电化学机械复合光整加工。其材料去除机理与电解磨削类似，也是利用钝性电解液的极化成膜，通过磨粒的除膜与成膜交替实现加工，因此有时也被称为电解复合光整加工。所不同的是，电化学机械研磨采用的不是导电砂轮而是磨条（油石）类的固着磨料磨具，特制的磨具在结构上保证电解作用的发生和稳定。图 11-16 所示是一种用于外圆光整加工的研具结构，两个磨条呈一定夹角沿外圆面母线与

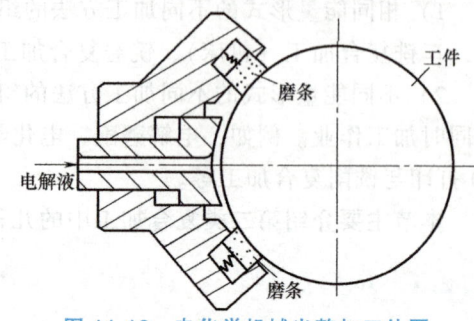

图 11-16 电化学机械光整加工外圆

工件表面接触，单位面积接触压力小于通常的机械研磨和电解磨削，工具电极与工件外圆面之间形成电解极间间隙，在电解液作用下形成电解过程。随着工件的转动，电解成膜和机械刮膜过程连续进行。由于刚性的磨条只能刮除工件表面高点处的钝化膜，凹下部位因为刮不到钝化膜而不能继续溶解，表面因此可以快速整平。

电化学机械光整加工适合于对精加工表面做进一步的镜面光整加工，具有不受材料硬度和工件尺寸限制、可以快速降低金属表面粗糙度值（Ra 可达 $0.1\sim0.02\mu m$）、加工表面质量优于机械研磨、工装设备简单、加工成本低等优点。多用于淬硬钢、不锈钢制件的表面光整加工，如用于镜面冷轧带轧辊的最终加工。

与电解磨削类似，电化学机械光整加工使用中性电解液，对环境污染较小，但也需对废液排放采取合理措施。

11.2.3 超声波复合加工

超声波可以与多种不同的加工方法组合或叠加，从而获得更好的加工表面质量和更高的生产率。主要有：

1) 超声波电化学机械复合磨削加工（Ultrosonic Electrolytic Grinding），或称为超声电解磨削，是将超声波作用叠加到电化学机械光整加工过程中的方法，可以获得比电化学机光整加工更高的加工效率。

2) 超声波复合切削加工，如超声波复合钻孔、超声波复合车削、超声波复合铣削、超声波复合磨削、超声波复合机械抛光等。

将超声波复合到加工过程，一般是将超声波振动加到工具上，如磨削砂轮上、电解研磨工具头上、切削刀具上等，使之作用于工件时具有超声振动。一方面超声振动能够高效促进排屑（指各种去除产物），防止砂轮堵塞，使加工过程顺畅平稳。另一方面，超声波的空化作用会促进或直接导致材料的去除；还可以使切削液或冷却液更容易到达加工区域，显著改善加工条件。例如图 11-17 所示的超声波复合磨削机床，可以高效地加工碳化物陶瓷、碳纤维复合材料等。多种作用的复合可以使加工效果大大超过任何单一方法加工的情况。例如，超声磨削时，砂轮在超声振动下，不但能迅速去除钝化膜，而且在加工区域内产生的"空

化"作用还可增强电化学反应，促进工件表面被加工部位金属的溶解速度，特别适用于超高硬度等难加工金属工件。

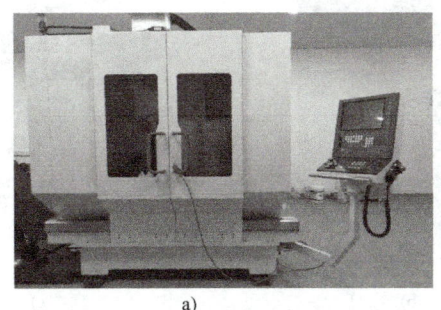 

图 11-17 超声波复合磨削机床
a) 超声波复合磨床　b) 超声波复合磨头

11.2.4 激光堆焊铣削复合加工

3D 打印是指基于计算机分层叠加理论的一类增材制造技术。激光堆焊，即激光金属 3D 打印，是指以激光做热源，用金属粉材做原材料，进行三维数控增材制造的新技术，也称为激光金属粉末三维烧结技术或三维堆焊技术。激光金属 3D 打印技术可以直接快速制造出结构很复杂的工业金属零件或近净毛坯，而不需要造型、翻砂、焊接、切削等烦琐复杂的传统工序，其重要意义在于使 3D 打印实质性进入工业制造行业的通道。但是通过激光烧结或堆焊得到的制件，因为精度不够高，一般还需要转入机械切削或磨削等工序完成必要的后加工才能装机应用。将激光金属 3D 打印与切削加工组合到一起，基于机床数控技术，形成复合加工，则解决了"快速出精品"的问题，如，激光 3D 打印铣削复合加工。图 11-18 所示是 2016 年出现的一种兼具激光堆焊与铣削加工能力的复合加工中心。

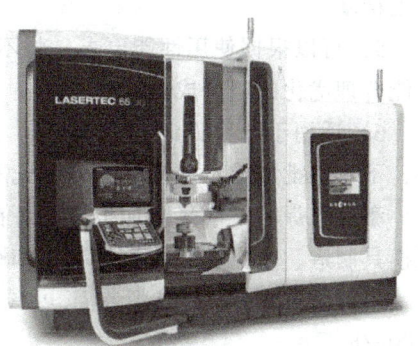

图 11-18 激光堆焊与铣削复合加工中心

激光堆焊与铣削复合加工中心的工作原理：在一台机床集成有激光堆焊与铣削两种功能，两种功能可以自动切换。先是由送粉系统通过同轴喷嘴将所需要的金属粉材逐层喷在基础材质或基板上，如不锈钢或工具钢或镍基合金等不同合金钢的金属粉，激光束加热使金属粉在到达工件表面时达到熔点并与基础材质融合在一起。通过对粉流速度、角度，激光束参数以及机床运动参数的优化选取和执行控制，以及保护性气体的防氧化作用，可以获得结合强度高、无气孔和无裂纹缺陷的工件。经过适当的原位冷却后再进行机械切削加工，可获得必要的精度和表面粗糙度值。激光堆焊与铣削可以交替进行，以得到复杂的 3D 结构。最后工件与基板分离，完成工件的整体加工。图 11-19 所示为在同一台机床上的两种加工过程。

激光增材与切削复合是一种将增材制造和减材加工综合起来的新型复合加工技术，也是一种新的制造模式。从应用情况看，激光增材与切削复合加工技术具有如下特点：

1) 在一道工序上（在同一台机床上），从零开始，可完成制坯和精切削的全部加工过

图 11-19 激光堆焊与铣削的复合加工实例

a）激光粉末 3D 堆焊　b）铣削　c）完工的工件

程，制造过程快速准确。

2）无需复杂的工装夹具，节省材料，节省能耗，同时也减少了对环境的影响。

3）可以整体制造形状或结构复杂的零件。

4）由于不存在多次安装导致的安装误差、定位误差和基准转换等误差，可以获得高的加工精度。

5）可以根据使用性能要求，将不同金属材料按需要逐层或按区域堆积融合，获得材料-性能合理优化的组合成分结构。

6）适用于原型件制造和单件、小批量生产。因单件生产工时长，金属粉原料成本较高，不具备批量成本分摊优势，因此不适合大批量生产。

激光堆焊与铣削复合加工方法可在新品研制或样机制作中发挥重要作用，目前主要应用于模具制造、航空航天、汽车制造和医疗器械等行业。

目前激光堆焊和铣削加工可以生成的最小壁厚达到 0.3mm，增材成形速度可达 2000g/h。

11.3　精整加工和光整加工方法简介

精整加工和光整加工是精密加工中常用的两类方法。精整加工是指对精加工之后的工件，通过微量切除来提高工件精度和减小表面粗糙度值的一类加工方法，如研磨、珩磨等。光整加工是指以减小工件表面粗糙度值为目的，不切除或极少量微切除材料的一类加工方法，如超级光磨、抛光等。超级光磨，以前也被称为超精加工，为避免与超精密加工混淆，不建议使用超精加工的说法。

11.3.1　研磨

1. 研磨加工原理

研磨是在机械加工及产品装配或修配中常用的精整加工方法。

研磨方法是指在研具与工件之间置以研磨剂，以被加工表面自身定位，进行微量去除的加工方法。研磨时，研具在一定压力作用下与工件表面之间做复杂且均匀的相对运动，通过研磨剂的机械及化学作用,从工件表面切除很薄的一层材料,从而达到很高的精度和很小的表面粗糙度值。

研磨过程中,一部分磨粒在研磨压力作用下会嵌入研具表面,其露出部分对工件表面刻划形成微量去除;另一部分磨粒在研具与工件之间滚动,通过滚轧效应也会产生材料的微量去除,如图 11-20 所示。材料的去除主要发生在工件表面的微观高点或突出部分,随着高点的降低,表面粗糙度值减小,表面趋于平滑,形状误差变小,直至研具和磨粒与被研磨表面之间的实际接触面积增大到单位面积上的压力小于等于工件材料的抗破坏强度后,研磨的材料去除过程便停止。研具通常使用铸铁、低碳钢、黄铜、塑料或硬木等硬度较小的材料制造。

研磨剂由磨料、研磨液和辅助填料等混合而成,有液态、膏状和固态三种,以适应不同加工的需要。常用的磨料有刚玉、碳化硅和人造金刚石等。研磨液起悬浮磨粒和冷却润滑的作用,并能使磨粒较均匀地分布在研具表面。常用的研磨液有煤油、汽油、机油等。辅助填料具有表面活化作用,以促进研磨效率和表面质量的提高,如硬酯酸、油酸等化学活性物质。

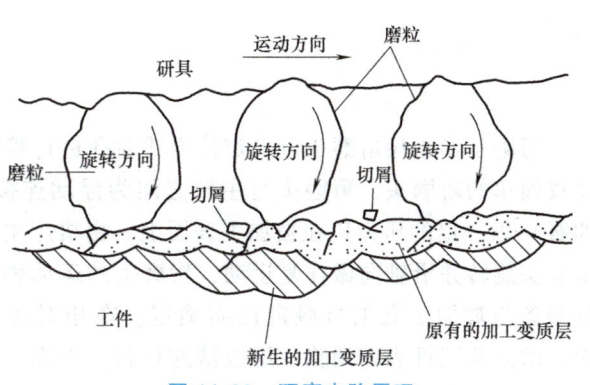

图 11-20 研磨去除原理

研磨方法分为手工研磨和机械研磨两种。研磨运动的轨迹设计原则是尽量使被加工表面各处高点被均匀去除。因此,研具与工件之间的相对运动都是复杂轨迹。

图 11-21 所示为一种常见的双盘面行星式研磨机的运动原理。工件置于两块做反向转动的盘形研具 A、研具 B 之间,研具 A 的转速 n_A 比研具 B 的转速 n_B 大。工件串在隔离盘的销杆上。工作时,隔离盘被带动绕隔离盘轴线旋转,转速为 n_C。由于隔离盘轴线处在偏心位置,偏心距为 e,工件一方面在销杆上自由转动,同时又沿销杆滑动,因此获得复杂的相对运动,便可获得高的精度和很小的表面粗糙度值。

2. 研磨的特点及应用

研磨具有如下特点:

1) 不需要复杂设备,简单易行。研磨除可在专门的研磨机上进行外,还可在简单改装的车床、钻床等设备上进行,成本低。

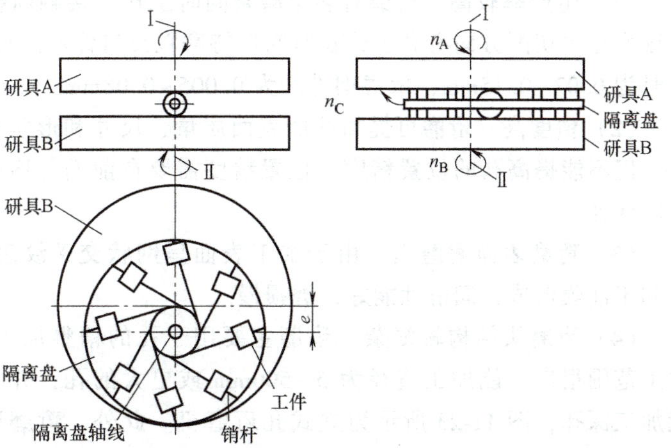

图 11-21 双盘面行星式研磨机原理

2) 可以提高尺寸精度、形状精度和表面质量。尺寸精度可达 0.3~0.1μm,表面粗糙度值可达 Ra0.025μm 以下。但由于加工时是以被加工表面自身定位的，所以不能改善工件的位置精度。

3）生产率低，加工余量一般不超过 0.01~0.03mm。

4）研磨剂中可能会包含对环境有害的成分。

到目前为止，大多情况下，研磨还是获得高精密零件的最经济、最有效的最终加工方法，因此应用很广。常见表面如平面、圆柱面、圆锥面、螺纹表面、齿轮齿面等，都可以用研磨进行精整加工。例如，用研磨对精密量块、量规、齿轮、钢球、喷油嘴等零件进行精加工；在光学仪器制造业中，用研磨对镜头、棱镜等零件进行精加工；在电子工业中，用研磨对石英晶体、半导体晶体、陶瓷元件等进行精加工。精密配合偶件如柱塞泵的柱塞与泵体、阀芯与阀套等，往往要经过两个配合件的配研才能达到要求。

11.3.2 珩磨

1. 珩磨加工原理

珩磨是专指用珩磨头以自定位方式对孔进行精整加工的方法。图 11-22 所示是一种结构比较简单的珩磨头，珩磨头与主轴之间为浮动连接。珩磨时，珩磨头上的磨条（一般采用油石）以一定的压力压在被加工表面上，由机床主轴带动珩磨头旋转并沿轴向做往复运动，珩磨头的运动轴线通过其磨条与被加工孔的接触定位而确定。在相对运动过程中，磨条从工件表面切除一层极薄的材料，表面质量、尺寸精度和形状精度得以提高，同时在孔表面留下网状交叉纹理。

因为为浮动连接，对设备要求不高，在大批量生产中，珩磨在专门的珩磨机上进行；单件、小批量生产情况下，则可以在立式钻床或卧式车床上进行。

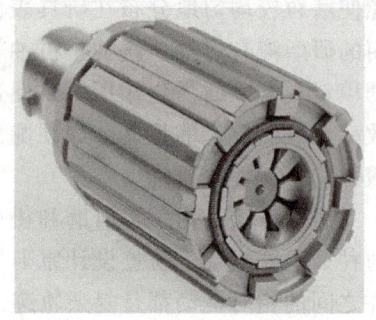

图 11-22 珩磨头结构

2. 珩磨的特点和应用

珩磨特点如下：

（1）生产率较高　珩磨时多个磨条同时工作，接触面积大，同时参加切削的磨粒较多，连续变化的切削方向有利于较长时间保持磨粒刃口锋利。珩磨余量比研磨大，一般，珩磨铸铁时为 0.02~0.15mm，珩磨钢件时为 0.005~0.08mm。

（2）精度高　珩磨可提高孔的表面质量、尺寸和形状精度，但不能提高孔的位置精度。位置精度需要在前面工序中予以保证。

（3）珩磨表面耐磨损　由于加工表面呈网状交叉纹理，有利于油膜形成，润滑性能好，磨损慢。

（4）珩磨头结构较复杂　珩磨主要用于孔的精整加工，加工范围很广，能加工直径为 5~500mm 或更大的孔，并且能加工深孔，图 11-23 所示为立式孔珩磨机。此外，珩磨还可以应用于外圆、平面、球面和齿面加工等方面。

珩磨在生产中被广泛应用，其独特的网状加工纹理特别适于有摩擦运动的内孔表面。如各种内燃机的气缸、缸套、

图 11-23 立式孔珩磨机

液压缸、炮筒等，珩磨已成为这类零件典型的精整加工方法。

11.3.3 滚挤压

滚挤压加工是在常温下利用专门的滚挤压工具对工件表面施加一定的压力，使其产生塑性变形，在工件表面形成冷硬层和残余压应力，从而提高其硬度和强度的工艺方法。因此，滚挤压一般作为表面光整和强化加工方法使用。按照滚挤压工具与被加工表面接触时工具（钢球、滚轮和滚针等）是否能绕其轴线旋转，滚挤压加工可分为滚压和挤压两种。

1. 滚压加工

图 11-24a 所示是在车床上滚压外圆的示意图，图 11-24b 所示是滚压外圆所使用的滚轮式弹性滚压工具。使用时，将杆体安装在车床方刀架上，使滚轮与工件之间形成弹性恒压力接触。为利于金属塑性变形，通常将滚轮与工件呈一定角度 η 安装。

滚压工艺较简单、高效，应用范围较宽。不仅可以滚压外圆表面，也可以对内表面、成形表面进行加工，如图 11-25 所示为一种用于制造高强高精度螺栓的螺纹滚压机床。作为具有表面强化作用的精加工手段，滚压加工在一定范围内优于精磨、珩磨、研磨、精铰、精镗等常规工艺，可以取代之或作为其后续工序以进一步提高工件表面质量。

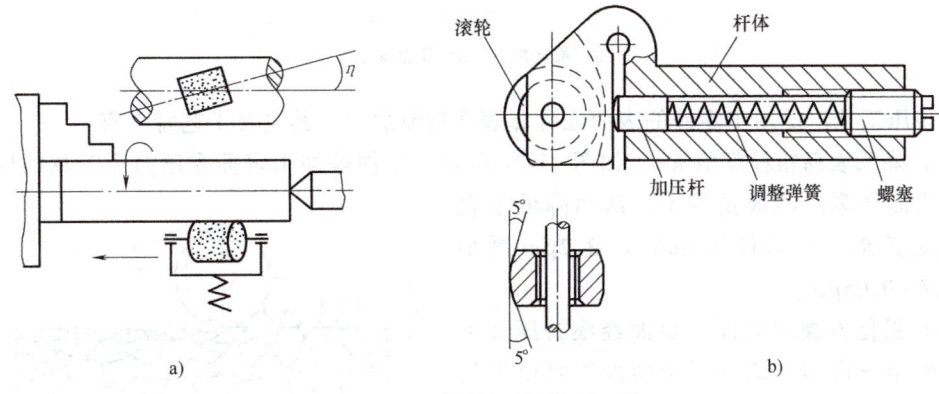

图 11-24 外圆滚压及滚压工具

a) 外圆滚压　b) 液压工具

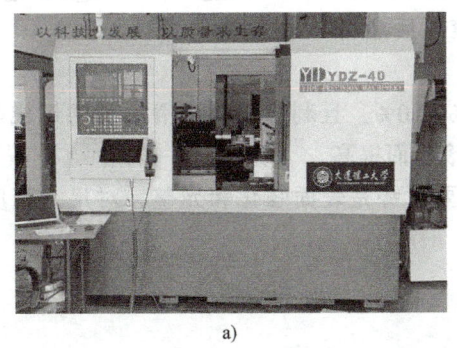 

图 11-25 螺栓滚压机床

a) 螺栓滚压机床　b) 螺栓滚压头

2. 挤压加工

图 11-26 所示是挤压加工的两种形式。挤压加工因挤压头通过内孔时表面被挤胀变大，

故又称为胀孔。图 11-26a 所示为推挤加工，一般在压力机上进行；图 11-26b 所示是拉挤加工，通常在拉床上进行。用钢球挤压内孔时，因钢球本身不能导向，为获得较高的轴线直线度的孔，挤压前孔轴线应具有较高的直线度要求。此方法适用于加工较浅的孔。

当滚挤压的工件材料硬度小于 38 HRC 时，常用 GCr15、W18Cr4V 或 T10A 等材料制造工具（主要指滚柱、钢球等）。对于热处理后硬度在 55HRC 以上的零件，可使用硬质合金或红宝石等材料制造工具，进行滚挤压。

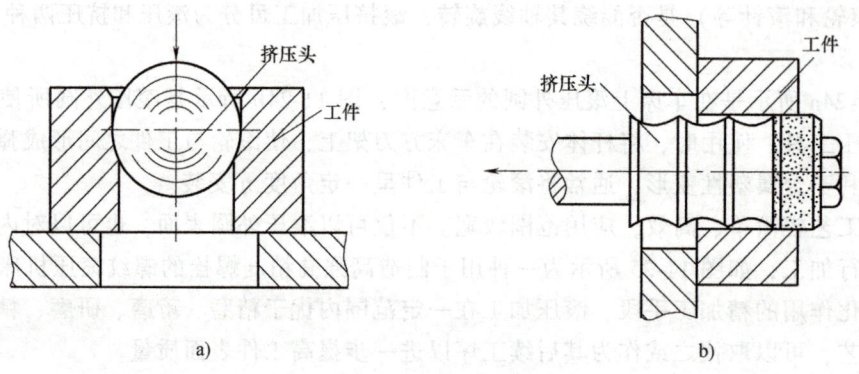

图 11-26　挤压加工的两种方式
a) 推挤加工　b) 拉挤加工

滚挤压工艺广泛用于零件的表面强化和表面精整加工。其主要工艺特点有：

（1）降低表面粗糙度值 Ra　如图 11-27 所示，工件被加工表面在滚挤压工具的压力作用下，表面微观凸峰被挤压平，从而降低了表面粗糙度值 Ra。一般可从 $Ra6.3 \sim 3.2 \mu m$ 减小至 $Ra1.6 \sim 0.05 \mu m$。

（2）强化被加工表面　表面经滚挤压加工后产生残余压应力，减小了切削加工时留下的刀纹痕迹等表面缺陷，从而降低了应力集中程度，疲劳强度一般可提高 5%～30%。承受较大交变应力的轴类零件，其轴肩圆角滚压后疲劳强度可提高 60% 以上。

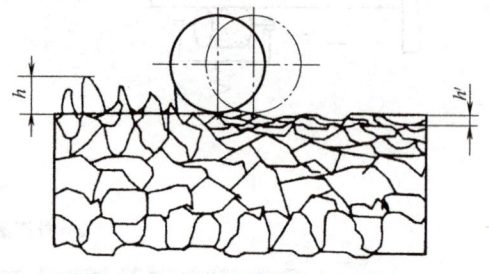

图 11-27　滚压前后的表面变化

滚压后的工件表面硬度可提高 5%～50%，且利于表面润滑油膜的形成与保持，可提高零件耐磨性。工件表面耐蚀性也可因滚压而提高。

（3）生产率较高　滚压加工的主要优势是表面强化和光整，对尺寸精度和形状精度提高不明显，不能修正位置误差。

11.3.4　抛光

抛光（Polishing）属于光整加工方法类。

1. 抛光加工原理

抛光是以柔性工具材料（如抛光布轮）和适当的微粉级磨料（如抛光膏）对工件表面进行高速或长时间摩擦而改善工件表面光亮程度的加工方法。金属件抛光加工常用的抛光膏一般由氧化铬、氧化铝、氧化铈或氧化铁等磨料的一种或多种，以及油酸、硬脂酸、石蜡等具有表面活性的介质材料配制而成。

抛光作用机理：抛光工具与工件表面的高速摩擦，使工件表面的微观高点出现短暂高温而发生高点材料向邻近低谷处的塑性流动，形成一种"移峰填谷"的微观整平效果；覆盖于表面的塑性流动层致密且平滑，具有较强的反光效果和抗氧化侵蚀能力，从而能使抛光过的表面长时间保持光亮而不生锈。

2. 抛光特点及应用

抛光具有如下特点：

1) 主要作用是提高表面光亮度，对表面粗糙度值的降低不明显，而不能保持或提高原加工精度。去除量极微，生产中一般忽略抛光对工件尺寸的改变。

2) 方法简便经济。抛光一般不用特殊设备，工具和加工方法也比较简单，成本低。

3) 容易对曲面进行加工。由于抛光轮是弹性的，能与曲面吻合，容易实现曲面抛光，便于对模具型腔进行光整加工。

4) 自动化程度低。抛光目前多为手工操作，劳动强度大，工效低。飞溅的磨粒、介质、微屑等污染环境，劳动条件较差。

抛光主要用于提高零件表面的外观质量或表面防护能力，抛光零件表面类型不限，可以加工外圆、孔、平面及各种成形面等。生产中应用抛光工艺对一些不锈钢制品、塑料、玻璃等制品、餐具、医疗器械等做最后工序的加工；为了保证电镀产品的质量，电镀生产中通常要对镀件做镀前抛光，以获得好的外观质量。

综述，研磨、珩磨、滚压和抛光等方法所起的作用是不同的，各有其适用范围。实际生产中应根据工件的形状、尺寸和表面要求，以及批量大小和生产条件等，选用合适的精整或光整加工方法。

思 考 题

1. 试说明电火花加工、电解加工、超声加工的基本原理。
2. 试说明激光加工、电子束加工、离子束加工的基本原理。
3. 特种加工有哪些共同特点？
4. 电火花加工、电解加工、超声加工、激光加工、电子束加工、离子束加工各适用于什么场合？
5. 电火花加工、电解加工、超声加工的工具都可以用硬度较低的材料制造，试分析其优点。
6. 试说明研磨、珩磨、滚挤压和抛光的加工原理。
7. 为什么研磨、珩磨、滚挤压和抛光能达到很高的表面质量？
8. 对于提高加工精度来说，研磨、珩磨、滚挤压和抛光的作用有何不同？为什么？
9. 研磨、珩磨、滚挤压和抛光各适用于什么场合？

第12章

典型零件表面加工方案

> **本章导学**：形状各异的机械零件，其典型加工表面可以归纳为6类，外圆面、内圆面、平面、曲面、螺纹和齿轮齿面，本章针对这些表面加工方案进行介绍。前面的第1~11章是本章的知识基础，本章是前面加工方法和机床知识的综合运用。工艺问题都是多元函数，选择加工方案最重要的原则是根据实际情况合理经济地实现加工要求。因此，学习中要特别强调辩证理解，要努力弄清楚为什么是这样而不是那样。

同一类型的表面，因为零件的结构特点、材料性质和表面加工技术要求不同，所采用的加工方法也会不一样。即使是同样要求的表面，也可能会因为加工批量或其他外部条件的不同而选择不同的加工方案。机械工程师的一项主要工作就是要根据任务要求和条件的变化选择正确的加工方案。

选择表面加工方案应以下面几个基本原则为指导：
1）所选加工方案的经济精度及表面粗糙度应与加工表面的技术要求相适应。
2）所选加工方案应与零件材料的可加工性相适应。例如，淬硬表面不能用常规切削加工方案。
3）所选加工方案应与产品的生产类型相适应。
4）所选加工方案应与工件的结构形状和尺寸大小相适应。

一个零件表面，往往不是仅用一种方法就能加工出来。如何将正确的加工方法按照合理的次序组合起来，经济、高效地完成零件表面的加工？也有一些重要的原则需要遵守，如"粗精分开，先粗后精""经济精度，分段加工"等。

为保证加工质量，并获得高的生产率和经济效益，整个加工过程应按粗加工、精加工两个阶段或粗加工、半精加工、精加工三个阶段进行。粗加工的目的是切除各加工表面上的大部分加工余量，并完成基准的准备。半精加工的目的是为各主要表面的精加工做好准备，即达到一定的精度要求并留有精加工余量，并完成一些次要表面的加工。精加工的目的是使表面最终达到图样的精度和表面质量要求。

粗加工是以快速去除大部分余量为目的，切削参数选值大，使工件受力、受热变形大以及内应力重新分布等，需要在粗加工之后进行精加工，才能保证质量要求。另外，先进行粗加工，可以及时发现毛坯的缺陷（如砂眼、裂纹、局部余量不足等），避免对不合格的毛坯继续加工而造成的浪费。同时，粗精分开，先粗后精，可以合理地使用机床，利于精密设备保持其精度。

本章将在前面各章知识的基础上，通过对常见典型表面加工方案的分析，来说明各种常规加工方法的合理选择和综合运用。

12.1 外圆面的加工方案

外圆面是轴类、盘套类零件的主要加工表面。

12.1.1 外圆面的技术要求

外圆面的主要技术要求如下：

（1）自身精度 即外圆面单一几何要素的精度要求，包括直径和长度的尺寸公差，轴线直线度、圆度或圆柱度等形状公差。

（2）方向、位置、跳动精度 即与其他关联要素之间的精度要求，如同轴度、垂直度、跳动等。

（3）表面质量 主要是指加工表面粗糙度，对于某些重要零件，还对表面硬度变化、残余应力和显微组织等有要求。

12.1.2 外圆面加工方案的分析

一般情况下，外圆面加工的主要方法是车削和磨削。要求高的表面，往往还要进行研磨、超级光磨等加工。对于某些精度要求不高，仅要求光亮的表面，可以通过抛光得到，但在抛光前要达到较小的表面粗糙度值。对于硬度较低的有色金属（如铜、铝合金等）零件，由于其精加工不宜使用磨削，常采用精细车削。

图 12-1 所示为外圆面加工方案的框图，可作为拟订加工方案的依据和参考。

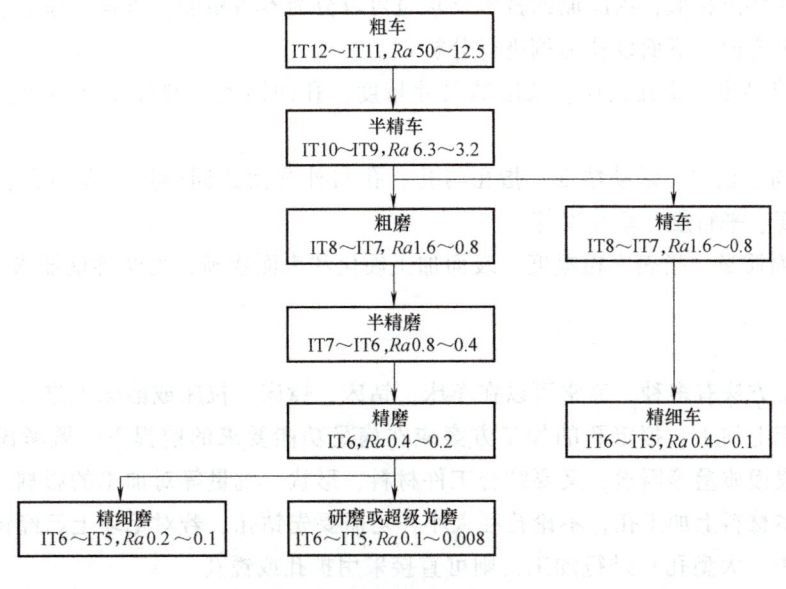

图 12-1 外圆面加工方案框图

(1) 粗车　除淬硬钢以外，各种零件加工都适用。当零件的外圆面要求精度低、表面粗糙度值较大时，只粗车即可完成。

(2) 粗车—半精车　适用于中等精度和表面粗糙度值要求的未淬硬表面。

(3) 粗车—半精车—磨（粗磨或半精磨）　此方案适于加工精度稍高、表面粗糙度值较小且淬硬的钢件外圆面，也广泛用于加工未淬硬的钢件或铸铁件。

(4) 粗车—半精车—粗磨—精磨　当外圆面要求精度更高、表面粗糙度值更小时，车削后需再进行磨削，先粗磨后精磨才能满足要求。但材料塑性大的有色金属零件不宜采用。

(5) 粗车—半精车—粗磨—精磨—研磨（或超级光磨或镜面磨削）　当外圆面有更高的要求，方案（4）也无法满足此要求时可采用此方案。

(6) 粗车—精车—精细车　此方案主要适用于精度要求高、表面质量要求高或较高的有色金属零件的加工。

12.2　内圆面的加工方案

内圆面中最典型、最主要的是孔，其是组成零件的基本表面之一。按其用途可分为：

(1) 配合孔　如主轴锥孔、轴承安装孔、齿轮孔等，这类孔都有较高的要求，尺寸公差等级要求 IT8 以上，表面粗糙度值 Ra 小于 $3.2\mu m$，需要精加工。

(2) 基准孔　如定位孔、顶尖孔等，要求与配合孔相同，需要精加工。

(3) 非配合孔　如各种过流孔、螺栓孔等，要求比较低，一般不需要精加工。

生产中需要根据孔的具体要求和生产条件，拟订较合理的加工方案。

12.2.1　孔的技术要求

与外圆面特点相似，内圆面的技术要求也可以分为本身精度，方向、位置、跳动精度和表面质量三个方面。下面以孔为例进行分析：

(1) 本身精度　指孔直径、长度的尺寸精度；孔的圆度、圆柱度及轴线直线度的形状精度。

(2) 方向、位置、跳动精度　指孔与孔、孔与外圆面的同轴度；孔与孔、孔与其他表面的尺寸精度、平行度、垂直度等。

(3) 表面质量　指表面粗糙度、表面加工硬化和表面物理、力学性能要求等。

12.2.2　孔加工方案的分析

孔的加工方法有多种，通常可以在车床、钻床、镗床、拉床或磨床上进行，但大孔和孔系常需在镗床上加工。拟定孔的加工方案应在满足功能要求的前提下，既考虑其大小、深度、精度及表面质量等因素，又要结合工件材料、形状、批量等对加工的影响。

若在实体材料上加工孔，不论孔径大小，均需要先钻孔。若对毛坯上已经铸出或锻出的孔（一般为中、大型孔）进行加工，则可直接采用扩孔或镗孔。

对于孔的精加工，铰孔和拉孔适用于未淬硬的中、小直径的孔；中等直径以上的孔，可以采用精镗或精磨；淬硬的孔只能磨削。

珩磨、研磨是常用孔的精整加工方法，前者多用于加工直径稍大的孔，后者则对大孔和小孔都适用。

另外，孔的加工条件远不如外圆面的加工，主要体现在刀具的刚度差，不易排屑和散热，切削液难以进入切削区，刀具容易磨损。因此，同样精度要求的孔比外圆面加工难度大，成本也就更高。

图12-2所示为孔加工（在实体材料上）方案的框图，可以作为拟订加工方案的依据和参考。

1）在实体材料上加工孔的方案如下：

① 钻用于加工公差等级为IT10以下的孔。

② 钻—扩（或镗），用于加工公差等级为IT9的孔，当孔径小于30mm时，钻孔后扩孔，若孔径大于30mm，钻孔后镗孔。

③ 钻—铰，用于加工直径小于20mm、公差等级为IT9~IT7的孔。

④ 钻—扩（或镗）—铰、钻—粗镗—精镗、钻—拉都可用于加工直径大于20mm、公差等级为IT9~IT7的非淬硬孔。

⑤ 钻—粗铰—精铰，用于加工直径小于12mm、公差等级为IT7的孔。

⑥ 钻—扩（或镗）—粗铰—精铰、钻—拉—精拉，用于加工直径大于12mm、公差等级为IT7的孔。

⑦ 钻—扩（或镗）—粗磨—精磨，用于加工公差等级为IT7且已淬硬的孔。

公差等级为IT6的孔的加工方案与公差等级为IT7的孔基本相同，其最后工序要根据具体情况，分别采用精细镗、手铰、精拉、精磨、研磨或珩磨等精细加工方法。

2）铸（或锻）件上已铸（或锻）出的孔，可直接进行扩孔或镗孔，对于直径大于100mm的孔，常选用镗孔。如对孔有更高加工要求，可参照以上加工孔的方案，如淬硬的孔，可选用粗镗—半精镗—精镗—精细镗、扩—粗磨—精磨—研磨（或珩磨）等。

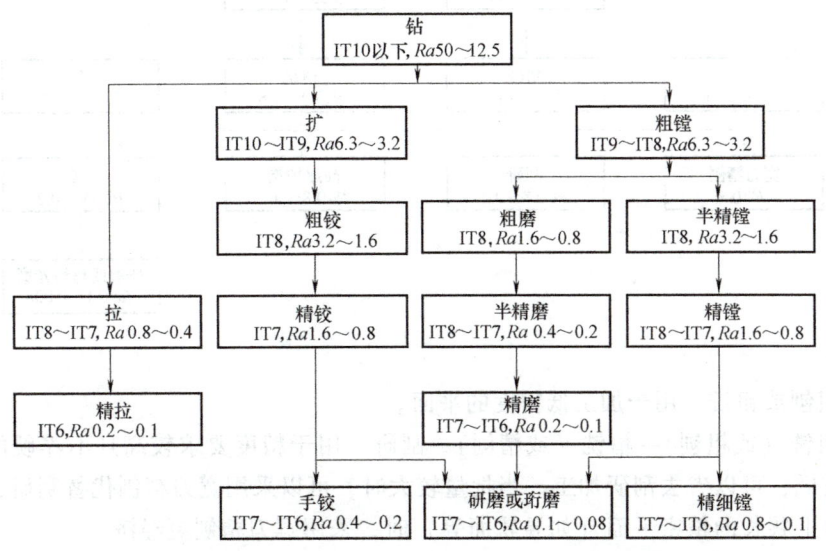

图12-2 孔加工（在实体材料上）方案框图

12.3 平面的加工方案

零件上的平面可分为配合平面、基准平面和非配合平面。配合平面包括相对运动的平面和固定连接的平面，基准面指加工中作为定位基准或测量基准的平面。配合平面和基准平面都是重要表面，加工技术要求高。非配合平面一般会有外观要求，但没有精度要求。

由于平面的作用不同，其技术要求也不同，加工时应根据技术要求采用不同的加工方案。

12.3.1 平面的技术要求

平面的技术要求如下：
1) 形状精度，如平面度和直线度等。
2) 方向、位置、跳动精度，如平面与关联要素之间的尺寸精度以及平行度、垂直度、倾斜度等。
3) 表面质量，如表面粗糙度、表层硬度变化、残余应力、显微组织变化等。

12.3.2 平面加工方案的分析

根据平面的技术要求以及零件的结构形状、尺寸、材料和毛坯的种类，结合具体的加工条件（如现有设备等），平面可分别采用铣、刨、磨、车、拉等方法加工。一般精度的常规平面加工最常选择铣削或刨削，回转体零件的端面多采用车削和磨削加工；精度要求更高的平面，选刮研、研磨等进行精整加工的方法。拉削仅适用于在大批量生产中加工技术要求较高且面积不太大的平面。淬硬的平面则必须用磨削加工。

图 12-3 所示为平面加工方案的框图，可以作为拟订加工方案的参考和依据。

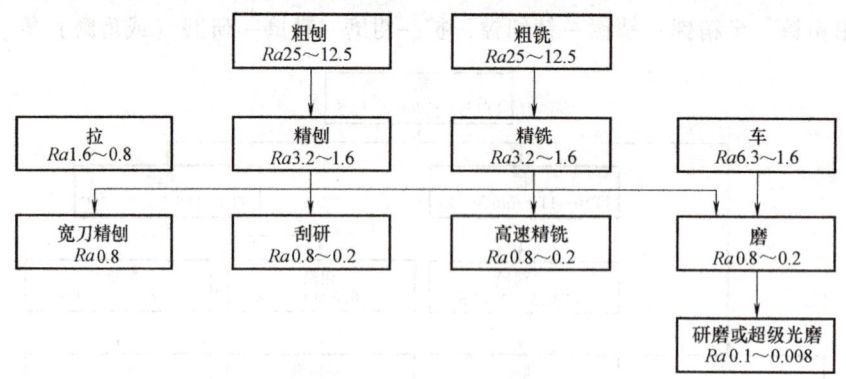

图 12-3 平面加工方案框图

(1) 粗刨或粗铣　用于加工低精度的平面。

(2) 粗铣（或粗刨）—精铣（或精刨）—刮研　用于精度要求较高且不淬硬的平面。若平面精度较低，可以省去刮研加工。当批量较大时，可以采用宽刀精刨代替刮研，尤其是加工大型工件上狭长的精密平面（如导轨面等）时，采用宽刀精刨更经济。

(3) 粗铣（或粗刨）—精铣（或精刨）—磨　多用于加工精度要求较高且淬硬的平面。

但不宜对塑性较大的有色金属工件进行精加工。

（4）粗铣—半精铣—高速精铣　适于高精度有色金属工件的加工，加工表面粗糙度值为 $Ra0.2\sim0.8\mu m$。在采用高速、高精度铣床和金刚石刀具的情况下，铣削表面粗糙度值 Ra 可以达到 $0.008\mu m$ 以下。

（5）粗车—半精车—精车　主要用于加工轴、套、盘等类工件的端面、轴肩，具体可根据加工面的精度要求合理确定最后工序。大型盘套类工件的端面，一般在立式车床上加工。

12.4　曲面的加工方案

生产中的曲面指零件上的曲率连续变化的复杂成形面。按几何特征，曲面大致可分为以下三种类型：

（1）回转曲面　由一曲线母线绕一固定轴线旋转而成，如机床手柄、滚动轴承内外圈的圆弧滚道等，在车床、外圆磨床上就可以完成。

（2）直线曲面　由一直线沿一曲线平行移动而成，如盘形凸轮、冲裁模的凸模、非圆柱面等。线切割机床加工的工件多为此类成形面。

（3）自由曲面　即三维空间曲面，是由一变化曲线沿另一变化曲线移动而成的连续曲面。如螺旋桨叶、模具型腔、鼠标形面等，一般需要在数控铣床或电火花成形机床上完成。

1. 曲面的技术要求

曲面加工的技术要求也是由尺寸公差、几何公差和表面粗糙度确定的。特定形状的实现及其精度保证是曲面加工的工艺重点。加工时，刀具的切削刃形状和切削运动应首先满足表面形状成形的要求。回转曲面和直线曲面的形状精度一般用线轮廓度控制，自由曲面要用面轮廓度控制。

2. 曲面的加工方法分析

传统切削加工方法只适合加工回转曲面和直线曲面，主要是通过使用成形刀具或仿形运动在常规切削机床上完成。因此，习惯上也把这两种曲面称为回转成形曲面和直线成形曲面。本节只介绍这两种成形曲面的传统加工方法。

（1）用成形刀具加工曲面　即用切削刃形状与工件廓形相符合的刀具，直接加工出成形面。例如，用成形车刀车削回转成形面（见图12-4）、用成形铣刀铣削成直线成形面（见图12-5）等。

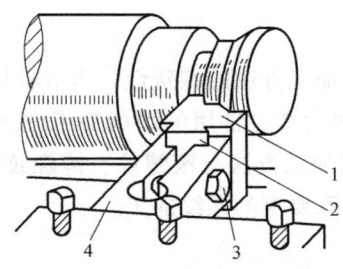

图12-4　用成形车刀车成形面

1—成形刀　2—燕尾　3—夹紧螺钉　4—刀夹

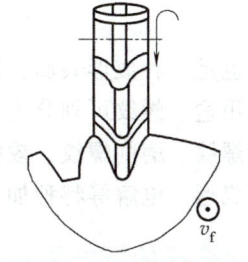

图12-5　用盘状铣刀铣成形面

用成形刀具加工成形面，工件曲面的形状精度取决于刀具切削刃轮廓的准确程度，机床的运动和结构比较简单，操作简便、生产率高，目前这种方法还被经常使用。但刀具的制造和刃磨比较复杂（特别是成形铣刀和拉刀），成本较高。而且，受工件成形面尺寸的限制，不宜用于加工刚度差而成形面较宽的工件。

（2）利用刀具和工件做特定的相对运动加工曲面　如用靠模装置车削曲线手柄成形面（见图12-6）就是其中的一种，还可以利用手动或液压仿形装置来控制刀具与工件之间特定的成形运动。现在，靠模法和仿形法已被数控机床加工所取代，但是，数控机床加工曲面仍是基于刀具与工件做特定相对运动的原理。

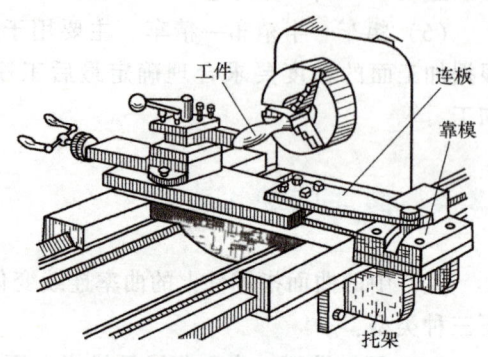

图 12-6　靠模装置车削成形面

利用刀具和工件做特定的相对运动来加工成形面，成形精度与相对运动的准确性密切相关，因此对机床的运动控制能力要求高，机床比较复杂，加工成本比较高，但刀具比较简单，并且可加工的成形面尺寸范围较大。

应根据零件的尺寸、形状、生产类型及实际生产条件等来选择成形曲面的加工方法。

对于形状不太复杂的小型回转体零件上的成形曲面，大批量生产时，常用成形车刀在自动或半自动车床上加工；批量较小时，可用成形车刀在卧式车床上加工，而现在多是在数控车床上完成。

对于尺寸较大的成形面，在大批量生产时，传统加工多采用仿形车床或仿形铣床加工；在单件、小批量生产时，可借助样板在卧式车床上加工，或者依据划线在铣床或刨床上加工，但这种方法加工的质量和效率较低，目前已普遍采用数控铣床或铣削加工中心来完成。

大批量生产时，为了加工一定的成形面，常专门设计和制造专用的拉刀或专门化的机床，如加工凸轮轴上凸轮的凸轮轴机床、凸轮轴磨床等。

成形的直槽和螺旋槽等，一般可用成形铣刀在万能铣床上加工。对于淬硬的成形面，或精度高、表面质量高的成形面，其精加工则要采用成形砂轮磨削，如齿轮成形磨床加工。

适当的成形刀具与现代数控机床相结合，可以将成形刀具加工的高效低成本优势和数控机床的柔性与自动化智能化优势叠加，这将是批量曲面加工的发展趋势。

12.5　螺纹的加工方案

螺纹也是一种成形表面，因其应用上的广泛性和加工方法的特殊性，本节将特别介绍。

按其用途，螺纹可划分为紧固螺纹和传动螺纹两大类。常用的切削加工方法有车削螺纹、铣削螺纹、磨削螺纹、攻螺纹和套螺纹等；塑性加工方法有滚螺纹、搓螺纹等；此外，用电火花成形、电解等特种加工方法也能完成一些特殊要求的螺纹加工。

12.5.1　螺纹的技术要求

螺纹的螺距误差、牙型角误差，以及中径、大径和小径都是螺纹加工质量的重点控制指标，对应精度要求的高低不同，螺纹表面质量也有不同的要求。对于紧固螺纹和要求较低的传动螺纹，一般只要求控制中径、顶径（外螺纹的大径、内螺纹的小径）的加工精度。对于有传动精度要求或用于测量的螺纹，如机床丝杠、测量仪器的读数螺纹等，除要求中径和顶径的精度外，还要求螺距和牙型角的精度，对螺纹表面质量也有较高的要求。

12.5.2 螺纹加工方案的分析

螺纹应用非常广泛，规格种类繁多，生产类型从单件、小批量到大批量都有。因此，对应的加工方法也是多种多样的。选择螺纹的加工方法时，要考虑的因素较多，其中主要是工件形状、内螺纹还是外螺纹、生产类型以及螺纹牙型、尺寸、精度、工件材料和热处理等。表12-1列出了常见螺纹加工方法所能达到的精度和表面粗糙度值，可以作为选择螺纹加工方法的依据和参考。

表 12-1 各种螺纹加工方法所能达到的精度和表面粗糙度值

加工方法	公差等级（GB/T 197—2018）	表面粗糙度值 $Ra/\mu m$
攻螺纹（攻丝）	7~6	6.3~1.6
套螺纹（套扣）	8~7	3.2~1.6
车削	8~4	1.6~0.4
铣刀铣削	8~6	6.3~3.2
旋风铣削	8~6	3.2~1.6
磨削	6~4	0.4~0.1
研磨	4	0.1
滚压	8~4	0.8~0.1

生产中常用的螺纹切削加工方法如下。

1. 攻螺纹和套螺纹

攻螺纹（Tapping）和套螺纹（Thread Die Cutting）是应用较广的螺纹加工方法，攻螺纹用于加工内螺纹，套螺纹用于加工外螺纹，都是以被加工表面自身定位的加工方式，因此加工精度较低，主要用于加工精度要求不高的普通螺纹。对于小尺寸的内螺纹，攻螺纹几乎是唯一有效的加工方法。单件、小批量生产时，可以用手用丝锥手工攻螺纹；当批量较大时，则应在车床、钻床或攻丝机床上用机用丝锥加工。套螺纹的螺纹直径一般不超过16mm，它既可以手工操作，也可以在车床或钻床上进行。

2. 车螺纹

在卧式车床上车螺纹（Thread turning）是螺纹加工的基本方法，使用通用设备，刀具简单，适应性广，可用来加工各种形状、尺寸及精度的内、外螺纹，特别适于加工尺寸较大的螺纹。但是车螺纹的生产率较低，加工质量取决于工人的技术水平以及机床、刀具本身的精度，所以主要用于单件、小批量生产。机械传动中常用的精密丝杆（不淬硬），就是利用精密车床车削得到的。

车削螺纹时，螺纹的牙型廓形是由成形车刀的形状确定的，为了提高生产率，常采用螺纹梳刀（Thread Chasing）（见图12-7）进行车削。螺纹梳刀实质上是一种多齿的螺纹车刀，只要一次走刀就能切出全部螺纹，所以生产率较高。但是，一般的螺纹梳刀加工精度不高，只能加工低精度螺纹，或者作为加工精密螺纹时的粗加工工序用。此外，螺纹附近有轴肩时也不能用螺纹梳刀加工。

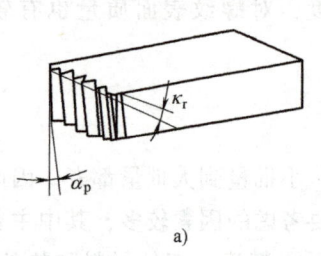 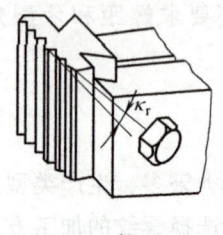 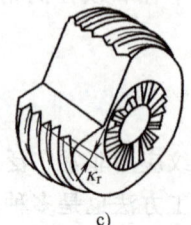

图 12-7　车削用螺纹梳刀

a）平体螺纹梳刀　b）棱体螺纹梳刀　c）圆体螺纹梳刀

3. 铣螺纹

铣螺纹（Thread Milling）多用于大径和螺距较大的梯形螺纹和模数螺纹的加工。与车螺纹相比，铣螺纹精度较低（6-8级），表面粗糙度值较大，但生产率较高，所以在成批和大量生产中，广泛采用铣削法完成螺纹的粗加工或半精加工。铣螺纹一般在专门的螺纹铣床或万能铣床上进行，根据所用铣刀的结构不同，可以分为如下两种方法：

（1）用盘形铣刀铣螺纹（见图12-8）　这种方法一般用于加工尺寸较大的传动螺纹，由于加工精度较低，表面质量较差，通常只作为粗加工，然后用车削进行精加工。

（2）用梳形铣刀铣螺纹（见图12-9）　一般用于加工螺距不大、短的三角形内、外螺纹。加工时，工件只需转一转多一点就可以切出全部螺纹，因此生产率较高。用这种方法可以加工靠近轴肩或盲孔底部的螺纹，且不需要退刀槽，但其加工精度较低。

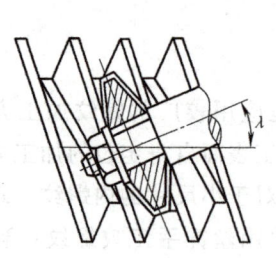 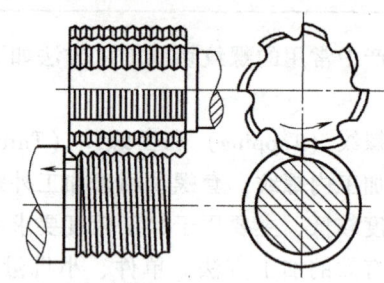

图 12-8　盘形铣刀铣螺纹　　　　图 12-9　梳形铣刀铣螺纹

（3）旋风铣削螺纹　旋风铣削螺纹（Thread Whirling）是使用专用铣削动力装置（旋风铣头）在车床上进行的一种先进的高效螺纹加工方法。其加工原理如图12-10所示，其由一个内装多个成形刀头（图例为4个）的刀盘与工件形成内切式包络切削，刀盘与工件成螺旋夹角安装在车床拖板上，在车床螺纹加工模式下进行切削。由于是多刀切削，刀齿每转的有效切削长度大、单齿切深大、切削线速度高（约400m/min），所以加工效率很高，一般生产率可以达到常规车床车削螺纹的10倍以上，表面粗糙度值 Ra 可达到1.6μm。旋风铣削在批量加工直径较大的长传动螺纹方面具有较强的优势，目前机床制造行业普遍采用该方法加工机床传动丝杠螺纹。

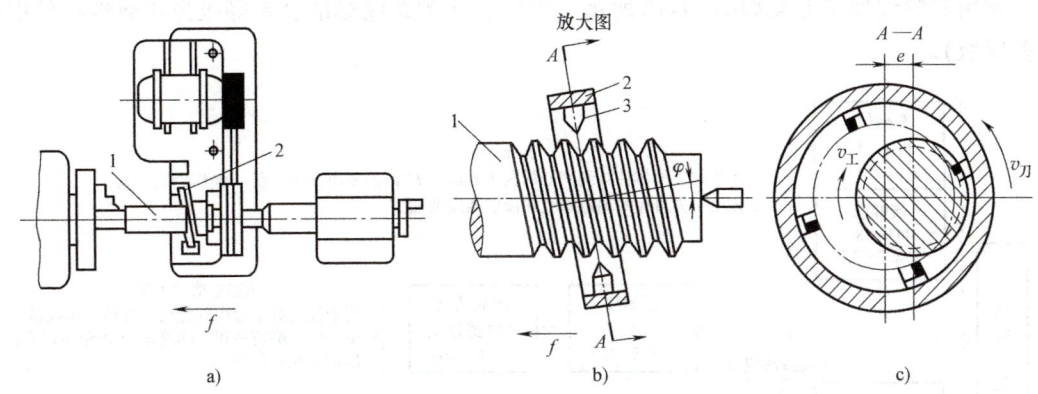

图 12-10　车床上旋风铣削螺纹示意图

a) 旋风铣头在车床上的位置　b) 刀盘与工件的夹角　c) 包络切削原理
1—工件　2—刀盘　3—成形刀齿

4. 滚压螺纹

滚压螺纹（Thread Rolling）是用冷轧方式使坯料表层材料发生塑性变形和塑性流动而形成螺纹的加工方法，主要用于加工外螺纹。包括搓丝板滚压（Flat Die Thread Rolling）和滚子滚压两种方式，简称搓丝（见图12-11a）和滚丝（见图12-11b）。其适用工艺范围：搓丝直径 $d \leqslant 25\text{mm}$，滚丝直径 $d = 0.3 \sim 120\text{mm}$。滚压法加工螺纹具有生产率高、易于实现自动化、螺纹强度高于切削加工螺纹的优点，适合大批量生产，是常用螺栓标准件生产中螺纹加工的主要方法。

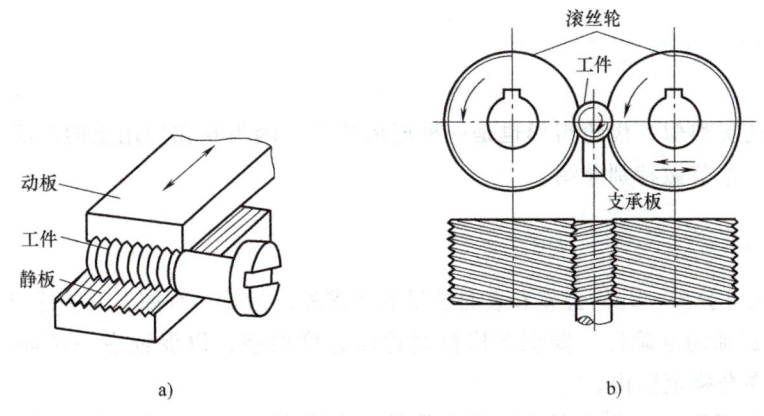

图 12-11　滚压螺纹

a) 搓丝板滚压　b) 滚子滚压

5. 磨螺纹

磨螺纹（Thread Grinding）是高精度螺纹加工的主要方法，常用于淬硬螺纹的精加工，如丝锥、螺纹量规、滚丝轮及精密传动丝杠上的螺纹，目的是修正热处理引起的变形，提高加工精度和表面质量。螺纹磨削一般在专门的螺纹磨床上进行。在磨削之前，可以用车、铣等方法进行预加工，而对于小尺寸（螺距为1.5mm以下）的精密螺纹，也可以不经预加工而直接磨出。

常用的螺纹加工方案如图 12-12 所示（图中标注的螺纹标准公差等级为普通螺纹的中径公差等级）。

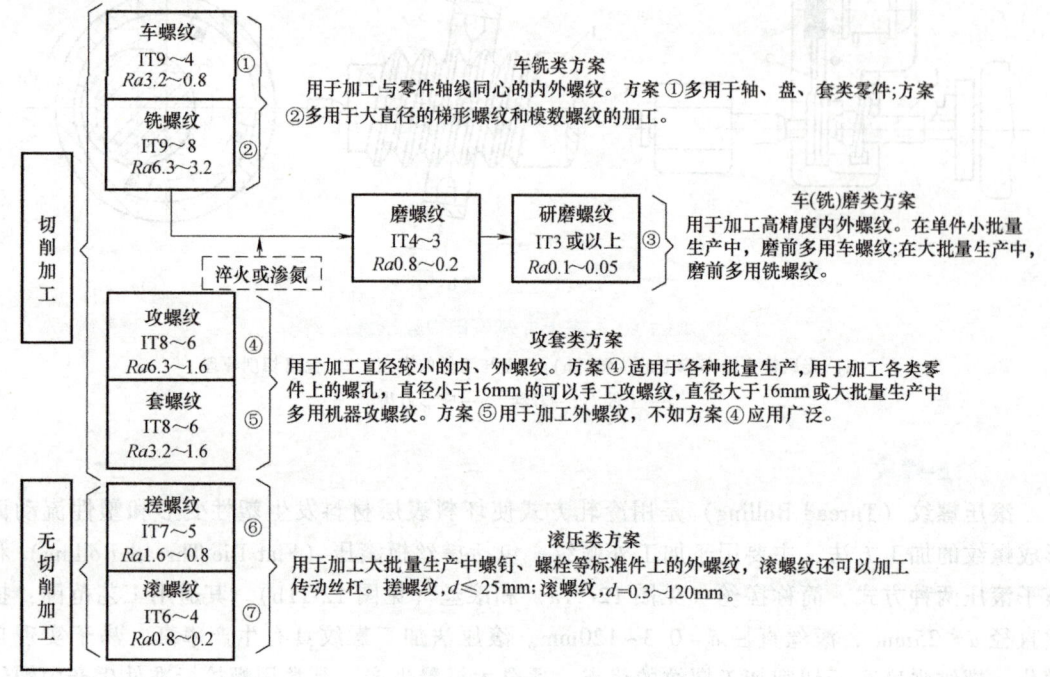

图 12-12 常用螺纹加工方案

12.6 齿轮齿形的加工方案

与螺纹的情况类似，齿轮齿形也是一种成形曲面，因齿轮在应用上的广泛性和齿形加工方法的特殊性，本节做特别介绍。

12.6.1 齿轮的技术要求

除一般的尺寸公差、几何公差和表面质量的要求外，齿轮还有如下一些特殊的精度要求：

（1）传递运动的准确性　要求严格控制轮齿分度误差，以保证在一转周期内的传动比最大波动保持在合格范围内。

（2）传动的平稳性　要求严格控制齿形轮廓的形状误差，以保证齿轮传动瞬时传动比的变化不能过大，以免产生振动和噪声。

（3）载荷分布的均匀性　要求对沿齿宽方向的齿向误差加以控制，以保证齿轮啮合时齿面有良好的接触，载荷均匀分布，防止应力集中，造成齿面局部磨损甚至损坏。

（4）传动侧隙　要求通过控制齿的加工量使齿厚偏差保持在合格的尺寸公差内，以保证齿轮在啮合时，非工作齿面间具有一定的间隙，以便储存润滑油，补偿因温度变化和弹性变形引起的尺寸变化以及加工和安装误差的影响。否则，齿轮在工作中可能卡死或烧伤。

国家标准 GB/T 10095.1—2008 对渐开线圆柱齿轮及齿轮副规定了 13 个精度等级，精度由高到低依次为 0，1，2，3，…，12 级。其中 7 级精度为基本级，即在一般条件下，普通的滚、插、剃三种切齿工艺所能达到的精度等级。

对于上述四项精度要求，不同齿轮会因用途和工作条件的不同而要求达到的精度有所不同，因此会影响齿轮齿形加工方案的选择。

常见齿轮有圆柱齿轮、多联齿轮、内齿轮、锥齿轮及蜗杆齿轮等，不同的齿轮结构也会影响到齿形加工方法的选择。

12.6.2　齿轮齿形加工方案的分析

齿形加工是齿轮加工的核心和关键。齿形加工包括切削加工法、塑性成形法、特种加工法和增材制造法四类，目前齿形加工的主流方式仍是切削加工类方法，其次是塑性成形类方法，例如，精锻齿轮、温挤压齿轮等；特种加工类方法主要用于难加工材料或结构的齿轮的齿形加工，例如，线切割法、电火花成形法、电解法等；增材制造（例如3D打印方法）则尚处于研究探索阶段，后两类方法在工业生产中的应用占比都很小。

本节主要介绍齿形的切削加工类方法。常用的齿形切削加工方法有铣齿、插齿、滚齿、剃齿、珩齿和磨齿等。

按齿形形成原理不同，切削法加工齿轮齿形可以分为如下两大类：

（1）成形法（Forming Method，也称仿形法）成形法是指使用与被切齿轮齿间形状一致的成形刀具，直接切出齿形的加工方法，如铣齿、成形法磨齿等，加工精度比展成法低。

（2）展成法（Generating Method，也称范成法或包络法）展成法是利用齿轮刀具与被切齿轮的啮合运动（或称展成运动）切出齿形的加工方法，如插齿、滚齿、剃齿和展成法磨齿等，精度较高。

齿轮齿形加工方法的选择主要取决于齿轮精度要求、齿面表面粗糙度要求，以及齿轮的结构、形状、尺寸、材料和热处理状态等。表12-2所列出的4～9级精度圆柱齿轮常用的齿面最终加工方案，可作为选择齿形加工方法的依据和参考。具体加工方法分析如下。

表12-2　4～9级精度圆柱齿轮齿形常用的最终加工方案

精度等级	齿面粗糙度值 $Ra/\mu m$	齿面最终加工方法
4（特别精密）	≤0.2	精密磨齿，或精密滚齿后研齿或剃齿
5（高精密）	≤0.2	同上
6（高精密）	≤0.4	磨齿，或精密剃齿，或精密滚齿，或精密插齿
7（精密）	1.6～0.8	滚+剃或插齿；对淬硬齿面：磨齿或珩齿或研齿
8（中等精密）	3.2～1.6	滚齿、插齿
9（低精度）	6.3～3.2	铣齿、粗滚齿

1. 铣齿

铣齿（Gear Milling）是指在铣床上使用成形齿轮铣刀加工齿轮齿形（见图12-13）。加工时，工件安装在分度头上，用盘形齿轮铣刀（见图12-13b）（齿轮模数 $m<16$ 时）或指形齿轮铣刀（见图12-13c）（$m>10$ 时）对齿轮的齿间进行铣削，加工完一个齿间后，进行分度，再铣下一个齿间。

铣齿具有如下特点：

（1）成本较低　铣齿可以在通用铣床上进行，刀具比其他齿轮加工刀具简单。

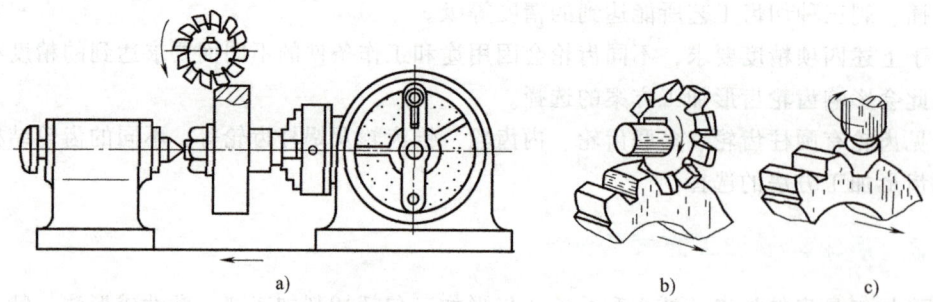

图 12-13　用成形刀具铣齿
a) 铣齿方法　b) 盘形齿轮铣刀铣齿　c) 指形齿轮铣刀铣齿

(2) 生产率低　铣刀每切一个齿间，都要重复切入、切出、退刀以及分度等，增加了辅助时间。

(3) 精度较低　铣削齿形的精度主要取决于铣刀的齿形精度。理论上，模数相同而齿数不同，则齿形也不相同，应该使用与各自齿数相对应的齿形铣刀。实际生产中，为了降低刀具准备成本，简化工艺，把同一模数的齿轮按齿数划分成若干段，通常分为 8 段（$m<8$）和 15 段（$m \geqslant 8 \sim 16$），每段采用同一个刀号的铣刀进行加工。表 12-3 列出了分成 8 段时各号铣刀加工的齿数范围。各号铣刀的齿形是按该组内最小不根切齿数的标准齿形设计制造的，加工其他齿数的齿轮时，只能获得近似齿形，产生齿形误差。另外，铣床所用的分度头是通用附件，分度精度不高，会影响铣齿的分度精度（产生或增大周节误差）。

表 12-3　齿轮铣刀的刀号

铣刀号数	1	2	3	4	5	6	7	8
能铣削的齿数范围	12~13	14~16	17~20	21~25	26~34	35~54	55~134	≥135

铣齿不但可以加工直齿、斜齿和人字齿圆柱齿轮，而且还可以加工齿条和锥齿轮等。但由于上述特点，一般仅用于单件、小批量生产或在维修工作中加工 9 级精度以下，齿面粗糙度值为 $Ra6.3 \sim 3.2 \mu m$ 的低速齿轮。

2. 滚齿

(1) 滚齿（Gear Hobbing）原理　滚齿属于展成法加工，是用齿轮滚刀在滚齿机上进行齿轮加工的。工作原理相当于一对蜗轮蜗杆的啮合过程，如图 12-14a 所示。其中用高速钢制造蜗杆，并在垂直于螺旋线方向开出多个容屑槽，形成多排刀齿，铲背并刃磨后就形成了齿轮滚刀，如图 12-14b 所示，工件（齿轮坯）作为蜗轮，二者保持一定的相对运动，即可实现滚齿加工。

(2) 滚齿运动　在如图 12-15 所示的滚齿加工中，滚刀的旋转运动为切削主运动。滚刀与工件的啮合运动形成连续的分度，即分齿运动，由滚齿机的传动系统来实现。为切出整个齿宽，滚刀需要沿工件轴线作进给运动，即轴向进给运动，工件每转一转，滚刀移动的距离为轴向进给量。

(3) 滚齿工艺特点及应用

1) 滚齿是齿形加工中精度较高的一种加工方法，在一般条件下，滚齿能保证 8~7 级精度，若采用精密滚齿，可以达到 6 级精度。而铣齿仅能达到 9 级精度。

第12章 典型零件表面加工方案

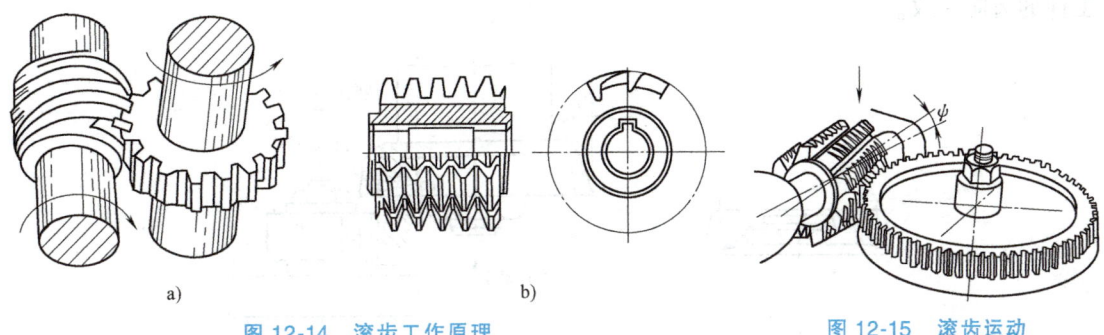

图 12-14 滚齿工作原理
a) 蜗轮蜗杆啮合 b) 齿轮滚刀

图 12-15 滚齿运动

2) 滚齿加工通用性好，一把滚刀可以加工模数相同而齿数不同的齿轮。但刀具制造、刃磨成本较高。

3) 滚齿切削过程连续，并在专用齿轮加工机床（滚齿机）上进行，故生产率高。

滚齿应用范围较广，可加工直齿圆柱齿轮、斜齿圆柱齿轮和蜗轮等，但不能加工内齿轮和相距很近的多联齿轮。加工斜齿圆柱齿轮时，除常规运动外，还需要工件有一个附加的转动，以便切出倾斜的轮齿。

3. 插齿

（1）插齿（Gear Shaping）原理 插齿属于展成法加工，是用插齿刀在插齿机上加工齿轮轮齿的。工作原理相当于一对圆柱齿轮的啮合，如图12-16所示。若将其中一个用高速钢制造，并在轮齿上刃磨出角度形成切削刃，即成为插齿刀，另一个作为工件（齿轮坯），则在啮合转动过程中即可实现齿轮加工。

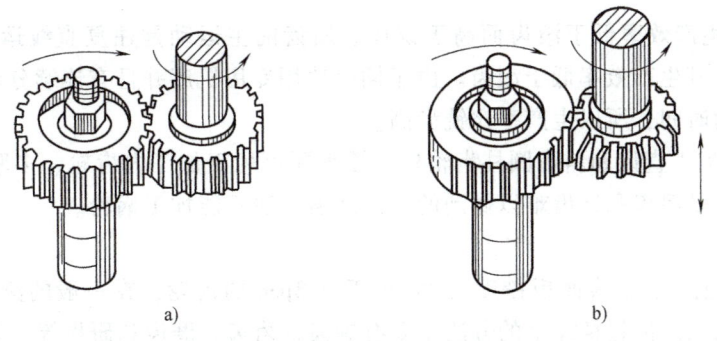

图 12-16 插齿工作原理
a) 圆柱齿轮啮合 b) 插齿

（2）插齿运动 在插齿过程（见图12-17）中，插齿刀的上下往复直线运动为主运动，其与刨削主运动类似，单程做功。插齿刀与工件之间的啮合转动形成分齿运动，刀齿的切削刃包络形成齿轮的齿廓。由于齿高不可能一次加工完成，因此插齿刀需沿工件径向逐渐向中心移动，即为径向进给运动，刀具往复一次径向移动的距离，称为径向进给量。为了避免插齿刀回程中刀齿的后面与齿面发生摩擦，工件需沿径向让开一定距离，而在工作行程时又恢复原位，这称为让刀运动。加工斜齿圆柱齿轮时，要用斜齿插齿刀。除上述四个运动外，在插齿刀作往复直线运动的同时，插齿刀还要作一个附加的转动，以使刀齿切削运动的方向与工件的齿向一致。

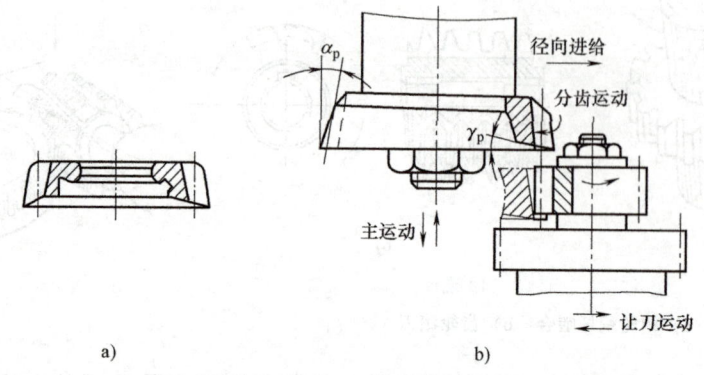

图 12-17 插齿刀和插齿运动
a) 插齿刀　b) 插齿

（3）插齿工艺特点及应用

1) 插齿的加工精度与滚齿相当，高于铣齿。插齿刀的制造、刃磨及检验均比滚刀简单、方便，容易制造得比较精确。但插齿机的分齿运动链比滚齿机复杂，增加了传动误差。综合结果是，插齿与滚齿的精度相差不多。

2) 插齿刀与滚齿刀相似，一把刀具可加工齿轮齿数的范围较大，而铣刀可加工的齿数范围则很有限。

3) 插齿加工的齿面表面粗糙度值较小。这是因为插齿时插齿刀沿齿宽方向连续切下切屑，形成连续平滑纹理；而在滚齿和铣齿时，轮齿齿宽是由刀具多次断续切削而成，是波状断续纹理。

4) 插齿的生产效率低于滚齿而高于铣齿。插齿的主运动是往复直线运动，单程做功，故一般情况下，其生产效率低于滚齿。由于插齿使用专用机床并且有连续分齿运动，比铣齿的断续分度节约时间，所以生产率比铣齿高。

5) 除可以加工直齿和斜齿圆柱齿轮外，插齿还可用于加工内齿轮、多联齿轮或带有台肩的齿轮等，这是滚齿和铣齿难以做到的。但插齿方法不能加工蜗轮。

4. 齿轮精加工方法简介

6 级精度以上、齿面表面粗糙度值 Ra 小于 $0.8\mu m$ 的齿轮，在一般的滚、插加工之后，还需要进行精加工。齿轮精加工的方法主要有剃齿、珩齿、磨齿和研齿等，其中剃齿只适于加工软齿面。

（1）剃齿（Gear Shaving）　如图 12-18a 所示，属于展成法加工。工作原理是一对轴线交错的斜齿轮的啮合运动。所用刀具为剃齿刀，它的外形很像一个斜齿圆柱齿轮，齿形做得非常准确，每个齿的两侧沿渐开线方向开出许多小沟槽，形成切削刃。在与被加工齿轮啮合时，这些切削刃从工件齿面上刮剃下细丝状切屑，从而提高了齿形精度，减小了齿面表面粗糙度值。

剃齿过程如图 12-18b 所示，工件用心轴装在机床工作台的两顶尖之间，由剃齿刀带动旋转，正反转交替，以使工件齿轮轮齿两侧都能被加工。由于剃齿刀是螺旋角为 β 的斜齿轮，要使它与工件啮合，必须使其轴线与工件轴线成夹角 β。这样剃齿刀在啮合点 A 的圆周速度即可分解为一个沿工件圆周切线的相对运动分量 v_{An}，其使工件旋转；另一个沿工件轴线的相对运动分量 v_{At}，即剃齿时的切削速度，使齿面间产生相对滑动，从而实现剃齿刀的微量切削。剃齿设备简单，可以在剃齿机上进行，也可以在铣床等机床上进行。剃齿的精度主要取决于剃齿刀的精度。剃齿一般可将齿轮精度提高一级，可达 6~5 级。剃齿刀一般用高速钢制造，耐用度较高，调整方便，但制造成本较高。剃齿生产率很高，广泛用于齿面未淬硬的直齿和斜齿圆柱齿轮的精加工。当齿面硬度超过 35HRC 时不能用剃齿加工，可用珩齿或磨齿进行精加工。

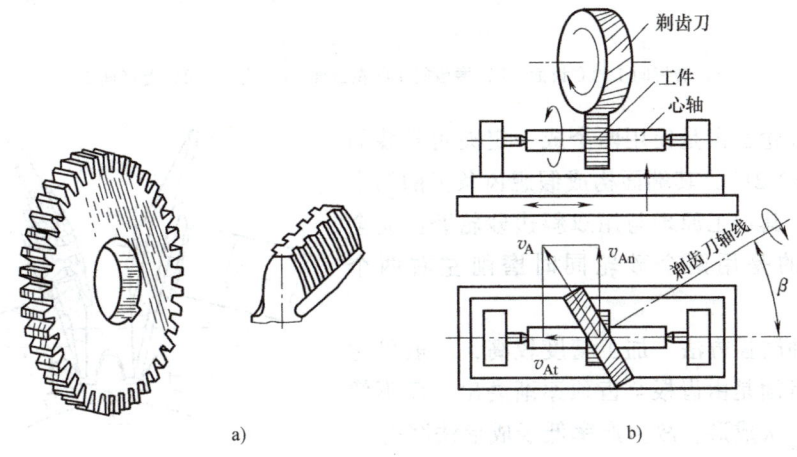

图 12-18 剃齿刀和剃齿运动

a) 剃齿刀　b) 剃齿

（2）珩齿（Gear Honing）　珩齿与剃齿的原理类似，只不过是不用剃齿刀剃刮，而用珩磨轮研磨。珩磨轮是用磨料-环氧树脂模压固化而成的斜齿圆柱齿轮。当它高速带动工件旋转时，能够在工件齿面磨除一层很薄的材料，使齿面粗糙度值 Ra 减小到 $0.4\mu m$ 以下。珩齿对齿形精度改善不大，主要是用于消除淬火后的氧化皮和齿面毛刺，减小齿面粗糙度值。珩齿在珩齿机上进行，珩齿机与剃齿机的区别不大，但转速高得多。

（3）磨齿（Gear Grinding）　磨齿主要用来对硬齿面齿轮进行精加工，也分为成形法磨齿和展成法磨齿两类。

1）成形法磨齿　使用成形砂轮对已切削过的齿面进行磨削，如图 12-19 所示，加工方法与用齿轮铣刀铣齿相似。生产率比展成法磨齿高，但砂轮修整较复杂，存在修形误差，磨齿时砂轮的磨损会影响齿形精度。用成形砂轮磨齿的加工精度较低，在实际生产中不如展成法磨齿应用得多。

2）展成法磨齿　常用的有双斜边砂轮（或称锥面砂轮）磨齿和双碟形砂轮磨齿两种。

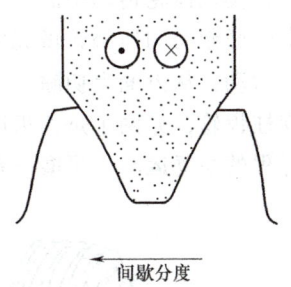

图 12-19 成形法磨齿

双斜边砂轮磨齿是把砂轮修整成锥面，构成假想齿条的齿面，工件严格地按照一齿轮沿固定齿条做纯滚动的方式，边转动边移动，如图 12-20 所示。当工件逆时针方向旋转并向右移动时，砂轮的右侧面磨削齿间 1 的右齿面；当齿间 1 的右齿面由齿根至齿顶磨削完毕后，机床使工件得到与上述完全相反的运动，利用砂轮的左侧面磨削齿间 1 的左齿面。当齿间 1

的左齿面磨削完毕，砂轮自动退离工件，工件自动分度。分度后，砂轮进入下一个齿间2，重新磨削。如此自动循环，直至全部齿间磨削完毕。

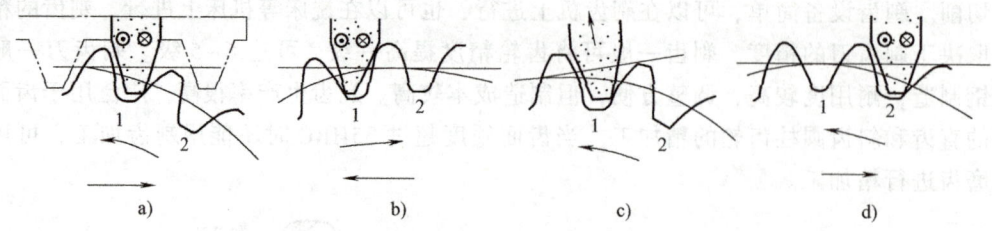

图 12-20 双斜边砂轮磨齿

a) 磨齿间 1 的右齿面　b) 磨齿间 1 的左齿面　c) 分度　d) 磨齿间 2

双碟形砂轮磨齿是使用两个成一定夹角安装的砂轮（见图 12-21），其端面构成假想齿条齿的两个不同侧齿面。其加工原理与用双斜边砂轮磨齿完全相同，不同的是用两个砂轮同时磨削左右两个齿面。

以上两种磨齿方法，加工精度较高，一般可达 6～4 级，但齿面是由齿根至齿顶逐渐磨出，而不像成形法磨齿一次成形，故生产率低于成形法磨齿。

由于磨齿机的价格昂贵，生产率又低，所以磨齿仅适用于精加工齿面淬硬的高速高精密齿轮。

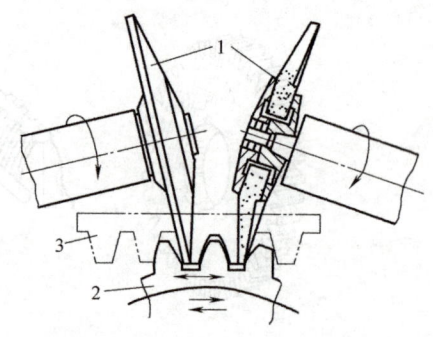

图 12-21 用两个碟形砂轮磨齿

1—碟形砂轮　2—被加工齿轮　3—假想齿条

为克服上述两种砂轮磨齿效率低的不足，近年来发展了蜗杆形砂轮磨齿，如图 12-22 所示。蜗杆形砂轮磨齿原理类似于滚齿刀滚齿，是同时对多个齿面进行磨削，因此是一种高生产率的磨齿方法。但是蜗杆形砂轮制造及其修整难度较大，成本较高，故目前应用尚不普遍。

（4）研齿（Gear Lapping）　研齿是齿轮精整加工方法之一，图 12-23 所示为其加工示意图，类似齿轮传动中的磨合现象。由电动机驱动的被研齿轮安装在三个研磨轮之间，带动三个轻微制动的研磨轮做无间隙的自由啮合运动，在啮合齿面间加入研磨剂，利用齿面间的相对滑动，从齿面上切除一层极薄的金属。研磨直齿圆柱齿轮时，三个研磨轮中，一个是直齿圆柱齿轮，另两个是斜齿圆柱齿轮。为了在全齿宽上研磨齿面，工件还要沿其轴向做快速短行程的往复运动。研磨一定时间后，改变旋转方向，研磨另一齿面。

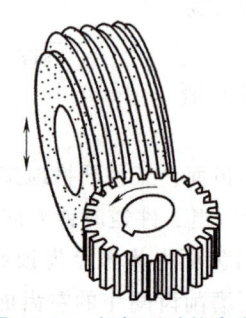

图 12-22 蜗杆形砂轮磨齿

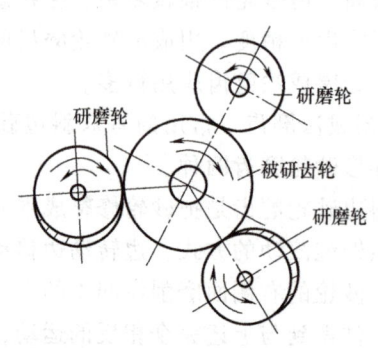

图 12-23 研齿

研齿主要用于减小齿面的表面粗糙度值（Ra 为 1.6~0.2μm），以及去除热处理产生的氧化皮，齿形精度提高不大。一般用于没有磨齿机或不便磨齿（如大型齿轮等）时，齿面淬硬齿轮的精整加工。

12.6.3　常用齿形的加工方案

齿形加工方法有多种。实际生产中的齿形加工方案经常是几种加工方法按先粗后精、先软后硬顺序的组合。

齿形的常用加工方案归纳如图 12-24 所示。加工方案分为铣齿类、滚插类、滚磨类、滚剃珩类、精锻类和特种加工类等，供选用时参考。

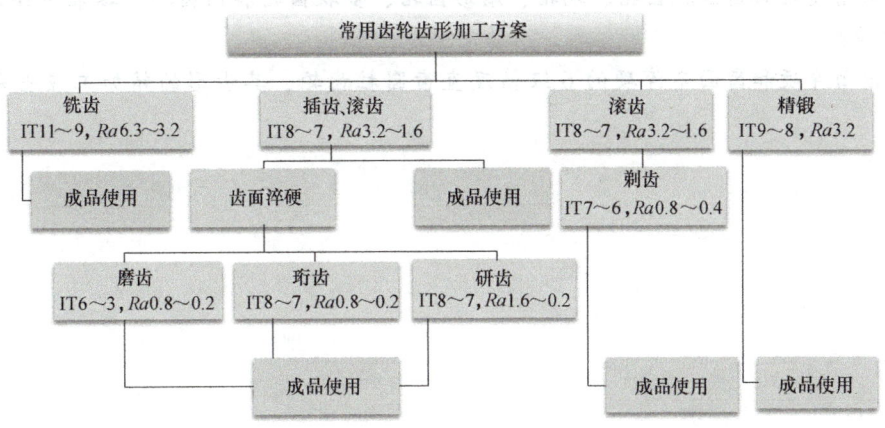

图 12-24　常用齿形加工方案

思　考　题

1. 加工相同材料、尺寸、精度和表面粗糙度值的外圆面和孔，哪一个更困难？为什么？
2. 试确定下列零件外圆面的加工方案。
 (1) 纯铜小轴，ϕ20h7，Ra 值为 0.8μm。
 (2) 45 钢轴，ϕ50h6，Ra 值为 0.2μm，表面淬火 40~50HRC。
3. 下列零件上的孔，用何种方案加工比较合理？
 (1) 单件小批量生产中，铸铁齿轮的孔，ϕ20H7，Ra 值为 1.6μm。
 (2) 大批量生产中，铸铁齿轮的孔，ϕ50H7，Ra 值为 0.8μm。
 (3) 高速钢三面刃铣刀的孔，ϕ27H6，Ra 值为 0.2μm。
 (4) 变速箱箱体（材料为铸铁）上传动轴的轴承孔，ϕ62J7，Ra 值为 0.8μm。
4. 试决定下列零件上平面的加工方案。
 (1) 单件、小批量生产中，机座（铸铁）的底面，$L \times B = 500\text{mm} \times 300\text{mm}$，$Ra$ 值为 3.2μm。
 (2) 成批生产中，铣床工作台（铸铁）台面，$L \times B = 1250\text{mm} \times 300\text{mm}$，$Ra$ 值为 1.6μm。
 (3) 大批量生产中，发动机连杆（45 调质钢，217~225HBW）侧面，$L \times B = 25\text{mm} \times$

10mm，Ra 值为 3.2μm。

5. 车削螺纹时，主轴与丝杠之间能否采用带传动？为什么？

6. 车削螺纹时，为什么必须用丝杠走刀？

7. 下列零件上的螺纹，应采用哪种方法加工？为什么？

（1） 10000 个标准六角螺母，M10-7H。

（2） 100000 个十字槽沉头螺钉，M8×30-8h，材料为普通碳钢 Q235AF。

（3） 30 件传动轴轴端的紧固螺纹，M20×1-6h。

（4） 500 根车床丝杠螺纹的粗加工，螺纹为 Tr32×6。

8. 在大批大量生产中，若采用成形法加工齿轮齿形，怎样才能提高加工精度和生产率？

9. 7 级精度的斜齿圆柱齿轮、蜗轮、扇形齿轮、多联齿轮和内齿轮，各采用什么方法加工比较合适？

10. 齿面淬硬和齿面不淬硬的 6 级精度直齿圆柱齿轮，其齿形的精加工应当采用什么方法？

第13章

机械加工工艺过程基本知识

> **本章导学**：多种机械加工方法按照一定顺序排列，逐步改变毛坯或者原材料的形状、尺寸等，使之成为具有合格机械加工质量零件的过程，称为机械加工工艺过程。本章主要介绍机械加工工艺过程的基础知识，重点应了解工序、生产类型等基本概念；了解工件安装与夹具的分类和组成，掌握工件的六点定位原理；掌握定位基准的选择原则；掌握制定工艺规程的原则，了解机械加工工艺文件的编写方法；掌握轴类、套类、箱体类等典型零件的工艺过程；重点掌握零件结构工艺性的分析方法，培养解决复杂机械结构工艺分析等工程问题的能力。

由于零件的生产类型、材料、结构尺寸和表面质量等技术要求不同，一个零件往往无法用某种单一加工方法来制造，而是要经过一定的加工工艺过程才能完成。因此，不仅要根据零件的具体要求，结合现场的具体条件，对零件的各组成表面选择合适的加工方法，还要合理地安排加工顺序及热处理工艺，逐步将零件加工出来。同时还需进行全面的技术经济分析，最终合理地制定零件的切削加工工艺过程，以确保零件加工质量，提高生产率和降低成本。

13.1 工艺过程的基本概念

13.1.1 生产过程和工艺过程

在机械制造领域，通常将原材料制成各种零件并装配成机器的全过程称为生产过程，其中包括原材料的运输和保管、生产准备、毛坯制造（如铸造、锻造和冲压等）、零件切削加工和热处理、装配、检验及试车、涂装和包装等。

在生产过程中，直接改变生产对象的形状、尺寸、表面质量、性质及相对位置等，使其成为成品或半成品的过程，称为工艺过程。如毛坯的制造、机械加工、热处理和装配等。工艺过程是生产过程的核心组成部分。

采用机械加工的方法按一定顺序直接改变毛坯的形状、尺寸及表面质量，使其成为合格零件的工艺过程，称为机械加工工艺过程。它是生产过程的重要内容。零件的机械加工工艺过程由许多工序组合而成，每个工序又可分为若干个安装、工位、工步和走刀，如图13-1所示。

（1）工序（Operation）　工序是机械加工工艺过程的基本单元，是指由一个或一组工人在同一台机床或同一个作业地点，对一个或同时对几个工件连续完成的那一部分工艺过程。工作地点、工人、工件与连续作业构成了工序的四个要素，若其中任一要素发生变更，则构成了另一道工序。一个工艺过程需要包括哪些工序，是由被加工零件的结构复杂程度、加工精度要求以及生产类型决定的。如图13-2所示的零件，其工艺过程可以分为如下三道工序：

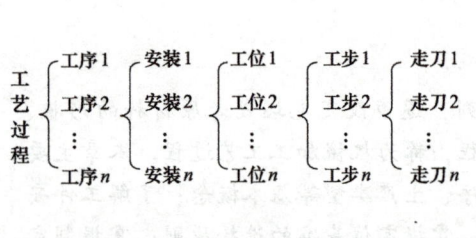

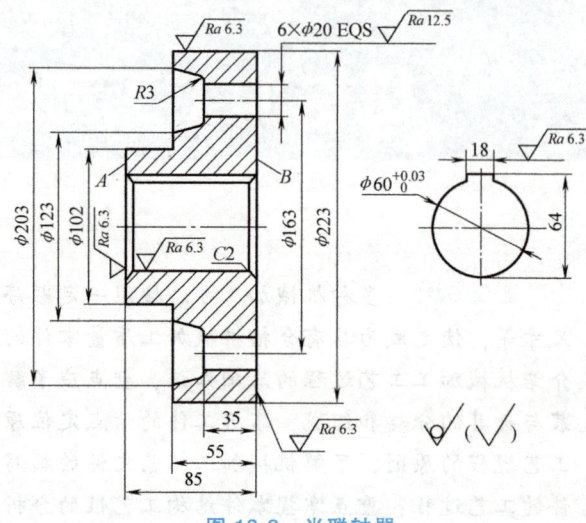

图13-1 工艺过程的元素构成　　　　图13-2 半联轴器

1) 工序Ⅰ：在车床上车外圆，车端面，镗孔和内孔倒角。
2) 工序Ⅱ：在钻床上钻6个 $\phi 20\mathrm{mm}$ 的孔。
3) 工序Ⅲ：在插床上插键槽。

（2）安装（Setup）　在一道工序中，工件在加工位置上至少要装夹一次，但有的工件也可能会装夹几次。工件每经一次装夹后所完成的那部分工序称为安装。在同一道工序中，工件可能要经过几次安装。如在图13-1所示零件加工的工序Ⅰ中，可能要安装两次。

1) 第一次安装，用自定心卡盘夹住 $\phi 102$ 的外圆，车端面 B，镗 $\phi 60^{+0.03}_{\ 0}$ 的内孔，内孔倒角，车 $\phi 223$ 的外圆。
2) 第二次安装，调头，用自定心卡盘夹住 $\phi 223$ 的外圆，车端面 A，内孔倒角。

（3）工位（Position）　为减少装夹次数，常采用多工位夹具或多轴（多工位）机床，使工件在一次安装中先后经过若干个不同位置顺次进行加工。则工件在机床的一个位置上所完成的那部分工序称为一个工位。

（4）工步（Step）　工步是加工表面、切削刀具和切削用量（仅指主轴转速和进给量）都不变的情况下所完成的那一部分工艺过程。

（5）走刀（Feeding）　在一个工步中，如果要切掉的金属层很厚，可分几次切削，每切削一次就称为一次走刀。

13.1.2　生产类型和工艺特征

（1）生产纲领（production program）　生产纲领是指企业在计划期内某种零件或产品的产量，一般用年产量表示。生产纲领是企业编制计划和设计组织生产能力的根本性依据。零件的生产纲领 N 可按下式计算：

第13章 机械加工工艺过程基本知识

$$N = Qn(1+\alpha)(1+\beta)$$

式中，N 为该零件的年产量（件/年）；Q 为对应产品的年产量（台/年）；n 为每台产品中该零件的数量（件/台）；α、β 分别为备品率和废品率（%）。

（2）生产类型（production type） 根据产品或零件的生产纲领、制造的复杂程度，以及企业的产能，机械制造生产可分为单件生产、成批生产和大量生产三种不同的生产类型。

1）单件生产。单件生产指产品生产纲领最小的生产类型。产量仅为一件或很少数量，工作地点的加工对象完全不重复或很少重复。例如重型机器生产、专用设备或新产品试制都属于单件生产。通常将单件小批量生产归为同一类生产类型。

2）成批生产。成批产品指成批制造相同的零件或产品。其主要特征是工作地点的加工对象周期性地进行轮换。每批制造的相同零件或产品的数量称为批量。根据批量的大小，成批生产又可分为小批生产、中批生产和大批生产三种类型。

3）大量生产。同一零件或产品的数量要求很大，以至于大多数工作地点长期地，甚至固定地进行相同的加工制造的情况，称为大量生产。如标准件、轴承、汽车、自行车等的制造多属此种生产类型。

生产类型的具体划分因行业、市场及技术应用时期的不同而有所变化，表13-1所列为金属机械加工行业的生产类型划分，可供参考。

表13-1 生产类型的划分

生产类型	零件的生产纲领/(件/年)		
	重型零件	中型零件	轻型零件
单件生产	<5	<20	<100
小批生产	5~100	20~200	100~500
中批生产	100~300	200~500	500~5000
大批生产	300~1000	500~5000	5000~50000
大量生产	>1000	>5000	>50000

由于生产工艺比较接近，实际生产中经常将生产类型划分为单位小批生产、成批生产和大批大量生产，其中成批生产仅指中批生产。

生产类型是设计编制工艺规程的重要依据。为获得最佳的生产投入产出效益，不同的生产类型对所适用的毛坯类型、加工方法、设备类型、工装夹具以及工人技术水平和生产管理方式都应有所不同。表13-2列出了不同生产类型的工艺特征和生产要求。

表13-2 不同生产类型的工艺特征和生产要求

项目	类型		
	单件生产	成批生产	大量生产
加工对象	频繁变换	周期性变换	固定不变
毛坯	木模手工造型、自由锻；精度要求低，加工余量大	部分使用金属型铸造、部分锻件使用模锻；精度中等，余量中等	广泛采用金属型机器造型、压铸、精铸、模锻等高生高生产率方法；精度高、余量小
加工设备	通用（万能）机床、3D打印设备	通用机床+部分专用设备	广泛采用高效专用机床等设备
夹具	通用夹具或组合夹具	专用夹具、可调整夹具、快换夹具	高效专用夹具、智能化夹具
刀具	一般常见的通用刀具	通用刀具+部分专用刀具	广泛使用高效专用刀具+线外对刀仪+自动对刀

(续)

项目	类型		
	单件生产	成批生产	大量生产
量具	一般常见的通用量具	通用量具+专用量规	高效专用量具、量规
装配方法	配作法为主	互换装配+少量配作	完全互换装配法为主+少量分组互换装配法
工人技术水平	高	一般	调整工要求高,操作工要求较低
生产率	低	中等	高
加工成本	高	中等	低
工艺文件	简单的工艺过程卡	较详细的工艺过程卡或工艺综合卡	详细的工艺规程+工序卡

13.2 工件的安装与定位

13.2.1 六点定位原理

空间中任何一个没受约束的物体都具有六个自由度,即沿空间三个互相垂直的直角坐标轴 x、y、z 方向的移动及绕它们的转动,分别以 $\vec{x}$、$\vec{y}$、$\vec{z}$、$\hat{x}$、$\hat{y}$、$\hat{z}$ 表示,如图 13-3 所示。

用六个按一定规则布置的支承点约束物体的六个自由度,则该物体的空间位置完全确定,此称为六点定位原理。六点定位原理是机械加工中实现工件正确安装定位的基本原理。

如图 13-4 所示,一个长方体工件,其前面、左侧面和后面分别用 A、B、C 表示。采用六个定位支承点合理布置,使工件有关定位基准面与其接触,其中:三个支承点在 xOy 平面上,限制 $\hat{x}$、$\hat{y}$ 和 $\vec{z}$ 三个自由度;两个支承点在 xOz 平面上,限制 $\vec{y}$ 和 $\hat{z}$ 两个自由度;最后一个支承点在 yOz 平面上,限制 $\vec{x}$ 一个自由度。

如图 13-5 所示,与连杆底面接触的支承板限制工件的三个自由度 $\hat{x}$、$\hat{y}$、$\vec{z}$,相当于三个支承点;小头孔中的短圆柱销限制工件的两个自由度 $\vec{x}$、$\vec{y}$,相当于两个支承点;与大头

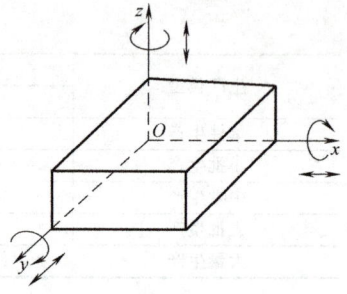

图 13-3 物体的六个自由度

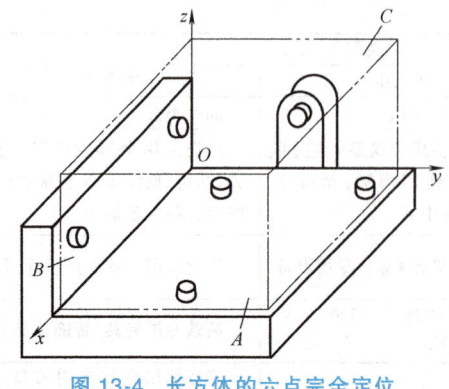

图 13-4 长方体的六点完全定位

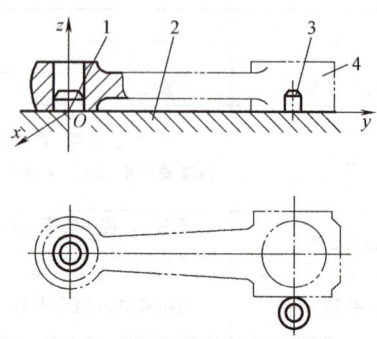

图 13-5 连杆的定位

1—短销　2—支撑板　3—圆柱销　4—连杆

侧面接触的圆柱销限制工件一个自由度 $\hat{z}$，相当于一个支承点，这样可使工件完全定位，即通常采用的"一面两销"六点全定位。

工件定位的实质是对影响工件加工精度的自由度进行约束。实际加工中，将根据工件被加工部位的形状和位置精度要求决定约束自由度的数量和定位方式。

1）完全定位方式。六个自由度都被约束的定位，通常也称为六点定位。如图13-4、图13-5所示。

2）不完全定位方式。少于六个自由度被约束的合理定位称为不完全定位。例如，车削或磨削外圆时常用的双顶尖定位就是一种五点约束的不完全定位。如图13-6所示，左侧顶尖安装在机床主轴前端锥孔内，对工件约束三个自由度，右侧顶尖安装在可以沿轴向移动调整的机床尾架主轴孔内，对工件约束两个自由度，而工件绕轴线转动的自由度没有被限制，可以满足工件外圆面加工的定位要求，因此是合理的定位。再例如图13-7所示的在平面磨床上磨削工件的上平面，只要求保证工序尺寸z及加工面与底面（基准面）的平行度，则只要限制 $\hat{x}$、$\hat{y}$ 和 $\vec{z}$ 三个自由度就可以满足要求，这也是合理的不完全定位。按加工要求，允许有一个或几个自由度不被限制的定位称为不完全定位。实际加工中，一个工件被限制的自由度一般不会少于三个。

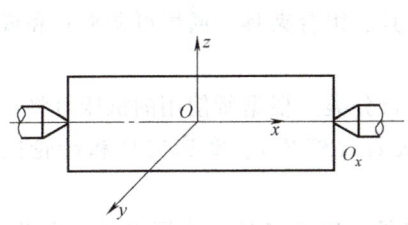

图13-6 双顶尖支承的不完全定位

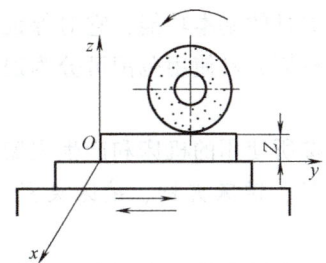

图13-7 平面磨上的不完全定位

3）欠定位。少于六个自由度被约束的不合理定位称为欠定位。应该约束而没有约束，即为欠定位。显然，生产中是绝对不允许出现欠定位情况的。

4）过定位。某个自由度被多次约束的情况称为过定位。过定位是不合理的定位，会导致工件位置的不确定性或因出现变形而产生大的加工误差。如图13-8所示，双顶尖支承的同时还有主轴端自定心卡盘短夹持定位的情况。由于自定心卡盘短夹持工件外圆所形成的两点约束与左侧顶尖约束的

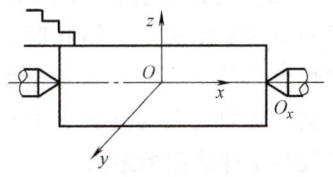

图13-8 过定位

自由度出现重叠，导致y轴和z轴移动的自由度都出现重复约束，因此是过定位。过定位一般是不允许的。

在精密加工生产中，有时为了获得更高的重复定位精度，会通过对某几个自由度施加多次约束来产生误差均化的效果。为了区别不合理的过定位情况，通常将这种特殊的多次定位情况称为超定位。

13.2.2 工件的安装与夹具类型

1. 工件的安装

在开始被加工之前，需要先完成在机床工作台上的安装。安装包括定位和夹紧两个环

节,先定位后夹紧。定位的目的是使工件到达正确的位置,夹紧的目的是使工件保持在正确的位置上。工件的安装方式对于零件的加工质量、生产率以及制造成本都有较大的影响。

工件的安装主要有两种方式:

(1) 直接安装　直接安装是指工件直接安放在机床工作台或者通用夹具(如自定心卡盘、单动卡盘、平口钳、电磁吸盘等标准附件)上的方法。直接安装方式的优点是方便快捷,如利用自定心卡盘或电磁吸盘安装工件;有时则需要根据工件上某个表面或划线找正工件再进行夹紧,如在单动卡盘或在机床工作台上安装工件。用这种方法安装工件时,找正比较费时,且定位精度主要取决于所用工具或仪表的精度以及工人的技术水平,定位精度不易保证,生产率较低,所以通常仅用于单件、小批量生产。

(2) 专用夹具安装　专用夹具安装是指使用专为指定零件的加工设计制造的夹具,无需安装找正,可以快速准确地完成工件的安装定位和夹紧的方法。专用夹具安装的特点是:既可保证加工精度,又可提高生产率,但制造成本高,没有通用性,所以只有在较大批量的生产时,才能取得比较好的效益。

2. 机床夹具的分类和组成

(1) 夹具的种类　夹具(Machine Tool Fixture)是用来正确迅速安装工件的装置,定位和夹紧是夹具的基本功能,它对保证加工精度、提高生产率和减轻工人劳动量有很大作用。

根据机床夹具使用范围可分为通用夹具、专用夹具、组合夹具、通用可调夹具和成组夹具等类型。

还可按所使用的机床和产生夹紧力的动力源等进行分类。根据所使用的机床可将夹具分为车床夹具、铣床夹具、钻床夹具(钻模)、镗床夹具(镗模)、磨床夹具和齿轮机床夹具等。

按产生夹紧力的动力源不同可将夹具分为手动夹具、气动夹具、液压夹具、电动夹具、电磁夹具和真空夹具等。单件、小批量生产时主要使用手动夹具,而成批和大量生产则广泛采用气动、电动或液压夹具等。

(2) 夹具的组成　图 13-9 所示为在轴上钻孔所用的一种简单的专用夹具。钻孔时,工件 4 以外圆面定位在夹具的长 V 形块 2 上,以保证所钻孔的轴线与工件的轴线垂直相交。轴的端面与夹具上的挡铁 1 接触,以保证所钻孔的轴线与工件端面的距离。

工件在夹具上定位后,拧紧夹紧机构 3 的螺杆,将工件夹牢,即可开始钻孔。钻孔时,利用钻套 5 定位并引导钻头。

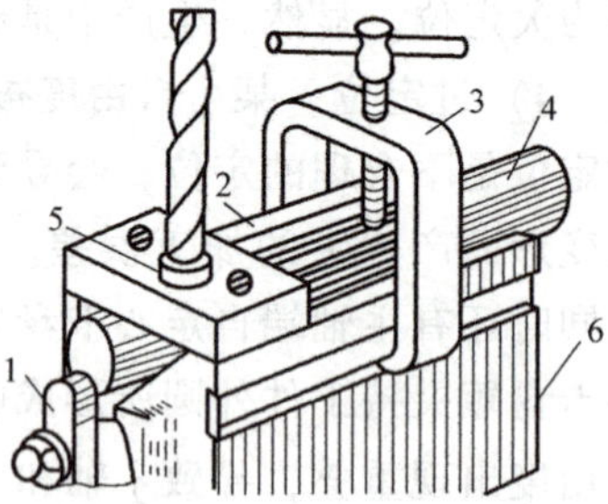

图 13-9　在轴上钻孔的夹具
1—挡铁　2—V 形块　3—夹紧机构
4—工件　5—钻套　6—夹具体

尽管夹具的用途和种类各不相同,结构也各异,但其主要组成与上例相似,可以概括为如下几个部分:

1) 定位元件。定位元件(Locating Piece)是夹具上用来确定工作正确位置的零件,如图 13-9 所示夹具上的 V 形块 2 和挡铁 1。常用的定位元件还有平面定位用的支承钉和支承板(见图 13-10)、内孔定位用的心轴和定位销(见图 13-11)等。

2) 夹紧机构。夹紧机构(Clamping Mechanism)是工件定位后,为了防止工件由于受切削力等外力作用而产生位移,而将其夹牢紧固的机构。常用的夹紧机构有螺钉压板(见

图13-12a）和偏心压板（见图13-12b）、斜楔夹紧机构和铰链夹紧机构等。

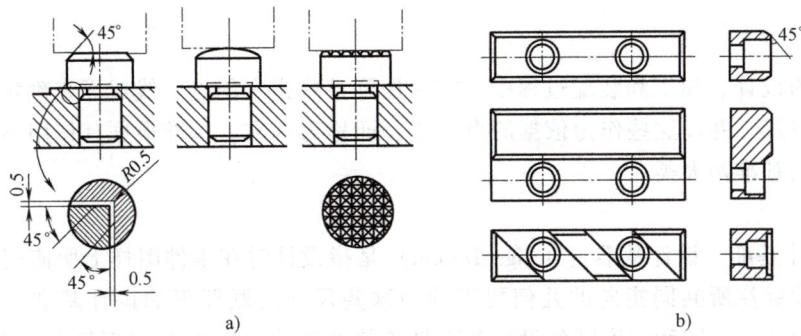

图 13-10　平面定位用的定位元件
a）支承钉　b）支承板

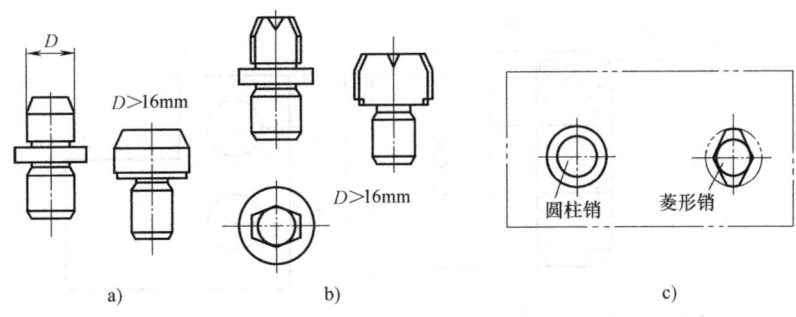

图 13-11　定位销
a）圆柱销　b）菱形销　c）应用示意图

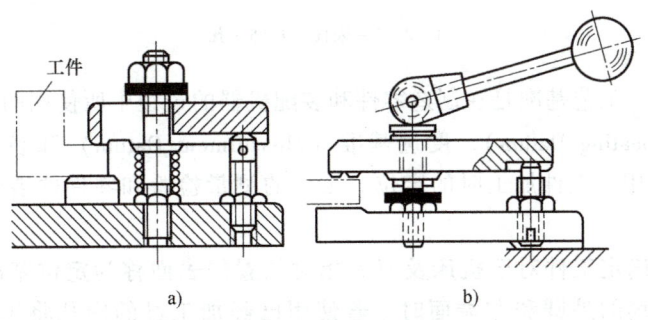

图 13-12　夹紧机构
a）螺钉压板　b）偏心压板

3）导向元件。导向元件（Guiding Element）是用来对刀和引导刀具进入正确加工位置的零件，如图13-9所示夹具上的钻套。其他导向元件还有导向套和对刀块等。钻套和导向套主要用在钻床夹具和镗床夹具上，对刀块主要用在铣床夹具上。

4）夹具体和其他部分。夹具体是夹具的基础零件，用它来连接并固定定位元件、夹紧机构和导向元件等，使之成为一个整体，并通过它将夹具安装在机床上。

根据加工工件的要求，有时还在夹具上设有分度机构、导向键、平衡铁和操作件等。

工件的加工精度在很大程度上取决于夹具的精度和结构，因此整个夹具及其零件都要具有足够的精度和刚度,并且结构要紧凑,形状要简单,装卸工件和清除切屑要方便等。

13.2.3 基准选择

在零件的设计、加工和装配过程中,需要用到某些指定的点、线或面来确定另外一些几何要素间的位置,并以这些作为依据的点、线、面称为基准。基准根据其作用不同,分为设计基准和工艺基准两大类。

1. 基准分类

(1) 设计基准 设计基准(Design Datum)是指设计时在零件图样上所使用的基准。图样上多个尺寸标注所共同指向的几何要素即为这些尺寸关联要素的设计基准。如图 13-13a 所示,齿轮内孔、外圆和分度圆的设计基准是齿轮的轴线,左右两端面只有一个尺寸关联,可以认为是互为基准。又如图 13-13b 所示零件,表面 2、3 和孔 4 轴线的设计基准是表面 1,孔 5 轴线的设计基准是孔 4 的轴线。

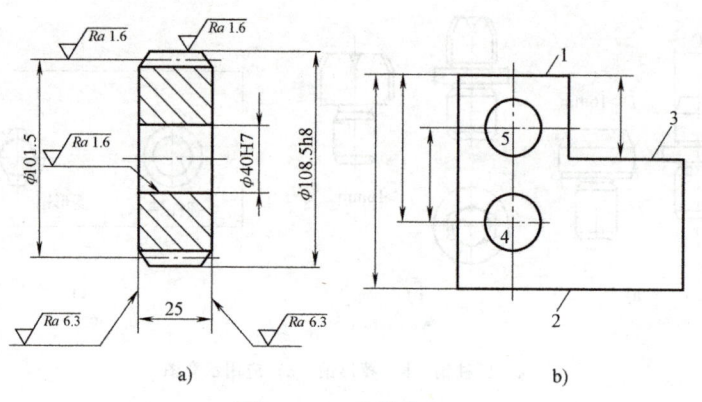

图 13-13 设计基准
1、2、3—表面 4、5—孔

(2) 工艺基准 工艺基准是在制造零件和装配机器的过程中所使用的基准。工艺基准又分为定位基准(Locating Datum)、度量基准(Measurement Datum)和装配基准(Assembly Datum),它们分别用于工件加工时的定位、工件的测量检验和零件的装配。本节仅介绍定位基准。

在加工时用以确定工件对于机床及刀具相对位置的表面称为定位基准。例如,车削图 13-13a 所示齿轮轮坯的外圆和左端面时,若使用已经加工过的内孔将工件安装在心轴上,则孔的轴线就是外圆和左端面的定位基准。

必须指出的是,工件上作为定位基准的点或线,总是由具体表面来体现的,这个表面称为定位基准面。如图 13-13a 所示齿轮孔的轴线,实际上并不存在,而是由内孔表面来体现的,所以确切地说,上例中的内孔是加工外圆和左端面的定位基准面。

2. 定位基准的选择

合理选择定位基准,对保证加工精度、安排加工顺序和提高加工生产率有着重要的影响。从定位的作用看,它主要是为了保证加工表面的位置精度。因此选择定位基准的总原则,应该是从有位置精度要求的表面中进行选择。

最初工序所用的定位基准是毛坯上未经加工的表面,称为粗基准。在其后各工序加工中所用的定位基准是已加工的表面,称为精基准。

(1) 粗基准的选择　粗基准(Crude Datum)的选择应保证所有加工表面都具有足够的加工余量,保证各加工表面与关联不加工表面之间的位置精度。其选择原则如下:

1) 选取有位置关联要求的不加工的表面作为粗基准。如图 13-14 所示,以不加工的外圆表面作为粗基准,既可在一次安装中把绝大部分要加工的表面加工出来,又能够保证外圆面与内孔同轴以及端面与孔轴线垂直。

如果零件上有好几个不加工的表面,则应选择与加工表面相互位置精度要求高的表面作为粗基准。

2) 选取要求加工余量均匀的表面为粗基准。这样可以保证作为粗基准的表面加工时,余量均匀。如车床床身(见图 13-15),要求导轨面耐磨性好,希望在加工时只切去较小而均匀的一层金属,使其表面保留均匀一致的金相组织和物理力学性能。若先选择导轨面作为粗基准,加工床腿的底平面(见图 13-15a),然后再以床腿的底平面为基准加工导轨面(见图 13-15b),就能达到此目的。

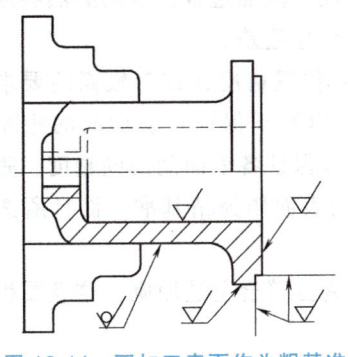

图 13-14　不加工表面作为粗基准

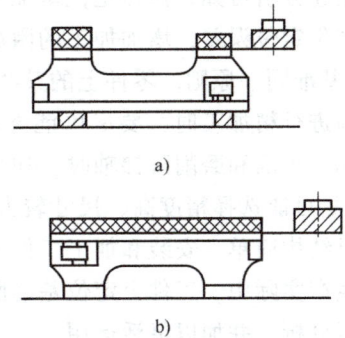

图 13-15　车床床身加工的粗基准

3) 对于所有表面都要加工的零件,应选择余量和公差最小的表面作为粗基准,以避免余量不足而造成废品。

4) 选取光滑洁净、平整、面积足够大、装夹稳定的表面为粗基准,使工件定位稳定,夹紧可靠,不允许有锻造飞边、铸造浇冒口切痕或其他缺陷,并有足够的支承面积。

5) 粗基准只能在第一道工序中使用一次,不应重复应用。粗基准一般都很粗糙,重复使用同一粗基准,所加工的两组表面之间的位置误差会相当大,因此粗基准一般不得重复使用。

(2) 精基准的选择　精基准(Fine Datum)的选择应保证加工精度和装夹方便可靠。其选择原则为:

1) 基准重合原则。即工件的定位基准与设计基准相重合。尽量选用设计基准为定位基准,可以避免因定位基准与设计基准不重合而产生的定位误差。

例如图 13-16a 所示的零件简图,A 面是 B 面的设计基准,B 面是 C 面的设计基准。以 A 面定位加工 B 面,直接保证尺寸 a,符合基准重合原则,不会产生基准不重合的定位误差。

若以 B 面定位加工 C 面,直接保证尺寸 c,也符合基准重合原则,影响精度的只有加工误差,只要把此误差控制在 $\pm\delta_c$ 之内,就可以保证尺寸 c 的精度。但这种方法定位和加工皆不方便,也不稳固。

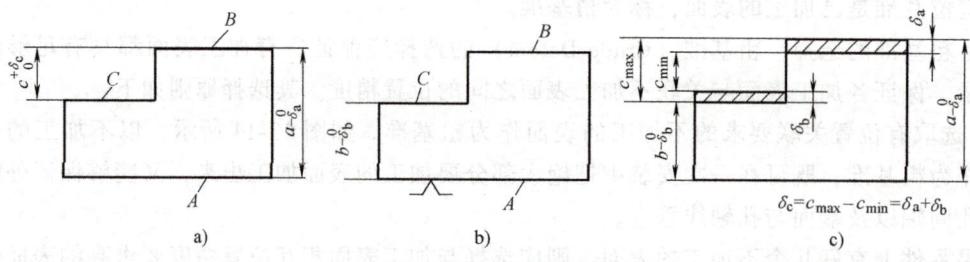

图 13-16　基准重合原则

如果以 A 面定位加工 C 面，直接保证尺寸 b（见图 13-16b、c）。这时设计尺寸 c 是由尺寸 a 和尺寸 b 间接得到的，它的精度取决于尺寸 a 和 b 的加工精度。影响尺寸 c 精度的，除了加工误差 δ_b，还有加工误差 δ_a，只有当 $\delta_b + \delta_a \leq \delta_c$ 时，尺寸 c 的精度才能得到保证。其中 δ_a 是基准不重合而引起的，故称为基准不重合误差。当 δ_c 为一定值时，由于 δ_a 的存在，势必减小 δ_b 的值，这将增加加工难度。

由上述分析可知，选择定位基准时，应尽量使它与设计基准重合，否则必然会因基准不重合而产生定位误差，增加加工的困难，甚至造成零件尺寸超差。

2）基准同一原则。零件上的某些精确表面，其相互位置精度往往有较高的要求，在对这些表面进行精加工时，要尽可能选用同一定位基准，以利于保证各表面间的相互位置精度。例如，车削和磨削阶梯轴时，均采用顶尖孔定位，以保证各表面间的同轴度、垂直度。

3）尽可能选择精度高、尺寸较大、安装稳定可靠的表面作为精基准，而且所选的基准应使夹具结构简单，安装和加工工件方便。

在生产实际中，工件上定位基准面的选择不一定能完全符合上述原则，这就要根据具体情况进行分析，并加以灵活运用。

13.3　加工工艺规程的制订

为了保证产品质量、提高生产效率和经济效益，把根据具体生产条件拟定的较合理的工艺过程用图表（或文字）的形式写成文件，即为工艺规程。工艺规程是规定零件机械加工工艺过程和方法的主要技术文件，是生产准备、生产组织管理、实际加工及技术检验等的基本依据。

13.3.1　加工工艺规程的内容及作用

工艺规程的内容一般有零件的加工工艺路线、各工序基本加工内容、切削用量、工时定额、检验项目及方法、采用的机床和工艺装备（刀具、夹具、量具、模具）等。工艺规程的主要作用如下：

1）工艺规程是指导生产的主要技术文件。合理的工艺规程是建立在正确的工艺理论和实践基础上的，同时保证产品的加工质量和较高的生产率与经济效益。

2）工艺规程是生产组织管理工作、计划工作的依据。原材料的准备、毛坯的制造、设备和工具的购置、专用工艺装备的设计制造、劳动力的组织、生产进度计划的编排以及生产成本的核算等工作都是依据工艺规程来进行的。

13.3.2 制订加工工艺规程的原则与原始资料

1. 制订工艺规程的原则

制订工艺规程的原则是：在保证实现产品技术要求的前提下，以最快的速度、最少的劳动消耗和最低的费用，加工出符合设计图样要求的零件。同时，还应在充分利用本企业现有生产条件的基础上，尽可能保证技术上先进、经济上合理、并且有良好的劳动条件。

2. 制订工艺规程的原始资料

1）产品的零件图样及装配图样。零件图样标明了零件尺寸、几何公差及其他技术要求，装配图样有助于了解零件在产品中的位置、作用。所以，它们是制订工艺规程的基础。
2）产品的生产纲领。
3）产品验收的质量标准。
4）现有生产条件，如机床设备、工艺装备、技术水平及毛坯制造生产能力等。
5）国内、国外同类产品的生产工艺资料。

13.3.3 制订工艺规程的步骤

1. 零件工艺分析

首先，要熟悉整个产品（如整台机器）的用途、性能和工作条件，结合装配图了解零件在产品中的位置、作用、装配关系及其精度等技术要求对产品质量和使用性能的影响。然后，从加工的角度对零件进行工艺分析。零件工艺分析的主要内容有：

1）检查零件图样是否完整和正确。如视图是否足够、正确，所标注的尺寸、公差、表面粗糙度和技术要求等是否齐全、合理。并且要分析零件主要表面的精度、表面质量和技术要求等在现有的生产条件下能否达到，以便采取适当的措施。
2）分析零件材料选取是否合理。零件材料的选择应综合考虑其性能与经济性，尽量采用我国资源丰富的材料。
3）审查零件的结构工艺性是否合理。零件结构是否符合工艺性一般原则的要求，现有生产条件是否能经济、高效、合格地加工出来。

2. 毛坯选择

机械加工的加工质量、生产率和经济效益在一定程度上取决于所选用的零件毛坯。常用的毛坯类型有型材、铸件、锻件、冲压件和焊接件等。影响毛坯选择的因素有很多，如零件的材料、结构和尺寸，零件的力学性能要求和加工成本等。

毛坯的选择主要依据以下几个方面的因素：

（1）零件的材料及力学性能　零件的材料一旦确定，毛坯的种类就大致确定了。如材料为铸铁，就应选铸造毛坯；钢制材料的零件，一般可用型材；当零件的力学性能要求较高时要用锻造毛坯；有色金属常用型材或铸造毛坯。

（2）零件的结构形状及尺寸　例如，直径相差不大的阶梯轴零件可选用棒料作为毛坯，直径相差较大时，为节省材料，减少机械加工量，可采用锻造毛坯。尺寸较大的零件可采用自由锻，形状复杂的钢质零件则不宜用自由锻。箱体、支架等零件一般采用焊接结构。

（3）生产类型。大量生产时，应采用精度高、生产率高的毛坯制造方法，如机器造型、熔模铸造、冷轧、冷拔、冲压加工等。单件、小批量生产则采用木模手工造型、焊接、自由锻等。

(4) 考虑毛坯车间现有生产条件及技术水平，以及通过外协获得各种毛坯的可能性。

3. 工艺路线的拟订

拟订工艺路线，就是把加工工件所需的各个工序按顺序合理地排列出来，它主要包括以下内容：

(1) 定位基准的选择　正确选择定位基准，特别是主要的精基准，对保证零件加工精度、合理安排加工顺序起决定性的作用。所以，在拟定工艺路线时，首先应考虑选择合适的定位基准。

(2) 零件表面加工工艺方案的选择　由于表面的要求（尺寸、形状、表面质量、力学性能等）不同，往往同一表面需采用多种加工方法完成。某种表面采用各种加工方法所组成的加工顺序称为表面加工工艺方案。在确定加工方案时，除了表面的技术要求外，还要考虑零件的生产类型、材料性能及本企业现有加工条件等。

(3) 加工阶段的划分　对于加工质量要求高或比较复杂的零件，通常将整个工艺路线划分为以下几个阶段：

1) 粗加工阶段。主要任务是切除毛坯的大部分余量，并制出精基准。该阶段关键问题是如何提高生产率。另外，此阶段还可决定工件继续加工的可能性。

2) 半精加工阶段。其任务是减小粗加工留下的误差，为主要表面的精加工做好准备，同时完成零件上各次要表面的加工。

3) 精加工阶段。其任务是保证各主要表面达到图样规定要求。这一阶段的主要问题是如何保证加工质量。

4) 光整加工阶段。其主要任务是减小表面粗糙度值和进一步提高精度。

划分加工阶段的好处是按先粗后精的顺序进行机械加工，可以合理分配加工余量以及合理地选择切削用量，充分提高粗加工机床的效率，长期保持精加工机床的精度，并减少工件在加工过程中的变形，避免精加工表面受到损伤；粗、精加工分开，还便于及时发现毛坯缺陷，同时利于安排热处理工序。

(4) 加工顺序的安排　加工顺序的安排对保证加工质量、提高生产率和降低成本都有重要作用，是拟定工艺路线的关键之一。可按下列原则进行：

1) 切削加工顺序的安排

① 先基准后其他。即选作精基准的表面应在一开始的工序中就可加工出来，以便为后续工序的加工提供定位精基准。

② 先粗后精。先安排粗加工，中间安排半精加工，最后安排精加工和光整加工。

③ 先主后次。先安排零件的装配基面和主要工作表面，这些主要表面的技术要求较高，加工工作量较大；后安排键槽、紧固用的光孔和螺纹孔等次要表面的加工。

④ 先面后孔。对于箱体、支架、连杆、底座等零件，其主要表面的加工顺序是先加工用作定位的平面和孔的端面的加工，然后再加工孔。

2) 热处理工序的安排。零件加工过程中的热处理按应用目的的不同，大致可分为预备热处理和最终热处理。

① 预备热处理。预备热处理的目的是改善力学性能、消除内应力，为最终热处理做准

备，它包括退火、正火、时效和调质处理。对于铸件和锻件，为了消除毛坯制造过程中产生的内应力，改善机械加工性能，在机械加工前应进行退火或正火处理；对大而复杂的铸造毛坯件（如机架、床身等）及刚度较差的精密零件（如精密丝杠），需在粗加工之前及粗加工与半精加工之间安排多次时效处理；对于一般铸件，只需在粗加工前或后进行一次人工时效处理（对于要求不高的零件为了减少重件的往返搬运，有时仅在毛坯铸造后安排一次时效处理）；调质处理的目的是获得均匀细致的索氏体组织，为零件的最终热处理做好组织准备，同时它也可以作为最终热处理，使零件获得良好的综合力学性能，一般安排在粗加工之后进行。

② 最终热处理。最终热处理的目的主要是提高零件的表面硬度及耐磨性，包括淬火、渗碳及氮化等。淬火及渗碳通常安排在半精加工之后，精加工之前；氮化处理由于变形较小，通常安排在精加工之后。

3）辅助工序的安排。辅助工序包括检验、清洗、去毛刺、防锈、去磁及平衡去重等。检验是质量管控的必要环节，因而是必不可少的辅助工序，零件加工过程中除安排工序自检之外，还应在下列场合安排检验工序：①粗加工全部结束之后、精加工之前；②工件转入、转出车间前后；③重要工序加工前后；④全部加工工序完成后。

在特种检验中，X射线探伤或超声波探伤用于检验毛坯内部质量，应安排在机械加工之前；磁力探伤、荧光检验用于检验工件表层质量，通常安排在精加工阶段；密封性检验、零件的平衡、重量检验等一般安排在工艺过程的末尾。

工艺过程中还要考虑去毛刺、倒棱、去磁、清洗等辅助工序，忽视辅助工序将会给后续加工和装配工作带来困难。例如，工件上的毛刺和尖角棱边，容易割破工人手指，还会给装配带来困难；研磨、珩磨等光整加工后的零件，如果不经清洗就去装配，残留在工件上的砂粒会加剧零件的磨损。

4. 机床设备及工艺装备的选择

（1）机床设备的选择　机械加工所选用机床的精度应与工件要求的加工精度相适应，所选用机床的生产率应与生产类型相适应，机床的规格应与加工工件的尺寸相适应。一般情况下，单件、小批量生产时选择通用机床和通用工艺装备、大批量生产时选择专用机床、组合机床和专用工艺装备（表13-1，表13-2），一般加工中心等数控机床都具有较强的工艺柔性，能快速适应加工任务的变化，因此，可用于不同的生产类型。

（2）工艺装备的选择

1）夹具的选择。单件、小批量生产时，采用各种通用夹具和机床附件，如卡虎钳、分度头等，有组合夹具的，可采用组合夹具；大批量生产时，为提高劳动生产率，应采用专用高效夹具；多品种、中小批生产时，可采用可调夹具或成组夹具。

2）刀具的选择。生产中一般优先采用标准刀具。若加工工序集中，应采用各种高效的专用刀具、复合刀具和多刃刀具。刀具的类型、规格和精度等级应符合加工要求。数控加工对刀具的刚性及寿命要求比普通加工严格，应合理选择各种刀具、辅具（刀柄、刀套、夹头）。

3）量具的选择。单件、小批量生产时，应广泛采用通用量具，如游标卡尺、百分尺和千分表等；大批大量生产时，应采用各种量规量具和高效的专用检验夹具和测量仪等。量具的精度必须与加工精度相适应。

5. 确定切削用量及时间定额

在实际生产中，可以根据毛坯具体形状和尺寸，通过查阅相关手册确定其时间定额与切削用量。

6. 确定重要工序的检验项目及检验方法

对于比较重要的工序，需要明确给出其具体的检验项目和检验方案，以确保加工质量。

7. 工艺文件编制

零件的机械加工工艺过程确定后，应将有关内容填写在工艺卡片上，这些工艺卡片总称为工艺文件。生产中常用的工艺文件有下列三种形式：

（1）机械加工工艺过程卡片　机械加工工艺过程卡片是以工序为单位，简要说明零件整个加工工艺过程的一种工艺文件。内容包括工序号、工序名称、工序内容、加工车间、设备及工艺装备、各工序时间定额等，其格式如图13-17所示。在单件、小批量生产时，常以机械加工工艺过程卡片直接指导生产。

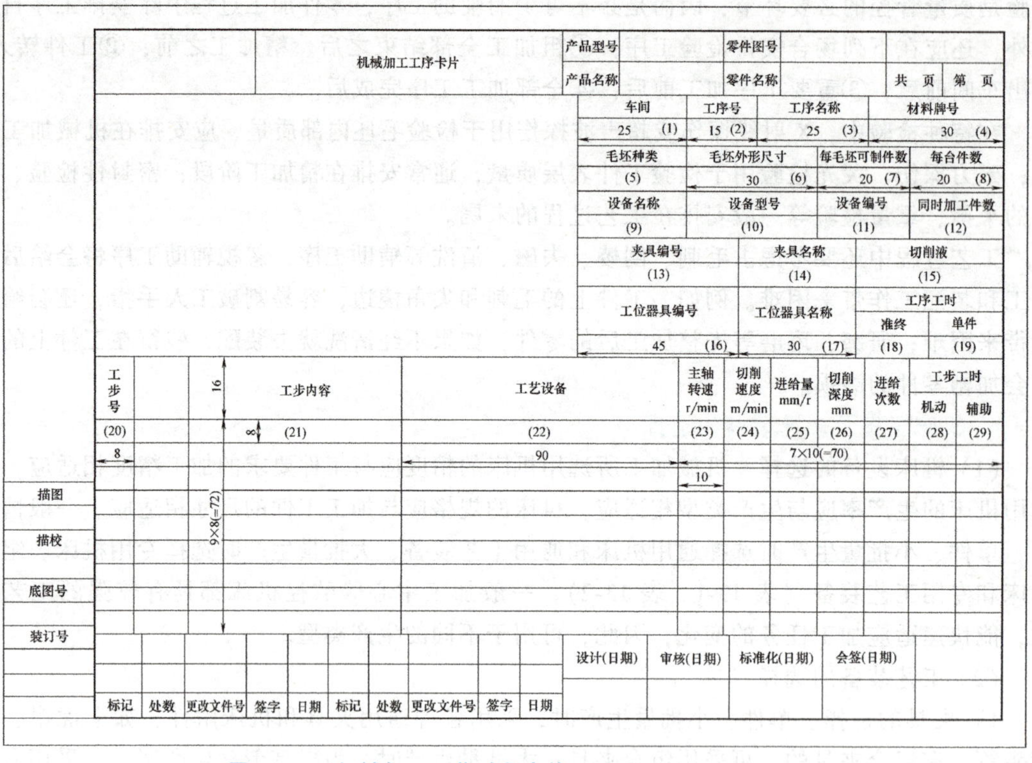

图13-17　机械加工工艺过程卡片（JB/T 9165.2—1998）

（2）机械加工工序卡片　机械加工工序卡片是针对每道工序所编制的、用来具体指导工人进行生产的工艺文件。通过工序简图详细说明了该工序的加工内容、尺寸及公差、定位基准、装夹方式、刀具的形状及其位置等，并注明切削用量、工步内容及工时。工序卡片多用于大批大量生产中，每个工序都要有工序卡片，其格式如图13-18所示。

成批生产中的主要零件或一般零件的关键工序有时也要有工序卡片。

（3）机械加工工艺（综合）卡片　机械加工工艺卡片是以工序为单位，比较详细地说明零件加工工艺过程的一种工艺文件，简称工艺卡。它不但包含工艺过程卡片的内容，而且

25	机械加工工艺过程卡片					产品型号		零件图号			
						产品名称		零件名称		共 页	第 页
材料牌号	(1) 30	毛坯种类 15	(2) 30	毛坯外形尺寸 25	(3) 30	每毛坯可制件数 25	(4) 10	每台件数	(5) 10	备注 10	(6) 20

工序号	工序名称	工序内容 (16)	车间	工段	设备	工艺装备	工时 准终	工时 单件
(7)	(8)	(9) (8)	(10)	(11)	(12)	(13)	(14)	(15)
8	10	18×8(=144)	8		20	75	10	10
描图								
描校								
底图号								
装订号								

										设计(日期)	审核(日期)	标准化(日期)	会签(日期)	
标记	处数	更改文件号	签字	日期	标记	处数	更改文件号	签字	日期					

图 13-18 机械加工工序卡片（JB/T 9165. 2—1998）

详细说明了每一工序的工位及工步的工作内容，对于复杂工序，还要绘出工序简图，标注工序尺寸及公差等。机械加工工艺卡片是用来指导工人生产和帮助技术管理人员掌握整个加工过程的主要技术文件，常用于成批生产和小批生产中比较重要的零件，其格式如图 13-19 所示。生产中所用的工艺文件格式有多种形式，可视具体情况和参照相关规定来编制。

工厂	机械加工工艺(综合)卡片			产品型号		零(部)件图号		共 页
				产品名称		零(部)件名称		第 页
材料牌号		毛坯种类		毛坯外形尺寸		每毛坯件数	每台件数	备注

工序	装夹	工步	工序内容	同时加工零件数	切削用量 背吃刀量/mm	切削用量 切削速度/m·min⁻¹	切削用量 每分钟转数或往复次数	切削用量 进给量/(mm或mm/双行程)	设备名称及编号	工艺装备名称及编号 夹具	工艺装备名称及编号 刀具	工艺装备名称及编号 量具	技术等级	工时定额 单件	工时定额 准终

										编制(日期)	审核(日期)	会签(日期)	
标记	处数	更改文件号	签字	日期	标记	处数	更改文件号	签字	日期				

图 13-19 机械加工工艺（综合）卡片

13.4 典型零件的工艺过程

13.4.1 轴类零件

现以图 13-20 所示传动轴的加工为例,说明在单件、小批量生产中一般轴类零件的工艺过程。

1. 零件各主要部分的作用及技术要求

1) 在 $\phi 30^{+0.041}_{-0.026}$ 的轴段上装滑动齿轮,为传递运动和动力,$\phi 25^{+0.009}_{-0.004}$ 的两段为轴颈,支承于箱体的轴承孔中。表面粗糙度值 Ra 皆为 $0.8\mu m$。

2) $\phi 30^{+0.041}_{-0.026}$ 轴颈对两端轴颈 $\phi 25^{+0.009}_{-0.004}$ 的同轴度公差为 0.02mm。

3) 工件材料为 45 钢,淬火硬度为 40~45HRC。

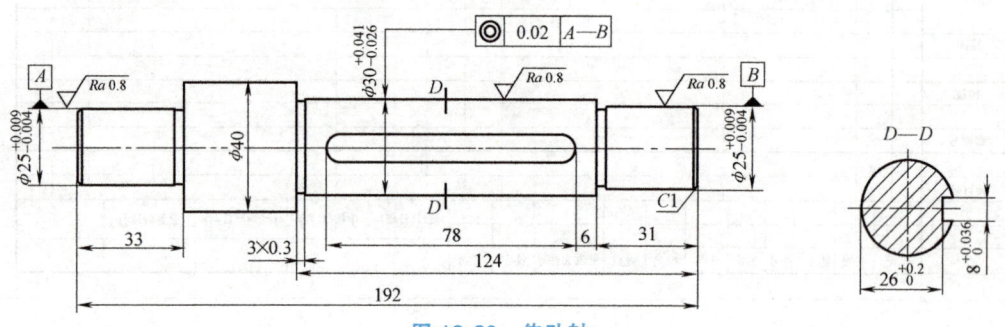

图 13-20 传动轴

2. 工艺分析

该零件的各配合表面除本身有一定的精度(相当于IT7)和表面粗糙度要求外,轴线的同轴度还有一定的要求。

根据各表面的具体要求,可采用加工方案为:粗车→半精车→热处理→粗磨→精磨。

轴上的键槽,可以用键槽铣刀在立式铣床上铣出。

3. 基准选择

为了保证各配合表面的位置精度,用轴两端的中心孔作为粗、精加工的定位基准。这样,既符合基准同一和基准重合的原则,也利于生产率的提高。为了保证定位基准的精度和表面粗糙度,热处理后应修研中心孔。

4. 工艺过程

该轴的毛坯用 $\phi 45mm$、长 195mm 的圆钢料。在单件、小批量生产中,其工艺过程可按表 13-3 安排。

表 13-3 单件、小批量生产轴的工艺过程

序号	工序名称	工序内容	加工简图	设备
1	车	调头,车两端面,钻中心孔	$\phi 45$,192,2-A2/4.25	卧式车床

(续)

序号	工序名称	工序内容	加工简图	设备
2	车	粗车、半精车右端 $\phi 40$、$\phi 25$ 外圆, 槽和倒角, 留磨削余量 1mm; 粗车、半精车左端 $\phi 30$、$\phi 25$ 外圆, 槽和倒角, 留磨削余量 1mm	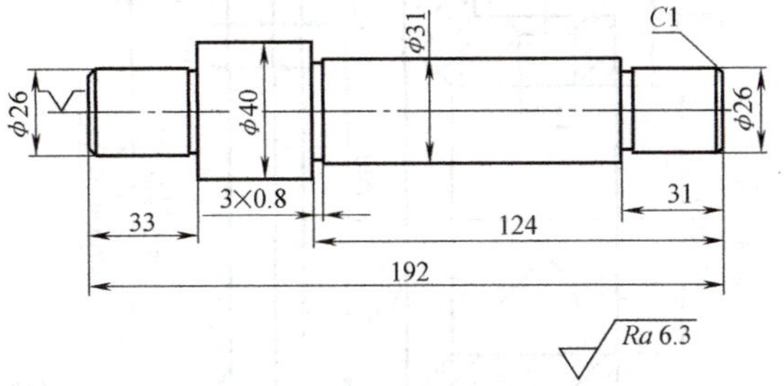	卧式车床
3	铣	粗、精铣键槽	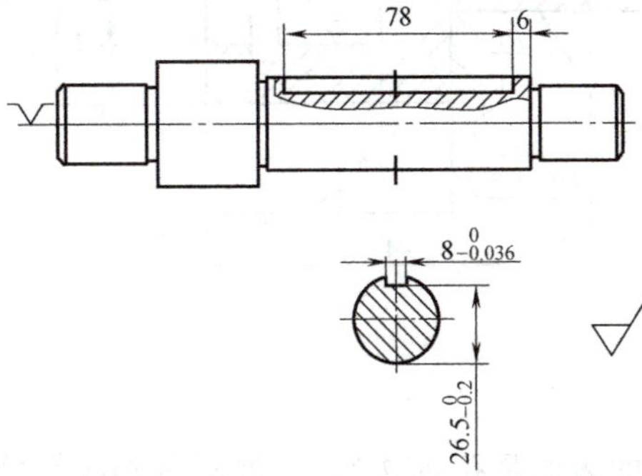	立式铣床
4	热处理	调质 40~45HRC		
5	钳	修研中心孔		
6	磨	粗磨、精磨右端 $\phi 40$、$\phi 25$ 外圆至要求尺寸; 粗磨、精磨左端 $\phi 40$、$\phi 25$ 外圆至要求尺寸	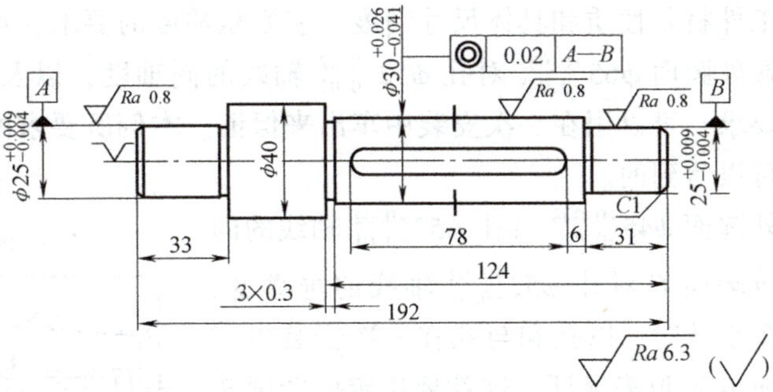	外圆磨床
7	检	按图样要求检验		

注: 1. 加工简图中粗实线为该工序加工表面;
2. 加工简图中的"△"符号所指为定位基准。

13.4.2 套类零件

现以图 13-21 所示轴套为例, 说明在单件、小批量生产中加工轴套类零件的工艺过程。

1. 零件的主要技术要求

1) $\phi 65^{+0.065}_{+0.045}$ 和 $\phi 45^{+0.008}_{-0.008}$ 对 $\phi 52^{+0.02}_{-0.01}$ 轴线的同轴度公差为 $\phi 0.04$;

2) 端面 B 和 C 对 $\phi 52^{+0.02}_{-0.01}$ 轴线的垂直度公差为 0.02mm;

3) 工件材料为 HT200, 铸件。

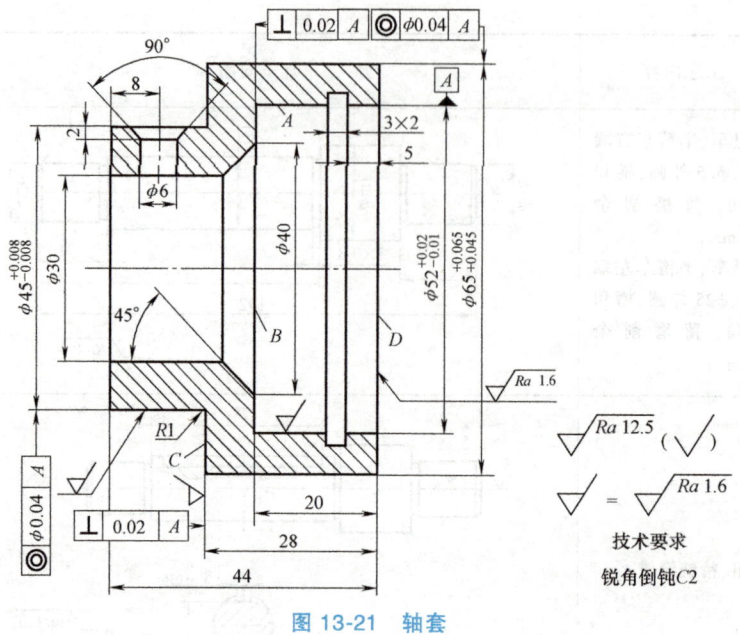

图 13-21　轴套

2. 工艺分析

该轴套要求较高的表面是孔 $\phi 52_{-0.01}^{+0.02}$，外圆面 $\phi 65_{+0.045}^{+0.065}$ 和 $\phi 45_{-0.008}^{+0.008}$，以及内端面 B 和台阶端面 C。孔和外圆面不仅对本身尺寸精度（相当于 IT7）和表面粗糙度有较高要求，对位置精度也有一定的要求。端面 B 和 C 的表面粗糙度和位置精度都有一定要求。

根据工件材料性质和具体尺寸精度、表面粗糙度的要求，可以采用粗车→精车的工艺来达到。大端外圆面 $\phi 65_{+0.045}^{+0.065}$ 对孔 $\phi 52_{-0.01}^{+0.02}$ 轴线的同轴度，以及内端面 B 对孔 $\phi 52_{-0.01}^{+0.02}$ 轴线的垂直度要求，可以用在一次安装中车出来保证。本例所要求的位置精度在一般的卧式车床上加工是可以达到的。

小端外圆面 $\phi 45_{-0.008}^{+0.008}$ 对孔 $\phi 52_{-0.01}^{+0.02}$ 轴线的同轴度，台阶端面 C 对孔 $\phi 52_{-0.01}^{+0.02}$ 轴线的垂直度，可以在精车小端时，以孔和与孔在一次安装中车出大端端面 D 定位来保证。这就要用定位精度较高的可胀心轴（见图 13-22）装夹工件，可胀心轴的定心精度可达 0.01mm，定位端面对轴线的垂直度也比较高，装夹工件时只要使大端面贴紧可胀心轴的定位端面，就可以保证所要求的位置精度。

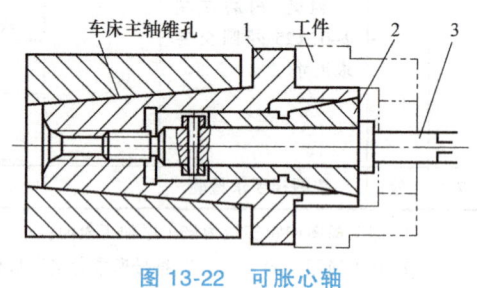

图 13-22　可胀心轴
1—可胀心轴体　2—夹头芯　3—螺杆

3. 基准选择

为了给粗车→精车大端时提供一个精基准，先以工件毛坯大端外圆面作为粗基准，粗车小端外圆面和端面，这样也保证了加工大端时的余量均匀一致。

然后，以粗车后的小端外圆面和台阶端面 C 作为定位基准（精基准），在一次安装中加工大端各表面，以保证所要求的位置精度。

精车小端时，则利用可胀心轴，以孔 $\phi 52^{+0.02}_{-0.01}$ 和大端端面 D 为定位基准。

4. 工艺过程

在单件、小批量生产中，该轴套的工艺过程可按表13-4进行安排。

表13-4　单件、小批量生产轴套的工艺过程

序号	工序名称	工序内容	加工简图	设备
1	铸	铸造，清理	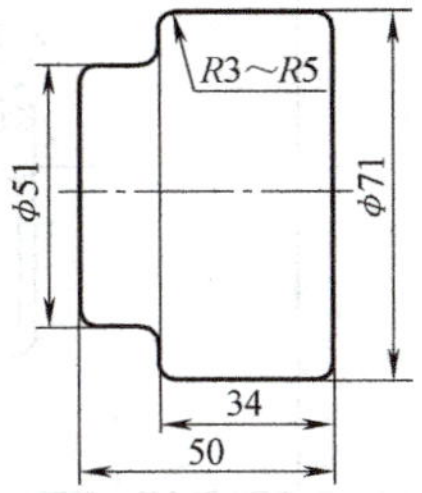	
2	车	粗车小端外圆和两端面至 $\phi47\times16$； 钻孔至 $\phi28$，钻通； 倒头，粗车大端外圆和端面至 $\phi67\times30$； 镗孔至 $\phi30$，镗通； 粗镗大端孔及粗车内端面至 $\phi50\times20$； 倒内斜角至 $\phi41\times45°$； 精车大端外圆和端面 D 至 $\phi65^{+0.065}_{+0.045}\times29$； 精镗大端孔和精车内端面 B 至 $\phi52^{+0.02}_{-0.01}\times20$； 车槽 3×2； 外圆及孔口倒角 $C2$	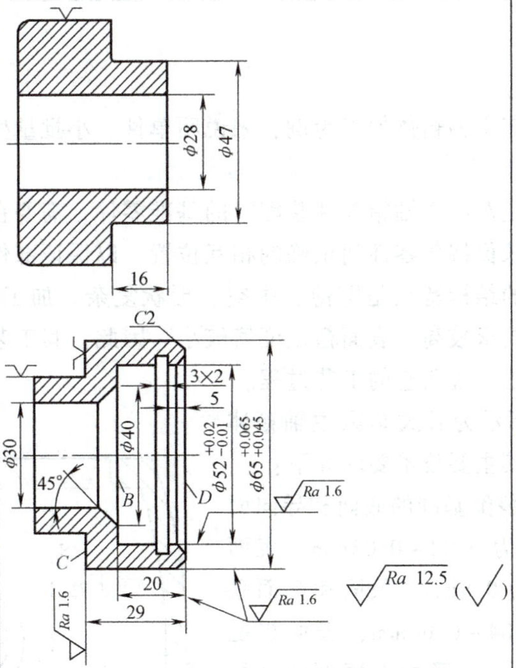 注：大端端面原设计要求表面粗糙度值为 $Ra12.5\mu m$，但由于精车小端时作为精基准，故工艺要求表面粗糙度值改为 $Ra1.6\mu m$	卧式车床
3		精车小端外圆至 $\phi45^{+0.008}_{-0.008}$； 精车两端面 C、E 保证尺寸 44、28 和 $R1$； 外圆及孔口倒角 $C2$	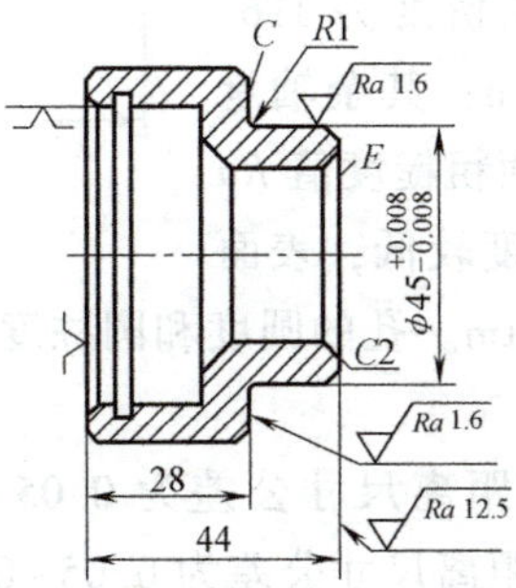	卧式车床（可胀心轴）

(续)

序号	工序名称	工序内容	加工简图	设备
4		划 φ6 孔中心线，保证尺寸 8		
15	钳	钻 φ6 孔；锪 C2 倒角	（90°，8，φ6，Ra 12.5）	钻床
6	检	按图样要求检验		

13.4.3 箱体类零件

以卧式车床主轴箱体加工为例，来说明单件、小批量生产中箱体类零件的工艺过程。

1. 床头主轴箱体的结构特点和主要技术要求

主轴箱体是车床主轴部件装配时的基准零件，需要在上面安装多个齿轮、轴、轴承和拨叉零件，要求保持各零件间正确的相互位置，以保证部件可正常运转。

主轴箱体的结构特点是壁薄、中空、形状复杂。加工面多为平面和孔，它们的尺寸精度、位置精度要求较高，表面粗糙度值较小。因此，其工艺过程比较复杂，下面仅就其主要平面和孔的加工，说明它的工艺过程。

图 13-23 所示为卧式车床主轴箱体的剖视简图，其主要技术要求如下：

（1）作为装配基准的底面和导向面的平面度公差为 0.02 ~ 0.03mm，表面粗糙度值 Ra 为 0.8μm。顶面和侧面平面度公差为 0.04 ~ 0.06mm，表面粗糙度值 Ra 为 1.6μm。顶面对底面的平行度公差为 0.1mm；侧面对底面的垂直度公差为 0.04 ~ 0.06mm。

（2）主轴轴承孔孔径精度为 IT6，表面粗糙度值 Ra 为 0.8μm；其余轴承孔的精度为 IT7 ~ IT6，表面粗糙度值 Ra 为 1.6μm；非配合孔的精度较低，表面粗糙度值 Ra 为 12.5 ~ 6.3μm。孔的圆度和圆柱度公差不超过孔径公差的 1/2。

（3）轴承孔轴线间的距离尺寸公差为 0.05 ~ 0.1mm，主轴轴承孔轴线与基准面距离尺寸公差为 0.05 ~ 0.1mm。

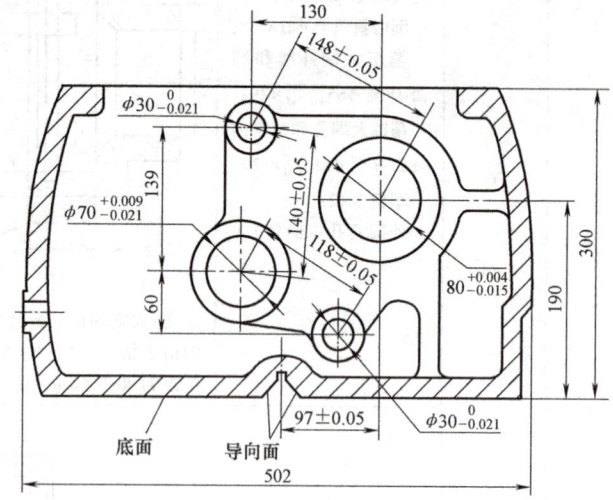

图 13-23 主轴箱体剖视简图

主轴箱体在机械结构中起到的作用

主轴箱体设计

(4) 不同箱壁上同轴孔的同轴度公差为最小孔径公差的 1/2；各相关孔轴线间平行度公差为 0.06~0.1mm。端面对孔轴线的垂直度公差为 0.06~0.1mm。

(5) 工件材料为 HT200。

2. 工艺分析

工件毛坯为铸件，加工余量为底面 8mm，顶面 9mm，侧面和端面 7mm，铸孔 7mm。

在铸造后、机械加工之前，一般应清理和退火，以消除铸造过程中产生的内应力。粗加工后，会引起工件内应力的重新分布。为使内应力分布均匀，也应经适当的时效处理。

在单件、小批量生产条件下，该主轴箱体的主要工艺过程可作如下考虑：

1) 底面、顶面、侧面和端面可采用粗刨→精刨工艺（根据加工设备条件，也可采用粗铣→精铣工艺）。因为底面和导向面的精度和表面粗糙度要求较高，又是装配基准和定位基准，所以在精刨后还应进行精细加工刮研。

2) 直径小于 40~50mm 的孔，一般不铸出，可采用钻→扩（或半精镗）→铰（或精镗）的工艺。对于已铸出的孔，可采用粗镗→半精镗→精镗（用浮动镗刀片）的工艺。由于主轴轴承孔精度和表面粗糙度的要求皆较高，故在精镗后还要用浮动镗刀片进行精细镗。

3) 其余要求不高的螺纹孔、紧固孔及油孔等，可放在最后加工。这样可以防止由于主要面或孔在加工过程中出现问题（如发现气孔、夹杂物或加工超差等）时，浪费这一部分的工时。

4) 为了保证箱体主要表面精度和表面粗糙度的要求，避免粗加工时由于切削量较大引起工件变形或划伤已加工表面，整个工艺过程分为粗加工和精加工两个阶段。

为了保证各主要表面位置精度的要求，粗加工和精加工时都应采用同一定位基准。此外，各纵向主要孔的加工应在一次安装中完成。采用镗模夹具，可以保证位置精度。

5) 整个工艺过程中，无论是粗加工还是精加工，都应遵循"先面后孔"的原则，即先加工平面，然后以平面定位再加工孔。这是因为：①平面常是箱体的装配基准；②平面的面积比孔的面积大，以平面定位工件装夹稳定、可靠。因此，以平面定位加工孔，利于保证定位精度和加工精度。

3. 基准选择

(1) 粗基准的选择　在单件、小批量生产中，为保证主轴轴承孔的加工余量分布均匀，并保证装入箱体中的齿轮、轴等零件与不加工的箱体内壁间有足够的间隙，以免互相干涉，通常先以主轴轴承孔和与之相距最远的一个孔为基准，权衡底面和顶面的余量，对毛坯进行划线和检查。之后，按划线找正对顶面进行粗加工。这种方法，实际上就是以主轴轴承孔和与之相距最远的一个孔权衡后的中心位置为粗基准。

(2) 精基准的选择　以该箱体的装配基准——底面和导向面为统一的精基准来加工各纵向孔、侧面和端面，符合基准同一原则和基准重合原则，有利于保证加工精度。

为了保证精基准的精度，在加工底面和导向面时，可以加工后的顶面为辅助的精基准。并且在粗加工和时效处理之后，以精加工后的顶面为精基准，再对底面和导向面进行精刨和精细加工（刮研），以便进一步提高精加工阶段定位基准的精度。

4. 工艺过程

根据以上分析，在单件、小批量生产中，该床头箱箱体的工艺过程可按表 13-5 确定。

表 13-5　单件、小批量生产箱体的工艺过程

序号	工序名称	工序内容	加工简图	设备
1	铸	清理,退火		
2	钳	划各平面加工线,以主轴轴承孔和与之相距最远的一个孔为基准,并照顾底面和顶面的余量		
3	刨	以底面为粗基准,粗刨顶面,留精刨余量 2mm	$Ra\ 12.5$	龙门刨床
4	刨	粗刨底面和导向面,留精刨和刮研余量 2~2.5mm	$Ra\ 12.5$	龙门刨床
5	刨	粗刨侧面和两端面,留精刨余量 2mm	$Ra\ 12.5$	龙门刨床
6	镗	粗加工纵向各孔,主轴轴承孔,留半精镗、精镗余量 2~2.5mm,其余各孔留半精加工、精加工余量 1.5~2mm(小直径孔钻出,大直径孔用镗刀加工)	$Ra\ 12.5$	卧式车床(镗模)
7		时效处理		
8	刨	精刨顶面至尺寸	$Ra\ 1.6$	龙门刨床
9	刨	精刨底面和导向面,留刮研余量 0.1mm	$Ra\ 0.8$	龙门刨床

（续）

序号	工序名称	工序内容	加工简图	设备
10	钳	刮研底面和导向面至要求尺寸	25mm×25mm 内 8~10 个点	
11	刨	精刨侧面和两端面至要求尺寸	同工序 V（Ra 值为 1.6μm）	龙门刨床
12	镗	半精加工各纵向孔,主轴轴承孔留精镗和精细镗余量 0.8~1.2mm,其余各孔留精加工余量 0.05~0.15mm（小孔用铰刀,大孔用镗刀加工）；精加工各纵向孔,主轴轴承孔留精细镗余量 0.1~0.25mm,其余各孔至尺寸（小孔用铰刀,大孔用浮动镗刀片加工）；精细镗主轴轴承孔至尺寸（用浮动镗刀片加工）	同工序 VI（Ra 值为 1.6μm 或 Ra 值为 0.8μm）	卧式镗床 主轴箱体加工工艺过程及卡具设计
13	钳	加工螺纹底孔、紧固孔及油孔等至尺寸；攻丝、去毛刺	底面定位（Ra 值为 6.3~12.5μm）	钻床
14	检	按图样要求检验		

13.5 切削加工零件的结构工艺性要求

零件的结构工艺性，是指某种结构的零件被加工的难易程度。零件的结构工艺性良好，就是指在满足使用要求的前提下，所设计的零件能较经济、高效、合格地被加工出来。它是在毛坯制造、切削加工、热处理及装配与维修等过程中评价零件设计优劣的重要技术经济指标之一。

零件的工艺性涉及零件结构设计、尺寸标注、技术要求、材料等多方面的内容，还与零件的制造方法、生产批量和工厂技术装备水平有关。有时功能完全相同而结构不同的零件，它们的制造方法与制造成本往往相差很大，因此，为了使所设计的零件能被多快好省地加工出来，就必须考虑零件的结构工艺性问题。产品及零件的制造，包括毛坯生产、切削加工、热处理和装配等阶段，各个生产阶段都是有机地联系在一起的。结构设计时，必须全面考虑，使各个生产阶段都具有良好的工艺性。由于一般情况下切削加工的劳动耗费最多，因而零件结构的切削加工工艺性更为重要。

关于切削零件的结构工艺性分析，主要考虑以下几个方面的内容。

13.5.1 合理确定零件的技术要求

无需加工的表面不要设计成加工面，要求不高的表面不应设计为高精度和表面粗糙度值低的表面，否则会增加成本。

13.5.2 遵循零件结构设计的标准化

1. 尽量采用标准化参数

在确定零件的孔径、锥度、螺纹孔径和螺距、齿轮模数和压力角、圆弧半径、沟槽等参数时，尽量选用有关标准推荐的数值，这样可使用标准的刀具、夹具、量具，从而减少专用工艺装备的设计、制造周期和费用。

2. 尽量采用标准件

螺钉、螺母、轴承、垫圈、弹簧、密封圈等零件一般由标准件厂生产，根据需要选用即可，不仅可缩短设计制造周期，使用维修方便，而且较经济。

3. 尽量采用标准型材

只要能满足使用要求，零件毛坯尽量采用标准型材，不仅可减少毛坯制造的工作量，而且由于型材的性能好，可减少切削加工的工时并可以节省材料。

13.5.3 合理标注尺寸

零件图上标注的尺寸除满足使用要求外，还必须考虑加工方法。尺寸标注得不合理，对产品的使用性能和零件机械加工的难易程度都有很大的影响。对需要满足结构设计要求的尺寸（通常是影响装配精度的尺寸），应按装配尺寸链计算出的尺寸及公差进行标注，其余尺寸则应按工艺要求标注。

13.5.4 零件结构要便于加工

1. 零件结构要便于安装、定位准确，加工稳定可靠

（1）增加工艺凸台　刨削较大型工件时，往往把工件直接安装在工作台上。为了刨削上表面，工件安装时必须使加工面水平放置。图 13-24a 所示的零件较难安装，如果在零件上加一个工艺凸台（见图 13-24b），便容易安装找正。必要时，精加工后再把凸台切除。

（2）增设装夹凸缘或装夹孔　图 13-25a 所示的大平板，在龙门刨床或龙门铣床上加工上平面时，不便用压板、螺钉将它装夹在工作台上。如果在平板侧面增设装夹用的凸缘或孔（见图 13-25b），便容易可靠地夹紧，同时也便于吊装和搬运。

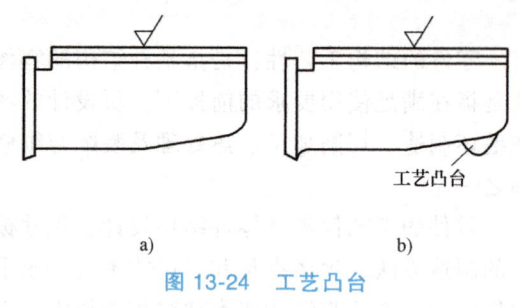

图 13-24　工艺凸台

（3）改变结构或增加辅助安装面　车床通常是用自定心卡盘、单动卡盘来装夹工件的。图 13-26a 所示的轴承盖要加工 φ120 外圆及端面。如果夹在 A 处，则一般卡爪伸出的长度不够，无法实现；如果夹在 B 处，又因为是圆弧面，与卡爪为点接触，不能将工件夹牢。因此，装夹不方便。若把工件改为图 13-26b 所示的结构，使 C 处为一圆柱面，便容易夹紧。或在毛坯上加工出一个辅助安装面，如图 13-26c 中的 D 处，用它进行安装，也比较方便。必要时，零件加工后再将这个辅助面切除（辅助安装面也称为工艺凸台）。

2. 便于加工和测量

（1）刀具的引进和退出要方便　如图 13-27a 所示的零件，带有封闭的 T 形槽，铣刀不

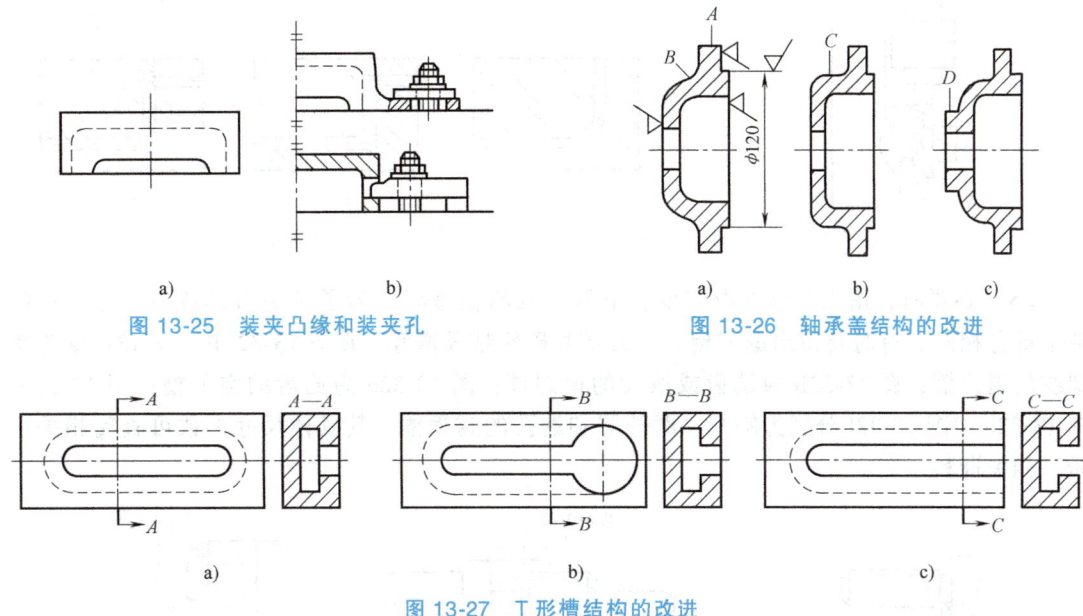

图 13-25 装夹凸缘和装夹孔

图 13-26 轴承盖结构的改进

图 13-27 T形槽结构的改进

能进入槽内,所以该结构无法加工。如果把它改成图 13-27b 所示的结构,T 形槽铣刀可以从大圆孔中进入槽内,但不容易对刀,操作很不方便,也不便于测量。如果把它设计成开口的形状(见图 13-27c),则可方便地进行加工。

(2) 尽量避免箱体内的加工面　箱体内安放轴承座的凸台(见图 13-28a)的加工和测量是极不方便的。如果采用带法兰的轴承座,使它和箱体外面的凸台连接(见图 13-28b),则将箱体内表面的加工改为外表面的加工,给加工带来很大方便。

如图 13-29a 所示结构,箱体轴承孔内端面需要加工,但比较困难。若改为图 13-29b 所示结构,采用轴套,避免了箱体内端面与齿轮端面的接触,也省去了箱体内表面的加工。

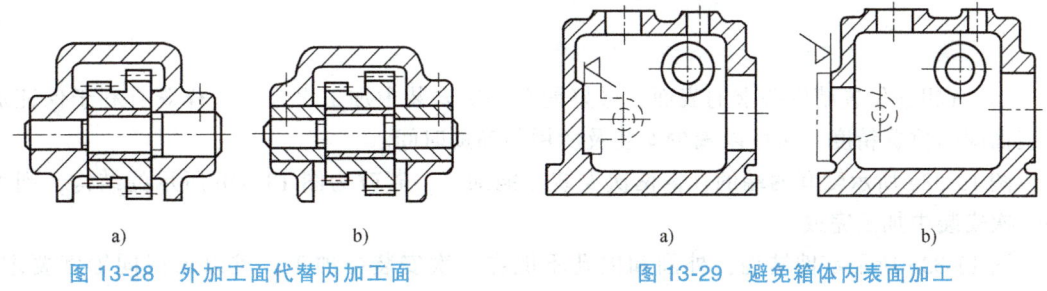

图 13-28 外加工面代替内加工面

图 13-29 避免箱体内表面加工

(3) 凸缘上的孔要留出足够的加工空间　如图 13-30 所示,若孔的轴线距壁的距离 s 小于钻卡头外径 D 的一半,则难以进行加工。一般情况下,要保证 $s \geq D/2+(2 \sim 5)$,才便于加工。

(4) 尽可能避免弯曲的孔　如图 13-31a 所示,零件上的孔很显然是不可能钻出的;改为图 13-31b 所示的结构,中间一段也是不能钻出的;改为图 13-31c 所示的结构虽然可以加工,但还要在中间一段附加一个柱塞,是比较费工的。所以,设计时要尽量避免弯曲的孔。

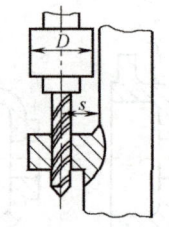

图 13-30 留够钻孔空间

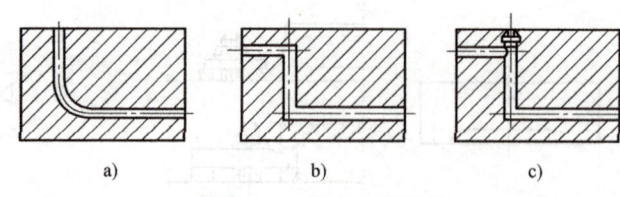

图 13-31 避免弯曲的孔

（5）必要时，留出足够的退刀槽、空刀槽或越程槽等　为了避免刀具或砂轮与工件的某个部分相碰，有时要留出退刀槽、空刀槽和砂轮越程槽等。在图 13-32 中，图 13-32a 为车螺纹的退刀槽；图 13-32b 为铣齿或滚齿的退刀槽；图 13-32c 为插齿的空刀槽；图 13-32d、图 13-32e 和图 13-32f 分别为刨削、磨外圆和磨孔的越程槽。其具体尺寸参数可查阅相关手册、相关资料。

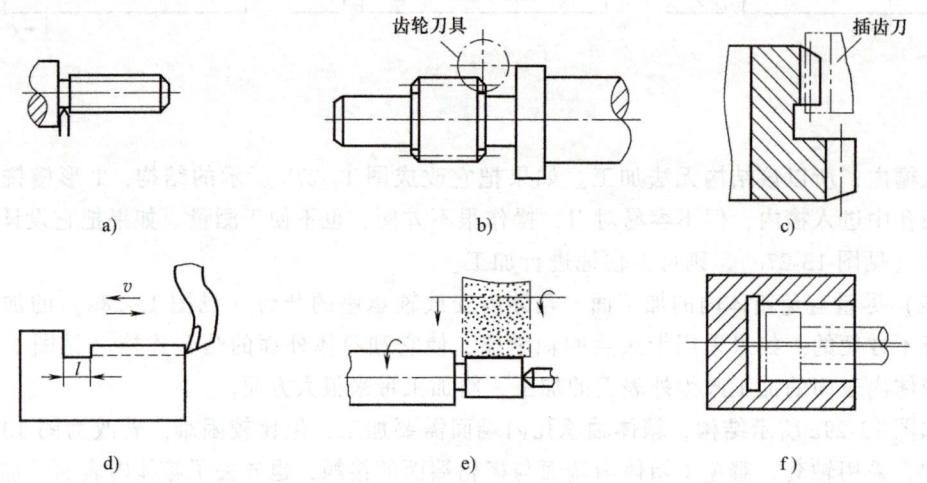

图 13-32 退刀槽、空刀槽和越程槽

3. 应有利于保证加工质量和提高生产效率

1）有相互位置精度要求的表面，最好能在一次安装中加工出来，这样既有利于保证加工表面间的位置精度，又可以减少安装及所用的辅助时间。

图 13-33a 所示轴套两端的孔需两次安装才能加工，若改为图 13-33b 所示的结构，则可在一次安装中加工完成。

图 13-33c 所示零件结构，外圆和内孔不能在一次安装中加工，难以保证同轴度要求。若改为图 13-33d 的结构，则可以在一次安装中进行加工。

2）尽量减少安装次数。图 13-34a 所示的轴承盖上的螺孔设计成倾斜的，既增加了安装次数，又使钻孔和攻丝都不方便，不如改成图 13-34b 所示的结构。

3）要有足够的刚度，减少工件在夹紧力或切削力作用下的变形。图 13-35a 所示的薄壁套筒，在卡盘卡爪夹紧力的作用下容易变形，车削后形状误差较大。若改成图 13-35b 所示的结构，可增加刚度，提高加工精度。

又如图 13-36a 所示的床身导轨，加工时切削力会使边缘挠曲，产生较大的加工误差。若增设加强肋板（见图 13-36b），则可大大提高其刚度。

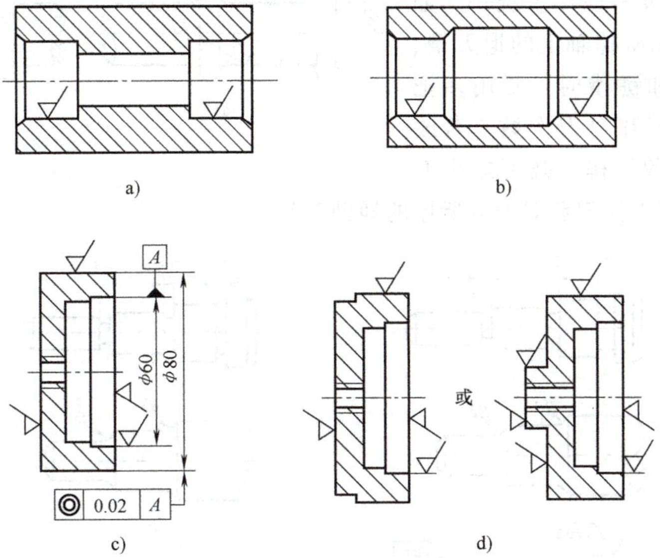

图 13-33 避免两次安装

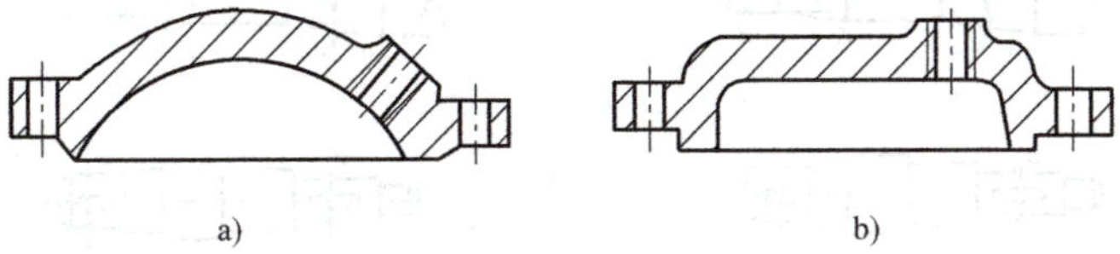

图 13-34 孔的方位应一致

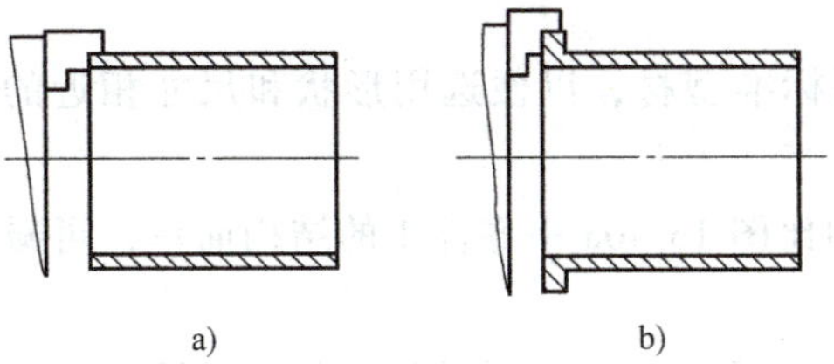

图 13-35 增设凸缘图

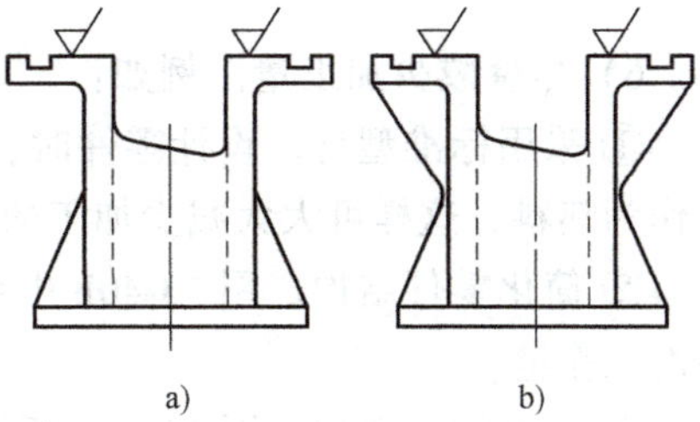

图 11-36 增设加强肋板

4) 孔的轴线应与端面垂直。如图 13-37a 所示的孔,由于钻头轴线不垂直于进口或出口的端面,钻孔时钻头很容易偏斜或弯曲,甚至折断。因此,应尽量避免在曲面或斜壁上钻孔,可以采用图 13-37b 所示的结构。同理,轴上的油孔,应采用图 13-38b 所示的结构。

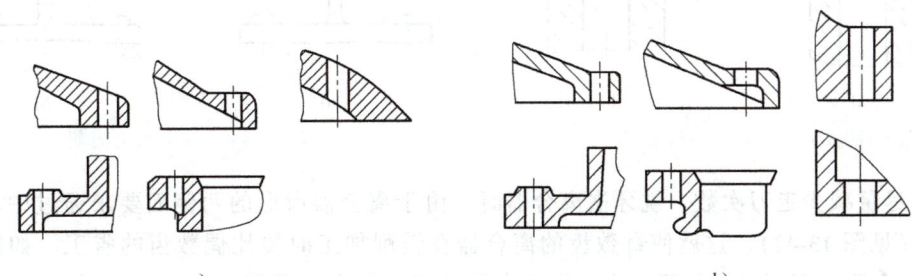

图 13-37 避免在曲面或斜壁上钻孔

5) 同类结构要素应尽量统一。如加工图 13-39a 所示阶梯轴上的退刀槽、过渡圆弧、锥面和键槽时，要用多把刀具，增加了换刀和对刀次数。若改为图 13-39b 所示的结构，既可减少刀具的种类，又可节省换刀和对刀等所用的辅助时间。

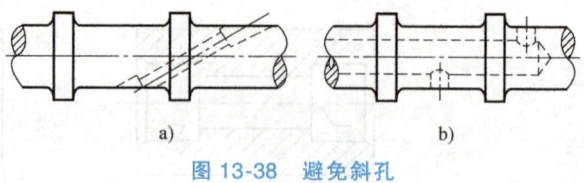

图 13-38　避免斜孔

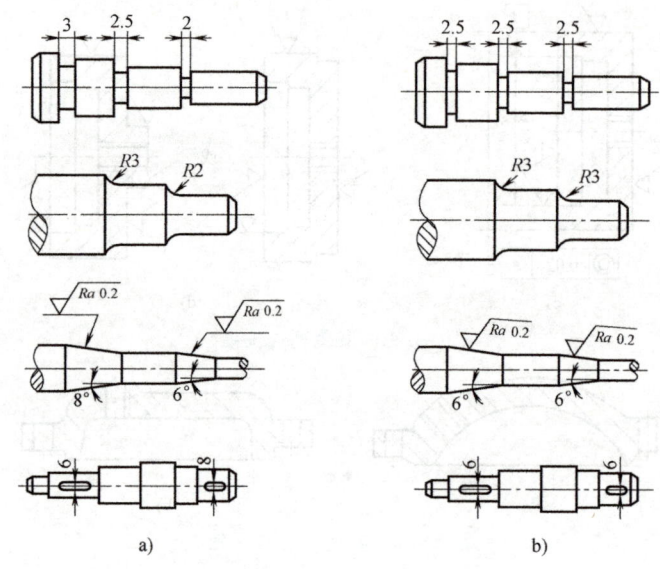

图 13-39　同类结构要素应统一

6) 尽量减少加工量。例如：

① 采用标准型材。设计零件时，应考虑利用标准型材，以便选用形状和尺寸相近的型材作为坯料，这样可大大减少加工的工作量。

② 简化零件结构。图 13-40b 中零件 1 的结构比图 13-40a 中零件 1 的结构简单，可减少切削工作量。

③ 减少加工面积。图 13-41b 所示支座的底面与图 13-41a 所示的结构相比，即可减少加工面积，又能保证装配时零件间很好地接合。

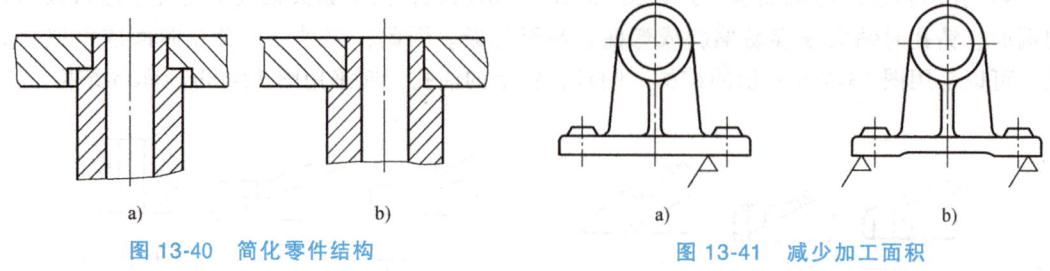

图 13-40　简化零件结构　　　　图 13-41　减少加工面积

7) 尽量减少走刀次数。铣牙嵌离合器时，由于离合器齿形的两侧面要求通过中心，呈放射形（见图 13-42）。这就使奇数齿的离合器在铣削加工时要比偶数齿的省工。如铣削一个五齿离合器的端面齿，只要五次分度和走刀就可以铣出（见图 13-42a）。而铣一个四齿离合器，却要八次分度和走刀才能完成（见图13-42b）。因此，离合器设计成奇数齿为好。图上数字表示走刀次数。

如图13-43a所示的零件，当加工这种具有不同高度的凸台表面时，需要逐一将工作台升高或降低。如果把零件上的凸台设计得等高（见图13-43b），则能在一次走刀中加工所有凸台表面，这样可节省大量的辅助时间。

8）便于多件同时加工。如图13-44a所示的叉形件，因槽底为圆弧形，只能单件进行加工。若改为图13-44b所示的结构，则可实现多件一起加工，可以提高生产率。

又如图13-44c所示的齿轮，轮毂与轮缘不等高，多件一起滚齿时，刚度较差，并且轴向进给的行程延长。若改为图13-44d所示的结构，既可增加加工时的刚度，又可缩短轴向进给的行程。

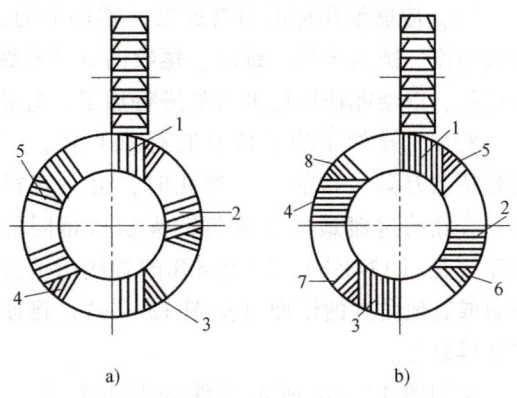

图13-42 牙嵌离合器应采用奇数齿

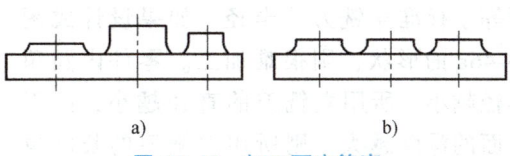

图13-43 加工面应等高

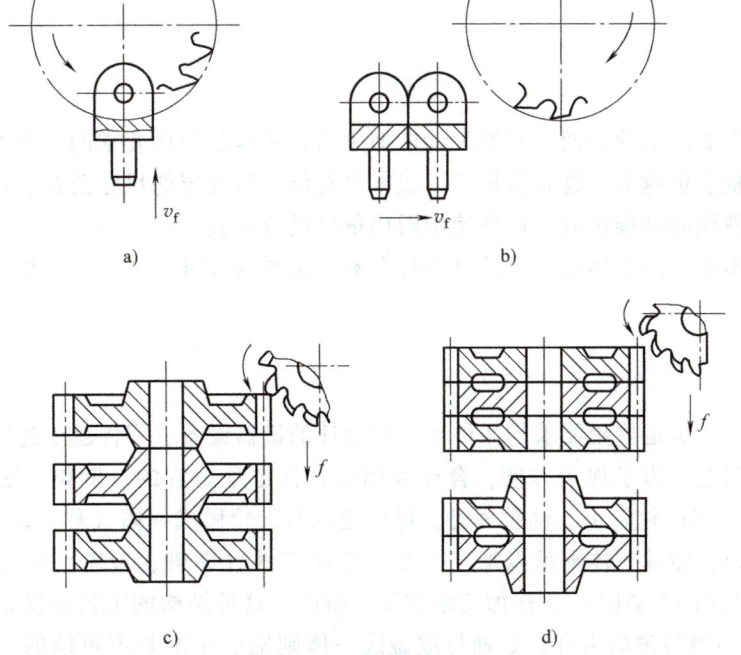

图13-44 便于多件同时加工

13.5.5 提高标准化程度

（1）尽量采用标准件 设计时，应尽量按国家标准、部标或厂标选用标准件，以利于产品成本的降低。

（2）应能使用标准刀具加工　零件上的结构要素如孔径及孔底形状、中心孔、沟槽宽度或角度、圆角半径、锥度、螺纹的直径和螺距、齿轮的模数等，其参数值应尽量与标准刀具相符，以便能使用标准刀具进行加工，避免设计和制造专用刀具，降低加工成本。

例如，被加工的孔应具有标准直径，否则需要特制刀具。当加工不通孔时，由一直径到另一直径的过渡最好做成与钻头顶角相同的圆锥面（见图13-45b），因为与孔的轴线相垂直的底面或其他角度的锥面（见图13-45a），将使加工变得复杂。

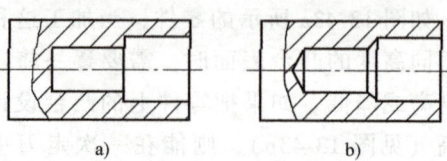

图13-45　不通孔的结构图

又如图13-46b所示零件的凹下表面，可以用面铣刀加工，粗加工后其内圆角必须用立铣刀清边，因此其内圆角的半径必须等于标准立铣刀的半径。如果设计成图13-46a的形状，则很难加工。零件内圆角半径越小，所用立铣刀的直径越小，凹下表面的深度越大，则所用立铣刀的长度也越大，加工越困难，加工费越高。所以在设计凹下表面时，圆角的半径越大越好，深度越小越好。

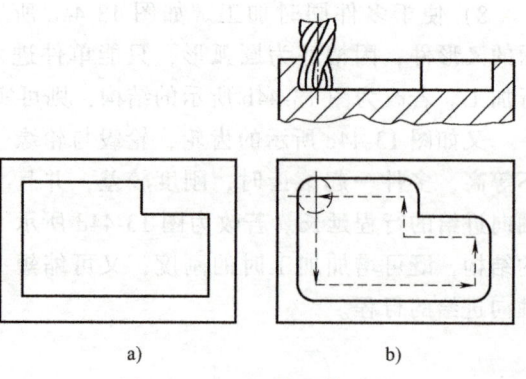

图13-46　凹下表面的形状

13.5.6　合理规定表面精度和表面粗糙度

零件上不需要加工的表面，不要设计成加工面；在满足使用要求的前提下，表面的精度越低、表面粗糙度值越大，越容易加工，成本也越低。所规定的尺寸公差、几何公差和表面粗糙度值，应按国家标准选取，以便使用通用量具进行检验。

既要结合本企业的具体加工条件（如设备和工人的技术水平等），又要考虑与先进的工艺方法相适应。

13.5.7　合理采用零件的组合

一般来说，在满足使用要求的条件下，所设计的机器设备，零件越少越好，零件的结构越简单越好。但是，为了加工方便，合理采用组合件也是适宜的。例如，轴带动齿轮旋转（见图13-47a），当齿轮较小、轴较短时，可以把轴与齿轮做成一体（称为齿轮轴）。当轴较长、齿轮较大时，做成一体则难以加工，必须分成三件（即轴、齿轮、键），分别加工后，装配到一起（见图13-47b），这样加工很方便。所以，这种结构的工艺性较好。

图13-47c为轴与键的组合，如轴与键做成一体则轴的车削是不可能的，必须分为两件（见图13-47d），分别加工后再进行装配。

图13-47e所示零件的内部球面凹坑很难加工。如改为图13-47f所示的结构，把零件分为两件，凹坑的加工变为外部加工，就比较方便。

又如图13-47g所示的零件，滑动轴套中部花键孔的加工是比较困难的。如果改为图13-47h所示的结构，圆套和花键套分别加工后再组合起来，则加工比较方便。

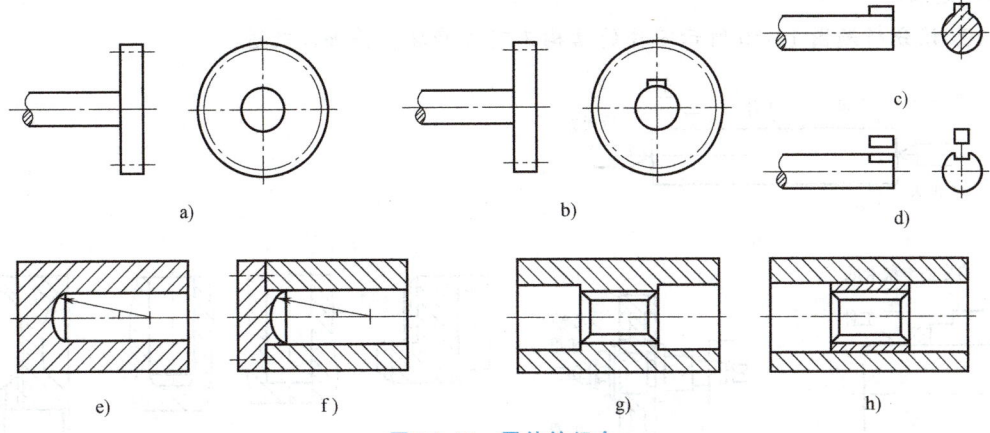

图 13-47 零件的组合

需要注意的是，上述原则和实例分析只不过是一般原则和个别实例，实际问题往往是多变或复杂的。设计零件时，应根据具体要求和条件，综合所掌握的工艺知识和实际经验，灵活运用，以设计出结构工艺性良好的零件。

思 考 题

1. 什么是生产过程、工艺过程、工序和安装？
2. 生产类型有哪几种？汽车、电视机、金属切削机床、大型轧钢机的生产各属于哪些生产类型？各有何特征？
3. 机械加工中，工件的安装方法有哪几类？各适用于什么场合？
4. 什么是夹具？按其用途不同，夹具分为哪几类？各适用于什么场合？
5. 什么是基准？根据其作用的不同，基准分为哪几种？
6. 什么是粗基准和精基准？试述粗、精基准的选择原则。
7. 试选择图 13-48 所示三个零件的粗、精基准。其中图 13-48a 所示齿轮，$m=2\text{mm}$，$z=37$，毛坯为热轧棒料；图 13-48b 所示液压缸，毛坯为铸铁件，孔已铸出；图 13-48c 所示飞轮，毛坯为铸件。均为批量生产，图中除了标有不加工符号的表面外，均为加工表面。

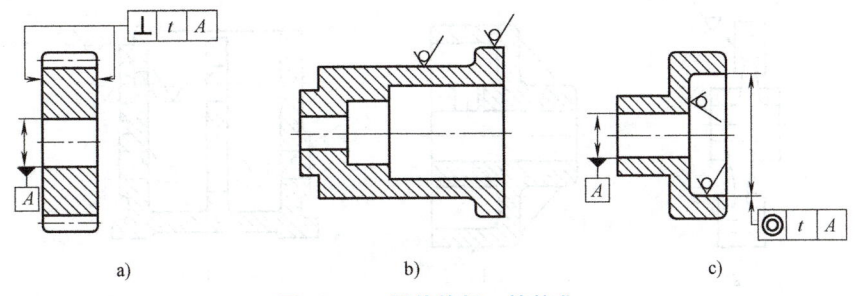

图 13-48 零件的粗、精基准

8. 什么是工件的六点定位原理？加工时工件是否都要完全定位？
9. 试分析图 13-49 所示三种安装方法工件的定位情况，指出各限制了哪几个自由度？属于哪种定位？

10. 试分析题图 13-50 所示零件的结构工艺性好坏，并加以改进。

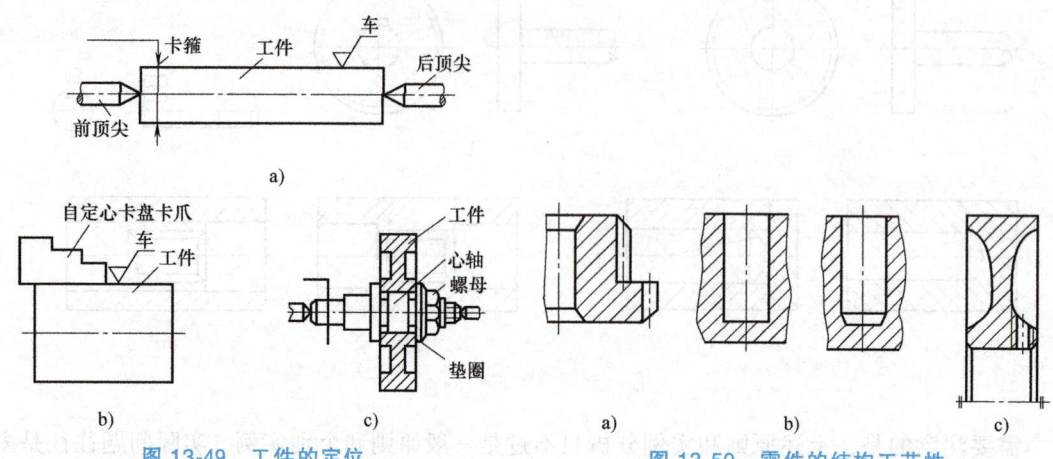

图 13-49 工件的定位　　　　图 13-50 零件的结构工艺性

11. 机械加工工艺规程的内容和作用是什么？如何制定其步骤？
12. 设计零件时，考虑零件结构工艺性的一般原则有哪几项？
13. 为什么零件上同类结构要素要尽量统一？
14. 从切削加工的结构工艺性考虑，试改进图 13-51 所示零件的结构。

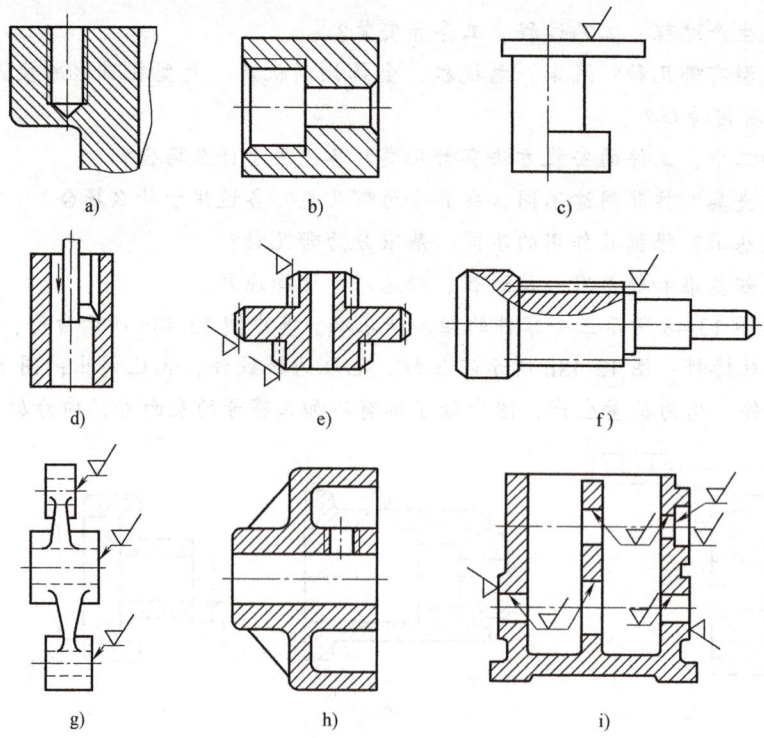

图 13-51 零件的结构
a) 攻螺纹　b) 车内螺纹　c) 铣上平面　d) 插不通槽　e) 三联齿轮插齿
f) 齿轮轴滚齿　g) 滑套铣端面　h) 轮毂钻孔攻螺纹　i) 箱体镗孔

第14章

先进制造模式与先进制造技术

> **本章导学**：制造业是支柱产业，先进制造代表当代制造业发展的主流趋势。同时，先进制造本身也是不断发展和不断被认识的新事物。本章简要介绍先进制造的基本概念、特征、技术分类及背景情况；重点介绍当前相对成熟的先进制造模式与制造技术的特点及其适用条件。希望能够对各种制造模式和技术系统中蕴含的先进制造理念和基本技术思想有所了解。

14.1 先进制造的特征与技术分类

通常把从20世纪90年代以来比较集中出现的一系列技术效果和经济效益明显的加工制造新技术与制造生产新模式统称为先进制造。广义的先进制造包括两个方面，即先进加工制造技术和先进制造管理模式，如图14-1所示的先进制造分类。先进加工制造技术是指以零件或产品加工制造为核心的设计、研发、制造工艺和装备，以及维修维护和用户服务支持的技术群如数控机床加工技术与装备、工业机器人应用技术、自动检测与自动装配技术、3D打印制造技术、微米纳米制造技术、柔性制造系统等。业内也将这一方面称为狭义的先进制造或称为先进加工技术。先进制造管理模式则是指在制造生产工程及其资源组织和运行管理方面出现的一些先进的运作模式和组织形式。

14.1.1 先进制造技术的发展背景

先进制造技术概念最早出现在1993年2月，在美国官方发布"以技术促进美国的发展、振兴经济的新方向"的政策报告，提出了"要促进先进制造技术（Advanced Manufacturing Technology-AMT）的发展"。该主张反映了工业化国家工业经济发展的需求及关注热点。继美国之后，日本、欧盟国家以及亚洲新兴工业国家或地区也纷纷将发展先进制造技术列为优先研究项目。在2012年，美国政府提出并着手组建"工业互联网联盟"，2013年德国政府提出工业4.0战略，2015年中国政府启动了《中国制造2025》。这些是在世界步入先进制造发展新时期时出现的三个最重要的关于工业发展的官方战略性举措，成为先进制造在全球范围内正式展开的重要标志。

美国主张通过"工业互联网"（Industrial Internet）构建一个以制造业为核心的巨型工业

制造系统，借助网络和数据技术，打通产业壁垒，拉长制造产业链，形成跨设备、跨系统、跨厂区、跨地区的互联互通，促进协同制造，资源高效共享。

德国的"工业4.0"提出基于物理信息系统（Cyber Physical System，简称CPS）构建一种新的制造方式，将工业生产中的资源、供应、制造、销售信息数据化，促进工厂的智能化转型，实现快速、有效、定制化的产品供应。

《中国制造2025》是有明确任务和发展时间表的发展规划。其核心是通过推动工业化和信息化的"两化深度融合"，以十大工业领域或方向的发展为引领，通过"三步走"的发展计划，推动中国由制造大国升级为制造强国。

可以看出，三个计划各有侧重，但共同之处都是结合信息化时代的发展，以互联为支撑，以先进制造为核心，通过先进制造技术和先进制造模式两个方面的有计划推进，来促进制造业的变革。

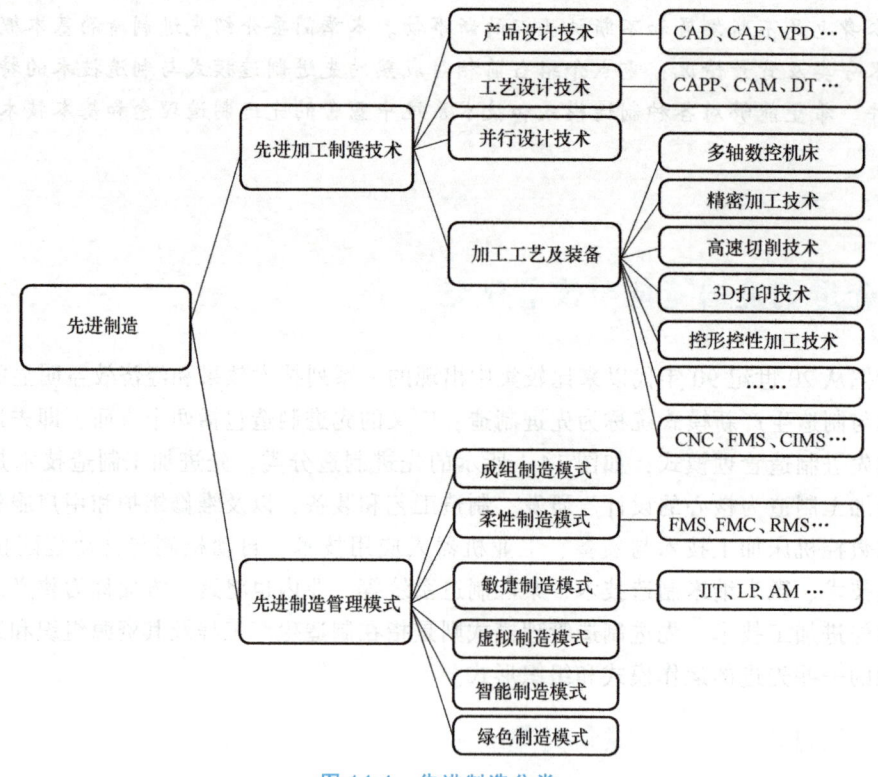

图 14-1　先进制造分类

14.1.2　先进制造技术的基本特征

1. 基于大制造概念

先进制造是广义的制造，借助信息技术和网络通信技术的支持，将制造过程从传统车间里进行的材料加工和机器装配向其上、下游全产业链条延伸，对产品的设计可以考虑得更加全面，对各种制造资源的使用可以更加合理，对各种生产要素的组合与利用可以更加科学。制造概念及其技术内涵都发生了变化，由狭义的传统制造转变为广义的现代大制造，从而成为先进制造的第一特征。

先进制造技术涉及先进设计技术群、先进工艺技术群和先进管理技术群三个方面以及这三个方面的并行和交叉，如图 14-2 所示。

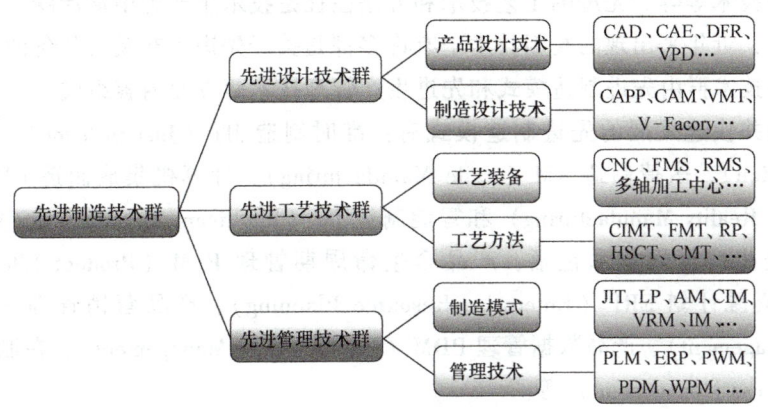

图 14-2　先进制造技术群

先进设计技术群包括面向产品和面向制造两方面的设计工具群和设计技术方法群。设计技术的变革对于缩短新产品开发周期、降低设计成本费用以及提高设计质量都有重大影响。常用的计算机辅助设计 CAD（Computer Aided Design，见图 14-3）、计算机辅助工程分析 CAE（Computer Aided Engineering）、可靠性设计 DFR（Design for Reliability）、虚拟产品设计 VPD（Virtual Product Design）等都是面向产品的先进设计工具软件及设计方法。

面向制造的设计技术方法及工具群，按产品生产过程的特征划分，有面向离散型产品制造的过程模式工艺设计和面向连续性产品制造的流程模式工艺设计两种类型。机床、汽车等都是离散型产品制造，需要过程模式的工艺设计；许多化工类生产则需要流程模式的工艺设计。目前已有许多应用成熟的软件，例如，计算机辅助工艺设计 CAPP（Computer Aided Process Planning）、计算机辅助制造 CAM（Computer Aided Manufacturing，见图 14-4）、虚拟产品制造 VMT（Virtual Manufacturing Technology）或虚拟工厂（V-Factory）等。

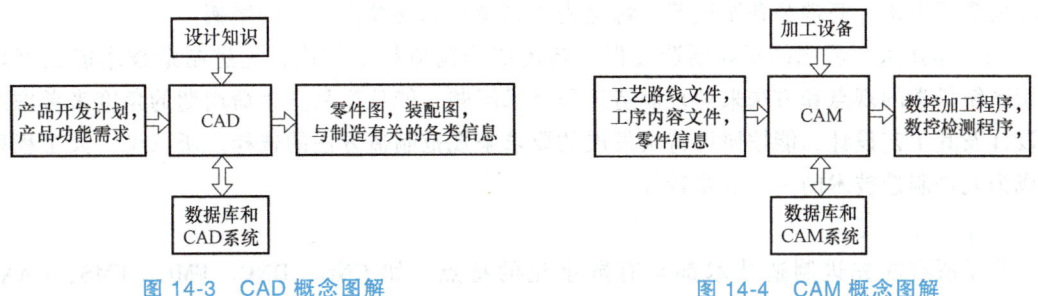

图 14-3　CAD 概念图解　　　　　　　　图 14-4　CAM 概念图解

先进工艺及装备技术群是关于产品制造的加工设备、工装夹具及加工工艺方法的先进技术。例如机械加工中使用的数控机床 CNC（Computer Numerical Control）、多轴加工中心、柔性制造系统及技术 FMS/FMT（Flexible Manufacturing System/Flexible Manufacturing Technology）、可重构柔性制造系统及技术 RMS/RMT（Reconfigurable Manufacturing System/Reconfigurable Manufacturing Technology）、3D 打印技术 RP（Rapid Prototyping）、高速切削技术 HSCT

（High Speed Cutting Technology）、复合加工技术 CMT（Composite Machining Technology），以及计算机集成制造系统及技术 CIMS/CIMT、特种加工技术、超精密加工技术、先进铸造技术、智能制造技术等等。先进的工艺技术和方法往往是技术生产力中最活跃、最具实践性和创新性的部分，近年来出现的高新技术中有许多都是关于先进工艺及其装备的。

先进管理技术群由先进制造模式和先进生产管理技术两方面内容组成。目前在制造业生产中得到重视并快速发展的先进制造模式有：准时制造 JIT（Just in Time）、精益制造 LP（Lean Production）、敏捷制造 AM（Agile Manufacturing）、计算机集成制造 CIM、虚拟制造 VRM（Virtual Reality Manufacturing）和智能制造 IM（Intelligent Manufacturing）等。应用比较成熟的先进生产管理技术包括：产品全生命周期管理 PLM（Product Lifecycle Management）、企业资源计划 ERP（Enterprise Resource Planning）、产品营销管理 PMM（Product Marketing Management）、产品数据管理 PDM（Product Date Management）、在制品管理 WPM（Working Process Management）等。

并行设计（Concurrent Design），即产品设计和制造工艺设计工作并行开展、交叉进行的一种集成式设计模式。实际上，产品生命周期中的各个设计后阶段，如产品设计、制造、装调、试验、用户使用服务、维修保养，一直到残值处理等都可以包含到并行设计。这是先进设计技术发展在近些年出现的一个新的趋势。并行设计是一种协同设计，它可以使新产品从设计开发到开工投产的周期大大缩短，有助于将开发和生产过程中，甚至包括使用过程中产生的各种浪费减少到最低程度。

2. 大工程特征

先进制造技术的大工程特征表现在两个方面，一是工程规模大，二是运用大工程思维指导制造过程。

（1）工程规模大 先进制造技术支撑了大型工程的实现。信息化、智能化对工业化的深度渗透与融合，使得许多史上空前的复杂制造工程、巨型制造工程得以实现或有了实现的可能，这其中的许多技术瓶颈突破都与相关的先进制造技术有关，先进制造技术的出现，本身就意味着对传统制造技术的突破。例如，我国的 C919 大飞机制造、海上 981 作业平台、8 万吨模锻压力机、高端装备制造等，都是先进制造技术支撑大工程的案例。

（2）运用大工程思维指导制造过程 与传统的制造技术相比，先进制造技术能更好地运用系统科学的观点和方法来处理制造工程技术问题，能从产品全生命周期的角度来考虑产品设计及其工艺设计，能按照可持续发展的要求来规范制造方法的选择。所以说，大工程思维成为先进制造技术的一个重要特征。

3. 数字化特征

几乎所有的先进制造技术都具有数字化的特点，如 CNC、DNC、FMC、FMS、CAX、MIS、MRP、ERP、PDM、Web-M 等。信息化是先进制造和先进制造技术技术发展的支撑性条件，而数字化是信息技术融入制造技术的唯一入口。

4. 网络化特征

先进制造近二十多年来在其模式和技术两方面的快速进步，得益于网络化的迅猛发展和普及，如互联网、工业物联网等。有了网络化，才会有大数据、云处理、数字孪生体，才会有制造上的跨地区跨行业协同。网络化是先进制造的基础性条件特征。

5. 绿色化特征

可持续发展是先进制造技术的基本理念和判断指标之一。绿色制造是指在产品的设计到制造以及使用的生命全周期中，都要考虑对环境的影响、对资源的破坏以及资源再生的技术问题。先进制造技术必须是绿色制造技术，这成为国际社会的共识。

6. 综合性特征

先进制造技术是一门综合性、交叉性的前沿学科和技术，学科跨度大，内容广泛，涉及制造业生产与技术、经营管理、设计、制造、市场各个方面。

14.1.3 先进制造的支撑性技术

先进制造的支撑性技术是对产品设计和制造工艺两方面的运行保证和发展推动具有普遍意义的基础性技术。就当前阶段发展而言，实现先进制造所需要的支撑性技术包括：

（1）信息技术　例如网络技术、接口技术、数据库技术、云架构、工程软件、专家系统、人工智能、决策支持系统等。

（2）技术标准　数据标准、接口标准、产品标准、工艺标准以及标准化技术等。

（3）机床和工具技术　包括自学习、自决策、全数字化、工业机器人、极端制造装备设计与制造技术等。

（4）传感器和控制技术　传感器及信号传送、执行器和控制器、数控系统等。

（5）虚拟仿真技术（Virtual Simulation Technology，VST）　虚拟仿真、虚拟现实技术、可视化技术、数字孪生技术等。

实际上，与技术发展史上许多现象相似，一些关于先进制造的重要基本理念或观点很早就出现了，例如，人工智能的理论研究、物联网的构想、智能制造的计划等，在20世纪80年代已被提出，但是受制于支撑性技术水平所限而未能实施。直到进入21世纪，网络技术的逐步成熟（特别是云技术）和无线无源微小传感器等技术的突破，解决了大规模数据采集和传输处理的技术和成本方面的瓶颈问题，才使得先进制造系统得以落地应用和迅速推广。

14.1.4 先进制造包含的核心技术

核心技术，或称主体技术，是指在支撑性技术基础上形成的一些技术系统或技术群，其对于所在应用领域的技术现状改变及发展走向具有重要影响力，对于提升所在应用领域的经济效益或社会效益具有重大影响力。构成目前先进制造的核心技术主要包括：

1）成组技术（Group Technology，简称GT）。

2）柔性制造技术（Flexible Manufacturing Technology，简称FM）。

3）并行工程（Concurrent Engineering，简称CE）。

4）快速成形技术（Rapid Prototyping，简称RP）。

5）虚拟制造技术（Virtual Manufacturing Technology，简称VMT）。

6）智能制造技术（Intelligent Manufacturing Technology，简称IMT）。

先进制造核心性技术的形成及应用与先进制造支撑性技术的发展具有内在联系。支撑性技术为核心性技术提供理论和基础技术支持，核心性技术的形成及应用以支撑性技术为基础，其持续的应用普及反过来又促进了基础性技术的完善和进一步发展。

14.2 先进制造模式与先进制造技术

制造模式即制造类企业或行业的生产模式，是指企业、行业对制造要素的组织形式和运作方式。在200多年机械制造发展历史进程中，制造模式出现了四种基本类型，即第一次工业革命初期出现的以单机作坊式为特征的单件小批量制造模式，伴随第二次工业革命出现的以机械式刚性流水线为特征的大批量制造模式，第三次工业革命阶段的基于数控系统的小批量柔性制造为特征的自动化制造模式，以及近20年来逐渐兴起的面向订单的混合批量智能化制造模式。当今对制造生产的组织和管理对象逐渐发展到了面向市场需求的全要素扁平化生产工程大系统，制造模式由孤岛式作业逐渐转变为基于网络化和信息化的供应链、制造链、价值链紧密关联的智能化制造模式。

先进的制造技术和先进的制造模式互为支撑、相互促进，使社会制造生产力得到了更大的释放。先进制造系统是先进制造技术和先进制造模式的综合体，是在现代制造生产中的典型存在形式，例如柔性制造系统、智能制造系统。

14.2.1 柔性制造模式与柔性制造系统

1. 柔性制造的概念

柔性制造（Flexible Manufacturing）是在数控机床应用之后，为适应产品多样化需求而出现的一种制造模式。所谓柔性是指当加工制造任务改变时，无需更换加工设备，只需通过改变控制程序就可以实现加工制造的能力。

从20世纪20年代开始，为适应大批量工业制造的需求，提出了自动化的概念，出现了以专用设备和专用工艺装备为主组成的专用生产线模式，对应的是刚性流水线（或称专用流水线）制造系统，如当年的美国福特汽车生产线。刚性流水式生产线一旦落成即不易改变，只能适应大批大量特定产品的加工制造要求，不能满足品种和批量经常变化的市场需求。1967年，英国莫林斯（Molins）公司首次提出柔性制造的概念，拟以数控机床为主组成一种制造系统，该系统可以对不同的工件以及不同的数量进行高度自动化的混线加工或装配，从而提高企业面对市场多任务需求的灵活性和应变能力。该模式到20世纪70年代后期逐渐得到工业推广应用，成为当今机械制造的主流模式之一。

柔性制造模式的特点如下：

1）柔性制造模式是一种可变任务高效自动化的制造方式。在计算机系统的统一数字化计划调度和监控下，通过机床的自动换刀、换件和中间库仓储缓存功能提供的支持，保证数控机床组合可以实现多任务条件下的自动化、无人化的连续加工制造作业。

2）适于多品种中、小批量生产。相对高度依赖组线硬件设备的刚性制造模式，柔性制造将加工设备、物料运输和计算机决策控制功能整合集成，具有软硬件结合、高度自动化和高效率的特点，适合于多品种中、小批量的生产。

3）"四库"硬件配置特征。柔性加工/制造模式下使用的主要设备是数控机床，与一般常规（单独）使用的数控机床相比，柔性加工/制造模式具有更强的工艺能力、更小的占地面积、更高的机床利用率以及面向多任务的高度适应性。"四库"，即机床的刀具库、机器人的爪库、中间制品立体库和功能附件库，如图14-5所示，是一般柔性制造系统区别于普通数控加工机床的外观显见的硬件配置特征。

①刀具库是指数控机床上刀具自动交换装置 ATC（Automated Tool Changer），如图 14-5a 所示，②爪库是机器人末端工具自动交换装置 RTC（Robotic Tool Changer），如图 14-5b 所示，③中间制品立体库用于在线缓存工件毛坯及制品的立体仓储系统 FMS-AW（Automated Warehouse & Retrieval System of FMS），如图 14-5c 所示。④功能附件库，或称工艺装备及机床附件库，是工装夹具及机床可更换功能部件库（Machine Tool Functional Accessores and Fixture Storage System），如图 14-5d 所示。

图 14-5 刀具库、机器人爪库、中间立体库和机床附件库
a）加工中心自动换刀装置（刀库） b）机器人末端工具交换装置（爪库）
c）中间制品立体库 d）功能附件库

合理的四库配置是一个柔性制造系统能够连续自动高效进行加工制造作业的必要条件。

2. 柔性制造系统的基本类型及应用

FM 是柔性制造的英文缩写。工业应用中，依柔性程度和生产能力的不同将柔性加工制造系统划分为柔性制造单元、柔性制造系统、柔性制造产线三种类型，其中柔性制造系统最具代表性。

（1）柔性制造单元（Flexible Manufacturing Cell，简称 FMC） FMC 是一类最小构成的柔性制造系统，其基本配置由一台或少数几台加工中心或其他数控加工机床及一台上下料机器人组成。FMC 可以实现无人化加工，可以成为 FMS 的基本模块单元，适用于几何形状和尺寸比较相似的同族类或近族类多品种、小批量工件的生产任务。图 14-6a 所示为基于镗铣加工中心的柔性单元和图 14-6b 所示为基于车削加工中心的柔性单元。图 14-6a 所示的镗铣单元适合加工形状较复杂的箱体类零件，其环形工作台上有多个托盘，不同的工件安装在对应的托盘上,而所有托盘与机床及环形工作台之间,托盘与抓取机械手之间的定位夹紧界面都是标准的。机械手根据程序指令执行对指定工件托盘的取放安装,从而保证机床加工的柔性和效率。图14-6b所示为车削加工,工件的装夹定位较简单,一台机器人即可完成,因而不需要托盘及环形工作台。

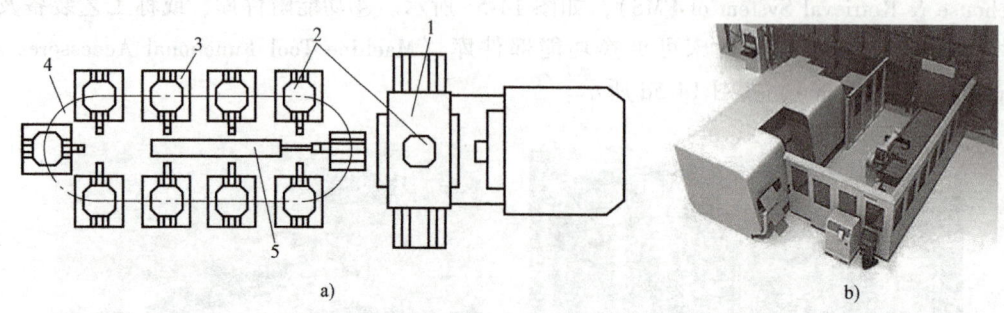

图 14-6 柔性单元

a) 带托盘交换站的镗铣柔性单元 b) 车削柔性单元
1—加工中心 2—托盘 3—托盘站 4—环形工作台 5—工作交换装置

(2) 柔性制造系统 (Flexible Manufacturing Systems,简称 FMS) FMS 是由多台加工设备或由多个 FMC 模块单元组成的一种制造系统,如图 14-7 所示。FMS 的基本构成包括以下4个部分:①计算机信息处理及控制系统。②数控机床群,除了数控加工机床,一般根据需要还配有自动检测设备、自动组装设备等。③自动物料搬运系统,如托盘自动交换系统、AGV (Automated Guided Vehicle) 自动搬运小车、轨道式移动上下料机械手等。④中间物料仓库,如中间制品立体库、工装夹具立体库等。

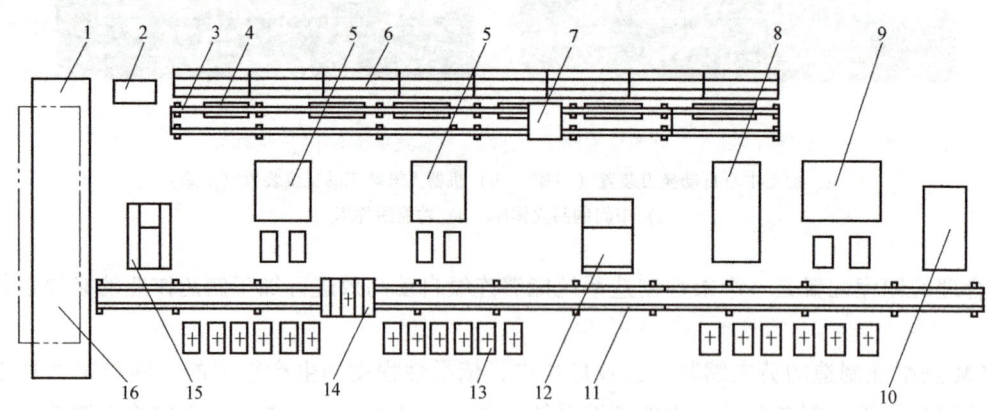

图 14-7 FMS 柔性制造系统示意图

1—半成品库 2—刀具预调仪 3—架空轨道 4—刀具进出站 5—立式加工中心 6—中央刀库
7—换刀机器人 8—卧式加工中心 9—三坐标测量机 10—工件装卸站 11—地面直线导轨
12—清洗机 13—托盘缓冲站 14—有轨自动运输小车 15—工件装卸站 16—控制中心

与 FMC 相比,FMS 的工艺路线可以更长,工序组合水平更高,柔性度更好,生产能力也更强,但配置成本也更高。从外部特征看,FMS 一般都具有立体仓库和多台机床,这与 FMC 有明显的不同。

(3) 柔性制造生产线（Flexible Manufacturing Line，简称 FML） FML 特指适应大规模生产的大型柔性制造生产系统，线上除配置有加工工艺流程所需的各种数控加工机床和装配设备外，还集成了齐全的检测、检验、清洗和物流等设备。为适应高柔性高效率生产，近年来出现的 FML 一般都配有机床功能附件（如可更换主轴箱、工作台、卡盘、夹具等）自动交换系统，如图 14-8 所示。FML 的线体布局形式多样，如直线式 FML、环形 FML、岛链式柔性产线等。岛链式柔性产线是以多个柔性制造岛（类似于多台机床的 FMC）为基础，借助精准物流技术和共用物流通道技术实现岛间距离和通道空间不受限制的一种高级柔性制造系统。该系统由柔性单元发展而来，规模较大，工艺定位更明确，因而生产率更高，目前以汽车制造业应用最多。

图 14-9 所示为由加工中心、数控铣床、数控车床及 AGV、对刀仪、立体库和多台机械手等设备组成的 FMS 现场。

图 14-8 配有功能附件自动交换系统的 FML　　图 14-9 一种小型柔性制造系统（FMS）

3. FMS 技术的近期发展

随着信息应用技术的不断发展，当前工业应用中的 FMS 已出现了两种变化趋势。

1) 出现了高功能动力随行夹具系统，这是对普通托盘式随行夹具系统的重大升级。夹具自带自动检测、定位、夹紧和释放功能，甚至带有中间组立装配功能，适用于复杂工件或部件的高效加工装配或复杂加工任务的快速转换，如对不同型号的汽车发动机零部件的高效柔性加工。

2) 工件毛坯或中间在制品立体仓库被缩小或取消。FMS 的立体仓库是为了解决工序间节拍时间不一致，以及异地物料运输进程难以准确把握和控制的问题而设立的，目的是保证柔性化作业的连续性和工作负荷的均衡性。但随着信息技术的进步、大数据和网络技术的发展，以及物流运输可靠性的提高，FMS 自动化的生产节奏及加工时间可以精准预测和控制，从而导致了部分立体仓库的功能减小甚至消失，从客观上既降低了制造成本，又减少了场地占用面积。

14.2.2 可重构柔性制造模式与可重构制造系统

可重构柔性制造模式与可重构制造系统（Reconfigurable Manufacturing System，简称 RMS）是一种以组线设备功能匹配为原则的可以快速重组的先进制造模式及技术。RMS 于 1995 年被美国密歇根大学学者提出，是在对柔性生产、精益生产和敏捷制造这三种制造生产模式的优缺点进行比较和综合的基础上产生的，目前已开始在工业界得到推广应用。其技术和市场定位是对较大批量定制需求的灵活快速反应。

质量、成本和市场响应能力始终是机械制造类企业生产模式选择和规划设计的基本指标。专用生产线（Dedicated Manufacturing Line，简称 DML）模式适用于特定零件的大量生产需求，以其刚性的配置获取最高生产率和最低加工成本的回报，但不能适应加工对象变化的需要。一旦工件改变，甚至只改变原来工件的部分尺寸，生产线都需要做重大的更新改造甚至更换，一般情况下都是得不偿失的。FMS 解决了流水线的刚性困扰，但相对也提高了工件的加工成本。对于加工品种变化有限同时又要求较大批量制造的生产任务，FMS 则会表现出它的不适应性，例如在面对同类型的不同规格或不同款式的汽车发动机零部件的大批量混线生产任务时，FMS 会显得柔性有余而生产效率不够高。

RMS 由可重构机器设备（机床、装配、检测设备等）和可重构控制系统（硬件系统和软件系统）组成，其定义为由可重构机床和可变换软硬件控制系统构成的能够对特定产品族或零件族快速调整功能和产能的制造系统。可重构机床是基于模块化思想设计的一类具有开放式架构的机床（加工、装配、检测），一系列的具有快速组合结构的功能模块可以随时组成或集成为不同形式的机床，如可重构主轴箱模块、可重构工作台模块等。图 14-10 所示为一种可重构机床的示意图，机床的主轴箱是可换的，又称为换箱机床。但与以前的组合机床又不同，在 RMS 模式下，机床的重构及软件的切换是系统自动且快捷进行的。可重构控制系统是指具有开放式架构和高度兼容性接口、模块化设计的软硬件控制系统。例如，机床的数控系统、驱动程序乃至加工指令系统可以快速变换。

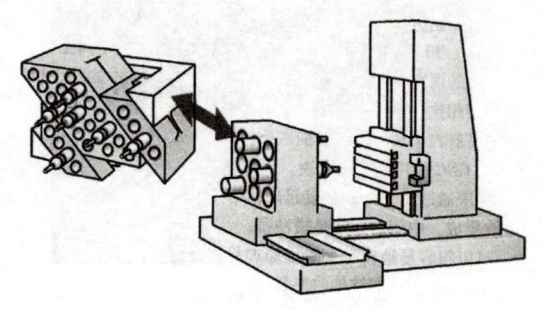

图 14-10　可重构机床

FMS 的柔性具有通用性的特点，而 RMS 的柔性是专用的，只是针对特定加工目标的产品族或零件族时，RMS 才具有充分的柔性。它介于专用线和柔性线之间，即保留了 FMS 的柔性，同时又发挥了适合大批量制造的刚性优势，比较好地解决了 FMS 和 DML 的不足。

FMS 具有适应不同加工对象的柔性，而 RMS 还具有改变自身功能的柔性。如果说 FMS 能够按时、按需地提供加工产品，RMS 则能够按时、按需地提供产能和加工制造功能。因此，可以说 RMS 是定位于柔性批量定制的一种先进制造模式，在制造业的未来发展中具有一定的优势。

图 14-11 所示为一种基于换箱机床的直线型布局的 RMS，工件在线上按一定的生产节拍和顺序前行，可以具有组合机床专用自动生产线（刚性线）的高生产率，这一点在 FMS 上是难以做到的；同时它还具有快速自动重构的能力，可大大缩短因批量产品品种变化所需要的调整时间，这一点又是刚性生产线不具备的。

<u>不同制造方式的比较</u>：从刚性模式到柔性模式，图 14-12 给出了不同制造方式的功能特点及适用范围。高效低成本和快速响应是制造过程中面临的主要矛盾之一，批量大小是影响矛盾转化的基本因素。制造方式和制造技术的发展在不断解决效率、成本及响应能力的矛盾的过程中前行。制造作为社会需求的供给侧，已经发展出了不同类型的生产模式和制造装备及制造技术，每一种类型都有它特定的适用范围，只有在其适用范围内才能发挥其优势，所以，必须根据实际任务的技术特点和批量需求做出正确选择。

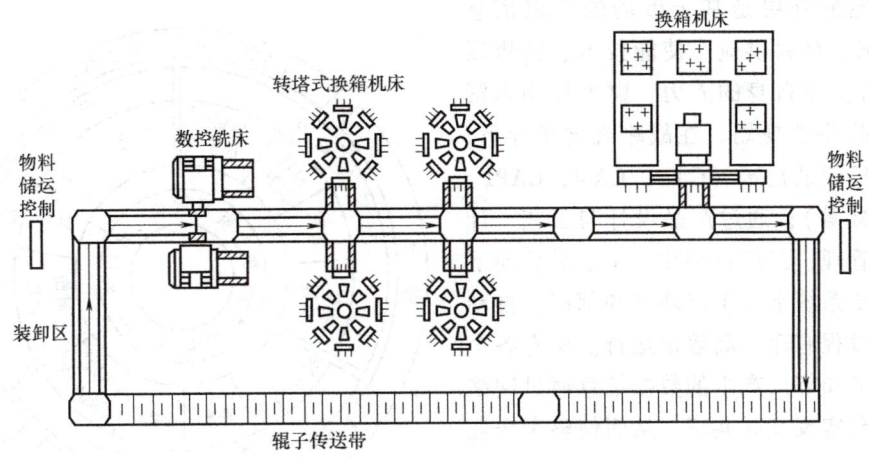

图 14-11　基于换箱机床的直线型布局的 RMS

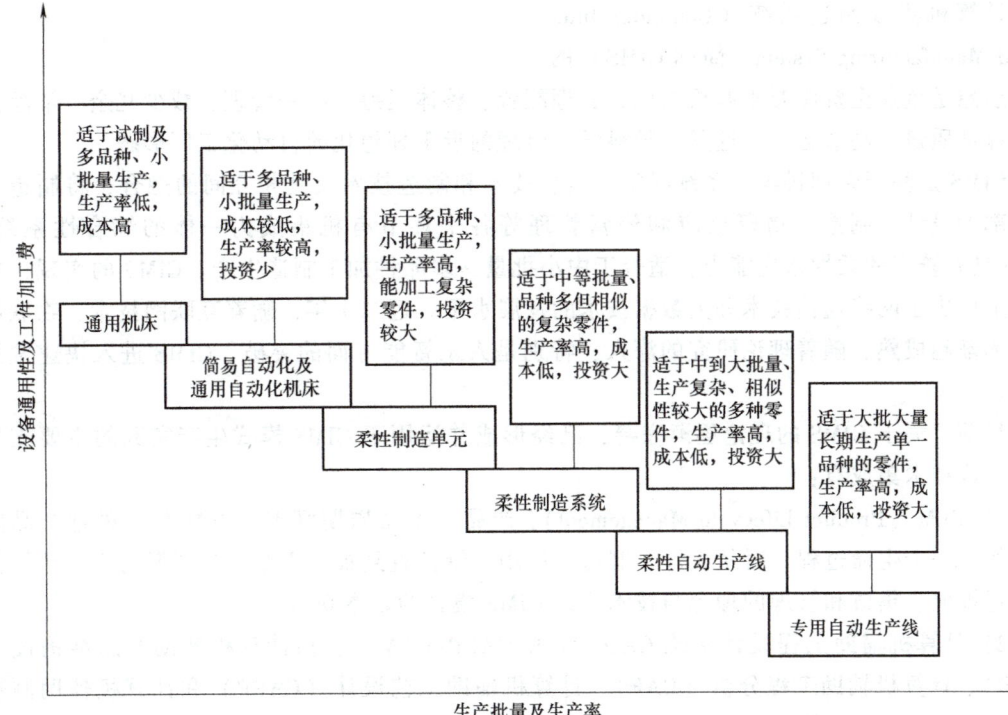

图 14-12　不同制造方式的功能特点及适用范围比较

14.2.3　计算机集成制造模式与系统

　　计算机集成制造（Computer Integrated Manufacturing，简称 CIM）是基于计算机信息采集与处理技术和现代企业管理理论，面向制造型企业内部的集成化管理的生产模式。1985 年，美国制造工程师协会 SME（Society of Manufacturing Engineers）的计算机与自动化系统分会技术委员会 CASA 用一个被称为 CIM 轮的闭环图形描述了 CIM 模式下制造企业的关联生产要素集成化管理关系，如图 14-13 所示。

CIM 轮最外层是基于市场的供求信息（市场需求、材料供应、使能技术、销售服务），结合企业自身的人力、财力和物力资源做出的战略性规划。在战略规划指导下，借助计算机辅助技术（CAD，CAM，CAPP，CAT，CAM 等），通过产品设计与工艺、计划调度与管理、工厂自动化三个子系统向下贯彻到各子系统下的生产环节和部门，推动产品制造过程有序、高效地运行。所有各个层次、环节和部门产生的数据信息通过网络和数据平台实现互联共享，从而使整个企业成为一个有机整体，生产过程得以良性运行。

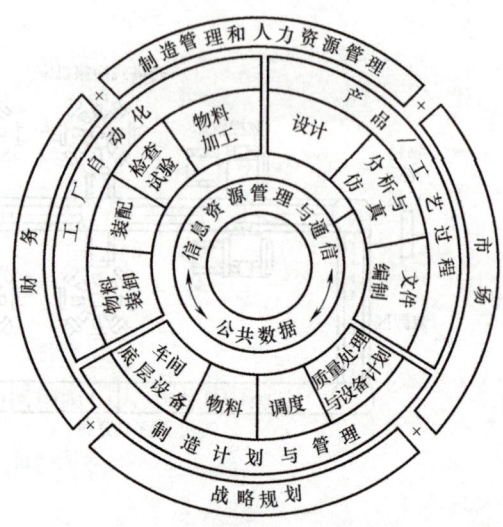

图 14-13 CIM 轮

计算机集成制造系统（Computer Integrated Manufacturing System，简称 CIMS）的核心思想是企业全资源要素有机关联、合理配置、整体运筹、统一管理、减少冗余、消除浪费、保证质量、高效运行。这是一种科学、合理的近乎理想化的自动化工厂形态。

CIMS 是基于管理科学、系统科学、信息技术和制造技术及其相互间的融合，将制造企业内部的设计、制造、物资供应和经营管理等各个环节有机集成为一体的综合性系统。CIMS 具有较高的柔性适应能力，适合于中小批量、多品种加工制造生产。CIMS 的实现，在技术上取决于网络通信技术和大数据技术的发展水平。近二十年，随着互联网技术、物联网技术的渐趋成熟，随着理论研究的深入，特别是人工智能方面的突破，CIMS 进入快速发展阶段。

目前，关于 CIMS 的理论逐渐完善，已经形成并运用于 CIMS 模式生产实践的主要支撑性技术或技术集成有：

1）PLM（Product Lifecycle Management），产品全生命周期管理。PLM 是一种把产品的存在作为一个生命过程，对从设计、制造、使用、维护直到报废等全生命周期的产品数据信息进行提取、集成和管理的理念与技术，是 CIMS 模式的基本观点。

2）计算机辅助工程设计系统 CAD/CAE/CAPP/CAM。包括计算机辅助产品结构设计（CAD）、计算机辅助工程分析（CAE）、计算机辅助工艺设计（CAPP）和计算机辅助制造（CAM）四方面的内容。

3）MES（Manufacturing Execution System），制造执行系统。MES 系统指面向制造企业车间执行层（车间管理人员和操作人员）的生产信息化管理系统。其任务是基于订单任务对车间制造过程（或称为现场制造过程）进行优化。

4）ERP（Enterprise Resource Planning），企业资源计划。ERP 是一种主要面向制造类企业，对物质资源、资金资源和信息资源集成并进行一体化管理的企业资源计划信息管理系统。ERP 支持制造企业"仅在正确的时间和地点，按需要的数量生产合格的产品"。

5）APS（Advanced Planning and Scheduling），高级计划与排程。APS 是运用数学规划方法对企业现场生产过程进行精确排程和计划调度的软件系统，用于 CIMS 底层运行管理。

14.2.4 准时制造、精益制造、敏捷制造模式

准时制造（Just in Time，简称 JIT）、精益制造（Lean Production，简称 LP，也叫精良制造）、敏捷制造（Agile Manufacturing，简称 AM）三种制造模式都是在 CIMS 制造思想基础上发展的不同侧面，各有不同的特点，分别针对不同的制造需求。

(1) 准时制造　准时制造也叫即时制造、即时生产、准时生产系统。最早由日本丰田公司在 20 世纪 50 年代提出，是一种理想化制造理念和生产模式。

JIT 生产方式的核心思想是"在恰当的时间生产恰当数量的恰当的产品。"其理想状态就是"工序之间无等待""环节之间无缓存"。同类文献中有不同的提法，如无库存生产方式（Stockless Production）、零库存（Zero Inventories）、单件流（One-Piece Flow）或者超级市场生产方式（Supermarket Production）等。这种理想的生产状态是建立在充分的信息掌控和精准的加工与物流时间控制能力基础之上的，要求生产、供应和物流三个链条保持高度协调同步。JIT 模式的实现需要基于订单的种类规格、数量和工期信息，由后向前地反向推算出各环节、各工序的完工时间和开工时间节点，再由此计划出各种物料流（如毛坯、中间在制品、工具工装辅助材料、设备保障支援等）所对应的时空节点，通过技术平台保证所有节点计划能够准确实施。

随着信息化技术和自动化技术的快速发展，施工计划的制定水平和过程信息实时反馈能力都大有提高，JIT 模式渐趋完善，目前在国内外都可以看到实际运行的准 JIT 产线。

(2) 精益制造　精益制造也叫精良制造、清洁制造，是丰田汽车公司在 20 世纪 60 年代针对减少或消除生产中的浪费，降低汽车产品制造成本而提出并实施的一种生产管理方式。1990 年，美国麻省理工学院（MIT）的学者们在对其进行深入研究的基础上，提出了精益生产（LP）的概念，而后很快被世界产业界所接受。

LP 方式通过严格的质量管控体系实现产品制造链上的"不合格品不流入下道工序"来减少所有不能产生产品价值的浪费，从而降低产品制造成本。图 14-14 归纳了精益生产的实施手段和措施特点。

大批量制造方式（美国通用汽车公司 20 世纪 20 年代创造的生产方式）获得低成本优势的前提是必须有足够大的订单量，而准时制造和精益制造获得低成本优势则无需依赖批量的大小。JIT 生产方式追求的是生产计划调度（信息流）与物料流动的协调同步，而 LP 强调的则是突出人的作用，推行的是全员参与的消除各种浪费、不断改进、精益求精的生产方式。这两种方式的互补可以合成为一种先进的生产方式，也创造出一种先进的生产工程文化。

(3) 敏捷制造　敏捷制造的理念最早出现于 1991 年美国的一份校企联合研究报告《21 世纪制造企业战略》，是在全球探索先进生产模式和先进制造技术过程中出现的一种新理念，也可以理解为 CIMS 思想体系下的一个发展侧面。

敏捷制造是基于现代信息技术、网络技术和柔性制造技术的快速发展，通过组建动态企业联盟的方式来实现产品制造的快速响应。所谓动态企业联盟，实践中通常表现为网上有限加盟合作，又被称为虚拟企业，是指针对特定时期的特定市场需求，通过充分运用信息化和网络化技术，在可以分享共同利益的异国异地的一些特定企业之间建立的一种有限合作关系，集成各参盟企业的特定资源优势或特长，从而在产品研发、制造和市场竞争方面形成一

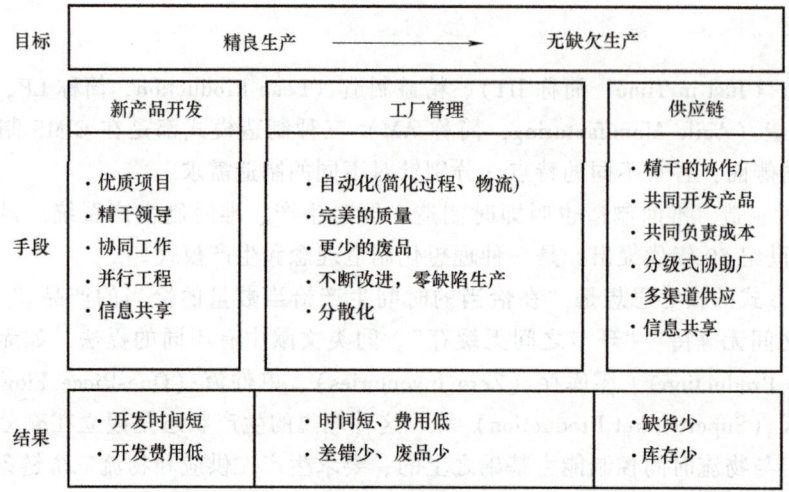

图 14-14 精益生产实施手段和措施特点

定的优势。这种基于可分享共同利益的联盟随着特定市场需求的结束或变化而解散或重组。

实现敏捷制造的主要依托技术包括计算机建模与仿真技术、计算机集成制造技术、虚拟制造技术、网络制造技术、增材制造技术等。

14.2.5 虚拟制造模式

虚拟制造（Virtual Reality Manufacturing，简称 VRM）指的是借助计算机虚拟现实技术而建立起来的一种对制造过程的虚拟仿真。运用数字化建模和仿真技术，在计算机及与其关联的交互设备上生成一个可视的虚拟环境，可以将预期的毛坯准备、工艺过程、检测检验、计划调度、物流运输、库存管理、成本核算，以及操作培训、售后服务等制造生产的全过程都以虚拟方式表达出来，作用于人的视觉等感官；自然人通过在虚拟环境中获得的感知形成对制造过程的了解和干预判断。利用虚拟制造技术可以在开工之前对产品设计或工艺设计以及生产组织管理进行早期预测、方案评价和技术改进，也可以用于对实际运行中的产线进行状态评估、故障预测和技术调整等。

近年来虚拟仿真技术发展很快，虚拟制造是其应用的一个重要方面。实现虚拟制造的基本技术条件包括：①对制造过程的数字化建模；②集成的虚拟仿真工具软件；③可视化表达技术。图 14-15 所示为一种虚拟制造系统的体系结构。

数字孪生（Digital Twin，简称为 DT）或称数字双胞胎，是近几年出现并得到快速推广应用的、功能综合性比较强、适用范围比较宽的具有代表性的虚拟制造技术应用，是一种针对复杂工程系统的状态预判、监控、维护、调整和运行管理而建立的一对一可视化的数字化模型方法，被看作是可以发挥工业互联网主要功能的基础模型技术，其工业技术应用价值很高，成为工业智能制造的重要技术手段之一。

数字孪生技术在 2011 年 3 月被提出。美国空军研究实验室在研究飞机机体的数字化管理和状态维护项目中，提出了 Digital Twin 概念，希望建立一种与飞机物理系统对应的虚拟模型系统，该系统应做到与物理系统有严格的几何相似和性能相似，可以模拟物理系统的运行和进行状态预判，以及对物理系统的故障处理方案进行验证和维护效果评价，从而成为一

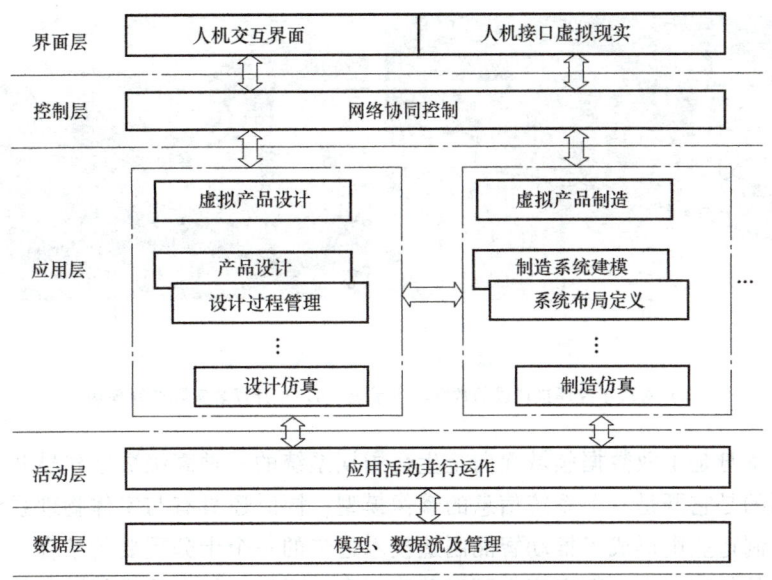

图 14-15　虚拟制造系统的体系结构

种降低维护成本、提高维护效果的工程工具。2012 年，美国通用电气（GE Digital）基于 DT 理念提出了资产性能管理（Assets Performance Management，简称 APM）的概念。他们发现数字孪生是工业数字化过程中的有效工程工具，并开始利用数字孪生思想去构建工业互联网体系。

作为虚拟制造技术的一种具体应用，数字孪生与 CAD 的产品设计有密切相关但应用定位不同。它是在 CAD 完成的几何模型基础上，针对已建设物理工程系统进行的性能和运行状态的虚拟建模，它对来自物理系统的数据进行分析、推理、判断，可以对物理系统进行反馈和控制，具有可视化、智能化和双向互动的特点。

虚拟调试（Virtue Commissioning，简称 VC）虚拟调试是数字孪生技术的一种典型应用。它可以模拟实际制造系统的全部过程和各种行为，对于评价、预测、调整和验证实际制造系统提供了便捷、并行、可靠的手段，对于保持实际系统的安全、高效持续运行和快速调整提供了有力保障。例如，现代汽车制造企业的本身焊装生产线，普遍使用大量的焊接工业机器人以实现自动化作业，多机器人同场地作业工况下的调整和协同非常麻烦，以往进行现场调整需要较长时间的停机停线。采用数字孪生技术后，可以在线下提前进行虚拟调试和验证，如调整验证产线的工序节拍、工艺连续性、动作同步性、空间干涉风险等，调好之后将程序直接映射至实际生产线上，大大缩短了现场停机时间和减少了调试事故，提高了生产率和生产质量。图 14-16 所示为国内某汽车装备有限公司为某汽车生产线开发的应用 VC 系统，图 14-16b 是由多台工业机器人密集配置的车身自动焊装生产线实际现场，图 14-16a 是与实际产线一一对应的数字孪生系统。技术人员通过该系统完成对现场机器人协同作业的虚拟调试和工艺验证，运行程序输入到现场实现对物理作业系统的控制驱动和实时调控，画面上可以看到虚实两侧同步动作的场景。例如，一个实际案例，对某新建车身焊装生产线的机器人作业群进行调试，以往按传统方法调试需要 1~3 个月甚至更多时间，而采用数字孪生技术的虚拟调试，仅用一周时间就完成了。

图 14-16 基于 Digital Twin 技术的国内某汽车产线虚拟调试
a) 对应车身焊接产线的数字孪生系统　b) 车身焊装实际产线现场

数字孪生本身是工业数据领域面向全生命周期系统的一种高级数字建模和仿真，与一般仿真模型不同的是它既是一个系统信息的镜像模型，同时还具有与实体物理系统的实时交互接口。应用于制造业则形成了推动智能制造技术进步的一个十分重要的结合，从系统顶层设计到制造系统的物理层面，数字孪生可以普遍存在，可以支持企业进行涵盖其整个价值链的整合及智能化转型，为从产品设计、生产规划、生产工程、生产实施直至服务的各个环节提供一个统一、无缝、镜像互动的数据平台，形成基于模型的虚拟企业和基于自动化技术的现实企业镜像。

由此可见，产品设计阶段的虚拟制造，可以通过 CAD 设计软件群及先进设计技术与 VR 虚拟建模技术的结合得以实现；产品加工制造阶段的虚拟制造，可以通过将 CAM 制造软件群及先进制造技术与 VR 虚拟建模技术结合起来完成；而产品在制造过程中和使用阶段中的虚拟调试、运行、在线监控和调整，尤其是大的复杂工程系统，则可以借助数字孪生这样的技术方式来获得有效的支持。

所以，数字孪生技术是制造业实现先进制造的有效技术手段。

14.2.6　智能制造模式与 IMS 系统

智能制造是基于新一代信息通信技术与先进制造技术的深度融合，贯穿于设计、生产、管理、服务等制造活动的各个环节是具有自感知、自学习、自决策、自执行、自适应等功能的新型生产方式。

智能制造在 20 世纪 80 年代被提出，初级阶段由于信息技术环境不足以支持制造的发展需要而进展缓慢，真正进入工业化应用的发展是近十多年的事情。随着信息技术和制造理论的进步，智能制造的概念和实践已经扩展到产品的全生命周期：从产品创新设计、加工制造、装配、测试、管理、营销，到运行维护售后服务、客户关系、仓储物流供应链，以及产品设备报废处理等全程关注。智能制造在全球范围内已开始进入一个快速发展阶段。

智能制造与数控加工、柔性制造等先进制造系统及技术既有密切关联，又有质的区别。其主要表现在制造系统的智能化功能及其水平上。前面提到的柔性制造、敏捷制造、虚拟制造等，都可以升级到智能制造层面。

目前，推动智能制造进入快速发展阶段的技术性特征有三个：①物联网技术进入工业实用阶段；②基于云平台的大数据分析技术进展；③人工智能技术的发展。而推进智能制造发展的理论层面则是产品全寿命周期理论的成熟和人工智能理论的突破性进展。

有两个关键性技术因素曾严重制约工业物联网由设想成为现实,一是传感器技术及信号传输的成本问题;二是不同系统和软件之间的通信协议不统一,即标准问题。现在,这两个问题已经开始得到解决。

随着近年以 MEMS(微机电系统)领域为代表的精密超精密制造技术的快速发展,具有微型、无线、无源、低成本、免维护特点的智能无线传感器技术和无线 IP 技术进入应用,改变了前端信息采集依靠传统传感器及依靠布线来传输信号的状况,解决了工业物联网工程实施的高成本问题。

例如数控机床,智能化与非智能化的一个显著区别就是前者配置了大量的传感器。图 14-17 所示为一台安装了 60 多个传感器的智能化加工中心,安装于机床关键部位处的传感器可以采集机床工作过程中的多种振动、载荷变化、温度影响和位移变形等重要信息。

基于云架构的以海量数据采集、传输、挖掘和分析决策为目的的大数据技术进入了应用,这使得按照产品全生命周期理念对制造全过程进行设计、管理和控制的理想具备了实施运作的必要条件。

图 14-17 智能化加工中心上的传感器
(车铣复合中心,DMGMCRI 公司,2017 年东京国际机床展)

例如,将数控机床接入企业或行业的制造信息化网络,通过 CAD/CAM、MES、ERP、PPS 以及 PDM 等信息化软件,通过技术、销售、生产、管理各部门之间的信息共享,可以实现实时生产管理、远程监控。

智能制造的另一特征是人工智能理论和技术成果的工业化应用,即自学习持续改进特征。21 世纪以来,人工智能理论研究取得了突破性的进展,基于大数据的智能化分析由早期的较低智能化浅层专家系统进入到高级算法支持下的深层学习、快速迭代的较高智能化的层次,具备了通过自学习生成知识和运用知识的能力,其技术性应用已导致工业制造领域开始出现重大战略性转变。依托数字化和网络化,人工智能技术应用在制造过程的各个环节上,通过自主感知和学习、推理和判断,使制造活动从一台机床到制造全过程都可以按照人类设定的目标,例如增效降耗、绿色环保,不断地优化迭代而提升水平。智能制造模式使得先进制造由孤岛阶段的"机器换人"开始进入对制造全过程的人机联手、默契协调的高级阶段。

人工智能技术应用的效果优劣,取决于所应用的数学模型或迭代算法的水平高低。例如,前面介绍的数字孪生虚拟调试方法用于汽车生产线上机器人作业群的路径规划和节拍优化的复杂工程问题处理案例,采用的即是人工智能的自学习自决策先进算法,所以具有较高层次的智能制造属性。

从技术角度看,智能制造技术是制造技术、自动化技术、系统工程与人工智能等学科互相渗透、互相交织而形成的一门综合技术。

实现智能化制造的进阶路线是数字化→网络化→智能化。数字化是基础,网络化是条件，智能化是核心。

1）数字化是指对工厂中数控机床、机器人、工具、刀具、人等全部或主要部分生产制造资源实现实时数据采集及控制指令数字化。

2）网络化是通过对实时数据的网络化传输，实现在大数据中心汇聚、储存和管理，建立智能工厂的"数字双胞胎"。

3）智能化在数字化和网络化的基础上，将基于人工智能算法的分析、决策和管控执行软件运用于生产制造过程，从而进入到智能制造阶段。

思 考 题

1. 什么是机械制造系统、柔性机械制造系统（FMS）和计算机辅助制造（CAM）？
2. FMS 有哪几个基本类型？各适用于什么场合？
3. 试列举先进设计工具软件名称及其简称。
4. 简述制造系统的概念。
5. 简述先进制造系统的特点和构成。
6. 简述制造、制造技术与制造系统的概念，比较广义制造与狭义制造的区别。
7. 制造业在国民经济中的地位与作用如何？
8. 简述先进制造技术的定义和特点。
9. 与传统技术比较，先进制造技术有什么特点？
10. 简述我国制造业的发展战略。
11. 结合各国先进制造技术发展概况，谈谈你对我国未来先进制造技术的发展趋势。

参 考 文 献

[1] 邓文英，郭晓鹏，刑忠文. 金属工艺学：上册 [M]. 6版. 北京：高等教育出版社，2017.
[2] 邓文英，宋力宏. 金属工艺学：下册 [M]. 6版. 北京：高等教育出版社，2016.
[3] 孙康宁，张景德. 工程材料与机械制造基础：上册 [M]. 3版. 北京：高等教育出版社，2019.
[4] 李爱菊. 现代工程材料与机械制造基础：下册 [M]. 3版. 北京：高等教育出版社，2019.
[5] 傅水根. 机械制造工艺基础 [M]. 3版. 北京：清华大学出版社，2010.
[6] 严绍华. 工程材料及机械制造基础（Ⅱ）——热加工工艺基础 [M]. 3版. 北京：高等教育出版社，2004.
[7] 罗继相，王志海. 金属工艺学 [M]. 3版. 武汉：武汉理工大学出版社，2016.
[8] 林建榕. 工程材料及成形技术 [M]. 北京：高等教育出版社，2007.
[9] 鞠鲁粤. 工程材料与成形技术基础 [M]. 3版. 北京：高等教育出版社，2015.
[10] 王先逵. 机械制造工艺学 [M]. 4版. 北京：机械工业出版社，2019.
[11] 贾振元，王福吉，董海. 机械制造技术基础 [M]. 2版. 北京：机械工业出版社，2019.
[12] 李凯岭. 机械制造技术基础（3D版）[M]. 北京：机械工业出版社，2018.
[13] 于骏一，邹青. 机械制造技术基础 [M]. 2版. 北京：机械工业出版社，2019.
[14] 张世昌，李旦，张冠伟. 机械制造技术基础 [M]. 3版. 北京：高等教育出版社，2014.
[15] 林亨，邓修权. 先进制造系统和管理系统 [M]. 北京：高等教育出版社，2002.
[16] 朱华炳，田杰. 制造技术工程训练 [M]. 2版. 北京：机械工业出版社，2020.
[17] 朱民. 工程训练 [M]. 成都：西南交通大学出版社，2018.
[18] 陆剑中，孙家宁. 金属切削原理与刀具 [M]. 5版. 北京：机械工业出版社，2017.
[19] RICHARD R K, et al. Machine Tool Practides [M]. New Jersey：Pearson Education, Inc., 2010.
[20] 锻工手册编写组. 锻工手册 [M]. 北京：机械工业出版社，1976.
[21] 中国机械工程学会焊接学会. 焊接手册：第1卷焊接方法及设备 [M]. 3版. 北京：机械工业出版社，2008.
[22] 侯志敏，汤振宁. 焊接技术与设备 [M]. 2版. 西安：西安交通大学出版社，2016.
[23] 蒋志强，等. 先进制造系统导论 [M]. 北京：科学出版社，2006.
[24] 段春争，王殿龙，崔岩，等. 基于"独立制造岛"概念的柔性制造实践教学系统的建设 [J]. 中国现代教育装备，2013，13：35~37.
[25] JAMESE P W, 等. 改变世界的机器：精益生产之道 [M]. 余锋，张冬，陶建刚，译. 北京：机械工业出版社，2020.
[26] JAMESE P W, 等. 精益思想 [M]. 沈希瑾，等译. 北京：机械工业出版社，2019.
[27] YORAM KOREN. 全球化制造革命 [M]. 倪军，陈靖芯，译. 北京：机械工业出版社，2014.
[28] 刘延林. 柔性制造自动化概论 [M]. 2版. 武汉：华中科技大学出版社，2010.
[29] 张策. 机械工程简史 [M]. 北京：清华大学出版社，2015.
[30] 张春辉，游战洪，吴宗泽，等. 中国机械工程发明史（第二编）[M]. 北京：清华大学出版社，2004.
[31] BAUERNHANSL T, 等. 实施工业4.0——智能工厂的生产·自动化·物流及其关键技术、应用迁移和实战案例 [M]. 工业和信息化部电子科学技术情报研究所，译. 北京：电子工业出版社，2015.